Joerg Heidrich, Christoph Wegener, Dennis Werner

Datenschutz und IT-Compliance

Das Handbuch für Admins und IT-Leiter

Liebe Leserin, lieber Leser,

»Datenschutz und IT-Compliance für Admins und IT-Leiter« ist nicht nur ein Leitfaden oder eine Sammlung von Best Practices. Es ist ein Kompass, der Sie durch den oft nebulösen Dschungel von Vorschriften, Richtlinien und Technologien navigieren lässt. Dieses Buch ist das Ergebnis einer engen Zusammenarbeit zwischen zwei Juristen und einem IT-Professionell. Wir wollen Ihnen damit nicht nur die theoretischen Grundlagen vermitteln, sondern auch praxisnahe Beispiele und Lösungen anbieten, um Ihnen den Alltag zu erleichtern.

Vielleicht sind Sie ein erfahrener Administrator, der tief in der technischen Welt verwurzelt ist. Vielleicht sind Sie ein IT-Leiter, der nach einem Weg sucht, sein Team und seine Organisation effizienter und sicherer im Umgang mit Datenschutzanforderungen zu machen. Oder vielleicht sind Sie einfach jemand, der sein Wissen vertiefen möchte. Wo auch immer Sie stehen, dieses Buch ist für Sie.

Ich lade Sie ein, in die Seiten dieses Buches einzutauchen. Nehmen Sie sich die Zeit, die Kapitel durchzugehen, die für Sie am relevantesten sind. Ich hoffe, dass Sie am Ende über mehr Sicherheit mit den Anforderungen des Datenschutzes verfügen und Lösungen gleich umsetzen können.

Das Buch wurde mit großer Sorgfalt lektoriert und produziert. Sollten Sie dennoch Fehler finden oder inhaltliche Anregungen haben, scheuen Sie nicht, mit uns Kontakt aufzunehmen. Ihre Fragen und Änderungswünsche sind uns jederzeit willkommen.

Viel Vergnügen beim Lesen!

Ihr Stephan Mattescheck
Lektorat Rheinwerk Computing

stephan.mattescheck@rheinwerk-verlag.de
www.rheinwerk-verlag.de
Rheinwerk Verlag · Rheinwerkallee 4 · 53227 Bonn

Auf einen Blick

1	Grundlagen: Was Sie über den Datenschutz wissen müssen	17
2	Das Telekommunikation-Telemedien-Datenschutz-Gesetz (TTDSG)	47
3	Technischer Datenschutz: Anforderungen der DSGVO an den IT-Betrieb	61
4	Datenschutz beim Betrieb von Websites	123
5	Datenschutzverpflichtungen als Unternehmen umsetzen	163
6	Umgang mit Datenschutzvorfällen	219
7	Export von Daten in alle Welt: Was ist erlaubt?	239
8	Umgang mit den Daten von Mitarbeitern	265
9	Einführung Compliance	305
10	Folgen bei Datenschutzproblemen: Sanktionen, Abmahnungen und Schadenersatz	333
11	Strafrechtliche Risiken für Admins	355
12	Generative KI: Was bei der Nutzung von ChatGPT & Co. zu beachten ist	385

Impressum

Wir hoffen, dass Sie Freude an diesem Buch haben und sich Ihre Erwartungen erfüllen. Ihre Anregungen und Kommentare sind uns jederzeit willkommen. Bitte bewerten Sie doch das Buch auf unserer Website unter www.rheinwerk-verlag.de/feedback.

An diesem Buch haben viele mitgewirkt, insbesondere:

Lektorat Stephan Mattescheck
Korrektorat Monika Klarl, Köln
Herstellung Arkin Keskin
Typografie und Layout Vera Brauner
Einbandgestaltung Mai Loan Nguyen Duy
Coverbild iStockphoto: 1145601675©Andy, 1203635794©anandaBGD, 1002439930©AzmanL
Satz III-Satz, Kiel
Druck Beltz Grafische Betriebe GmbH, Bad Langensalza

Dieses Buch wurde gesetzt aus der TheAntiquaB (9,35/13,7 pt) in FrameMaker.

Gedruckt wurde es mit mineralölfreien Farben auf chlorfrei gebleichtem, FSC®-zertifiziertem Offsetpapier (90 g/m²).

Hergestellt in Deutschland.

Das vorliegende Werk ist in all seinen Teilen urheberrechtlich geschützt. Alle Rechte vorbehalten, insbesondere das Recht der Übersetzung, des Vortrags, der Reproduktion, der Vervielfältigung auf fotomechanischen oder anderen Wegen und der Speicherung in elektronischen Medien.

Ungeachtet der Sorgfalt, die auf die Erstellung von Text, Abbildungen und Programmen verwendet wurde, können weder Verlag noch Autor*innen, Herausgeber*innen oder Übersetzer*innen für mögliche Fehler und deren Folgen eine juristische Verantwortung oder irgendeine Haftung übernehmen.

Die in diesem Werk wiedergegebenen Gebrauchsnamen, Handelsnamen, Warenbezeichnungen usw. können auch ohne besondere Kennzeichnung Marken sein und als solche den gesetzlichen Bestimmungen unterliegen.

Die automatisierte Analyse des Werkes, um daraus Informationen insbesondere über Muster, Trends und Korrelationen gemäß § 44b UrhG (»Text und Data Mining«) zu gewinnen, ist untersagt.

Bibliografische Information der Deutschen Nationalbibliothek:
Die Deutsche Nationalbibliothek verzeichnet diese Publikation in der Deutschen Nationalbibliografie; detaillierte bibliografische Daten sind im Internet über http://dnb.dnb.de abrufbar.

ISBN 978-3-8362-8674-9

1. Auflage 2023
© Rheinwerk Verlag, Bonn 2023

Informationen zu unserem Verlag und Kontaktmöglichkeiten finden Sie auf unserer Verlagswebsite **www.rheinwerk-verlag.de**. Dort können Sie sich auch umfassend über unser aktuelles Programm informieren und unsere Bücher und E-Books bestellen.

Inhalt

Vorwort 15

1 Grundlagen: Was Sie über den Datenschutz wissen müssen — 17

1.1	Eine kleine Geschichte des Datenschutzes	17
1.2	Die Datenschutzgesetze im Überblick	19
1.3	Ein erster Blick: Aufbau und wichtige Begriffe in der DSGVO	20
1.4	Was ist überhaupt geschützt: personenbezogene Daten	22
1.5	Umgang mit personenbezogenen Daten: Verarbeitung & Co.	24
1.6	Grundsätze und Prinzipien des Datenschutzes	25
	1.6.1 Rechtmäßigkeit der Verarbeitung	25
	1.6.2 Verarbeitung nach Treu und Glauben	25
	1.6.3 Transparenz	25
	1.6.4 Zweckbindung	26
	1.6.5 Datenminimierung	27
	1.6.6 Richtigkeit der Datenverarbeitung	27
	1.6.7 Speicherbegrenzung	28
	1.6.8 Integrität und Vertraulichkeit	28
	1.6.9 Rechenschaftspflicht	29
1.7	Abwägungssache: Der risikobasierte Ansatz in der DSGVO	29
1.8	Immer notwendig: Rechtsgrundlagen in der DSGVO	31
	1.8.1 Die Einwilligung	31
	1.8.2 Erfüllung eines Vertrags oder die Durchführung einer vorvertraglichen Maßnahme	34
	1.8.3 Erfüllung einer rechtlichen Verpflichtung	35
	1.8.4 Schutz lebenswichtiger Interessen	36
	1.8.5 Wahrnehmung öffentlicher Interessen oder Ausübung öffentlicher Gewalt	36
	1.8.6 Wahrung berechtigter Interessen	37
	1.8.7 Ein Sonderfall: Datenverarbeitung für die Zwecke des Beschäftigungsverhältnisses	41
	1.8.8 Höhere Anforderungen: Besondere Kategorien von personenbezogenen Daten	42
1.9	Die Haushaltsausnahme: Datenverarbeitung im privaten Bereich	44

2 Das Telekommunikation-Telemedien-Datenschutz-Gesetz (TTDSG) — 47

2.1	Hintergrund: Was regelt das Telekommunikation-Telemedien-Datenschutz-Gesetz (TTDSG)?	47
2.2	Anwendungsfall »Telemedien«	49
	2.2.1 Technische und organisatorische Vorkehrungen	49
	2.2.2 Schutz der Privatsphäre bei Endeinrichtungen	52
	2.2.3 Anerkannte Dienste zur Einwilligungsverwaltung, Endnutzereinstellungen	55
2.3	Anwendungsfall Telekommunikation	56
	2.3.1 Speicherung von Logdaten	57
	2.3.2 Anwendungsbereich »interpersonelle Telekommunikationsdienste«	58
	2.3.3 Muss der Arbeitgeber das Fernmeldegeheimnis beachten?	58

3 Technischer Datenschutz: Anforderungen der DSGVO an den IT-Betrieb — 61

3.1	Die Grundlagen: Was ist technischer Datenschutz?	61
3.2	Sicher ausgewählt: Technische und organisatorische Maßnahmen (TOM)	65
	3.2.1 Geeignetheit, Angemessenheit und Stand der Technik	65
	3.2.2 Quellen zum Stand der Technik	68
	3.2.3 Das Risiko als Bewertungskriterium	73
3.3	Systemprotokolle und Weblogs: Was ist notwendig, und was ist erlaubt?	76
	3.3.1 Protokollierung zur Analyse von Webzugriffen	77
	3.3.2 Protokollierung zur Analyse des E-Mail-Verkehrs	79
	3.3.3 Protokollierung ohne konkreten Anlass	82
	3.3.4 Protokollierung in besonderen Fällen	84
3.4	Verfügbar, wenn es notwendig ist: Backups und Archivierung	84
3.5	Nichts ist für die Ewigkeit: Löschpflichten und Löschkonzepte	88
3.6	Wolkige Aussichten: Anforderungen an die Datenverarbeitung in der Cloud	95

3.7	Arbeitsplatz »Home-Office«: Was ist zu beachten?	101
	3.7.1 Grundsätzliche Überlegungen	102
	3.7.2 Vorgaben für das Home-Office: ein Überblick	103
	3.7.3 Regelungsbereiche der Anforderungen	104
	3.7.4 Videokonferenzen als Sonderfall	109
3.8	Videoüberwachung: Voraussetzungen für den legalen Betrieb	114

4 Datenschutz beim Betrieb von Websites — 123

4.1	Grundlagen der technischen Gestaltung von Websites	123
4.2	Pflichtübung: Die aussagekräftige und rechtskonforme Datenschutzerklärung	124
	4.2.1 Die rechtlichen Grundlagen der Datenschutzerklärung	126
	4.2.2 Mindestinhalt einer Datenschutzerklärung	127
4.3	Newsletter	138
	4.3.1 Rechtsgrundlage für den Newsletter-Versand	138
	4.3.2 Kopplungsverbot	139
	4.3.3 Anmeldung zum Newsletter: die Einwilligung	140
	4.3.4 Auswertung des Nutzerverhaltens	143
	4.3.5 Impressum und Abmelde-Link	144
	4.3.6 Widerruf der Einwilligung	144
	4.3.7 Einsatz von Dienstleistern für den Newsletter-Versand	146
4.4	Schlankheitskur: Datenschutzkonformer Umgang mit Cookies & Co.	146
	4.4.1 Grundsatz: Einwilligungsbedürftigkeit	146
	4.4.2 Cookie-Banner zur Einholung von Einwilligungen	147
	4.4.3 Nachweis von Einwilligungen	156
4.5	Rechtmäßige Analyse: Richtiger Umgang mit Google Analytics & Co.	156
	4.5.1 Webanalysen ohne Einwilligung?	156
	4.5.2 Rechtsgrundlage für die weiteren Verarbeitungen	157
	4.5.3 Eingeschränkte Analysemöglichkeiten ohne Einwilligung	158
4.6	Datenschutzaspekte im Zusammenhang mit HTML5 sowie bei Googles FLoC und Co.	159

5 Datenschutzverpflichtungen als Unternehmen umsetzen ... 163

5.1 Bestandsaufnahme der Daten im Unternehmen: So erstellen Sie ein Verarbeitungsverzeichnis (VVT) ... 164
- 5.1.1 Wer muss ein VVT führen? ... 164
- 5.1.2 Wer hat Einblick in das VVT? ... 165
- 5.1.3 Wie wird ein VVT erstellt und gepflegt? ... 165
- 5.1.4 Gesetzliche Mindestinhalte des VVT ... 168
- 5.1.5 Was passiert, wenn ich kein VVT führe bzw. es nicht pflege? ... 177

5.2 Technische und organisatorische Maßnahmen (TOM) festlegen und dokumentieren ... 178

5.3 Richtig informieren: Datenschutzhinweise für Betroffene ... 182
- 5.3.1 Transparenzgrundsatz ... 182
- 5.3.2 Allgemeine Regeln zu Betroffenenrechten in Art. 12 DSGVO ... 183
- 5.3.3 Datenschutzhinweise nach Art. 13 DSGVO ... 186

5.4 Wie Ihr Unternehmen seiner Auskunftspflicht richtig nachkommt ... 192
- 5.4.1 Auskunftsanspruch nach Art. 15 DSGVO ... 193
- 5.4.2 Anspruch auf Kopie? ... 195
- 5.4.3 Wie erfülle ich den Anspruch? ... 196

5.5 Die Auftragsverarbeitung: Was müssen Sie beachten? ... 197

5.6 Die Datenschutz-Folgenabschätzung: Notwendigkeit und Durchführung ... 202
- 5.6.1 Wann muss eine DSFA durchgeführt werden? ... 204
- 5.6.2 Wie wird eine DSFA durchgeführt? ... 206

5.7 Der Datenschutzbeauftragte: Notwendigkeit und Anforderungen ... 208
- 5.7.1 Wann muss ein DSB benannt werden? ... 208
- 5.7.2 Wie wird ein DSB benannt? ... 210
- 5.7.3 Interner oder externer DSB? ... 211
- 5.7.4 Konzerndatenschutzbeauftragte ... 213
- 5.7.5 Laufzeit der Benennung ... 213
- 5.7.6 Organisatorische Einordnung des DSB ... 213
- 5.7.7 Aufgaben des DSB ... 214
- 5.7.8 Wer kann DSB sein? ... 215
- 5.7.9 Wann haftet der DSB? ... 216

6 Umgang mit Datenschutzvorfällen — 219

6.1 Wenn der IT-Vorfall zur Datenschutzkatastrophe wird — 219
- 6.1.1 Richtig Vorbeugen: Aufbau eines interdisziplinären Incident-Response-Managements — 220
- 6.1.2 Nehmen Sie Kontakt auf! — 221

6.2 In der Krise: Wichtige Schritte planen! — 222

6.3 Grundlagen der Meldepflicht von Datenschutzverstößen an die Aufsichtsbehörde — 223
- 6.3.1 Art. 33: In welchen Fällen muss gemeldet werden? — 224
- 6.3.2 Art. 33: Vorbereitung und Durchführung der Meldung — 226
- 6.3.3 Aufsichtssache: Erstellen und Übersenden der Meldung an die Aufsichtsbehörde — 228

6.4 Die Benachrichtigung an die Betroffenen nach Art. 34 — 230
- 6.4.1 Entstehen der Benachrichtigungspflicht an die Betroffenen — 230
- 6.4.2 Ausnahmen der Benachrichtigungspflicht — 231
- 6.4.3 Inhalt der Benachrichtigungen — 232

6.5 Meldepflichten für Auftragsverarbeiter — 233

6.6 Bußgelder im Kontext mit Meldepflichten — 233

6.7 Schadensersatzansprüche bei Data Breaches — 235

6.8 Damit es nicht nochmal passiert: Lessons Learned — 236

6.9 Zwischenfazit und Checkliste — 238

7 Export von Daten in alle Welt: Was ist erlaubt? — 239

7.1 Der Datenschutz und die nationalen Grenzen — 239

7.2 Die Welt in drei Zonen geteilt — 240
- 7.2.1 Datentransfer innerhalb des EWR — 240
- 7.2.2 Sichere Drittstaaten: Länder mit Angemessenheitsbeschluss — 241
- 7.2.3 Unsichere Drittstaaten — 242
- 7.2.4 Datenexport in die USA: Eine schwierige Geschichte — 242

7.3 Datenexport in Drittstaaten am Beispiel der USA — 246
- 7.3.1 Standarddatenschutzklauseln — 247
- 7.3.2 Zusätzliche technische Maßnahmen bei Standarddatenschutzklauseln — 250

7.3.3	Binding Corporate Rules (BCR)	253
7.3.4	Zertifizierung	254
7.3.5	Einwilligung	254
7.3.6	Weitere Sonderfälle nach Art. 49 DSGVO	256
7.4	**Datenexport in andere Drittstaaten**	256
7.5	**Europäische Töchter von US-Unternehmen und der CLOUD Act**	256
7.6	**Privacy Shield 2.0: Alles neu durch das TADPF?**	259
7.6.1	Grundgedanken des TADPF	259
7.6.2	Praktische Nutzung des TADPF	260
7.6.3	Wird der TADPF ein Erfolgsmodell?	260
7.7	**Fallbeispiel Datentransfer: Massenabmahnungen für Google Fonts**	261
7.8	**Zwischenfazit**	263

8 Umgang mit den Daten von Mitarbeitern   265

8.1	**Grundlage des Beschäftigtendatenschutzes: § 26 BDSG**	266
8.1.1	Geltungsbereich	266
8.1.2	Verarbeitung personenbezogener Daten im Beschäftigungsverhältnis	267
8.1.3	Begründung des Beschäftigungsverhältnisses: die Bewerbung	268
8.1.4	Informationssicherheit bei Bewerbungsverfahren	269
8.1.5	Durchführung des Beschäftigungsverhältnisses	270
8.1.6	Beendigung des Arbeitsverhältnisses	270
8.1.7	Einwilligung im Arbeitsverhältnis	271
8.1.8	Aufdecken von Straftaten	272
8.2	**Nutzung von E-Mail, Chat und Internet im Unternehmen**	272
8.2.1	Verbot der privaten Nutzung	273
8.2.2	Gestattung der privaten Nutzung	275
8.2.3	Protokolle aus Gründen der Informationssicherheit	276
8.2.4	Umgang mit den E-Mails von ausscheidenden Mitarbeitern	276
8.2.5	Erstellen und Durchsetzen von klaren Regeln	277
8.3	**Chef liest mit! Möglichkeiten und Grenzen der Überwachung von Mitarbeitern**	279
8.3.1	Der gläserne Mitarbeiter: Das höchste deutsche DSGVO-Bußgeld	279
8.3.2	Verführerische Technik	280
8.3.3	IT-Sicherheit vs. Privatsphäre	281
8.3.4	Elektronische Augen: Videoüberwachung am Arbeitsplatz	281

	8.3.5	Bußgelder für die Mitarbeiterüberwachung	282
	8.3.6	Sag mir wo und wann: Mitarbeiterüberwachung per GPS	282
	8.3.7	Arbeitszeiterfassung	283
	8.3.8	Überwachung im Home-Office	283
	8.3.9	Komplette Selbstvermessung	284
8.4	Rechtsrisiken für Administratoren: Haftungsrisiken und Fallbeispiele		285
	8.4.1	Arbeitsrechtliche Risiken im Bereich der IT	286
	8.4.2	Missachtung des Datenschutzes	287
	8.4.3	Kündigung wegen Vertrauensverstoß	288
	8.4.4	Unerlaubte Installation von Software	288
	8.4.5	Fallbeispiel: Der gelangweilte Admin	289
8.5	Bring Your Own Device (BYOD) und die Vermischung von Privatem und Geschäftlichem		290
8.6	Ärger mit dem Chef: Wie können sich Admins gegen zweifelhafte Anweisungen wehren?		292
	8.6.1	Von der Neugier zum Kontrollwahn	293
	8.6.2	Beschäftigte sind weisungsgebunden	293
	8.6.3	Das Weisungsrecht des Arbeitgebers	294
	8.6.4	Wenn Grenzen überschritten werden	294
	8.6.5	Keine Pflicht zur Umsetzung rechtswidriger Anweisungen	295
	8.6.6	Umsetzung und Widerstand in der Praxis	296
	8.6.7	Sonderregeln bei Notfällen	297
	8.6.8	Rechtssicherheit für alle Beteiligten schaffen	298
	8.6.9	Schwieriger Umgang mit privaten Daten	299
	8.6.10	Vertreterregelungen sind das A und O	299
8.7	Mitbestimmungsrecht der Arbeitnehmervertretungen		300
	8.7.1	Einführung und Nutzung von technischen Einrichtungen	300
	8.7.2	Mitarbeitervertretung und Überwachung	301

9   Einführung Compliance   305

9.1	Die Grundlagen: Was ist überhaupt Compliance?	305
9.2	Verletzung von Compliance-Vorgaben: Risiken für Unternehmen	309
9.3	Verletzung von Compliance-Vorgaben: Pflichten und Haftung von Führungskräften	310
	9.3.1 Grundlagen der Geschäftsführerhaftung	310
	9.3.2 Delegation von Verantwortlichkeit im Unternehmen	312

9.3.3	Haftung für Compliance-Versäumnisse	313
9.3.4	D&O-Versicherungen für Führungskräfte	315

9.4 Schutzmechanismen: Die Rolle von Compliance Management Systemen ... 315

9.4.1	Einrichtung eines CMS	316
9.4.2	Vorlagen für CMS	317
9.4.3	Mitbestimmungspflicht des Betriebsrats	322

9.5 Was ist IT-Compliance? ... 323

9.6 Aus dem Dunkeln holen: Der Umgang mit Schatten-IT ... 325

9.7 Umgang mit Whistleblowern: Hinweisgeber angemessen schützen ... 326

9.8 Wie sage ich es meinem Chef: Umgang mit fragwürdigen Arbeitsanweisungen ... 328

9.8.1	Weisungsrecht des Arbeitgebers	328
9.8.2	Rechte der Arbeitnehmer	329
9.8.3	Tipps für die Praxis zur Konfliktlösung und -prävention	330
9.8.4	Umgang mit Notfällen	332

10 Folgen bei Datenschutzproblemen: Sanktionen, Abmahnungen und Schadenersatz   333

10.1 Datenschutzverstöße werden bestraft: Sanktionsmöglichkeiten der DSGVO ... 333

10.1.1	Sanktionsmöglichkeiten der Aufsichtsbehörden	333
10.1.2	Rechte der Betroffenen	336
10.1.3	Abmahnungen durch Mitbewerber	337

10.2 Das Schwert der Aufsichtsbehörden: Bußgelder nach Art. 83 DSGVO ... 338

10.2.1	Zwei Bußgeldrahmen	338
10.2.2	Bestimmung der Bußgeldhöhe	339
10.2.3	Bußgeldkonzepte der Aufsichtsbehörden	340
10.2.4	Ein Sonderproblem: Rechtsträgerprinzip vs. Funktionsträgerprinzip	342
10.2.5	Beispiele für Bußgelder	344

10.3 Das kann teuer werden: Schadenersatzansprüche der Betroffenen ... 345

10.3.1	Art. 82 DSGVO als zentrale Anspruchsgrundlage	345
10.3.2	Verstoß gegen die DSGVO	345
10.3.3	Folgefragen	346

10.4	Böse Überraschung: Wann drohen Abmahnungen?	350
	10.4.1 Rechtsgrundlage für Abmahnungen	350
	10.4.2 Unterlassungsanspruch und strafbewehrte Unterlassungserklärung	352
	10.4.3 Einstweiliges Verfügungsverfahren	352
	10.4.4 Rechtsanwaltskosten	353
	10.4.5 Rechtfertigung von Abmahnungen	353

11 Strafrechtliche Risiken für Admins — 355

11.1	Das Computerstrafrecht: Konsequenzen für Admins und Pentester	355
	11.1.1 Ausspähen von Daten (§ 202a StGB)	356
	11.1.2 Abfangen von Daten (§ 202b StGB)	359
	11.1.3 Vorbereiten des Ausspähens und Abfangens von Daten (§ 202c StGB)	360
	11.1.4 Datenhehlerei (§ 202d StGB)	364
	11.1.5 Datenveränderung (§ 303a StGB)	365
	11.1.6 Computersabotage (§ 303b StGB)	366
11.2	Geheimniskrämerei: der richtige Umgang mit Geheimnissen	367
	11.2.1 Verletzung von Privatgeheimnissen (§ 203 StGB)	367
	11.2.2 Abhören verboten: Verletzung des Post- oder Fernmeldegeheimnisses (§ 206 StGB)	370
	11.2.3 Besser nicht verraten: Folgen bei Verrat von Geschäftsgeheimnissen	372
11.3	Missbrauch personenbezogener Daten: Strafbarkeiten und Ordnungswidrigkeiten	373
	11.3.1 Strafbarkeiten nach § 42 BDSG	373
	11.3.2 Ordnungswidrigkeiten	376
11.4	Richtiger Umgang mit Durchsuchungen, Durchsichten und Beschlagnahmen	376
	11.4.1 Offene Ermittlungsmaßnahmen	377
	11.4.2 Verdeckte Ermittlungsmaßnahmen: die Online-Durchsuchung	382
11.5	Fazit	383

12 Generative KI: Was bei der Nutzung von ChatGPT & Co. zu beachten ist ... 385

12.1	Grundlagen: Wie funktioniert ChatGPT eigentlich?	385
12.2	KI-Generatoren und das Urheberrecht	387
	12.2.1 Welche Rechte bestehen an KI-Ergebnissen?	387
	12.2.2 Gemischte Platte: Wie viel KI darf in einem Werk stecken?	389
	12.2.3 Besonderheiten bei der Nutzung von KI für Code	391
	12.2.4 KI von der eigenen Website aussperren?	392
12.3	KI-Generatoren und der Datenschutz	394
	12.3.1 Datenschutz bei der geschäftlichen Nutzung der KI	394
	12.3.2 Vertragliche Beziehung und Datenexport	394
	12.3.3 Rechtsgrundlagen für die geschäftliche Nutzung	395
	12.3.4 Datenschutzanforderungen an die Betreiber der KI	395
	12.3.5 Besonderheiten bei Bild-KI	396
12.4	Geschäftsgeheimnisschutz und KI	396
12.5	Richtlinien für die Nutzung von KI-Generatoren	397

Index ... 399

Vorwort

Braucht die Welt wirklich noch ein anderes Buch über *Datenschutz und Compliance*? Wir denken ja! Allerdings möchten wir in diesem Werk den Schwerpunkt anders setzen als bisher üblich. Denn was uns als Autoren zusammenführt, ist der Gedanke, dass Datenschutz zu häufig als rein juristisches Thema betrachtet wird.

Dies gilt umso mehr, wenn die Zielgruppe dieses Buches aus Technikern und IT-Verantwortlichen besteht. So verbringen Juristen ganze Tage auf Konferenzen, um zu definieren, was denn der Stand der Technik sein könnte. Dabei handelt es sich aber letztlich um ein rein technisches Thema, welches auch entsprechend betrachtet werden muss.

Um einen neuen und umfassenderen Blick auf die wesentlichen Thematiken des Datenschutzes zu werfen, haben wir uns vor etwa zwei Jahren als interdisziplinäres Team aus zwei Juristen und einem Techniker mit viel praktischer Erfahrung zusammengetan. Ziel dabei war es, Synergien in der Zusammenarbeit zu entwickeln und vor allem einen interdisziplinären Blick auf den technischen Bereich des Datenschutzes zu werfen. Statt rein juristisch geprägter Darstellungen, gibt es in diesem Buch daher auch technische Einsichten und Ausführungen.

Natürlich kommen auch die Grundlagen von *DSGVO* & Co. nicht zu kurz. Diese werden ausführlich, verständlich und mit vielen Praxistipps dargelegt. Wichtig war uns ebenfalls, die aktuellen Entwicklungen rund um den Datenschutz zu verfolgen. Daher haben wir eigene Kapitel zum *TTDSG*, zu den Entwicklungen im Bereich KI und den Details zum *Data Privacy Framework* (DPF) ergänzt, welches seit Mitte Juli 2023 den Datentransfer in die USA regelt.

Abschließend möchten wir uns bei unseren Familien für ihre großartige Unterstützung und Geduld bedanken und wünschen Ihnen, liebe Leserinnen und Leser, nun viele gute Gedanken bei der Lektüre des Buches!

Joerg Heidrich
Christoph Wegener
Dennis Werner

Kapitel 1
Grundlagen: Was Sie über den Datenschutz wissen müssen

In diesem Kapitel lernen Sie die Grundlagen des Datenschutzes sowie dessen wichtigsten Begriffe kennen. Sie erfahren, was personenbezogene Daten sind, wer für die Daten verantwortlich ist und wie man diese Informationen als Betroffener nutzen kann. Daneben gibt's zahlreiche praktische Tipps aus dem IT-Bereich.

1.1 Eine kleine Geschichte des Datenschutzes

Die Grundidee, Angaben über die eigene Person, insbesondere gegenüber dem Staat, nur eingeschränkt weitergeben zu müssen, ist alles andere als neu. Schon Ende des 19. Jahrhunderts entwickelte sich in den USA die Idee eines »Right to Privacy«. Danach solle jedem Bürger das Recht zustehen, eigenständig zu entscheiden, ob seine *Gedanken, Meinungen und Gefühle* an Dritte weitergegeben werden dürfen.

Gegenstand einer größeren öffentlichen Diskussion wurden diese Grundideen Anfang der 60er-Jahre des letzten Jahrhunderts. Anlass dazu waren Pläne der US-Regierung unter John F. Kennedy, die die Einrichtung eines nationalen Datenzentrums vorsahen. Ziel dieses Projekts war es, eine zentrale Meldestelle zu schaffen, in der die Daten aller US-Bürger registriert werden sollten. Hierin sahen Bürgerrechtler einen erheblichen Eingriff in das verfassungsrechtlich verankerte Recht, in Ruhe gelassen zu werden (*Right to be let alone*). Zwar scheiterte das Projekt im Kongress, die darauf basierende Diskussion führte aber letztlich 1974 zur Verabschiedung des sogenannten Privacy Act, das Regeln im Umgang der Behörden mit den Daten der Bürger einführte.

Bei der Einführung des ersten Datenschutzgesetzes weltweit hatte jedoch Deutschland die Nase vorne. Tatsächlich war es das Bundesland Hessen, das bereits 1970 mit der Verabschiedung des *Hessischen Datenschutzgesetzes* (*HDSG*) eine Vorreiterrolle übernahm und damit auf das wachsende Unbehagen über die staatliche Datenmacht reagierte. Geregelt werden sollte der Umgang mit der immer weiter fortschreitenden Technik der maschinellen Datenverarbeitung. Das Gesetz galt zunächst nur für die Behörden des Landes Hessen, also die Verarbeitung durch öffentliche Stellen.

Inhaltlich enthielt es bereits erstaunlich viele Regelung, die bis heute zu den Grundlagen des Datenschutzrechts zählen. So wurde den Bürgern schon damals das Recht auf Auskunft eingeräumt. Auch die Pflicht zur Stellung eines Datenschutzbeauftragten war enthalten; auf dieser Grundlage wurde Willi Birkelbach im Jahre 1971 in Hessen der erste Datenschutzbeauftragte weltweit. Und auch die erste Regelung zur Schaffung von technischen und organisatorischen Maßnahmen (TOM) zum Schutz der Informationen enthielt das Gesetz.

Auf Basis der hessischen Vorlage wurde dann im Jahre 1977 das erste *Bundesdatenschutzgesetz (BDSG)* geschaffen. Dessen Regelungen waren umfangreicher und umfassten auch den privaten Bereich. Es regelte also auch die Datenverarbeitung durch natürliche und juristische Personen. Enthalten waren darüber hinaus zahlreiche bis heute geltende Regelungen, z. B. zur Führung eines Verfahrensverzeichnisses, das heute unter dem Begriff Verarbeitungsverzeichnis weiter Bestand hat, sowie eine erste Vorschrift zur Auftragsverarbeitung. Größere praktische Bedeutung hatten die Vorschriften allerdings zunächst kaum, was auch an den sehr niedrigen Bußgeldern lag, die die Datenschutzbehörden verhängen konnten.

Die Initialzündung für das heutige Verständnis des Datenschutzes war das sogenannte *Volkszählungsurteil* des Bundesverfassungsgerichts *(BVerfG)* von Dezember 1983. Gegenstand der Entscheidung war der seinerzeit geplante bundesweite Zensus. Gefordert wurden in dessen Rahmen u. a. Angaben zum Familienstand, zur Wohnsituation, zu Ausbildung und Erwerbstätigkeit oder auch zu Arbeitszeit und Arbeitsweg. Schaut man sich mit heutiger Sicht die damaligen Fragebögen an, wirken diese – verglichen mit dem heutigen Datenhunger im Web – geradezu trivial. Dennoch wehrte sich ein größerer Teil der Bevölkerung gegen den staatlichen Wissenshunger, u. a. auch mit Verfassungsbeschwerden.

In seiner bis heute wegweisenden Entscheidung erklärte das BVerfG die Volkszählung und das entsprechende Gesetz für verfassungswidrig. Das Urteil geht aber noch viel weiter: Das Gericht nimmt darin eine erhebliche Wirkung des *Chilling Effect* an. Darunter versteht man den psychologischen Effekt, dass sich Menschen unter tatsächlicher oder auch nur vermuteter Beobachtung befangen verhalten und sich anders benehmen als dies unbeobachtet der Fall ist. Daraus abgeleitet konstituierte das BVerfG das Recht der Bürger, dass jede Person grundsätzlich selbst über die Erhebung und Verwendung ihrer personenbezogenen Daten entscheiden können soll. Hierzu schaffte es ein neues, aber nicht als eigenständiger Artikel im Grundgesetz enthaltenes Grundrecht, das *Recht auf informationelle Selbstbestimmung*, dass den Bürgern diese Freiheiten garantieren soll und das bis heute gilt.

Die nächsten wichtigen Schritte in der Entwicklung des Datenschutzes erfolgten danach auf europäischer Ebene. Dabei stand vor allem das wachsende Bedürfnis nach einheitlichen Regelungen in den Mitgliedsstaaten ebenso wie nach einheitlichen europäischen Vorgaben im Vordergrund. So wurde 1995 die europäische *Richt-*

linie zum Schutz natürlicher Personen bei der Verarbeitung personenbezogener Daten und zum freien Datenverkehr (Richtlinie 95/46/EG) verabschiedet. Diese sollte vor allem den bereits erkennbaren Anforderungen an die Weiterentwicklung der Informationstechnik (IT) Rechnung tragen. Diese Regulierung wurde im Jahr 2002 durch die Datenschutzrichtlinie für elektronische Kommunikation (Richtlinie 2002/58/EG) ergänzt, die sogenannte *ePrivacy-Richtlinie*. Die Richtlinie hatte vor allem den Datenschutz im Bereich der Telekommunikation im Fokus. Auf nationaler Ebene gab es dann noch zwischen 2001 und 2010 insgesamt drei Novellierungen des *Bundesdatenschutzgesetzes* (BDSG).

Zu seiner heutigen erheblichen Bedeutung – auch in der öffentlichen Wahrnehmung und Diskussion – gelangte der Datenschutz letztlich aber erst durch die Einführung der *Datenschutz-Grundverordnung* (DSGVO). Diese wurde am 14. April 2016 vom EU-Parlament verabschiedet und ist seit dem 25. Mai 2018 überall in Europa einheitliches Recht.

1.2 Die Datenschutzgesetze im Überblick

Die *Datenschutz-Grundverordnung* (DSGVO) legt die Regeln zur Verarbeitung personenbezogener Daten durch sowohl private als auch öffentliche Stellen EU-weit einheitlich fest. Garantiert werden soll dadurch neben dem Schutz personenbezogener Daten innerhalb der *Europäischen Union* (EU) auch der freie Datenverkehr innerhalb des europäischen Binnenmarktes.

Um diesen Zweck zu erreichen, hat der europäische Gesetzgeber das neue Recht in Form einer Verordnung gestaltet. Während Richtlinien durch den nationalen Gesetzgeber in nationales Recht umgewandelt werden müssen, gilt die DSGVO als direkt anwendbares einheitliches europäisches Recht im gesamten Raum der EU. Daneben gilt sie auch in den Nicht-EU-Staaten des *Europäischen Wirtschaftsraumes* (EWR), also in Island, Liechtenstein und Norwegen.

Den EU-Mitgliedstaaten ist es nach den Vorschriften der DSGVO grundsätzlich nicht erlaubt, den dort festgeschriebenen Datenschutz durch eigene nationale Regelungen abzuschwächen oder ihn zu verstärken. Allerdings werden nicht alle Bereiche des Datenschutzes abschließend durch die neuen Vorschriften geregelt. Vielmehr enthält die DSGVO verschiedene Öffnungsklauseln, die es den einzelnen EU-Staaten ermöglichen, zumindest einige Aspekte des Datenschutzes auf nationaler Ebene festzulegen.

Dies geschah in Deutschland insbesondere durch die Einführung eines ergänzenden Bundesdatenschutzgesetzes (*BDSG-neu*), das etwas unglücklich den gleichen Namen des bis zur Einführung der DSGVO geltenden Gesetzes trägt. Es regelt beispielsweise den Umgang mit den Daten von Beschäftigten in Unternehmen. Neben dem BDSG gibt es aber noch eine ganze Reihe von anderen Gesetzen, die den Datenschutz in Deutschland regeln.

Hierzu gehören z. B. die *Landesdatenschutzgesetze* der einzelnen Bundesländer, die in erster Linie für die jeweiligen Landesbehörden und Kommunalverwaltungen gelten. Das *Telekommunikation-Telemedien-Datenschutz-Gesetz* (*TTDSG*) legt die Bestimmungen zum Fernmeldegeheimnis und zum Datenschutz bei Telekommunikations- und bei Telemediendiensten fest. Schließlich gibt es auch noch einige Spezialbereiche, wie das Datenschutzrecht des *Zehnten Buchs Sozialgesetzbuch* (*SGB X*). Dieses enthält Vorschriften über den Schutz der *Sozialdaten* und legt die Voraussetzungen fest, unter denen solche Informationen erhoben, gespeichert, verarbeitet, übermittelt und gelöscht werden dürfen.

1.3 Ein erster Blick: Aufbau und wichtige Begriffe in der DSGVO

Die DSGVO besteht aus 99 Artikeln, die in elf Kapitel unterteilt sind. Besonders praxisrelevant sind dabei die ersten fünf Kapitel, die folgende Themen behandeln:

- *Kapitel 1* (Art. 1 bis 4): Allgemeine Bestimmungen – Gegenstand und Ziele, sachlicher und räumlicher Anwendungsbereich, Begriffsbestimmungen
- *Kapitel 2* (Art. 5 bis 11): Grundsätze und Rechtmäßigkeit – Grundsätze und Rechtmäßigkeit der Verarbeitung personenbezogener Daten, Bedingungen für die Einwilligung und Verarbeitung besonderer Kategorien personenbezogener Daten
- *Kapitel 3* (Art. 12 bis 23): Rechte der betroffenen Person – Transparenz und Modalitäten, Informationspflichten des Verantwortlichen und Auskunftsrecht der betroffenen Person zu den personenbezogenen Daten sowie zu deren Berichtigung und Löschung – das Recht auf Vergessenwerden – Widerspruchsrecht und die automatisierte Entscheidungsfindung im Einzelfall, einschließlich Profiling und Beschränkungen
- *Kapitel 4* (Art. 24 bis 43): Verantwortlicher und Auftragsverarbeiter – allgemeine Pflichten, Sicherheit personenbezogener Daten, Datenschutz-Folgenabschätzung (DSFA) und vorherige Konsultation, Datenschutzbeauftragter, Verhaltensregeln und Zertifizierung
- *Kapitel 5* (Art. 44 bis 50): Übermittlungen personenbezogener Daten an Drittländer oder an internationale Organisationen

Daneben beinhaltet die DSGVO noch eine dem deutschen Recht eher unbekannte Besonderheit. Zusätzlich zu den 99 Artikeln enthält sie noch 173 *Erwägungsgründe* (*ErwGs*), die zur Auslegung der Artikel mit herangezogen werden. Diese enthalten bisweilen ausgesprochen hilfreiche Informationen zur Interpretation der einzelnen Gesetzesvorschriften, sodass sich ein ergänzender Blick auf die ErwGs häufig lohnt.

Inhaltlich stellt die DSGVO gegenüber dem zuvor in Deutschland geltenden Datenschutzrecht keine Revolution dar. Tatsächlich wurde eine ganze Reihe von Definitionen und Grundlagen in wesentlichen Punkten dem deutschen Recht entnommen. Hierzu gehören Kernpunkte wie die Definition von personenbezogenen Daten, das Prinzip des Verbots mit Erlaubnisvorbehalt oder die Pflicht zur Stellung von Datenschutzbeauftragten, die alle nachfolgend erläutert werden.

Neue Regelungen gibt es insbesondere in den Bereichen mit einem europäischen Bezug. Hierzu gehört das *Marktortprinzip*. Dieses besagt, dass die DSGVO auch für Unternehmen aus dem außereuropäischen Bereich gilt, soweit diese ihre Waren oder Dienstleistungen auch auf dem europäischen Markt anbieten. Die Regelung geht sogar noch weiter: Die DSGVO gilt nach Art. 3 sogar dann, wenn ein nicht in der Union niedergelassener Verantwortlicher einer Person in der EU Waren oder Dienstleistungen anbietet oder er das Verhalten einer Person in Europa auch nur *beobachtet*. Diese Vorgaben gelten beispielsweise für viele US-Unternehmen, auch wenn diese in der EU keine Niederlassung haben. Allerdings sind bislang keine Fälle bekannt, in denen die hiesigen Behörden schon einmal aktiv gegen einen Datenmissbrauch derartiger Firmen aus Übersee vorgegangen wären.

Darüber hinaus gilt in der EU das sogenannte *One-Stop-Shop-Verfahren*. Dieser Grundsatz wurde in die DSGVO aufgenommen, um grenzüberschreitend tätigen Firmen in der EU nicht zuzumuten, sich mit allen Datenschutzbehörden in den jeweiligen Ländern auseinanderzusetzen. Vielmehr soll sich die Kommunikation auf eine einzelne Aufsichtsbehörde als zentrale Anlauf- und Regulierungsstelle beschränken, die für den Verantwortlichen zuständig ist. Diese hat in aller Regel ihren Sitz in demselben Mitgliedstaat wie die Hauptniederlassung des Unternehmens.

> **Hinweis: Datenschutz-Nadelöhr Irland**
>
> In der Praxis entpuppt sich die Idee des One-Stop-Shop-Verfahrens allerdings als eines der größten Probleme der Anwendung der DSGVO. Dafür ist in erster Linie die Datenschutzbehörde Irlands verantwortlich. In Irland haben fast alle großen US-Unternehmen und Konzerne ihren EU-Hauptsitz. Hierzu gehören u. a. *Facebook*, *Microsoft*, *Apple*, *Google* oder *Ebay*. Die dahinterliegenden Gründe sind in erster Linie im unternehmensfreundlichen Steuersatz Irlands zu sehen. Allerdings dürfte auch die praktisch überaus laxe Regulierung des Datenschutzes der Behörde in Dublin damit zu tun haben.
>
> Hieran gibt es von allen Seiten teils heftige Kritik, u. a. von der EU-Kommission, vom Europäischen Gerichtshof (EuGH), vom Europäischen Parlament sowie von vielen nationalen Behörden, insbesondere auch aus Deutschland. Faktisch bewirkt die – freundlich formuliert – zurückhaltende Anwendung der DSGVO durch die Iren vor allem einen massiven Wettbewerbsnachteil für europäische Unternehmen, die mit den US-Riesen im Wettbewerb stehen. Denn während diese in ihren Heimatländern bisweilen hart reguliert werden, müssen die EU-Niederlassungen der US-Konzerne kaum Bußgelder oder andere Nachteile fürchten.

1 Grundlagen: Was Sie über den Datenschutz wissen müssen

Wichtig zum Verständnis des Datenschutzes ist zudem das Prinzip der Verantwortlichkeit. Gemäß der Art. 4 DSGVO ist der *Verantwortliche* wie folgt definiert:

die natürliche oder juristische Person, Behörde, Einrichtung oder andere Stelle, die allein oder gemeinsam mit anderen über die Zwecke und Mittel der Verarbeitung von personenbezogenen Daten entscheidet (...).

Darunter fällt damit in aller Regel das Unternehmen oder die Person (z. B. ein Selbstständiger), bei dem die Daten im eigenen Interesse erhoben oder verarbeitet werden. Dessen Verantwortung umfasst nach Art. 24 DSGVO die Einhaltung der DSGVO, das Festlegen und Umsetzen geeigneter Schutzmaßnahmen und das Erbringen von Nachweisen und Dokumentationen. Dieser Verantwortliche ist auch für Datenschutzverstöße verantwortlich und wird in aller Regel derjenige sein, gegenüber dem ein Bußgeld ausgesprochen wird.

Auch ist es möglich, dass mehrere Personen oder Unternehmen gemeinsam als Verantwortliche auftreten, nämlich wenn sie gemeinsam über die Zwecke und Mittel einer Datenverarbeitung entscheiden (gemeinsame Verantwortung). Eine solche Konstellation liegt nach einer Entscheidung des EuGH (Az.: C-40/17)[1] beispielsweise zwischen einem Website-Betreiber und Facebook hinsichtlich der Einbindung des Facebook-Like-Buttons in die Website vor. Zwar erfolgt die Erhebung von personenbezogenen Daten bei Facebook durch die grundsätzlichen Funktionen des Buttons. Der Social-Media-Riese ist jedoch darauf angewiesen, dass Dritte diesen in ihre Angebote einbinden.

1.4 Was ist überhaupt geschützt: personenbezogene Daten

Von elementarer Bedeutung im Bereich des Datenschutzes ist der Begriff der *personenbezogenen Daten*. Definiert wird er in Art. 4 DSGVO. Danach unterliegen solche Informationen dem Schutz des Gesetzes, die sich auf eine identifizierte oder zumindest identifizierbare natürliche Person beziehen.

Nach dem Gesetz fallen darunter:

Alle Informationen, die sich auf eine identifizierte oder identifizierbare natürliche Person (im Folgenden »betroffene Person«) beziehen; als identifizierbar wird eine natürliche Person angesehen, die direkt oder indirekt, insbesondere mittels Zuordnung zu einer Kennung wie einem Namen, zu einer Kennnummer, zu Standortdaten, zu einer Online-Kennung oder zu einem oder mehreren besonderen Merkmalen, die Ausdruck der physischen, physiologischen, genetischen, psychischen, wirtschaftlichen, kulturellen oder sozialen Identität dieser natürlichen Person sind, identifiziert werden kann.

---

[1] Weitere Informationen dazu sind online verfügbar unter *https://curia.europa.eu/juris/liste.jsf?language=de&num=C-40/17* (zuletzt aufgerufen am 15. Juni 2023).

Hieraus folgt zunächst, dass sich die Informationen auf eine natürliche Person beziehen müssen, also auf einen *identifizierbaren Menschen*. Für diese beginnt und erlischt der Schutz mit ihrer Rechtsfähigkeit. Diese Fähigkeit erlangt der Mensch mit seiner Geburt und verliert sie mit seinem Tod. Daraus ergibt sich, dass für einen Personenbezug Daten bestimmten oder bestimmbaren lebenden Personen zugeordnet werden können müssen.

Zu diesen Daten gehören z. B.:

Name, Anschrift, Telefonnummer, die Kreditkarten- oder Personalnummern einer Person, die Kontonummern, Kfz-Kennzeichen oder die Kundennummer

> **Praxistipp: Personenbezug von IP-Adressen**
>
> Die Frage, ob es sich bei IP-Adressen um personenbezogene Daten handelt, war über viele Jahre juristisch höchst umstritten. Urteile des EuGH sowie auch des Bundesgerichtshofs haben diese Frage inzwischen weitgehend entschieden. Danach ist in aller Regel bei statischen sowie bei dynamischen IP-Adressen ein Personenbezug zu bejahen. Dies wird damit begründet, dass man zumindest mit dem Zusatzwissen des Providers den Anschlussinhaber identifizieren kann. Hierzu besteht in vielen Fällen durch das Stellen von Strafanzeigen auch eine Möglichkeit.
>
> Auch die DSGVO führt in ErwG 30 aus, dass natürlichen Personen *unter Umständen Online-Kennungen wie IP-Adressen und Cookie-Kennungen (...) zugeordnet werden*. Diese Einordnung ist im IT-Bereich höchst praxisrelevant, z. B. für die Nutzung von Cookie-Bannern und die Speicherung von Logfiles und Protokollen.

Gut verdeutlichen lässt sich die Bestimmung eines Personenbezugs am Beispiel von E-Mail-Adressen. Die Adresse *vorname.nachname@unternehmensadresse.de* ist eindeutig einer bestimmten Person zuzuordnen und daher identifizierbar und personenbezogen im Sinne der DSGVO. Der Anschrift *kontakt@unternehmensadresse.de* fehlt es hingegen im Normalfall an einer solchen Zuordnung, da sie an eine unbestimmte Menge von Personen geht, die nicht ohne zusätzliche Informationen bestimm- und identifizierbar ist.

Schon aus der Formulierung *alle Informationen* in der Definition von Art. 4 DSGVO ergibt sich, dass die Definition von personenbezogenen Daten sehr weit auszulegen ist. Neben den oben genannten Informationen fallen darunter z. B. auch Fotografien und Filme, die natürliche Personen abbilden. Gleiches gilt auch für die Erfassung von Arbeits- und Pausenzeiten oder auch Krankentagen von Mitarbeitern im Betrieb. Doch nicht nur derartige objektive Angaben unterfallen dem Datenschutz. Dieser umfasst auch subjektive Informationen wie z. B. persönliche Ansichten, Beurteilungen oder Einschätzungen. Dazu gehören z. B. die Einschätzungen von Prüfungsleistungen von Schülern durch einen Lehrer oder die Kreditwürdigkeit einer Person.

Juristische Personen, also Unternehmen, Körperschaften oder auch Verwaltungseinheiten unterliegen als solche nicht dem Anwendungsbereich der DSGVO.

> **Praxisbeispiel: Sind Unternehmensangaben personenbeziehbar?**
>
> Grundsätzlich fallen nur Informationen über natürliche Personen in den Anwendungsbereich der DSGVO. Folgende Informationen sind demnach datenschutzrechtlich nicht relevant:
>
> XY GmbH & Co. KG, Musterstraße 3, 0815 Musterstadt, zentrale Telefonnummer, kontakt@xygmbh.de
>
> Das wird sich aber dann ändern, wenn diese Daten um zusätzliche personenbezogene Angaben ergänzt werden wie:
>
> *Ansprechpartner: Hans Mustermann, Durchwahl Mustermann, mustermann@xygmbh.de*

Neben den allgemeinen personenbezogenen Daten gibt es noch eine weitere Datenarten, die sogenannten *besonderen Kategorien personenbezogener Daten*. Schaut man sich an, welche Daten dazu gehören, ist es offensichtlich, warum diese Informationen einem besonders strengen Schutz unterliegen. Hierzu gehören genetische oder biometrische Daten und Gesundheitsdaten sowie personenbezogene Daten, aus denen die rassische und ethnische Herkunft, politische Meinungen, religiöse oder weltanschauliche Überzeugungen oder die Gewerkschaftszugehörigkeit des Betroffenen hervorgehen. Für die Verarbeitung dieser Daten gibt es weitreichende Einschränkungen, die nachfolgend noch dargestellt werden.

1.5 Umgang mit personenbezogenen Daten: Verarbeitung & Co.

Der Überbegriff für den Umgang mit personenbezogenen Daten in der DSGVO ist die *Verarbeitung*. Darunter versteht man jeden mit oder ohne Hilfe automatisierter Verfahren ausgeführten Vorgang oder jede solche Vorgangsreihe im Zusammenhang mit personenbezogenen Daten.

Art. 4 Nr. 2 DSGVO definiert diesen Begriff wie folgt:

> *Jeden mit oder ohne Hilfe automatisierter Verfahren ausgeführten Vorgang oder jede solche Vorgangsreihe im Zusammenhang mit personenbezogenen Daten wie das Erheben, das Erfassen, die Organisation, das Ordnen, die Speicherung, die Anpassung oder Veränderung, das Auslesen, das Abfragen, die Verwendung, die Offenlegung durch Übermittlung, Verbreitung oder eine andere Form der Bereitstellung, den Abgleich oder die Verknüpfung, die Einschränkung, das Löschen oder die Vernichtung (...)*

Die DSGVO umfasst also den kompletten *Lebenszyklus* von personenbezogenen Daten, von der Erhebung über die Verwendung bis hin zur Löschung dieser Informationen. Der Begriff der Verarbeitung wird dabei, ebenso wie in diesem Buch, als Oberbegriff für jeden Umgang mit Daten verwendet.

1.6 Grundsätze und Prinzipien des Datenschutzes

Wie schon das alte BDSG enthält auch die DSGVO eine Reihe von Grundsätzen des Datenschutzes, die für jeden Umgang mit personenbezogenen Daten gelten. Diese Regeln sind in Art. 5 DSGVO festgelegt: *Grundsatz der Rechtmäßigkeit, Verarbeitung nach Treu und Glauben, Transparenz, Zweckbindung, Datenminimierung, Richtigkeit*, Speicherbegrenzung sowie *Integrität* und *Vertraulichkeit*.

Alle dieser Prinzipien sind gleichermaßen zu beachten; eine Ausnahme gibt es nicht. Daher ist es zum Verständnis des Datenschutzes unumgänglich, diese Grundsätze zu verstehen und auf jede Verarbeitung anzuwenden.

1.6.1 Rechtmäßigkeit der Verarbeitung

Personenbezogene Daten müssen auf *rechtmäßige Weise* verarbeitet werden. Dies ist dann der Fall, wenn für jeden Verarbeitungsvorgang eine valide Rechtsgrundlage vorliegt. Dies wird als sogenanntes Verbot mit Erlaubnisvorbehalt bezeichnet, wonach erst einmal jede Nutzung von Daten untersagt ist, sofern für diesen Vorgang nicht ausnahmsweise eine gesetzliche Erlaubnis vorliegt.

Diese Rechtmäßigkeit der Verarbeitung wird in Art. 6 DSGVO und ErwG 40 konkretisiert. Danach ist jeder Umgang mit personenbezogenen Daten nur dann rechtmäßig, wenn eine der genannten sechs Rechtsgrundlagen für die Datenverarbeitung vorliegt. Hierzu zählen z. B. die Einwilligung oder das berechtigte Interesse.

1.6.2 Verarbeitung nach Treu und Glauben

Dieser Grundsatz sieht vor, dass unredliche bzw. missbräuchliche Verarbeitungsvorgänge zu unterlassen sind. In der Praxis geht es dabei um die Frage, ob ein bestimmtes Verhalten als redlich bzw. anständig bewertet werden kann.

1.6.3 Transparenz

Der *Transparenzgrundsatz* setzt voraus, dass die Verarbeitung der personenbezogenen Daten für die betroffenen Personen nachvollziehbar sein muss. Daraus resultiert z. B., dass alle Informationen bezüglich der Verarbeitung dieser Daten leicht zugänglich, verständlich sowie in klarer und einfacher Sprache abgefasst sind.

Auch sollen die Betroffenen die Auswirkungen des Umgangs mit ihren Daten einschätzen können. Sie müssen in die Lage versetzt werden, von ihren Betroffenenrechten der Art. 12 ff. DSGVO Gebrauch machen zu können. Dort wird dem Grundsatz der Transparenz insbesondere durch weitgehende Informationspflichten bei der Erhebung personenbezogener Daten Rechnung getragen. Wichtig ist auch das *Auskunftsrecht* der Betroffenen nach Art. 15 DSGVO. Der Transparenz dienen darüber hinaus auch Datenschutzsiegel oder Zertifizierungsverfahren nach Art. 42 DSGVO, die den Betroffenen in die Lage versetzen sollen, sich auf einfache Art und Weise über das Datenschutzniveau der zertifizierten Produkte und Dienstleistungen zu informieren.

In ErwG 39 heißt es hierzu:

Für natürliche Personen sollte Transparenz dahingehend bestehen, dass sie betreffende personenbezogene Daten erhoben, verwendet, eingesehen oder anderweitig verarbeitet werden und in welchem Umfang die personenbezogenen Daten verarbeitet werden und künftig noch verarbeitet werden.

Der Grundsatz der Transparenz setzt voraus, dass alle Informationen und Mitteilungen zur Verarbeitung dieser personenbezogenen Daten leicht zugänglich und verständlich und in klarer und einfacher Sprache abgefasst sind. Dieser Grundsatz betrifft insbesondere die Informationen über die Identität des Verantwortlichen und die Zwecke der Verarbeitung und sonstige Informationen, die eine faire und transparente Verarbeitung im Hinblick auf die betroffenen natürlichen Personen gewährleisten, sowie deren Recht, eine Bestätigung und Auskunft darüber zu erhalten, welche sie betreffende personenbezogene Daten verarbeitet werden.

Natürliche Personen sollten über die Risiken, Vorschriften, Garantien und Rechte im Zusammenhang mit der Verarbeitung personenbezogener Daten informiert und darüber aufgeklärt werden, wie sie ihre diesbezüglichen Rechte geltend machen können. (...)

1.6.4 Zweckbindung

Ein besonders wichtiger Grundsatz des Datenschutzes stellt die *Zweckbindung* dar. Personenbezogene Daten dürfen danach nur für festgelegte, eindeutige und legitime Zwecke genutzt werden. Diese jeweiligen Zwecke der Datenverarbeitung müssen bereits bei der Erhebung der Daten festgelegt werden. Sie müssen eindeutig bestimmt werden, und die festgelegten Zwecke müssen legitim sein.

Eine Weiterverarbeitung ist unzulässig, soweit diese mit diesen ursprünglich festgelegten Erhebungszwecken nicht zu vereinbaren ist. Sie ist allerdings zu anderen Zwecken ausnahmsweise möglich, sofern für die damit verbundene Zweckänderung eine andere Rechtsgrundlage einschlägig ist. Eine solche »Umwidmung« ist jedoch nicht einfach.

> **Hinweis: Die Zweckbindung als Big Data Killer**
>
> Die Frage, ob der Grundsatz der Zweckbindung Aufnahme in die DSGVO finden soll, war einer der Hauptstreitpunkte im Rahmen des Gesetzgebungsprozesses. Dabei ging es vor allem um die Auswirkungen dieses Grundsatzes auf die Nutzung personenbezogener Daten für Big-Data-Prozesse. Denn die dafür notwendigen Daten werden in aller Regel im Rahmen von gänzlich anderen Prozessen gewonnen. Möchte man diese Informationen für die neuen Zwecke im Rahmen der Verarbeitung von Big Data nutzen, erfordert dies eine valide neue Rechtsgrundlage. In der Praxis wird dieser Problematik beispielsweise durch eine Anonymisierung oder Pseudonymisierung dieser Daten vor der neuen Verarbeitung begegnet.

In der Praxis ist die Zweckbindung von großer Bedeutung. So muss für jeden Verarbeitungsprozess vorab der Zweck festgelegt werden. Dies bedeutet beispielsweise, dass personenbezogene Daten, die im Rahmen der Erfassung von Logfiles zur Gewährleistung der Informationssicherheit gespeichert werden, auch nur zu diesem Zweck genutzt werden dürfen. Eine Nutzung dieser Daten zu Marketingzwecken ist damit ausgeschlossen.

1.6.5 Datenminimierung

Der Grundsatz der *Datenminimierung* besagt, dass nur solche Daten erhoben werden dürfen, die für die jeweilige Aufgabe auch tatsächlich notwendig sind. Sie müssen also dem Zweck angemessen und auf das für die jeweiligen Zwecke einer Verarbeitung notwendige Maß beschränkt sein. Durch diesen Grundsatz wird also das Erheben unnötiger Daten verboten. Sie umfasst auch *private Vorratsdatenspeicherungen*, also Informationen, die ein Unternehmen nicht zwingend benötigt, aber gerne vorhalten würde, z. B. für Marketingzwecke. Dies wird in aller Regel nicht mit dem Grundsatz der *Datensparsamkeit* und *-minimierung* vereinbar sein.

Am Beispiel der Anmeldung für einen E-Mail-Newsletter bedeutet dies, dass dafür als Pflichtfelder nur die Daten erhoben werden dürfen, die für die Versendung des Newsletters erforderlich sind. Dies ist streng genommen eigentlich nur die E-Mail-Adresse, vielleicht noch der Namen des Empfängers für eine Ansprache. Alle anderen Felder dürfen unter dem Grundsatz der Datenminimierung nicht als Pflichtfelder gestaltet sein. Zulässig ist es allerdings, den Nutzern hier die Beantwortung weiterer Fragen freiwillig zu überlassen, also z. B. die Frage nach Positionen oder Unternehmen.

1.6.6 Richtigkeit der Datenverarbeitung

Nach dieser Vorgabe müssen personenbezogene Daten *sachlich richtig* und, soweit möglich, stets auf dem aktuellen Stand sein. Der Verantwortliche muss angemessenen Maßnahmen ergreifen, damit unrichtige personenbezogene Daten gelöscht oder berichtigt werden. Dies ergibt sich aus den Art. 16 und 17 der DSGVO.

1.6.7 Speicherbegrenzung

Von höchster praktischer Bedeutung ist der Grundsatz der *Speicherbegrenzung*. Dieser wird von Unternehmen häufig nicht angemessen beachtet. Hinter dieser Vorgabe verbirgt sich, vereinfacht gesagt, die Pflicht, personenbezogene Daten nur so lange vorzuhalten, wie es für deren Speicherung eine Rechtsgrundlage gibt und dies für die zuvor festgelegten Zwecke erforderlich ist.

Um diesen Anforderungen zu genügen, muss jedes Unternehmen zwingend über ein *Löschkonzept* verfügen. Zwar sieht die DSGVO eine solche Pflicht nicht explizit vor, dennoch wird man die strengen Anforderungen bezüglich der Löschung von Daten ohne einem solches Konzept nicht nachkommen können.

Dafür ist es zunächst erforderlich, Speicherfristen für personenbezogene Daten auf das unbedingt erforderliche und gesetzlich erlaubte Mindestmaß zu beschränken. Die entsprechenden Fristen bis zur Löschung sind vorab im Rahmen der Zweckbestimmung festzulegen und im Verzeichnis der Verarbeitungstätigkeiten zu dokumentieren.

Laufen die Fristen aus, müssen die personenbezogenen Daten gemäß Art. 17 DSGVO gelöscht werden. Dies gilt auch für den Fall, dass die Rechtsgrundlage dadurch entfällt, dass der Betroffene seine Einwilligung widerruft, z. B. also einen E-Mail-Newsletter deabonniert. Eine Alternative zur Löschung der Daten ist die Anonymisierung der Daten. Ausnahmen, die eine längere Speicherung erlauben, ergeben sich für im öffentlichen Interesse liegende Archivzwecke, für wissenschaftliche oder historische Forschungszwecke und für statistische Zwecke.

1.6.8 Integrität und Vertraulichkeit

Der Grundsatz der *Integrität und Vertraulichkeit* gebietet, dass personenbezogenen Daten durch *technische und organisatorische Maßnahmen* (*TOM*) angemessen gesichert werden. Hierunter fällt nach dem Wortlaut des Gesetzes insbesondere der

> *Schutz vor unbefugter oder unrechtmäßiger Verarbeitung und vor unbeabsichtigtem Verlust, unbeabsichtigter Zerstörung oder unbeabsichtigter Schädigung durch geeignete technische und organisatorische Maßnahmen.*

An diesem Punkt ergeben sich gesetzliche Pflichten zur Gewährleistung von Informationssicherheit, deren Umfang entsprechend dem *risikobasierten Ansatz* der DSGVO festzulegen ist. Das bedeutet vereinfacht gesagt, dass das Schutzlevel für die Daten mit deren Sensibilität ansteigt. Details dieser technischen und organisatorischen Pflichten im Bereich der IT finden sich in Art. 32 DSGVO.

1.6.9 Rechenschaftspflicht

Nicht in Art. 5 DSGVO enthalten, aber dennoch in diesem Kontext relevant ist die *Rechenschaftspflicht*. Daraus ergibt sich, dass der für eine Verarbeitung von Daten Verantwortliche nicht nur für die Einhaltung der oben genannten Grundsätze verantwortlich ist, sondern er deren Einhaltung auch nachweisen können muss. Hieraus erwachsen zahlreiche Dokumentationspflichten im Rahmen des Umgangs mit personenbezogenen Daten.

1.7 Abwägungssache: Der risikobasierte Ansatz in der DSGVO

Die DSGVO verfolgt einen ausgeprägten *risikobasierten Ansatz*. Dies bedeutet im Grundsatz, dass vor jeder Verarbeitung von Daten erst einmal eine *Risikobewertung* durchzuführen ist. Ausgangsbasis ist dabei nicht etwa das Risiko für den Verantwortlichen der Verarbeitung, also z. B. für das Unternehmen. Abzustellen ist vielmehr auf die Risiken für die Rechte und Freiheiten der von der Datenverarbeitung betroffenen Personen. Je höher dieses Risiko zu bewerten ist, desto höher sind die Anforderungen an die technischen und organisatorischen Maßnahmen (TOM) zum Schutz dieser Informationen.

Dies ergibt sich insbesondere aus Art. 24 DSGVO:

> *Der Verantwortliche setzt unter Berücksichtigung der Art, des Umfangs, der Umstände und der Zwecke der Verarbeitung sowie der unterschiedlichen Eintrittswahrscheinlichkeit und Schwere der Risiken für die Rechte und Freiheiten natürlicher Personen geeignete technische und organisatorische Maßnahmen um, um sicherzustellen und den Nachweis dafür erbringen zu können, dass die Verarbeitung gemäß dieser Verordnung erfolgt. Diese Maßnahmen werden erforderlichenfalls überprüft und aktualisiert.*

Dementsprechend gelten beispielsweise für einen Bäcker, der lediglich eine Liste mit Anschriften seiner Kunden zur Auslieferung vorhält, vergleichsweise geringe Anforderungen an die TOM – und damit auch an die IT-Sicherheit. Dies ergibt sich bereits daraus, dass die durch eine *Datenpanne* zu erwartende Schwere der Risiken für die Betroffenen im unteren Bereich liegen. Erhöhen würde sich diese Gefahr allerdings z. B. dann, wenn in der Liste noch zusätzliche Angaben über die Kunden enthalten wären, wie z. B. »behindert, braucht lange zu Tür« oder »alt, hört die Klingel nicht«.

Ganz anders ist die Lage beispielsweise bei einer onkologischen Facharztpraxis, die sensibelste Krankendaten speichert und verarbeitet. Gelangen diese Informationen an die Öffentlichkeit, dürfte den Patienten dadurch ein massiver Eingriff in ihre Rechte und Freiheiten drohen – das Risiko liegt im oberen Bereich. Dementsprechend sind die Anforderungen an die TOM sehr hoch. Dies gilt sowohl für die zu ergreifenden technischen Maßnahmen im Rahmen der IT als auch für organisatorische Vorkehrungen. Hierzu gehören z. B. besondere Verpflichtungen der Mitarbeiter, strenge *Zugangs- und Zugriffskontrollen*, die Nutzung von *Verschlüsselungstechniken* oder eine besonders sorgsame Auswahl von Dienstleistern.

Welche Risiken der Gesetzgeber dabei besonders im Auge hatte, ergibt sich aus ErwG 75, der eine lange Liste potenzieller Bedrohungen enthält. Hierzu gehören z. B.

> *Diskriminierung, Identitätsdiebstahl oder -betrug, finanzieller Verlust, Rufschädigung, ein Verlust der Vertraulichkeit von dem Berufsgeheimnis unterliegenden personenbezogenen Daten, der unbefugten Aufhebung der Pseudonymisierung, der Offenlegung von Daten von Kindern, die Verarbeitung eine große Menge personenbezogener Daten und eine große Anzahl von betroffenen Personen*

Ergänzend zu Art. 24 bestimmt Art. 32 DSGVO die gesetzlichen Anforderungen an die technische Sicherheit der Verarbeitung. Diese Vorschrift ist daher besonders relevant für die Anforderungen an die Informationssicherheit. Auch hier ist der risikobasierte Ansatz von elementarer Bedeutung: Je höher das Risiko der Datenverarbeitung, desto höher sind auch die Anforderungen an die IT.

Aus diesen Anforderungen ergibt sich, dass der Verantwortliche für die Daten vor Beginn jeder Verarbeitung eine Risikoabschätzung durchzuführen hat. Ergibt eine erste Bestandsaufnahme, dass ein erhöhtes Risiko besteht, sieht die DSGVO eine weitergehende Beurteilung vor, die auch schriftlich zu dokumentieren ist. Ein erster Schritt ist dabei die Durchführung einer sogenannten *Schwellenwertanalyse*. Diese ist ihrem Grundsatz nach vergleichbar mit der Schutzbedarfsanalyse aus der Informationssicherheit, verfolgt allerdings einen anderen Fokus, da hier das Risiko von Rechtsverletzungen des Betroffenen im Mittelpunkt steht.

Kommt man dabei zu dem Ergebnis, dass voraussichtlich ein hohes Risiko vorliegt, hat der Verantwortliche eine noch weitergehende *Datenschutz-Folgenabschätzung* (*DSFA*) durchzuführen. Wann allerdings das Risiko als hoch zu bewerten ist, sagt die DSGVO nicht im Detail. Dies ist jedenfalls dann der Fall, wenn eine Prognose ergibt, dass mit hoher Wahrscheinlichkeit ein Schaden für die Rechte und Freiheiten natürlicher Personen eintreten wird. Droht ein hoher Schaden, genügt schon eine geringe Eintrittswahrscheinlichkeit. Ein geringer zu erwartender Schaden genügt dagegen bereits bei einer hohen Wahrscheinlichkeit.

Um diese Bewertung etwas zu vereinfachen, haben die Datenschutzbehörden Listen erstellt. Darin werden typische Fälle und Beispiele aufgeführt, in denen eine DSFA zu erstellen ist. Stets der Fall ist dies, bei den in Art. 35 DSGVO explizit genannten drei Fällen:

> *Bewertung von Personen auf der Basis von automatischer Verarbeitung, insbesondere Profiling, umfangreiche Verarbeitung besonderer Kategorien von personenbezogenen Daten gemäß Art. 9 DSGVO und die systematische umfangreiche Überwachung öffentlich zugänglicher Bereiche (Videoüberwachung)*

Eine Datenschutz-Folgenabschätzung ist eine gründliche Analyse des bestehenden Risikos und der diesem Risiko gegenüberstehenden ergriffenen TOM. Der Umfang ist abhängig von der Komplexität und kann zwischen wenigen Seiten, z. B. bei Videoüberwachung, und mehreren Hundert Seiten betragen, z. B. bei der Corona-Warn-App.

1.8 Immer notwendig: Rechtsgrundlagen in der DSGVO

Die DSGVO unterliegt dem strengen Grundsatz des *Verbotsprinzips mit Erlaubnisvorbehalt*. Dies bedeutet, dass jede Verarbeitung von personenbezogenen Daten erst einmal verboten und rechtswidrig ist, es sei denn, dass eine valide Rechtsgrundlage vorliegt, die diese Nutzung erlaubt. Eine Liste dieser möglichen Rechtsgrundlagen bietet Art. 6 DSGVO. Dieser enthält sechs unterschiedliche Möglichkeiten als Grundlage des Umgangs mit Daten. Während also der oben dargestellte Art. 5 DSGVO Orientierung über das »Wie« der Informationsverarbeitung gibt, vermittelt Art. 6 DSGVO den Maßstab für die Rechtmäßigkeit der Verarbeitung – und zwar den Maßstab zur Beurteilung der Zulässigkeit als solcher, also das »Ob«. Nachfolgend finden Sie die sechs Erlaubnisgrundlagen von Art. 6 DSGVO im Überblick:

- Einwilligung
- vertragliche Verpflichtungen und vorvertragliche Maßnahmen
- Verpflichtungen mit rechtlicher Grundlage
- Schutz lebenswichtiger Interessen
- Wahrnehmung öffentlicher Interessen oder Ausübung öffentlicher Gewalt
- Wahrung berechtigter Interessen

Die sechs Erlaubnismöglichkeiten sind dabei voneinander unabhängig zu betrachten. Ob auch mehrere Rechtsgrundlagen für einen Verarbeitungsvorgang herangezogen werden können, ist umstritten und muss noch höchstgerichtlich geklärt werden. Es spricht aber einiges dafür, dass dies möglich ist. Das kann sehr hilfreich sein, wenn z. B. ein Grund nachträglich wegfällt, weil beispielsweise ein Betroffener seine Einwilligung widerruft. Es kann z. B. auch möglich sein, dass neben einer vertraglichen Verpflichtung zur Verarbeitung von Daten auch ein berechtigtes Interesse besteht.

1.8.1 Die Einwilligung

Die *Einwilligung* in die Verarbeitung der eigenen Daten ist eine der zentralen Rechtsgrundlagen der DSGVO. Der Bürger soll im Zweifelsfalle selbst entscheiden, ob er mit der Nutzung seiner Informationen einverstanden ist und wem er dies gestatten will. Hierzu ist es zwingend erforderlich, dass die Einwilligung freiwillig erfolgt, also ohne Zwang oder Druck.

Sehr praxisrelevant ist eine weitere Anforderung: Der Betroffene ist vor seiner Entscheidung über eine Einwilligung über die geplante Nutzung seiner Daten aufzuklären. Er muss wissen, was geschehen soll, und auf dieser Basis seine Entscheidung treffen können. Daher hat der Text zur Einwilligung aufzuzeigen, was mit den Informationen wie und wo geschehen soll, es braucht also einen *informierten Nutzer*. Erst dann kann durch einen Akt die Zustimmung erteilt werden. In der Offline-Welt geschieht dies meist durch eine Unterschrift; online reicht das Aktivieren eines nicht vorangekreuzten Kästchens oder der Klick auf einen Button.

Der Begriff der Einwilligung wird in Art. 4 Nr. 11 DSGVO definiert:

> *Jede freiwillig für den bestimmten Fall, in informierter Weise und unmissverständlich abgegebene Willensbekundung in Form einer Erklärung oder einer sonstigen eindeutigen bestätigenden Handlung, mit der die betroffene Person zu verstehen gibt, dass sie mit der Verarbeitung der sie betreffenden personenbezogenen Daten einverstanden ist.*

Maßgeblich ist damit, dass die Einwilligung eine Reihe von Elementen enthält. Sie muss freiwillig, informiert, für eine konkrete Verarbeitung und für einen konkreten Zweck sowie unmissverständlich abgegeben worden sein. Zudem muss die Zustimmung immer einen Hinweis darauf enthalten, dass die Möglichkeit eines Widerrufs besteht. Die Details regelt Art. 7 DSGVO.

Freiwilligkeit

Die erste Voraussetzung für eine wirksame Einwilligung ist die *Freiwilligkeit* ihrer Erteilung. Diese kann gemäß ErwG 42 nur dann vorliegen, wenn die betroffene Person *eine echte oder freie Wahl hat und somit in der Lage ist, die Einwilligung zu verweigern oder zurückzuziehen, ohne Nachteile zu erleiden.*

ErwG 43 regelt den Fall, in dem zwischen der betroffenen Person und dem Verantwortlichen ein klares Ungleichgewicht besteht und es deshalb in Anbetracht aller Umstände in dem speziellen Fall unwahrscheinlich ist, dass die Einwilligung freiwillig erteilt wurde. In diesem Fall liegt keine gültige Rechtsgrundlage vor. Ein solches Machtungleichgewicht kann im Arbeitsverhältnis vorliegen, insbesondere wenn der Mitarbeiter bei Versagen der Einwilligung Nachteile (beispielsweise auch in Form von Mobbing) zu befürchten hat.

Eindeutigkeit

Die Einwilligung muss zudem *unmissverständlich* abgegeben werden. Dies kann auch durch eine konkludente Handlung erfolgen, z. B. durch ein Kopfnicken in eine Kamera. Erforderlich ist, dass der Willen des Betroffenen hinreichend erkennbar ist. Zwar kennt die DSGVO keine Schriftformerfordernisse, in der Praxis ist eine entsprechende Dokumentation allerdings empfehlenswert, schon um den Dokumentations- und Nachweispflichten besser nachkommen zu können.

Während im Offline-Leben meist eine Unterschrift eingeholt wird, reicht online auch die Aktivierung eines entsprechenden Kästchens, das sich auf einen wirksamen Einwilligungstext bezieht. Das Kästchen darf allerdings keinesfalls vorangekreuzt oder gar verpflichtend gesetzt sein. Das Aktivieren des Zustimmungskastens durch den Nutzer stellt dann den Akt der eindeutigen Handlung dar.

Informiertheit

Das zentrale Element der Einwilligung ist die *Information des Betroffenen*. Dieser muss vorab darüber informiert werden, wer der Verantwortliche ist und für welchen Zweck die betreffenden Daten verarbeitet werden sollen. Dies ergibt sich schon aus den oben dargelegten Grundsätzen der Zweckbindung und der Transparenz.

In der Praxis ist die rechtskonforme Information des Nutzers ein großes Problem. Man denke daran, wie kompliziert es beispielsweise sein wird, dem Nutzer in einfacher und nachvollziehbarer Sprache zu erklären, dass seine Daten in einer Cloud in den USA gespeichert und dort für bestimmte Zweck verarbeitet oder gar noch weitergegeben werden sollen.

Auf der anderen Seite darf der Text aber auch nicht zu lang und kompliziert sein, da die Nutzer sonst abgeschreckt werden. Hier einen noch rechtswirksamen Kompromiss zu finden, ist eine Herausforderung für jede Einwilligung. Faktisch dürften bei strenger Auslegung allerdings die allermeisten Formulierungen eher nicht rechtswirksam sein.

> **Praxistipp: Einwilligung für einen Newsletter**
>
> Ein Beispiel für einen Text für die Einholung einer Einwilligung zur Übersendung eines E-Mail-Newsletters:
>
> »Mit Ihrer Zustimmung erklären Sie sich damit einverstanden, dass Ihnen die XY GmbH den ausgewählten Newsletter zum Thema Datenschutz in wöchentlichem Abstand an Ihre im Formular angegebene Adresse übersendet. Sie können Ihre Einwilligung jederzeit mit Wirkung für die Zukunft bei der XY GmbH [Kontaktdaten], per E-Mail an x@y.de oder durch den in dem Newsletter enthalten Abmelde-Link widerrufen. Weitere Informationen finden Sie in unserer Datenschutzerklärung.«

Widerrufsmöglichkeit

Die betroffene Person hat gemäß Art. 7 DSGVO das Recht, ihre Einwilligung jederzeit und ohne Angabe von Gründen zu *widerrufen*. Durch den Widerruf entfällt die Rechtmäßigkeit der Datenverarbeitung ab dem Moment des Zugangs der Erklärung. Liegt bei der Erhebung der Daten keine andere Rechtsgrundlage vor und bestehen z. B. keine Archivierungspflichten, ist die weitere Verarbeitung der Daten einzustellen.

Von der Möglichkeit des Widerrufs ist die betroffene Person vor der Abgabe der Einwilligung in Kenntnis zu setzen. Der Widerruf der Einwilligung muss so einfach wie die Erteilung der Einwilligung sein.

Trotz ihrer prominenten Stellung am Anfang des Katalogs von Art. 6 DSGVO und ihrer hohen praktischen Relevanz stellt die Einwilligung eher eine schwache Rechtsgrundlage dar. Dies liegt vor allem daran, dass sie von den Betroffenen jederzeit widerrufen werden kann. Zudem sind die Anforderungen an die rechtskonforme Gestaltung streng. Soweit möglich, sollte vor Erhebung der Daten also zusätzlich noch eine andere Rechtsgrundlage angestrebt werden.

> **Praxistipp: Verwendung von Mitarbeiterfotos**
>
> Mitarbeiterfotos für die Website, für teure Firmenbroschüren oder gar für Videos zu verwenden, ist inzwischen üblich. Hierzu holen Unternehmen gerne vorab die Einwilligung der »Models« ein. Der Nachteil: Diese können z. B. beim Ausscheiden des Mitarbeiters, jederzeit widerrufen werden – mit der Folge, dass die Bilder oder Videos nicht mehr verwendet werden dürfen.
>
> Eine Alternative hierzu kann sein, mit den Mitarbeitern einen Vertrag abzuschließen und ihnen für ihre Mitwirkung eine Gegenleistung anzubieten. Dies können z. B. Nutzungsrechte an den Fotos oder auch Vergütungen sein. Der Vorteil: Selbst, wenn der Mitarbeiter seine Einwilligung widerruft, darf z. B. das Foto mit der Gruppenaufnahme aller Beschäftigten weiterverwendet werden, da in diesem Fall eine andere Rechtsgrundlage einschlägig ist.

1.8.2 Erfüllung eines Vertrags oder die Durchführung einer vorvertraglichen Maßnahme

Die zweite Alternative von Art. 6 lit. b DSGVO enthält zwei Möglichkeiten der Verarbeitung von Daten. Danach ist eine Datenverarbeitung dann rechtmäßig, wenn sie zur Erfüllung oder der Vorbereitung eines Vertrags dient.

Der Begriff des Vertrags ist dabei weit zu verstehen und erfasst auch Handlungen zum Abschluss der Vereinbarung oder auch eventuelle vertragliche Nebenpflichten. Entscheidend ist allerdings, dass der Betroffene, dessen Informationen verarbeitet werden, Vertragspartei ist. Gleiches gilt für die vorvertraglichen Maßnahmen, bei denen der potenzielle Kunde die von der Verarbeitung betroffene Person sein muss.

Beispiele für eine Datenverarbeitung zur Erfüllung eines Vertrags sind z. B. Abonnements von Zeitschriften, Kredit- oder Mietverträge, aber auch Auftragsbestätigungen, Rechnungen, Versandanschriften für den Versand von Waren oder die Gewährleistungsabwicklung. Ein typischer Fall einer vorvertraglichen Maßnahme liegt z. B. in der Speicherung von Daten zur Übersendung von angeforderten Angeboten oder Werbeunterlagen oder auch in der Übermittlung von Daten eines angehenden Geschäftspartners an eine Auskunftei, um die Bonität des Anfragenden zu überprüfen.

Zusätzlich muss die Verarbeitung auch *erforderlich* sein. Was darunter zu verstehen ist, erläutert ErwG 39, wonach die Erforderlichkeit gegeben ist, wenn *der Zweck der Verarbeitung nicht in zumutbarer Weise durch andere Mittel erreicht werden kann*. Dies bedeutet, dass nur solche Daten verarbeitet werden dürfen, die zwingend im vertraglichen Bereich erforderlich sind. »Nice-to-have-Daten«, die eine Abwicklung eines Vertragsverhältnisses lediglich erleichtern oder Marketingmaßnahmen ermöglichen, fallen nicht darunter. So lässt sich mit dieser Rechtsgrundlage nicht die Verarbeitung von Vertragsdaten zu werblichen Zwecken rechtfertigen. Hierzu braucht es andere Rechtsgrundlagen, insbesondere die Einwilligung oder das berechtigte Interesse. Erlaubt wäre es aber, Konfektionsdaten von Kunden für die Abwicklung der Bestellung von Kleidungsstücken zu erfassen und zu nutzen.

1.8.3 Erfüllung einer rechtlichen Verpflichtung

Die Alternative c) von Art. 6 Abs. 1 DSGVO legt fest, dass eine Datenverarbeitung auch dann rechtmäßig ist, wenn sie für die *Erfüllung einer rechtlichen Verpflichtung* des Verantwortlichen erforderlich ist. Gibt es also eine Rechtsgrundlage außerhalb der DSGVO für den Umgang mit fremden Informationen, wird dies in der Regel erlaubt sein. Rechtliche Verpflichtungen können sich dabei aus europäischem Recht oder auch dem Recht der Mitgliedsstaaten ergeben. Hierunter fällt also auch das deutsche Recht mit allen Bundes- oder Landesgesetzen sowie -Verordnungen.

Die jeweiligen Rechtsgrundlagen bestimmen dabei die Zwecke, aber auch die Grenzen der Verarbeitung. Auf Basis des oben benannten Zweckbindungsgrundsatzes darf die Nutzung der Daten nicht zu anderen Zielen erfolgen. Ein Beispiel für die Nutzung von Daten unter dieser Rechtsgrundlage wäre z. B. die Erfassung von Passagierdaten durch Airlines, die aufgrund von staatlichen Sicherheitsvorgaben notwendig ist. Dies erlaubt hingegen selbstverständlich keine Nutzung dieser Informationen für Werbezwecke durch die Fluglinie.

> **Hinweis: Aufbewahrungspflichten für E-Mails**
> Einen typischen Anwendungsfall der Speicherung personenbezogener Daten zur Erfüllung einer gesetzlichen Verpflichtung stellen gesetzliche Archivierungspflichten dar. So legen z. B. § 147 der *Abgabenordnung (AO)* und § 257 des *Handelsgesetzbuches (HGB)* fest, dass eine Archivierung aller per E-Mail versandter Handels- und Geschäftsbriefe für sechs Jahre erfolgen muss. Andere Dokumente müssen für zehn Jahre oder

> sogar noch länger archiviert werden. Die Details zur Archivierung regeln die *Grundsätze zur ordnungsgemäßen Führung und Aufbewahrung von Büchern, Aufzeichnungen und Unterlagen in elektronischer Form sowie zum Datenzugriff (GoBD)*. Diese sind zwar juristisch gesehen kein Gesetz sondern nur eine Verwaltungsanweisung, die damit aber auch den Vorgaben von Art. 6 Abs. 1 lit. c DSGVO unterliegt.
>
> Allerdings erfolgt die Archivierung unter den Gesichtspunkten der Abgabenordnung streng zu steuerrechtlichen Zwecken. Eine Nutzung der danach gespeicherten E-Mails als Archiv, z. B. zu arbeitsrechtlichen Zwecken, ist damit ausgeschlossen.

1.8.4 Schutz lebenswichtiger Interessen

Erlaubt ist die Verarbeitung von personenbezogenen Daten auch dann, wenn der Schutz lebenswichtiger Interessen des Betroffenen oder einer anderen natürlichen Person eine Verarbeitung unabdingbar macht. Diese Vorschrift stellt eine *Notstandsregelung* dar. Ausreichend ist dabei der Schutz der körperlichen Unversehrtheit; eine akute Lebensgefährdung ist nicht erforderlich.

Allerdings ist diese Vorschrift nach ErwG 46 nur nachrangig anwendbar, sofern kein anderer Erlaubnisgrund vorliegt. Dies ergibt sich daraus, dass grundsätzlich der betroffenen Person erst einmal das Recht zusteht, selbst über lebenswichtige Fragestellungen zu entscheiden. Mittel der Wahl ist hierbei die Einwilligung nach Art. 6 und Art. 9 DSGVO.

Ein Rückgriff auf Art. 6 Abs. 1 lit. d DSGVO ist daher nur ausnahmsweise in solchen Situationen gestattet, in denen der Betroffene selbst nicht mehr in der Lage ist, über die Verarbeitung seiner Daten zu bestimmen und entsprechend einzuwilligen. Insoweit stellt die Rechtsgrundlage eine einfache Möglichkeit für das Personal in medizinischen Notfällen dar, bei denen der Datenschutz klar gegenüber medizinischen Notwendigkeiten zurücktritt.

Lebenswichtige Interessen sind nach ErwG 46 auch in Fällen anzunehmen, in denen die Verarbeitung für humanitäre Zwecke, einschließlich der Überwachung von Epidemien und deren Ausbreitung oder in humanitären Notfällen, insbesondere bei Naturkatastrophen oder vom Menschen verursachten Katastrophen, erforderlich ist.

1.8.5 Wahrnehmung öffentlicher Interessen oder Ausübung öffentlicher Gewalt

Diese Rechtsgrundlage erlaubt Verarbeitungen, die im öffentlichen Interesse ausgeführt werden, also die der öffentlichen Verwaltung und der Behörden. Darunter fällt neben der eigentlichen Verwaltungsarbeit auch die IT der Verwaltung. So findet sich diese Vorschrift regelmäßig in Datenschutzerklärungen von Behörden als Rechtsgrundlage zur Erhebung von Protokolldaten.

Daneben können sich auf diese Vorschrift auch natürliche und juristische Personen berufen, die *durch die nationale oder unionsrechtliche Ermächtigungsgrundlage als Verantwortliche bestimmt wurden*.

Darunter versteht man die sogenannten Beliehenen, also Personen oder Unternehmen, die Aufgaben übernehmen, die eigentlich in der Obliegenheit der Verwaltung lägen, aber an private Unternehmen delegiert wurden. Ein typisches Beispiel für einen solchen Bereich ist der TÜV, aber auch Belange der öffentlichen Gesundheit, der sozialen Sicherheit und der Verwaltung von Leistungen der Gesundheitsfürsorge.

1.8.6 Wahrung berechtigter Interessen

Die in der Praxis neben der Einwilligung relevanteste Rechtsgrundlage zur Verarbeitung von personenbezogenen Daten ist die Wahrung berechtigter Interessen des Verantwortlichen. Dabei handelt es sich um einen *Auffangtatbestand* oder auch um eine Generalklausel, die viele Situationen umfasst, die nicht durch die oben genannten spezielleren Tatbestände legitimiert werden. Zu beachten ist, dass diese Rechtsgrundlage nicht auf Behörden in Erfüllung ihrer Aufgaben anwendbar ist.

Allerdings reicht das Vorhandensein eines berechtigten Interesses allein nicht aus. Dieses muss vielmehr auch gegen die Rechte und Interessen der von der Datenverarbeitung Betroffenen abgewogen werden. Die dafür notwendige Prüfung erfolgt in vier Schritten.

1. Es sind die Interessen des Verantwortlichen oder eines Dritten zu bestimmen.
2. Es ist die Erforderlichkeit zu prüfen, also ob der Zweck der Verarbeitung nicht in zumutbarer Weise auch durch andere, gegebenenfalls mildere Mittel zu erreichen ist.
3. Es müssen die Rechte und Interessen der betroffenen Person dargelegt und gewichtet werden.
4. Es müssen diese beiden Interessen gegeneinander abgewogen werden. Überwiegen die Interessen des Verantwortlichen, ist die Datenverarbeitung gestattet.

Wie eine solche Prüfung im Detail aussieht, wird nachfolgend dargelegt:

1. Festlegung des berechtigten Interesses
Der Begriff *berechtigtes Interesse* wird in Art. 6 DSGVO nicht definiert. Allerdings nennen die Erwägungsgründe 47 bis 50 Beispiele für das Vorliegen eines solchen Interesses. Daraus ist zu entnehmen, dass der Gesetzgeber den Begriff weit bestimmt hat und nahezu alle rechtlichen, wirtschaftlichen, tatsächlichen sowie ideellen Interessen darunter zu fassen sind.

Die Erwägungsgründen erachten beispielsweise folgende Interessen als für eine Verarbeitung legitim:

- Bestehen einer *maßgeblichen und angemessenen* Kundenbeziehung zwischen der betroffenen Person und dem Verantwortlichen
- Verarbeitung personenbezogener Daten im für die Verhinderung von Betrug erforderlichen Umfang
- Direktwerbung
- Übermittlung von *Daten innerhalb einer Unternehmensgruppe für interne Verwaltungszwecke, einschließlich der Verarbeitung personenbezogener Daten von Kunden und Beschäftigten* (sogenanntes kleines Konzernprivileg)
- Gewährleistung der Netz- und Informationssicherheit
- Abwehr von Störungen oder widerrechtlichen Eingriffen

Die Vorschrift beschränkt sich jedoch nicht nur auf das Interesse des Verantwortlichen, sondern nennt auch das berechtigte Interesse eines Dritten als ein für die Rechtmäßigkeit einer Verarbeitung ausreichendes Interesse. Umfasst werden also auch die Interessen von Vertragspartnern, z. B. im Rahmen einer Rückversicherung, an die regelmäßig Daten von der eigenen Versicherung weitergereicht werden.

2. Erforderlichkeit

Hinsichtlich der Erforderlichkeit gilt das oben im Rahmen der Datenverarbeitung auf Basis einer Vertragsgrundlage Gesagte. Dementsprechend sind an dieses Merkmal keine hohen Anforderungen zu stellen. Danach ist entscheidend, dass dem Verantwortlichen keine zumutbaren milderen Mittel zur Verfügung stehen dürfen, mit denen der angestrebte Zweck in vergleichbarer Art und Weise erreicht wird. Ausreichend kann dafür auch bereits das Ziel sein, die personenbezogenen Daten, z. B. von Kunden, wirtschaftlich, im Sinne von effizient, verarbeiten zu können. Die Prüfung der Erforderlichkeit ist daher im Wesentlichen eine Prüfung der Anforderungen einer möglichst minimierten Datenverarbeitung.

3. Bestimmung der Interessen der Betroffenen

Einem berechtigten Interesse an einer Datenverarbeitung auf der einen Seite stehen das Interesse sowie die Grundrechte und Freiheiten des davon Betroffenen entgegen. Auch diese Interessen können rechtlicher, wirtschaftlicher oder ideeller Natur sein. Sie müssen allerdings recht- und zweckmäßig sein. In besonderem Maße sind die entgegenstehenden Interessen dann zu berücksichtigen, wenn es sich dabei um solche von Kindern handelt.

4. Durchführung einer Interessenabwägung

Diese beiden unterschiedlichen Interessen sind sodann im Rahmen einer Abwägung gegeneinander zu gewichten und ein eventueller Interessenkonflikt aufzulösen. Die Abwägung ist durch den Verantwortlichen durchzuführen, da dieser u. a. über die Hoheit über die eingesetzten technischen und organisatorischen Maßnahmen verfügt.

Dabei gilt: Je intensiver die Interessen, Grundrechte und Freiheiten des Betroffenen durch die Datenverarbeitung eingeschränkt werden, desto höher sind die Anforderungen, die an die berechtigten Interessen des Verantwortlichen zu stellen sind. Eine Verarbeitung ist nur dann rechtmäßig, wenn die Interessen des Betroffenen nicht überwiegen.

Dabei spielen vor allem *die vernünftigen Erwartungen der betroffenen Personen* aus ErwG 47 eine wichtige Rolle. Wie diese Erwartungen zu bestimmen sind, ergibt sich aus dem Begriff der *vernünftigen Erwartungen* und damit aus einer objektiven Sicht und nicht aus dem Blickwinkel der einzelnen Betroffenen. Keine entscheidende Rolle spielen also individuelle Befindlichkeiten einzelner Personen, die z. B. einen bestimmten Umgang mit ihren Daten als besonders eingriffsintensiv empfinden – oder der ihnen völlig gleichgültig ist.

Ein Indiz für ein Überwiegen der Interessen des Betroffenen kann in diesem Zusammenhang insbesondere darin liegen, dass die Datenverarbeitung in einem Zusammenhang erfolgt, in dem dieser vernünftigerweise nicht damit rechnen kann und muss. So muss ein Nutzer einer App beispielsweise damit rechnen, dass seine Daten zur Nutzung der App erfasst und verarbeitet werden. Erfasst aber diese Software z. B. den Nutzerstandort, obwohl dieser beispielsweise für ein Spiel überhaupt nicht relevant ist, kann nicht davon ausgegangen werden, dass dies für den User voraussehbar ist. Dessen Interessen werden im vorliegenden Fall mit großer Wahrscheinlichkeit überwiegen, sodass die Verarbeitung rechtswidrig wäre.

Eine wichtige Rolle spielt dabei auch, welche *Arten von Daten* verarbeitet werden sollen. Stammen diese z. B. aus dem privaten Lebensbereich, ist ihr Schutzbedarf höher zu bewerten als bei Informationen aus öffentlich zugänglichen Quellen. Dies gilt auch für Daten mit einer hohen Gefahr von Diskriminierung oder Missbrauch, z. B. Kontodaten. Zudem können auch wenig eingriffsintensive Informationen zu einem starken Eingriff führen, wenn aus den Daten ein umfangreiches Profil gebildet werden kann.

Besonders zu gewichten sind die Grundrechte und -freiheiten von *Kindern*, und zwar unabhängig von der Qualität der erfassten Informationen. Dabei spielt auch das Alter eine Rolle: Sofern das betroffene Kind noch keine vierzehn Jahre alt ist, dürfte nur in Ausnahmefällen von einem Überwiegen der Interessen des Verantwortlichen auszugehen sein. Je näher das Kind allerdings an der Volljährigkeit ist, desto weniger ist das Alter für die Gewichtung relevant.

Zudem kann eine Abwägung nicht pauschal durchgeführt werden. Diese muss für jeden Verarbeitungsschritt einzeln erfolgen. Daraus kann sich dann ergeben, dass eine Erhebung und Speicherung der personenbezogenen Daten rechtmäßig sind, ihre Übermittlung an Dritte – beispielsweise im Rahmen von Cloud Computing in die USA – jedoch nicht erlaubt ist.

Beispiele für ein berechtigtes Interesse

- *Werbung*: Wer Kunde eines Unternehmens ist, wird damit rechnen, dass er von diesem Werbung erhält, soweit er der Übersendung nicht gemäß Art. 21 DSGVO widersprochen hat. Insoweit dürfte im Normalfall ein berechtigtes Interesse vorliegen. Das Versenden von Direktwerbung gilt als ein solches Interesse, der Empfänger muss dies erwarten und daher dürften die Interessen des Werbetreibenden überwiegen. Anders wäre der Fall allerdings zu beurteilen, wenn ein Werbetreibender die Daten von Dritten eingekauft hat und er z. B. Newsletter an Unbeteiligte versendet. Liegt hier keine Einwilligung vor, kann nicht von einer entsprechenden Erwartung des Empfängers ausgegangen werden, und eine Interessenabwägung würde klar zu seinen Gunsten ausgehen. Im Kontext von Direktwerbung sind ergänzend auch die Regelungen in § 7 des *Gesetzes gegen den unlauteren Wettbewerb* (*UWG*) zu beachten, die teilweise wieder zu einer erheblichen Einschränkung der datenschutzrechtlich zulässigen Werbemöglichkeiten, insbesondere im Bereich der E-Mail-Werbung, führen.
- *Verwendung von Kundenbildern*: Das LG Frankfurt a.M. (Az.: 2-03 O 283/18) hat in einem Urteil[2] aus dem Jahr 2018 entschieden, dass die Verwendung von Kundenbildern zu Werbezwecken ohne Einwilligung rechtswidrig ist, da diese Art der Nutzung an den vernünftigen Erwartungen des Kunden scheitern muss.
- *Videoüberwachung*: Das berechtigte Interesse nach Art. 6 Abs. 1 lit. f DSGVO bietet eine der gebräuchlichsten Rechtsgrundlage für Videoüberwachungsmaßnahmen. Ob diese im Einzelfall zulässig ist, hängt u. a. von dem Grund der Überwachung, dem Ort der Installation, der Dauer der Speicherung und dem Blickwinkel der Kamera ab. Dies ist vorab im Rahmen einer Folgenabschätzung zu untersuchen und zu dokumentieren.
- *Bankkredit*: Eine Bank hat im Normalfall ein berechtigtes Interesse daran, sich Informationen z. B. über einen Kunden einzuholen, der einen Hausbaukredit beantragt. Wird der Antrag des Kunden jedoch abgelehnt, erlischt damit die Berechtigung zur weiteren Nutzung dieser Daten zu anderen Zwecken.

---

2 Das Urteil ist online verfügbar unter *https://openjur.de/u/2181591.html* (zuletzt aufgerufen am 15. Juni 2023).

> **Praxistipp: Berechtigtes Interesse im Rahmen der Informationssicherheit**
>
> ErwG 49 behandelt die Frage, wann die Netz- und Informationssicherheit als überwiegendes berechtigtes Interesse zu betrachten ist.
>
> Diese Regelung bezieht sich auf Behörden, Computernotdienste (CERT und CSIRT), Betreiber von elektronischen Kommunikationsnetzen und -diensten sowie Anbieter von Sicherheitstechnologien und -diensten – also auf nahezu den gesamten Bereich der Informationssicherheit. Die Verarbeitung von personenbezogenen Daten durch diese Kreise stellt nach dem Gesetzeswortlaut
>
> *in dem Maße ein berechtigtes Interesse des jeweiligen Verantwortlichen dar, wie dies für die Gewährleistung der Netz- und Informationssicherheit unbedingt notwendig und verhältnismäßig ist.*
>
> Durch die Verarbeitung muss die Fähigkeit eines Netzes oder Informationssystems gewährleistet werden, mit einem vorgegebenen Grad der Zuverlässigkeit, Störungen oder widerrechtliche oder mutwillige Eingriffe abzuwehren. Ein solches berechtigtes Interesse kann beispielsweise darin bestehen, den Zugang Unbefugter zu Kommunikationsnetzen und die Verbreitung schädlicher Programmcodes zu verhindern sowie DoS- (Denial-of-Service) und DDoS-Angriffe (Distributed Denial-of-Service) abzuwehren.

Zusammenfassend kann man also sagen, dass der Auffangtatbestand des berechtigten Interesses den Verantwortlichen grundsätzlich einen weiten Handlungsspielraum bietet. Allerdings reicht ein Interesse allein nicht aus, sondern es muss vielmehr noch eine Interessenabwägung mit den Rechten des Betroffenen stattfinden. Diese Abwägung muss entsprechend dokumentiert sein. Dies ist Aufgabe des Verantwortlichen, und dieser trägt auch das Risiko eines Bewertungs- und Abwägungsirrtums. Bei der Nutzung des berechtigten Interesses als Basis für Verarbeitungen bleibt damit stets ein gewisses rechtliches Risiko.

1.8.7 Ein Sonderfall: Datenverarbeitung für die Zwecke des Beschäftigungsverhältnisses

Eine gesonderte Regelung des Datenschutzes im Arbeitsbereich enthält die DSGVO nicht. Der Umgang mit Daten der Beschäftigten richtet sich damit nach den allgemeinen Regeln der DSGVO. Allerdings enthält Art. 88 DSGVO für diesen Bereich eine sogenannte Öffnungsklausel. Diese ermöglicht es den Mitgliedstaaten, eigene spezifischere Vorschriften für die Verarbeitung von Beschäftigtendaten zu erlassen.

Auf der Bundesebene hat Deutschland von dieser Öffnungsklausel in Form von § 26 BDSG Gebrauch gemacht. Dieser gilt allerdings nur für den privatrechtlichen Bereich. Für Beschäftigte bei den öffentlichen Stellen des Bundes und der Länder – einschließlich der Kommunen – gelten besondere bundes- und landesspezifische Regelungen.

Nach § 26 BDSG gilt für den privatrechtlichen Bereich:

Personenbezogene Daten von Beschäftigten dürfen für Zwecke des Beschäftigungsverhältnisses verarbeitet werden, wenn dies für die Entscheidung über die Begründung eines Beschäftigungsverhältnisses oder nach Begründung des Beschäftigungsverhältnisses für dessen Durchführung oder Beendigung oder zur Ausübung oder Erfüllung der sich aus einem Gesetz oder einem Tarifvertrag, einer Betriebs- oder Dienstvereinbarung (Kollektivvereinbarung) ergebenden Rechte und Pflichten der Interessenvertretung der Beschäftigten erforderlich ist. (...)

Die Grenzen des Beschäftigtenbegriffs sind weit formuliert und umfassen im Prinzip alle Mitarbeiter eines Unternehmens. Deren Daten dürfen für Zwecke des Beschäftigungsverhältnisses verarbeitet werden, soweit dies für dessen Begründung, Durchführung oder Beendigung erforderlich ist. Darüber hinaus gelten auch Kollektivvereinbarungen als Rechtsgrundlagen im Umgang mit Daten. Dazu gehören Tarifverträge sowie Betriebs- und Dienstvereinbarungen. Ein wirksamer Tarifvertrag kann daher z. B. als Rechtsgrundlage für den Umgang mit den IT-Daten von Mitarbeitern im Rahmen der betrieblichen Nutzung des Netzes dienen.

Die Vorschrift regelt darüber hinaus auch die Einwilligungen von Beschäftigten in die Verarbeitung ihrer Daten. Diese muss im Regelfall in Schriftform oder elektronisch erteilt werden. Ein solche Erklärung ist grundsätzlich zulässig, sie muss aber aufgrund des bestehenden Machtungleichgewichts ausdrücklich freiwillig erteilt werden. Für die Beurteilung der Freiwilligkeit müssen die im Beschäftigungsverhältnis bestehenden Abhängigkeiten der beschäftigten Person sowie die Umstände, unter denen die Einwilligung erteilt worden ist, berücksichtigt werden.

Daher kann von Freiwilligkeit nach dem Gesetzeswortlaut insbesondere dann ausgegangen werden, wenn ihre Entscheidung der beschäftigten Person einen rechtlichen oder wirtschaftlichen Vorteil bietet. Im Umkehrschluss wird eine Einwilligung dann nicht rechtswirksam sein, wenn es an einem solchen Vorteil für den Beschäftigten fehlt oder diese nur unter Druck erteilt wird.

Schließlich muss der Verantwortliche sicherstellen, dass die oben genannten allgemeinen Grundsätze der DSGVO – insbesondere von Art. 5 – sowie die Rechenschaftspflicht eingehalten werden.

1.8.8 Höhere Anforderungen: Besondere Kategorien von personenbezogenen Daten

Neben diesen Informationen kennt die DSGVO in Art. 9 noch die sogenannten *besonderen Kategorien personenbezogener Daten*, die gegenüber den »normalen« Daten noch weitergehend geschützt werden müssen. Schaut man sich an, was unter diese Einordnung fällt, wird schnell klar, warum dies der Fall ist. In den Anwendungsbereich der Vorschrift fallen folgende personenbezogene Daten:

- rassische und ethnische Herkunft
- politische Meinungen
- religiöse oder weltanschauliche Überzeugungen
- Gewerkschaftszugehörigkeit
- genetische Daten
- biometrische Daten zur eindeutigen Identifizierung einer Person
- Daten zum Gesundheitszustand
- Daten zum Sexualleben oder der sexuellen Orientierung

Bereits die Verarbeitung von »normalen« personenbezogenen Daten ist in der DSGVO stark reglementiert. Die besonders sensiblen Daten sind aber noch weitergehender geschützt. Hier gibt es nur wenige Rechtsgrundlagen, um sie zu verarbeiten, und die dazu notwendigen Voraussetzungen sind hoch. Hierzu gehört beispielsweise die explizite Einwilligung oder der *Schutz lebenswichtiger Interessen der betroffenen Person*. Wer solche Daten nutzen möchte, untersteht zugleich sehr hohen Anforderungen an die zu ergreifenden technischen und organisatorischen Maßnahmen zur Gewährleistung der Sicherheit der Verarbeitung.

Die Verarbeitung dieser Daten ist durch Art. 9 Abs. 1 DSGVO grundsätzlich untersagt. Wie in Art. 6 DSGVO gibt es allerdings auch hier die in dieser Vorschrift benannten, streng geregelten und eng auszulegenden, Ausnahmen. Genannt werden zehn dieser Ausnahmen, von denen folgende zu den wichtigsten gehören:

- Die betroffene Person hat ausdrücklich eingewilligt.
- Die Verarbeitung ist zum Schutz lebenswichtiger Interessen einer Person erforderlich, und diese ist körperlich oder rechtlich außerstande einzuwilligen.
- Der Betroffene hat die Daten öffentlich gemacht.
- Die Verarbeitung ist zur Rechtsverfolgung oder für die Aufgabenerfüllung der Gerichte im Rahmen ihrer rechtlichen Tätigkeit erforderlich.
- Die Verarbeitung ist auf rechtlicher Grundlage aus Gründen eines erheblichen öffentlichen Interesses erforderlich.
- Die Verarbeitung ist für Zwecke der Gesundheitsvorsorge, der Versorgung oder Behandlung im Gesundheits- oder Sozialbereich erforderlich (...).

Verhältnis von Art. 9 zu Art. 6 DSGVO

Aufgrund der besonderen Sensibilität der Daten ergeben sich auch höhere Anforderungen an die Rechtsgrundlagen und die Wirksamkeit der TOM. Aus dem ersten Aspekt folgt, dass neben den genannten Voraussetzungen von Art. 9 DSGVO zusätzlich auch eine der oben genannten Rechtsgrundlagen nach Art. 6 DSGVO vorliegen muss.

Prüft man also die Rechtmäßigkeit der Verarbeitung von besonderen Kategorien von personenbezogenen Daten, muss zunächst stets eine Rechtsgrundlage aus Art. 6 DSGVO gefunden und festgelegt werden. Ist die Nutzung danach rechtmäßig, ist die weitere Rechtfertigung der Verarbeitung nach den oben genannten Grundsätzen für die sensiblen Daten erforderlich.

1.9 Die Haushaltsausnahme: Datenverarbeitung im privaten Bereich

Die DSGVO kennt eine bedeutsame Ausnahme, nach der auch die Verarbeitung personenbezogener Daten nicht in den Anwendungsbereich des Gesetzes fällt. Dies ist dann der Fall, wenn die Nutzung der Informationen *durch natürliche Personen zur Ausübung ausschließlich persönlicher oder familiärer Tätigkeiten* erfolgt. Erforderlich ist, dass die jeweilige Tätigkeit ohne Bezug zu einer beruflichen oder wirtschaftlichen Tätigkeit vorgenommen wird.

Mit der sogenannten *Haushaltsausnahme* wollte der Gesetzgeber einen Ausgleich zwischen den Rechten der von der Datenverarbeitung betroffenen Personen auf der einen und den Grundrechten von rein privaten Datennutzern auf der anderen Seite schaffen. Dabei steht auch der Gedanke im Vordergrund, dass aus einer solchen, rein privaten Datenverarbeitung im Normalfall nur sehr geringe Risiken für die Rechte und Freiheiten der davon Betroffenen entstehen. Allerdings ist diese Ausnahme grundrechtsschonend und damit im Normalfall eher streng auszulegen. Im Zweifelsfalle ist daher eher die DSGVO anwendbar.

Das Gesetz umfasst bei der privaten Nutzung sowohl die *persönliche* als auch die *familiäre Tätigkeit*. Persönlich ist z. B. das private Surfen oder die Sammlung von Bildern des Lieblingsprominenten. Bei einer *familiären* Tätigkeit geht es hingegen um Handlungen, die dem Familienzusammenhalt und der Pflege enger Beziehungen dienen. Dabei ist keine Verwandtschaft im rechtlichen Sinne erforderlich, erfasst werden auch Lebensgemeinschaften oder die Wohngemeinschaft.

Der ErwG 18 der DSGVO liefert Hinweise, was alles konkret unter dieser Haushaltsausnahme einzuordnen ist. Hierunter fallen nach dem Willen des Gesetzgebers Tätigkeiten wie *das Führen eines Schriftverkehrs oder von Anschriftenverzeichnissen oder die Nutzung sozialer Netze und Online-Tätigkeiten im Rahmen solcher Tätigkeiten*. Es steht also die Selbstentfaltung von Personen im privaten Raum im Vordergrund. Hierunter können beispielsweise auch fallen:

> *Privates Telefonverzeichnis, Schriftverkehr in privaten Angelegenheiten, Nutzung von sozialen Netzwerken oder Online-Angeboten, Aufzeichnung eines Tagebuchs, Fertigen und Sammeln von Fotos*

1.9 Die Haushaltsausnahme: Datenverarbeitung im privaten Bereich

Die Grenzen der privaten Nutzung werden jedoch dann überschritten, wenn die für private Zwecke vorgehaltenen Informationen einer *unüberschaubaren Gruppe von Empfängern* zur Verfügung gestellt werden. Dies ist immer der Fall, sofern Daten, z. B. Fotos von Dritten, offen ins Netz oder in soziale Netzwerke eingestellt werden. So hat der EuGH in einem Urteil aus dem Jahr 2019 festgestellt, dass die Haushaltsausnahme beim Hochladen eines Videos auf *YouTube* nicht mehr gilt (Az. C345/17 2019)[3].

Anders werden Fälle aussehen, in denen ein Zugriff auf Inhalte in der Cloud oder im Rahmen einer zugangsbeschränkten Website nur einem kleinen, familiären Familienkreis zugänglich ist, z. B. Bilder des Enkels oder der Familienfeier. Diese Nutzung wird im Normalfall noch in den privaten Bereich jenseits der DSGVO fallen.

Häufig wird auch der Fall einer gemischten Nutzung einer Datensammlung sein, also der Fall, dass neben privaten Daten auch berufliche Informationen gemeinsam vorgehalten werden, z. B. im Rahmen einer Telefonliste oder der Nutzung von WhatsApp. In solchen Fällen erfolgt die Verarbeitung dieser Informationen nicht mehr zu rein privaten Zwecken, und die DSGVO ist anwendbar.

> **Praxistipp: Hochladen von Kontaktdaten bei WhatsApp & Co.**
>
> Umstritten ist bis heute, ob das Hochladen von Kontakt- und Telefondaten bei Anbietern wie *WhatsApp* oder *Clubhouse* in den Bereich der DSGVO fällt. In diesem Fall wäre in der Regel vorab eine Einwilligung jedes einzelnen Betroffenen aus der Liste erforderlich.
>
> Im privaten Bereich wird hier allerdings vertreten, dass dieser Vorgang bei der Weitergabe rein privater Daten aus dem persönlichen und familiären Umfeld unter die Haushaltsausnahme fällt. Eine Grenze ist spätestens dort erreicht, wo auch Kontaktdaten aus dem beruflichen Umfeld oder beispielsweise auch aus dem Sportverein betroffen sind. Das Hochladen dieser Daten ohne eine valide Rechtsgrundlage stellt dann einen Datenschutzverstoß dar. Daher ist die Trennung dieser Informationen innerhalb des Geräts bei einer beruflichen Nutzung unumgänglich.

Dies alles bedeutet allerdings nicht, dass nicht auch Privatpersonen die Vorschriften der DSGVO verletzen können. So gibt es z. B. diverse Bußgelder auch gegenüber Einzelpersonen, z. B. wenn diese im Rahmen von Videoüberwachung nicht nur ihr privates Grundstück, sondern auch einen angrenzenden öffentlichen Bereich überwachen.

---

3 Das Urteil und weitere Informationen sind beispielsweise online verfügbar unter *https://curia.europa.eu/juris/liste.jsf?language=de&num=C-345/17* (zuletzt aufgerufen am 15. Juni 2023).

Kapitel 2
Das Telekommunikation-Telemedien-Datenschutz-Gesetz (TTDSG)

In diesem Kapitel lernen Sie die wesentlichen Regelungen kennen, die sich aus dem Telekommunikation-Telemedien-Datenschutz-Gesetz (TTDSG) ergeben, das bereits seit dem 1. Dezember 2021 gültig ist. Zielgerichtet geben wir Ihnen dabei praxisnahe Hinweise, in welchen Situationen Sie insbesondere mit Anpassungen rechnen sollten.

Mit Inkrafttreten der *Datenschutz-Grundverordnung (DSGVO)* im Mai 2018 wurden die »Karten neu gemischt«. Die vormals auf nationalrechtlicher Ebene aufeinander abgestimmten datenschutzrechtlichen Regelungen im *Telekommunikationsgesetz (TKG)*, *Telemediengesetz (TMG)* und *Bundesdatenschutzgesetz a. F.* standen nunmehr einer mit der DSGVO vorgenommenen europäischen Neuregelung gegenüber, die in vielen Bereichen die bestehenden nationalen Regelungen verdrängt. Dabei sorgte das europäische Datenschutzrecht mit seiner übergeordneten Stellung auch in diesem Kontext für erhebliche Unsicherheiten, insbesondere bezüglich der Frage, inwieweit diese nationalen datenschutzrechtlichen Regelungen nunmehr überhaupt noch angewendet werden können.

2.1 Hintergrund: Was regelt das Telekommunikation-Telemedien-Datenschutz-Gesetz (TTDSG)?

Mit der Einführung des *Telekommunikation-Telemedien-Datenschutz-Gesetzes (TTDSG)* sollten diese Probleme gelöst werden. Die Idee war, die datenschutzrechtlichen Vorschriften des TKG und TMG in ein eigenständiges Gesetz zu überführen und dabei die europäischen Vorgaben angemessen zu berücksichtigen.[1] Daneben enthält das TTDSG auch Regelungen zum Schutz der Privatsphäre, die die europäischen Vorgaben im Bereich *ePrivacy* umsetzen sollen.

---

1 Einen guten Überblick über das TTDSG gibt auch die GDD-Praxishilfe »Das neue Telekommunikation-Telemedien-Datenschutz-Gesetz (TTDSG) im Überblick« (Stand Juni 2021). Sie finden dieses online unter *www.gdd.de/downloads/praxishilfen/prax-praxishilfen-neustrukturierung/gdd-praxishilfe-ttdsg-im-ueberblick* (zuletzt aufgerufen am 15. Juni 2023).

Dies betrifft vor allem die Vorschriften der §§ 25 und 26 TTDSG, die häufig verkürzt als *Cookie-Regulierung* bezeichnet werden, obwohl ihr Anwendungsbereich weit über das prominente Anwendungsbeispiel »Cookies« hinausgeht.

Der Anwendungsbereich des Gesetzes ergibt sich aus § 1 TTDSG, wobei für die Aspekte des Datenschutzes insbesondere Nr. 2 sowie Nr. 5 interessant sind, die laut Gesetz Folgendes enthalten:

2. Besondere Vorschriften zum Schutz personenbezogener Daten bei der Nutzung von Telekommunikationsdiensten und Telemedien.

5. Die von Anbietern von Telemedien zu beachtenden technischen und organisatorischen Vorkehrungen.

Ebenfalls interessant ist § 1 Nr. 8 TTDSG:

8. Die Aufsichtsbehörden und die Aufsicht im Hinblick auf den Datenschutz und den Schutz der Privatsphäre in der Telekommunikation; bei Telemedien bleiben die Aufsicht durch die nach Landesrecht zuständigen Behörden und § 40 Bundesdatenschutzgesetz unberührt.

Demnach kommt es bei der Aufsicht zukünftig zu einer Trennung: Die Aufsicht für den Bereich Telekommunikation liegt gemäß § 29 TTDSG nun bei dem *Bundesbeauftragten für den Datenschutz und die Informationsfreiheit (BfDI)*. Bei Telemedien hingegen verbleibt die Aufsicht durch die nach Landesrecht zuständigen Behörden; § 40 BDSG gilt unverändert weiterhin. Die Aufsicht über den Bereich Telemedien führen also weiterhin die *Landesdatenschutzaufsichtsbehörden* der einzelnen Bundesländer.

> **Praxishinweis: Anwendungsbereich TTDSG**
> Beachten Sie, dass das TTDSG häufig auch dann zur Anwendung kommt, wenn es um die Verarbeitung von Daten geht, die nicht personenbezogen sind oder die sich auf eine juristische Person beziehen. Der Anwendungsbereich einzelner TTDSG-Vorschriften geht also vielfach über personenbezogene Daten im Sinne der DSGVO hinaus.

Für Sie stellt sich nun die konkrete Frage, welche Auswirkungen die Einführung des TTDSG hat, insbesondere auch im Hinblick auf etwaige Unterschiede zu den historischen Regelungen. Dabei unterscheiden wir im Folgenden zwischen den wesentlichen Anwendungsfällen der *Telemedien*, mit den speziellen Aspekten zu *Cookies* und den sogenannten *Personal Information Management Services (PIMS)*, sowie der *Telekommunikationsdienste*, mit den speziellen Aspekten zu *Messenger-Diensten* und *Videokonferenzdiensten*.

2.2 Anwendungsfall »Telemedien«

In Bezug auf *Telemedien* regelt das TTDSG vor allem den Umgang mit Cookies völlig neu. Doch bevor wir Ihnen hier Tipps zur Anwendung dieser Neuregelung in der Praxis geben, werfen wir erst einmal einen Blick auf die allgemeinen Regelungen.

Was sind überhaupt Telemedien? Dazu können wir auf das TMG in aktueller Fassung zurückgreifen. Dort heißt es zum Begriff *Telemedien*:

> *[Telemedien sind] alle elektronischen Informations- und Kommunikationsdienste, soweit sie nicht Telekommunikationsdienste[2] [...] sind [...].*

Diese Definition ist leider wenig transparent, insbesondere sind aber Websites, die im Internet bereitgestellt werden, als Telemedien zu verstehen. Falls Sie eine Website anbieten, ist daher zum einen das TMG für Sie einschlägig. Zum anderen sind für Sie die Regelungen in Teil 3 des TTDSG relevant.

Für Ihre tägliche Praxis regelmäßig besonders bedeutsam sind hier die §§ 19, »Technische und organisatorische Vorkehrungen«, 25, »Schutz der Privatsphäre bei Endeinrichtungen«, und 26, »Anerkannte Dienste zur Einwilligungsverwaltung, Endnutzereinstellungen«, TTDSG.

2.2.1 Technische und organisatorische Vorkehrungen

Nach § 19 TTDSG haben Anbieter von Telemedien bestimmte technische und organisatorische Maßnahmen zu ergreifen, um die Sicherheit bei der Verwendung von Telemedien zu gewährleisten. Die Vorschrift dient primär dem Schutz der technischen Infrastruktur und ist deshalb unabhängig davon anzuwenden, ob personenbezogene Daten verarbeitet werden oder nicht. Werden personenbezogene Daten verarbeitet, was bei allen Telemedien der Fall sein dürfte, richtet sich der technische Schutz dieser Daten vorrangig nach Art. 32 DSGVO.

Zunächst hat der Anbieter von Telemedien nach § 19 Abs. 1 TTDSG durch technische und organisatorische Maßnahmen sicherzustellen, dass der Nutzer die Nutzung des Dienstes jederzeit beenden kann und er das Telemedium gegen die Kenntnisnahme Dritter geschützt in Anspruch nehmen kann. Die im Gesetz festgeschriebene jederzeitige Beendigungsmöglichkeit wirkt heute »aus der Zeit gefallen« und geht historisch wohl auf das vor mehr als 20 Jahren virulente Problem der sogenannten *Exit-*

---

[2] Diese *Telekommunikationsdienste* werden als (echte) *Telekommunikationsdienste* nach § 3 Nr. 61 TKG, als sogenannte *telekommunikationsgestützte Dienste* nach § 3 Nr. 63 TKG oder als *Rundfunk* nach § 2 des Rundfunkstaatsvertrags (RStV) definiert.

Intent Popups[3] zurück, die es dem Nutzer schwer machten, von einer Website wieder herunterzukommen.

Praktisch wesentlich wichtiger und aktuell wie eh und je ist die Vorgabe, dass es einen Schutz vor der Kenntnisnahme durch Dritte geben muss. Aus dieser Vorgabe wird abgeleitet, dass es zumindest eine Transportverschlüsselung der Kommunikation zwischen Anbieter und Nutzer geben muss, und zwar unabhängig davon, ob auf der Website direkt personenbezogene Daten – z. B. Kundendaten – verarbeitet werden.

> **Hinweis: Transportverschlüsselung und personenbezogene Daten**
> Auch wenn Sie eine Website anbieten, die aus Ihrer Sicht keinerlei schützenswerte und gegebenenfalls personenbezogenen Daten bereitstellt und z. B. auch kein Kontaktformular anbietet, werden beim Aufruf durch den Nutzer personenbezogene Daten übertragen, z. B. in Form der aufrufenden IP-Adresse und der Browserversion sowie der konkreten URL, die vom Website-Besucher angefragt wurde.
>
> Mittels der Transportverschlüsselung können zumindest die Browserversion sowie die konkrete URL, die der Website-Besucher aufruft, vor Kenntnisnahme Dritter geschützt werden.

Der zweite Absatz von § 19 TTDSG behandelt die häufig diskutierte *Klarnamenpflicht*. Nach der gesetzlichen Vorgabe haben die Anbieter von Telemedien die Nutzung und Bezahlung des Angebots anonym oder unter einem Pseudonym zu ermöglichen, soweit dies technisch möglich und zumutbar ist. Außerdem ist der Nutzer über diese Möglichkeit zu informieren, was z. B. in der Datenschutzerklärung erfolgen kann.

Ob es im Internet und insbesondere in den sozialen Medien eine Verpflichtung geben sollte, unter seinem Klarnamen aufzutreten, ist gesellschaftlich und politisch seit Jahren höchst umstritten. Nach der Rechtsprechung des *Bundesgerichtshofs (BGH)* dient die anonyme Nutzungsmöglichkeit jedenfalls mittelbar dem Schutz der freien Meinungsäußerung, weil eine Klarnamenpflicht Nutzer gegebenenfalls von einer Meinungsäußerung abhalten könnte.

Auf der anderen Seite ermöglicht eine anonyme Nutzung ein weitgehend sanktionsloses rechtswidriges Verhalten. Das Gesetz sieht jedenfalls derzeit eine anonyme oder pseudonyme Nutzungsmöglichkeit als Standard vor. Gelöst werden kann der Konflikt derzeit deshalb nur über das Kriterium der *Zumutbarkeit*. Gerichte gehen insoweit teilweise davon aus, dass eine anonyme Nutzung für den Betreiber eines sozialen Netzwerkes nicht zumutbar ist, weil der Betreiber dann nicht gegen rechtswidrige Inhalte seiner Nutzer vorgehen kann bzw. eine Klarnamenpflicht eine abschreckende Wirkung hat, die die Nutzer von vornherein davon abhält, rechtswidrige Inhalte zu posten.

---

[3] Weitere Infos zu diesem Thema finden Sie z. B. online unter *https://de.wikipedia.org/wiki/Exit_Intent_Popup* (zuletzt aufgerufen am 15. Juni 2023).

> **Praxistipp: Umsetzung der anonymen/pseudonymen Nutzung und Bezahlung**
>
> *Als Dienstanbieter sollten Sie überlegen, nur registrierten Nutzern entsprechende Dienste bereitzustellen und bei dieser Registrierung – z. B. im Rahmen der Anmeldung zu einem Forum – auch den Klarnamen des Nutzers zu erfassen.*
>
> Dies stellt keinen Widerspruch zu § 19 Abs. 2 TTDSG dar, da die Registrierung – im Rahmen der Begründung des Vertragsverhältnisses – an sich nicht von der Regelung von § 19 Abs. 2 TTDSG [...] die Nutzung [...] und Bezahlung [...] erfasst ist.
>
> Gleichwohl sollten Sie dem Nutzer im Außenverhältnis – also z. B. im Rahmen seiner Aktivität bei der Kommentierung von Beiträgen anderer Nutzer – eine anonyme bzw. pseudonyme Nutzung ermöglichen.

Soll der Nutzer von einem Telemedium an ein anderes Telemedium weitergeleitet werden, ist der Nutzer darüber nach § 19 Abs. 3 TTDSG zu informieren. Dies betrifft z. B. den Wechsel von einer Website zu einer anderen Website per Hyperlink. Es dürfte allerdings ausreichend sein, wenn der Hyperlink als solcher zu erkennen ist und dem Nutzer in der Fußzeile des Browsers das Ziel korrekt angezeigt wird. Nicht zulässig ist es hingegen zu verschleiern, dass der Nutzer von einem Telemedium zu einem anderen wechselt, insbesondere z. B., wenn dies während der Kaufprozesse geschieht.

Wichtig ist die Regelung in Abs. 4 von § 19 TTDSG, wonach Anbieter von Telemedien durch technische und organisatorische Maßnahmen sicherzustellen haben, dass kein unerlaubter Zugriff auf die für das Telemedium genutzten technischen Einrichtungen möglich ist und diese gegen Störungen – auch durch äußere Angriffe – gesichert sind. Die zu treffenden Vorkehrungen müssen technisch möglich und wirtschaftlich zumutbar sein.

Außerdem müssen sie nach Satz 2 den *Stand der Technik* (siehe dazu Kapitel 3, »Technischer Datenschutz: Anforderungen der DSGVO an den IT-Betrieb«) berücksichtigen. Als Beispiel ist in Satz 3 exemplarisch der Einsatz eines als sicher anerkannten Verschlüsselungsverfahrens aufgeführt. Laut der Gesetzesbegründung können z. B. regelmäßige Sicherheitsupdates, der Einsatz von sicheren Authentifizierungsverfahren und die Vereinbarung von angemessenen Schutzmaßnahmen mit Dienstleistern derartige technische und organisatorische Maßnahmen darstellen. Bei den abzuwendenden *Störungen* auch durch äußere Angriffe hatte der Gesetzgeber die bekannten DoS- bzw. DDoS-Angriffe vor Augen.

> **Praxishinweis: Anwendung von § 19 Abs. 4 TTDSG**
>
> Soweit personenbezogene Daten verarbeitet werden, gehen allerdings die Vorgaben von Art. 32 DSGVO vor. Bei der Anwendung von § 19 Abs. 4 TTDSG geht es vorrangig um den Schutz der technischen Infrastruktur und nicht um den Schutz des Persönlichkeitsrechts des Betroffenen.

Da alle geforderten Maßnahmen zum einen unter dem Vorbehalt der wirtschaftlichen Zumutbarkeit stehen und zum anderen der Stand der Technik lediglich *berücksichtigt* aber nicht zwingend *eingehalten* werden muss, besteht für den Anbieter im Rahmen von § 19 TTDSG ein ganz erheblicher Spielraum bei der Entscheidung, welche konkreten technischen und organisatorischen Maßnahmen zu ergreifen sind, um die Ziele von § 19 TTDSG zu erreichen. Gerade für kleinere Anbieter von Telemedien werden viele technisch geeignete und dem Stand der Technik entsprechende Maßnahmen an der *wirtschaftlichen Zumutbarkeit* scheitern.

> **Hinweis: Bußgelder zu § 19 TTDSG**
> Von all diesen Verpflichtungen ist merkwürdigerweise nur die Verpflichtung, eine Beendigung der Nutzung eines Telemediums jederzeit zu ermöglichen, bußgeldbewährt. Verstöße gegen alle anderen Vorgaben aus § 19 TTDSG sind – und das wird Sie gegebenenfalls überraschen – aktuell nicht (mehr) mit einem Bußgeld bedroht.

Im Ergebnis ist die praktische Bedeutung von § 19 TTDSG gering, weil im Rahmen der Nutzung eines Telemediums fast immer (auch) personenbezogene Daten verarbeitet werden, für deren Schutz Art. 32 DSGVO anzuwenden ist, der umfassendere Vorgaben enthält. Gleichwohl kann man aus § 19 TTDSG – vor allem für den Bereich der nicht personenbezogenen Daten – einen gewissen Mindeststandard für technische und organisatorische Maßnahmen ableiten, wenn man ein Telemedium anbietet.

2.2.2 Schutz der Privatsphäre bei Endeinrichtungen

Falls Sie auf Ihren Webseiten *Cookies* einsetzen, sind die §§ 25 ff. TTDSG für Sie von besonderer Bedeutung. Nach § 25 Abs. 1 TTDSG sind

> *die Speicherung von Informationen in der Endeinrichtung des Endnutzers oder der Zugriff auf Informationen, die bereits in der Endeinrichtung gespeichert sind*

grundsätzlich an die Einholung einer Einwilligung geknüpft. Damit sind z. B. Cookies gemeint, die auf einem Desktop-PC, einem Smartphone oder einem Tablet des Endanwenders gespeichert werden sollen oder bereits dort gespeichert sind. Dies gilt übrigens unabhängig davon, ob es sich um personenbezogene Daten handelt oder nicht. Geschützt wird nämlich die Integrität des Endgeräts.

> **Praxishinweis: Was ist ein Endgerät nach § 25 TTDSG?**
> Beachten Sie, dass sich die Regelung von § 25 TTDSG nicht nur auf Endgeräte wie z. B. einen PC, ein Smartphone oder ein Tablet beschränkt. Erfasst werden im Prinzip *alle* Endgeräte des Nutzers, auf denen sich Daten speichern lassen und von denen Daten ausgelesen werden können. Dies sind z. B. auch Geräte aus dem Bereich Smart-Home, wie Heizkörperthermostate, Lautsprecher oder Leuchtmittel.

Neben den Cookies werden auch andere Technologien berücksichtigt, die Daten aus dem Gerät des Nutzers auslesen. So werden beispielsweise auch bestimmte Formen des *Browser-Fingerprinting* oder *Web-Beacons* erfasst. Sie müssen in solchen Fällen also grundsätzlich eine informierte Einwilligung vom Endanwender einholen.

> **Hinweis: TTDSG und Cookie-Banner**
>
> Cookie-Banner werden mit dem TTDSG für Sie nicht obsolet, sondern vielmehr gehen die Regelungen des TTSDG noch ein gutes Stück weiter, da Cookies i. d. R. nunmehr nach § 25 TTDSG eine Einwilligung erforderlich machen!
>
> Insbesondere führt dies dazu, dass das Setzen von Cookies nicht mehr ausschließlich auf das berechtigte Interesse nach Art. 6 Abs. 1 lit. f DSGVO oder die Vertragserfüllung nach Art. 6 Abs. 1 lit. b DSGVO gestützt werden kann. Genaueres zur Gestaltung von Cookie-Bannern lesen Sie in Kapitel 4.

Eine Ausnahme gilt nach § 25 Abs. 2 Nr. 2 TTDSG insbesondere für folgenden Fall:

> *2. wenn die Speicherung […] oder der Zugriff […] unbedingt erforderlich ist, damit der Anbieter eines Telemediendienstes einen vom Nutzer ausdrücklich gewünschten Telemediendienst zur Verfügung stellen kann.*

Die Regelungen von § 25 Abs. 2 TTDSG sind – das kann man nicht abstreiten – zwar recht kompliziert formuliert, orientieren sich aber konsequent an den Vorgaben der DSGVO und setzen zudem die Vorgaben der *ePrivacy-Richtlinie*[4] in deutsches Recht um. Sie werden sich aber nun fragen, was denn *unbedingt erforderlich* bedeutet und wie Sie erkennen können, ob es sich um einen *vom Nutzer ausdrücklich gewünschten Telemediendienst* handelt.

Das Merkmal *unbedingt erforderlich* bezieht sich in erster Linie auf Informationen, die technisch benötigt werden, um die grundlegende Anzeige, die Datensicherheit und/oder die Erreichbarkeit der Website bzw. der dahinterliegenden Systeme sicherzustellen. Beispiel dafür sind z. B. *First-Party-Cookies*, die eingesetzt werden, um die Sprache der Website anzupassen oder auch Cookies, die für das Ausliefern der Cookie-Banner[5] notwendig sind.

Beispiele für einen *ausdrücklich gewünschten Telemediendienst* sind u. a. das Anlegen eines Benutzer-Accounts bei einem Webshop oder die Nutzung eines Warenkorbs. Demzufolge benötigen Sie für alle Cookies, die notwendig sind, um den Benutzer-Account anzulegen und die Waren im Warenkorb oder auf Merklisten zu speichern, regelmäßig keine Einwilligung.

---

[4] Gemeint sind hier die Regelungen der *Datenschutzrichtlinie für elektronische Kommunikation* (Richtlinie 2002/58/EG) in der durch die Richtlinie 2009/136/EG geänderten Fassung, in der sich in Art. 5 Abs. 3 nahezu wortgleiche Formulierungen finden.

[5] Weitere Details zu Cookie-Bannern finden Sie in Kapitel 4, »Datenschutz beim Betrieb von Websites«.

> **Praxishinweis: Orientierungshilfe für Anbieter von Telemedien**
>
> Die Konferenz der unabhängigen Datenschutzaufsichtsbehörden des Bundes und der Länder (DSK) hat am 5. Dezember 2022 eine aktualisierte »Orientierungshilfe der Aufsichtsbehörden für Anbieter von Telemedien ab dem 1. Dezember 2021 – Version 1.1« veröffentlicht, die die Änderungen durch das TTDSG berücksichtig (kurz: OH Telemedien 2021 – Version 1.1).[6]
>
> Zu der Frage, wann ein Zugriff auf das Gerät des Endnutzers unbedingt erforderlich ist, um einen ausdrücklich gewünschten Telemediendienst zur Verfügung zu stellen, vertritt die DSK eine sehr strenge Auffassung. Sie legt einen Schwerpunkt auf die Frage, welcher Telemediendienst vom Nutzer überhaupt ausdrücklich gewünscht ist, und unterteilt dabei eine Website sehr feingliedrig in ihre einzelnen Funktionen.
>
> Wenn beispielsweise eine Website mit einem Webshop zum einen die Produktpräsentation enthält, zum anderen aber auch einen Warenkorb und eine Chat-Funktion anbietet, geht die DSK davon aus, dass beim erstmaligen Aufruf der Website ausschließlich die Produktpräsentation das vom Nutzer ausdrücklich gewünschte Telemedium ist.
>
> Erst wenn der Nutzer ein Produkt in den Warenkorb legen möchte, um einen Kauf zu starten, gehört auch die Warenkorbfunktion zum ausdrücklich gewünschten Telemediendienst, sodass ein Warenkorb-Cookie nicht direkt bei Aufruf der Website, sondern erst gesetzt werden darf, wenn der Nutzer dem Warenkorb ein Produkt hinzufügen möchte.
>
> Genauso verhält es sich in dem Beispiel mit der Chat-Funktion, um Kontakt mit dem Kundenservice aufzunehmen. Auch hier geht die DSK davon aus, dass die Chat-Funktion erst dann ausdrücklich gewünscht wird, wenn der Kunde mit seiner Eingabe beginnt bzw. die Chat-Funktion aktiviert.

Soweit Sie nunmehr Cookies setzen, die die genannten Anforderungen für die Ausnahmen von der Einwilligungspflicht nach § 25 Abs. 1 TTDSG erfüllen, müssen Sie prüfen, auf Basis welcher datenschutzrechtlichen Rechtsgrundlage Sie diese setzen dürfen, da Cookies in der Regel zur Verarbeitung von personenbezogenen Daten führen.

Unbedingt erforderliche Cookies können Sie regelmäßig auf das berechtigte Interesse nach Art. 6 Abs. 1 lit. f DSGVO und *Warenkorb-Cookies* oder ähnliche Cookies auf die *Vertragsanbahnung* bzw. *-erfüllung* nach Art. 6 Abs. 1 lit. b DSGVO stützen.[7]

---

6 Die OH Telemedien 2021 in Version 1.1 (Stand Dezember 2022) finden Sie online unter *https://datenschutzkonferenz-online.de/media/oh/20221205_oh_Telemedien_2021_Version_1_1_Vorlage_104_DSK_final.pdf* (zuletzt aufgerufen am 15. Juni 2023).

7 Viele weitere Details zum Thema nennt die *GDD-Praxishilfe DS-GVO – ePrivacy und Datenschutz beim Onlineauftritt*. Sie finden diese online unter *www.gdd.de/downloads/praxishilfen/prax-praxishilfen-neustrukturierung/GDDPraxishilfeDSGVOePrivacyundDatenschutzbeimOnlineauftritt.pdf* (zuletzt aufgerufen am 15. Juni 2023).

Beachten Sie auch, dass das TTDSG im Prinzip nur den technischen Vorgang des Zugriffs auf das Endgerät des Nutzers regelt. Diese Regelung ist unabhängig davon, ob dabei personenbezogenen Daten verarbeitet werden oder nicht. Allerdings werden derartigen Datenverarbeitungen meistens spätestens im zweiten Schritt auf die Verarbeitung personenbezogener Daten hinauslaufen. Ab dann richtet sich die Rechtmäßigkeit nach der DSGVO, und Sie benötigen für die weitere Verarbeitung der Daten eine Rechtsgrundlage.

> **Praxistipp: Einwilligung nach TTDSG**
>
> Eine gute Nachricht zum Schluss: Wenn Sie eine Einwilligung nach TTDSG einholen, erfüllt diese – aufgrund des Verweises auf die DSGVO in § 25 Abs. 1 S. 2 TTDSG – auch die Anforderungen der DSGVO und kann deshalb auch die Weiterverarbeitung personenbezogener Daten rechtfertigen.

Die weiteren Details zum sogenannten *Cookie-/Consent-Banner* diskutieren wir umfangreich in Kapitel 4, »Datenschutz beim Betrieb von Websites«.

2.2.3 Anerkannte Dienste zur Einwilligungsverwaltung, Endnutzereinstellungen

Mit § 26 TTDSG gibt es gegenüber dem alten TMG eine völlig neue Regelung: die Anerkennungsmöglichkeit von Verwaltungsdiensten für eine bereits erteilte Einwilligung der Endanwender durch unabhängige Stellen; wörtlich heißt es dort:

> *Dienste zur Verwaltung von nach § 25 Absatz 1 erteilten Einwilligungen [...] können von einer unabhängigen Stelle nach Maßgabe der Rechtsverordnung nach Absatz 2 anerkannt werden.*

Gemeint sind damit sogenannte *Personal Information Management Services (PIMS)* oder auch *Single-Sign-on-Lösungen (SSO-Lösungen)*. Für eine Anerkennung im Sinne der Vorschrift muss der Dienst aber insgesamt vier Voraussetzungen erfüllen, § 26 Abs. 1 Nr. 1–4 TTDSG nennt hier:

1. *zur Einholung der Einwilligung nutzerfreundliche und wettbewerbskonforme Verfahren nutzen*
2. *kein wirtschaftliches Eigeninteresse an der Erteilung der Einwilligung und an den verwalteten Daten haben*
3. *die personenbezogenen Daten und die Informationen ausschließlich für die Einwilligungsverwaltung verarbeiten sowie*
4. *ein Sicherheitskonzept vorlegen [...].*

Die genaue Ausgestaltung der Anforderungen an diese PIMS wird durch eine *Rechtsverordnung* erfolgen, die allerdings – Stand Juni 2023 – noch nicht vorliegt.

> **Hinweis: Praxisrelevanz von PIMS**
> Wenngleich eine Bannereinbindung zur Einholung einer Einwilligung auf jeder einzelnen Webseite beim Einsatz von PIMS entbehrlich wäre und damit Ihren Arbeitsaufwand deutlich reduzieren kann, sollten Sie aufgrund der hohen Anforderungen an die Anerkennung definit abwarten, ob und wie relevant die Möglichkeit von PIMS in der Praxis überhaupt sein wird.

2.3 Anwendungsfall Telekommunikation

In Abgrenzung zu den Telemedien sind Telekommunikationsdienste nach § 3 Nr. 61 TKG:

> *in der Regel gegen Entgelt über Telekommunikationsnetze erbrachte Dienste, die – mit der Ausnahme von Diensten, die Inhalte über Telekommunikationsnetze und -dienste anbieten oder eine redaktionelle Kontrolle über sie ausüben – folgende Dienste umfassen:*
>
> *a) Internetzugangsdienste*
>
> *b) interpersonelle Telekommunikationsdienste*
>
> *c) Dienste, die ganz oder überwiegend in der Übertragung von Signalen bestehen, wie Übertragungsdienste, die für Maschine-Maschine-Kommunikation und für den Rundfunk genutzt werden*

Hinter dieser sperrigen Formulierung verbergen sich insbesondere Dienste, wie sie z. B. die Betreiber von *Messengern* (z. B. *Signal, Telegram* oder *WhatsApp*), Videokonferenzdiensten (z. B. *Big Blue Button, Jitsi, Microsoft Teams* oder *Zoom*) sowie *webbasierten E-Mail-Diensten* (*Gmail, GMX, Posteo* oder *Web.de*) anbieten. Es handelt sich um sogenannte *Over-the-Top-Dienste (OTT)*.

Bei diesen Diensten ist die Leistung des Anbieters von der Infrastruktur entkoppelt. Der Anbieter eines Messengers erbringt z. B. seine Leistung über die Netzinfrastruktur eines anderen Anbieters, der keinen Einfluss auf den Dienst und auch keine Kontrollmöglichkeiten hat. Damit werden heute wesentlich mehr Anbieter in den Anwendungsbereich des strengen Telekommunikationsdatenschutzes einbezogen.

Falls Sie also einen E-Mail-Server betreiben, unterliegen Sie damit auch Teil 2 des TTDSG, also den Regelungen zum *Datenschutz und Schutz der Privatsphäre in der Telekommunikation* in den §§ 3-18 TTDSG. Dabei ist vor allem die in § 12 TTDSG eröffnete Möglichkeit zur Speicherung von Logfiles interessant.

2.3.1 Speicherung von Logdaten

Die Vorschrift von § 12 TTDSG beinhaltet eine datenschutzrechtliche Erlaubnis zur Verarbeitung von *Verkehrsdaten*. Die Verarbeitung darf allerdings nur streng zweckgebunden erfolgen, und zwar *um Störungen oder Fehler an Telekommunikationsanlagen zu erkennen, einzugrenzen oder zu beseitigen*. Zu den *Störungen* gehören insbesondere solche, die zu einer Einschränkung der Verfügbarkeit oder zu einem unerlaubten Zugriff auf Telekommunikations- und Datenverarbeitungssysteme der Nutzer führen können. Andere Verarbeitungszwecke sind nach § 12 Abs. 1 Satz 3 TTDSG ausdrücklich ausgeschlossen.

Die auf diese Weise und zu diesen Zwecken erhobenen Verkehrsdaten sind nach § 12 Abs. 2 TTDSG *unverzüglich zu löschen*, sobald sie für die Beseitigung der Störung nicht mehr erforderlich sind. Die alsbaldige Löschung der Daten ist wichtig, da die Speicherung einen Eingriff in das *Fernmeldegeheimnis* und in die Persönlichkeitsrechte der Kommunikationsteilnehmer darstellt.

Der Bundesgerichtshof ging in seinen Entscheidungen[8] aus dem Jahre 2011 bzw. 2014 davon aus, dass eine anlasslose Speicherung von IP-Adressen für maximal sieben Tage zulässig ist.[9] Die anlasslose und auf § 12 TTDSG gestützte Speicherung von Verkehrsdaten darf auf keinen Fall zu einer *Vorratsdatenspeicherung* werden. Der Auffassung des Bundesgerichtshofes hat sich auch der Bundesbeauftragte für Datenschutz und Informationsfreiheit (BfDI) in seinem aktualisierten *Leitfaden des BfDI für eine datenschutzgerechte Speicherung von Verkehrsdaten* angeschlossen.[10]

> **Hinweis: Speicherfrist in der Praxis**
>
> In der Praxis sollten Sie sich grundsätzlich an dieser Frist von sieben Tagen orientieren. Allerdings ist diese Frist auch »nicht in Stein gemeißelt«, sodass Speicherfristen von z. B. 14 Tagen ebenfalls möglich sein sollten. Kritisch wird es aber spätestens bei noch längeren Fristen, z. B. einem Monat, die nur im Einzelfall und nur mit einer entsprechenden Begründung zulässig sind.

---

8 Dies entsprechenden Entscheidungen des Bundesgerichtshofs lauten: BGH III ZR 146/10, online verfügbar unter *http://juris.bundesgerichtshof.de/cgi-bin/rechtsprechung/document.py?Gericht=bgh&Art=en&Datum=Aktuell&Sort=12288&nr=54979&pos=3&anz=643* (zuletzt aufgerufen am 15. Juni 2023) und BGH III ZR 391/13, online verfügbar unter *http://juris.bundesgerichtshof.de/cgi-bin/rechtsprechung/document.py?Gericht=bgh&Art=en&nr=68350&pos=0&anz=* (zuletzt aufgerufen am 15. Juni 2023).

9 Zur weiteren Diskussion zur Speicherung von bzw. der möglichen Speicherdauer in Logfiles siehe Kapitel 3, »Technischer Datenschutz: Anforderungen der DSGVO an den IT-Betrieb«.

10 Sie finden den aktualisierten Leitfaden online unter *www.bfdi.bund.de/SharedDocs/Downloads/DE/Themen/Telekommunikation/LeitfadenZumSpeichernVonVerkehrsdaten.pdf?__blob=publicationFile&v=3* (zuletzt aufgerufen am 15. Juni 2023).

2.3.2 Anwendungsbereich »interpersonelle Telekommunikationsdienste«

Die explizite Aufnahme von *interpersonellen Telekommunikationsdiensten* in den Anwendungsbereich des TKG hat für Sie Auswirkungen, wenn Sie einen reinen Videokonferenzdienst wie z. B. *Jitsi* oder *Zoom* ohne weitere Plugins nutzen. Nach alter Rechtslage ging man davon aus, dass zwischen einem Unternehmen (als Nutzer des Videokonferenzdienstes) und dem Anbieter, z. B. *Zoom*, ein Verhältnis zur *Auftragsverarbeitung* nach Art. 28 DSGVO besteht.

Dies hat sich durch die Anpassung des TKG und die Einführung des TTDSG geändert, denn nunmehr ist z. B. *Zoom* als Telekommunikationsanbieter Verantwortlicher im Sinne der DSGVO. Dies hat zur Folge, dass sich die Anbieter an die strengen Vorgaben des Telekommunikationsdatenschutzes halten müssen und dass es keiner Vereinbarung zur Auftragsverarbeitung mehr bedarf, jedenfalls nicht hinsichtlich des Teils des Angebots, das einen Telekommunikationsdienst darstellt. Häufig sind derartige Angebote aber mit weiteren Funktionen ausgestattet, die ihrerseits keinen Telekommunikationsdienst darstellen. Sie stellen damit sogenannte *Mischdienste* dar. Insbesondere *Microsoft Teams* dürfte zu der Kategorie dieser Mischdienste gehören.

Für die Datenübermittlung zwischen den beiden Parteien ist regelmäßig eine erneute Prüfung der Rechtsgrundlage notwendig. Die großen Anbieter wie *Google*, *Microsoft* oder *Zoom* werden auf die neue Rechtslage reagieren und die Vertragsverhältnisse entsprechend anpassen. Gegebenenfalls müssen Sie hier aber aufpassen, da einige Anbieter nur Neukunden mit den angepassten Verträgen versorgen. Falls Sie Bestandskunde sind, werden Sie also gegebenenfalls selbst gegenüber Ihrem Anbieter tätig werden müssen.

> **Hinweis: Achtung bei »Mischdiensten«**
>
> Bei der Einordnung eines Dienstes als *interpersoneller Telekommunikationsdienst* ergeben sich eine Reihe von Fragen. So ist beispielsweise noch nicht ausreichend geklärt, wie es mit Mischdiensten aussieht, die neben dem reinen Videochat weiter Funktionen anbieten.
>
> Falls Ihr Videokonferenzanbieter neben der reinen interpersonellen Kommunikation – also beispielsweise dem Videochat – weitere Dienste anbietet bzw. implementiert hat, sollten Sie weiterhin einen Auftragsverarbeitungsvertrag schließen, bis diese Fragen abschließend geklärt sind. Typische Fälle für solche Dienste, bei denen nach wie vor eine Auftragsverarbeitungsvertrag erforderlich wird, sind beispielsweise das Angebot zum Teilen von Dateien oder das gemeinsame Bearbeiten von Dokumenten.

2.3.3 Muss der Arbeitgeber das Fernmeldegeheimnis beachten?

Die äußerst praxisrelevante und seit Jahren umstrittene Frage nach der Anwendbarkeit des *Fernmeldegeheimnisses* auf Arbeitgeber wird leider auch durch das TTDSG nicht eindeutig beantwortet. Die Frage ist für Unternehmen deshalb so relevant, weil der Inhalt der Telekommunikation und ihre näheren Umstände, insbesondere die Tatsache, ob jemand an einem Telekommunikationsvorgang beteiligt war, dem Fernmeldegeheimnis unterliegen.

Zur Wahrung des Fernmeldegeheimnisses sind nach § 3 Abs. 2 TTDSG Anbieter von *ganz oder teilweise geschäftsmäßig angebotenen Telekommunikationsdiensten* verpflichtet. Gehört man zu diesem Kreis, hat man die Vorschriften der §§ 9, »Verarbeitung von Verkehrsdaten«, 10, »Entgeltermittlung und -abrechnung«, 11, »Einzelverbindungsnachweis«, und 12, »Störungs- und Missbrauchsverhinderung durch Verarbeitung von Verkehrsdaten« TTDSG zu beachten.

Die Frage bzgl. der Anwendbarkeit des Fernmeldegeheimnisses stellt sich immer dann, wenn der Arbeitgeber, also Ihr Unternehmen, seinen Mitarbeitern die *Privatnutzung* betrieblicher Kommunikationsmittel (z. B. Telefon und E-Mail) gestattet. Ist die Privatnutzung untersagt, ist es einhellige Meinung, dass der Arbeitgeber dann kein Telekommunikationsanbieter ist, weil er seine Kommunikationsmittel nur zu eigenen geschäftlichen Zwecken nutzt und sie keinem Dritten anbietet. Solange die Arbeitnehmer ihre vom Arbeitgeber gestellten Kommunikationsmittel nur für ihre Arbeit benutzen, unterliegt der Arbeitgeber deshalb nicht dem Fernmeldegeheimnis.

Erlaubt der Arbeitgeber hingegen die Privatnutzung, stellt er die Kommunikationsmittel *geschäftsmäßig* seinen Arbeitnehmern zu eigenen Zwecken, nämlich zum Zwecke der privaten Kommunikation zur Verfügung. Auf eine *Gewinnerzielungsabsicht* kommt es nicht an, denn die Geschäftsmäßigkeit hat nichts mit einer gewerblichen Nutzung zu tun. Erfasst werden vielmehr solche Unternehmen, die die Kommunikationsmittel nachhaltig einem Dritten anbieten – im konkreten Fall also den Mitarbeitern. Deshalb handelt der Arbeitgeber immer geschäftsmäßig, wenn er seinen Arbeitnehmern die Privatnutzung erlaubt.

Der Arbeitgeber kann auch durch die bloße *Duldung* der Privatnutzung zum Telekommunikationsanbieter werden, z. B., wenn er die Privatnutzung seiner Mitarbeiter kennt und über einen längeren Zeitraum hinnimmt.

> **Hinweis: Der Arbeitgeber als Telekommunikationsanbieter**
> Es gibt auch Stimmen, die davon ausgehen, dass sich die Datenverarbeitung auch bei erlaubter Privatnutzung ausschließlich nach der DSGVO richtet und die telekommunikationsrechtlichen Vorschriften vom Arbeitgeber nicht zu beachten sind. Wäre diese Ansicht richtig, könnte sich der Arbeitgeber vor allem auch auf ein berechtigtes Interesse nach Art. 6 Abs. 1 lit. f DSGVO stützen. Dies würde ihm erheblich mehr Spielraum bei der Datenverarbeitung gewähren. Eine diesen Streit auflösende Entscheidung der höchsten Gerichte ist aktuell allerdings nicht in Sicht.

Die größte Gefahr für den Arbeitgeber besteht unabhängig von der Frage, ob er Telekommunikationsanbieter ist oder nicht in der möglichen *Strafbarkeit* nach § 206 StGB, wenn er *unbefugt* auf Kommunikationsinhalte oder -umstände zugreift. Mit dieser Frage beschäftigen wir uns in Kapitel 11, »Strafrechtliche Risiken für Admins«.

> **Praxistipp: Privatnutzung »ja« oder »nein«?**
>
> Die private Nutzung betrieblicher Kommunikationsmittel sollte ausdrücklich geregelt werden, z. B., indem die private Nutzung des Internets erlaubt, die private Nutzung des betrieblichen E-Mail-Accounts oder der Telefonanlage aber verboten wird. Die Arbeitnehmer sind heute nicht mehr darauf angewiesen, die E-Mail-Dienste des Arbeitgebers zu nutzen. Viele werden ihr eigenes Smartphone immer dabeihaben und können darüber telefonieren oder E-Mails abrufen.
>
> Ergänzend kann für die Mitarbeiter ein getrenntes Mitarbeiter-WLAN eingerichtet werden. Dieses unterfällt dann zwar gegebenenfalls den telekommunikationsrechtlichen Vorschriften, dafür bleibt der Rest der betrieblichen Kommunikationsmittel aber außerhalb des strengen telekommunikationsrechtlichen Bereichs.
>
> Für eine entsprechende Regulierung bietet sich in Unternehmen mit einer Mitarbeitervertretung in Form eines Betriebsrats bzw. Personalrats der Abschluss einer Betriebsvereinbarung an. Diese sollte umfangreich alle Rechtsfragen rund um die Nutzung von Internet, E-Mail und auch Chat sowie Mischdiensten wie Microsoft Teams regeln.

Kapitel 3
Technischer Datenschutz: Anforderungen der DSGVO an den IT-Betrieb

In diesem Kapitel lernen Sie die wesentlichen Anforderungen kennen, die sich aus der DSGVO für den IT-Betrieb aus technischer Sicht ergeben. Dabei stellen wir Ihnen konkrete und praxisbezogene technische und organisatorische Maßnahmen vor, die für einen rechtssicheren IT-Betrieb unentbehrlich sind.

Nach einer ersten juristischen Einordnung des Themas wollen wir uns in diesem Kapitel der konkreten Umsetzung der Anforderungen des Datenschutzes im Rahmen des IT-Betriebs widmen. Denn Datenschutz ist viel mehr als eine rein rechtliche Betrachtung! Damit Datenschutz auch tatsächlich seine Wirkung entfalten kann, muss das rechtlich Geforderte auch in der Praxis umgesetzt werden. Und genau diesen Aspekt wollen wir Ihnen im Folgenden näherbringen.

3.1 Die Grundlagen: Was ist technischer Datenschutz?

Der Begriff *technischer Datenschutz* meint zunächst einmal den Einsatz von *technischen und organisatorischen Maßnahmen (TOM)*. Im Rahmen der Auswahl derartiger Maßnahmen steht dabei zunächst die Frage im Vordergrund, wie Sie das Risiko für den Betroffenen – also Ihren Kunden, Mitarbeiter oder Geschäftspartner – in angemessener Art und Weise senken können. Ihr Ziel ist dabei immer, einen Interessenausgleich zwischen dem Unternehmen als Verantwortlichem auf der einen Seite und dem Betroffenen auf der anderen Seite zu schaffen.

Bei der Auswahl von technischen und organisatorischen Maßnahmen müssen diese angemessen zum Risiko (für die Rechte und Freiheiten) der Betroffenen gewählt werden – das Ziel ist also eine ausgeglichene Waage (siehe Abbildung 3.1). Dabei sind neben dem Risiko für die Betroffenen auch weitere Aspekte, beispielsweise der *Stand der Technik*, die *Art*, der *Umfang* und die *Zwecke* der Verarbeitung sowie die *Kosten* für die Umsetzung der Maßnahmen zu berücksichtigen.

3 Technischer Datenschutz: Anforderungen der DSGVO an den IT-Betrieb

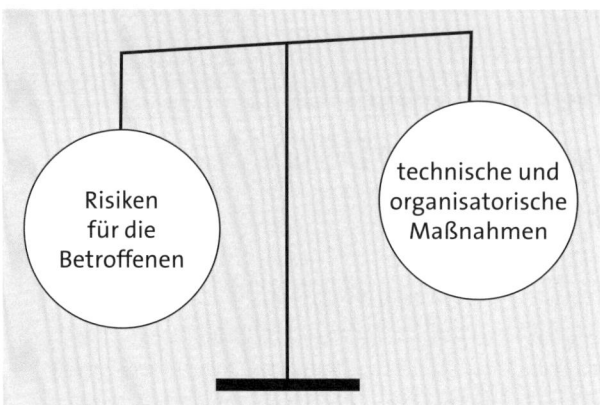

Abbildung 3.1 Technische und organisatorische Maßnahmen im Verhältnis zum Risiko für die Betroffenen

Dies ist insbesondere auch im Rahmen von *Auftragsverarbeitungen* relevant, denn auch der Auftragsverarbeiter muss angemessene technische und organisatorische Maßnahmen umsetzen. Die Verantwortung dafür verbleibt jedoch bei dem Unternehmen, das die Daten im Auftrag verarbeiten lässt. Besondere Verarbeitungssituationen, wie z. B. die Nutzung von Cloud-Diensten oder Social-Media-Angeboten, die häufig eine weltweite Datenverarbeitung nach sich ziehen, erschweren die Situation zusätzlich.

> **Praxistipp: Überblick als Grundlage**
> Machen Sie sich bewusst, dass die in diesem Kapitel genannten Anforderungen nicht nur für den Betrieb der eigenen IT relevant sind, sondern sich auch auf die IT Ihrer Auftragsverarbeiter erstrecken. Die Verantwortung für die Sicherheit der personenbezogenen Daten verbleibt in diesen Fällen nämlich bei Ihnen bzw. in Ihrem Unternehmen. Daher ist es notwendig, dass Sie sich zunächst einen Überblick über alle Verarbeitungsprozesse verschaffen!

In der Praxis des IT-Betriebs finden sich viele Beispiele, bei denen angemessene technische und organisatorische Maßnahmen eine bedeutende Rolle spielen. Die Anwendungsfälle sind zahlreich: Cloud-Speicherdienste wie z. B. *Dropbox*, *GoogleOne* und *MS Azure*, das klassische Logging, die Protokollierung und das Erstellen von Backups sind nur einige wichtige Themen. Dabei geht es aber grundsätzlich nicht nur um Technik, sondern auch um die Organisation, die IT-Prozesse spielen also eine wichtige Rolle. Darunter fallen z. B. Prozesse zu Vergabe und Entzug von Benutzerrechten, zur Auswahl von Auftragsverarbeitern und auch zur Löschung von Daten.

In der *Datenschutz-Grundverordnung* (*DSGVO*) findet sich das Stichwort *technische und organisatorische Maßnahmen* prominent in Art. 32 »Sicherheit der Verarbeitung« und Art. 25 als »Datenschutz durch Technikgestaltung und durch datenschutzfreundliche Voreinstellungen« wieder. Indirekt sind TOM aber an vielen weiteren Stellen der DSGVO relevant, dazu zählt z. B. auch Art. 5, in dem die Grundsätze der Verarbeitung thematisiert werden. Dazu gehört auch die Gewährleistung einer angemessenen Sicherheit der personenbezogenen Daten, was die hohe Relevanz dieser Anforderung verdeutlicht.

Grundlage für die Auswahl von technischen und organisatorischen Maßnahmen ist grundsätzlich eine *Risikobewertung*. Diese soll die Risiken, die sich für den Betroffenen aus der Verarbeitung seiner personenbezogenen Daten ergeben können, gegen die Aufwände abwägen, die sich für den Verantwortlichen, also in der Regel für das die personenbezogenen Daten verarbeitende Unternehmen, durch die technischen und organisatorischen Maßnahmen ergeben.

> **Praxistipp: Beachten Sie die unterschiedlichen Zielsetzungen**
>
> Die klassische Informationssicherheit bzw. IT-Sicherheit verfolgt andere Schutzziele als der Datenschutz! In der Regel geht es im Rahmen der Informationssicherheit darum, Schäden, die durch einen Missbrauch der Daten für das Unternehmen entstehen können, zu mindern.
>
> Der Datenschutz hat hingegen einen anderen Fokus, denn er stellt den Schutz des Betroffenen vor einem Missbrauch seiner Daten in den Mittelpunkt. Natürlich sind dazu auch klassische Maßnahmen der Informationssicherheit erforderlich. Trotzdem ist es unerlässlich, dass Sie diese Unterscheidung bei der Bewertung von Maßnahmen angemessen berücksichtigen!

Da sich die IT laufend weiterentwickelt und gleichzeitig die Entwicklungszyklen immer kürzer werden, ist eine regelmäßige Neubewertung der Risiken für den Betroffenen auf der einen und die Angemessenheit der Maßnahmen auf der anderen Seite unumgänglich. Wir sprechen in diesem Zusammenhang auch von einem sogenannten *Managementkreislauf*, der auch oft als *PDCA-Zyklus* bezeichnet wird.

Die vier Buchstaben stehen dabei für die vier Phasen *Plan*, *Do*, *Check* und *Act*. Historisch geht dieser Managementkreislauf auf die Arbeiten von *Shewart*[1] und *Deming*[2] zurück; gleichzeitig ist er Ausgangspunkt für das moderne Qualitätsmanagement und zudem Grundlage für den auch in der ISO-Standardisierung verankerten *kontinuierlichen Verbesserungsprozess*:

1. Im initialen *Plan*: Wo stehen wir und wo wollen wir hin?
2. Im folgenden *Do*: Was müssen wir machen, um das Ziel zu erreichen?

---

[1] Detailinfos dazu gibt es beispielsweise in *W. A. Shewhart*: »Statistical Method from the Viewpoint of Quality Control«; Dover Publ., New York 1986, ISBN 0-486-65232-7, S. 45.

[2] Weitere Infos dazu finden sich beispielsweise in *W. E. Deming*: »Out of the Crisis«; Massachusetts Institute of Technology, Cambridge 1982, ISBN 0-911379-01-0, S. 88.

3. Im anschließenden *Check*: Haben wir unser Ziel (ausreichend) erreicht?
4. Im finalen *Act*: Was hat sich geändert, was muss nachgebessert werden?

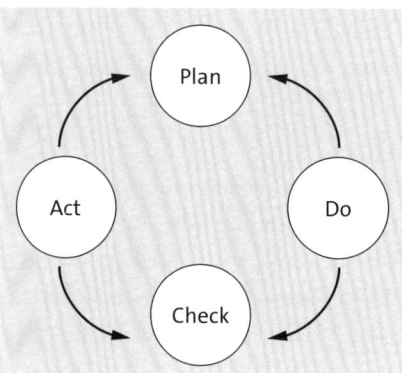

Abbildung 3.2 Vier Phasen des PDCA-Zyklus

Abbildung 3.2 illustriert den PDCA-Zyklus mit seinen vier Phasen *Plan*, *Do*, *Check* und *Act*. Wichtig ist bei diesem Konzept vor allem, dass es sich dabei um einen sich (regelmäßig) wiederholenden Prozess handelt, um den fortlaufenden Änderungen – z. B. denen in der Betriebsumgebung – Rechnung zu tragen. Dadurch fließen neue Anforderungen durch Veränderungen im Bestand oder eine gegebenenfalls vollkommen neu eingesetzte Technologie regelmäßig in die bereits bestehenden Prozesse und Vorgaben mit ein.

> **Praxistipp: Umsetzung des Managementkreislaufs**
>
> In der Praxis des IT-Betriebs ergibt sich immer wieder das Problem, dass Anpassungen und Änderungen an IT-Systemen zwar umgesetzt werden, aber nicht ihren Weg in die Dokumentation finden. Was ich nicht kenne, kann ich aber auch nicht beurteilen. Insofern ist es insbesondere für den Informationssicherheits- aber auch den Datenschutzbeauftragten absolut notwendig, eine belastbare Bewertungsgrundlage zu haben.
>
> Damit die von Ihnen durchgeführten Anpassungen und Änderungen an die bestehenden IT-Systeme und die Inbetriebnahme von neuen IT-Systemen nicht in Vergessenheit geraten, schaffen Sie sich einen Prozess, der eine entsprechende Dokumentation sicherstellt.
>
> Dies können Sie z. B. dadurch gewährleisten, dass Sie die Dokumentation in andere Prozesse integrieren, z. B. bei der Dokumentation von Inhouse-Prozessen in das Change Management oder im Fall von externen Dienstleistungen in das Auftragsmanagement der Organisation.

Nach diesen Grundlagen wollen wir im folgenden Abschnitt dieses Kapitels konkret auf die Auswahl von technischen und organisatorischen Maßnahmen eingehen.

3.2 Sicher ausgewählt: Technische und organisatorische Maßnahmen (TOM)

Die Sicherheit der Verarbeitung der personenbezogenen Daten und die dabei zu berücksichtigenden technischen und organisatorischen Maßnahmen spielen in der DSGVO eine bedeutende Rolle. Eine Anknüpfung dazu findet sich sowohl in den Artikeln 5, 17 und 24 DSGVO, aber insbesondere auch in Artikel 32 DSGVO, in dem die Vorgaben bzgl. der *Sicherheit der Verarbeitung* explizit genannt werden:

> *Unter Berücksichtigung des Stands der Technik, der Implementierungskosten und der Art, des Umfangs, der Umstände und der Zwecke der Verarbeitung sowie der unterschiedlichen Eintrittswahrscheinlichkeit und Schwere des Risikos für die Rechte und Freiheiten natürlicher Personen treffen der Verantwortliche und der Auftragsverarbeiter geeignete technische und organisatorische Maßnahmen, um ein dem Risiko angemessenes Schutzniveau zu gewährleisten; …*

Hieraus ergeben sich drei Bedingungen, die bei der Auswahl und der Implementierung von technischen und organisatorischen Maßnahmen zu berücksichtigen sind: Maßnahmen müssen sowohl *geeignet* als auch *angemessen* sein, und sie müssen dem *Stand der Technik* entsprechen.

Wichtig ist dabei Folgendes: Auch wenn es die in der DSGVO genannten Kriterien *Geeignetheit*, *Angemessenheit* und *Stand der Technik* zunächst vermuten lassen, stellt sich die Frage, »ob« Maßnahmen grundsätzlich umgesetzt werden müssen, in der Regel nicht. Auf der anderen Seite wird die genaue Auswahl der Maßnahmen – also das »Wie« – grundsätzlich anhand unterschiedlicher Aspekte im jeweiligen konkreten Anwendungsfall erfolgen.

Einfacher ausgedrückt: Maßnahmen sind grundsätzlich zu implementieren, lediglich die Art derselben können (und müssen!) Sie an die konkrete Verarbeitungssituation anpassen. Auf diesen Aspekt gehen wir in Abschnitt 3.2.1 unter dem Stichwort »Angemessenheit« auch nochmals mit einem Beispiel ein.

3.2.1 Geeignetheit, Angemessenheit und Stand der Technik

Doch was bedeuten die drei Kriterien Geeignetheit, Angemessenheit und Stand der Technik nun im Einzelnen?

Geeignetheit

Damit eine Maßnahme als geeignet bewertet werden kann, muss diese die Schwachstellen reduzieren, die zu einem Risiko für den Betroffenen führen können. Damit dieses Kriterium erfüllt wird, müssen die Maßnahmen also auf Basis der *Risikobewer-*

tung ausgewählt werden. Der Einsatz von im Allgemeinen typischen, aber im konkreten Fall beliebigen Maßnahmen ist gerade nicht ausreichend.

> **Praxisbeispiel: Ausspähen von Daten**
>
> Um einem möglichen Ausspähen von Daten zu begegnen, werden typischerweise Verschlüsselungsmechanismen eingesetzt. Dabei schützt eine Maßnahme, die den Transportkanal der Daten betrifft, z. B. in Form einer TLS-basierten Transportverschlüsselung, die Daten aber nicht bei ihrer Ablage auf einem Datenträger. Umgekehrt schützt aber eine Datenträgerverschlüsselung die auf einem Datenträger abgelegten Daten nicht vor einem Ausspähen, wenn diese an ein anderes System kommuniziert werden. In der Praxis wird die Verschlüsselung insbesondere dann nutzlos, wenn die Daten in der CPU verarbeitet werden sollen, da dazu nach aktuellem Stand der Technik in der Regel Klartextdaten notwendig sind.

Angemessenheit

Das Kriterium der Angemessenheit bringt zum Ausdruck, dass kein absolutes Schutzniveau angestrebt wird, sondern die Auswahl der Maßnahmen in einem angemessenen Verhältnis zum bestehenden Risiko stehen muss. Die Angemessenheit ist allerdings nicht an einen konkreten Zeitpunkt geknüpft, sondern muss den Entwicklungen im IT-Bereich Rechnung tragen. Dazu gehört, dass eine Maßnahme grundsätzlich auch in der Praxis umsetzbar sein muss.

> **Praxisbeispiel: Langlebige IT-Systeme**
>
> Insbesondere bei IT-Systemen, die eine überdurchschnittlich lange Lebensdauer aufweisen, ist das Kriterium der Angemessenheit relevant. Dies kann z. B. bei medizinischen Systemen wie einem Computertomographiegerät (CT) der Fall sein. Da solche sehr kostspieligen Geräte typischerweise für mehrere Jahre bis Jahrzehnte zum Einsatz kommen, kann es vorkommen, dass vom Gerätehersteller keine Updates mehr für alle Sicherheitslücken angeboten werden, beispielsweise allein deshalb, weil das vom Gerätehersteller eingesetzte Betriebssystem vom Betriebssystemhersteller nicht mehr mit Updates versorgt wird.
>
> Achtung, dies bedeutet nicht, dass Sie sich zurücklehnen können und nichts unternehmen müssen! Vielmehr sind sogenannte kompensierende Maßnahmen zu etablieren, die das Risiko einer nicht behebbaren Schwachstelle entsprechend kompensieren. Dies kann bei besagtem CT-Gerät beispielsweise dadurch realisiert werden, dass das Gerät in einem gesonderten Netzwerk separiert betrieben wird und die Netzwerkgrenzen mit besonderen Sicherheitsmechanismen geschützt werden.
>
> Updates auf eigene Faust – also ohne explizite Freigabe des Geräteherstellers – verbieten sich in diesen Fällen von selbst, da viele Geräte im medizinischen Bereich entsprechende Zulassungen haben müssen, die durch das Einspielen nicht freigegebener

Updates verfallen können. Zudem sind – je nach Gerät – auch physische Schäden, z. B. bei Patienten, nicht ausgeschlossen, wenn eigenmächtig nicht freigegebene Softwarekomponenten installiert werden.

Eine Neuanschaffung des CT-Geräts würde zwar das Update-Problem lösen, kommt aber regelmäßig allein aufgrund der enormen Kosten nicht infrage.

Das Kriterium der Angemessenheit bringt somit unterschiedliche Interessen zum Ausgleich: das Interesse des Systembetreibers, das System weiterhin nutzen zu können, und das Interesse des potenziell Betroffenen, dass seine Daten sicher verarbeitet werden und er bestmöglich vor etwaigen Folgeschäden geschützt wird.

Stand der Technik

Das Kriterium *Stand der Technik* gehört sicherlich zu den am häufigsten diskutierten Begrifflichkeiten bei der Auswahl und Umsetzung von technischen und organisatorischen Maßnahmen. Der Begriff selbst wurde bereits in den 1970er Jahren durch ein Urteil des Bundesverfassungsgerichts geprägt.[3] Inhaltlich grenzt sich der Begriff dabei von zwei anderen Begrifflichkeiten ab: den *anerkannten Regeln der Technik* und dem *Stand von Wissenschaft und Forschung*[4].

Der Stand der Technik unterscheidet sich dabei hinsichtlich der Kriterien Eignung in der Praxis und Anerkennung durch Fachleute von den beiden Alternativen Stand von Wissenschaft und Forschung und den anerkannten Regeln der Technik (siehe dazu auch Abbildung 3.3).

Abbildung 3.3 Stand der Technik

---

3 Hierbei handelt es ich um den Beschluss zum Sachverhalt »Schneller Brüter, Kalkar I« vom 8. August 1978 (BVerfG – 2 BvL 8/77), online verfügbar unter *https://openjur.de/u/166332.html* (zuletzt aufgerufen am 15. Juni 2023).

4 Der »Stand von Wissenschaft und Forschung« wird teilweise auch als »Stand von Wissenschaft und Technik« bezeichnet; zur besseren Abgrenzung verwenden wir hier den Alternativbegriff.

Während das Kriterium *Stand von Wissenschaft und Forschung* sehr fortschrittliche Methoden beschreibt, mangelt es diesen aber in der Regel an einer ausreichenden Eignung für die Praxis, z. B., weil es sich um aktuelle Forschungsergebnisse handelt, die daher noch keine ausreichende Praxiserprobung haben können.

Eine umfangreiche Erprobung in der Praxis und eine daraus resultierende hohe Eignung für die Praxis ist auf der anderen Seite bei den Methoden und Verfahren der anerkannten Regeln der Technik anzunehmen. Hierbei handelt es sich aber häufig um Verfahren, die schon lange im Einsatz sind und es daher mittlerweile an der notwendigen *Anerkennung durch führende Fachleute* vermissen lassen.

Zusammenfassend lässt sich also festhalten: Der *Stand der Technik* kennzeichnet in der Praxis erprobte Vorgehensweisen, die von führenden Fachleuten anerkannt sind und steht damit zwischen den Ausprägungen *Anerkannte Regeln der Technik* und dem *Stand von Wissenschaft und Technik*.

3.2.2 Quellen zum Stand der Technik

Die bisherigen Erläuterungen zum Stand der Technik geben zwar die theoretische Bedeutung des Begriffs wieder, helfen Ihnen aber nicht wirklich dabei, für den Einzelfall geeignete Maßnahmen auszuwählen, die dann den Anforderungen genügen.

Woraus aber können Sie nun Maßnahmen nach dem Stand der Technik im Kontext der Informationssicherheit und des Datenschutzes ableiten? Dazu existiert eine Reihe von Veröffentlichungen, von denen wir einige exemplarisch ansprechen wollen.

Technische Richtlinien des BSI

Für spezielle Anwendungsbereiche erstellt u. a. das *Bundesamt für Sicherheit in der Informationstechnik (BSI)* sogenannte Technische Richtlinien, die ebenfalls als Stand der Technik in ihrem jeweiligen Anwendungsbereich einzuordnen sind.[5]

> **Praxistipp: Technische Richtlinien zur Kryptographie**
>
> Im durchaus komplexen Anwendungsfeld der Kryptographie existiert mit der (vierteiligen) Technischen Richtlinie BSI TR-02102 (vgl. dazu Abbildung 3.4) ein umfangreicher Vorgabenkatalog für den Einsatz von kryptographischen Mechanismen nach dem Stand der Technik, der jährlich aktualisiert wird. Damit lassen sich sowohl die grundsätzlichen Aspekte (z. B. mit der Technischen Richtlinie BSI TR-02102-1) der Anwendung von Kryptographie als auch spezielle Themen, wie z. B. die angemessene Parametrisierung von TLS-Verbindungen (hier ist die BSI TR-02102-2 einschlägig), abbilden.

---

[5] Die aktuelle Liste der verfügbaren Technischen Richtlinien des BSI ist unter *www.bsi.bund.de/DE/Themen/Unternehmen-und-Organisationen/Standards-und-Zertifizierung/Technische-Richtlinien/technische-richtlinien_node.html* verfügbar (zuletzt aufgerufen am 15. Juni 2023).

Abbildung 3.4 Technische Richtlinie BSI TR-02102 zum Einsatz von kryptographischen Verfahren (Quelle: www.bsi.bund.de/SharedDocs/Downloads/DE/BSI/Publikationen/TechnischeRichtlinien/TR02102/BSI-TR-02102.pdf?__blob=publicationFile&v=6).

Kurzpapiere der DSK

Für die Konkretisierung des Stands der Technik im Bereich des Datenschutzes kommen darüber hinaus auch die Vorgaben der *Datenschutzkonferenz* (*DSK*) in Betracht. Insbesondere mit den *Kurzpapieren*[6] sind hier eine ganze Reihe von themenorientierten und an der Praxis des Datenschutzes ausgerichteten Umsetzungshinweisen zu finden. Diese gehen häufig nicht auf konkrete technische Ausgestaltungen, sehr wohl aber auf die organisatorischen Aspekte ein.

---

6 Die Kurzpapiere der DSK sind online unter *www.datenschutzkonferenz-online.de/kurzpapiere.html* verfügbar (zuletzt aufgerufen am 15. Juni 2023).

Vorgaben der Aufsichtsbehörden

Auch die Landesdatenschutzaufsichtsbehörden veröffentlichen zu unterschiedlichen Themen in unregelmäßigen Abständen Praxishilfen. Im Jahre 2020 war dies beispielsweise zum Thema *Home-Office* der Fall. Auf diesen speziellen Regelungsrahmen gehen wir in Abschnitt 3.7, »Arbeitsplatz »Home-Office«: Was ist zu beachten?«, nochmals genauer ein. Grundsätzlich sind die Praxishilfen der Datenschutzaufsichtsbehörden als Empfehlung zu verstehen, die im konkreten Anwendungsfall auf ihre Geeignetheit hin zu prüfen sind.

Tätigkeitsberichte der Aufsichtsbehörden

Nicht zuletzt lassen sich auch den jährlichen *Tätigkeitsberichten* der Landesdatenschutzaufsichtsbehörden eine Reihe von Umsetzungshinweisen für die Praxis entnehmen. Dies setzt allerdings eine ausdauernde und regelmäßige Lektüre dieser zum Teil doch eher schweren Kost voraus.

> **Praxisbeispiel: Löschen von Daten in Backups**
>
> Zur lange umstrittenen Frage, ob im Rahmen einer Datenlöschung auch Daten in Backups zu berücksichtigen sind, hat der Bayerische Landesbeauftragte für den Datenschutz (BayLfD) in seinem 30. Tätigkeitsbericht aus dem Jahre 2020 umfangreich Stellung genommen.[7] Auf diesen speziellen Aspekt gehen wir in Abschnitt 3.5, »Nichts ist für die Ewigkeit: Löschpflichten und Löschkonzepte«, nochmals ein.
>
> Vorab die Position des BayLfD kurz zusammengefasst: Nur wenn mehrere Voraussetzungen vorliegen, dürfen die personenbezogenen Daten in Backups und Archiven zeitlich versetzt zu den personenbezogenen Daten im Produktivdatenbestand gelöscht werden.

Internationale Standards und Normen

Darüber hinaus kommen auch nationale und internationale Standards und Normen für die Konkretisierung des Stands der Technik in Betracht. Im Bereich der Informationssicherheit sind dazu insbesondere die Normen des amerikanischen *National Institute of Standards and Technology (NIST)* zu nennen. Hier existiert mit den *Special Publications (SP)* eine ganze Reihe von Richtlinien, die auch zur Umsetzung von technischen und organisatorischen Maßnahmen im Bereich des Datenschutzes hilfreich sind. Ein ausgewähltes Beispiel für eine solche Richtlinie zeigt Abbildung 3.5.

---

[7] Die entsprechenden Informationen finden sich in Abschnitt 12.5, »Löschung von Datenkopien aus Backup-Systemen«, des Tätigkeitsberichts, online verfügbar unter *www.datenschutz-bayern.de/tbs/tb30/k12.html#12.5* (zuletzt aufgerufen am 15. Juni 2023).

Abbildung 3.5 SP 800-30 »Guide for Conducting Risk Assessments« des amerikanischen National Institute of Standards and Technology zur Vorgehensweise bei der Bewertung von Risiken (Quelle: https://nvlpubs.nist.gov/nistpubs/Legacy/SP/nistspecialpublication800-30r1.pdf).

Handreichung des TeleTrusT

Der *Bundesverband IT-Sicherheit e. V. (TeleTrusT)* hat im Jahre 2016 erstmalig eine *Handreichung zum Stand der Technik* veröffentlicht (vgl. dazu Abbildung 3.6), die seitdem regelmäßig in aktualisierter Fassung erscheint.[8] Diese ordnet ausgewählte technische und organisatorische Maßnahmen bezüglich ihrer Bewährung in der Praxis und ihrer Anerkennung durch Fachexperten ein. Grundgedanke bei der Erstellung dieser Handreichung war zunächst, den Betreibern kritischer Infrastrukturen eine Entscheidungshilfe bezüglich der Auswahl von Maßnahmen nach dem Stand der

---

8 Die jeweils aktuelle Version ist auf der Webseite *www.teletrust.de/publikationen/broschueren/stand-der-technik/* verfügbar (zuletzt aufgerufen am 15. Juni 2023).

Technik zu geben, die Ausführungen lassen sich aber auch auf Bereiche abseits der kritischen Infrastrukturen übertragen.[9]

Abbildung 3.6 Handreichung zum Stand der Technik (Quelle: www.teletrust.de/publikationen/broschueren/stand-der-technik/).

Die Handreichung des *TeleTrusT* ordnet dabei unterschiedliche Maßnahmen im Bereich der Informationssicherheit bezüglich ihrer Anerkennung und Geeignetheit in der Praxis ein und gibt zudem Hinweise auf konkrete Gestaltungsmöglichkeiten. Allerdings deckt sie bei weitem nicht alle Anwendungsfelder ab. So fehlt z. B. der Bereich Backup vollständig. Trotzdem ist die Handreichung als Ideensammlung zur Konkretisierung des Stands der Technik hilfreich.

---

[9] Dies gilt grundsätzlich auch für die in den (öffentlich) verfügbaren »Branchenspezifischen Sicherheitsstandards« (B3S) genannten Maßnahmen nach dem Stand der Technik zur Absicherung von Kritischen Infrastrukturen; vgl. dazu beispielsweise die Liste unter *www.bsi.bund.de/DE/Themen/KRITIS-und-regulierte-Unternehmen/Kritische-Infrastrukturen/Allgemeine-Infos-zu-KRITIS/Stand-der-Technik-umsetzen/Uebersicht-der-B3S/uebersicht-der-b3s_node.html* (zuletzt aufgerufen am 15. Juni 2023).

3.2.3 Das Risiko als Bewertungskriterium

Grundsätzlich folgt die Auswahl der technischen und organisatorischen Maßnahmen dem bereits in der Einleitung erwähnten *risikobasierten Ansatz*. Dies bedeutet, dass die konkrete Ausgestaltung der Maßnahmen immer vom Risiko für den von einer potenziellen Datenschutzverletzung Betroffenen abhängt. Dieses Vorgehen unterscheidet sich damit ganz explizit vom Standardprozess im Bereich der Informationssicherheit, bei dem das Risiko für die Informationen bzw. das Unternehmen als Vergleichsmaßstab herangezogen wird. Dies ist insbesondere dann zu berücksichtigen, wenn die Kosten für die Maßnahmen als alleiniges Bewertungskriterium genutzt werden.

Im Rahmen des Risikomanagements betrachtet man nun für jeden Prozess regelmäßig die Risiken, die sich aus der Verarbeitung der (personenbezogenen) Daten ergeben, und bewertet diese. Dabei spielen – in einfachster Näherung – zwei Parameter eine entscheidende Rolle: die *Eintrittswahrscheinlichkeit* und die *Schadenshöhe*.

Die Eintrittswahrscheinlichkeit gibt dabei an, wie häufig das Schadensereignis auftritt, z. B. in der Angabe der Ereignisse pro Jahr. Die Schadenshöhe ist der Schaden, der pro Ereignis für die Organisation entsteht. Risiken lassen sich nun ermitteln, indem die Eintrittswahrscheinlichkeit mit der Schadenshöhe multipliziert wird.

> **Praxistipp: Fehlende Zahlen zu den Kenngrößen »Eintrittswahrscheinlichkeit« und »Schadenshöhe«**
>
> In vielen Organisationen sind diese beiden Kenngrößen aber – wenn überhaupt – nur unzureichend bekannt. Dies bringt das Problem mit sich, dass sich auch die Risiken nicht oder nur ungenau ermitteln lassen. Trotzdem ist ein solch risikobasierter Ansatz grundsätzlich besser als eine Entscheidung, die ausschließlich auf Werbeaussagen begründet ist oder sich an der Vorgehensweise anderer Personen orientiert.

Doch wie arbeitet man nun mit Risiken? Ein einfaches Vorgehensmodell besteht darin, anhand des Produkts von Eintrittswahrscheinlichkeit (Ereignisse pro Jahr) und potenzieller Schadenshöhe (EUR pro Ereignis) ein Risiko (EUR pro Jahr) zu ermitteln, das dann als Priorisierungskriterium genutzt werden kann. Grafisch können Sie die Risiken in einem Diagramm »Schadenshöhe gegen Eintrittswahrscheinlichkeit« visualisieren.

Abbildung 3.7 können Sie entnehmen, dass bei der Analyse insgesamt fünf Risiken identifiziert wurden. Das Risiko mit dem größten Wert liegt im oberen rechten Quadranten (im Beispiel ist dies das Risiko R#05). Durch die in der Grafik ebenfalls eingezeichnete Gerade können Sie nun auch eine Auswahl treffen, welche Risiken priorisiert zu behandeln sind, also bei welchen Risiken zeitnah Maßnahmen ergriffen werden müssen. Diese befinden sich in der Grafik oberhalb der Geraden.

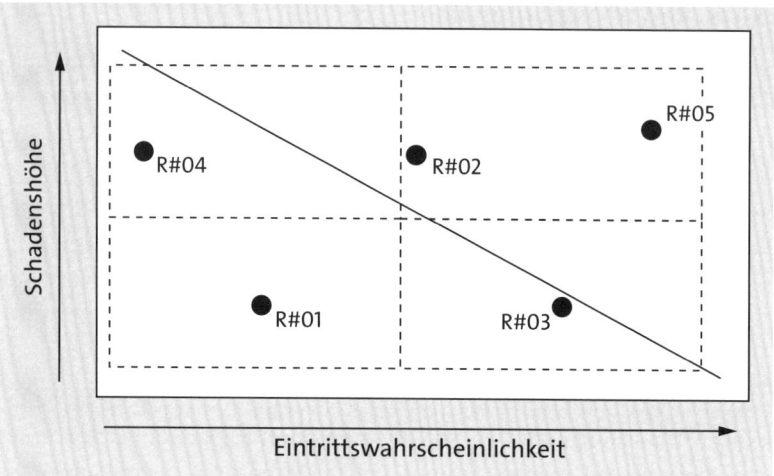

Abbildung 3.7 Ausgewählte Risiken einer Organisation (hier mit R#01 bis R#05 bezeichnet) bezüglich der Eintrittswahrscheinlichkeit und der Höhe des Schadens

Im Laufe der Zeit und einer damit einhergehenden Abarbeitung der »hohen« Risiken können Sie die Grade nun immer mehr Richtung Koordinatenursprung verschieben und so nach und nach schließlich alle Risiken entsprechend mit Maßnahmen belegen.

> **Praxisbeispiel: Kosten-Nutzen-Betrachtung**
>
> Bei der Auswahl von technischen und organisatorischen Maßnahmen im Bereich der Informationssicherheit wird oft das Kosten-Nutzen-Verhältnis als Entscheidungskriterium herangezogen. Dabei werden – jeweils mit Blick aus Sicht des Unternehmens – die Kosten für die Umsetzung der Maßnahmen mit den Kosten für potenzielle Schäden verglichen. Im Bereich des Datenschutzes berücksichtigt dieser Ansatz allerdings nur einen Teilaspekt, weil die Kosten ebenso zu berücksichtigen sind, die sich im Schadensfall für den Betroffenen aus einer missbräuchlichen Verwendung seiner Daten ergeben können.
>
> Als Beispiel sei hier eine Festplattenverschlüsselung genannt, die bei Verlust des Datenträgers sowohl einer missbräuchlichen Nutzung von Unternehmensdaten als auch der personenbezogenen Daten durch Dritte vorbeugt.
>
> Als Kosten für die Maßnahmen kommen hier die Kosten für die Software, für deren Implementierung sowie für deren Betrieb zum Ansatz. Achtung: Berücksichtigen Sie in diesem Zusammenhang grundsätzlich, dass Ihre Anwender auch Support benötigen und zudem der Einsatz einer Verschlüsselungslösung – z. B. durch den Verlust des Zugriffs auf den Verschlüsselungsschlüssel – zu Kollateralschäden führen kann!
>
> Als potenzielle Kosten im Schadensfall kommen nun sowohl die (vermiedenen) Kosten für das Unternehmen – z. B. in Form einer erneuten Datenzusammenstellung oder

eines Missbrauchs der Konstruktionsdaten durch Dritte – als auch die Kosten durch eine potenzielle missbräuchliche Nutzung der personenbezogenen Daten – z. B. in Form von unberechtigten Finanztransaktionen auf Basis der im Kundenportal hinterlegten Zahlungsinformationen – und den möglicherweise damit verbundenen Sanktionen der Aufsichtsbehörden oder Schadensersatzansprüchen der Betroffenen in Betracht.

Viele Maßnahmen, die Sie aufgrund von Vorgaben im Bereich der Informationssicherheit zum Schutz der Unternehmensdaten bereits umgesetzt haben, sind auch aus Datenschutzperspektive sinnvoll. Unter Umständen reichen diese für die Erfüllung der Anforderungen der DSGVO sogar aus. In einem solchen Fall unterstützt die Informationssicherheit den Datenschutz. Es gibt aber auch Fälle, in denen Sie erst durch die Betrachtung der Risiken für die personenbezogenen Daten weitere Maßnahmen ableiten, die sich im Anschluss auch für die Informationssicherheit als hilfreich erweisen.

Nichts ändert sich allerdings so schnell wie die IT! Kommt auch Ihnen dieser Satz bekannt vor? Kein Wunder, denn innerhalb von kürzester Zeit tauchen neue Hype-Themen auf, und es verändern sich daraus resultierend die konzeptionellen Ansätze des IT-Betriebs. In diesem Zusammenhang ist sicherlich insbesondere die Virtualisierung von IT-Systemen oder die Migration in die Cloud (siehe Abschnitt 3.6, »Wolkige Aussichten: Anforderungen an die Datenverarbeitung in der Cloud«) zu nennen.

Da die von Ihnen gewählten Maßnahmen dem Stand der Technik entsprechen sollen, müssen Sie diese also mit der Zeit anpassen, denn es werden üblicherweise fortlaufend neue Technologien eingesetzt, die wiederum eine geänderte Risikolage mit sich bringen und somit eine *fortlaufende Neubewertung* erforderlich machen.

> **Praxistipp: Neubewertung von Risiken**
>
> Eine Neubewertung von Risiken sollten Sie stets bei einem konkreten Anlass durchführen! Zusätzlich sollte diese aber auch in regelmäßigen Abständen erfolgen. Dabei gilt als goldene Regel, alle Risiken einmal jährlich neu zu bewerten. So stellen Sie sicher, dass auch IT-Systeme und Unternehmensprozesse, bei denen Sie die geänderte Risikolage übersehen haben, schnellstmöglich wieder mit entsprechenden Maßnahmen belegt werden.
>
> Die Anforderung, alle Risiken einmal pro Jahr zu evaluieren, ist jedoch in vielen Unternehmen nicht wirklich realistisch umsetzbar, da im Tagesgeschäft in der Regel nicht genügend Ressourcen dafür zur Verfügung stehen. Hier sollten Sie vielmehr anhand einer priorisierten Liste vorgehen und dabei die Geschäftsprozesse, die ein hohes Risiko haben, im Vergleich zu den übrigen Prozessen in kürzeren Abständen auf neue Risiken evaluieren!

Nach diesen eher allgemeineren Aspekten widmen wir uns jetzt einigen konkreten Fragestellungen aus dem IT-Alltag.

3.3 Systemprotokolle und Weblogs: Was ist notwendig, und was ist erlaubt?

Das Thema *Logfiles* im Sinne der Anlage von Protokolldateien ist seit längerer Zeit Gegenstand zahlreicher Diskussionen zwischen den Informationssicherheitsbeauftragten auf der einen und den Datenschutzbeauftragten auf der anderen Seite.

Während der *Informationssicherheitsbeauftragte* und in der Regel auch der IT-Leiter und die IT-Administratoren möglichst viele Informationen zum Zustand der IT-Systeme und zu potenziellen Störungen und Angriffen sammeln möchten, ist der *Datenschutzbeauftragte* vorrangig an der *Datensparsamkeit* interessiert und möchte möglichst keine personenbezogenen Daten speichern. Logfiles entpuppen sich bei näherer Betrachtung jedoch häufig als Sammelsurium von personenbezogenen Daten.

> **Hinweis: Welche Protokolldaten sind hier gemeint?**
>
> Beachten Sie, dass es uns im Folgenden nicht um Protokolldaten[10] geht, die im Rahmen der Verarbeitung von personenbezogenen Daten notwendig sind, um die Rechtmäßigkeit der Verarbeitung zu protokollieren. Diese sind z. B. regelmäßig erforderlich, um die nach Art. 5 Abs. 2 DSGVO geforderte Erfüllung der Rechenschaftspflicht nachweisen zu können. Ein typisches Beispiel dafür ist die Protokollierung, wer welche personenbezogenen Daten wann bearbeitet hat. Beachten Sie, dass für diese speziellen Protokolldaten gegebenenfalls spezielle Vorgaben gelten!

Was nun auf den ersten Blick wie ein unüberwindbarer Widerspruch wirkt, stellt sich bei realistischer Betrachtung in der Praxis häufig als lösbares Problem dar. Denn auch aus Sicht des Informationssicherheitsbeauftragten ist grundsätzlich zu hinterfragen, welche Daten denn nun tatsächlich für den sicheren und stabilen IT-Betrieb notwendig sind.

> **Praxisbeispiel: Personenbezogene Daten in Logfiles**
>
> Betrachtet man den Inhalt einer typischen Logdatei, finden sich dort unterschiedliche Arten von personenbezogenen Daten wieder. Als Beispiel schauen wir uns dazu einen recht typischen Ausschnitt aus einem Logfile eines Apache-Webservers an:
>
> ```
> 192.0.2.1 - - [01/Jan/1970:00:00:01 +0100] "GET /dies-ist-nur-eine-beispiel-
>     url/ HTTP/1.1" 200 4242 "http://dies-ist-nur-eine-beispiel-referrer-url"
>     "Mozilla/5.0 (X11; CrOS x86_64 14526.89.1)
>     AppleWebKit/537.36 (KHTML, like Gecko) Chrome/100.0.4896.133
>     Safari/537.36"
> ```

---

10 Vgl. dazu beispielsweise Kapitel 3 der »Orientierungshilfe Protokollierung« aus dem Jahre 2009, online verfügbar unter *www.bfdi.bund.de/SharedDocs/Downloads/DE/DSK/Orientierungshilfen/OH_Protokollierung.pdf?__blob=publicationFile&v=4* (zuletzt aufgerufen am 15. Juni 2023).

Wie man diesem Beispiel entnehmen kann, gehören insbesondere die IP-Adresse des anfragenden Webclients, aber unter Umständen auch die aufgerufene URL dazu, insbesondere wenn diese selbst personenbezogene Daten – z. B. in Form eines nutzerspezifischen Verzeichnisnamens – enthalten.

Ein weiteres Beispiel wäre das Logfile eines E-Mail-Serverdienstes; hier sind insbesondere die E-Mail-Adressen der Kommunikationspartner der betreffenden E-Mail sowie der Hostname und die IP-Adresse des einliefernden E-Mail-Servers zu nennen.

Doch sind diese Informationen bzw. die darin enthaltenen personenbezogenen Daten für Sie in der Praxis überhaupt relevant? Und falls ja, in welchem Detailgrad und wie lange werden Sie diese überhaupt benötigen? Betrachten wir dazu einige Fallbeispiele.

3.3.1 Protokollierung zur Analyse von Webzugriffen

Ein häufiges Beispiel für die Speicherung von Protokolldaten ist die *Protokollierung* von Zugriffen auf den unternehmenseigenen Webserver. Diese wird oftmals genutzt, um Hinweise auf bzw. Informationen zu Angriffen auf diese IT-Systeme zu erhalten und damit die IT-Sicherheit zu erhöhen. Darüber hinaus dient sie häufig auch dazu, eine *Kapazitätsplanung* bezüglich der Webserver-Ressourcen vornehmen zu können, und ist zudem Grundlage für das Web-Tracking mittels Tools wie *Matomo*[11], *Mapp* oder *Google Analytics*.

Für den Anwendungsfall der Ressourcenplanung können Sie vollständig auf personenbezogene Daten wie insbesondere die IP-Adressen der anfragenden Webclients verzichten, da es vornehmlich um die Anzahl der Zugriffe auf den Webserver geht. Dazu ist in der Regel eine Auswertung der IP-Adressen der Webclients oder weiterer personenbezogener Daten überhaupt nicht notwendig. Da die IP-Adressen damit überhaupt nicht oder zumindest in einer – durch entsprechende Kürzung – anonymisierten Form vorliegen, entfallen für diese auch die datenschutzrechtlichen Anforderungen, insbesondere also auch die Vorgaben der DSGVO.

Im Fall eines Web-Tracking mithilfe von Tools – wie z. B. *Matomo* – sieht die Sache anders aus. Hier geht es Ihnen ja im Detail um die Verfolgung des Nutzers der Website, sprich: Sie möchten wissen, wo, also auf welcher Webseite der Besucher eingestiegen ist, welche Seiten er in welcher Reihenfolge wie lange besucht hat und welches sein letzter Seitenaufruf war. In diesem konkreten Anwendungsfall kommt man um eine zumindest temporäre Speicherung und Auswertung eines personenbezogenen Tokens nicht herum.

Aufgrund der damit verbundenen datenschutzrechtlichen Problematik müssen Sie den Besucher der Website über diesen Sachverhalt in Ihrer *Datenschutzerklärung* entsprechend informieren. Zudem brauchen Sie eine Rechtsgrundlage für die Verar-

---

11 Matomo ist ein Webanalysewerkzeug der gleichnamigen Firma und war ehemals unter dem Namen Piwik bekannt.

beitung dieser Daten. Diese wird in der Regel eine Einwilligung nach Art. 6 Abs. 1 lit. a DSGVO im Rahmen eines sogenannten Cookie-Banners (Abbildung 3.8) sein.

Abbildung 3.8 Typischer Cookie-Banner (oben) und Möglichkeit (unten) für individuelle Einstellungen (Quelle: www.rheinwerk-verlag.de/)

> **Praxistipp: Web-Tracking datenschutzkonform einsetzen**
>
> Falls Sie ein Web-Tracking- bzw. ein Web-Analysetool – wie z. B. Matomo – einsetzen wollen, empfehlen wir Ihnen, zusätzlich zur Einwilligung im Rahmen des Cookie-Banners die folgenden Maßnahmen zu ergreifen[12]:
>
> ▶ Nutzen Sie, soweit verfügbar, die (automatische) Anonymisierung der IP-Adressen der Webclients. Achten Sie dabei darauf, dass eine ausreichende Anzahl an Bytes der IP-Adresse durch Nullen anonymisiert wird. Bei IPv4-Adressen sollten zwei Bytes (also die letzten 16 Bit der IPv4-Adresse)[13] und bei IPv6-Adressen 11 Bytes (also die letzten 88 Bit der IPv6-Adresse)[14] anonymisiert werden.[15]

---

12 So hat beispielsweise Matomo dazu unter *https://matomo.org/docs/privacy-how-to/* (zuletzt aufgerufen am 15. Juni 2023) entsprechende Hinweise und weitere Details veröffentlicht.

13 Dies ergibt sich nicht zuletzt auch aus der Anmerkung zum Stichwort »Anonymisierung« auf der Seite 23 der Stellungnahme 1/2008 zu Datenschutzfragen im Zusammenhang mit Suchmaschinen (WP 148) der Artikel-29-Datenschutzgruppe, online verfügbar unter *https://ec.europa.eu/justice/article-29/documentation/opinion-recommendation/files/2008/wp148_en.pdf* (zuletzt aufgerufen am 15. Juni 2023).

14 Vgl. dazu auch auf der Seite 5 der Orientierungshilfe den Abschnitt »Datenschutz bei IPv6« der DSK, online verfügbar unter *www.bfdi.bund.de/SharedDocs/Downloads/DE/DSK/Orientierungshilfen/Orientierungshilfen_IPv6.pdf?__blob=publicationFile&v=3* (zuletzt aufgerufen am 15. Juni 2023).

15 Wie Sie leider feststellen werden, entspricht das Vorgehen von Google zum Thema IP-Anonymisierung (oder IP-Maskierung) in Google Analytics – beispielsweise online unter *https://support.google.com/analytics/answer/2763052?hl=de* (zuletzt aufgerufen am 15. Juni 2023) – nicht diesen Anforderungen.

- Auch mit der Maßnahme zur Anonymisierung der IP-Adressen generieren Web-Tracking-Tools häufig eine clientspezifische ID, die gegebenenfalls sogar in einem Cookie gespeichert werden kann. Über diese ID kann das Surfverhalten auch ohne IP-Adressen getrackt werden. Löschen Sie die auf Serverseite anfallenden Tracking-Daten daher in regelmäßigen Abständen, um einer Langzeitanalyse des Surfverhaltens vorzubeugen. Sie sollten diese Löschung spätestens nach drei, besser nach einem Monat durchführen.
- Bieten Sie auch den Nutzern, die wirksam in das Web-Tracking eingewilligt haben, die Möglichkeit eines Opt-outs an, und respektieren Sie, soweit dies technisch überhaupt möglich ist, grundsätzlich etwaige »DoNotTrack«-Einstellungen. Berücksichtigen Sie diese Optionen auch in der Datenschutzerklärung Ihrer Website.

Nutzen Sie auch weitere vorhandene Möglichkeiten, um den Datenschutz zu stärken, insbesondere die einer Anonymisierung und die der Datensparsamkeit. Dazu gehören z. B. das bereits erwähnte regelmäßige Löschen der Tracking-Daten sowie die Anonymisierung der Bestellnummern im Tracking-Tool, wenn Sie beispielsweise einen Webshop betreiben und das Nutzerverhalten dort analysieren wollen.

3.3.2 Protokollierung zur Analyse des E-Mail-Verkehrs

Beim Betrieb eines E-Mail-Servers kann es ebenso notwendig sein, *Protokolldaten* für die Beseitigung von Störungen zu nutzen; damit kommen diese als Maßnahme im Rahmen der IT-Sicherheit zum Einsatz. Als Motivation wird häufig genannt, dass insbesondere im Falle einer Nutzerbeschwerde, dass eine E-Mail nicht korrekt oder überhaupt nicht zugestellt worden sei, nachvollzogen werden soll und muss, woran dies technisch gelegen hat. Auch zur Nachvollziehbarkeit der Maßnahmen zur Bekämpfung von *SPAM* und *Malware* kann eine Protokollierung erforderlich sein.

> **Praxisbeispiel: Protokolldaten eines E-Mail-Servers**
>
> Das folgende Beispiel zeigt einen Auszug aus einer nicht anonymisierten Logdatei eines E-Mail-Servers. Als personenbezogene bzw. -beziehbare Daten tauchen hier vor allem der User-Name und die User-ID auf.
>
> ```
> Jan 15 11:11:11 echo postfix/smtpd[29346]: connect from
>    host.example.com[192.0.2.9]
> Jan 15 11:11:12 echo postfix/smtpd[29346]: NOQUEUE: permit: RCPT from
>    host.example.com[192.0.2.9]: action=permit for Recipient address=user-
>    rcpt@example.com ; from=<user-snd@example.com> to=<user-
>    rcpt@example.com>
>    proto=ESMTP helo=<host.localdomain>
> ```
>
> Im obigen Beispiel sind zudem die IP-Adresse des einliefernden E-Mail-Servers sowie gegebenenfalls auch dessen Hostname als personenbeziehbare Daten zu klassifizieren.

Als Rechtsgrundlage für die Speicherung und Verarbeitung dieser Daten wird hier regelmäßig das *berechtigte Interesse* des Verantwortlichen nach Art. 6 Abs. 1 lit. f DSGVO angeführt. In diesem Fall müssen Sie jedoch unbedingt berücksichtigen, dass diese Rechtsgrundlage nur dann nutzbar ist, wenn die Interessen der Betroffenen nicht überwiegen. Dies bedeutet in erster Linie, dass Sie sich nicht nur überlegen müssen, warum Sie die Protokolldateien benötigen, sondern Sie sollten auch einen Prozess aufsetzen, der die Protokolldaten entsprechend der Anforderung auswertet.

> ### Hinweis: § 12 TTDSG als Rechtsgrundlage
>
> Mit § 12 Abs. 1 TTDSG[16] steht Ihnen aber für diese Anwendungsfälle darüber hinaus sogar eine spezifische Rechtsgrundlage zur Verfügung, die die häufig geführte Diskussion, ob es sich nun um ein berechtigtes Interesse handelt oder nicht, überflüssig macht. Dies gilt allerdings nur für die Fälle, in denen der Arbeitgeber als Anbieter eines Telekommunikationsdienstes nach § 3 Abs. 2 TTDSG einzustufen ist, z. B., weil er die Privatnutzung von Internet und E-Mail am Arbeitsplatz nicht wirksam unterbunden hat.
>
> Da diese Fallkonstellation damit wahrscheinlich den Großteil aller Anwendungsfälle in der Praxis abdeckt, unterstellen wir in der weiteren Diskussion in den weiteren Abschnitten dieses Kapitels standardmäßig die Anwendbarkeit von § 12 TTDSG.

Eine konkrete Speicherfrist nennt weder die DSGVO noch das gegebenenfalls auf Sie zutreffende TTDSG. Stattdessen können Sie auf Abschnitt C Nr. 2 des im September 2022 aktualisierten »Leitfadens des BfDI für eine datenschutzgerechte Speicherung von Verkehrsdaten«[17] (Abbildung 3.9) zurückgreifen. Dieser wurde zwar an die neuen Regelungen des TTDSG angepasst, die Speicherfrist von sieben Tagen wurde aber beibehalten.

Diese Speicherfrist scheint mit sieben Tagen sehr kurz bemessen und – so zumindest häufig die erste Einschätzung – wird nicht genügen, um z. B. etwaige Probleme bei der E-Mail-Zustellung aufzuklären. Beachten Sie aber in diesem Zusammenhang zwei Aspekte: Zum einen gilt diese Frist zunächst für die Fälle, bei denen keine konkreten Anhaltspunkte für eine Störung vorliegen. Liegt hingegen eine Störung des betreffenden IT-Systems oder des Geschäftsprozesses vor, dürfen Sie die Protokolldaten so lange speichern und auswerten, wie dies tatsächlich für den konkreten Fall erforderlich ist. Zum anderen kann die Frist von sieben Tagen auf 14 oder 30 Tage erweitert werden, wenn dies für den konkreten Zweck tatsächlich notwendig ist (siehe dazu

---

16 Eine Einführung in das seit 1. Dezember 2021 geltende Telekommunikation-Telemedien-Datenschutz-Gesetz (TTDSG) geben wir Ihnen in Kapitel 2, »Das Telekommunikation-Telemedien-Datenschutz-Gesetz (TTDSG)«.

17 Dieser aktualisierte Leitfaden mit Stand 30. September 2022 ist online zu finden unter *www.bfdi.bund.de/SharedDocs/Downloads/DE/Themen/Telekommunikation/LeitfadenZumSpeichernVonVerkehrsdaten.pdf?__blob=publicationFile&v=1* (zuletzt aufgerufen am 15. Juni 2023).

auch die Hinweise im Praxistipp »Speicherfrist für Protokolldaten begründen und umsetzen« in Abschnitt 3.3.3) oder zumindest ausreichend begründet werden kann[18].

C. E-Mail			
Gemeint ist hier die klassische E-Mail, für Sonderformen wie De-Mail, E-Mail mit SMS-Bestätigung können andere Regelungen gelten, etwa vergleichbar mit SMS.			
1. Abrechnung mit Teilnehmer	Keine Rechtsgrundlage	Keine Speicherung	Keine Daten
2. Erkennung, Eingrenzung und Beseitigung von Störungen	§ 12 Abs. 1 TTDSG: Soweit erforderlich	Ohne konkreten Anlass ist eine Speicherung höchstens 7 Tage zulässig[a]. Sind konkrete Anhaltspunkte für eine Störung festgestellt worden, dürfen im Einzelfall die zum Eingrenzen und Beseitigen der vermuteten Störung erforderlichen Daten länger gespeichert werden. Darüber hinaus kann mit Statistiken oder anonymisierten Daten gearbeitet werden.	Alle erforderlichen Daten (z. B. E-Mail-Adressen, IP-Adresse, Nutzerkennung, Zeit, Datenmenge), keine Inhalte (z. B. Betreff)
3. Aufdeckung von Missbrauch	§ 12 Abs. 4 TTDSG: Soweit erforderlich	Zum Aufdecken von Missbrauch kann nach § 12 Abs. 4 TTDSG auf Verkehrsdaten zurückgegriffen werden, die zulässigerweise zu anderen betrieblichen Zwecken gespeichert sind. Ebenso können hierfür weitere Verkehrsdaten für bis zu 7 Tage verwendet, das heißt auch gespeichert werden. Die zur Aufklärung eines konkret festgestellten Missbrauchsverdachtes erforderlichen Verkehrsdaten dürfen bis zum Abschluss von dessen Bearbeitung verwendet werden.	Alle vorhandenen Verkehrsdaten

Anmerkung

Das TKG und das TTDSG enthalten keine gesonderte Speichererlaubnis für Zwecke der Strafverfolgung mit Ausnahme der Vorratsdatenspeicherung, die jedoch aus verfassungsrechtlichen Gründen in der aktuellen Form nicht anwendbar ist. Für eine Auskunftserteilung auf Ersuchen von Sicherheitsbehörden mit Aufgaben im Bereich der Strafverfolgung, Gefahrenabwehr oder der

[a] Vgl. zur 7-Tage-Frist auch das Urteil des Bundesgerichtshofs vom 13.01.2011, Az: III ZR 146/10.

Abbildung 3.9 Auszug aus dem Leitfaden des BfDI für eine datenschutzgerechte Speicherung von Verkehrsdaten (Quelle: www.bfdi.bund.de/SharedDocs/Downloads/DE/Themen/Telekommunikation/LeitfadenZumSpeichernVonVerkehrsdaten.pdf?__blob=publicationFile&v=1)

Sollen die Protokolldaten – zu welchem Zweck auch immer – dennoch länger gespeichert werden, ist dies nach einer vorhergehenden *Anonymisierung* grundsätzlich möglich. Voraussetzung ist allerdings, dass Sie sicherstellen können, dass der potenzielle Personenbezug tatsächlich entfernt wurde!

> **Praxisbeispiel: Anonymisierte Protokolldaten eines E-Mail-Servers**
>
> Das folgende Beispiel zeigt einen Auszug aus einer anonymisierten Logdatei eines E-Mail-Servers. Insbesondere ist zu erkennen, dass der vormals personenbezogene User-Name durch anonyme Standardwerte (anonymized) ersetzt wurden.
>
> ```
> Jan 15 11:11:11 echo postfix/smtpd[29346]: connect from anonymized[192.0.0.0]
> Jan 15 11:11:12 echo postfix/smtpd[29346]: NOQUEUE: permit: RCPT from
> ```

---

18 Vgl. hierzu auch die Äußerung eines Vertreters der bayerischen Datenschutzaufsichtsbehörde auf den Verbandstagen 2022 des *Berufsverbands der Datenschutzbeauftragten Deutschlands (BvD) e.V.*, online zitiert unter *www.iitr.de/blog/datenschutz-it-sicherheit-speicherdauer-webseite-logfiles/18556/* (zuletzt aufgerufen am 15. Juni 2023); was jedoch die Formulierung »... mit der richtigen Argumentation ...« genau bedeuten soll, ist nach wie vor nicht abschließend geklärt.

```
anonymized[192.0.0.0]: action=permit for Recipient
address=anonymized@anonymized ; from=<anonymized@anonymized>
to=<anonymized@anonymized> proto=ESMTP helo=<anonymized>
```

Im obigen Beispiel sind zudem auch der Host-Name bzw. die Host-IP-Adresse des einliefernden E-Mail-Servers entsprechend anonymisiert, im Falle der in der Logdatei vorhandenen IPv4-Adresse durch Nullen der letzten 16 Bit.

In besonderen Fällen – z. B. bei Betreibern von kritischen Infrastrukturen – kann im Einzelfall allerdings auch eine längere Speicherdauer ohne vorhergehende Anonymisierung gerechtfertigt sein, wenn sich diese aus der besonderen Gefährdungslage ergibt.[19]

3.3.3 Protokollierung ohne konkreten Anlass

Eine Speicherung von IP-Adressen ist in den meisten Fällen grundsätzlich auch ohne konkreten Anlass für einen Zeitraum von zumindest sieben Tagen möglich[20] – diese Frist ergibt sich ebenfalls aus dem bereits erwähnten Leitfaden des BfDI aus dem Jahre 2022, insbesondere um nach § 12 TTDSG

Störungen oder Fehler an Telekommunikationsanlagen zu erkennen, einzugrenzen oder zu beseitigen.

Hinweis: § 12 TTDSG als Rechtsgrundlage

Die Anwendbarkeit von § 12 TTDSG ist im innerbetrieblichen Verhältnis nur dann gegeben, wenn der Arbeitgeber ein *Anbieter eines Telekommunikationsdienstes* nach § 3 Abs. 2 TTDSG ist, also z. B. dann, wenn er die Privatnutzung von Internet und E-Mail am Arbeitsplatz nicht wirksam unterbunden hat. Alternativ können Sie bezüglich der Protokollierung von Daten eines Arbeitnehmers auch auf § 26 BDSG als Rechtsgrundlage zurückgreifen.

Für Sie bedeutet dies aber nicht, dass Sie die Protokolldaten auch ohne jegliche konkrete Vorstellung, wozu Sie diese überhaupt noch benötigen werden, speichern dürfen. Es muss für Sie bereits im Vorfeld erkennbar und auch für Dritte nachvollziehbar sein, dass die Protokolldaten für die im Wortlaut von § 12 TTDSG genannten Zwecke erforderlich sind. Dies ergibt sich bereits aus dem Grundsatz der Zweckbindung.

---

19 Das BSI gibt diesbezüglich in seiner Orientierungshilfe zum Einsatz von Systemen zur Angriffserkennung, Abschnitt »Planung der Protokollierung«, online verfügbar unter *www.bsi.bund.de/SharedDocs/Downloads/DE/BSI/KRITIS/oh-sza.pdf?__blob=publicationFile&v=14* (zuletzt aufgerufen am 15. Juni 2023), allerdings keine Hinweise auf besondere Anforderungen.
20 Eine mögliche Verlängerung dieser Speicherfrist auf 14 oder 30 Tage hatten wir bereits im vorhergehenden Abschnitt diskutiert.

Wichtig für Sie als IT-Mitarbeiter ist, dass die Protokolldaten nach Ablauf der von Ihnen gesetzten Frist tatsächlich gelöscht werden. Eine Ausnahme gilt für den Fall, dass Sie ein akutes Problem oder gar einen Angriff in Bezug auf Ihre IT-Systeme aufklären wollen und die weitere Speicherung der Protokolldaten zu diesem Zweck tatsächlich auch notwendig ist.

> **Praxistipp: Speicherfrist für Protokolldaten begründen und umsetzen**
>
> Machen Sie sich bereits im Vorfeld der Protokollierung dazu Gedanken, welche Daten Sie wie lange speichern wollen. Wollen Sie von der genannten Frist von sieben Tagen abweichen und die Protokolldaten z. B. 14 Tage oder noch länger speichern, sollten Sie bereits im Vorfeld begründen, warum dies notwendig ist. Eine dabei häufig genannte Begründung wie »Wir wissen ja nicht, ob wir die Daten nicht doch nochmals brauchen.« ist hier definitiv nicht ausreichend!
>
> In diesem Zusammenhang gilt auch der Grundsatz: Je länger Sie diese Daten aufbewahren wollen, umso höher sind die Anforderungen an die Begründung, Speicherfristen, die über einen Monat hinausgehen, dürften nur in Einzelfällen – z. B. bei kritischen Infrastrukturen – zu vertreten sein.
>
> Bedenken Sie die Löschfristen zudem frühzeitig auch in Ihrem Löschkonzept, und vermeiden Sie so spätere technische und/oder organisatorische Probleme bei der Umsetzung des Löschvorgangs.
>
> Und schließlich sollten Sie sich insbesondere im Falle der Protokollierung von (nicht anonymisierten) IP-Adressen überlegen, wozu Sie diese denn tatsächlich nutzen müssen bzw. wollen. Wollen Sie ermitteln, wer der Urheber des Angriffs auf Ihre IT-Systeme ist? Dann bedenken Sie bereits im Vorfeld, dass die IP-Adressen, die bei Ihnen in den Protokolldateien auftauchen werden, in der Regel zu gekaperten IT-Systemen aus allen möglichen Teilen der Welt gehören und keinen direkten Rückschluss auf den wirklichen Angreifer zulassen. Selbst wenn ein Angreifer eine IP-Adresse eines deutschen Anbieters benutzt, wird auch dieser die Informationen zur Zuordnung der IP-Adresse nur über einen kurzen Zeitraum aufheben. Daher macht es auch unter diesem Gesichtspunkt wenig Sinn, derartige Informationen länger vorzuhalten.

Zusammenfassend sollten Sie sich also bereits vor der Aufnahme der Protokollierung Gedanken machen, ob die Protokolldateien personenbezogene Daten enthalten und ob diese zur Erfüllung des konkreten Zwecks tatsächlich auch notwendig sind. Berücksichtigen Sie bereits im Vorfeld auch die Fragen zur Rechtsgrundlage und zur Speicherdauer!

> **Praxistipp: Anonymisierung als Ausweg**
>
> Haben Sie die Möglichkeit, die Protokolldaten vollständig zu anonymisieren, steht einer weiteren (langfristigen) Speicherung und späteren Auswertung nichts entgegen. Dies kann z. B. dann sinnvoll sein, wenn nach einem erkannten Systemeinbruch im Nachgang analysiert werden soll, wann die ersten Auffälligkeiten in den Logdaten dazu vorlagen.

3.3.4 Protokollierung in besonderen Fällen

Insbesondere im Rahmen der Erkennung und Bekämpfung von sogenannten *Advanced Persistent Threats (APT)*, aber auch beim Betrieb eines *Security Information and Event Management System (SIEM)* oder eines Security Operating Centers (SOC) stellt sich regelmäßig die Frage, ob die bereits angesprochene Speicherfrist von sieben Tagen ausreichend ist. Grundsätzlich wird die Verarbeitung von Protokolldaten zu Zwecken der Informationssicherheit eine Rechtsgrundlage durch Art. 6 Abs. 1 lit. f DSGVO haben. Dies wird auch durch ErwG 49 klargestellt, in dem insbesondere die Verarbeitung von personenbezogenen Daten

> *wie dies für die Gewährleistung der Netz- und Informationssicherheit unbedingt notwendig und verhältnismäßig ist*

als berechtigtes Interesse des Verantwortlichen angesehen wird. Beim Betrieb eines SOC oder SIEM ergibt sich dadurch die Möglichkeit, die Speicherfrist auf z. B. 14 oder 30 Tage auszudehnen, wenn dies im konkreten Fall tatsächlich notwendig sein sollte und dies ausreichend begründet werden kann.

Spannend wird das Thema Protokollierung auch dann, wenn die entsprechenden Protokolldateien in Backups landen. Was in einem solchen Fall im Speziellen zu beachten ist, ist u. a. Inhalt des Abschnitt 3.5 zum Thema Löschpflichten.

3.4 Verfügbar, wenn es notwendig ist: Backups und Archivierung

Auch das Thema Backup ist mehr oder weniger direkt in der DSGVO verankert. Insbesondere Art. 32 Abs. 1 lit. c DSGVO führt eine Verpflichtung zu einem regelmäßigen Backup auf, denn dort heißt es:

> *die Fähigkeit, die Verfügbarkeit der personenbezogenen Daten und den Zugang zu ihnen bei einem physischen oder technischen Zwischenfall rasch wiederherzustellen; (...)*

Dies meint also Mechanismen, die dazu geeignet sind, beispielsweise nach einem durch einen Festplattenschaden bedingten Systemausfall sicherzustellen, dass die (personenbezogenen) Daten zum einen nicht verloren gegangen sind und zum anderen schnellstmöglich wiederhergestellt werden können.

> **Praxistipp: Restore statt Backup**
>
> »Man will kein Backup, man will Restore!« – dieser häufig angebrachte Merksatz sagt eigentlich schon viel über die richtige Umsetzung eines Backups aus. Beherzigen Sie diesen Wahlspruch, und testen Sie Ihre Backups regelmäßig auf Funktion (im Sinne einer Wiederherstellungsmöglichkeit) und auch auf Vollständigkeit der Daten (in dem Sinne, dass alle Daten, die für den jeweiligen Geschäftsprozess benötigt werden, auch in der richtigen Form im Backup enthalten sind).

3.4 Verfügbar, wenn es notwendig ist: Backups und Archivierung

Für die Frage, welche Daten in einem Backup zu sichern sind, kann zwar grundsätzlich zwischen den Vorgaben aufgrund der Informationssicherheit und des Datenschutzes unterschieden werden. Während aber aus Sicht der Informationssicherheit alle Daten, die für die Umsetzung der Geschäftsprozesse benötigt werden, entsprechend zu sichern sind, müssen aus Sicht des Datenschutzes »nur« die personenbezogenen Daten vor Verlust geschützt werden. Aufgrund der aber in der Regel nicht klaren Trennung dieser Datenarten während ihrer Speicherung (die Geschäftsprozessdaten und personenbezogene Daten liegen typischerweise auf denselben Speichermedien vor) und ihrer Verarbeitung (die Geschäftsprozesse werden in der Regel dazu benötigt, personenbezogene Daten zu verarbeiten), lassen sich diese auch im Rahmen der auszuwählenden Backup-Strategie nicht klar voneinander trennen.

Eine Backup-Strategie enthält insbesondere Angaben zur Häufigkeit, zur Art und zur Speicherdauer des Backups bzw. der Backup-Daten sowie zu der zum Backup eingesetzten Technologie. Dabei sind zwei Parameter, die sogenannte *Recovery Time Objective (RTO)* und die sogenannte *Recovery Point Objective (RPO)*, relevant.

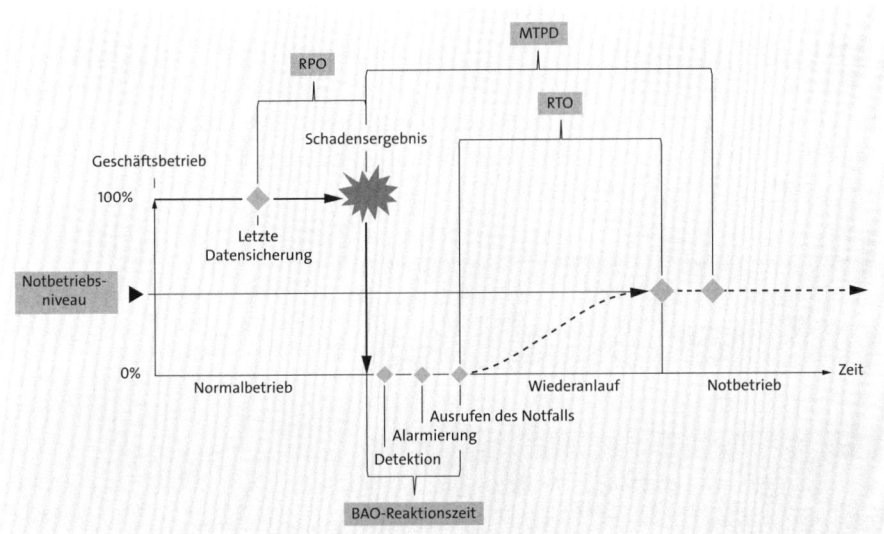

Abbildung 3.10 Recovery Point Objective (RPO) und Recovery Time Objective (RTO) im Bezug zum Zeitpunkt des Schadensereignisses (Quelle: (modernisierter) BSI-Standard 200-4).

Die *Recovery Point Objective*, die manchmal als *maximal zulässiger Datenverlust* bezeichnet wird, gibt die Datenmenge an, die in einer Organisation verloren gehen darf, ohne dass dadurch ein kritischer Schaden für die Organisation entsteht. Sie kann mit dem Zeitraum verglichen werden, der seit dem letzten erfolgreichen Backup vergangen ist. Denn im Problemfall sind die in diesem Zeitraum neu gespeicherten oder bearbeiteten Daten nicht im Backup enthalten und bei einer Störung oder einem Ausfall der Produktivsysteme somit verloren.

Die *Recovery Time Objective*, die teilweise auch als *geforderte Wiederanlaufzeit* bezeichnet wird, gibt die maximal tolerierbare Zeitspanne an, für die ein IT-System oder ein Prozess nach einer Störung (vollständig) ausfallen darf, ohne dass daraus ein nachhaltiger Schaden für die Organisation resultiert.

Die aus dem modernisierten BSI-Standard 200-4 Business Continuity Management[21] entnommene Abbildung 3.10 illustriert die Parameter Recovery Point Objective (RPO) und Recovery Time Objective (RTO) und setzt diese in Beziehung zum Zeitpunkt des Schadensereignisses.

Beide Parameter nehmen Einfluss auf die Backup-Strategie: So wird z. B. eine kurze RPO zwangsläufig zu häufigeren Backups, also zu einer höheren Backup-Frequenz führen. Eine kurze RTO spricht für den Einsatz von schnellen Speichermedien, also beispielsweise von Festplatten im Vergleich zu Bandlaufwerken, um die Wiederherstellungszeit kurz zu halten.

Darüber hinaus muss auch die Art des Backups angemessen gewählt werden. Hier lassen sich im Wesentlichen drei Vorgehensweisen differenzieren. Im Fall eines sich periodisch wiederholenden *Voll-Backups* werden in jedem Backup alle Dateien gespeichert. Der Vorteil besteht dabei darin, dass jedes einzelne Voll-Backup allein zur Wiederherstellung ausreichend ist. Dem steht als Nachteil der hohe Zeitaufwand für die Erstellung eines Voll-Backups gegenüber, denn insbesondere bei großen Datenmengen kann es vorkommen, dass für die Erstellung des Backups mehr Zeit benötigt wird, als sie zwischen zwei Backups zur Verfügung steht.

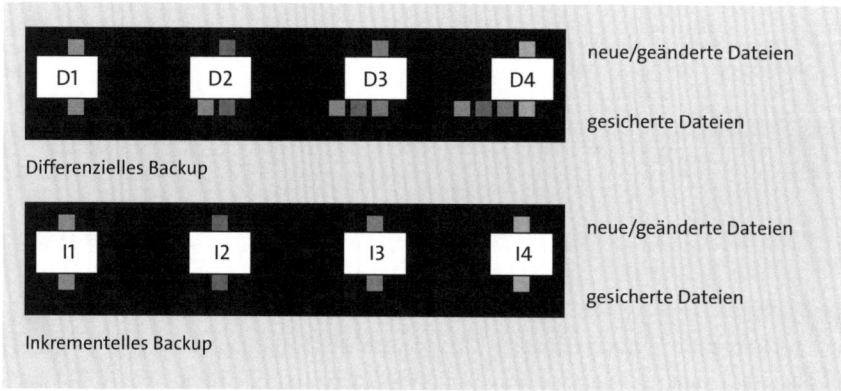

Abbildung 3.11 Darstellung eines differenziellen Backups (in der Abbildung oben) und eines inkrementellen Backups (in der Abbildung unten)

Im Falle eines *differenziellen Backups* (siehe Abbildung 3.11) wird zunächst ein Voll-Backup erstellt, das alle Daten beinhaltet. In den darauffolgenden differenziellen

---

21 Der modernisierte BSI-Standard 200-4, »Business Continuity Management«, ist online verfügbar unter *www.bsi.bund.de/SharedDocs/Downloads/DE/BSI/Grundschutz/BSI_Standards/ standard_200_4.pdf?__blob=publicationFile&v=8* (zuletzt angerufen am 15. Juni 2023).

Backups werden dann jeweils nur die Daten gespeichert, die sich seit dem letzten Voll-Backup geändert haben oder neu hinzugekommen sind. Der Vorteil besteht darin, dass zur Wiederherstellung das Voll-Backups und das jeweilige gewünschte differenzielle Backup benötigt werden. Zudem sind die differenziellen Backups aufgrund der gegenüber einem Voll-Backup deutlich geringeren Datenmenge wesentlich schneller abgeschlossen.

Alternativ kann auch ein *inkrementelles Backup* (siehe Abbildung 3.11) eingesetzt werden. Dabei wird ebenfalls zunächst ein Voll-Backup erstellt. Dieses wird dann durch sich periodisch wiederholende inkrementelle Backups ergänzt, die jeweils nur die seit dem letzten inkrementellen Backup geänderten bzw. neu hinzugekommenen Daten enthalten. Inkrementelle Backups sind daher noch kleiner als differenzielle Backups. Zur Wiederherstellung wird aber sowohl das betreffende Voll-Backup als auch unter Umständen eine ganze Reihe von inkrementellen Backups benötigt, was den Zeitaufwand und die Anforderungen an die Organisation der einzelnen Backup-Datenträger erhöht.

Darüber hinaus stellen *Snapshots* eine weitere Möglichkeit dar, um Backups zu erzeugen. Dabei wird im Gegensatz zu den bisher beschriebenen Technologien in der Regel eine *Änderungshistorie* gespeichert. Somit kann der Datenbestand zu einem Zeitpunkt X sehr schnell weggesichert werden, indem man die Änderungen bis zu diesem Zeitpunkt seit dem letzten Backup protokolliert und diese dann beim Wiedereinspielen der Daten abarbeitet.

> **Praxistipp: Auswahl der richtigen Backup-Strategie**
>
> Welche Kriterien geben jetzt bei der Auswahl der richtigen Backup-Strategie den Ausschlag? Worauf sollten Sie besonders achten?
>
> Zuallererst kommt es darauf an, dass im Falle des Falles die Daten zur Verfügung stehen, die im Geschäftsprozess erforderlich sind. Welche das sind, muss aus dem konkreten Fall abgeleitet werden; das Verarbeitungsverzeichnis kann Ihnen hier eine Hilfestellung geben.
>
> Neben der Frage »Welche Daten benötige ich?« sollten Sie sich im Rahmen des Backup-Strategie auch mit den Fragen »Wie schnell benötige ich die Daten?« und »Wie alt dürfen die Backup-Daten maximal sein?« beschäftigen.
>
> Aus den Antworten zu diesen drei Fragen ergibt sich letztendlich auch die im konkreten Fall sinnvolle Backup-Strategie.

Unter Umständen sind auch Protokolldaten in Backups enthalten. Dies kann insbesondere dann problematisch werden, wenn die Protokolldaten nicht mehr benötigt werden, etwaige Löschpflichten greifen und nunmehr die Protokolldaten in den Backup-Daten zu löschen wären. Wie man in einem solchen Fall pragmatisch vorgehen kann, ist u. a. Thema des folgenden Kapitels.

3.5 Nichts ist für die Ewigkeit: Löschpflichten und Löschkonzepte

Auch wenn Sie verwundert sein werden: Ausnahmsweise ist hier nicht Art. 32 DSGVO einschlägig, sondern vielmehr die in Art. 5 Abs. 1 DSGVO festgelegten Prinzipien der Zweckbindung (Art. 5 Abs. 1 lit. b DSGVO) und der Speicherbegrenzung (Art. 5 Abs. 1 lit. e DSGVO), die in Bezug auf die Löschung von Daten durch das in Art. 17 DSGVO festgelegte Recht auf Löschung[22] ergänzt werden.

In der Praxis des IT-Betriebs ergeben sich daraus eine Reihe von Anforderungen. Das gilt insbesondere für die Bestimmung des konkreten Zeitpunktes, an dem Daten gelöscht werden müssen. Hierzu sind sowohl die Anforderungen der im Unternehmen durchgeführten Geschäftsprozesse, aber auch etwaige gesetzliche Vorgaben zur Aufbewahrung zu berücksichtigen.

Im Kontext der gesetzlichen Anforderungen sind hier insbesondere die bereits erwähnten Aufbewahrungsfristen aus § 257 HGB und § 147 AO zu nennen. Bei den sich aus den Geschäftsprozessen des Unternehmens ergebenden Fristen kommt es grundsätzlich auf den konkreten Einzelfall an.

> **Praxistipp: Ermittlung der Löschfristen**
>
> In der Praxis halten Sie zur Ermittlung der Aufbewahrungszeiträume, die sich aus den Geschäftsprozessen ergeben, unbedingt Rücksprache, nicht nur mit dem Datenschutzbeauftragten, sondern auch mit den jeweiligen Verantwortlichen. Ansonsten besteht die Gefahr, dass die Daten zu früh gelöscht werden und Geschäftsprozesse damit nicht mehr ausgeführt werden können.
>
> Daten dürfen aber regelmäßig auch dann nicht einfach gelöscht werden, wenn diese für die Erbringung von Geschäftsprozessen nicht mehr benötigt werden! Achten Sie bei entsprechenden Löschprozessen unbedingt darauf, dass die gesetzlichen Vorgaben zur Aufbewahrung berücksichtigt werden. Als klassischer IT-Mitarbeiter wenden Sie sich zur Abklärung dieser Frage immer an die Rechtsabteilung des Unternehmens, ersatzweise an Ihren Vorgesetzten oder die Geschäftsführung, insbesondere auch, um etwaige Regressforderungen des Unternehmens Ihnen gegenüber zu vermeiden!

Aber wie setzen Sie jetzt die sich aus unterschiedlichen Anforderungen ergebenden Fristen in der Praxis um? Wenngleich ein sogenanntes Löschkonzept nach der DSGVO nicht zwingend vorgeschrieben ist, ist es dennoch ein wichtiger, meist sogar ein unentbehrlicher Baustein, um den Überblick über die unterschiedlichen Fristen zu behalten.

---

22 Eine gute Übersicht zum Thema liefert hier die Orientierungshilfe »Das Recht auf Löschung nach der Datenschutz-Grundverordnung« des Bayerischen Landesbeauftragte für den Datenschutz (BayLfD) vom 1. Juni 2022, online verfügbar unter *www.datenschutz-bayern.de/datenschutzreform2018/OH_Loeschung.pdf* (zuletzt aufgerufen am 15. Juni 2023).

Ein *Löschkonzept* beinhaltet grundsätzlich Informationen zu den Aufbewahrungs- und Vorhaltefristen sowie zu den Löschanforderungen für die unterschiedlichen Datenarten im Unternehmen.

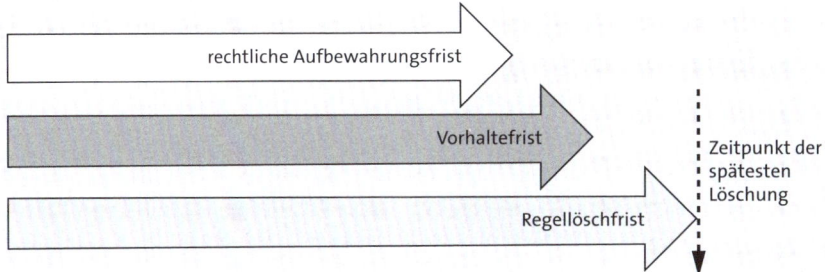

Abbildung 3.12 Zusammenhang zwischen »Regellöschfrist«, »Vorhaltefrist« und (rechtlichen) gesetzlichen »Aufbewahrungsfristen«

Die *Aufbewahrungsfristen* ergeben sich dabei aus rechtlichen Vorgaben im Sinne von Gesetzen und Verordnungen. *Vorhaltefristen* berücksichtigen zusätzlich auch Zeiträume, die sich aus betrieblichen Überlegungen ergeben. Achtung: Insbesondere, wenn Sie eine Vorhaltefrist festlegen, müssen Sie die Zweckbindung nach Art. 5 Abs. 1 lit. b DSGVO unbedingt berücksichtigen!

> **Praxistipp: Aufbau eines Löschkonzepts**
>
> Sie vereinfachen sich das Vorgehen, wenn Sie die Datenarten, die Speicherorte und die zugeordneten Löschregeln in einer Matrix erfassen. Aus dieser lässt sich dann für jede Datenart die Frist, nach der die Daten zu löschen sind, ablesen. Ergänzend können Sie auch die jeweils anzuwendende Löschmethode miterfassen.
>
> Gleichen Sie die in der Matrix erfassten Datenarten regelmäßig – also mindestens einmal pro Jahr – mit der Liste der aktuellen Geschäftsprozesse und der dafür benötigten Datenarten ab. Sorgen Sie zudem dafür, dass auch bei der Neuanlage oder der Änderung von Geschäftsprozessen bzw. IT-Systemen die Matrix entsprechend korrigiert bzw. ergänzt wird, denn nur so bleiben Sie stets auf dem aktuellen Stand!

Ein typisches Löschkonzept ist dabei inhaltlich wie folgt gegliedert:

▶ Zu Beginn enthält es zunächst eine *Beschreibung des Geltungsbereichs* (*Scope*), also Angaben dazu, auf welchen (Teil)bereich der Organisation das Löschkonzept angewendet werden kann und soll.

▶ Darauf folgt eine Beschreibung der *Dokumentenstruktur*, also Informationen dazu, welche einzelnen Dokumente zum Löschkonzept selbst dazu gehören, wie die Versionierung der einzelnen Dokumente erfolgt und wie diese (bezüglich der

- Berücksichtigung etwaiger Änderungen in den zugrundeliegenden Geschäftsprozessen bzw. der IT-Organisation) regelmäßig aktualisiert werden.
- Zudem enthält es auch eine Liste der für die Weiterentwicklung und Umsetzung des Löschkonzepts *Verantwortlichen* in der Organisation und die konkrete *Zuweisung von Aufgaben* an diese.
- Danach folgt – als essenzieller Baustein eines jedes Löschkonzepts – eine Beschreibung der konkreten *Löschregeln* nach denen der Verantwortliche die Daten löschen möchte. Diese Löschregeln werden – vereinfacht ausgedrückt – für jede Datenart anhand der zugehörigen Regellöschfrist (siehe dazu Abbildung 3.12) und des zugehörigen Startzeitpunkts abgeleitet. Diese Löschregeln sind anschließend technisch umzusetzen.
- Dazu enthält das Löschkonzept Vorgaben für die konkreten (technischen) *Löschmaßnahmen*, also Angaben dazu, wie die Datenlöschung technisch erfolgen soll (z. B. durch einfaches Überschreiben der Daten auf dem Datenträger oder durch eine vollständigen Vernichtung des Datenträgers).

Ein solches Löschkonzept wird auch in der DIN 66398 »Leitlinie zur Entwicklung eines Löschkonzepts mit Ableitung für Löschfristen für personenbezogene Daten«[23] beschrieben. Nutzen Sie diese Norm als Grundlage, so entsprechen sowohl das Konzept selbst als auch die darin beschriebenen Methoden dem Stand der Technik.

> **Praxisbeispiel: Daten in besonderen IT-Systemen**
> Bei der Löschung sind regelmäßig auch Daten in Leasing-Geräten, wie z. B. Multifunktionsdruckern, zu berücksichtigen. Achten Sie darauf, alle möglichen Datenspeicher in Ihre Überlegungen einzubeziehen! Es gibt kaum noch IT-bezogene Geräte und Prozesse, die von Menschen genutzt werden und die keine personenbezogenen Daten verarbeiten. Haben Sie in diesem Zusammenhang auch die in den Firmenfahrzeugen der Mitarbeiter gespeicherten Daten berücksichtigt?

Doch wie ist der Begriff *Löschen* zu verstehen, und wie setzt man die sich daraus ergebenden Anforderungen in der Praxis um? Zunächst ist festzuhalten, dass der Begriff *Löschen* in der DSGVO nicht definiert wird, gleichwohl aber vom Begriff der *Vernichtung* unterschieden wird[24]. Ersatzweise ziehen wir die Definition aus § 3 Abs. 4 Nr. 5 BDSG a. F. heran; dort hieß es:

Löschen [ist] das Unkenntlichmachen gespeicherter personenbezogener Daten.

---

23 Die Norm DIN 66398, »Leitlinie zur Entwicklung eines Löschkonzepts mit Ableitung für Löschfristen für personenbezogene Daten«, wurde im Oktober 2021 mit der Norm ISO/IEC 27555, »Information security, cybersecurity and privacy protection - Guidelines on personally identifiable information deletion«, als internationaler Standard verabschiedet.

24 Dies wird beispielsweise auch durch die Formulierung »... das Löschen oder die Vernichtung;« in Art. 4 Abs. 1 Nr. 2 DSGVO deutlich.

Damit muss ein datenschutzkonformer Löschvorgang zur Folge haben, dass die personenbezogenen Daten nach der Löschung überhaupt nicht mehr – also auch nicht mehr in Teilen – vorhanden sind. Zumindest aber muss sichergestellt werden, dass sie auch aus den verbliebenen Daten nicht mehr bzw. nicht ohne entsprechenden Aufwand wiederhergestellt werden können.

> **Praxistipp: Datenschutzkonformes Löschen**
>
> *Um Daten datenschutzkonform zu löschen, also sicherzustellen, dass diese nicht oder nach allgemeinem Ermessen nur mit einer geringen Wahrscheinlichkeit wiederherstellbar sind, sind die Löschkommandos der klassischen Betriebssysteme nicht ausreichend, denn diese markieren die gelöschten Speicherbereiche lediglich als frei zur erneuten Verwendung, löschen die eigentlichen Daten aber nicht!*
>
> Berücksichtigen Sie zur Auswahl der im konkreten Fall passenden Löschmethode die Hinweise bezüglich personenbezogener Daten in der ISO/IEC 21964-1, »Büro- und Datentechnik – Vernichten von Datenträgern – Teil 1: Grundlagen und Begriffe«.[25] Damit halten Sie gleichzeitig den Stand der Technik ein!
>
> Auch das BSI hat konkrete Empfehlungen für das Löschen von Daten veröffentlicht, beispielsweise im Baustein CON.6, »Löschen und Vernichten«[26] des IT-Grundschutz-Kompendiums oder auf der Webseite »Daten auf Festplatten und Smartphones endgültig löschen«.[27]
>
> Nicht zuletzt hat das NIST mit der Special Publication SP 800-88 »Guidelines for Media Sanitization«[28] eine Hilfestellung für die Löschung und Vernichtung von Datenträgern veröffentlicht. In dieser wird z. B. gesondert auf die Möglichkeit eines *Cryptographic Erase*, also des Löschens durch Vernichten des Schlüssels nach vorhergehender Verschlüsselung, eingegangen. Zudem stellt das NIST einen situationsabhängigen Entscheidungsbaum vor, der die Entscheidung, ob und gegebenenfalls wie ein Datenträger gelöscht oder vernichtet werden sollte, diskutiert.

---

25 Diese vom Grundsatz dreiteilige Normenreihe ist in Deutschland auch unter der Bezeichnung DIN 66399, »Büro- und Datentechnik – Vernichten von Datenträgern«, bekannt.

26 Der Baustein CON.6, »Löschen und Vernichten«, ist online verfügbar unter *www.bsi.bund.de/SharedDocs/Downloads/DE/BSI/Grundschutz/IT-GS-Kompendium_Einzel_PDFs_2023/03_CON_Konzepte_und_Vorgehensweisen/CON_6_Loeschen_und_Vernichten_Edition_2023.pdf?__blob=publicationFile&v=3* (zuletzt aufgerufen am 15. Juni 2023).

27 Online verfügbar unter *www.bsi.bund.de/DE/Themen/Verbraucherinnen-und-Verbraucher/Informationen-und-Empfehlungen/Cyber-Sicherheitsempfehlungen/Daten-sichern-verschluesseln-und-loeschen/Daten-endgueltig-loeschen/daten-endgueltig-loeschen_node.html* (zuletzt aufgerufen am 15. Juni 2023).

28 Die Special Publication SP 800-88, »Guidelines for Media Sanitization«, des amerikanischen *National Institute of Standards and Technology (NIST)* aus dem Jahre 2014 ist online verfügbar unter *https://csrc.nist.gov/publications/detail/sp/800-88/rev-1/final* (zuletzt aufgerufen am 15. Juni 2023).

Diese Anforderung muss je nach eingesetztem Speichermedium unterschiedlich umgesetzt werden, wobei grundsätzlich zwischen zwei Anwendungsszenarien zu unterscheiden ist: einer gewünschten Wiederverwendung des Speichermediums nach der Löschung der Daten und einer nachhaltigen (physischen) Zerstörung des Speichermediums (bei gleichzeitiger Löschung der Daten).

Zur *physischen Zerstörung* werden je nach verwendetem Speichermedium unterschiedliche Technologien eingesetzt. Papier wird dazu in der Regel mittels spezieller Aktenvernichter in – der Sicherheitsstufe angemessene – kleine Schnipsel zerschnitten. Festplatten können entweder mittels physikalischer Methoden unbrauchbar gemacht oder wie Papier geschreddert werden, wobei Sie letztgenanntes Vorgehen aufgrund der damit nachgewiesenen Zerstörung des Speichermediums bevorzugen sollten.[29]

Soll der Datenträger nach dem Löschen grundsätzlich noch nutzbar sein, kommt bei Papier häufig ein spezieller Stift mit hochdeckender Tinte oder ein sogenannter *Datenschutz-Rollstempel* zum Einsatz. Dabei ist aber zu beachten, dass damit trotzdem noch Reste der Daten lesbar sein können. Besser ist es in einem solchen Fall, das Papier mit den unkenntlich gemachten oder abgedeckten Stellen nochmals zu kopieren und nur diese Kopie zur Verfügung zu stellen.

Sollen Datenträger nach einem vollständigen oder teilweisen Löschen wiederverwendet werden, ist darauf zu achten, dass die gewählte Löschmethode ausreichend »sicher« ist. Aus Gründen der Informationssicherheit sollten die Datenträger zudem ausschließlich in Bereichen der Organisation eingesetzt werden, die mindestens die gleiche oder eine höhere Sicherheitsklassifikation aufweisen, um einen unerwünschten Datenabfluss durch Restdaten zu vermeiden.

> **Praxistipp: Wiederverwendung des Datenträgers im Falle von Festplatten**
>
> Zur Wiederverwendung von magnetischen Speichermedien wird häufig ein vollständiges Überschreiben des Datenträgers empfohlen. Dabei müssen Sie aber stets berücksichtigen, dass Restdaten in mittlerweile vom Controller als defekt markierten Bereichen vorhanden sein können, die mit Bordmitteln des Betriebssystems in der Regel nicht überschrieben werden! Daher sollten Sie vorzugsweise spezielle Kommandos wie z. B. ATA Secure Erase[30] einsetzen.
>
> Zusätzlichen Schutz erzielen Sie dadurch, dass Sie den Datenträger von vornherein nur zur Speicherung von nach dem Stand der Technik verschlüsselten Daten einsetzen. So kann zum Löschen der Daten der Schlüssel vernichtet werden, bevor der Datenträger selbst sicher gelöscht wird.

---

29 Häufig wird auch die Methode des sogenannten Degaussen zur Datenlöschung von magnetischen Datenträgern empfohlen. Da der Datenträger dadurch aber in der Regel unbrauchbar wird, stellt diese keinen nennenswerten Vorteil gegenüber dem Shreddern dar, das mittlerweile auch kostengünstig als Vor-Ort-Dienstleistung angeboten wird.

30 Nähere Infos dazu beispielsweise unter *https://ata.wiki.kernel.org/index.php/ATA_Secure_Erase* (zuletzt aufgerufen am 15. Juni 2023).

Diese Anforderung für das Löschen trifft grundsätzlich alle Arten an gespeicherter Daten und ist damit nicht nur auf Produktivdaten anzuwenden. Vielmehr ist sie auch für Daten in Backups – beispielsweise solche, die aufgrund der Anforderung in Art. 32 Abs. 1 lit. c DSGVO erstellt worden sind – oder Archiven, z. B. solchen aufgrund von § 147 AO, zu berücksichtigen. Ein Spezialfall ergibt sich in der Praxis regelmäßig daraus, dass personenbezogene Daten in Backups gespeichert sind.

Lange war hier völlig offen, ob ein Unternehmen – insbesondere im Fall einer Löschanforderung nach Art. 17 DSGVO – auch Daten im Archiv bzw. Backup löschen muss, wenn die Aufbewahrungsfrist überschritten wurde. Die »Hardliner« der Datenschützer argumentieren, dass der Speicherort unerheblich sei, und demzufolge die Daten gezielt aus den Archiven bzw. Backups zu löschen seien.

Die IT-Abteilungen halten diesem Argument entgegen, dass der Aufwand, Datensätze gezielt aus Archiven oder Backups zu löschen, in keinem Verhältnis zum Nutzen stehe und zudem für einige Archiv- bzw. Backup-Mechanismen – z. B. bei der Verwendung von *WORM-Medien* – technisch unmöglich sei. Zudem würde ein gezieltes Löschen einzelner Daten alle Backup-Daten gefährden, da es aufgrund technischer Probleme auch zu einem Verändern oder einer Löschung anderer Daten kommen könnte. Damit würde das gezielte Löschen den Anforderungen von Art. 32 Abs. 1 lit. c DSGVO entgegenstehen.

Der Bayerische Landesbeauftragte für den Datenschutz (BayLfD) hat sich in seinem 30. Tätigkeitsbericht (vgl. dazu Abbildung 3.13) detailliert mit dieser Fragestellung beschäftigt.[31] Demnach ist es grundsätzlich möglich, dass Daten zunächst in Backups verbleiben und nicht gleichzeitig mit den Produktivdaten gelöscht werden müssen, wenn ihre weitere Verwendung ausgeschlossen ist.

Konkret nennt der BayLfD fünf Kriterien, die allesamt erfüllt sein müssen, damit ein solches Vorgehen tolerabel ist:

1. Eine zeitgleiche Löschung von Produktiv- und Backup-Daten ist auch aus Sicht eines verständigen Betrachters technisch unmöglich bzw. unzumutbar.
2. Die Löschfrequenz der Daten im Backup-System richtet sich nach dem Schutzbedarf der Daten und wird durch ein Datensicherungskonzept (z. B. auf Basis der Anforderung des Bausteins CON.3, »Datensicherungskonzept«[32], im IT-Grundschutz-Kompendium) nachgewiesen.

---

31 Die entsprechenden Informationen finden sich in Abschnitt 12.5, »Löschung von Datenkopien aus Backup-Systemen«, des Tätigkeitsberichts, online verfügbar unter *www.datenschutz-bayern.de/tbs/tb30/k12.html#12.5* (zuletzt aufgerufen am 15. Juni 2023).
32 Die Anforderungen des Bausteins CON.3, »Datensicherungskonzept«, sind online verfügbar unter *www.bsi.bund.de/SharedDocs/Downloads/DE/BSI/Grundschutz/IT-GS-Kompendium_Einzel_PDFs_2022/03_CON_Konzepte_und_Vorgehensweisen/CON_3_Datensicherungskonzept_Edition_2022.pdf?__blob=publicationFile&v=3* (zuletzt aufgerufen am 15. Juni 2023).

3. Es ist sichergestellt, dass die Daten aus den Backup-Systemen nur über die Wiederherstellungsfunktionalität ausgelesen werden können. Dies kann z. B. durch den Einsatz von Verschlüsselungstechnologien bei der Datenablage im Backup-System sichergestellt werden.
4. Bei einer Wiederherstellung von Daten aus dem Backup-System muss sichergestellt werden, dass alle Daten, die im Produktivsystem bereits gelöscht wurden, nicht wiederhergestellt werden. Ist dies technisch nicht möglich, sind die betreffenden Daten direkt nach der Wiederherstellung zu löschen, um eine missbräuchliche Verwendung auszuschließen.
5. Jede Datenwiederherstellung aus Backup-Systemen ist zu dokumentieren. Dabei sind insbesondere die Gründe für die Wiederherstellung anzugeben und eine gegebenenfalls durchgeführte Datenlöschung nach der Wiederherstellung zu dokumentieren.

12.5. Löschung von Datenkopien aus Backup-Systemen

Nach Art. 17 Abs. 1 Buchst. a DSGVO sind personenbezogene Daten zu löschen, wenn sie für den ursprünglichen Verarbeitungszweck nicht mehr notwendig sind. Zum Thema Löschung von personenbezogenen Daten habe ich mich in meinen Tätigkeitsberichten bereits mehrfach im Hinblick auf unterschiedliche fachliche Zusammenhängen geäußert (siehe 29. Tätigkeitsbericht 2019 unter Nr. 3.2 und 18. Tätigkeitsbericht 1998 unter Nr. 3.3.3, Nr. 7.2.1.1, Nr. 7.2.4 sowie Nr. 8.1). Diese Thematik wurde nun durch die Fragestellung erweitert, wie die Löschung von Datenkopien, die in Backup-Systemen ausschließlich der Datensicherung dienen, in zeitlicher Hinsicht erfolgen muss.

Der Begriff "Löschung" wird in der Datenschutz-Grundverordnung nicht näher definiert. Das bisherige deutsche Datenschutzrecht verstand darunter das "Unkenntlichmachen gespeicherter Daten" (vgl. § 3 Abs. 4 Nr. 5 Bundesdatenschutzgesetz in der bis zum 24. Mai 2018 geltenden Fassung). Somit hat ein datenschutzrechtlicher Löschvorgang eines bestimmten personenbezogenen Datums die Folge, dass dieses nach der Löschung in den Dateisystemen, die dem betroffenen Verantwortlichen zurechenbar sind, weder vorhanden ist noch wiederhergestellt werden kann. Diese Anforderung trifft folglich nicht nur den aktiven produktiven Datenbestand, sondern auch die Datenkopien, die in Backup-Systemen aus Verfügbarkeitsgründen (vgl. Wiederherstellungsanforderung in Art. 32 Abs. 1 Buchst. c DSGVO) verarbeitet werden. Da eine zeitgleiche Löschung des aktiven personenbezogenen Datums und seiner im Backup-System gespeicherten Kopie oftmals insbesondere aus technischen Gründen nicht zeitgleich, sondern nur zeitversetzt möglich ist, stellt sich die Frage, wie die datenschutzrechtliche Forderung mit dem derzeit technisch sowie organisatorisch Möglichen in Einklang gebracht werden kann.

Nach Erwägungsgrund 26 DSGVO dürfen gelöschte personenbezogene Daten nicht oder nach allgemeinem Ermessen nur mit geringer Wahrscheinlichkeit wiederherstellbar sein. Das bedeutet in der betrachteten Konstellation, dass nach der datenschutzrechtlichen Löschung von Daten im Primärsystemen diese nun nicht mehr vorhandenen personenbezogenen Daten nur mit geringer Wahrscheinlichkeit durch eine Kopie aus dem Backup-System (Reliktdaten) im gerade genannten Sinn wiederherstellbar sein dürfen. Idealerweise sollte daher bei der Neukonzeption von IT-Systemen die Anforderungen einer zeitgleichen Löschung von Daten aus dem Backup mit berücksichtigt werden.

Sollte eine zeitgleiche Löschung trotz Berücksichtigung aller relevanten Schutzmaßnahmen nach Art. 32 DSGVO, also insbesondere nach dem aktuellen Stand der Technik und Organisation nicht möglich sein, ist dies entsprechend zu begründen. Diese dokumentierte Begründung muss auch die umgesetzten Schutzmaßnahmen enthalten oder auf diese verweisen, die ergriffen wurden, damit eine zeitlich verzögerte Löschung der Reliktdaten nur mit geringer Wahrscheinlichkeit zur Reproduzierbarkeit der aus dem Primärsystem gelöschten Daten führen kann.

Abbildung 3.13 Stellungnahme des BayLfD zum Thema Löschung von Datenkopien aus Backup-Systemen (Quelle: www.datenschutz-bayern.de/tbs/tb30/k12.html#12.5)

Beachten Sie, dass Sie in jedem Fall dokumentieren müssen, warum eine zeitgleiche Löschung von Produktiv- und Backup-Daten nicht möglich ist, obwohl Ihre Backup-Systeme nach Art. 32 DSGVO dem Stand der Technik entsprechen.

> **Praxistipp: Backups auch in Bezug auf das Löschen richtig planen**
>
> Bei der Berücksichtigung der geschilderten Anforderungen stellen Sie sicher fest: »Das klingt kompliziert!« Das klingt nicht nur so, das ist es auch. Insbesondere wenn Sie umfangreiche Diskussionen mit den Aufsichtsbehörden vermeiden wollen, werden die fünf Anforderungen zu einer Herausforderung, denn bereits der erste Aspekt enthält mit der Formulierung aus der Sicht eines verständigen Betrachters sehr viel Interpretationsspielraum. Es ist daher mehr als empfehlenswert, sich bereits bei der Planung von Backup- und Archivsystemen mit dem Löschen von Daten zu beschäftigen und die Systeme technisch so zu gestalten, dass die Daten möglichst zeitgleich mit den Produktivdaten gelöscht werden können.
>
> Auch dabei hilft Ihnen das bereits thematisierte Löschkonzept, das sicherstellt, dass alle relevanten Datenspeicherungen angemessen berücksichtigt werden. Und sollten Sie dabei im Einzelfall zu der Auffassung kommen, dass eine zeitgleiche Löschung nicht umsetzbar ist, halten Sie Ihre diesbezüglichen Überlegungen schriftlich fest!

Das Thema *Löschen von Daten* kann und darf nicht isoliert betrachtet werden. Es ist vielmehr – wie auch das Thema Backup – frühzeitig bei nahezu allen Geschäftsprozessen zu berücksichtigen, um spätere Probleme zu vermeiden. Auch im Rahmen der Nutzung von Cloud Computing spielt das Thema eine Rolle, wie wir im folgenden Abschnitt sehen werden.

3.6 Wolkige Aussichten: Anforderungen an die Datenverarbeitung in der Cloud

Was in den frühen 2000er-Jahren als großer Hype begann, ist mittlerweile zum Standard geworden, denn das Thema *Cloud Computing* ist aus dem IT-Alltag nicht mehr wegzudenken. Egal, ob direkt, wie z. B. durch Nutzung von *Amazon Web Services (AWS)* oder *Microsoft Azure*, oder indirekt durch die Nutzung von Diensten wie *Google Mail* oder *Salesforce*: Die Cloud spielt eine bedeutende Rolle in der IT-Infrastruktur von Unternehmen und öffentlichen Einrichtungen auf der einen und Privatleuten auf der anderen Seite.

Um das Thema besser einordnen zu können, wollen wir zunächst definieren, was unter dem Thema Cloud Computing zu verstehen ist. Dazu greifen wir auf die Definition des BSI zurück; dort heißt es:[33]

---

[33] Die Begriffsdefinition findet sich online unter *www.bsi.bund.de/SharedDocs/Downloads/DE/ BSI/Grundschutz/IT-GS-Kompendium_Einzel_PDFs_2023/04_OPS_Betrieb/OPS_2_2_Cloud-Nutzung_Edition_2023.pdf?__blob=publicationFile&v=3* (zuletzt aufgerufen am 15. Juni 2023).

Cloud Computing bezeichnet das dynamisch an den Bedarf angepasste Anbieten, Nutzen und Abrechnen von IT-Dienstleistungen über ein Netz. Angebot und Nutzung dieser Dienstleistungen erfolgen dabei ausschließlich über definierte technische Schnittstellen und Protokolle. Die Spannbreite der im Rahmen von Cloud Computing angebotenen Dienstleistungen umfasst das komplette Spektrum der Informationstechnik und beinhaltet unter anderem Infrastruktur (z. B. Rechenleistung, Speicherplatz), Plattformen und Software.

Nach der Definition des *National Institute of Standards and Technology (NIST)* (siehe dazu Abbildung 3.14) zeichnet sich Cloud Computing durch die folgenden Merkmale aus:[34]

- der Möglichkeit, Ressourcen im Bedarfsfall selbst und gegebenenfalls automatisch buchen zu können (Stichwort: *On-Demand Self-Service*)
- einer breiten Netzwerkanbindung (Stichwort: *Broad Network Access*), einer gemeinsamen Nutzung der angebotenen Dienste (Stichwort: *Ressource Pooling*)
- einer enormen Skalierbarkeit der angebotenen Dienste (Stichwort: *Rapid Elasticity*)
- einer bedarfsangepassten und optimierten Bereitstellung und Verteilung der Ressourcen (Stichwort: *Measured Service*)

> **2. The NIST Definition of Cloud Computing**
>
> Cloud computing is a model for enabling ubiquitous, convenient, on-demand network access to a shared pool of configurable computing resources (e.g., networks, servers, storage, applications, and services) that can be rapidly provisioned and released with minimal management effort or service provider interaction. This cloud model is composed of five essential characteristics, three service models, and four deployment models.

Abbildung 3.14 Definition von Cloud Computing nach den Vorgaben des National Institute of Standards and Technology (Quelle: https://nvlpubs.nist.gov/nistpubs/Legacy/SP/nist-specialpublication800-145.pdf)

Bei kritischer Betrachtung des ein oder anderen Cloud-Angebots stellt man unter Berücksichtigung dieser Definition fest: Nicht bei allen Produkten, auf denen Cloud draufsteht, ist tatsächlich auch eine Cloud drin.

Als Basis des Cloud Computings kommen in der Regel *Virtualisierungstechnologien* zum Einsatz, die es dem Anbieter der Cloud – dem *Cloud Service Provider (CSP)* – ermöglichen, die verwendeten Hardwarekomponenten für die gleichzeitige Nutzung von mehreren Anwendern zur Verfügung zu stellen. Dazu wird eine Virtualisierungsebene – meist in Form eines sogenannten *Hypervisors* oder *Virtual Machine Monitors (VMM)* – eingesetzt (siehe dazu Abbildung 3.15), die zum einen die zur Verfügung ste-

---

34 Die Cloud-Definition des NIST ist online verfügbar unter *https://nvlpubs.nist.gov/nistpubs/Legacy/SP/nistspecialpublication800-145.pdf* (zuletzt aufgerufen am 15. Juni 2023).

henden Ressourcen verwaltet, und auf der anderen Seite sicherstellt, dass die einzelnen Anwender nur auf die ihnen zur Verfügung gestellten Ressourcen zugreifen können.

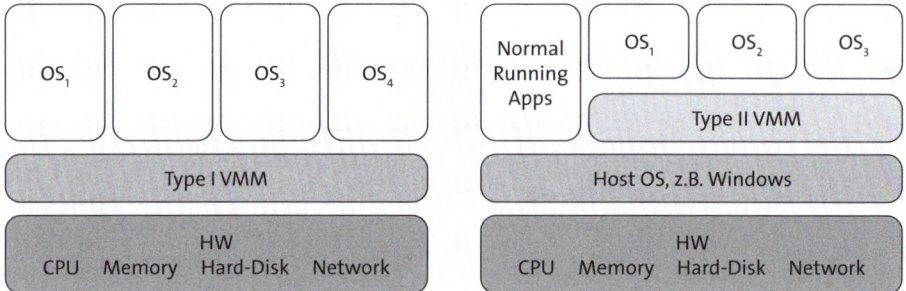

Abbildung 3.15 Typ-I (links) und Typ-II (rechts) eines Hypervisors bzw. Virtual Machine Monitors (VMM) (Abbildungen in Anlehnung an https://de.wikipedia.org/wiki/Hypervisor).

> **Praxistipp: Sicherheit des VMM**
>
> Der sicheren Konfiguration und dem regelmäßigen Update des VMM kommt damit eine entscheidende Bedeutung zu. Kann ein Angreifer hier eine Sicherheitslücke ausnutzen, sind direkt alle potenziellen Anwender auf dem entsprechenden virtualisierten System von dem Angriff betroffen. Halten Sie sich daher unbedingt auf dem Laufenden, und installieren Sie Updates zeitnah, falls Sie selbst Virtualisierungssysteme betreiben.

Auf dieser technologischen Basis können dann unterschiedliche Cloud-Modelle umgesetzt werden:

- Die *Public Cloud*, bei der das Cloud-Angebot der Allgemeinheit zur Verfügung steht. Vorteil: Der Betrieb ist in der Regel sehr kostengünstig. Nachteil: Man teilt sich die Cloud-Ressource mit gegebenenfalls völlig unbekannten Mitnutzern, kann kaum Einfluss auf die Konfiguration und die Sicherheitseigenschaften der Cloud nehmen und auch den Standort der Server nur eingeschränkt bestimmen.
- Die *Private Cloud*, bei der die Ressourcen im Extremfall exklusiv einem Anwender zur Verfügung stehen. Die Cloud kann dabei vom Anwender selbst oder von einem Dienstleister betrieben werden. Vorteil: Durch die exklusive Nutzung können mehr kundenspezifische Vorgaben umgesetzt werden; unerwünschte Mitnutzer sind ausgeschlossen. Nachteil: Durch die Exklusivität steigen die Kosten meist beträchtlich.
- Mischformen wie die *Community Cloud* oder die *Hybrid Cloud*: Während die Community-Cloud von mehreren Anwendern aus einem gemeinsamen Anwendungsbereich genutzt wird (und sich dadurch Synergieeffekte ergeben, ohne die

Nachteile der Public Cloud zu haben), kommt bei der Hybrid Cloud anwendungsbezogen sowohl eine Public-, eine Private Cloud als auch eine Hybrid Cloud zum Einsatz.

Egal, für welches dieser Modelle Sie sich entscheiden, es muss auf jeden Fall auch noch der Cloud-Service-Typ berücksichtigt werden. Dabei unterscheiden wir im Wesentlichen[35] zwischen

- *Infrastructure-as-a-Service (IaaS)*, bei dem der Cloud-Service-Provider dem Anwender einen Teil seiner Infrastruktur – z. B. in Form von Speicherplatz oder CPU-Ressourcen – zur Verfügung stellt.
- *Platform-as-a-Service (PaaS)*, bei dem der Cloud Service Provider dem Anwender zusätzlich eine Laufzeit- oder Entwicklungsumgebung zur Verfügung stellt.
- *Software-as-a-Service (SaaS)*, bei dem der Cloud-Service-Provider dem Anwender definierte Anwendungen bereitstellt.

Abbildung 3.16 zeigt die drei wesentlichen Cloud-Service-Modelle Infrastructure-as-a-Service (IaaS), Platform-as-a-Service (PaaS) und Software-as-a-Service (SaaS) im schematischen Aufbau. Anhand der fett gestrichelten Linie ist zu erkennen, dass die Hoheit des Cloud-Service-Providers (CSP) von IaaS über PaaS bis zu SaaS immer weiter zunimmt.

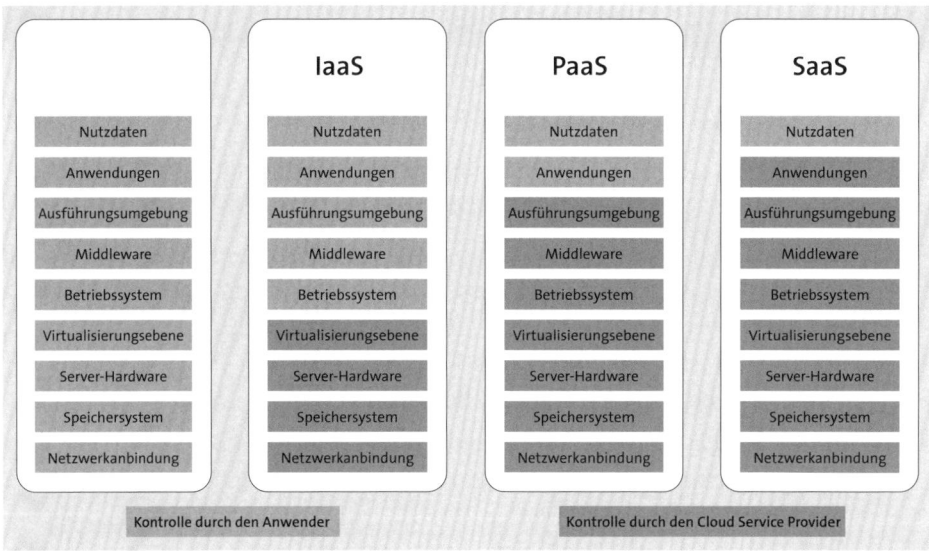

Abbildung 3.16 Schematischer Aufbau der drei wesentlichen Cloud-Service-Modelle IaaS, PaaS und SaaS

---

35 Auf andere Cloud-Service-Typen, wie beispielsweise Function-as-a-Service (FaaS) oder Anything-as-a-Service (XaaS) gehen wir nicht weiter ein.

3.6 Wolkige Aussichten: Anforderungen an die Datenverarbeitung in der Cloud

Sowohl die Wahl des Cloud-Modells als auch die Wahl des Cloud-Service-Typs haben erheblichen Einfluss auf die Möglichkeiten hinsichtlich der technischen und organisatorischen Maßnahmen.

Neben den datenschutzrechtlichen Fragestellungen spielt natürlich auch das Thema der Datensicherheit eine wichtige Rolle. Dabei sind grundsätzlich alle Verarbeitungsebenen angemessen zu berücksichtigen und jeweils dem Schutzziel entsprechende Maßnahmen zu ergreifen.

Zunächst ist dabei an den Datentransport von und zu den IT-Systemen des Cloud-Service-Providers zu denken. Auf der Netzwerkebene kommt dazu vor allem eine TLS-gesicherte Verbindung infrage, die die Vertraulichkeit und die Integrität der übertragenen Daten schützen. Diese sollten Sie nach Stand der Technik parametrisieren (siehe dazu auch die Erläuterungen in Abschnitt 3.2.2, »Quellen zum Stand der Technik«). Kommen dabei Zertifikate zum Einsatz, ist die regelmäßige Überprüfung aller Zertifikate der Zertifikatskette ebenfalls Bestandteil einer sicheren Konfiguration. Die Kommunikation einzelner Cloud-Komponenten untereinander sollten Sie durch den Aufbau eines *Virtual Private Network (VPN)* zusätzlich absichern.

Auch auf der Datenebene sollten Sie Verschlüsselungstechnologien nutzen, um einen unbefugten Zugriff auf die Daten auszuschließen. Beachten Sie dabei, dass dies nur in Fällen einer reinen Datenspeicherung in der Cloud vor Zugriffen durch den Cloud-Service-Provider schützt. Sobald Sie die Daten auch in der Cloud verarbeiten wollen, müssen diese nach aktuellem Stand[36] im Klartext vorliegen. Dies bedeutet aber gleichzeitig, dass ein Cloud-Service-Provider mit genügend krimineller Energie die Hardware seiner Server so manipulieren könnte, dass er die Klartextdaten abgreifen kann. Dadurch wird natürlich prinzipiell nicht nur die Vertraulichkeit der Daten, sondern auch deren Integrität gefährdet.

> **Praxistipp: Schutz gespeicherter Daten**
>
> Die auf den Cloud-Systemen gespeicherten Daten sollten Sie unabhängig zu den vom Cloud-Service-Provider zur Verfügung gestellten Mechanismen selbst verschlüsseln. Dazu stellen die Cloud-Service-Provider unterschiedliche Möglichkeiten bezüglich des Schlüsselmanagements zur Verfügung. Achten Sie darauf, das benötigte Schlüsselmaterial möglichst auf eigenen, von der Cloud unabhängigen IT-Systemen zu generieren!

---

36 Moderne Ansätze wie Confidential Computing (vgl. dazu beispielsweise *www.edgeless.systems/* (zuletzt aufgerufen am 15. Juni 2023)) oder Fully Homomorphic Encryption (FHE), vgl. dazu etwa *www.heise.de/hintergrund/Sicheres-Computing-fuer-die-Cloud-1021071.html* (zuletzt aufgerufen am 15. Juni 2023), sind durchaus vielversprechend, haben aber noch nicht eine entsprechende Verbreitung bzw. Praxistauglichkeit erreicht.

Neben dem Schutz vor unbefugter Kenntnisnahme und der Manipulation der Daten stellt auch das Löschen von Daten bzw. die Einschränkung der Verarbeitung in der Cloud eine Herausforderung dar. Insbesondere im Falle einer Datenlöschung sind die herkömmlichen technischen Methoden nicht mehr anwendbar. So lässt sich eine physische Zerstörung der betreffenden Datenträger im Falle einer Public Cloud gar nicht umsetzen, und selbst im Falle einer Private Cloud wird dieses Vorgehen mit erheblichen Kosten verbunden sein. Auch hier könnte die Verschlüsselung einen sinnvollen alternativen Ansatz bieten,[37] indem nach Ende der Speicherdauer der Schlüssel für die Entschlüsselung der Daten vernichtet wird und damit ein weiterer Zugriff auf die Daten – zumindest so lange die eingesetzte Verschlüsselungstechnologie als sicher gilt und der Schlüssel nicht im Vorfeld kompromittiert wurde – ausgeschlossen ist.

Eine besondere Rolle hat der Gesetzgeber im Umfeld des Cloud Computings *Zertifizierungen* nach Art. 42 und Art. 43 DSGVO zugedacht. Diese würden Ihnen grundsätzlich Sicherheit geben, dass der von Ihnen gewählte Cloud-Service-Provider die Anforderungen der DSGVO umgesetzt hat.

Auch wenn – Stand März 2023 – immer noch keine entsprechende Zertifizierung für die Cloud den Weg durch die Instanzen genommen hat, stehen bereits unterschiedliche Kriterienkataloge zur Verfügung, die die datenschutzrechtlichen Aspekte in besonderem Maße berücksichtigen. Hier sind insbesondere der *Cloud Computing Compliance Criteria Catalogue – C5:2020* des BSI[38] – sowie der Kriterienkatalog des darauf aufbauenden Projekts *AUDITOR*[39] zu nennen.

> ### Praxistipp: Cloud-Zertifizierung
> Achten Sie bei der Auswahl des Cloud-Service-Providers auch schon jetzt auf die Erfüllung der Kriterien des C5-Standards, und prüfen Sie, ob Ihr Cloud-Service-Anbieter bereits ein C5-Testat erlangt hat. Diesem Kriterium sollten Sie in der Gewichtung einen hohen Stellenwert zuweisen!

Beachten Sie zudem, dass der Cloud-Anbieter in der Regel datenschutzrechtlich als Auftragsverarbeiter zu sehen ist. Daher müssen Sie vor Beginn der Verarbeitung einen Auftragsverarbeitungsvertrag (siehe dazu auch Kapitel 5, »Datenschutzverpflichtungen als Unternehmen umsetzen«) schließen.

---

37 Die Aufsichtsbehörden vertreten hier teilweise die Auffassung, dass die Sicherheit der Verschlüsselung für die Zukunft nicht garantiert werden kann und das beschriebene Vorgehen daher nicht dazu geeignet ist, die Daten in der Cloud zu löschen.
38 Die aktuelle Fassung des Kriterienkatalogs »Cloud Computing C5« ist online verfügbar, unter *www.bsi.bund.de/DE/Themen/Unternehmen-und-Organisationen/Informationen-und-Empfehlungen/Empfehlungen-nach-Angriffszielen/Cloud-Computing/Kriterienkatalog-C5/kriterienkatalog-c5_node.html* (zuletzt aufgerufen am 15. Juni 2023).
39 Weitere Infos zur AUDITOR-Zertifizierung finden Sie online unter *www.auditor-cert.de/* (zuletzt aufgerufen am 15. Juni 2023).

3.7 Arbeitsplatz »Home-Office«: Was ist zu beachten?

Nicht zuletzt durch die im Jahre 2020 beginnende Corona-Pandemie beschleunigt, spielt das Thema »Arbeit im Home-Office«[40] in vielen Unternehmen auch zukünftig eine immer größere Rolle. Zusammen mit klassischem *mobilen Arbeiten*, also dem Arbeiten im Rahmen von Geschäfts- und Dienstreisen, stellt diese Form der IT-Nutzung eine mitunter erhebliche Gefährdung für die Sicherheit der verarbeiteten Daten dar.

Dies gilt insbesondere auch deshalb, weil im Umfeld des Home-Office, in der Hotellobby, der Bahn oder am Flughafen viele der im Unternehmen üblichen Sicherheitsmaßnahmen schlichtweg nicht vorhanden sind. Daher müssen Sie sich als Teil des IT-Betriebs im Unternehmen zwangsläufig auch mit diesen Themen auseinandersetzen, um für diese Fälle – ausgerichtet an dem bereits angesprochenen Maßstab der Angemessenheit – ergänzende und gegebenenfalls den Wegfall von anderen Maßnahmen kompensierende Maßnahmen zu finden, die das Risiko für den Betroffenen[41] entsprechend reduzieren.

> **Praxistipp: Abstimmung der verschiedenen Akteure**
>
> Auch wenn es sich hierbei um ein klassisches Compliance-Thema handelt (zum Grundthema Compliance siehe auch Kapitel 9), das typischerweise von der Geschäftsleitung bzw. der Rechtsabteilung und/oder dem Compliance-Beauftragten der Organisation bearbeitet wird, ist auch in diesem Fall die Zusammenarbeit von rechtlichen und technischen Experten unerlässlich, um eine für die Organisation unter Berücksichtigung aller Aspekte bestmögliche Lösung zu finden.
>
> Sie als Teil des IT-Betriebs sind daher gut beraten, auch dieses Thema frühzeitig in der Planung der IT-Infrastruktur und der Informationssicherheit zu berücksichtigen. Dazu sollten Sie sich als technische Experten frühzeitig mit der anderen Seite abstimmen bzw. eine solche Abstimmung anregen.

Naheliegende Fragestellungen rund um das Thema Home-Office ergeben sich für den IT-Betrieb vor allem aufgrund der dazu benötigten Infrastruktur. Da aber nahezu in jedem Unternehmen in der ein oder anderen Weise personenbezogene Daten verarbeitet werden, ist dieser Umstand natürlich auch bei der Arbeit im Home-Office und

---

40 Unter der Arbeit im Home-Office verstehen wir im Rahmen dieses Buches grundsätzlich jegliche Form der betrieblichen Arbeit in privaten Räumlichkeiten des Mitarbeiters. Auf die genaue Abgrenzung von mobilem Arbeiten und Telearbeit und die sich gegebenenfalls daraus ergebenden arbeitsrechtlichen Fragestellungen gehen wir hier nicht genauer ein.

41 Auch wenn wir in diesem Buch den Fokus auf das Thema Datenschutz legen und dabei die Risiken für den Betroffenen in den Vordergrund stellen, ergeben sich in der Regel immer Synergieeffekte für den Bereich der Informationssicherheit, die das Risiko für das Unternehmen in den Fokus stellt.

den in diesem Kontext zu treffenden Vorkehrungen zu berücksichtigen. Dazu ist eine Reihe von technischen und organisatorischen Maßnahmen notwendig, die wir in den folgenden Abschnitten thematisieren wollen.

3.7.1 Grundsätzliche Überlegungen

Eine der wichtigsten Fragen im Kontext der Arbeit im Home-Office lautet: Wer stellt die zur Erfüllung der betrieblichen Aufgaben benötigte Infrastruktur zur Verfügung? Hat das Unternehmen die Kapazitäten, alle Mitarbeiter mit entsprechender Hardware (Smartphones, Laptops, Drucker und Co.) auszustatten, und sind ausreichend VPN-Lizenzen vorhanden? Oder ist man auf *Bring Your Own Device (BYOD)* angewiesen, bei dem der Mitarbeiter seine eigene Hardware für betriebliche Aufgaben nutzt und die Kommunikation gegebenenfalls über eine nicht gesicherte Leitung stattfindet?

> **Erläuterung: Was ist BYOD?**
>
> Unter dem Stichwort Bring Your Own Device (BYOD) verstehen wir die Nutzung privater Infrastrukturkomponenten für betriebliche Zwecke. Dabei kann es sich um Laptops, Smartphones, Drucker und auch den DSL-Router handeln. Zu beachten ist dabei, dass grundsätzlich jede Form der Verarbeitung von personenbezogenen Daten auf privaten Geräten des Mitarbeiters ein Problem darstellt. Dies ergibt sich insbesondere aus der Tatsache, dass das Unternehmen bei BYOD keinen Einfluss mehr auf die Umsetzung und Durchsetzung von Sicherheitsmaßnahmen auf diesen Geräten hat. Aus diesem Grund wird BYOD von Kritikern gern auch als Bring Your Own Desaster bezeichnet.
>
> Deutlich wird die missliche Situation sofort am Beispiel von Betriebssystemupdates auf Smartphones: Vom Betriebssystem veraltete und daher günstige Smartphones erfreuen sich großer Beliebtheit, denn die Kamera in diesen Geräten liefert immer noch hervorragende Bilder. Für die Aspekte der Informationssicherheit und des Datenschutzes stellen diese Geräte aufgrund des veralteten und daher mit Sicherheitslücken ausgestatteten Betriebssystems eine erhebliche Gefährdung dar.

Es ist dabei auf den ersten Blick ersichtlich, dass BYOD und/oder die Kommunikation über ungesicherte Leitungen die Gefahren deutlich erhöhen. Dennoch realisieren viele Unternehmen – oft zumindest für eine Übergangszeit und aus dem ein oder anderen Zwang heraus – Home-Office unter Einschluss eines dieser beiden Problemfelder. Gerade in Krisenzeiten, wie z. B. in der Corona-Pandemie, können auch Unternehmen gezwungen sein, die Arbeit im Home-Office sehr kurzfristig zu ermöglichen, obwohl sie dieser Arbeitsform bis zu diesem Zeitpunkt sehr ablehnend gegenüberstanden und daher keinerlei Vorkehrungen getroffen hatten. Dies mag man als nachlässig empfinden, es entspricht aber der gelebten Praxis.

Für eine Übergangszeit ist dies möglicherweise tolerabel, leider hält aber nichts so gut wie ein Provisorium. Daher gilt auch in diesem Fall, dass eine gute Planung im Falle des Falles hilft. Bereiten Sie sich daher bereits jetzt auf die nächste Krise vor! Nutzen Sie die Erfahrungen aus der Corona-Pandemie, um den IT-Betrieb entsprechend auf den langfristigen Einsatz von Home-Office vorzubereiten, und berücksichtigen Sie dabei insbesondere die Anforderungen, die wir in den folgenden Abschnitten thematisieren werden.

3.7.2 Vorgaben für das Home-Office: ein Überblick

Da für die Arbeit im Home-Office keine speziellen rechtlichen Vorgaben existieren, ist es umso wichtiger, die grundlegenden Anforderungen, die sich insbesondere aus der DSGVO ergeben, zu berücksichtigen, entsprechende technische und organisatorische Maßnahmen daraus abzuleiten und diese dann auch umzusetzen.

> **Hinweis: Entsprechende Hilfestellungen für das Home-Office sind vorhanden!**
>
> In diesem Zusammenhang müssen Sie das Rad nicht neu erfinden, denn es gibt bereits eine ganze Reihe von Hilfestellungen, die die Anforderungen im Home-Office konkretisieren. Dazu gehören beispielsweise:
>
> - die »Tipps für ein sicheres mobiles Arbeiten« des Bundesamts für Sicherheit in der Informationstechnik[42]
> - die Broschüre »IT Sicherheit & Datenschutz in Zeiten von Corona – IT-Sicherheit im Home-Office: Quick Guide für Mittelständler und deren Mitarbeiter« der DEKRA[43]
> - die »Hilfestellung zum Datenschutz im Home-Office« der Landesbeauftragen für den Datenschutz Niedersachsen[44]
> - die Broschüre »Plötzlich im Home-Office – und nun?« des ULD Schleswig-Holstein[45].

Die Praxistauglichkeit dieser Hilfestellungen ist allerdings ein umstrittener Aspekt, denn insbesondere kleinere Unternehmen dürften in Krisenzeiten von so mancher Vorgabe schlichtweg überfordert sein. Dennoch können Ihnen die Hilfestellungen als Admin helfen, die Anforderungen zu verstehen und im Kontext der eigenen Organisation umzusetzen.

---

42 Diese Tipps sind online verfügbar unter *www.bsi.bund.de/SharedDocs/Downloads/DE/BSI/Cyber-Sicherheit/Themen/empfehlung_home_office.pdf?__blob=publicationFile&v=9* (zuletzt aufgerufen am 15. Juni 2023).

43 Diese Broschüre ist online verfügbar unter *www.dekra.de/media/quick-guide-it-sicherheit-de.pdf* (zuletzt aufgerufen am 15. Juni 2023).

44 Diese Broschüre ist online verfügbar unter *https://lfd.niedersachsen.de/download/157542/Datenschutz_im_Homeoffice.pdf* (zuletzt aufgerufen am 15. Juni 2023).

45 Diese Broschüre ist online verfügbar unter *www.datenschutzzentrum.de/uploads/it/uld-ploetzlich-homeoffice.pdf* (zuletzt aufgerufen am 15. Juni 2023).

> **Hinweis: Durchsetzbarkeit von Anforderungen beachten!**
> Um diese Vorgaben durchsetzbar zu machen, ist es erforderlich, diese schriftlich zu fixieren, z. B. in Form von Dienstanweisungen. Auch das Abschließen von Betriebs- oder Dienstvereinbarungen zum Thema BYOD und verwandten Bereichen ist höchst empfehlenswert. Dies gilt insbesondere für den Fall, dass private Geräte zum Einsatz kommen, um auch in diesem Fall Standard-Sicherheitsmechanismen wie Logging und Protokollierung rechtssicher gestalten zu können.
>
> Auch wenn sich dies nach einer klassischen arbeitsrechtlichen Fragestellung und damit nach einer Aufgabe für die Personal- bzw. Rechtsabteilung anhört, sollte auch der IT-Betrieb Interesse an einer entsprechenden Regelung haben. Denn nur dann sind entsprechende Maßnahmen im Bereich der Informationssicherheit auch arbeitsrechtlich abgesichert und werden nicht zum Boomerang.

Die Anforderungen, die auch in diesen Hilfestellungen genannt werden, schauen wir uns im folgenden Abschnitt näher an.

3.7.3 Regelungsbereiche der Anforderungen

Auch wenn wir an zahlreichen Stellen zwischen den Anforderungen aus Sicht der Informationssicherheit und denen aus Sicht des Datenschutzes unterscheiden: In der Sache macht eine solche Trennung nur bedingt Sinn, denn viele der technischen und organisatorischen Vorgaben des Datenschutzes basieren auf klassischen Maßnahmen der Informationssicherheit. Nur wenn beide Aspekte in ihrer Gesamtheit betrachtet werden, lassen sich die Synergien auch sinnvoll nutzen. Diesen Aspekt sollten Sie daher unbedingt bereits bei der Planung von technischen und organisatorischen Maßnahmen beachten!

Einen nicht technischen, aber dennoch sehr wichtigen Aspekt stellt die *Sensibilisierung* der Mitarbeiter dar. Dies gilt bei der Arbeit im Home-Office auch deshalb, weil die häusliche Umgebung – und dazu sind auch der eigene PKW und gegebenenfalls das Hotelzimmer zu zählen – von den Mitarbeitern als sichere Umgebung wahrgenommen wird. Dies führt dazu, dass Risiken nicht als solche erkannt oder zumindest in ihrer potenziellen Auswirkung als geringer bewertet werden. Die Mitarbeiter neigen in diesen Umgebungen dazu, sich nicht angemessen zu verhalten, z. B. im parkenden PKW oder im Garten zu telefonieren, obwohl die gesamte Umgebung mithören kann, oder einen Computer zu benutzen, dessen Bildschirm von der Nachbarschaft einsehbar ist.

> **Praxistipp: Auch mal an die eigene Nase fassen!**
> Achten auch Sie als Mitarbeiter der IT-Abteilung strikt darauf, sich der Umgebung angemessen zu verhalten. Was für den Büromitarbeiter gilt, gilt insbesondere auch für Sie, da Sie als IT-Mitarbeiter in der Regel umfassenderen Zugriff auf die Daten des Unternehmens haben. Auch die allgegenwärtige Videoüberwachung – sei es in

öffentlichen Verkehrsmitteln, in der Hotellobby oder auch im Einzelhandel – sollten Sie entsprechend berücksichtigen, wenn Sie z. B. Zugangstoken eingeben oder personenbezogene Daten verarbeiten!

Sensibilisierungsmaßnahmen spielen insbesondere auch im Rahmen der Abwehr von Angriffen mittels *Spear Phishing* und *Ransomware* eine bedeutende Rolle, da hier in der Regel der Faktor Mensch den entscheidenden Baustein für einen erfolgreichen Angriff darstellt. Nicht zuletzt ist die *Awareness* der Mitarbeiter auch unerlässlich, damit betriebliche Daten möglichst ausschließlich auf betrieblichen IT-Systemen verarbeitet werden und gleichzeitig die private Mitnutzung der betrieblichen IT bestmöglich verhindert bzw. zumindest reduziert wird.

Auch im Home-Office ist ein angemessener *Zutritts-*, *Zugangs-* und *Zugriffsschutz* notwendig. Abbildung 3.17 illustriert das sogenannte Zwiebelschalenmodell der Zutritts-, Zugangs- und Zugriffskontrolle: Ein Zugriff auf die Informationen ist nur nach Überwindung der drei Kontrollschichten möglich. An jedem Übergang tragen die dort implementieren Schutzmaßnahmen dazu bei, die Informationen entsprechend ihrer Schutzziele abzusichern.

Im Rahmen des Zutrittsschutzes sind dabei auch Regelungen zu berücksichtigen, die die Nutzung des Home-Office durch Dritte, z. B. also auch Familienangehörige, zumindest während der üblichen Arbeitszeit einschränken.

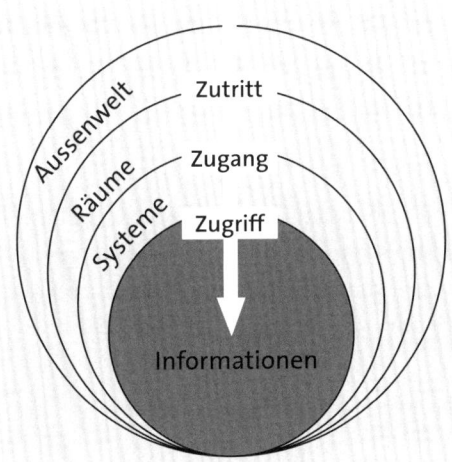

Abbildung 3.17 Zwiebelschalenmodell der Zutritts-, Zugangs- und Zugriffskontrolle

Praxistipp: Zutrittsschutz im Home-Office
Ein angemessener Zutrittsschutz im eigentlichen Sinne lässt sich im Home-Office nicht in allen Fällen realisieren, denn schließlich gibt es noch die Familie und gegebe-

nenfalls auch Dienstleister (z. B. Reinigungskräfte), die ebenfalls Zutritt zum Home-Office benötigen und mit denen man kaum eine entsprechende Vertraulichkeitsvereinbarung abschließen wird.

Dennoch sind einige kompensierende Maßnahmen denkbar, die einen möglichen Zugriff auf Unternehmensinformationen und personenbezogene Daten durch Dritte erheblich reduzieren. Dazu gehören z. B. folgende Möglichkeiten:

- Die Umsetzung einer Clean Desk Policy, also dem Wegräumen und Wegschließen von Unterlagen, wenn der Arbeitsplatz nicht nur kurzfristig verlassen wird.
- Die konsequente Nutzung einer automatischen Bildschirmsperre mit kurzer Auslösezeit.
- Eine entsprechende Positionierung jeglicher Anzeigeeinheiten, wie z. B. Monitoren und Bildschirmen sowie Beamer-Leinwänden sowie – soweit möglich – die Nutzung von entsprechenden Blickschutzfolien.

Je nach Sicherheitsanforderung und Tätigkeitsbereich des Unternehmens kann es darüber hinaus erforderlich sein, die Sicherheits- und Schließmechanismen der vorhandenen Türen und Fenster überprüfen und gegebenenfalls optimieren zu lassen.

Spezielle Maßnahmen bezüglich des Zugangs- und Zugriffsschutzes sind insbesondere dann relevant, wenn private Geräte – gegebenenfalls auch nur vorrübergehend – zur Verarbeitung der betrieblichen Daten zum Einsatz kommen. In diesem Kontext ist darauf zu achten, dass separate Benutzerkonten mit unterschiedlichen Passwörtern für die private und betriebliche Nutzung der IT-Systeme zum Einsatz kommen. Darüber hinaus ist auch die Verwendung von anwendungsspezifischen Passwörtern ein probates Mittel, um einen Missbrauch zu verhindern.

Die umzusetzenden Maßnahmen erstrecken sich auch auf die verwendeten IT-Systeme, also die eingesetzte Hardware bzw. auf das darauf laufende Betriebssystem. Dabei ist eine Reduktion der Angriffsfläche durch Deaktivieren bzw. Deinstallation aller nicht benötigten I/O-Kanäle bzw. Betriebssystem- und Anwendungskomponenten zu empfehlen. Darüber hinaus sind das regelmäßige Updaten und Patchen aller verwendeten IT-Systeme ein wichtiger Aspekt, um z. B. erfolgreiche Angriffe per Malware zu verhindern.

> **Praxistipp: Was tun bei privaten IT-Systemen?**
>
> Sie werden sich zu Recht die Frage stellen, wie diese Maßnahmen im Falle einer Verwendung privater IT-Systeme – z. B. im Rahmen von BYOD – um- bzw. durchgesetzt werden sollen. Hierzu kann man nur sagen, dass dabei die grundsätzliche Awareness der Mitarbeiter und eine sich hoffentlich daraus ergebende Bereitschaft zur Mitarbeit eine wesentliche Voraussetzung ist. Nur dann wird die Umsetzung der Maßnahmen realistisch gelingen!

Doch selbst dann gibt es zahlreiche Hürden, die einem in der Praxis das Leben erschweren. Dazu zählen unwissende oder ignorante Mitarbeiter genauso wie völlig veraltete Hardware, für die der Hersteller keine Updates und Patches mehr bereitstellt. Während beim ersten Aspekt die Unterstützung der Mitarbeiter durch die IT-Abteilung des Unternehmens erfolgsversprechend sein kann, bleibt bei Fällen von völlig veralteter Hardware häufig nur der Ausweg, dem Mitarbeiter eine virtuelle Desktopumgebung auf den IT-Systemen des Unternehmens zur Verfügung zu stellen.

Ist Letzteres z. B. aus Kapazitäts- und/oder Kompatibilitätsgründen übergangsweise nicht möglich, kann auch die Nutzung einer von der IT-Abteilung des Unternehmens bereitgestellten virtuellen Maschine ein Schritt in Richtung mehr Informationssicherheit und Datenschutz sein.

Grundsätzlich – und insbesondere bei Nutzung einer virtuellen Desktop-Umgebung – spielt die Sicherheit der Netzwerkanbindung an die IT-Systeme des Unternehmens eine wichtige Rolle. Dabei sind grundsätzlich verschlüsselte Verbindungen nach dem Stand der Technik einzusetzen.

> **Praxistipp: Was bedeutet Verschlüsselung nach dem Stand der Technik?**
>
> Für den Stand der Technik beim Einsatz von verschlüsselten Verbindungen hat das Bundesamt für Sicherheit in der Informationstechnik (BSI) eine ganze Reihe von Technischen Richtlinien (BSI TR) veröffentlicht. Allen voran ist im infrage stehenden Kontext die Richtlinienreihe BSI TR-02102, »Kryptographische Verfahren: Empfehlungen und Schlüssellängen«[46], zu nennen. Speziellere Anwendungsbereiche werden in den einzelnen Teilen der von BSI TR-02102 thematisiert, insbesondere zur Anwendung bei Behörden existiert zudem die Richtlinienreihe BSI TR-03116, »Kryptographische Vorgaben für Projekte der Bundesregierung«[47].
>
> Diese Technischen Richtlinien enthalten umfangreiche Hinweise, welche Algorithmen, Protokolle und deren Parametrisierung dem Stand der Technik entsprechen. Da diese Technischen Richtlinien seitens des BSI regelmäßig aktualisiert werden, müssen Sie darauf achten, die jeweils gültige Fassung zu verwenden.

Wird ein Virtual Private Network (VPN) eingesetzt, ist darauf zu achten, dass kein *Split Tunneling* konfiguriert ist. Auch kabellose Netzwerkverbindungen – wie z. B. WLAN oder auch Bluetooth – müssen angemessen verschlüsselt sein. Im Bereich

---

46 Die Technische Richtlinie BSI TR-02102-1, »Kryptographische Verfahren: Empfehlungen und Schlüssellängen«, ist online verfügbar unter *www.bsi.bund.de/SharedDocs/Downloads/DE/BSI/ Publikationen/TechnischeRichtlinien/TR02102/BSI-TR-02102.pdf?__blob=publicationFile&v=6* (zuletzt aufgerufen am 15. Juni 2023).

47 Die Technische Richtlinien BSI TR-03116, »Kryptographische Vorgaben für Projekte der Bundesregierung«, sind online verfügbar unter *www.bsi.bund.de/DE/Themen/Unternehmen-und-Organisationen/Standards-und-Zertifizierung/Technische-Richtlinien/TR-nach-Thema-sortiert/ tr03116/TR-03116_node.html* (zuletzt aufgerufen am 15. Juni 2023).

WLAN sollte daher mindestens der Standard *WPA2*, besser aber *WPA3* und wenn möglich zusätzlich *Protected Management Frames (PMF)* zum Einsatz kommen. Letztgenannte basieren auf dem Standard IEEE802.11w, bieten die Möglichkeit einer Verschlüsselung der übertragenen Management- und Steuerinformationen und erhöhen dadurch die Sicherheit in WLAN-basierten Netzwerken. Im Bereich *Bluetooth* ist auf eine möglichst aktuelle Protokollversion zu achten. Vorzugsweise sollte Bluetooth-Version 4 oder höher zum Einsatz kommen.

Die Sicherheit der zu verarbeitenden Daten ist auch im Home-Office in allen Phasen des *Lebenszyklus* (Abbildung 3.18) sicherzustellen. Dies gilt also von der Erhebung über die Verarbeitung bis hin zur Löschung. In all diesen Phasen sind dabei entsprechende technische und organisatorische Maßnahmen zu wählen, die eine sichere und datenschutzkonforme Verarbeitung der Daten garantieren.

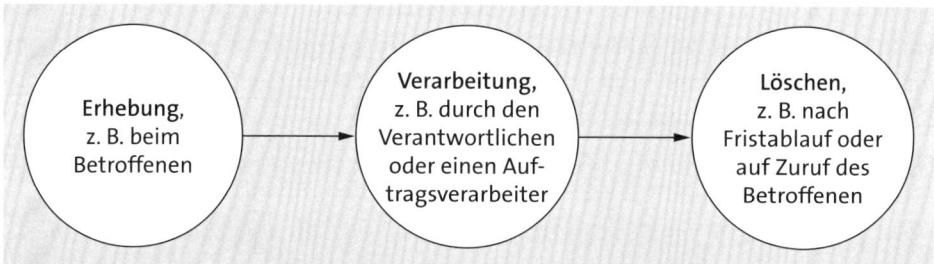

Abbildung 3.18 Typischer Lebenszyklus von Daten, von deren Erhebung über die Verarbeitung bis hin zu deren Löschung bzw. Vernichtung

Im Rahmen der Speicherung und Weitergabe von Daten sind hier vor allem cloudbasierte Speicherlösungen wie z. B. *MS Azure, GoogleOne* oder *Dropbox* im Fokus. Die Nutzung dieser Dienste sollte – insbesondere aufgrund der sich daraus ergebenden datenschutzrechtlichen Fragestellungen – soweit möglich per Arbeits- oder Dienstanweisung unterbunden werden.

Darüber hinaus ist auch im Home-Office die Notwendigkeit einer *datenschutzkonformen Löschung* gegeben. Dies gilt sowohl für die Löschung elektronisch gespeicherter Daten – hier sind dann spezielle Programme erforderlich, die die Daten tatsächlich löschen bzw. überschreiben – aber auch für klassische papierbasierte Daten, bei denen ein Aktenvernichter mit entsprechender Sicherheitsklasse zur Verfügung gestellt werden sollte. Alternativ kann im letztgenannten Fall auch eine Zwischenlagerung der zu vernichtenden Unterlagen in einem verschlossenen Behältnis erfolgen bis eine ordnungsgemäße Vernichtung in den Räumlichkeiten des Arbeitgebers realisiert werden kann.

> **Praxistipp: Hilfe im Notfall**
> Damit die Mitarbeiter im Home-Office auch bei Problemfällen schnell Hilfe erhalten, ist die Unterstützung durch die unternehmenseigene IT-Abteilung unentbehrlich. Zu

den erforderlichen Unterstützungsleistungen zählen sowohl der Support bei der Umsetzung der in diesem Abschnitt angesprochenen Maßnahmen, aber auch die Hilfe im Falle eines Datenschutz- und/oder Informationssicherheitsvorfalls. Vielfach ist schnelle Hilfe ausschlaggebend, um weitere Kollateralschäden zu verhindern und den Vorfall nicht zum Gau werden zu lassen.

Eine Zusammenarbeit aller Beteiligten, also insbesondere dem IT-Anwender und der IT-Abteilung sowie dem Datenschutz- und dem Informationssicherheitsbeauftragten ist u. a. auch zwingend erforderlich, um die in Art. 33 DSGVO verankerte und mit 72 Stunden recht knapp bemessene Meldefrist bei einem Datenschutzvorfall überhaupt einhalten zu können.

Bereiten Sie sich daher proaktiv auf diese Unterstützung vor, und entwickeln Sie unter Abstimmung aller Beteiligten entsprechende Formulare und Checklisten, die im Falle des Falles helfen, auch unter Stress eine koordinierte Arbeitsweise beizubehalten!

Ein weiterer kritischer Aspekt aus Sicht des Unternehmens ist die Verfügbarkeit der IT-Systeme, die für die Arbeit im Home-Office erforderlich sind. Dazu gehören die Netzwerkanbindungen sowohl aufseiten der Mitarbeiter als auch des Unternehmens. Um Notfällen sinnvoll begegnen zu können, bietet es sich an, zusätzliche Kommunikationswege einzuplanen, z. B. eine LTE-Anbindung als Ersatz für die DSL-Anbindung. Dabei sollte allerdings auch berücksichtigt werden, dass im Zweifelsfall nur noch ein eingeschränkter Datentransport möglich ist. Auch das gegebenenfalls zum Einsatz kommende VPN-Gateway oder der Terminalserver fallen in diesen Bereich. Diese müssen sowohl durchgängig erreichbar sein, aber auch ausreichend Kapazitäten (in Anzahl an gleichzeitigen Nutzern) zur Verfügung stellen.

Neben der Netzwerkanbindung spielen auch alle Dienste, die für den Zugriff auf die Daten erforderlich sind, eine entscheidende Rolle und müssen ebenfalls entsprechend abgesichert werden. Dazu gehören nicht nur der Fileserver mit den eigentlichen Datenbeständen, auch das Identitätsmanagement muss funktionieren, damit ein geregelter Zugriff auf die Daten möglich ist.

3.7.4 Videokonferenzen als Sonderfall

Videokonferenzen nehmen für die Arbeit im Home-Office einen besonderen Stellenwert ein, sind aber nicht erst seit der Corona-Krise fester Bestandteil der Unternehmenskommunikation, insbesondere bei größeren, weltweit tätigen Unternehmen. Dabei spielen vor allem führende Anbieter, wie *Zoom*, *Teams* oder *Webex* im Unternehmenskontext eine große Rolle, teilweise auch deshalb, weil deren Lösung mit anderen Produkten desselben Anbieters verzahnt sind. Datenschutzfreundliche Lösungen wie *Jitsi* oder *BigBlueButton* scheitern zum einen an dieser Integration. Sie sind zum anderen aber auch aufgrund des unter Umständen hohen Aufwands für Installation und Betrieb nicht massentauglich.

Praxistipp: Hinweise der Berliner Datenschutzbeauftragten

Die datenschutzrechtliche Bewertung von Videokonferenzsystemen ist in der Vergangenheit immer wieder diskutiert worden. Aus Anlass der Corona-Krise hat die Berliner Datenschutzbeauftragte erstmals im Jahre 2020 die Hilfestellung »Hinweise für Berliner Verantwortliche zu Anbietern von Videokonferenzdiensten« veröffentlicht, die mittlerweile in einer aktualisierten Version 2.0 vorliegt.

Die Berliner Datenschutzbeauftragte bewertet dabei mehr als 20 Anbieter von Videokonferenzsystemen in einem zweistufigen Verfahren: einer rechtlichen Prüfung in Schritt 1 und einer technischen Prüfung in Schritt 2 mittels eines Ampelsystems (siehe Abbildung 3.19).

Bewertungsschema Teil 2 (technische Prüfung)

Für die technische Bewertung der Dienste haben wir folgendes Bewertungsschema verwendet.

Gesamtnote

 Es liegen schwerwiegende Mängel vor, die eine rechtskonforme Nutzung des Dienstes im Rahmen des geprüften Anwendungsfalls ausschließen.

 Es liegen Mängel vor, die im Rahmen des jeweiligen Anwendungsfalls zu einer Verletzung der datenschutzrechtlichen Anforderungen gemäß Art. 25 oder 32 DS-GVO führen können. Die Eintrittswahrscheinlichkeit der mit der Nutzung des Dienstes verbundenen Risiken hängt von der Vornahme ergänzender Maßnahmen durch die Verantwortlichen ab, die Schwere dieser Risiken vom jeweiligen Anwendungsfall. Hält sich das Restrisiko nicht in einem angemessenen Rahmen, kann der Dienst nicht rechtskonform eingesetzt werden.

 Im Rahmen unserer Untersuchung gemäß der dargestellten Prüfkriterien haben wir keine Anhaltspunkte für Mängel mit Relevanz für den jeweiligen Anwendungsfall gefunden.

Ein Dienst weist dann einen Mangel auf, wenn es den Verantwortlichen durch Nutzung der durch den Anbieter angebotenen Konfigurationsoptionen nicht möglich ist, eine rechtskonforme Datenverarbeitung zu gewährleisten.

Abbildung 3.19 Ampelsystem zur (technischen) Bewertung von Videokonferenzdiensten (Quelle: Berliner Beauftragte für den Datenschutz und Informationsfreiheit).

Allerdings werden nur solche Anbieter, die in der rechtlichen Prüfung in Schritt 1 keine Mängel hatten, bezüglich der technischen und organisatorischen Maßnahmen in Schritt 2 überprüft.

Im Ergebnis ist der Einsatz von allen Marktführern wie Zoom, Teams, Webex aber auch Google Meet und Skype nicht zulässig. Lediglich selbst betriebene oder bei einigen wenigen Anbietern gehostete Dienste wie Jitsi oder BigBlueButton genügen den Anforderungen.

Wenn Sie diese Hinweise für Ihren konkreten Praxisfall nutzen wollen, sollten Sie allerdings berücksichtigen, dass sich die genannten Anbieter mittlerweile sowohl technisch als auch hinsichtlich ihrer Vertragsbedingungen weiterentwickelt haben.

Beim Betrieb von Videokonferenzsystemen sind einige Mindestvoraussetzungen zu erfüllen, um einen datenschutzkonformen Betrieb gewährleisten zu können. Dazu gehört insbesondere die Wahl eines Anbieters, der seinen Sitz und Server-Standort im *Europäischen Wirtschaftsraum (EWR)* hat (siehe dazu auch Kapitel 7, »Export von Daten in alle Welt: Was ist erlaubt?«).

Ergänzend ist ein *Auftragsverarbeitungsvertrag* gemäß Art. 28 DSGVO zu schließen (siehe dazu auch Kapitel 5, »Datenschutzverpflichtungen als Unternehmen umsetzen«). In diesem sollte auch geregelt werden, wie die Kommunikationsdaten verschlüsselt übertragen werden, die Videokonferenz selbst gegen Nutzung durch unberechtigte Dritte gesichert wird und dass möglichst keine Verlaufs- und insbesondere auch keine Inhaltsdaten aufgezeichnet werden.

> **Hinweis: Videokonferenzdienste und das modernisierte TKG**
>
> Im Rahmen der Modernisierung des TKG wurden mit den interpersonellen Telekommunikationsdiensten nunmehr auch Videokonferenzdienste in den Regelungsbereich des TKG und TTDSG aufgenommen.
>
> Da für diese Dienste dann der Dienstanbieter und nicht die den Dienst nutzende Organisation der datenschutzrechtlich Verantwortlicher ist, müssen Sie in solchen Fällen kein Auftragsverarbeitungsvertrag mehr abschließen.
>
> Da die allermeistermeisten Videokonferenzdienste aber neben der einfachen interpersonellen Videokommunikation weitere Dienste (z. B. in Form einer Aufzeichnungsmöglichkeit oder eines Dateiaustauschs) anbieten, sollten Sie bis auf Weiteres zumindest für diese Dienste einen Auftragsverarbeitungsvertrag abschließen. Eine entsprechende Vorlage dazu wird Ihnen zumindest von den großen Anbietern zur Verfügung gestellt.

Aber Achtung: Als im Vergleich kleines Unternehmen bzw. kleiner Kunde haben Sie bei den großen Anbietern allerdings so gut wie keine Möglichkeit, auf die Inhalte des Auftragsverarbeitungsvertrags Einfluss zu nehmen. Hier bleibt Ihnen dann unter Umständen nur die Wahl eines anderen Anbieters als Ausweg. Daher ist es für Sie umso wichtiger, die gegebenen Möglichkeiten *vor* der Aufnahme der Verarbeitung zu prüfen, um spätere Überraschungen zu vermeiden!

Die Verarbeitungsvorgänge, die im Rahmen von Videokonferenzdiensten maßgeblich sind, sind zudem in das Verarbeitungsverzeichnis nach Art. 30 DSGVO (siehe dazu auch Kapitel 5, »Datenschutzverpflichtungen als Unternehmen umsetzen«) aufzunehmen.

> **Praxistipp: Informationspflichten bei Videokonferenzen**
>
> Denken Sie unbedingt daran, dass auch die Teilnehmer an einer Videokonferenz, die von Ihrem Unternehmen initiiert wird, nach Art. 13 DSGVO mit Datenschutzhinweisen (siehe Kapitel 5, »Datenschutzverpflichtungen als Unternehmen umsetzen«) über die Verarbeitungen informiert werden müssen. Das gilt sowohl für die Mitarbeiter Ihres Unternehmens als auch für externe Teilnehmer!

Bezüglich der notwendigen technischen und organisatorischen Maßnahmen ist neben der bereits erwähnten Verschlüsselung der Kommunikationsdaten insbesondere auch die Möglichkeit zum *Blurring*, also dem Unscharfmachen bzw. Verwischen des Bildhintergrundes zu nennen (vgl. dazu Abbildung 3.20). Dies gilt vor allem für das Home-Office, da hier ansonsten (unerwünschte) Einblicke in die Privatsphäre des Teilnehmers denkbar sind.

Abbildung 3.20 Beispiel zum Blurring: Schriftzug im Hintergrund einer Videokonferenz, einmal ohne (links) und einmal mit Blurring (rechts)

> **Praxistipp: Privacy by Design und Privacy by Default**
>
> Insbesondere bei Videokonferenzdiensten ist darauf zu achten, dass sich mit der eingesetzten Software die Kriterien von Art. 25 DSGVO, »Datenschutz durch Technikgestaltung und durch datenschutzfreundliche Voreinstellungen«, umsetzen lassen. So sollte die eingesetzte Software grundsätzlich nur die personenbezogenen Daten verarbeiten, die zur Erbringung des Dienstes wirklich erforderlich sind.
>
> Ebenso wichtig ist aber die Möglichkeit, die Software so konfigurieren zu können, dass beispielsweise eine Videokonferenz zunächst mit einer minimalen Datenverarbeitung gestartet werden kann, z. B. indem zum Start sowohl das Mikrofon als auch die Kamera deaktiviert sind. Jeder Teilnehmer sollte dann die Möglichkeit haben, selbst darüber zu entscheiden, wann und gegebenenfalls unter welchen Voraussetzungen er sein Mikrofon und seine Kamera aktivieren möchte.
>
> Ob man den Teilnehmern darüber hinaus gestattet, einen eigenen Teilnehmernamen zu wählen, ist allerdings ein zweischneidiges Schwert: Zum einen kann dies – gerade in größeren Personengruppen – eine Pseudonymität realisieren, die durchaus erwünscht sein kann. Zum anderen ist die Nachverfolgung, ob sich ausschließlich legitimierte Teilnehmer in der Sitzung befinden, dann aber deutlich erschwert.

Zahlreiche weitere technische und organisatorische Maßnahmen – allerdings aus dem Blickwinkel der Informationssicherheit – finden sich im *Mindeststandard des BSI für Videokonferenzdienste*, der im Oktober 2021 als Version 1.0 final veröffentlicht wurde.[48]

Dieser Mindeststandard richtet sich vorrangig an Organisationen in der öffentlichen Verwaltung, ist aber auch auf andere Anwendungsfälle übertragbar. Er betrachtet dabei den gesamten Lebenszyklus eines Videokonferenzsystems, von dessen Konzeption und Beschaffung, über den Betrieb bis hin zur Außerbetriebsetzung.

> **Praxistipp: Anwendung des BSI-Mindeststandards**
>
> Für viele, insbesondere kleine und mittelständische Unternehmen ist eine 1:1-Umsetzung dieses wenig praxisnahen Standards sicher keine Option. Dennoch finden sich hier zahlreiche wertvolle Hinweise, bitte lesen Sie diese auch einmal!
>
> Nicht oft genug kann z. B. betont werden, dass nur mit einem entsprechenden Anforderungsprofil und einer ordnungsgemäßen Konzeption ein sicherer Betrieb realisierbar ist. Anforderungen, die in der Konzeptionsphase vergessen oder ignoriert wurden, lassen sich zu einem späteren Zeitpunkt – wenn überhaupt – nur schwer noch nachträglich hinzufügen. Die Lektüre des Mindeststandards liefert hier wertvolle Hinweise dazu, welche Aspekte grundsätzlich zu berücksichtigen sind.

Nach den Vorgaben des BSI ist im Rahmen der Konzeption insbesondere eine Sicherheitsrichtlinie bzw. ein darauf basierendes Sicherheitskonzept für den Betrieb von Videokonferenzdiensten zu etablieren. Des Weiteren ist ein Rollen- und Berechtigungskonzept zu erstellen. Zudem ist zu berücksichtigen, dass auch das Videokonferenzsystem gestört sein oder ganz ausfallen kann.

Sollte das Videokonferenzsystem cloudbasiert sein, ist insbesondere der bereits in Abschnitt 3.6, »Wolkige Aussichten: Anforderungen an die Datenverarbeitung in der Cloud«, erwähnte Kriterienkatalog des BSI »Cloud Computing Compliance Criteria Catalogue – C5:2020« zu berücksichtigen.

Im Rahmen der funktionalen Anforderungen sind insbesondere die Sicherheitsaspekte rund um die Themen Verschlüsselung (der Kommunikationsdaten), Signalisierung von Kamera- und Mikrofonaktivität, Chat-Funktion, Teilen von Bildschirminhalten und ähnliche Anwendungsfälle zu beachten. Dabei sind auch in der Videokonferenzplattform abgelegte Sitzungsaufzeichnungen oder andere Dateien angemessen zu schützen.

Bei der Beschaffung ist darauf zu achten, dass die Leistungsmerkmale, die in der Konzeptionsphase und bei der Analyse der funktionalen Anforderungen ermittelt wurden, vom Anbieter erfüllt werden können. Darüber hinaus zu berücksichtigende Aspekte sind im Rahmen einer Drittlandübermittlung nach Art. 44 ff. DSGVO der

---

48 Dieser Mindeststandard ist online verfügbar unter *www.bsi.bund.de/DE/Themen/Oeffentliche-Verwaltung/Mindeststandards/Videokonferenzdienste/Videokonferenzdienste_node.html* (zuletzt aufgerufen am 15. Juni 2023).

geografische Standort des Diensteanbieters bzw. seiner Server sowie seine Fähigkeit, auch in Notfallsituationen den Betrieb aufrechterhalten zu können. Die regelmäßige Bereitstellung von Softwareupdates und Patches gehört ebenfalls zu den Kriterien, die nach Ansicht des BSI in der Beschaffungsphase zu klären sind.

Der Betrieb des Videokonferenzsystems integriert das Videokonferenzsystem in das Informationssicherheitsmanagement und etabliert das Rollen- und Berechtigungskonzept. Insbesondere die Reglementierung des Zugriffs auf etwaige Aufzeichnungen stellt einen wichtigen Aspekt dar.

Nicht zuletzt sind auch Regelungen für die Benutzenden notwendig. Diese sollen sicherstellen, dass die Teilnehmenden die Funktionen des Videokonferenzsystems verstanden haben und dazu in der Lage sind, dieses sicher (im Sinne der Informationssicherheit und des Datenschutzes) zu betreiben.

> **Praxistipp: Managementzyklus berücksichtigen**
>
> Die oben dargestellte Reihenfolge der wichtigen Aspekte macht es bereits klar: Auch bei der Auswahl und dem Betrieb eines Videokonferenzsystems ist der bereits in Abschnitt 3.2, »Sicher ausgewählt: Technische und organisatorische Maßnahmen (TOM)«, erwähnte Managementzyklus relevant. Aspekte, die nicht bereits vor der Beschaffung bzw. Inbetriebnahme bekannt sind, lassen sich nachträglich umso schwerer integrieren.
>
> Und auch rund um Videokonferenzsysteme dreht sich die Welt weiter, Sicherheitslücken werden bekannt, und neue Features kommen hinzu. Daher gilt auch hier, am Ball zu blieben und regelmäßig die Risiken zu überprüfen, die sich für die Betroffenen ergeben könnten, um frühzeitig Maßnahmen ergreifen zu können. Nur dann ist langfristig ein rechtssicherer Betrieb eines Videokonferenzsystems möglich!

Im nächsten Abschnitt gehen wir jetzt auf einen weiteren prominenten Anwendungsfall der Aufnahme, Verarbeitung und Speicherung von Videodaten ein: die Videoüberwachung.

3.8 Videoüberwachung: Voraussetzungen für den legalen Betrieb

Von zunehmender Bedeutung für den Datenschutz ist die *Videoüberwachung*, die auch immer wieder Gegenstand von Bußgeldern ist. Kameras kommen insbesondere dann zum Einsatz, wenn der Außenbereich oder spezielle Räume einer Organisation überwacht werden sollen. Solche Formen der Überwachung werden als besonders invasiv angesehen, denn überwachte Menschen ändern ihr Verhalten und benehmen sich anders. Diesen Sachverhalt bezeichnet man auch als *Chilling Effect*.

Wer diese Technik einsetzen will, sollte sich immer überlegen, ob die Videoüberwachung aufgezeichnet werden soll oder nicht. Wird nicht aufgezeichnet, ist Personal erforderlich, das eine direkte Auswertung der Aufnahmen vornimmt. Diese Variante ist aus Datenschutzgründen einer Aufzeichnung immer vorzuziehen.

Doch wann dürfen Sie überhaupt eine Videoüberwachung durchführen?
Vor der technischen Umsetzung sollten Sie sich die Frage nach der Rechtsgrundlage für die von Ihnen geplante Videoüberwachung stellen. Dabei ist grundsätzlich zwischen der Überwachung von *internen* (im Sinne von *nicht öffentlichen*) und *öffentlichen* Räumen zu unterscheiden. Denn während die Videoüberwachung eines internen Raums – z. B. eines IT-Serverraums – in der Regel auf das berechtigte Interesse nach Art. 6 Abs. 1 lit. f DSGVO oder einen Vertrag nach Art. 6 Abs. 1 lit. b DSGVO bzw. im Falle der eigenen dort tätigen IT-Administratoren auf § 26 BDSG gestützt werden kann[49], scheiden die beiden letztgenannten Rechtsgrundlagen bei öffentlichen Räumen aus, da definitiv nicht alle Betroffenen vorab einen entsprechenden Vertrag schließen werden.

> **Praxistipp: Was ist ein »öffentlicher Raum«?**
> Der Begriff »öffentlicher Raum« wird durchaus weit ausgelegt: So zählen z. B. natürlicherweise der vor einem Gebäude befindliche und öffentlich zugängliche Gehweg, in der Regel aber auch die Zuwegung zur Eingangstür einer Organisation zum öffentlichen Raum. Grundmerkmal dafür ist, dass der entsprechende Bereich von jedermann erreicht werden kann. Dies gilt z. B. auch für die Fälle, in denen man den Bereich nur nach vorheriger Anmeldung oder Registrierung – also z. B. nach einer Anmeldung beim Pförtner – betreten kann.

In der Hauptsache der Anwendungsfälle wird man die Verarbeitung daher eher auf das berechtigte Interesse nach Art. 6 Abs. 1 lit. f DSGVO stützen (müssen). Damit stellt sich dann die Frage, in welchen Fällen ein solches berechtigtes Interesse vorliegt, wann eine Videoüberwachung zur Durchsetzung dieses Interesses erforderlich ist und ob auch die *Interesseabwägung* zugunsten der verantwortlichen Stelle ausfällt.

> **Praxistipp: § 4 BDSG nicht mehr anwendbar**
> Bis zu einem Urteil des Bundesverwaltungsgerichts (BVerwG) aus dem Jahre 2019 wurde eine Videoüberwachung auch durch nichtöffentliche Stellen häufig auf § 4 BDSG gestützt. In § 4 Abs. 1 Nr. 1 und 2 nennt das BDSG mit *zur Wahrnehmung des Hausrechts* und *zur Wahrnehmung berechtigter Interessen für konkret festgelegte Zwecke* nämlich zwei explizite Fallkonstellationen, von denen vor allem das Hausrecht eine vielgenutzte Rechtsgrundlage darstellte. Das BVerwG hat allerdings in dem genannten Urteil festgestellt, dass diese Norm europarechtswidrig ist und im Falle einer nichtöffentlichen Stelle keine Anwendung mehr findet!

---

49 Grundsätzlich käme als Rechtsgrundlage auch eine Einwilligung nach Art. 6 Abs. 1 lit. a DSGVO infrage, die in der Praxis jedoch sehr selten genutzt wird.

> Sollten Sie Ihre Videoüberwachung noch auf die Regelung von § 4 BDSG stützen, sich bzw. Ihre Organisation aber nicht zu dem Kreis der öffentlichen Stellen zählen, ist es ratsam, die Rechtsgrundlage der Videoüberwachung anzupassen!
>
> Grundsätzlich werden Sie aber in vielen Fällen zum gleichen Schluss gelangen. Denn da Art. 6 Abs. 1 lit. f DSGVO offen formuliert ist, können Sie insbesondere die Fallgestaltung zur »Durchsetzung des Hausrechts« auch als berechtigtes Interesse der verantwortlichen Stelle auffassen.

Im Rahmen der berechtigten Interessen kann aus Sicht der verantwortlichen Stellen auch die Durchsetzung des Hausrechts angeführt werden. Das Hausrecht ist dabei häufig als Form einer Zutrittskontrolle zu befriedetem Besitztum ausgeprägt, wobei z. B. die Durchsetzung von Hausverboten oder die Vermeidung von Diebstählen oder anderen Straftaten als eigentliche Ziele der Videoüberwachung gelten.

Im Rahmen der Prüfung der *Erforderlichkeit* müssen Sie nun hinterfragen, ob keine anderen Maßnahmen ebenso gut geeignet sind, um das Ziel der Videoüberwachung zu erreichen. Dies ist z. B. dann der Fall, wenn am gegebenen Ort auf der einen Seite mit der Begehung von Straftaten zu rechnen ist und eine Überwachung mit Sicherheitspersonal auf der anderen Seite aufgrund des hohen Aufwands unverhältnismäßig wäre. Eine solche Konstellation ist wohl regelmäßig bei der Überwachung von Bahnhöfen oder U-Bahn-Stationen anzunehmen. Umgekehrt ist eine nächtliche Videoüberwachung eines Parkplatzes – z. B. eines Supermarktes – nicht zulässig, wenn der erstrebte Zweck, nämlich »Fremdparker« abzuschrecken, auch mit einer Schranke erreichbar ist.

Im Rahmen der *Abwägung* des berechtigten Interesses müssen Sie abschließend noch prüfen, ob nicht gegebenenfalls das Interesse der Betroffenen (an einer Vermeidung der Verarbeitung ihrer personenbezogenen Daten) das berechtigte Interesse der verantwortlichen Stelle überwiegt. Dies ist immer dann der Fall, wenn Sie bei der Abwägung zu dem Ergebnis kommen, dass die Risiken für die Rechte und Freiheiten der Betroffenen gegenüber den Interessen der verantwortlichen Stelle stärker ins Gewicht fallen. Am obigen Beispiel der Videoüberwachung eines Bahnhofs wird schnell klar, dass Sie hierbei regelmäßig besonders kritisch vorgehen müssen, da neben den eigentlichen Tätern in der Regel auch eine Vielzahl Unbeteiligter durch die Videoüberwachung erfasst werden.

Auf der anderen Seite sind Bahnhöfe aber auch potenzielle Hochburgen für Kriminalität, und die Erfassung der einzelnen Besucher erfolgt in aller Regel nur über einen kurzen Zeitraum. Daher wird man hier im Normalfall von einem berechtigten Interesse für eine Überwachung ausgehen können.

Praxistipp: Orientierungshilfe der DSK

Im Jahre 2020 hat die Datenschutzkonferenz (DSK) die »Orientierungshilfe Videoüberwachung durch nicht öffentliche Stellen«[50] veröffentlicht. Diese beschreibt auf mehr als vierzig Seiten zahlreiche Fallgestaltungen der Videoüberwachung und diskutiert insbesondere auch die Anwendbarkeit der Rechtgrundlagen nach Art. 6 Abs. 1 lit. a und f DSGVO.

Nutzen Sie diese Orientierungshilfe als Leitfaden bei der Planung und Umsetzung Ihrer Videoüberwachungen!

Technische und organisatorische Maßnahmen

Haben Sie die rechtlichen Voraussetzungen geprüft und eine Rechtsgrundlage für die geplante Videoüberwachung identifiziert, sind im Rahmen der eigentlichen Umsetzung regelmäßig auch technische und organisatorische Maßnahmen notwendig, um die Videoüberwachung datenschutzkonform betreiben zu können. Diese Maßnahmen gliedern sich dabei grundsätzlich in zwei Bereiche: in die Maßnahmen vor und während der (technischen) Umsetzung der Videoüberwachung.

Zu den Maßnahmen vor der Umsetzung zählt zum einen die Evaluierung einer Rechtsgrundlage, die wir bereits angesprochen haben. Eine Videoüberwachung erfordert zudem eine umfassende Dokumentation. Dazu gehört z. B. die Aufnahme in das Verzeichnis der Verarbeitungstätigkeiten nach Art. 30 DSGVO (siehe Kapitel 5, »Datenschutzverpflichtungen als Unternehmen umsetzen«) und – falls notwendig – auch die Durchführung einer Datenschutz-Folgenabschätzung (siehe Kapitel 5). Diese Dokumentation stellt dabei für den Verantwortlichen auch einen Teil seiner *Rechenschaftspflicht* nach Art. 5 Abs. 2 DSGVO dar.

Praxistipp: Datenschutz-Folgenabschätzung bei einer Videoüberwachung?

Nach Art. 35 Abs. 3 DSGVO ist eine Folgenabschätzung dann durchzuführen, wenn *eine systematische umfangreiche Überwachung öffentlich zugänglicher Bereiche* geplant ist.

Beachten Sie, dass die Aufzählung in Art. 35 Abs. 3 DSGVO nicht abschließend ist! Gerade im Rahmen einer Videoüberwachung kann sich das *voraussichtlich hohe Risiko* auch aus den besonderen Umständen der Verarbeitung ergeben.

Dies ist z. B. dann anzunehmen, wenn ein besonders schützenswerter Personenkreis überwacht wird, z. B. Kinder oder Beschäftigte, oder dann, wenn die technischen Möglichkeiten eine besondere Form der Überwachung ermöglichen, z. B. durch Zoom- oder Schwenkbarkeit der Kamera.

Prüfen Sie daher genau, ob im konkreten Fall eine DSFA erforderlich ist. Dies ist gerade im Rahmen einer Videoüberwachung häufiger der Fall, als man zunächst annimmt!

---

50 Diese Orientierungshilfe findet sich beispielsweise unter *www.datenschutzkonferenz-online.de/media/oh/20200903_oh_v%C3%BC_dsk.pdf* (zuletzt aufgerufen am 15. Juni 2023).

Zu den Maßnahmen während der Durchführung zählt zum einen die Beschränkung des Aufzeichnungsbereichs auf das unbedingt Notwendige. So ist es im Rahmen der Überwachung einer Tankstelle aufgrund des hohen Risikos erlaubt, die Zapfsäulen zu überwachen. Nicht erlaubt ist hingegen die Erfassung von Pausenbereichen oder der Autowäsche. Somit sollten Sie nach Möglichkeit auf zoom- und schwenkbare Kameras verzichten. Stellen Sie zudem sicher, dass keine fremden Grundstücke und keine öffentliche Verkehrsfläche erfasst werden.

Dies sollte die Regel sein, lässt sich in der Praxis aber nicht immer vollständig vermeiden. Dann müssen Sie die Erfassung von fremden Grundstücken bzw. der öffentlichen Verkehrsfläche zumindest auf den minimal möglichen Bereich einschränken. Die Zulässigkeit der Videoüberwachung hängt dann vor allem davon ab, ob die Größe des nicht ausgeschlossenen Bereichs dazu geeignet sein kann, die wesentlichen Merkmale (z. B. Kopf oder Gesicht von vorn, aber z. B. auch ein ganzer Körper von hinten) von Personen zu erfassen, die dazu geeignet sein können, einen konkreten Personenbezug herzustellen bzw. das Verhalten von Personen zu beobachten.

> **Praxistipp: Verzichten Sie unbedingt auf Tonaufzeichnungen!**
>
> Bei der Auswahl der Kamerasysteme sollten Sie möglichst auf die Option einer Tonaufzeichnung verzichten, denn diese Option birgt grundsätzlich die Gefahr, dass Sie sich nach § 201 StGB strafbar machen. Weitere Erläuterungen zu einer möglichen Strafbarkeit in diesem Fall finden Sie auch in Kapitel 11, »Strafrechtliche Risiken für Admins«.
>
> Beinhaltet die von Ihnen eingesetzte Videotechnik eine entsprechende Aufnahmefunktion, stellen Sie unbedingt sicher, dass diese per Konfiguration in der Software und gegebenenfalls auch durch die Deaktivierung der Hardware selbst (z. B. durch das Abziehen des Mikrofonsteckers) ausgeschaltet ist!

Ergänzend können insbesondere bei einer Aufzeichnung der Videodaten auch Softwarelösungen zum Einsatz kommen, die die Gesichter der aufgezeichneten Personen oder gar ganze Teile des Überwachungsbereichs durch *Blurring* bzw. *Verpixeln* automatisiert unkenntlich machen.[51]

Zu den klassischen technischen und organisatorischen Maßnahmen im Rahmen der Durchführung einer Videoüberwachung gehört insbesondere ein *Berechtigungskonzept*. Darin legen Sie fest, wer Zugriff auf die Videodaten erhalten darf. Ergänzen sollten Sie dies durch technische Maßnahmen, die den Zugriff auf die Videodaten – unabhängig von der Frage, ob aufgezeichnet wird oder nicht – auf den Kreis derjenigen einschränken, die die Daten auch zur Kenntnis nehmen bzw. im Nachgang auswerten müssen.

---

51 Auf Lösungen, bei denen der Vorgang des »Verpixelns« nachträglich wieder rückgängig gemacht werden kann, sollten Sie verzichten, da diese in der Regel nicht zulässig sind.

Zusätzlich sollten Sie die aufgezeichneten Videodaten verschlüsseln und dadurch den Zugriff weiter einschränken. Diese Maßnahme schützt auch bei Diebstahl der Datenträger bzw. der Videokamera, denn häufig befindet sich das Speichermedium innerhalb der Kamera selbst.

> **Praxistipp: Der Schutz aller Komponenten ist wichtig!**
>
> Grundsätzlich sind alle Komponenten, die für die Videoüberwachung benötigt werden, durch technische und organisatorische Maßnahmen zu sichern.
>
> Dies gilt natürlich für die Kameras selbst, aber auch für die Datenanbindung derselben und das (zentrale) IT-System, das gegebenenfalls zur Aufzeichnung und Auswertung der Daten eingesetzt wird.
>
> Auch die Konfiguration der zum Einsatz kommenden Software sollte entsprechend gesichert sein, damit Unbefugte diese nicht verändern und sich so z. B. Zugriff auf die aufgezeichneten Daten verschaffen oder dadurch den Erfassungsbereich der Kamera manipulieren können.

Die aufgezeichneten Videodaten sind zudem dann zu löschen, wenn diese nicht mehr benötigt werden, wobei sich die Aufbewahrungs- bzw. Löschfrist aus dem konkreten Fallkonstellation ergibt. Dabei wird eine Löschfrist von 48 bzw. 72 Stunden regelmäßig als angemessen erachtet, wobei in zeitlichen – z. B. bedingt durch Feiertage – oder aufgrund des Gefährdungspotenzials – z. B. bei der Überwachung von nachweislich[52] besonders gefährdeten Gebäuden oder gefährlichen Maschinen – besonderen Situationen auch eine längere Frist zulässig sein kann.

> **Praxisbeispiel: Löschen bei Videoaufzeichnungen**
>
> Technisch kann ein Löschen der aufgezeichneten Daten auch durch ein automatisches Überschreiben nach einer gewissen Zeitdauer erfolgen. Dazu werden im Aufzeichnungsgerät z. B. vier Dateien oder Medien mit einer Aufzeichnungsdauer von jeweils sechs Stunden eingesetzt. Ist das vierte Medium bzw. ist die vierte Datei geschrieben, beginnt der Prozess bei Medium bzw. Datei Nummer eins von vorn. Somit wird kontinuierlich eine Aufzeichnung der letzten 24 Stunden vorgehalten.

Informationspflichten

Als Verantwortlicher einer Videoüberwachung in öffentlichen Räumen müssen Sie zudem Ihre *Informations-* bzw. *Transparenzpflichten* auf Grundlage von Art. 5 i. V. m. Art. 13 und 14 DSGVO erfüllen. Die Aufsichtsbehörden schlagen dazu ein zweistufiges

---

52 Dieser Nachweis kann beispielsweise dadurch geführt werden, dass in der Vergangenheit bereits regelmäßig Einbruchs- bzw. Sabotageversuche am Gebäude stattgefunden haben, etwa indem Sie die Aktenzeichen der polizeilichen Anzeigen der Aktionen als Beleg nutzen.

Vorgehen vor. Im ersten Schritt werden dem Betroffenen mit einem vorgelagerten Hinweisschild zunächst nur die ganz wesentlichen Informationen zur Verfügung gestellt.

Abbildung 3.21 zeigt ein Beispiel[53] für ein solches vorgelagertes Hinweisschild bei der Videoüberwachung, das Sie natürlich grafisch an das Corporate Design Ihrer Organisation und inhaltlich entsprechend den Vorgaben von Art. 13 DSGVO anpassen dürfen bzw. müssen.

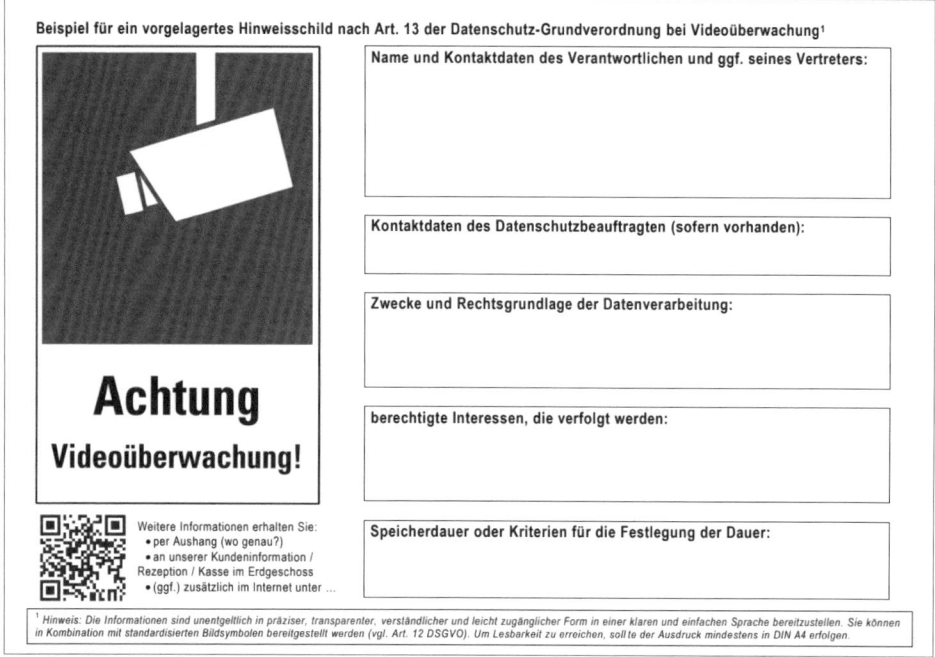

Abbildung 3.21 Beispiel für ein vorgelagertes Hinweisschild bei Videoüberwachung (Quelle: LDI NRW)

Dieses Schild enthält dann gleichzeitig einen Hinweis auf ein weiteres, ergänzendes Hinweisschild mit weiterführenden Informationen, das dann z. B. den Betroffenen auch über seine Rechte nach Art. 15 ff. DSGVO informiert. Ein Beispiel[54] für ein solches vollständiges Informationsblatt zeigt Abbildung 3.22, das Sie natürlich ebenfalls grafisch an das Corporate Design Ihrer Organisation und inhaltlich entsprechend den Vorgaben von Art. 13 DSGVO anpassen dürfen bzw. müssen.

---

53 Dieses Muster für ein vorgelagertes Hinweisschild ist online verfügbar unter *www.ldi.nrw.de/system/files/media/document/file/hinweisschild_vorgelagert_1_0_0.pdf* (zuletzt aufgerufen am 15. Juni 2023).

54 Dieses Muster für ein vollständiges Informationsblatt ist online verfügbar unter *www.ldi.nrw.de/system/files/media/document/file/informationsblatt_1_0_0.pdf* (zuletzt aufgerufen am 15. Juni 2023).

Abbildung 3.22 Beispiel für ein vollständiges Informationsblatt bei der Videoüberwachung (Quelle: LDI NRW)

Die hier gezeigten Abbildungen sind lediglich Beispiele, die Sie – natürlich ergänzt mit den passenden Inhalten – übernehmen können, aber nicht müssen. Sie können also durchaus z. B. die Farbgebung abwandeln und das Schild dem Corporate Design Ihrer Organisation anpassen. Allerdings hat sich die Gestaltung derartiger Schilder in Blau inzwischen als leicht wiedererkennbare Kennzeichnung durchgesetzt.

Abschließend sollten Sie regelmäßig prüfen, dass die Rechtmäßigkeit der Videoüberwachung selbst noch gegeben ist. Dabei müssen Sie insbesondere sicherstellen, dass die Videoüberwachung bezüglich ihrer *Geeignetheit* und *Erforderlichkeit* noch zu rechtfertigen ist. Das Ergebnis der regelmäßigen Prüfung sollten Sie dokumentieren, auch um der Rechenschaftspflicht nach Art. 5 Abs. 2 DSGVO nachzukommen.

Kapitel 4
Datenschutz beim Betrieb von Websites

Die Website ist nach wie vor das Aushängeschild eines Unternehmens im Web und häufig der erste Anlaufpunkt für Interessenten. Damit vermittelt die Website den wichtigen ersten Eindruck von Ihrem Unternehmen. Datenschutzrechtlich wirft die Website eine Vielzahl von komplexen Fragen auf. Zudem ist ihre technische Funktionsweise meist ohne Weiteres von außen untersuchbar. Achten Sie daher mithilfe dieses Kapitels darauf, einen datenschutzfreundlichen ersten Eindruck zu hinterlassen.

Der Aufbau und die technische Komplexität von Internetauftritten haben sich in den zurückliegenden Jahren rasant entwickelt. Rein statische HTML-Seiten, wie es sie in den Anfangstagen des *World Wide Web* (*WWW*) gab, sind ausgestorben.

Verbreitet sind *Content-Management-Systeme* (*CMS*) im Einsatz, die mit Plugins um Funktionen erweitert werden. Gerade im Einsatz von Plugins liegt eine gewisse Gefahr, wenn diese ohne ausreichende Tests eingesetzt werden. So enthält so manches Plugin einen nicht gewünschten Aufruf von Servern in Drittländern.

Aus Datenschutzsicht wird es häufig immer dann problematisch, wenn es zu Aufrufen von Drittservern kommt. Dies gilt insbesondere dann, wenn sich diese Drittserver in einem Drittland (siehe Kapitel 7, »Export von Daten in alle Welt: Was ist erlaubt?«) befinden. Praxisrelevant und viel diskutiert sind vor allem Aufrufe von Drittservern, die in den USA stehen oder zumindest von einem US-Unternehmen kontrolliert werden.

4.1 Grundlagen der technischen Gestaltung von Websites

Einen ersten guten Überblick darüber, welche Server von Ihrer Website kontaktiert werden, bietet ein Blick in die *Entwicklertools* der Browser (siehe Abbildung 4.1). Dort können Sie sich genau anzeigen lassen, welche Aufrufe Ihre Website startet. Alternativ können Sie auch eines der vielen Angebote von Dienstleistern nutzen, die Ihre Website prüfen und Ihnen mal mehr und mal weniger detailliert darstellen, welche Server von Ihrer Website aufgerufen werden und welche Funktion der Website diesen Aufruf auslöst. Meistens erhalten Sie mit einem solchen Tool auch noch einen

Überblick über die von der Website gesetzten Cookies. Natürlich können Sie auch den Entwickler Ihrer Website bitten, Ihnen eine entsprechende Übersicht zukommen zu lassen. Der Entwickler müsste grundsätzlich wissen, welche Server von welchen Funktionen zu welchen Zwecken aufgerufen werden.

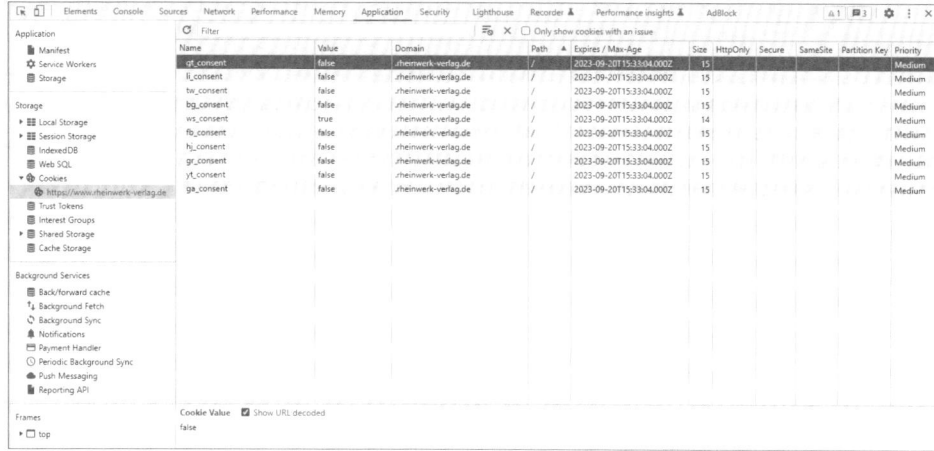

Abbildung 4.1 Entwicklertools am Beispiel des Browsers Google Chrome (Quelle: Chrome Entwicklertools)

4.2 Pflichtübung: Die aussagekräftige und rechtskonforme Datenschutzerklärung

Bei der Gestaltung einer Website müssen Sie eine Vielzahl von rechtlichen Vorschriften beachten. Wichtig sind vor allem das *Telekommunikation-Telemedien-Datenschutz-Gesetz* (*TTDSG*), die *Datenschutz-Grundverordnung* (*DSGVO*) und das *Telemediengesetz* (*TMG*). Zu den Anforderungen durch das TTDSG lesen Sie ausführliche Hinweise in Kapitel 2, »Das Telekommunikation-Telemedien-Datenschutz-Gesetz (TTDSG)«, dieses Buches.

Im aktuellen Kapitel beschäftigen wir uns hingegen mit den wesentlichen Pflichten, die sich aus der DSGVO ergeben.

> **Praxistipp: Anbieterkennzeichnung aka Impressum**
>
> Vergessen Sie bei aller Aufregung um die Datenschutzerklärung nicht, dass es daneben auch immer noch allgemeine Informationspflichten gibt, die zwar nichts oder nur am Rande mit Datenschutz zu tun haben, die für eine rechtskonforme Website aber zwingend umzusetzen sind!
>
> Dies betrifft vor allem das Impressum, das auf keiner Website fehlen darf. Was dort hineingehört, finden Sie in § 5 TMG. Der Gesetzgeber bezeichnet das Impressum dort

zwar als Anbieterkennzeichnung, eingebürgert hat sich aber der Begriff Impressum. Von diesem Begriff sollten Sie auch nicht abweichen.

Beachten Sie, dass Sie nicht nur auf Ihrer Website, sondern auch auf jedem Social-Media-Auftritt ein Impressum vorhalten oder es zumindest darüber erreichbar machen müssen.

Das Impressum selbst muss für den Nutzer jederzeit leicht erkennbar, unmittelbar erreichbar und ständig verfügbar sein. Die Rechtsprechung geht davon aus, dass diese Voraussetzungen erfüllt sind, wenn das Impressum für den Nutzer mit maximal zwei Klicks erreichbar ist. Am besten richten Sie eine eigene Seite für das Impressum ein und sorgen dafür, dass der Nutzer die Seite immer erreichen kann, z. B., indem Sie den Link im Fußbereich der Website immer verfügbar halten.

Ein fehlendes oder falsches Impressum kann abgemahnt werden, und obwohl die Impressumspflicht nun schon seit vielen Jahren im Gesetz steht, kommt es immer wieder mal zu derartigen Abmahnungen, die sich eigentlich leicht vermeiden lassen.

Weniger sinnvoll sind hingegen die häufig anzutreffenden Hinweise auf bestehende Urheberrechte und Haftungsbegrenzungen.

Jetzt aber zu Ihren datenschutzrechtlichen Pflichten beim Betrieb einer Website. Kernpunkt ist dabei die *Datenschutzerklärung*. Vermutlich sind Ihnen schon viele Datenschutzerklärungen angezeigt worden. Gelesen haben Sie wahrscheinlich nur wenige oder überhaupt keine. Auch wenn man eine Datenschutzerklärung nicht von vorne bis hinten vollständig durchliest, erkennt man auf den ersten Blick, dass es sehr viele verschiedene Formate und Inhalte gibt. Es gibt Datenschutzerklärungen, die sich über viele Bildschirmseiten ziehen, sprichwörtliche ohne »Punkt und Komma«. Dann gibt es aufwendig gegliederte Datenschutzerklärungen, die ein Inhaltsverzeichnis voranstellen und so für etwas mehr Überblick sorgen. Daneben gibt es aber auch sehr kurze und knackige Datenschutzerklärungen. Was ist wirklich erforderlich und richtig? Diesen Fragen gehen wir in diesem Kapitel nach.

Woher kommen eigentlich die Texte der Datenschutzerklärungen? Da gibt es viele Möglichkeiten. Zunächst kann eine Datenschutzerklärung tatsächlich individuell für eine Website erstellt worden sein, und zwar von jemandem, der sich damit auskennt. Das ist auch schon der Königsweg, um zu einer sinnvollen und richtigen Datenschutzerklärung zu gelangen. Leider ist diese Art von Datenschutzerklärung immer noch in der Minderheit.

Die meisten stammen aus Textbausteinsammlungen oder von Datenschutzerklärungsgeneratoren, wobei die einzelnen Textbausteine mehr oder weniger gut und präzise formuliert sind, weil sie eine Vielzahl von Anwendungsszenarien abdecken müssen. Häufig gelingt es aber schon nicht, die richtigen Textbausteine auszuwählen. Jedenfalls sind die meisten auf diese Art generierten Datenschutzerklärungen sehr ausschweifend und wenig an den konkreten Fall angepasst.

> **Praxistipp: Vorsicht bei kommerziellen Generatoren von Datenschutzerklärungen**
>
> Vorsicht ist zudem geboten, wenn es darum geht, die Quelle des Textes anzugeben. Manche Anbieter von Generatoren machen es zur Auflage, dass sie als Quelle inklusive Verlinkung genannt werden. Generieren Sie sich eine Datenschutzerklärung und vergessen Sie die Quellenangabe, können Sie die Uhr danach stellen, wann ein Brief des Anbieters ins Haus flattert, der Sie in Form einer Abmahnung darauf aufmerksam macht, dass Sie gegen das Urheberrecht verstoßen haben und Sie jetzt bitte einen nicht unerheblichen Betrag zahlen sollen.
>
> Bei anderen Anbietern kaufen Sie die generierte Datenschutzerklärung und können diese dann ohne Quellenangabe verwenden. Achten Sie immer sehr genau darauf, unter welchen Umständen und zu welchen Zwecken Sie den generierten Text nach den Angaben des Anbieters verwenden dürfen. Ansonsten drohen unschöne und kostspielige Abmahnungen.

4.2.1 Die rechtlichen Grundlagen der Datenschutzerklärung

Woher kommt überhaupt die Pflicht, eine Datenschutzerklärung auf der Website vorzuhalten? Rechtliche Grundlage für jede Datenschutzerklärung ist Art. 13 DSGVO. Dort ist geregelt, dass Sie die Betroffenen (das sind in diesem Fall die Besucher der Website) über die Verarbeitung ihrer personenbezogenen Daten informieren müssen. Grundlegende Ausführungen zu den Informationspflichten nach Art. 13 DSGVO finden Sie auch in Kapitel 5, »Datenschutzverpflichtungen als Unternehmen umsetzen«.

Auf einer Website verarbeiten Sie immer personenbezogene Daten der Besucher Ihrer Website, zumindest in Form der IP-Adresse des vom Website-Besucher genutzten Endgeräts. Deshalb muss jede nicht rein privat betriebene Website eine Datenschutzerklärung haben, die mindestens die in Art. 13 DSGVO aufgeführten Informationen enthält.

Bevor Sie jetzt Art. 13 DSGVO aufschlagen und lesen, werfen Sie noch einen Blick in Art. 12 DSGVO. Dort finden Sie allgemeine Anforderungen, die auch für die Datenschutzerklärung gelten.

> **Hinweis: Gestaltung von Datenschutzerklärungen**
>
> Datenschutzerklärungen müssen nach Art. 12 DSGVO wie folgt gestaltet sein:
> - präzise
> - transparent
> - verständlich
> - leicht zugänglich

Sie merken schon: Das wird nicht leicht! Am einfachsten lässt sich noch die Anforderung des »leicht zugänglich« umsetzen. Leicht zugänglich ist die Datenschutzerklärung, wenn Sie sie auf der Website nicht verstecken und sie mit einem eindeutigen und verständlichen Begriff bezeichnen. Im deutschsprachigen Raum hat sich die Bezeichnung *Datenschutzerklärung* durchgesetzt. Hiervon können Sie zwar abweichen. Allerdings sollten Sie sich das sehr gut überlegen, weil Sie ansonsten eine unnötige Diskussion darüber riskieren, ob die Datenschutzerklärung leicht zugänglich ist, wenn Sie sie mit einem kreativen, aber nicht gängigen Begriff bezeichnen. Eine ähnliche Diskussion gab es vor vielen Jahren im Bereich des ebenfalls auf jeder Website verpflichtend vorzuhaltenden Impressums. Die Bezeichnung *Backstage* reichte der Rechtsprechung damals nicht.[1]

Unzureichend dürfte es auch sein, die Datenschutzerklärung hinter dem Begriff *Rechtliche Hinweise* zu verstecken. Nennen Sie die Datenschutzerklärung also am besten *Datenschutzerklärung*, und verlinken Sie sie von der Startseite und von jeder Unterseite aus, sodass sie jederzeit mit einem Klick erreichbar ist. Schwierig wird es, wenn Sie bei der Formulierung einer Datenschutzerklärung versuchen, diese gleichzeitig präzise, transparent und verständlich zu gestalten. Sie werden schnell merken, dass das nahezu unmöglich ist.

Präzise heißt, dass Sie sich möglichst kurz und knapp, aber doch rechtlich zutreffend fassen. Das führt schnell dazu, dass viele rechtliche Fachbegriffe verwendet werden und die Formulierungen dadurch sehr juristisch wirken können, was meist im Widerspruch zur Verständlichkeit steht. Wenn Sie aber verständlich und ohne Fachbegriffe schreiben, wird der Text unweigerlich deutlich länger, was dann wiederum nicht nur weniger präzise, sondern häufig auch weniger transparent ist. Bei längeren Datenschutzerklärungen empfiehlt es sich immer, eine Gliederung vorzunehmen und ein Inhaltsverzeichnis voranzustellen. Ansonsten geht der Überblick und damit die Transparenz und die Verständlichkeit schnell verloren.

4.2.2 Mindestinhalt einer Datenschutzerklärung

Welche Inhalte gehören jetzt aber zwingend in eine rechtskonforme Datenschutzerklärung?

Wann und wie müssen Sie Anwender und Besucher informieren, wenn Daten gesammelt werden? Wie dürfen Daten verwendet werden? Welche Namen und Kontaktinformationen benötigen Sie und wie können Sie das Recht der Nutzer auf Auskunft über Daten festhalten?

---

1 Beschluss des Landgerichts (LG) Hamburg vom 26.08.2022 (AZ 416 O 94/02), online verfügbar unter *www.jurpc.de/jurpc/show?id=20020370* (zuletzt aufgerufen am 15. Juni 2023), und nachfolgend das Oberlandesgericht (OLG) Hamburg, Beschluss vom 20.11.2022 (AZ 5 W 80/02), online verfügbar unter *www.jurpc.de/jurpc/show?id=20030079* (zuletzt aufgerufen am 15. Juni 2023).

> **Praxistipp: Struktur einer Datenschutzerklärung**
>
> Es bietet sich an, die Inhalte der Datenschutzerklärung in der folgenden Reihenfolge zu gestalten:
>
> 1. Angaben zum Verantwortlichen (Name und Kontaktdaten)
> 2. Kontaktdaten des Datenschutzbeauftragen, wenn vorhanden
> 3. Informationen über die einzelnen Verarbeitungen
> 4. Informationen über die Betroffenenrechte

Angaben zum Verantwortlichen und zum Datenschutzbeauftragten

Die Datenschutzerklärung sollte mit den Angaben zum Verantwortlichen beginnen (siehe Abbildung 4.2). Der Verantwortliche ist der Betreiber der Website, also Ihr Unternehmen. In aller Regel ist der datenschutzrechtlich Verantwortliche auch der sogenannte Diensteanbieter im Sinne des TMG, der im Impressum anzugeben ist, sodass Sie in der Datenschutzerklärung theoretisch auf die Angaben im Impressum verweisen können. Sie müssen die Daten dann nur an einer Stelle pflegen. Viele halten einen solchen Verweis aber für unzulässig und verlangen eine vollständige Datenschutzerklärung, die ohne Verweis auf ein anderes Dokument sämtliche Angaben nach Art. 13 DSGVO enthält.

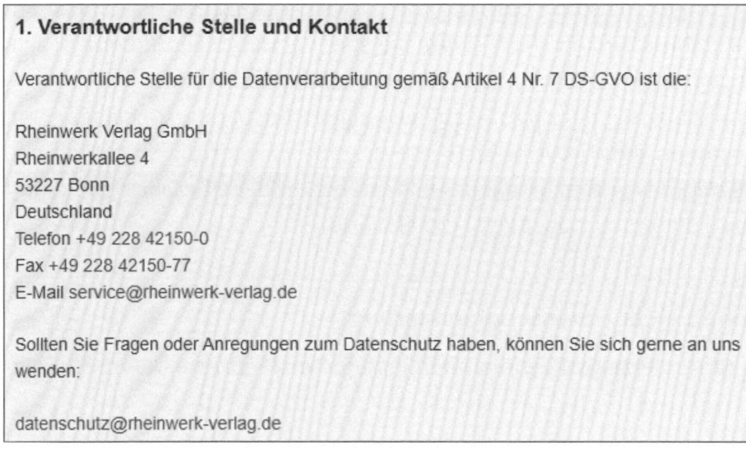

---

1. Verantwortliche Stelle und Kontakt

Verantwortliche Stelle für die Datenverarbeitung gemäß Artikel 4 Nr. 7 DS-GVO ist die:

Rheinwerk Verlag GmbH
Rheinwerkallee 4
53227 Bonn
Deutschland
Telefon +49 228 42150-0
Fax +49 228 42150-77
E-Mail service@rheinwerk-verlag.de

Sollten Sie Fragen oder Anregungen zum Datenschutz haben, können Sie sich gerne an uns wenden:

datenschutz@rheinwerk-verlag.de

Abbildung 4.2 Auszug aus einer Datenschutzerklärung mit Nennung des Verantwortlichen (Quelle: www.rheinwerk-verlag.de/impressum/)

Sie vermeiden derartige Diskussionen um die Zulässigkeit eines Verweises auf das Impressum, indem Sie die Angaben zum Verantwortlichen auch direkt in der Datenschutzerklärung machen. Vorgeschrieben ist, dass Sie den Namen und die Kontaktdaten des Verantwortlichen nennen. Der Name ist dabei bei natürlichen Personen der Vor- und Nachname. Bei juristischen Personen geben Sie die Firma einschließlich des sogenannten Rechtsformzusatzes an, also im Falle einer GmbH z. B. »XY GmbH«. Zu den Kontaktdaten zählt auf jeden Fall die Postanschrift, also Straße, Hausnummer, Postleitzahl und Ort. Auch eine E-Mail-Adresse sollte angegeben werden. Weitere Kontaktmöglichkeiten, wie z. B. Telefon oder Fax, sind optional.

> **Praxistipp: Vertreter des Verantwortlichen**
>
> Wenn Sie Art. 13 Abs. 1 lit a DSGVO genau lesen, finden Sie dort noch die Anforderung, gegebenenfalls den Vertreter des Verantwortlichen anzugeben. Mit Vertreter ist an dieser Stelle aber nicht der organschaftliche Vertreter einer Gesellschaft, bei der GmbH also z. B. der Geschäftsführer, gemeint, sondern der Vertreter von nicht in der Union niedergelassenen Verantwortlichen nach Art. 27 DSGVO. Dies ist ein Sonderfall, der für Sie in der Regel nicht zutrifft. Geben Sie trotzdem den Namen Ihres Geschäftsführers in der Datenschutzerklärung an, ist das zwar nicht erforderlich, aber unschädlich – im Gegensatz zu den Anforderungen an ein ordnungsgemäßes Impressum: Dort muss der Geschäftsführer mit mindestens einem ausgeschriebenen Vornamen genannt werden.

Wenn Sie in Ihrem Unternehmen einen Datenschutzbeauftragten benannt haben, müssen Sie dessen Kontaktdaten nach Art. 13 Abs. 1 lit. b DSGVO in der Datenschutzerklärung angeben. Im Gegensatz zum Verantwortlichen ist die namentliche Nennung des Datenschutzbeauftragten aber nicht erforderlich. Nennen Sie den Namen trotzdem, ist das unproblematisch möglich. Allerdings müssen Sie dann daran denken, die Datenschutzerklärung in diesem Punkt anzupassen, wenn es zu einem Wechsel des Datenschutzbeauftragten kommt. Ausreichend ist es, wenn Sie schreiben, dass man den Datenschutzbeauftragten unter der Anschrift Ihres Unternehmens mit dem Adresszusatz »Datenschutzbeauftragter« oder per Mail unter *datenschutzbeauftragter@...* erreichen kann.

Die Angaben zum Verantwortlichen und zum Datenschutzbeauftragten sind noch die einfachste Übung bei der Erstellung einer rechtskonformen Datenschutzerklärung. Diese beiden Punkte können Sie zum »Warmlaufen« nutzen, um dann in die Tiefen der Datenschutzerklärung einzusteigen.

Verarbeitungen auf einer Website

Art. 13 Abs. 1 lit. c DSGVO schreibt Ihnen vor, dass Sie als Nächstes die Zwecke, für die personenbezogene Daten verarbeitet werden sowie die Rechtsgrundlagen für die Verarbeitung nennen sollen. Wenn Sie eine Verarbeitung auf Art. 6 Abs. 1 lit. f DSGVO – also auf das berechtigte Interesse des Verantwortlichen – stützen wollen, müssen Sie zusätzlich die von Ihnen verfolgten berechtigten Interessen angeben. Um diese Anforderung zu erfüllen, müssen Sie sich als Erstes klarmachen, welche personenbezogenen Daten an welcher Stelle bzw. mit welcher Funktion der Website verarbeitet werden.

> **Praxistipp: Typische Verarbeitungen, die in einer Datenschutzerklärung beschrieben werden**
> - Besuch der Website
> - Cookies
> - Anmeldung für einen Newsletter
> - Kontaktformular
> - E-Mail-Kontakt
> - Live-Chat
> - Kommentarfunktion in einem Blog
> - Forum
> - Webshop
> - Reichweitenmessung

Weil die Themen *Cookies* und *Newsletter* eine erhebliche Praxisrelevanz haben und gerade im Bereich der Cookies eine kontroverse Diskussion um nahezu jede Detailfrage geführt wird, widmen wir diesen beiden Fragen eigene Abschnitte und wenden uns zunächst exemplarisch einigen anderen typischen Verarbeitungen zu, die auf vielen Websites zum Einsatz kommen.

Jeder Aufruf Ihrer Website führt dazu, dass Sie personenbezogene Daten verarbeiten, da Sie zumindest die IP-Adresse des vom Nutzer verwendeten Endgeräts verarbeiten müssen, damit die angefragte Website an dieses ausgeliefert werden kann. Die langjährige Diskussion, ob IP-Adressen personenbezogene Daten sind, ist seit einiger Zeit beendet.

> **Hinweis: IP-Adresse als personenbezogenes Datum**
> Die Frage, ob dynamische IP-Adressen personenbezogene Daten sind, war jahrelang heftig umstritten, bis der EuGH[2] und daran anschließend der BGH[3] festgestellt haben, dass dynamische IP-Adressen für den Betreiber einer Website personenbezogene Daten darstellen können.
>
> Auch wenn nicht jede dynamische IP-Adresse einer natürlichen Person zugeordnet werden kann, weil die IP-Adresse z. B. einem Anschluss zugeordnet ist, der von einer Vielzahl an Personen per WLAN genutzt wird, spielt diese Unterscheidung in der Praxis keine Rolle, weil Sie als Website-Betreiber nicht erkennen können, ob es sich um

---

2 EuGH, Urt. v. 19.10.2006 – C-582/14, online verfügbar unter *https://curia.europa.eu/juris/liste.jsf?language=de&num=C-582/14* (zuletzt aufgerufen am 15. Juni 2023).

3 BGH, Urt. v. 16.05.2017 – VI ZR 135/13, online verfügbar unter *http://juris.bundesgerichtshof.de/cgi-bin/rechtsprechung/document.py?Gericht=bgh&Art=en&nr=78741&pos=0&anz=1* (zuletzt aufgerufen am 15. Juni 2023).

eine solche nicht personenbezogene IP-Adresse oder um eine personenbezogene IP-Adresse handelt.

Da Sie einer IP-Adresse nicht ansehen können, ob sie die von der Rechtsprechung aufgestellten Kriterien für einen Personenbezug erfüllt oder nicht, müssen Sie also immer davon ausgehen, dass Sie auch personenbezogene IP-Adressen erhalten. Sobald die Möglichkeit besteht, dass Sie auch nur vereinzelt personenbezogene IP-Adressen verarbeiten, müssen im Ergebnis alle IP-Adressen als personenbezogene Daten eingestuft werden.

Meist werden Ihnen neben der IP-Adresse noch weitere Daten durch den Browser des Nutzers übermittelt, und Sie speichern diese und weitere Daten in Logdateien (siehe dazu Kapitel 3, »Technischer Datenschutz: Anforderungen der DSGVO an den IT-Betrieb«). Der Verarbeitungszweck, den Sie in der Datenschutzerklärung angeben müssen, liegt bei diesen Daten meist darin, die Website auf dem Gerät des Nutzers anzuzeigen, die Stabilität und Sicherheit Ihres Internetauftritts zu gewährleisten und gegebenenfalls auch Ihr Angebot zu optimieren. Rechtsgrundlage für diese Verarbeitungen ist meistens Ihr berechtigtes Interesse an der Erreichung dieser Zwecke nach Art. 6 Abs. 1 lit. f DSGVO.

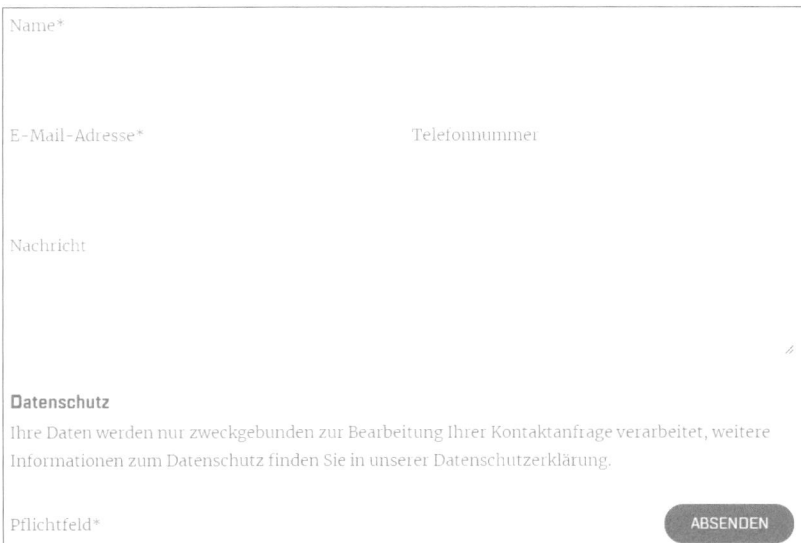

Abbildung 4.3 Kontaktformular mit Kenntlichmachung der notwendigen und optionalen Eingabefelder

Halten Sie auf Ihrer Website ein Kontaktformular bereit, müssen Sie den Nutzer in der Datenschutzerklärung darüber aufklären, wie und warum Sie die über das Kontaktformular erhobenen Daten verarbeiten. Auch wenn bereits unabhängig von einem Kontaktformular wohl die Verpflichtung besteht, eine Transportverschlüsselung einzusetzen (siehe Kapitel 3, »Technischer Datenschutz: Anforderungen der DSGVO an den IT-Betrieb«), haben Sie diese Verpflichtung nach der Rechtsprechung auf jeden Fall, wenn Sie ein Kontaktformular anbieten und es dem Nutzer so ermöglichen, personenbezogene Daten an Sie zu übermitteln.

> **Praxistipp: Gestaltung des Kontaktformulars**
>
> Bei der Gestaltung des Kontaktformulars sollten Sie darauf achten, dass Sie wirklich nur die absolut notwendigen Felder zu Pflichtfeldern machen (vgl. dazu auch Abbildung 4.3). Denken Sie an den Grundsatz der Datensparsamkeit! Häufig reicht es aus, wenn nur die E-Mail-Adresse und die eigentliche Nachricht Pflichtfelder sind. Wenn weitere Felder wie ANREDE, NAME, ANSCHRIFT, ALTER usw. Pflichtfelder sein sollen, brauchen Sie dafür eine gute Begründung. Bei der Anrede – wenn Sie eine solche unbedingt verwenden wollen – sollten Sie darauf achten, dass Sie auch eine genderneutrale Auswahloption und die Möglichkeiten vorhalten, keine Angaben zu machen.

Als Rechtsgrundlagen für typische Kontaktformulare kommen Art. 6 Abs. 1 lit. b und f DSGVO in Betracht. Geht es bei der Anfrage des Nutzers um die Anbahnung oder die Durchführung eines Vertrags, können Sie die Verarbeitung auf Art. 6 Abs. 1 lit. b DSGVO stützen. Dies betrifft z. B. Fälle, in denen der Nutzer bei Ihnen ein konkretes Angebot anfragt (Vertragsanbahnung) oder Ihnen mitteilt, dass ein geliefertes Produkt mangelhaft ist und er Nacherfüllung verlangt (Durchführung eines Vertrags). Betrifft die Anfrage kein konkretes Vertragsverhältnis, können Sie die Verarbeitung in der Regel auf Ihr berechtigtes Interesse an der Beantwortung der Anfrage und damit auf Art. 6 Abs. 1 lit. f DSGVO stützen.

Ähnlich sieht es auch aus, wenn der Nutzer Ihnen über die auf der Website angegebene Kontaktadresse eine E-Mail schreibt. Steht die Mail im Zusammenhang mit einem sich anbahnenden oder bereits bestehenden Vertrag, finden Sie die Rechtsgrundlage wieder in Art. 6 Abs. 1 lit. b DSGVO. Fehlt ein derartiger Bezug zu einem konkreten Vertragsverhältnis, stützen Sie sich auf Ihr berechtigtes Interesse nach Art. 6 Abs. 1 lit. f DSGVO.

Betreiben Sie ein Forum oder eine Kommentarfunktion unter einem Blog, muss sich der Nutzer in der Regel zunächst zumindest mit seiner E-Mail-Adresse registrieren. In diesem Zusammenhang wird der Nutzer Ihre Nutzungsbedingungen für das Forum bzw. die Kommentarfunktion akzeptieren müssen. Sie schließen damit einen Vertrag über die Nutzung des Forums bzw. der Kommentarfunktion. Rechtsgrundlage für die Verarbeitung ist in diesem Fall wieder Art. 6 Abs. 1 lit. b DSGVO. Ob Sie auch den Klarnamen des Nutzers erheben dürfen oder sogar müssen, diskutieren wir in Kapitel 2, »Das Telekommunikation-Telemedien-Datenschutz-Gesetz (TTDSG)«.

Datenschutzrechtlich relativ einfach zu behandeln ist der Webshop. Der Zweck ist eindeutig: Anbahnung und Abschluss von Verträgen mit dem Kunden. Damit steht auch

Art. 6 Abs. 1 lit. b DSGVO als Rechtsgrundlage fest. Gibt es die Möglichkeit, ein Kundenkonto anzulegen, sollten Sie darüber in der Datenschutzerklärung informieren. Ob es auch die Möglichkeit geben muss, als Gast zu bestellen, also ohne die Anlage eines Kundenkontos, ist umstritten. Sinnvoll und nutzerfreundlich ist es auf jeden Fall, eine Bestellung auch ohne die Anlage eines Kundenkontos zu ermöglichen.

> **Praxistipp: E-Mail-Werbung gegenüber Bestandskunden**
>
> Sie werden vermutlich häufig den Wunsch haben, Kunden, die in Ihrem Webshop bereits einmal etwas bestellt haben, auf neue Angebote und Dienstleistungen Ihres Unternehmens aufmerksam zu machen. Dürfen Sie Ihren Kunden einfach eine E-Mail schreiben?
>
> E-Mail-Werbung muss sich neben dem Datenschutzrecht auch am sogenannten Wettbewerbsrecht messen lassen. Die entscheidende Vorschrift finden Sie im Gesetz gegen den unlauteren Wettbewerb (UWG), und dort in § 7. Dort ist geregelt, dass eine geschäftliche Handlung unzulässig ist, wenn ein Marktteilnehmer dadurch unzumutbar belästigt wird. Ihr Kunde ist ein solcher Marktteilnehmer. Die Vorschrift regelt weiter, dass eine unzumutbare Belästigung bei Werbung unter der Verwendung elektronischer Post stets anzunehmen ist, ohne dass eine vorherige ausdrückliche Einwilligung des Adressaten vorliegt. E-Mails sind elektronische Post. Bis hierher sieht es für Ihre Werbe-Mail also nicht gut aus, da Ihnen in der Regel keine Einwilligung des Kunden vorliegt.
>
> Es findet sich in § 7 Abs. 3 UWG allerdings eine Ausnahme von diesem grundsätzlichen Verbot der E-Mail-Werbung ohne Einwilligung. Eine unzumutbare Belästigung ist bei E-Mail-Werbung nicht anzunehmen, wenn die folgenden Voraussetzungen vorliegen:
>
> 1. Wenn ein Unternehmer im Zusammenhang mit dem Verkauf einer Ware oder Dienstleistung von dem Kunden dessen elektronische Postadresse erhalten hat.
> 2. Wenn der Unternehmer die Adresse zur Direktwerbung für eigene ähnliche Waren oder Dienstleistungen verwendet.
> 3. Wenn der Kunde der Verwendung nicht widersprochen hat.
> 4. Wenn der Kunde bei der Erhebung der Adresse und bei jeder Verwendung klar und deutlich darauf hingewiesen wird, dass er der Verwendung jederzeit widersprechen kann, ohne dass hierzu andere Kosten als die Übermittlungskosten nach den Basistarifen entstehen.
>
> Die erste Anforderung erfüllen Sie in der Regel leicht, weil Sie die E-Mail-Adresse des Kunden typischerweise anlässlich seiner ersten Bestellung bei Ihnen erhalten haben.
>
> Die zweite Anforderung ist schon etwas schwieriger zu erfüllen, weil Sie sich Gedanken darüber machen müssen, was »eigene ähnliche Waren oder Dienstleistungen« sind. Klar ist, dass Sie nur für sich selbst werben dürfen, aber nicht für andere Unternehmen. Was noch ähnliche Waren oder Dienstleistungen sind, ist häufig nicht

genau abgrenzbar. Hat ein Kunde bei Ihnen beispielsweise eine Teichpumpe gekauft, dürfen Sie ihm dann Werbung für Schlafanzüge schicken?

Die dritte Anforderung erfüllen Sie wieder relativ leicht. Ermöglichen Sie dem Kunden, der Verwendung zu widersprechen, indem Sie ihn auf diese Möglichkeit in Ihrer Datenschutzerklärung und in jeder E-Mail hinweisen. Kommt ein Widerspruch, beachten Sie diesen peinlich genau.

An der vierten Anforderung scheitern Sie meistens, wenn Sie sich Ihre Datenbank anschauen. Bei wie vielen E-Mail-Adressen können Sie nachweisen, dass Sie Ihren Kunden diesen Hinweis erteilt haben? Vermutlich bei wenigen, wenn Sie sich das erste Mal mit dieser Thematik beschäftigen. Für die Zukunft können Sie diese Voraussetzung aber leicht dadurch schaffen, dass Sie den Kunden in der Datenschutzerklärung darauf hinweisen, dass Sie beabsichtigen, ihm an seine im Bestellprozess angegebene E-Mail-Adresse Werbung für eigene ähnliche Waren und Dienstleistungen zu schicken.

Dagegen nimmt die derzeit herrschende Meinung in der juristischen Literatur keine zeitliche Einschränkung für die Verwendung vor. Wenn die Voraussetzungen vorliegen, können Sie dem Bestandkunden auch noch nach Jahren Werbe-E-Mails schicken.

Rechtsgrundlage für die Verwendung der Kundendaten, einschließlich der E-Mail-Adresse, zu Zwecken der Direktwerbung, kann Art. 6 Abs. 1 lit. f DSGVO in Verbindung mit § 7 Abs. 3 UWG sein.

Checkboxen: Notwendig, sinnvoll, oder nicht?

Viele Mythen ranken sich nach wie vor um die Frage, ob man Checkboxen braucht, um die Datenschutzerklärung und z. B. AGB in den Vertrag einzubeziehen. Die Antwort lautet: Nein. Und insbesondere bei der Datenschutzerklärung ist das sogar schädlich. Formulierungen wie »Ich bin mit der Geltung der Datenschutzhinweise einverstanden.« oder »Ich akzeptiere die Datenschutzerklärung.« sollten Sie auf keinen Fall verwenden. Das liegt daran, dass diese Formulierungen und die Gestaltung mit einer Checkbox darauf hindeuten, dass es sich bei dem Inhalt der Datenschutzerklärung um eine vertragliche Vereinbarung handelt. Mit derartigen Gestaltungen erheben Sie die eigentlich einseitigen Datenschutzinformationen in den Rang einer vertraglichen Vereinbarung. Dies hat zur Konsequenz, dass diese vertragliche Vereinbarung nur von beiden Vertragspartnern gemeinsam geändert werden kann. Sie könnten also die Datenschutzerklärung bzw. die Datenschutzhinweise nicht mehr einseitig ändern. Das ist aber weder sinnvoll noch der Sinn und Zweck der Datenschutzerklärung. Das Gleiche gilt übrigens bei den AGB, denn auch für diese brauchen Sie keine Checkbox. Voraussetzung für die Einbeziehung von AGB ist nach § 305 Abs. 2 BGB lediglich, dass Sie Ihren Vertragspartner auf die Geltung der AGB hinweisen und er die Möglichkeit erhält, sich von den AGB in zumutbarer Weise Kenntnis zu verschaffen.

Zusammenfassend reicht es für eine optimale Gestaltung also aus, wenn Sie direkt vor dem Button, mit dem z. B. ein Kundenkonto angelegt wird, auf die AGB und die Datenschutzerklärung hinweisen und beides verlinken (siehe Abbildung 4.4).

Abbildung 4.4 Verlinken statt Checkboxen

Einsatz von Dienstleistern

Werden die personenbezogenen Daten nicht ausschließlich durch Ihr Unternehmen verarbeitet, müssen Sie nach Art. 13 Abs. 1 lit. e DSGVO die Empfänger oder Kategorien von Empfängern angeben, damit der Betroffene nachvollziehen kann, durch wen seine Daten verarbeitet werden. Dass die personenbezogenen Daten, die beim Betrieb einer Website anfallen, ausschließlich durch Ihr Unternehmen verarbeitet werden, dürfte die absolute Ausnahme sein, da Sie in aller Regel für das Hosting und für einzelne Funktionen der Website auf Drittanbieter zurückgreifen. Sie werden z. B. in der Regel für den Versand eines Newsletters einen Dienstleister einsetzen. Dieser muss entweder bei der Beschreibung der einzelnen Verarbeitung oder in einem gesonderten Block der Datenschutzerklärung genannt werden, wobei klar sein muss, welcher Empfänger welche Daten zu welchen Zwecken verarbeitet. In der Regel wird es sich bei solchen Dienstleistern um Auftragsverarbeiter handeln. Denken Sie also daran, einen entsprechenden *Auftragsverarbeitungsvertrag (AVV)* abzuschließen. Der Vertrag wird meist von den Dienstleistern bereitgestellt und lässt sich häufig direkt in Ihrem Nutzerkonto abschließen.

Besonderes Augenmerk sollten Sie auf die Funktionen Ihrer Website legen, bei denen personenbezogene Daten des Websitebesuchers in ein Drittland, insbesondere in die USA, übermittelt werden.

Prüfen Sie auch, ob es bei einem der von Ihnen eingesetzten Dienstleistern gegebenenfalls zu einer Übermittlung in ein Drittland kommen kann. Schauen Sie dabei auch in die Liste der Unterauftragnehmer, die in nahezu jedem Auftragsverarbeitungsvertrag enthalten ist. Finden Sie dabei eine Übermittlung in ein Drittland, müssen Sie darüber nach Art. 13 Abs. 1 lit. f DSGVO in Ihrer Datenschutzerklärung informieren. Sie müssen auch darüber informieren, welche geeigneten Garantien es für die Sicherheit der Daten gibt und wo sie für den Betroffenen verfügbar sind. Dies ist häufig ein schwieriges Unterfangen. Weiteres zum generellen Umgang mit und zur Informationspflicht bei Drittlandübermittlungen finden Sie in Kapitel 7, »Export von Daten in alle Welt: Was ist erlaubt?«.

Speicherdauer

Nicht fehlen darf eine Angabe zu der von Ihnen geplanten Speicherdauer der Daten. Da sich die Speicherdauer je nach Datum unterscheidet, ist es sinnvoll, wenn Sie die Speicherdauer bei der jeweiligen Verarbeitung angeben, also z. B. mitteilen, dass Sie Logdateien mit IP-Adressen für sieben Tage und Daten im Zusammenhang mit Kaufverträgen, die über den Webshop geschlossen wurden, für die Dauer der gesetzlichen Aufbewahrungsfristen speichern.

Betroffenenrechte

Am Ende einer Datenschutzerklärung findet sich meistens ein Block mit Informationen über die Betroffenenrechte. Über diese müssen Sie zwingend auch in der Datenschutzerklärung unterrichten. Wie man das am besten macht, lesen Sie in Kapitel 5, »Datenschutzverpflichtungen als Unternehmen umsetzen«. Die Informationspflichten im Rahmen der Datenschutzerklärung unterscheiden sich insoweit nicht von den Informationspflichten in anderweitigen Datenschutzhinweisen. Die rechtliche Grundlage für diese Informationspflichten finden Sie in Art. 13 Abs. 2 DSGVO.

> **Praxistipp: Beispiel für eine Datenschutzerklärung**
>
> I. Name und Kontaktdaten des Verantwortlichen
>
> *Max Mustermann GmbH, Musterstraße 1, 12345 Musterstadt, info@mmustermann.de*
>
> II. Kontaktdaten des Datenschutzbeauftragten
>
> *Unseren Datenschutzbeauftragten erreichen Sie unter unserer Anschrift mit dem Zusatz »Datenschutzbeauftragter« oder per E-Mail unter datenschutz@mmustermann.de*
>
> III. Informationen zu den Verarbeitungen auf und im Zusammenhang mit unserer Website
>
> a) Besuch unserer Website
>
> Beim rein informatorischen Besuch unserer Website, wenn Sie uns also nicht anderweitig Informationen übermitteln, verarbeiten wir nur die personenbezogenen Daten, die uns Ihr Browser übermittelt. Dies sind:
>
> - IP-Adresse Ihres Systems
>   - Datum und Uhrzeit (inkl. Zeitzone) Ihrer Anfrage
>   - Typ, Inhalt und Protokollversion Ihrer Anfrage (konkreter Seitenaufruf)
>   - Zugriffsstatus (HTTP-Statuscode) unseres Servers
>   - Größe unserer Server-Antwort in Bytes
>   - Website, von der die Anfrage kommt (sogenannter Referrer)
>   - Ihr User-Agent (Typ, Version, verwendetes Betriebssystem)
>   - die von Ihnen aufgerufene Domain

Wir speichern diese Daten auch in Logdateien.

Die genannten Daten sind für uns technisch erforderlich, um unsere Website anzuzeigen, die Stabilität und Sicherheit zu gewährleisten und unser Angebot zu optimieren.

Rechtsgrundlage ist Art. 6 Abs. 1 lit. f DSGVO, wobei sich unser berechtigtes Interesse aus den genannten Zwecken ergibt.

Wir löschen diese Daten spätestens nach sieben Tagen. Eine darüberhinausgehende Speicherung findet nur statt, wenn die personenbezogenen Daten entsprechend gelöscht oder anonymisiert wurden; bei IP-Adressen geschieht dies z. B. durch eine datenschutzkonforme Kürzung.

Beim Betrieb unserer Website setzen wir als Auftragsverarbeiter die XY AG, [Adresse], ein.

b) Kontaktformular

Nutzen Sie unser Kontaktformular, verwenden wir die von Ihnen übermittelten Daten, wobei nur eine gültige E-Mail-Adresse erforderlich ist und die anderen Angaben freiwillig sind, um Ihre Anfrage zu beantworten.

Die Datenverarbeitung zum Zwecke der Kontaktaufnahme mit uns erfolgt auf Grundlage von Art. 6 Abs. 1 lit. b DSGVO, soweit es bei Ihrer Anfrage um die Durchführung bzw. Abwicklung von mit Ihnen geschlossenen Verträgen oder um eine Vertragsanbahnung geht. In anderen Fällen findet sich die Rechtsgrundlage in Art. 6 Abs. 1 lit. f DSGVO, wobei sich unser berechtigtes Interesse aus den oben genannten Zwecken ergibt.

Die für die Benutzung des Kontaktformulars von uns erhobenen personenbezogenen Daten werden nach Erledigung der von Ihnen gestellten Anfrage automatisch gelöscht, wenn wir nicht gesetzlich zur Aufbewahrung verpflichtet sind oder wir die Daten zur Vertragserfüllung benötigen.

IV. Welche Rechte haben Sie?

Sie haben folgende Rechte:

- Recht auf Auskunft (Art. 15 DSGVO)
- Recht auf Berichtigung (Art. 16 DSGVO)
- Recht auf Löschung (Art. 17 DSGVO)
- Recht auf Einschränkung der Verarbeitung (Art. 18 DSGVO)
- Recht auf Datenübertragbarkeit (Art. 20 DSGVO)
- Recht auf Widerspruch gegen die Verarbeitung (Art. 21 DSGVO)
- Recht auf Beschwerde bei einer Datenschutzaufsichtsbehörde (Art. 77 DSGVO)
- Recht auf jederzeitigen Widerruf einer uns erteilten Einwilligung, ohne dass die Rechtmäßigkeit der bis zum Widerruf erfolgten Verarbeitung berührt wird.

4.3 Newsletter

Waren *Newsletter* in den Anfangstagen des Internets ein sehr beliebtes Marketinginstrument, nahm ihre Bedeutung zwischenzeitlich erheblich ab. Heute sind Newsletter wieder auf dem Vormarsch, auch weil sie ein sehr günstiges Medium darstellen, um potenzielle Kunden von den eigenen Angeboten zu überzeugen.

4.3.1 Rechtsgrundlage für den Newsletter-Versand

Die rechtlichen Hürden für einen rechtmäßigen Newsletter-Versand sind allerdings relativ hoch. Das liegt vor allem daran, dass der Versand eines Newsletters in aller Regel nur mit der Einwilligung des Empfängers erlaubt ist. Rechtsgrundlage für den Newsletter-Versand ist dann Art. 6 Abs. 1 lit. a DSGVO.

> **Hinweis: Was eine Einwilligung ist, definiert Art. 4 Nr. 11 DSGVO!**
>
> Eine Einwilligung der betroffenen Person ist jede freiwillig für den bestimmten Fall, in informierter Weise und unmissverständlich abgegebene Willensbekundung in Form einer Erklärung oder einer sonstigen eindeutigen bestätigenden Handlung, mit der die betroffene Person zu verstehen gibt, dass sie mit der Verarbeitung der sie betreffenden personenbezogenen Daten einverstanden ist.
>
> Sie haben also vier Elemente, die Sie für eine wirksame Einwilligung benötigen:
> - Freiwilligkeit
> - Bestimmtheit
> - Informiertheit
> - Unmissverständlichkeit
>
> Generell zur Einwilligung nach der DSGVO finden Sie hilfreiche Hinweise in den Leitlinien 05/2020 zur Einwilligung gemäß Verordnung 2016/679 des Europäischen Datenschutzausschusses (EDSA).[4]

Problematisch sind häufig Gestaltungen, die versuchen, den Newsletter zu einem Bestandteil der vertraglichen Leistung zu machen, sodass er dann in Art. 6 Abs. 1 lit. b DSGVO eine Rechtsgrundlage hätte. In Ausnahmefällen kann das der Fall sein, wenn Sie z. B. einen kostenpflichtigen Informationsservice zu bestimmten Themen anbieten. Dann besteht Ihre vertragliche Leistung in dem Versand des Newsletters.

Ähnlich sind auch Gestaltungen zu werten, bei denen Sie offen und transparent darauf hinweisen, dass Sie dem Nutzer eine bestimmte Leistung nur dann zur Verfügung stellen, wenn er sich für den Newsletter anmeldet (z. B. Gewinnspielteilnahme oder Whitepaper-Download). Die Datenschutzkonferenz nennt als Beispiel in ihrem Kurz-

---

[4] Diese finden Sie online unter *https://edpb.europa.eu/our-work-tools/our-documents/guidelines/guidelines-052020-consent-under-regulation-2016679_de* (zuletzt aufgerufen am 15. Juni 2023).

papier Nr. 3, »Verarbeitung personenbezogener Daten für Werbung«,[5] die Bereitstellung eines kostenlosen E-Mail-Accounts gegen die Zustimmung zum Erhalt eines Newsletters. Diese Thematik wird häufig auch unter dem Stichwort *Kopplungsverbot* diskutiert, auf das wir im Folgenden näher eingehen.

4.3.2 Kopplungsverbot

Im Zusammenhang mit Newslettern wird nicht selten auf das sogenannte *Kopplungsverbot* hingewiesen, das sich in Art. 7 Abs. 4 DSGVO findet. Nach dem etwas sperrigen Wortlaut der Vorschrift muss bei der Beurteilung, ob die Einwilligung freiwillig erteilt wurde, dem Umstand in größtmöglichem Umfang Rechnung getragen werden, ob u. a. die Erfüllung eines Vertrags, einschließlich der Erbringung einer Dienstleistung, von der Einwilligung zu einer Verarbeitung von personenbezogenen Daten abhängig ist, die für die Erfüllung des Vertrags nicht erforderlich sind. Nach ErwG 42 der DSGVO ist eine Einwilligung dann freiwillig, wenn die betroffene Person eine echte oder freie Wahl hat. Der Betroffene muss außerdem in der Lage sein, seine Einwilligung zu verweigern oder zurückzuziehen, ohne Nachteile zu erleiden.

Ein prominentes Beispiel dazu ist z. B. die Gestaltung »Gewinnspiel gegen Newsletter-Anmeldung«, bei der die Teilnahme an einem Gewinnspiel von einer Anmeldung zu einem Newsletter abhängig gemacht wird. Für die Durchführung des Gewinnspielvertrags ist der Versand eines Newsletters nicht erforderlich. Sie könnten deshalb jetzt auf die Idee kommen, dass es an der Freiwilligkeit fehlt. Nach einer Entscheidung des OLG Frankfurt a. M. muss man es so streng aber nicht sehen. In dem Urteil stellten die Richter fest, dass es dem Nutzer freistünde, zu entscheiden, ob ihm die Teilnahme am Gewinnspiel die Einwilligung zum Newsletter-Erhalt wert sei.[6]

Einen anderen Weg geht in diesen Konstellationen die Datenschutzaufsichtsbehörde in NRW. In ihrem 26. Tätigkeitsbericht geht sie davon aus, dass es an der Freiwilligkeit wegen der nicht vorhandenen Erforderlichkeit fehle. Der Newsletter-Versand sei aber trotzdem rechtmäßig, weil er auf eine vertragliche Vereinbarung »Gewinnspielteilnahme gegen Anmeldung zum Newsletter« und damit auf Art. 6 Abs. 1 lit. b DSGVO gestützt werden könne.[7] Unklar ist allerdings u. a., wie der Empfänger den Newsletter wieder loswerden kann. Da er keine Einwilligung erteilt hat, kann er eine solche auch nicht widerrufen. Er müsste dann stattdessen den Vertrag mit dem Gewinnspielanbieter kündigen.

---

5 Dieses Kurzpapier ist online verfügbar unter *www.datenschutzkonferenz-online.de/media/kp/ dsk_kpnr_3.pdf* (zuletzt aufgerufen am 15. Juni 2023).

6 OLG Frankfurt a.M., Urteil vom 27.06.2019 – 6 U 6/19, online verfügbar unter *https://openjur.de/ u/2185336.html* (zuletzt aufgerufen am 15. Juni 2023).

7 Siehe dazu auch den 26. Bericht der Landesbeauftragten für Datenschutz und Informationsfreiheit Nordrhein-Westfalen, Seite 40 ff., online verfügbar unter *www.ldi.nrw.de/system/files/ media/document/file/26_-bericht-ldi-nrw-1.pdf* (zuletzt aufgerufen am 15. Juni 2023).

Ein weiteres häufig anzutreffendes Beispiel ist das Angebot eines kostenlosen Whitepaper-Downloads, der nur ermöglicht wird, wenn sich der Interessent zum Newsletter anmeldet. Auch hier ist der spätere regelmäßige Newsletter-Versand nicht erforderlich, um dem Interessenten das Whitepaper zur Verfügung zu stellen. Wie bereits oben dargestellt, gibt es aber kein absolutes Kopplungsverbot in der DSGVO. Es ist also nicht so, dass ein Vertragsschluss immer nur dann von einer Einwilligung abhängig gemacht werden darf, wenn die auf der Einwilligung beruhende Datenverarbeitung für die Vertragserfüllung erforderlich ist. Ein solch absolutes Kopplungsverbot ist der Regelung in Art. 7 Abs. 4 DSGVO nicht zu entnehmen. Die Vorschrift stellt lediglich ein – wenn auch gewichtiges – Kriterium für die Freiwilligkeit der Einwilligung auf. Unter Hinzuziehung des ErwG 42 ist mit dem OLG Frankfurt a. M. im Ergebnis danach zu fragen, ob die Entscheidung über die Erteilung der Einwilligung trotz der Kopplung noch *frei* ist, ob der Nutzer also eine echte Wahl hat. Das wird z. B. regelmäßig der Fall sein, wenn der Nutzer nicht unbedingt auf den Vertragsschluss angewiesen ist, wenn er also zwanglos entscheiden kann, ob ihm die angebotene Leistung die Erteilung einer Einwilligung wert ist. Diese Voraussetzung ist bei einem Whitepaper-Download regelmäßig erfüllt. Ansonsten käme man aber auch in diesem Fall unter Zugrundelegung der Auffassung der Aufsichtsbehörden zu einem rechtmäßigen Newsletter-Versand, wenn dem Nutzer nur ausreichend transparent klargemacht wird, dass seine Gegenleistung für die kostenlose Bereitstellung des Whitepapers der Bezug des Newsletters ist. Seine Einwilligung kann er natürlich jederzeit widerrufen.

4.3.3 Anmeldung zum Newsletter: die Einwilligung

Wenn wir von einem *Newsletter* sprechen, meinen wir im Regelfall einen periodischen E-Mail-Versand als Marketinginstrument neben der eigentlichen Leistung (z. B. Online-Shop, über den Kaufverträge abgeschlossen werden können).

> **Praxistipp: Double-opt-in**
>
> Beachten Sie von Anfang an, dass Ihr Unternehmen als Absender und damit als Verantwortlicher im Sinne der DSGVO nach Art. 7 Abs. 1 DSGVO im Zweifel nachweisen muss, dass der Empfänger in den Empfang des Newsletters eingewilligt hat.
>
> Als technisches Verfahren für die Einholung und den Nachweis einer solchen Einwilligung hat sich seit Langem das sogenannte Double-opt-in-Verfahren etabliert. Sie werden es sicher kennen und selbst schon vielfach durchlaufen haben: Nachdem Sie sich für einen Newsletter angemeldet haben (erstes Opt-in), erhalten Sie eine E-Mail des Anbieters, in der dieser Sie auffordert, Ihre Anmeldung noch einmal durch einen Klick auf einen in der Mail enthaltenen Link zu bestätigen (zweites Opt-in). Erst wenn Sie auf den Link aus der Mail geklickt haben, ist Ihre Anmeldung zum Newsletter abgeschlossen.

Mit dem Verfahren soll sichergestellt werden, dass es auch wirklich der Inhaber der E-Mail-Adresse war, der sich zum Newsletter angemeldet und damit seine Einwilligung erteilt hat.

Falls Sie beabsichtigen, einen Newsletter zu versenden, sollten Sie bei der Anmeldung auf dieses Verfahren setzen und dabei beachten, dass die Bestätigungs-E-Mail keinerlei Werbung enthalten darf. In dieser Mail sollten Sie also auf jeglichen werblichen Inhalt verzichten. Es sollten z. B. auch keine Hinweise auf Messeauftritte usw. in der E-Mail-Signatur vorhanden sind. Bereits ein solcher Hinweise würde dazu führen, dass Sie für diese E-Mail abgemahnt werden können.

Die rechtlichen Anforderungen an eine wirksame Einwilligung, sind neben dem Einsatz dieses technischen Verfahrens, relativ hoch. Die Einwilligung muss freiwillig sein. Es muss sich außerdem um eine informierte Einwilligung handeln. Schließlich ist die Einwilligung jederzeit frei widerruflich sein. Diese Anforderungen an die Einwilligung ergeben sich aus Art. 7 DSGVO.

Wie holen Sie die Einwilligung nun konkret auf Ihrer Website ein? Der Standardfall dürfte die Einrichtung einer eigenen Seite für die Anmeldung zum Newsletter sein. Auf dieser Seite informieren Sie den Nutzer darüber, zu welchen Themen Sie einen Newsletter anbieten. Für die eigentliche Anmeldung muss der Nutzer dann seine E-Mail-Adresse angeben und einen Button (z. B. ZUM NEWSLETTER ANMELDEN) drücken. Eine Checkbox, die der Nutzer vor dem Drücken des Buttons aktivieren muss, ist bei dieser Gestaltung nicht erforderlich (siehe Abbildung 4.5).

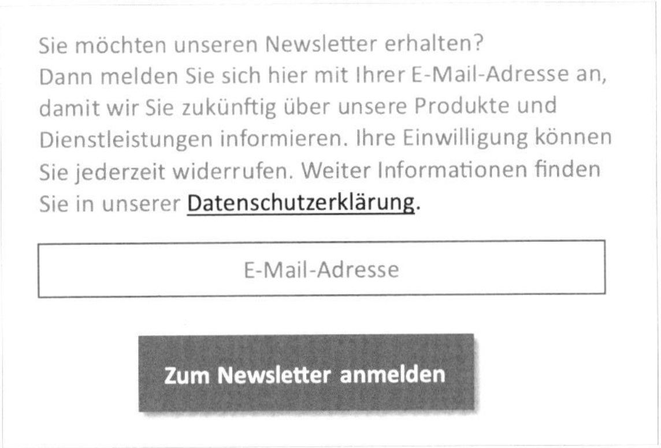

Abbildung 4.5 Newsletter-Anmeldung ohne Checkbox

Die Newsletter-Anmeldung kann aber auch in einen anderen Prozess auf Ihrer Website integriert sein. Wenn Sie z. B. einen Online-Shop betreiben, kann die Anmeldung zum Newsletter auch in den Bestellprozess oder die Anlage des Benutzerkontos integriert sein. In diesen Fällen werden Sie um die Verwendung einer Checkbox nicht herumkommen. Das liegt daran, dass Sie z. B. den Bestellprozess in der Regel mit einem Button KOSTENPFLICHTIG BESTELLEN o. Ä. beschriften. Darin ist vom Wortlaut her aber keine Einwilligung zum Newsletter-Versand enthalten. Die Erklärung des Kunden zielt auf den Abschluss eines Kaufvertrags, nicht aber auf eine Anmeldung zum Newsletter ab. In diesen Fällen müssen Sie vor dem die Bestellung abschließenden Button eine Checkbox platzieren, die der Kunde aktivieren kann, um sich zum Newsletter anzumelden (siehe Abbildung 4.6).

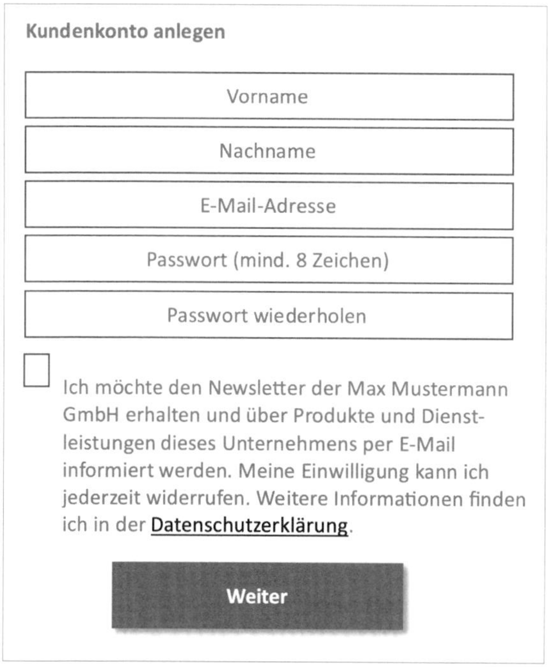

Abbildung 4.6 Anmeldung zu einem Newsletter mit Checkbox im Rahmen der Anlage eines Kundenkontos

Formulierung der Einwilligungserklärung

Besondere Aufmerksamkeit sollten Sie der Formulierung der Informationen widmen, die Sie dem potenziellen Abonnenten bei der Anmeldung erteilen. So sollten Sie auf jeden Fall angeben, von wem der Empfänger Newsletter erhalten wird. Im einfachsten Fall ist das nur Ihr Unternehmen. Schwieriger wird es, wenn sich die Einwilligung auch auf Tochterunternehmen oder sogar auf weitere Dritte erstrecken soll. Wenn es sich um eine überschaubare Anzahl handelt, sollten Sie die Unternehmen in der Einwilligung aufzählen. Ansonsten können Sie auf eine Aufzählung in der Datenschutzerklärung verweisen, die Sie dann verlinken sollten. Beachten Sie aber, dass dieser Weg mit einigen Unsicherheiten behaftet ist, weil nicht klar ist, ob eine solche Verweisung ausreichend ist, um zu einer informierten Einwilligung zu gelangen. Seitenlange Listen von Unternehmen, die die Einwilligung auch für sich in Anspruch nehmen wollen, dürften jedenfalls unzulässig sein, weil es für den Nutzer dann nicht transparent ist, wem er eine Einwilligung erteilt.

Des Weiteren müssen Sie darüber informieren, welche Inhalte den Empfänger Ihres Newsletters erwarten. Schränken Sie sich dabei nicht zu sehr ein. Decken Sie möglichst alle Angebote Ihres Unternehmens ab. Ist Ihr Unternehmen z. B. ein Hersteller von Smart-Home-Geräten, sollten Sie nicht formulieren: »Wir informieren Sie mit unserem Newsletter über neue Produkte.« Vielleicht bieten Sie schon heute oder in Zukunft auch Seminare oder Online-Schulungen zum Thema Smart-Home an. Formulieren Sie also besser: »Wir informieren Sie mit unserem Newsletter über unser Unternehmen sowie über neue Produkte, Veranstaltungen, Angebote und Dienstleistungen im Bereich Smart-Home.«

> **Praxistipp: Keine Angabe zur Häufigkeit des Newsletters**
>
> Abzuraten ist von der Angabe einer konkreten Frequenz des Newsletters. Hat der Kunde nämlich in den monatlichen Versand eingewilligt, wird es schwierig, zwischendurch einen Sondernewsletter zu rechtfertigen.

Pflichtfelder?

Spannend ist auch die Frage, welche Daten des Nutzers Sie bei der Anmeldung zum Newsletter abfragen, denn erforderlich ist eigentlich nur die E-Mail-Adresse. Wenn Sie also nur die E-Mail-Adresse bei der Anmeldung abfragen, sind Sie auf der sicheren Seite.

Häufig wünscht sich Ihre Marketingabteilung aber weitere Angaben, wie z. B. die Anrede, den Namen und die Position im Unternehmen. Diese Angaben mögen in vielen Fällen wünschenswert und hilfreich sein, sind aber praktisch nie für den Newsletter-Versand erforderlich. Wenn Sie neben der E-Mail-Adresse weitere Angaben abfragen, sollten Sie die entsprechenden Felder als optional kennzeichnen. Verwenden Sie ein Feld ANREDE, sollte es nicht nur die Auswahl zwischen HERR und FRAU geben, sondern auch eine genderneutrale Variante und auch die zusätzliche Möglichkeit, keine Angabe zu machen.

4.3.4 Auswertung des Nutzerverhaltens

Wenn Sie die Einwilligung zum Newsletter wirksam eingeholt haben, werden Sie sich als Nächstes die Frage stellen, zu welchen Zwecken Sie die gewonnenen Daten verwenden dürfen. Klar dürfte sein, dass Sie die E-Mail-Adresse des Empfängers zum Zwecke des Newsletter-Versands verwenden dürfen. Dürfen Sie aber auch auswerten, welcher Newsletter wann geöffnet wurde? Dürfen Sie ermitteln und auswerten, auf welche Links im Newsletter der Empfänger geklickt hat? Wenn Sie ein *Zählpixel* verwenden, müssen Sie sich außerdem fragen, ob Sie dafür eine Einwilligung nach TTDSG brauchen, weil Sie das Zählpixel auf dem Endgerät des Nutzers speichern (z. B. in Outlook). Wenn Sie diese Daten zu einem *Tracking* des Nutzers verwenden wollen, benötigen Sie dafür eine Einwilligung. Sie sollten diesen Zweck also direkt bei der Formulierung der Einwilligungserklärung berücksichtigen und den Nutzer bei der Erteilung der Einwilligung darauf aufmerksam machen, dass Sie sein Nutzungsverhalten auch zu Tracking-Zwecken erfassen und auswerten.

4.3.5 Impressum und Abmelde-Link

Neben dem eigentlichen Inhalt Ihres Newsletters sollten Sie darauf achten, dass Sie in jedem einzelnen Newsletter entweder alle in einem Impressum erforderlichen Angaben machen oder auf das Impressum Ihrer Website verlinken. Außerdem sollte es einen Link zu Ihrer Datenschutzerklärung und den obligatorischen Abmelde-Link geben.

4.3.6 Widerruf der Einwilligung

Der *Widerruf* der Einwilligung ist in Art. 7 Abs. 3 DSGVO geregelt. Demnach kann ein Betroffener seine Einwilligung jederzeit ohne Angabe von Gründen widerrufen. Ihre Rechtsgrundlage für die Verarbeitung der Daten des Betroffenen im Rahmen eines Newsletters ist also sehr fragil, weil der Betroffene sie Ihnen jederzeit durch Widerruf wieder entziehen kann. Es gibt aber auch eine gute Nachricht: Der Widerruf wirkt immer nur für die Zukunft. Die Verarbeitungen, die Sie vorgenommen haben, während Ihnen eine noch nicht widerrufene Einwilligung vorlag, bleiben also auch nach dem Widerruf rechtmäßig. Sie müssen allerdings beachten, dass Sie den Betroffenen vor der Abgabe seiner Einwilligungserklärung über die freie Widerrufbarkeit informieren müssen.

Ob Sie das in einem direkten räumlichen Zusammenhang mit der Einwilligung machen müssen, z. B., indem Sie den Hinweis direkt unterhalb des Anmelde-Buttons platzieren, oder ob Sie die Belehrung »nur« in der Datenschutzerklärung vorhalten, auf die Sie bei der Anmeldung verlinken, ist derzeit noch umstritten. Sicherer und transparenter ist es, wenn Sie den Hinweis direkt bei der Anmeldung geben und ihn nicht in der Datenschutzerklärung »verstecken«.

Praktisch erfolgt der Widerruf der Einwilligung durch eine Abmeldung vom Newsletter. Dazu enthalten die Newsletter meistens am Ende einen mehr oder weniger prominent gestalteten Link, mit dem sich der Empfänger abmelden kann. Alternativ könnte Ihnen der Nutzer aber auch eine E-Mail schreiben und Sie darum bitten, zukünftig keine Newsletter mehr an ihn zu versenden. Auch das ist ein Widerruf der Einwilligung, den Sie unbedingt beachten sollten, weil ansonsten Abmahnungen oder sogar Schadensersatzansprüche des Empfängers drohen. Sie sollten also unbedingt einen Prozess in Ihrem Unternehmen etablieren, der sicherstellt, dass Abmeldungen vom Newsletter – auf welchem Weg sie auch erklärt werden – unbedingt beachtet werden und der Betroffene umgehend von der Empfängerliste gestrichen wird.

Schwieriger und für den Empfänger lästig, sind Gestaltungen, die den Nutzer nach einem Klick auf den Abmelde-Link zunächst auf eine Website führen, auf der der Nutzer dann eine Vielzahl von verschiedenen Unter-Newslettern abwählen kann. Häufig war er sich bei der Anmeldung gar nicht bewusst, dass es mehrere Newsletter des Unternehmens zu verschiedenen Themenbereichen gibt. In diesem Fall bestehen schon Zweifel an der Wirksamkeit der Einwilligung, weil der Nutzer offenbar nicht ausreichend über den Umfang seiner Einwilligung informiert wurde. Jedenfalls wird ihm die Abmeldung teilweise erheblich erschwert. Die DSGVO schreibt in Art. 7 Abs. 3 Satz 4 aber vor, dass der Widerruf der Einwilligung so einfach wie die Erteilung der Einwilligung sein muss. Es ist deshalb schon grenzwertig, wenn der Nutzer, der sich durch einen Klick auf den Abmelde-Link am Ende eines Newsletters abmelden möchte, zunächst auf eine Website geleitet wird, auf der er seinen Benutzernamen und sein Passwort eingeben muss, um die Abmeldung abzuschließen.

Entfallen Einwilligungen durch bloßen Zeitablauf?

Verlieren die einmal eingeholten Einwilligungen irgendwann ihre Gültigkeit durch den bloßen Zeitablauf, also ohne dass der Empfänger sich abgemeldet hat? Diese Frage lässt sich nicht mit einem Blick ins Gesetz beantworten, da in der DSGVO nirgends etwas zur zeitlichen Befristung einer Einwilligung steht. Auf der anderen Seite würden Sie es als Empfänger vielleicht auch ungewöhnlich finden, wenn Sie nach vielen Jahren wieder einen Newsletter erhalten, für den Sie sich in grauer Vorzeit angemeldet haben, der dann über mehrere Jahre nicht erschienen ist. Deshalb werden zu dieser Frage viele verschiedene Meinungen vertreten.

Klar dürfte sein, dass eine Einwilligung nicht in regelmäßigen Abständen erneut eingeholt werden muss, wenn diese regelmäßig genutzt wird. Wenn Sie also regelmäßig Ihren Newsletter versenden, müssen Sie die Empfänger nicht z. B. einmal im Jahr danach fragen, ob sie den Newsletter weiterhin bekommen wollen.

Wenn Sie Ihren Newsletter allerdings »einschlafen« lassen und über mehrere Jahre keinen Newsletter versenden, werden Sie eine neue Einwilligung einholen müssen. Als Richtschnur für die Praxis kann ein Zeitraum von zwei Jahren angenommen werden. Nutzen Sie die E-Mail-Adresse über diesen Zeitraum nicht, dürfte die Einwilligung durch den Zeitablauf erloschen sein.[8]

---

[8] Das AG München geht in seinem Urteil vom 14.02.2023 (Az. 161 C 12736/22) von vier Jahren aus, online abrufbar unter *www.gesetze-bayern.de/Content/Document/Y-300-Z-GRURRS-B-2023-N-2245?hl=true* (zuletzt aufgerufen am 15. Juni 2023). Höchstrichterlich entschieden ist die Frage derzeit aber noch nicht.

4.3.7 Einsatz von Dienstleistern für den Newsletter-Versand

Nur in seltenen Ausnahmefällen werden Sie den Newsletter selbst versenden. Meistens werden Sie damit einen Dienstleister beauftragen. Denken Sie daran, mit diesem einen Auftragsverarbeitungsvertrag zu schließen. Und denken Sie daran, ihn als Empfänger in Ihrer Datenschutzerklärung zu nennen. Bei der Auswahl des Dienstleisters können Sie sich viele Schwierigkeiten, die mit einer möglichen Drittlandübermittlung zusammenhängen (siehe Kapitel 7, »Export von Daten in alle Welt: Was ist erlaubt?«), ersparen, wenn Sie einen Anbieter aus einem sicheren Drittstaat wählen.

4.4 Schlankheitskur: Datenschutzkonformer Umgang mit Cookies & Co.

Für viele Funktionen Ihrer Website benötigen Sie eine Einwilligung des Nutzers. Das Einwilligungserfordernis kann sich zum einen aus den Regelungen des TTDSG (siehe Kapitel 2, »Das Telekommunikation-Telemedien-Datenschutz-Gesetz (TTDSG)«) ergeben, die unabhängig davon anwendbar sind, ob es bei der Verarbeitung um personenbezogene Daten geht oder nicht. Das Einwilligungserfordernis kann sich zum anderen aber auch aus der DSGVO ergeben, wenn Sie nämlich für die beabsichtigte Verarbeitung personenbezogener Daten eine Einwilligung benötigen, weil Ihnen keine andere Rechtsgrundlage zur Verfügung steht.

4.4.1 Grundsatz: Einwilligungsbedürftigkeit

Die meisten Cookies und die meisten Zugriffe auf die Endeinrichtung des Nutzers, wenn Sie dort z. B. Daten aus dem sogenannten *Local Storage* auslesen wollen, sind bereits nach TTDSG einwilligungsbedürftig. Die weitere Verarbeitung dieser Daten richtet sich dann häufig nach der DSGVO, weil meistens personenbezogene Daten entstehen. Für die Verarbeitungen brauchen Sie dann wieder eine Rechtsgrundlage. Das kann z. B. eine Einwilligung nach Art. 6 Abs. 1 lit. a DSGVO sein, oder Sie können die Verarbeitung auf ein berechtigtes Interesse stützen, sodass Sie die Verarbeitung nach Art. 6 Abs. 1 lit. f DSGVO rechtfertigen können.

> **Hinweis: Was sind Cookies? Und sind Cookies personenbezogene Daten?**
>
> Cookies sind kleine Textdateien, die auf dem Endgerät des Nutzers gespeichert werden. In Cookies können z. B. Voreinstellungen des Nutzers zur Sprache der Website, Login-Informationen oder der Warenkorb des Nutzers abgespeichert werden. Cookies können auch dazu verwendet werden, Nutzerinteressen über verschiedene Webseiten hinweg zu erfassen und auszuwerten. Sie dienen dann dem Tracking der Nutzer und dem Ausspielen von zielgenauer Werbung.

Verbleiben die Cookies dauerhaft bzw. für eine längere Zeitspanne auf dem IT-System bzw. dem Endgerät des Nutzers, spricht man von *persistenten Cookies*. Werden die Cookies gelöscht, wenn der Nutzer seinen Browser schließt, nennt man sie *Session Cookies*.

Werden die Cookies durch den Betreiber der Website selbst gesetzt, handelt es sich um *First Party Cookies*, werden sie von einem Dritten gesetzt, handelt es sich um *Third Party Cookies*. Diese von Dritten gesetzten Cookies sind für den Nutzer meistens »gefährlicher« bzw. eingriffsintensiver, weil sie es erlauben, das Verhalten des Nutzers über verschiedene Webseiten hinweg zu verfolgen und auszuwerten. Manche Third Party Cookies sind auf den ersten Blick nicht als solche zu erkennen. Sie können per JavaScript so gesetzt werden, dass sie in den Entwicklertools der Browser als First Party Cookies erscheinen.

Cookies enthalten meist keine Daten, die einen direkten Personenbezug zulassen. Häufig wird dort lediglich eine eindeutige Kennung gespeichert, die für sich genommen nicht auf eine natürliche Person schließen lässt. Der Personenbezug kann aber dadurch entstehen, dass der Nutzer bei dem Anbieter des Cookies zuvor oder nach dem Setzen des Cookies weitere Daten hinterlassen hat, weil er z. B. etwas bestellt hat oder einen Account angelegt hat. In diesen Fällen sind dann auch die Daten aus dem Cookie personenbezogen. Darüber hinaus kann der Personenbezug auch durch die Profilbildung entstehen, die auf der Grundlage des Cookies und der Verfolgung des Nutzers über mehrere Webseiten hinweg durchgeführt wird.

Ausnahme: Technische Erforderlichkeit

Eine praxisrelevante Ausnahme vom Einwilligungserfordernis nach § 25 TTDSG finden Sie im dortigen Absatz 2. Demnach ist eine Einwilligung dann nicht erforderlich, wenn das Cookie oder der Zugriff auf Informationen im Endgerät des Nutzers unbedingt erforderlich ist, um einen vom Nutzer ausdrücklich gewünschten Dienst zu erbringen. Prominente Beispiele hierzu sind Warenkorb-Cookies und Authentifizierungs-Cookies.

4.4.2 Cookie-Banner zur Einholung von Einwilligungen

Wie holen Sie nun eine erforderliche Einwilligung ein? Das Mittel der Wahl sind im Moment die Ihnen sicher bestens bekannten *Cookie-Banner*, denen man beim Surfen durch das Internet praktisch nicht mehr entkommen kann. Cookie-Banner dienen dazu, auf Websites und in Apps Einwilligungen der Nutzer einzuholen. Nur wenn Sie wirklich ausschließlich technisch erforderliche Cookies einsetzen bzw. nur solche erforderlichen Daten aus dem Endgerät des Nutzers auslesen, können Sie auf ein Cookie-Banner verzichten. Sie müssen diese Cookies und Auslesevorgänge aber auch dann in Ihrer Datenschutzerklärung erwähnen und dort Ausführungen zum Zweck und zur Rechtsgrundlage machen.

Sie können ein Cookie-Banner entweder selbst programmieren oder eine Lösung von einem Anbieter kaufen. Verlassen Sie sich bei der Auswahl des Anbieters aber nicht nur auf dessen Werbeaussagen, nach denen dieser zu 100 % DSGVO-konform ist.[9] Sie sind und bleiben im Verhältnis zu den Besuchern Ihrer Website und den Aufsichtsbehörden Verantwortlicher für die Datenverarbeitungsvorgänge und können sich nicht hinter Ihrem Anbieter verstecken. Prüfen Sie also genau, ob die angebotene Lösung den nachfolgend dargestellten Anforderungen entspricht. Und schließen Sie einen Auftragsverarbeitungsvertrag mit dem Anbieter des Cookie-Banners.

Gestaltung eines Cookie-Banners

Bei der konkreten Gestaltung eines Cookie-Banners müssen Sie einige Dinge beachten. Vieles ist derzeit noch umstritten. Wir möchten Ihnen aber einige praxisrelevante Fragestellungen aufzeigen, die Sie bei der Gestaltung unbedingt bedenken sollten.

Gleich zu Beginn Ihrer Überlegungen zur Gestaltung des Cookie-Banners sollten Sie einen immer wieder anzutreffenden handwerklichen Fehler vermeiden: Das Cookie-Banner darf weder den Zugriff auf das Impressum noch auf die Datenschutzerklärung erschweren. Diese beiden Seiten müssen ohne Schwierigkeiten erreichbar sein, indem eine entsprechende Verlinkung entweder im Cookie-Banner selbst enthalten ist, oder das Cookie-Banner darf die Links auf der eigentlichen Webseite nicht verdecken. Ein Klick auf beide Links muss möglich sein, ohne dass der Nutzer eine Entscheidung im Cookie-Banner getroffen hat.

> **Praxistipp: Cookie-Banner im Zusammenhang mit dem Zugriff auf Impressum und Datenschutzerklärung**
>
> Achten Sie drauf, dass mit einem Klick auf diese beiden Links keine Funktionen aktiviert werden, für die Sie eine Einwilligung benötigen. Die Seiten »Impressum« und »Datenschutzerklärung« müssen ohne Einwilligung nutzbar sein und sollten deshalb von Funktionen freigehalten werden, die nur mit Einwilligung nutzbar sind. Ein klassischer Fehler ist z. B. die Einbindung einer Google-Maps-Karte im Impressum, für die eine Einwilligung erforderlich ist. Wird Google Maps nach einem Klick auf den Link zum Impressum ohne Einwilligung geladen, liegt ein Rechtsverstoß vor.

---

9 Beispielsweise hat das Verwaltungsgericht Wiesbaden in einem Eilverfahren am 1. Dezember 2021 (Az. 6 L 738/21.WI) einer Hochschule per Beschluss untersagt, eine bekannte Consent-Management-Plattform zu betreiben, die weitere Dienstleister einsetzt, die ihren Sitz in den USA haben. Das Urteil ist online verfügbar unter *www.rv.hessenrecht.hessen.de/bshe/document/LARE220002083* (zuletzt aufgerufen am 15. Juni 2023).

Generell sollten Sie unbedingt darauf achten, dass mit sämtlichen Datenverarbeitungsvorgängen, die einer Einwilligung bedürften, auch wirklich erst begonnen werden darf, wenn der Nutzer seine Entscheidung im Cookie-Banner getroffen hat. Alle einwilligungsbedürftigen Funktionen Ihrer Website müssen also bis zur Entscheidung durch den Nutzer blockiert sein.

Das Cookie-Banner muss den Anforderungen der DSGVO an eine wirksame Einwilligung gerecht werden. Bei der Gestaltung müssen Sie also Art. 7 und Art. 4 Nr. 11 DSGVO beachten. Die gute Nachricht ist, dass das auch für Einwilligungen nach TTDSG gilt, da § 25 Abs. 1 Satz 2 TTDSG bezüglich der Information des Endnutzers und der Einwilligung auf die DSGVO verweist. Für weitere Informationen zum Thema verweisen wir an dieser Stelle auf Kapitel 2, »Das Telekommunikation-Telemedien-Datenschutz-Gesetz (TTDSG)«.

Für die Gestaltung eines Cookie-Banners spielen vor allem die Aspekte der Informiertheit der Einwilligung, der unmissverständlichen bzw. eindeutig bestätigenden Handlung und der Freiwilligkeit eine entscheidende Rolle.

Zu einer wirksamen Einwilligung kommen Sie nur, wenn Sie den Nutzer vor der Abgabe seiner Einwilligungserklärung ausreichend über die von Ihnen beabsichtigte Verarbeitung seiner Daten informieren. Es muss sich also um eine sogenannte *informierte Einwilligung* handeln. Im Prinzip müssen Sie den Nutzer über alles informieren, was für seine Entscheidung von Bedeutung sein kann. Sie können sich dabei an den Vorgaben von Art. 13 DSGVO orientieren.

Allerdings wird es Ihnen kaum gelingen, sämtliche dort aufgeführten Informationen auf der ersten Ebene eines Cookie-Banners zu erteilen. Das Cookie-Banner wäre dann überladen und damit intransparent. Cookie-Banner, die die Informationen auf mehrere Ebenen verteilen, sind also nicht nur zulässig, sondern meistens wegen der Fülle an Informationen auch erforderlich. Auf die erste Ebene gehören die für die Nutzerentscheidung wesentlichen Informationen. Das sind insbesondere die Verarbeitungszwecke und eine Information darüber, ob die Nutzerdaten auch von Dritten verarbeitet werden.[10]

Wichtig sind auch Hinweise zu einer gegebenenfalls stattfindenden Drittlandübermittlung. Die weiteren Mindestinformationen können dann auf einer leicht zugänglichen zweiten Ebene des Cookie-Banners oder in aufklappbaren Feldern zugänglich gemacht werden.

---

10 »GDD-Praxishilfe DS-GVO ePrivacy und Datenschutz beim Onlineauftritt«, S. 7, online verfügbar unter *www.gdd.de/downloads/praxishilfen/prax-praxishilfen-neustrukturierung/ GDDPraxishilfeDSGVOePrivacyundDatenschutzbeimOnlineauftritt.pdf* (zuletzt aufgerufen am 15. Juni 2023).

> **Praxistipp: Mindestinformationen in einem Cookie-Banner**
>
> In einem Cookie-Banner sollten mindestens die folgenden Informationen enthalten sein:
>
> 1. Name und Kontaktdaten des Verantwortlichen
> 2. Verarbeitungszweck (z. B. Tracking, Marketing, Statistik usw.)
> 3. Art der Daten, die erhoben werden
> 4. Hinweis auf Widerrufsmöglichkeit
> 5. Informationen zu Drittlandübermittlungen und die gegebenenfalls damit verbundenen Risiken
> 6. Hinweis auf Verarbeitungen durch Dritte
> 7. Speicherdauer des Cookies

Die Ihnen sicher noch bekannten und auch noch nicht ganz ausgestorbenen schlichten Cookie-Banner der ersten Jahre, die lediglich darüber informierten, das Cookies gesetzt werden und die es teilweise ermöglichten, die Website auch ohne Klick auf das Cookie-Banner zu nutzen, sind unzulässig. Über ein solches Cookie-Banner kann keine wirksame Einwilligung eingeholt werden. Dies gilt auch, wenn in dem Banner steht, dass der Nutzer sich durch die weitere Nutzung der Website mit dem Setzen von Cookies einverstanden erklärt. Die bloße Weiternutzung der Website durch Scrollen oder durch das Anklicken von Inhalten, stellt trotz eines solchen Hinweises keine wirksame Einwilligung dar, weil es an einer unmissverständlichen Willenserklärung des Nutzers fehlt und auch keine eindeutig bestätigende Handlung vorliegt, da das bloße Nutzen der Website keinerlei Erklärungsinhalt hat (siehe Abbildung 4.7).

| Wir setzen auf unserer Website Cookies ein. Durch die weitere Nutzung unserer Website erklären Sie sich damit einverstanden. | OK |

Abbildung 4.7 Unzulässiges Cookie-Banner

Seit der Planet49-Entscheidung des EuGH führen voreingestellte Checkboxen nicht zu einer wirksamen Einwilligung, da es dann an einer aktiven Handlung des Nutzers fehlt.[11] Vermeiden Sie derartige Voreinstellungen in Ihrem Cookie-Banner.

> **Hinweis: Cookie-Walls**
>
> Mit dem Begriff Cookie-Wall beschreibt man eine bestimmte Gestaltung eines Cookie-Banners, bei der das Betrachten von Inhalten von einer Zustimmung des Nutzers zur Verarbeitung seiner Daten zu Tracking- und Marketingzwecken abhängig gemacht wird.

---

11 EuGH, Urteil vom 01.10.2019 – C-673/17, online verfügbar unter *https://curia.europa.eu/juris/liste.jsf?language=de&num=C-673/17* (zuletzt aufgerufen am 15. Juni 2023).

Solche Gestaltungen führen nicht zu einer wirksamen Einwilligung, weil es an der Freiwilligkeit der Einwilligung fehlt, wenn der Nutzer keine Wahl hat, seine Einwilligung zu erteilen oder nicht. So sieht es auch der EDSA, der bei Cookie-Walls, die den Zugriff auf Websiteinhalte erst ermöglichen, wenn der Nutzer auf COOKIES AKZEPTIEREN geklickt hat, davon ausgeht, dass der Nutzer dann keine echte Wahl hat und seine Einwilligung deshalb nicht freiwillig ist.[12]

Zu einer weiteren Variante, den sogenannten Cookie-Paywalls, kommen wir später.

Bis hierhin haben Sie zusammenfassend festgestellt, dass Sie ein Cookie-Banner brauchen, das die Einwilligung des Nutzers vor dem Beginn jeglicher einwilligungsbedürftiger Verarbeitungen einholt und dabei den einwilligungsfreien Zugriff auf das Impressum und die Datenschutzerklärung ermöglicht. Sie wissen auch, dass Sie eine eindeutige Handlung des Nutzers für die Einwilligung brauchen, die in der Praxis ein Klick auf einen Button des Cookie-Banners ist.

Sie brauchen also im Ergebnis mindestens zwei Buttons, einen, mit dem der Nutzer seine Einwilligung erteilt (z. B. ALLES AKZEPTIEREN), und einen, mit dem der Nutzer eine Einwilligung ablehnt (z. B. ALLES ABLEHNEN). Ihnen ist vermutlich schon aufgefallen, dass die wenigsten Cookie-Banner diesem einfachen Aufbau folgen. Den Button ALLES AKZEPTIEREN gibt es in jedem Cookie-Banner. Dieser ist immer prominent gestaltet, um den Nutzer zu einem schnellen Klick hierauf zu bewegen. Den Ablehnen-Button muss der Nutzer häufig suchen und findet ihn meistens erst auf einer zweiten Ebene des Cookie-Banners. Manchmal gibt es auch gar keinen direkten Ablehnen-Button, weil der Nutzer nur seine Einstellungen speichern kann. Aber sind solche Gestaltungen überhaupt zulässig?

> **Praxistipp: Nudging und Dark Patterns**
>
> Unter »Nudging« (Anschubsen) versteht man den Versuch, durch die optische Gestaltung des Cookies-Banners und insbesondere der Buttons das Nutzerverhalten zu beeinflussen. Ziel ist in der Regel ein Klick auf den Button ALLES AKZEPTIEREN.
>
> Unter *Dark Pattern (so genannte dunkle Muster)* versteht man Oberflächengestaltungen einer Website oder App, die den Nutzer zu Handlungen verleiten sollen, die eigentlich nicht in seinem Interesse sind. Dazu werden Informationen so durch die Prozessgestaltung und/oder das Design versteckt, dass der Nutzer aufgrund seines üblichen Verhaltensmusters zu einer eigentlich nicht gewollten Handlung verleitet wird.

---

12 EDSA, »Leitlinien 05/2020 zur Einwilligung gemäß Verordnung 2016/679«, Version 1.1, angenommen am 4.5.2020, Randziffer 39, online verfügbar unter *https://edpb.europa.eu/sites/default/files/files/file1/edpb_guidelines_202005_consent_de.pdf* (zuletzt aufgerufen am 15. Juni 2023).

Dark Pattern werden seit Ende 2022 durch den EU-Gesetzgeber im sogenannten Digital Services Act (DSA)[13] ausdrücklich adressiert. Nach ErwG 67 dieser Verordnung sind Dark Pattern Praktiken, mit denen darauf abgezielt oder tatsächlich erreicht wird, dass die Fähigkeit der Nutzer, eine autonome und informierte Auswahl oder Entscheidung zu treffen, maßgeblich verzerrt oder beeinträchtigt wird. Am Ende des ErwG findet sich zudem der Hinweis, dass der DSA nur auf Dark Pattern anzuwenden ist, soweit diese nicht bereits in den Anwendungsbereich der DSGVO fallen. Der EU-Gesetzgeber geht also davon aus, dass gegebenenfalls bereits die DSGVO das Phänomen der Dark Pattern regelt. Auch der EDSA hat sich in seinen Guidelines 03/2022 ausführlich mit der Bewertung derartiger Gestaltungen beschäftigt.[14]

In gewissen Grenzen werden Nudging und Dark Pattern als zulässig angesehen. Die genaue Grenze ist allerdings unklar und hängt stark vom Einzelfall und der zukünftig zu dieser Frage ergehenden Rechtsprechung ab. Die Grauzone ist in diesem Bereich besonders breit. Wird die Grenze überschritten, kommen Verstöße gegen den Grundsatz der Verarbeitung nach Treu und Glauben (Art. 5 Abs. 1 lit. a DSGVO) in Betracht, und die Wirksamkeit der Einwilligung steht infrage (Art. 4 Nr. 11 i. V. m. Art. 7 DSGVO).

»Alles ablehnen«-Button

Deutlich weniger häufig als den ALLES AKZEPTIEREN-Button finden Sie den ALLES ABLEHNEN-Button direkt auf der ersten Seite des Cookie-Banners, und wenn er vorhanden ist, dann meist optisch erheblich weniger ansprechend gestaltet als der ALLES AKZEPTIEREN-Button. So wird beispielsweise der ALLES AKZEPTIEREN-Button gerne grafisch dadurch hervorgehoben, dass er vollfarbig – vorzugsweise in Grün – gestaltet ist, während der ALLES ABLEHNEN-Button mit einer schmalen, blassen Umrandung auskommen muss oder gar lediglich als Link in Hellgrau daherkommt (siehe Abbildung 4.9).

Ob es auf der ersten Seite eines Cookie-Banners einen gleichwertigen ALLES ABLEHNEN-Button (siehe Abbildung 4.8) geben muss, ist derzeit noch umstritten. Die DSK geht davon aus, dass ein solcher Button erforderlich ist, weil eine wirksame Einwilligung regelmäßig nicht vorliegt, wenn der Nutzer keine zwei Handlungsmöglichkeiten zur Auswahl hat, die gleich schnell zu dem Ziel führen, den Telemediendienst

---

13 »VERORDNUNG (EU) 2022/2065 DES EUROPÄISCHEN PARLAMENTS UND DES RATES vom 19. Oktober 2022 über einen Binnenmarkt für digitale Dienste und zur Änderung der Richtlinie 2000/31/EG (Gesetz über digitale Dienste)«, online verfügbar unter *https://eur-lex.europa.eu/legal-content/DE/TXT/HTML/?uri=CELEX:32022R2065&from=DE* (zuletzt aufgerufen am 15. Juni 2023).

14 »Guidelines 03/2022 on Deceptive design patterns in social media platform interfaces: how to recognize and avoid them«, Version 2.0 vom 14. Februar 2023, online verfügbar unter *https://edpb.europa.eu/our-work-tools/documents/public-consultations/2022/guidelines-32022-dark-patterns-social-media_en* (zuletzt aufgerufen am 15. Juni 2023).

(z. B. die Website) zu nutzen.[15] Nach dieser Auffassung führen also Gestaltungen, bei denen es auf der ersten Ebene des Cookie-Banners neben dem ALLES AKZEPTIEREN-Button nur Buttons mit Bezeichnungen wie EINSTELLUNGEN, WEITERE INFORMATIONEN o. Ä. gibt, nicht zu einer wirksamen Einwilligung (siehe Abbildung 4.10).

Abbildung 4.8 versteckter »Alles ablehnen«-Button

Abbildung 4.9 kein »Alles ablehnen«-Button

Abbildung 4.10 zulässiges Cookie-Banner

---

15 »Orientierungshilfe der Aufsichtsbehörden für Anbieter*innen von Telemedien ab dem 1. Dezember 2021« (OH Telemedien 2021) der DSK, Version 1.1, S. 15, online verfügbar unter *www.datenschutzkonferenz-online.de/media/oh/20221205_oh_Telemedien_2021_Version_1_1_Vorlage_104_DSK_final.pdf* (zuletzt aufgerufen am 15. Juni 2023).

Dieser strengen Auffassung hat sich auch das Landgericht (LG) München I in seinem Urteil gegen den Anbieter der Website *focus.de* vom 29. November 2022 angeschlossen.[16] Der Anbieter verwendete auf seiner Internetseite, auf der er kostenlose Nachrichteninhalte bereithält, eine *Consent Management Platform* (CMP), um Nutzerpräferenzen zu verwalten. Beim Aufruf der Website wurde ein Cookie-Banner eingeblendet, das aus mehreren Ebenen bestand. Auf der ersten Ebene konnte der Nutzer nur zwischen AKZEPTIEREN und EINSTELLUNGEN auswählen.[17] Erst nach einem Klick auf EINSTELLUNGEN gelangte der Nutzer auf eine zweite Ebene des Cookies-Banners, auf der er dann die Möglichkeit hatte, einen ABLEHNEN-Button zu drücken. Der AKZEPTIEREN-Button auf der ersten Ebene war zudem optisch durch eine blaue Einfärbung besonders hervorgehoben. Bei einer solchen Gestaltung ist nach dem LG München I nicht von einer freiwilligen Einwilligung auszugehen. Gegen die Freiwilligkeit spricht nach dem LG München I auch, dass auf der zweiten Ebene des Cookie-Banners eine unüberschaubare Vielzahl von Einstellungsmöglichkeiten angezeigt wird, die auch zu einer Erschwerung der Einwilligungsverweigerung gegenüber dem ALLES AKZEPTIEREN-Button führt. Bis dahin ist die Entscheidung nachvollziehbar. Etwas gewagter ist hingegen die Aussage des Gerichts, dass *bereits der Umstand, dass die Besucher die Webseite nicht ohne weitere Interaktion mit der CMP nutzen können*, gegen eine freiwillige Entscheidung spricht.

Wiederum nachvollziehbar hat das Gericht festgestellt, dass Cookies, die der domainübergreifenden Nachverfolgung zu Analyse- und Marketingzwecken dienen, für den Betrieb eines Nachrichtenportals nicht technisch erforderlich sind, sodass keine Ausnahme von § 25 TTDSG einschlägig ist. Dass die Verwendung der Finanzierung des Angebots dient und im Rahmen des *Transparency and Consent Framework* (TCF) in Version 2.0[18] vorgegeben ist, reicht nicht aus. Letztlich ist das Urteil des LG München I eines der ersten, das sich im Detail mit Fragen der Gestaltung von Cookie-Bannern befasst. Die weitere Entwicklung der Rechtsprechung bleibt abzuwarten. Direkt aus dem Gesetz lässt sich eine Verpflichtung zu einem ALLES ABLEHNEN-Button auf der ersten Ebene nämlich nicht herauslesen. Gleichwohl ist eine solche Gestaltung der sicherste und nutzerfreundlichste Weg.

Cookie-Paywalls

Eine weitere, immer häufiger – vor allem im Verlagswesen – anzutreffende Gestaltung sind *Cookie-Paywalls*. Bei diesen wird der Nutzer vor die Wahl gestellt, eine

---

16 LG München I, Urteil vom 29.11.2022 – 33 O 14776/19, online verfügbar unter *www.gesetze-bayern.de/Content/Document/Y-300-Z-GRURRS-B-2022-N-39300?hl=true* (zuletzt aufgerufen am 15. Juni 2023).
17 Mittlerweile lautet die Beschriftung des Buttons: »Einstellungen oder ablehnen«.
18 Das *Transparency and Consent Framework (TCF) v2.0*, online verfügbar unter *https://iabeurope.eu/tcf-2-0/* (zuletzt aufgerufen am 15. Juni 2023), ist eine technische Standardinfrastruktur, über die Publisher, Verlage und andere Werbetreibende Nutzereinwilligungen abfragen und untereinander übermitteln können.

umfassende Einwilligung, vor allem für Verarbeitungen zu Tracking-, Analyse- und Marketingzwecken, zu erteilen oder ein kostenpflichtiges Abo abzuschließen. Der Nutzer steht dann vor der Alternative: einwilligen oder zahlen. Auch bei einer solchen Gestaltung könnten bei Ihnen Zweifel an der Freiwilligkeit aufkommen. Die Frage ist derzeit höchst umstritten, und es bleibt eine gerichtliche Klärung abzuwarten. Es spricht hier allerdings einiges dafür, dass der Nutzer bei dieser Gestaltung eine echte Wahl hat und deshalb eine freiwillige Entscheidung treffen kann. Das gilt zumindest dann, wenn die verlangten Abo-Gebühren in einem vernünftigen *Verhältnis*[19] zu den gebotenen Inhalten stehen. In diese Richtung geht auch die Einschätzung der DSK in ihrem Beschluss vom 22. März 2023 zur Bewertung von Pur-Abo-Modellen auf Websites.[20] Demnach kann ein Nutzer-Tracking grundsätzlich auf eine Einwilligung gestützt werden, wenn alternativ ein trackingfreies Modell angeboten wird, auch wenn dieses bezahlungspflichtig ist. Allerdings müssen die Leistungen, die einmal gegen Einwilligung und einmal gegen Entgelt angeboten werden, gleich und das Entgelt marktüblich sein, wobei die DSK die Marktüblichkeit der Entgelthöhe nicht weiter definiert.

Widerruflichkeit der Einwilligung

Häufig wird im Zusammenhang mit Cookie-Bannern übersehen, dass es sich rechtlich gesehen um eine Einwilligung handelt. Und eine Einwilligung ist frei widerruflich. Es muss also eine Möglichkeit auf Ihrer Website geben, die über ein Cookie-Banner erteilte Einwilligung zu widerrufen. Da der Widerruf der Einwilligung ebenso einfach möglich sein muss wie die Erteilung (Art. 7 Abs. 3 Satz 4 DSGVO), scheidet ein ausschließlicher Verweis auf Widerrufsmöglichkeiten per Kontaktformular, E-Mail oder Post aus.[21]

Die praktische Umsetzung dieser rechtlich eindeutigen Anforderung ist nicht einfach. Der Königsweg besteht darin, auf der Website einen per Link von jeder Seite aus zugänglichen Bereich vorzuhalten, in dem der Nutzer seine erteilten Einwilligungen wie im Cookie-Banner angezeigt bekommt und in dem er die Möglichkeit hat, seine Einwilligung durch die Deaktivierung einer Checkbox oder durch die Betätigung eines Schiebeschalters zu widerrufen.

---

19 Was genau ein solches ausmacht, ist leider völlig unklar.
20 Siehe dazu den »Beschluss der Konferenz der unabhängigen Datenschutzaufsichtsbehörden des Bundes und der Länder vom 22. März 2023: Bewertung von Pur-Abo-Modellen auf Websites«, online verfügbar unter *www.datenschutzkonferenz-online.de/media/pm/DSK_Beschluss_Bewertung_von_Pur-Abo-Modellen_auf_Websites.pdf* (zuletzt aufgerufen am 15. Juni 2023).
21 »Orientierungshilfe der Aufsichtsbehörden für Anbieter:innen von Telemedien ab dem 1. Dezember 2021« *(OH Telemedien 2021)* der DSK, Version 1.1, S. 19, online verfügbar unter *www.datenschutzkonferenz-online.de/media/oh/20221205_oh_Telemedien_2021_Version_1_1_Vorlage_104_DSK_final.pdf* (zuletzt aufgerufen am 15. Juni 2023).

4.4.3 Nachweis von Einwilligungen

Im Rahmen Ihrer Rechenschaftspflicht müssen Sie im Zweifel nachweisen, dass ein Nutzer seine Einwilligung erteilt hat. Diesen Nachweis in jedem Einzelfall zu führen, ist nahezu unmöglich. Es reicht deshalb in der Regel aus, wenn Sie nachweisen können, welche konkreten Prozesse Sie zur Einholung von Einwilligungen implementiert haben.[22]

4.5 Rechtmäßige Analyse: Richtiger Umgang mit Google Analytics & Co.

Die meisten Websitebetreiber möchten gerne genau wissen, wer ihren Internetauftritt wie nutzt und ob an bestimmten Stellen Fehler auftreten. Dies ist auch verständlich, weil dem Betreiber auf diese Weise ermöglicht wird, sein Angebot an die Erwartungen und Wünsche der Nutzer anzupassen.

4.5.1 Webanalysen ohne Einwilligung?

Sind Reichweitenmessungen und Webanalysen ohne Einwilligung des Betroffenen, also des Nutzers der Website, rechtskonform möglich? Vorweg rufen wir uns in Erinnerung, dass die Speicherung von Informationen auf dem Endgerät des Nutzers und der Zugriff auf bereits dort gespeicherte Informationen in den Anwendungsbereich des TTDSG fällt, und zwar unabhängig davon, ob es sich um personenbezogene Daten handelt oder nicht.

Haben Sie einen der beiden Fälle beim Einsatz eines Analysetools, müssen Sie anhand von § 25 TTDSG prüfen, ob Sie eine Einwilligung benötigen oder ob Sie sich auf einen Ausnahmetatbestand berufen können. In Betracht kommt hier vor allem die Ausnahmeregelung von § 25 Abs. 2 Nr. TTDSG, wenn die Zugriffe auf das Endgerät des Nutzers unbedingt erforderlich sind, um den gewünschten Dienst zu erbringen.

Die *Commission Nationale de l'Informatique et des Libertés* (*CNIL*), also die französische Datenschutzaufsichtsbehörde, fasst einfache Analysen, die vom Betreiber der Website selbst in anonymisierter Form durchgeführt werden, und die der Fehlerbehebung, der technischen Optimierung und der Analyse der abgerufenen Inhalte die-

---

22 GDD-Praxishilfe »DS-GVO ePrivacy und Datenschutz beim Onlineauftritt«, S. 7, online verfügbar unter *www.gdd.de/downloads/praxishilfen/prax-praxishilfen-neustrukturierung/ GDDPraxishilfeDSGVOePrivacyundDatenschutzbeimOnlineauftritt.pdf/at_download/file* (zuletzt aufgerufen am 15. Juni 2023).

nen, unter diese Ausnahmevorschrift.[23] Einwilligungsfrei nach TTDSG sind auch Analysen, die ohne Zugriff auf das Endgerät des Nutzers auskommen, also z. B. eine Logdatei-Analyse.

4.5.2 Rechtsgrundlage für die weiteren Verarbeitungen

Unabhängig vom Ausgang dieser ersten Prüfung müssen Sie sich dann in einem zweiten Schritt die Frage stellen, auf welcher Rechtsgrundlage Sie die dabei gewonnenen Daten weiterverarbeiten dürfen. Da es sich meistens um personenbezogene Daten handelt, müssen Sie für die weitere Verarbeitung eine Rechtsgrundlage in der DSGVO finden. Als Rechtsgrundlagen für Reichweitenmessungen und Webanalysen kommen vor allem die berechtigten Interessen des Websitebetreibers und damit Art. 6 Abs. 1 lit. f DSGVO sowie die Einwilligung des Websitebesuchers und damit Art. 6 Abs. 1 lit. a DSGVO in Betracht.

Ein prominentes Beispiel ist *Google Analytics*. Der Einsatz dieses Tools ist seit jeher und bis heute umstritten. Das liegt auch daran, dass das Tool sehr umfangreiche und komplexe Einstellmöglichkeiten bietet und häufig nicht klar ist, welche Daten überhaupt zu welchen Zwecken verarbeitet werden.

Spätestens seit dem Inkrafttreten des TTDSG dürfte aber klar sein, dass für das Setzen der Google-Analytics-Cookies eine Einwilligung erforderlich ist. Dies gilt auch für alle anderen Anbieter von *Analysediensten*, die Cookies einsetzen. Derartige Cookies fallen nicht unter die Ausnahmen des Einwilligungserfordernisses nach § 25 TTDSG.

Klar dürfte auch sein, dass beim Einsatz von Google Analytics immer die IP-Adresse als personenbezogenes Datum verarbeitet wird. Und das gilt selbst dann, wenn im Tracking-Code die Funktion `_anonymizeIp()` zur Kürzung der IP-Adressen verwendet wird. Die Kürzung erfolgt nämlich erst auf einem Server von Google, sodass Google in jedem Fall zunächst die ungekürzte IP-Adresse erhält. Zum anderen verknüpft Google sämtliche gewonnenen Informationen miteinander, also auch die gekürzte IP-Adresse mit weiteren Informationen, wie z. B. dem eingesetzten Betriebssystem, der Browserversion usw., sodass hierdurch der Personenbezug trotz Kürzung der IP-Adresse aufrecht erhalten bleiben kann.

Daneben behält sich Google in seinen langen und unübersichtlichen Nutzungsbedingungen auch vor, die Daten zu eigenen Zwecken zu nutzen und mit Daten aus anderen Google-Diensten zusammenzuführen. Gerade das Zusammenführen von Informationen aus verschiedenen Quellen und Diensten ermöglicht es Google, präzise Nutzerprofile von Website-Besuchern zu erstellen.

---

23 CNIL, »Cookies et autres traceurs: la CNIL publie des lignes directrices modificatives et sa recommendation«, Nr. 49 ff, online verfügbar unter *www.cnil.fr/fr/cookies-et-autres-traceurs/regles/cookies/lignes-directrices-modificatives-et-recommandation* (zuletzt aufgerufen am 15. Juni 2023).

Schließlich stellt der mögliche Drittlandtransfer der Daten durch Google ein erhebliches und derzeit nicht vollständig zu lösendes Problem dar. Google ist unter dem DPF zertifiziert und bietet den Abschluss der aktuellen Standardvertragsklauseln an, diese reichen jedoch für sich alleine nicht aus, um einen Drittlandtransfer in die USA zu rechtfertigen. Zusätzlich erforderliche Maßnahmen lassen sich mit Google jedoch nicht vereinbaren und das, was Google als zusätzliche technische und organisatorische Maßnahmen anbietet, dürfte nicht ausreichen, um die Anforderungen des EuGH zu erfüllen. Es fehlt damit an einer gesetzlichen Rechtsgrundlage für den Drittlandtransfer im Rahmen des Einsatzes von Google Analytics (siehe Kapitel 7, »Export von Daten in alle Welt: Was ist erlaubt?«).

Die einzig in Betracht kommende Rechtsgrundlage ist die Einwilligung des Nutzers. Diese muss sich auch ausdrücklich auf den Drittlandtransfer beziehen. Ob eine solche Einwilligung derzeit rechtswirksam eingeholt werden kann, ist stark umstritten. Auf jeden Fall muss der Nutzer vor der Abgabe seiner Einwilligungserklärung auf den möglichen Drittlandtransfer aufmerksam gemacht werden. Dabei muss er auch darauf hingewiesen werden, dass insbesondere in den USA Zugriffsrechte durch Behörden und Geheimdienste bestehen und dass es letztlich keine wirksamen Rechtsbehelfe gibt. Auf diese Umstände muss der Nutzer direkt im Cookie-Banner und nicht erst in der Datenschutzerklärung hingewiesen werden. Ob diese Hinweise ausreichen, um dem Nutzer eine informierte Einwilligung im Sinne von Art. 7 DSGVO zu ermöglichen, erscheint zweifelhaft, weil der Nutzer dazu auch darüber informiert werden müsste, dass Google eigene Zwecke mit den Daten verfolgt. Diese Zwecke müssten auch im Einzelnen angegeben werden. Das ist Ihnen aber praktisch unmöglich, weil Google selbst nicht klar und eindeutig beschreibt, zu welchen eigenen Zwecken die Daten genutzt werden.

Selbst wenn Sie also den Nutzer so weit wie möglich informieren, seine Einwilligung einholen, und Google Analytics datenschutzfreundlich einstellen, wird ein Restrisiko bleiben. Eine konkrete Gerichtsentscheidung zu den Einzelfragen im Zusammenhang mit dem Einsatz von Google Analytics steht noch aus.

4.5.3   Eingeschränkte Analysemöglichkeiten ohne Einwilligung

Analysetools, die nur auf dem eigenen Webserver betrieben werden, können in sehr engen Grenzen noch auf der Grundlage eines berechtigten Interesses nach Art. 6 Abs. 1 lit. f DSGVO gerechtfertigt werden. Ohne Einwilligung geht es aber auch hier nur dann, wenn keinerlei Zugriff auf das Endgerät des Nutzers erfolgt, also weder Cookies gesetzt noch auf dem Endgerät gespeicherte Informationen ausgelesen werden. Sobald das der Fall ist, ist in der Regel eine Einwilligung nach TTDSG erforderlich, weil nur in den seltensten Fällen für einen sehr eng gezogenen Zweck ein Ausnahmetatbestand von § 25 TTDSG einschlägig sein wird. Dies kann z. B. der Fall sein, wenn der Zweck die fehlerfreie Auslieferung der Website ist. Dieser Zweck ist von dem ausdrücklichen Wunsch des Nutzers nach einem bestimmten Telemediendienst gedeckt. Dagegen ist die Analyse der Wirtschaftlichkeit von Werbeanzeigen primär das Interesse des Betreibers der Website.[24]

Haben Sie einen der seltenen Ausnahmefälle, in denen Sie keine Einwilligung nach TTDSG einholen müssen, müssen Sie im zweiten Schritt prüfen, auf welcher Rechtsgrundlage Sie die gewonnenen personenbezogenen Daten weiterverarbeiten können. Wollen Sie auch hier die Einwilligung vermeiden, bleibt in der Regel nur Art. 6 Abs. 1 lit. f DSGVO und damit das berechtigte Interesse. Ob Sie Ihre Verarbeitung hierauf stützen können, müssen Sie nach dem üblichen Prüfschema ermitteln: Im ersten Schritt ermitteln Sie die berechtigten Interessen, die Sie oder ein Dritter verfolgen. Im zweiten Schritt prüfen Sie, ob Ihre Verarbeitung zur Wahrung dieses Interesses erforderlich ist, und im dritten Schritt wägen Sie die berechtigten Interessen mit den Grundrechten und Grundfreiheiten der betroffenen Person im konkreten Einzelfall ab. Reine Zugriffszähler und Auswertungen zum Zwecke der fehlerfreien Bereitstellung der Website werden Sie auf diese Rechtsgrundlage stützen können. Sobald Sie darüberhinausgehende Zwecke, wie z. B. die websiteübergreifende Nutzerverfolgung, die Optimierung von Werbeanzeigen usw., verfolgen, werden Sie um eine Einwilligung nicht umhinkommen.

4.6 Datenschutzaspekte im Zusammenhang mit HTML5 sowie bei Googles FLoC und Co.

Die Zeit der Cookies neigt sich dem Ende entgegen. Das heißt aber nicht, dass das Web-Tracking u. Ä. auch am Ende ist. Nutzer lassen sich nämlich auch durch zahlreiche andere Techniken wiedererkennen, z. B. durch Technologien wie *Browser-* bzw. *Device-Fingerprinting*. Dabei werden eine Vielzahl von Merkmalen des vom Nutzer verwendeten Browsers bzw. Endgeräts, wie z. B. die Browserversion, die installierten Add-ons, die Bildschirmauflösung, Spracheinstellungen und installierte Schriftarten erhoben. Aus diesen lässt sich dann eine Art digitaler Fingerabdruck erstellen, anhand dessen der Browser bzw. das Endgerät des Nutzers später wiedererkannt werden kann.

> **Praxistipp: Neue Tracking-Methoden und das TTDSG**
> Ob derartige neue Technologien auch unter das TTDSG und dort insbesondere unter § 25 TTDSG fallen, ist nicht abschließend geklärt. Grundsätzlich ist das TTDSG allerdings technikneutral gestaltet, sodass auch neue Technologien erfasst sein sollten.

---

[24] »Orientierungshilfe der Aufsichtsbehörden für Anbieter/-innen von Telemedien ab dem 1. Dezember 2021 (OH Telemedien 2021)« der DSK, Version 1.1, S. 28, Rn 88, online verfügbar unter *www.datenschutzkonferenz-online.de/media/oh/20221205_oh_Telemedien_2021_Version_1_1_Vorlage_104_DSK_final.pdf* (zuletzt aufgerufen am 15. Juni 2023).

> Die DSK differenziert allerdings bei ihrer Bewertung danach, ob es sich um Daten handelt, die automatisch auf der Grundlage der Browsereinstellungen beim Aufruf der Website übermittelt werden oder ob die Daten aktiv, z. B. per JavaScript, abgefragt werden. Nur im zweiten Fall soll der Anwendungsbereich von § 25 TTDSG und damit die grundsätzliche Einwilligungsbedürftigkeit eröffnet sein.[25]
>
> Diese Auffassung scheint aber aufgrund der grundsätzlich technikneutralen Gestaltung des TTDSG zweifelhaft zu sein. Insofern sollten Sie lieber Vorsicht walten lassen und für alle potenziellen Tracking-Methoden die Notwendigkeit einer Einwilligung nach TTDSG berücksichtigen.

Auch der Internetkonzern Google plant seit Längerem, in seinem Browser Chrome alle Third-Party-Cookies zu blockieren. Aufgrund der mittlerweile hohen Verbreitung dieses Browsertyps wäre dies wohl mit dem Ende der bisherigen Cookie-Nutzung gleichzusetzen.

Mit *Federated Learning of Cohorts* (*FLoC*)[26] wollte Google zugleich eine neue datenschutzfreundliche Technologie für die Nutzung von interessenbasierter Werbung schaffen. FLoC zeichnet sich dadurch aus, dass es ohne Third-Party-Cookies und Fingerprinting auskommt, das Nutzungsverhalten vielmehr vom Browser selbst ausgewertet und der Nutzer auf Basis dieser Daten lokal im Browser in die »Kohorten« seiner Interessen einsortiert wird.

Nach umfangreicher Kritik von allen Seiten[27] wurde FLoC aber bereits im Anfang des Jahres 2022 wieder eingestellt.

Die von Google gestartete Initiative *Privacy Sandbox*[28] existiert aber nach wie vor (siehe Abbildung 4.11). Sie hat die Erstellung von neuen Standards für Websites zum Ziel, um gezielt auf Benutzerinformationen zuzugreifen, ohne dabei deren Privatsphäre zu gefährden.

Der Zweck der Privacy Sandbox besteht somit im Wesentlichen darin, Online-Werbung ohne die Verwendung von Third-Party-Cookies zu ermöglichen.

---

25 *Orientierungshilfe der Aufsichtsbehörden für Anbieter/-innen von Telemedien ab dem 1. Dezember 2021 (OH Telemedien 2021)* der DSK, Version 1.1, S. 8, Rn 20 ff, online verfügbar unter *www.datenschutzkonferenz-online.de/media/oh/20221205_oh_Telemedien_2021_Version_1_1_Vorlage_104_DSK_final.pdf* (zuletzt aufgerufen am 15. Juni 2023).

26 Detaillierte Infos zum Thema Federated Learning of Cohorts (FLoC) lassen sich beispielsweise noch unter *www.privacyaffairs.com/google-floc/* finden (zuletzt aufgerufen am 15. Juni 2023).

27 Für weiterführende Informationen dazu siehe beispielsweise die Berichte von netzpolitik.org, online verfügbar unter *https://netzpolitik.org/2021/neue-spielregeln-warum-google-cookie-tracking-abschafft/* und *https://netzpolitik.org/2022/online-werbung-google-gibt-seine-plaene-fuer-cookie-ersatz-floc-auf/* (zuletzt aufgerufen am 15. Juni 2023).

28 Mehr Infos zum Thema Privacy Sandbox finden Sie beispielsweise online unter *https://privacy-sandbox.com/* (zuletzt aufgerufen am 15. Juni 2023).

4.6 Datenschutzaspekte im Zusammenhang mit HTML5 sowie bei Googles FLoC und Co.

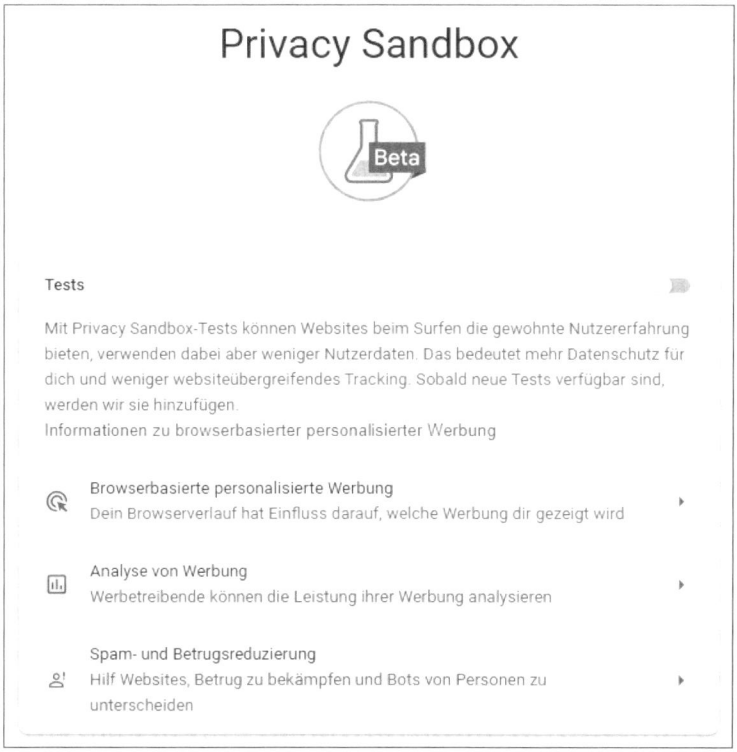

Abbildung 4.11 Privacy Sandbox im Browser Chrome

Mit *Topics*[29] hat Google direkt einen Nachfolger für FLoC angekündigt: Dabei sollen die Nutzer nun nicht mehr in passend zurecht geschnittene Kohorten, sondern in ein recht grobes Schema von mehr als 100 Interessenskategorien (z. B. »Autos und Fahrzeuge«, »Bücher und Literatur« oder »Reisen«) eingeteilt werden.

Damit nähert sich Google weiter dem Konzept der kontextbasierten Werbung, dem *semantischen Targeting*, an. Bei dieser Methode werden die Anzeigen nicht auf die Nutzer zugeschnitten, sondern passend zum übrigen Kontext, also z. B. zum Inhalt der Website, platziert.

Topics ist damit grundsätzlich datenschutzfreundlicher als der Einsatz von Third-Party-Cookies und begegnet zudem den datenschutzrechtlichen Bedenken, dass es bei FLoC möglicherweise zu einer De-Anonymisierung von einzelnen Nutzern kommen könnte. Hinzu kommt, dass den Nutzern bei Topics ihre Interessenskategorien angezeigt werden sollen und sie so auch die Möglichkeit haben, korrigierend einzugreifen.

---

29 Weitere Details zu Googles Topics sind online verfügbar unter *https://privacysandbox.com/proposals/topics* (zuletzt aufgerufen am 15. Juni 2023).

Die Vorbehalte, dass Google generell durch die Blockade von Third-Party-Cookies, aber auch speziell durch Mechanismen wie Topics, seine Macht im Bereich Online-Marketing erheblich ausweitet, bleiben jedoch erhalten.

> **Praxistipp: Moderne Webtechnologien und Datenschutz**
>
> Moderne Webtechnologien zeichnen sich oft durch mehr Gestaltungsmöglichkeiten und eine bessere Nutzerinteraktion aus. So wurden mit der Einführung von HTML5 im Jahre 2014 z. B. Möglichkeiten geschaffen, Audio- und Videodateien ohne Einbindung eines externen (Flash-)Players in Websites einzubinden. Ebenso gab es zahlreiche neue Input-Feldtypen, wie z. B. DATE, NUMBER oder auch E-MAIL.
>
> Häufig sind mit neuen Technologien aber auch datenschutzrechtliche Risiken verbunden. Denn neben den altbekannten Cookies bietet HTML5 beispielsweise weitere Möglichkeiten, um Daten auf dem Webclient des Nutzers abzulegen, z. B. in Form eines Local Storage bzw. eines Session Storage.[30] Die mit diesen Mechanismen gespeicherten Inhalte können Sie z. B. mittels JavaScript setzen, editieren, lesen oder löschen.
>
> Mit den sogenannten Evercookies[31] konnte unter der Nutzung dieser alternativen Speichermechanismen aber bereits vor der finalen Veröffentlichung von HTML5 gezeigt werden, dass sich damit extrem hartnäckige Datenfragmente auf dem IT-System des Anwenders erstellen lassen, die ein einfaches Löschen der Cookies überstehen und sich nur mit recht hohem Aufwand vollständig vom betreffenden IT-System entfernen lassen.[32]

Grundsätzlich gilt also: Seien Sie immer vorsichtig, wenn Sie neue Technologien auf Ihren Webseiten einsetzen! Zum einen ist zu Beginn nicht immer klar, welche datenschutzrechtliche Auswirkungen der Einsatz dieser neuen Technologien haben kann; hier ist weniger oft mehr. Zum anderen sollten Sie aber auch nicht vergessen, dass Sie letztendlich die Nutzer zufriedenstellen wollen – mit anderen Worten: Die beste Technologie nützt Ihnen gar nichts, wenn die Nutzer diese nicht akzeptieren, Ihre Website blockieren und diese damit den eigentlichen Zweck – eine (hoffentlich) positive Darstellung Ihres Unternehmens – nicht mehr erfüllen kann.

---

30 Eine Übersicht zu den Unterschieden zwischen Cookies, Local Storage und Session Storage finden Sie beispielsweise online unter *www.mediaevent.de/javascript/web-storage.html* (zuletzt aufgerufen am 15. Juni 2023).

31 Weitere Infos zu dieser Technologie bzw. JavaScript-API finden sich beispielsweise online unter *https://github.com/samyk/evercookie* (zuletzt aufgerufen am 15. Juni 2023).

32 Moderne Webbrowser sind da allerdings »widerstandsfähiger« geworden, siehe dazu z. B. auch die Diskussion unter *https://en.wikipedia.org/wiki/Evercookie* (zuletzt aufgerufen am 15. Juni 2023).

Kapitel 5
Datenschutzverpflichtungen als Unternehmen umsetzen

Unternehmen unterliegen zahlreichen Verpflichtungen bei der Verarbeitung personenbezogener Daten. In diesem Kapitel lernen Sie die wichtigsten kennen und erhalten Hinweise zur konkreten Umsetzung in der Praxis.

Der Aufbau eines effektiven Datenschutzmanagement-Systems zur Umsetzung von Datenschutzverpflichtungen im Unternehmen beginnt in der Regel mit der Erstellung bzw. Pflege eines Verarbeitungsverzeichnisses, in dem möglichst alle Verarbeitungen von personenbezogenen Daten im Unternehmen dokumentiert sind (siehe Abschnitt 5.1). Daneben müssen Sie auch technische und organisatorische Maßnahmen (TOM)[1] zum Schutz der Daten festlegen und dokumentieren (siehe Abschnitt 5.2).

Von zentraler Bedeutung ist die Erfüllung der Informationspflichten gegenüber Betroffenen (siehe Abschnitt 5.3), die über diverse Rechte, die sogenannten Betroffenenrechte, verfügen, von denen das Auskunftsrecht in der Praxis von besonderer Bedeutung ist (siehe Abschnitt 5.4).

Verarbeiten Sie die Daten nicht selbst, weil Sie einen Dienstleister einsetzen, handelt es sich meist um sogenannte Auftragsverarbeitungen, bei denen externe Dienstleister die Daten auf der Grundlage eines Auftragsverarbeitungsvertrags im Auftrag des Unternehmens verarbeiten (siehe Abschnitt 5.5).

Bei besonders riskanten Verarbeitungen ist die Durchführung einer Datenschutz-Folgenabschätzung erforderlich (Abschnitt 5.6).

Schließlich muss sich jedes Unternehmen – unabhängig von den meisten sonstigen Datenschutzverpflichtungen – die Frage stellen, ob es einen Datenschutzbeauftragten benennen muss (siehe Abschnitt 5.7).

---

1 Siehe Kapitel 3, »Technischer Datenschutz: Anforderungen der DSGVO an den IT-Betrieb«.

5.1 Bestandsaufnahme der Daten im Unternehmen: So erstellen Sie ein Verarbeitungsverzeichnis (VVT)

Das *Verzeichnis von Verarbeitungstätigkeiten*, häufig kurz *Verarbeitungsverzeichnis* oder noch kürzer *VVT* genannt, ist das Herzstück jedes Datenschutzmanagement-Systems, weil es einen Überblick über sämtliche Verarbeitungstätigkeiten in einem Unternehmen gibt. Es ist auch eine von vielen Dokumentationspflichten, die sich aus der DSGVO für Ihr Unternehmen ergeben, damit Sie Ihrer Rechenschaftspflicht nachkommen können. Es dient sowohl dem Verantwortlichen als auch den Aufsichtsbehörden als Ausgangspunkt für eine erste überblicksmäßige Rechtmäßigkeitsprüfung.

5.1.1 Wer muss ein VVT führen?

Die Verpflichtung, ein solches Verzeichnis zu führen, ergibt sich aus Art. 30 DSGVO und besteht unabhängig davon, ob in Ihrem Unternehmen ein *Datenschutzbeauftragter (DSB)* benannt ist oder nicht. Insoweit besteht sehr häufig die Fehlvorstellung in kleineren Unternehmen, dass ein Verarbeitungsverzeichnis nicht geführt werden muss, weil auch keine Verpflichtung zur Benennung eines DSB besteht. Art. 30 DSGVO verpflichtet aber alle Unternehmen, unabhängig von der Größe, der Art und dem Umfang der Verarbeitung personenbezogener Daten, zur Führung eines Verarbeitungsverzeichnisses.

> **Praxistipp: Ausnahme für Unternehmen mit weniger als 250 Mitarbeitern?**
>
> Eine Ausnahme von der Verpflichtung zur Führung eines Verarbeitungsverzeichnisses nach Art. 30 DSGVO enthält Abs. 5. Demnach gelten die in den Absätzen 1 und 2 genannten Pflichten nicht für Unternehmen oder Einrichtungen, die weniger als 250 Mitarbeiter beschäftigen, es sei denn, die von ihnen vorgenommene Verarbeitung birgt ein Risiko für die Rechte und Freiheiten der betroffenen Personen, die Verarbeitung erfolgt nicht nur gelegentlich, oder es erfolgt eine Verarbeitung besonderer Datenkategorien gemäß Art. 9 Abs. 1 DSGVO bzw. die Verarbeitung von personenbezogenen Daten über strafrechtliche Verurteilungen und Straftaten im Sinne von Art. 10 DSGVO.
>
> Bei der Mitarbeiterzahl kommt es auf die Kopfzahl der beschäftigten Personen an; es spielt keine Rolle, ob diese auch alle mit der Verarbeitung personenbezogener Daten zu tun haben.
>
> Die Ausnahme greift in der Praxis fast nie. Zum einen ist kaum eine Verarbeitung personenbezogener Daten denkbar, die keinerlei Risiko für die Rechte und Freiheiten der betroffenen Person birgt. Nach dem Wortlaut ist nämlich gerade kein gesteigertes oder hohes Risiko erforderlich, um die Ausnahme entfallen zu lassen; es reicht jegliches Risiko. Die gesamte DSGVO ist von dem Gedanken geprägt, dass eine Verar-

beitung personenbezogener Daten in der Regel mit einem Risiko für die betroffenen Personen einhergeht. Verarbeitungen ohne jegliches Risiko wird es praktisch kaum geben, weshalb teilweise angenommen wird, dass der Wortlaut dahingehend einschränkend auszulegen ist, dass eine Verarbeitung mit lediglich geringem Risiko die Ausnahme erfüllt.

Zum anderen gibt es praktisch kein Unternehmen, das personenbezogene Daten nur gelegentlich verarbeitet. Insbesondere Kunden- und Beschäftigtendaten werden in nahezu jedem Unternehmen regelmäßig verarbeitet.

Im Rahmen der Verarbeitung von Beschäftigtendaten werden zudem in aller Regel auch besondere Kategorien von personenbezogenen Daten gemäß Art. 9 DSGVO verarbeitet (z. B. das Merkmal der Religionszugehörigkeit zum Zwecke der Abführung von Kirchensteuer), weshalb jedes Unternehmen mit Beschäftigen schon aus diesem Grund von der Ausnahme nicht erfasst wird.

5.1.2 Wer hat Einblick in das VVT?

Das VVT müssen Sie nach den Regelungen der DSGVO übrigens nur einem relativ kleinen Personenkreis zugänglich machen. Zugriff hat derjenige, der das VVT erstellt bzw. führt, der DSB, die Geschäftsleitung und auf Anfrage auch die Aufsichtsbehörden (Art. 30 Abs. 4 DSGVO). Das Zurverfügungstellen des Verarbeitungsverzeichnisses kann je nach Ausgestaltung der Anfrage z. B. durch Einsichtnahme vor Ort, postalische oder elektronische Übersendung sowie durch die Erteilung einer Zugangsberechtigung zu einem Datenraum oder zur verwendeten Software erfolgen.

Sollten Sie vielleicht noch das sogenannte *Jedermannsverzeichnis* kennen: Dieses im BDSG a. F. noch vorgesehene Verzeichnis war eine sehr abgespeckte Version des damals *Verfahrensverzeichnis* genannten Vorläufers des VVT, das jedermann auf Anforderung zur Verfügung zu stellen war; es ist ersatzlos entfallen.

5.1.3 Wie wird ein VVT erstellt und gepflegt?

Bevor wir uns den inhaltlichen Anforderungen an ein VVT zuwenden, möchten wir Sie darauf hinweisen, dass es häufig in der Praxis gar nicht so leicht ist, ein vollständiges und aktuelles VVT zu führen. Bereits bei der erstmaligen Erstellung treffen Sie möglicherweise auf Schwierigkeiten, alle Verarbeitungen in einem Unternehmen zu identifizieren. Häufig fehlt die notwendige Unterstützung aus den verschiedenen Abteilungen, weil die Arbeit an einem VVT nicht selten als verschwendete Zeit angesehen wird.

Und selbst wenn Sie alle Hürden genommen und ein VVT erstellt haben, gerät es danach allzu oft in Vergessenheit und wird nicht gepflegt. Sie sollten daher Prozesse festlegen, die dazu führen, dass der für das VVT Verantwortliche von Änderungen an bestehenden Verarbeitungen Kenntnis erlangt und neu eingeführte Verarbeitungen auch in das VVT aufgenommen werden. Empfehlenswert ist die Festlegung von festen Zeitabständen für die Überprüfung der Aktualität des VVT. Mindestens einmal im Jahr sollten Sie das VVT durchgehen[2] und prüfen, ob sich Änderungen an bestehenden Verarbeitungen ergeben haben oder neue Verarbeitungen eingeführt wurden.

Eine Versionierung ist nicht vorgeschrieben, aber sehr hilfreich, und auch ältere Versionen sollten im Archiv vorgehalten werden, falls sich die Anfrage einer Aufsichtsbehörde einmal auf eine frühere Verarbeitung, die zwischenzeitlich aus dem VVT entfernt oder die geändert wurde, beziehen sollte.

> **Tipp: Bleiben Sie unbedingt hartnäckig!**
> Wenn Sie ein VVT erstellen sollen/müssen, bleiben Sie hartnäckig, bis Sie alle erforderlichen Informationen haben. Und wenn Sie das VVT nicht selbst erstellen sollen/müssen, beantworten Sie die an Sie gerichteten Fragen vollständig und zeitnah.

Die Pflicht, ein VVT zu führen, trifft nach dem Wortlaut der DSGVO in Art. 30 den Verantwortlichen bzw. den Auftragsverarbeiter. In der Praxis wird das VVT häufig vom DSB erstellt und gepflegt. Allerdings gehört es gerade nicht zu den gesetzlichen Pflichten des DSB, das VVT zu erstellen und zu führen. Man sollte also mit dem DSB eine klare Vereinbarung darüber treffen, wer das VVT erstellt und pflegt. Zu dieser Frage sollte es daher z. B. eine klare Regelung im Vertrag mit dem DSB geben.

Zweigniederlassungen und unselbständige Zweigstellen gehören datenschutzrechtlich zum Verantwortlichen und müssen deshalb kein eigenes VVT führen. Ihre Verarbeitungen sind im VVT des Verantwortlichen zu dokumentieren. Anders sieht es bei rechtlich selbständigen Gesellschaften eines *Konzerns* bzw. einer *Unternehmensgruppe* aus. Hier ist jedes Konzernunternehmen eigenständig verantwortlich und muss auch ein eigenes VVT führen. Natürlich kann die Muttergesellschaft bei gleichgelagerten Verarbeitungstätigkeiten Muster zur Verfügung stellen und so eine einheitliche Struktur der Verarbeitungsverzeichnisse im Konzern sicherstellen.

Art. 30 Abs. 3 DSGVO verpflichtet Sie, das VVT schriftlich zu führen. Das bedeutet aber nicht, dass Sie es auf Papier führen müssen. Die DSGVO gibt Ihnen ausdrücklich auch die Möglichkeit, es in einem elektronischen Format zu führen. Die elektronische Führung dürfte die absolute Regel sein, was natürlich nicht ausschließt, dass das VVT z. B. für ein Datenschutzhandbuch auch ausgedruckt werden kann. Führend sollte aber immer die elektronische Form sein.

---

2 Vergleiche dazu auch den Prozess zur Risikobewertung in Kapitel 3, »Technischer Datenschutz: Anforderungen der DSGVO an den IT-Betrieb«.

Bei der Wahl des Formats sind Sie völlig frei. Gebräuchlich sind Word- bzw. Excel-Dokumente (siehe Abbildung 5.1), aber auch spezielle Datenschutzmanagement-Software.

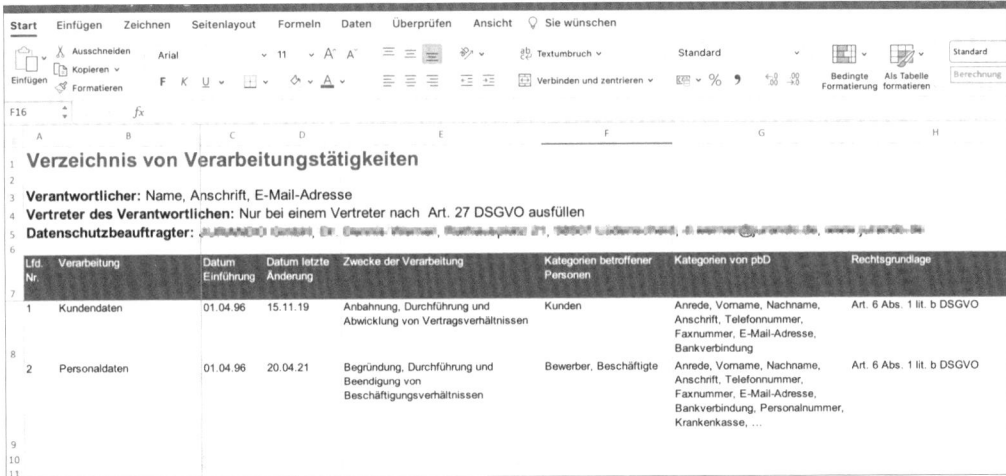

Abbildung 5.1 Beispiel für ein VVT in Excel

Die Aufsichtsbehörden stellen Ihnen auch Muster bereit.[3] Diese gehen allerdings teilweise über den gesetzlichen Mindestinhalt hinaus. Dies ist an bestimmten Stellen sinnvoll und an anderen Stellen weniger sinnvoll. In größeren Unternehmen kann es z. B. sehr hilfreich sein, auch die jeweils verantwortliche Fachabteilung mit einem Ansprechpartner und Kontaktdaten aufzunehmen. Die Muster können aber in jedem Fall gut als Orientierungshilfe bei der Erstellung des eigenen VVT herangezogen werden. Zweckmäßig ist es eigentlich immer, bestimmte Angaben, die für alle Verarbeitungen gleich sind, wie z. B. den Namen und die Kontaktdaten des Verantwortlichen, auf einem »Vorblatt« voranzustellen (siehe Abbildung 5.2). Neben den Mustern der Aufsichtsbehörden gibt es auch das Kurzpapier Nr. 1 der Datenschutzkonferenz (DSK), das sich mit dem VVT beschäftigt.[4]

In welcher *Sprache* das Verzeichnis geführt werden muss, ist in der DSGVO nicht geregelt. Aus Praktikabilitätsgründen empfiehlt es sich, dass Verzeichnis in der Sprache der zuständigen Aufsichtsbehörde zu verfassen. Alternativ kann in internationalen Konzernen auch z. B. die englische Sprache verwendet werden, wobei sich der Verantwortliche, der seinen Sitz in Deutschland hat, darüber bewusst sein muss, dass

---

3 Ein Beispiel für ein solches Muster finden Sie auf den Seiten des Landesbeauftragten für Datenschutz und Informationsfreiheit NRW (LDI) unter *www.ldi.nrw.de/datenschutz/verwaltung/ verarbeitungsverzeichnis* (zuletzt aufgerufen am 15. Juni 2023).

4 Die Kurzpapier der DSK finden Sie unter *www.datenschutzkonferenz-online.de/kurzpapiere.html* (zuletzt aufgerufen am 15. Juni 2023).

die Aufsichtsbehörde gegebenenfalls eine Übersetzung verlangen kann (§ 23 Abs. 2 S. 1 Verwaltungsverfahrensgesetz, VwVfG).

Verzeichnis von Verarbeitungstätigkeiten des/der ▓▓▓▓▓▓▓▓▓▓ **gem. Art. 30 Abs. 1 DSGVO**	Vorblatt
Angaben zum Verantwortlichen (Name und Kontaktdaten einer natürlichen Person/juristischen Person **oder** Name und Kontaktdaten einer Behörde/Einrichtung etc.)	
Firma ▓▓▓	
Anrede ▓▓▓ Titel ▓▓▓	
Name, Vorname ▓▓▓	
Straße ▓▓▓	
Postleitzahl und Ort ▓▓▓	
Telefon ▓▓▓	
E-Mail-Adresse ▓▓▓	
Internet-Adresse ▓▓▓	
Angaben zum Datenschutzbeauftragten (sofern gem. Art. 37 DSGVO benannt, externer Datenschutzbeauftragter mit Anschrift)	
Anrede ▓▓▓ Titel ▓▓▓	
Name, Vorname ▓▓▓	
Straße ▓▓▓	

Abbildung 5.2 Beispiel für ein Vorblatt bei einem in Word geführten VVT, orientiert am Muster des LDI

5.1.4 Gesetzliche Mindestinhalte des VVT

Die Inhalte des VVT eines Verantwortlichen unterscheiden sich leicht von den Inhalten des VVT eines Auftragsverarbeiters. Der jeweilige Mindestinhalt ist für den Verantwortlichen in Art. 30 Abs. 1 DSGVO und für den Auftragsverarbeiter in Art. 30 Abs. 2 DSGVO vorgegeben.

Mindestinhalte des VVT eines Verantwortlichen

Inhaltlich muss das VVT eines Verantwortlichen mindestens die in Art. 30 Abs. 1 DSGVO aufgezählten Punkte enthalten.

> **Praxistipp: Mindestinhalt eines VVT nach Art. 30 Abs. 1 DSGVO für Verantwortliche**
>
> ▶ Name und Kontaktdaten des Verantwortlichen und gegebenenfalls des gemeinsam mit ihm Verantwortlichen, des Vertreters des Verantwortlichen sowie eines etwaigen Datenschutzbeauftragten

- Zwecke der Verarbeitung
- Beschreibung der Kategorien betroffener Personen und der Kategorien personenbezogener Daten
- Kategorien von Empfängern, gegenüber denen die personenbezogenen Daten offengelegt worden sind oder noch offengelegt werden, einschließlich Empfängern in Drittländern oder internationale Organisationen
- gegebenenfalls Übermittlungen von personenbezogenen Daten an ein Drittland oder an eine internationale Organisation, einschließlich der Angabe des betreffenden Drittlands oder der betreffenden internationalen Organisation, sowie bei den in Art. 49 Abs. 1 Unterabs. 2 DSGVO genannten Datenübermittlungen die Dokumentierung geeigneter Garantien
- wenn möglich, die vorgesehenen Fristen für die Löschung der verschiedenen Datenkategorien
- wenn möglich, eine allgemeine Beschreibung der technischen und organisatorischen Maßnahmen gemäß Art. 32 Abs. 1 DSGVO

Wir gehen diese Punkte nun im Einzelnen durch. Den ersten Punkt, also den Namen und die Kontaktdaten des Verantwortlichen, eines gemeinsam Verantwortlichen und des DSB ziehen Sie am besten vor die Klammer auf ein gesondertes Vorblatt oder in den Kopf einer Excel-Tabelle, weil diese Angaben für alle Verarbeitungen gleich sind.

Der *Name des Verantwortlichen* ist in der Regel die Firma des Unternehmens mit Rechtsformzusatz. Die Firma ist der Name des Unternehmens, also z. B. »Muster Maschinen«. Der Rechtsformzusatz beschreibt – wie der Name schon sagt – die Rechtsform des Unternehmens und damit vor allem die Haftungsverhältnisse, also z. B. GmbH. Zusammen lautet der Name dann korrekt: »Muster Maschinen GmbH«. Weitere verbreitete Rechtsformen sind e. K., OHG, KG und GmbH & Co. KG. Unzureichend wäre deshalb z. B. »Muster & Co.«, weil es sich dann sowohl um eine OHG als auch um eine KG handeln könnte. Wenn man es ganz besonders präzise machen möchte, kann man die Handelsregisternummer und das Amtsregister, bei dem die Firma registriert ist, aufnehmen (z. B. »Amtsgericht Musterstadt, HRB 12345«).

Die *Kontaktdaten* müssen angegeben werden, um eine effektive Erreichbarkeit zu gewährleisten. Mindestens sollten Sie deshalb die postalische Anschrift und eine E-Mail-Adresse angegeben. Sinnvoll kann auch eine Telefonnummer sein.

Nicht zwingend müssen Sie den Namen des Inhabers oder Geschäftsführers angeben. Schädlich ist eine entsprechende Angabe aber nicht. Allerdings wechselt die Person des Geschäftsführers meistens häufiger als die postalische Anschrift oder die E-Mail-Adresse. Da das VVT laufend aktuell gehalten werden muss, sollten Sie immer überlegen, ob eine bestimmte Eintragung wirklich zwingend notwendig ist, weil man im Falle einer Aufnahme in das VVT die Aktualität der Angabe laufend überwachen muss. Für den *gemeinsam Verantwortlichen* gilt das Gleiche. Wer ein gemeinsamer Verantwortlicher ist, erfahren Sie an anderer Stelle.[5]

Der *Vertreter des Verantwortlichen* ist übrigens nicht das Vertretungsorgan des Unternehmens, also z. B. nicht der Geschäftsführer einer GmbH. Gemeint ist der Vertreter eines nicht in der EU niedergelassenen Verantwortlichen. Ein solcher hat nach Art. 27 DSGVO einen inländischen Vertreter zu benennen. Mit einer solchen Konstellation werden Sie selten zu tun haben. Und wenn doch, sollten Sie im Zweifel einen Datenschutzexperten zurate ziehen.

Zuletzt bleibt der *Datenschutzbeauftragte*. Auch diesen müssen Sie namentlich und mit Kontaktdaten aufführen. Hier besteht ein interessanter Unterschied zu den Informationspflichten nach Art. 13 DSGVO, also den Datenschutzinformationen, die Sie den Betroffenen zur Verfügung stellen müssen: Im Rahmen der Datenschutzinformationen müssen Sie nur die Kontaktdaten des DSB, nicht aber dessen Name, mitteilen.[6]

> **Praxistipp: Beispiel für Angaben auf einem Vorblatt**
> Verantwortlicher:
> Muster Maschinen GmbH, Musterstraße 1, 12345 Musterstadt, *info@example.com*
> Datenschutzbeauftragter:
> Max Mustermann, Musterstraße 1, 12345 Musterstadt, *m.mustermann@example.com*

Nachdem Sie damit das Vorblatt mit den allgemeinen Informationen vollständig erstellt haben, geht es nun zu den einzelnen *Verarbeitungen*. Es ist sinnvoll, für jede einzelne Verarbeitung ein gesondertes Blatt anzulegen bzw. eine eigene Zeile in einer Excel-Tabelle vorzusehen. An dieser Stelle stellt sich dann die Frage, was eine Verarbeitung ist. Ein Beispiel: Eine Verarbeitung könnte die Personaldatenverarbeitung sein. Eine Verarbeitung könnte aber auch z. B. das Bewerbermanagement, die Lohnbuchhaltung oder die Ehrung von langjährig Betriebszugehörigen sein. Die DSGVO schreibt keine bestimmte Detailtiefe des VVT vor. Wer es »quick and dirty« mag, der fasst mehrere Verarbeitungen aus einem Bereich unter einem Oberbegriff zusammen und gelangt so relativ schnell zu einem umfassenden VVT. Allerdings sind die Angaben in einem solchen VVT meist sehr grob und wenig aussagekräftig. Für den Anfang kann das aber ein probates Mittel sein, um überhaupt erst einmal zu einem vollständigen VVT zu kommen. Da ein VVT sowieso laufend weitergeführt werden muss, kann der Detailgrad dann nach und nach erhöht werden.

---

5 Siehe dazu Kapitel 1, »Grundlagen: Was Sie über den Datenschutz wissen müssen«.
6 Siehe dazu auch Kapitel 5, »Datenschutzverpflichtungen als Unternehmen umsetzen«.

Praxistipp: Beispiel für ein grobes VVT
- Personaldatenverarbeitung
- Kundendatenverarbeitung
- Marketing

Praxistipp: Beispiel für ein ausdifferenziertes VVT
- Personaldatenverwaltung
  - Bewerbermanagement
  - Personalaktenführung
  - Lohnbuchhaltung
  - Zeiterfassung
  - Flottenmanagement
  - Ehrung langjährig Betriebszugehöriger
  - …
- Kundendatenverarbeitung
  - CRM-System
  - Buchhaltung
  - Vertragsabwicklung
  - …
- Marketing
  - Website
  - Social-Media-Kanäle
  - Newsletter
  - Direktwerbung
  - …

Ein wichtiger Grundsatz der DSGVO ist die *Zweckbindung*. Deshalb muss bei jeder Verarbeitung der *Zweck* dokumentiert werden. Die Beschreibung des Zwecks sollte möglichst präzise und aussagekräftig sein. Völlig allgemeingehaltene Zwecke, wie z. B. die Steigerung des Unternehmensgewinns, sind unzureichend.

Praxistipp: Beispiele für die Zwecke einer Verarbeitung
- Entscheidung über Einstellung bzw. Ablehnung im Bewerbungsverfahren
- Auszahlung von Löhnen und Gehältern
- Ausführen von Bestellungen des Kunden
- Bearbeitung von Gewährleistungsansprüchen
- Werbung für eigene und ähnliche Produkte gegenüber Bestandskunden
- Neukundengewinnung

Es folgt die abstrakte Beschreibung der *Kategorien betroffener Personen*. Aus dem Begriff *Kategorie* lässt sich ableiten, dass nicht einzelne Personen namentlich aufgeführt werden sollen, sondern eine Zusammenfassung zu Gruppen mit gemeinsamen Merkmalen erfolgen muss. Eine Verarbeitung kann auch mehrere Personengruppen betreffen. Es sind dann alle betroffenen Personengruppen bei der Verarbeitung aufzuführen.

> **Praxistipp: Beispiele für Kategorien betroffener Personen**
> - Bewerber
> - Mitarbeiter
> - Interessenten
> - Kunden
> - Lieferanten
> - Patienten

Falls Ihr Unternehmen Daten von *Kindern* verarbeitet, empfiehlt es sich, diese immer als gesonderte Personengruppe aufzuführen, da Kinder in der DSGVO als besonders schutzwürdig eingestuft werden und beim Umgang mit Daten von Kindern meist besondere Anforderungen zu beachten sind.

Den Kategorien von betroffenen Personen müssen *Kategorien personenbezogener Daten* zugeordnet werden, damit ersichtlich ist, welche Art von Daten einer Kategorie von Betroffenen verarbeitet wird. Erneut stellt sich die Frage nach der Detailtiefe. Eine Kategorie können Kontaktdaten sein, Kategorien können aber auch NAME, ANSCHRIFT, E-MAIL-ADRESSE usw. sein.

Die DSGVO selbst kennt im Wesentlichen drei Kategorien von personenbezogenen Daten:

- Zunächst sind das die in Art. 9 Abs. 1 DSGVO aufgezählten *besonderen Kategorien von personenbezogenen Daten*, die die DSGVO als besonders sensibel einstuft. Sie haben diese Daten weiter oben bereits kennengelernt.[7]

- Daneben gibt es als weitere Kategorie *personenbezogene Daten über strafrechtliche Verurteilungen und Straftaten*, die in Art. 10 DSGVO eine eigene Regelung erfahren haben, mit denen Sie aber selten zu tun haben dürften.

- Als letzte Kategorie bleiben dann alle anderen *personenbezogenen Daten*, die weder Art. 9 noch Art. 10 DSGVO unterliegen, wenn Sie so wollen also die große Masse der »normalen« personenbezogenen Daten, die in jedem Unternehmen anfallen und mit denen Sie am meisten umgehen werden.

---

[7] Siehe Kapitel 1, »Grundlagen: Was Sie über den Datenschutz wissen müssen«.

Da die Verarbeitung von personenbezogenen Daten, die Art. 9 oder Art. 10 DSGVO unterliegen, wiederum besonderen Voraussetzungen unterliegt, ist auf diese Art von Daten besonderes Augenmerk zu legen. Es ist deshalb sehr sinnvoll, im VVT deutlich hervorzuheben, wenn eine Verarbeitung derartige Daten betrifft. Die DSGVO fordert diese Differenzierung in Art. 30 DSGVO zwar nicht, sie ist gleichwohl wegen der besonderen Anforderungen, die an eine Verarbeitung dieser Daten gestellt werden, eine sinnvolle Ergänzung des gesetzlichen Mindestinhalts eines VVT.

Praxistipp: Beispiele für Kategorien personenbezogener Daten
- Kontaktdaten
- Geburtsdatum
- Vertragsdaten
- Zahlungsdaten
- IP-Adressen

Als Nächstes sind die Kategorien von *Empfängern* aufzuführen. Empfänger sind nach Art. 4 Nr. 9 DSGVO Stellen, denen personenbezogene Daten offengelegt werden, unabhängig davon, ob es sich um Dritte handelt oder nicht. *Dritte* wiederum sind alle Stellen außer der betroffenen Person, dem Verantwortlichen, dem Auftragsverarbeiter und den Personen, die unter der unmittelbaren Verantwortung des Verantwortlichen oder des Auftragsverarbeiters befugt sind, die personenbezogenen Daten zu verarbeiten.

Die Muster mancher Aufsichtsbehörden differenzieren zunächst zwischen internen und externen Empfängern. Interner Empfänger von Bewerbungsunterlagen kann z. B. die Personalabteilung sein. Externer Empfänger von Kundenadressen kann z. B. der Versanddienstleister sein. Zwingend ist die Unterscheidung allerdings nicht. Ob interne Empfänger überhaupt zwingend anzugeben sind, ist umstritten. Schaden kann die Angabe von internen Empfängern aber nicht. Häufig ist die Angabe von internen Empfängern sogar hilfreich, um Datenströme innerhalb eines Unternehmens aufzudecken und bei der Gelegenheit auch direkt zu hinterfragen.

Angegeben werden müssen nur Kategorien und nicht namentlich einzelne Empfänger. Gleichwohl ist es unschädlich, Empfänger namentlich zu benennen. Wenn es nur einen überschaubaren Kreis von Empfängern gibt, kann es sogar ratsam sein, diese namentlich zu benennen. Andererseits führt die namentliche Nennung gegebenenfalls zu einem erhöhten Pflegeaufwand, da die Angabe im VVT angepasst werden muss, wenn z. B. ein Dienstleister ausgewechselt wird.

Ausdrücklich gefordert ist die Angabe von *Empfängern in Drittländern*. Es sollte deshalb bei jedem Empfänger angegeben werden, in welchem Land derjenige seinen Sitz hat. Handelt es sich nämlich um ein Drittland, ist besondere Vorsicht geboten, da an die Übermittlung von personenbezogenen Daten an ein Unternehmen in einem Drittland in den Art. 44 ff. DSGVO sehr hohe Anforderungen gestellt werden.[8] Es sollte deshalb aus dem VVT auf den ersten Blick ersichtlich sein, wenn ein Empfänger in einem Drittland an der Verarbeitung beteiligt ist.

> **Praxistipp: Beispiele für Kategorien von Empfängern**
> - Externe Empfänger
>   - Auftragsverarbeiter
>   - Marketingagentur
>   - Versanddienstleister
>   - Steuerberater
>   - Finanzbehörden
>   - Krankenkassen
> - Interne Empfänger
>   - Personalabteilung
>   - Vertrieb
>   - Buchhaltung
>   - Betriebsrat

Erfolgt eine *Übermittlung an ein Drittland* oder ist eine solche geplant, muss dies im VVT vermerkt werden. Gemeint ist natürlich nicht die Übermittlung an einen Staat als Empfänger. Sie werden nur sehr selten personenbezogene Daten Ihrer Kunden an die Vereinigen Staaten von Amerika übermitteln. Gemeint ist die Übermittlung in ein Drittland, also z. B. an ein Unternehmen in den USA. Jedes Drittland ist namentlich zu nennen. Schwierig wird es, wenn in dem Empfängerland kein angemessenes Datenschutzniveau gewährleistet ist. Dann sind *geeignete Garantien* in Bezug auf den Schutz der übermittelten personenbezogenen Daten zu ergreifen und im VVT zu dokumentieren. Kommen Sie tatsächlich zu diesem Punkt, sollten Sie einen Datenschutzexperten zurate ziehen, weil derartige Drittlandübermittlungen sehr risikobehaftet sind.

Besonders spannend ist die Verpflichtung, wenn möglich, die vorgesehenen *Fristen für die Löschung der verschiedenen Datenkategorien*, anzugeben. An dieser Stelle ist derjenige fein raus, der ein *Löschkonzept* hat. Dieses haben allerdings – realistisch betrachtet – die wenigsten Unternehmen. Hat Ihr Unternehmen ein Löschkonzept, müssen die darin enthaltenen Angaben im VVT nicht unbedingt wiederholt werden. Im VVT können Sie an dieser Stelle auch einfach auf das Löschkonzept verweisen.

---

8 Siehe dazu Kapitel 7, »Export von Daten in alle Welt: Was ist erlaubt?«.

Eine explizite Verpflichtung, ein Löschkonzept[9] zu erstellen und zu führen, enthält die DSGVO übrigens nicht. Allerdings lassen sich viele Verpflichtungen aus der DSGVO rund um das Löschen von Daten ohne ein Löschkonzept kaum umsetzen. Das betrifft z. B. den Grundsatz der Speicherbegrenzung aus Art. 5 Abs. 1 lit. e DSGVO und den Anspruch des Betroffenen auf Löschung aus Art. 17 DSGVO genauso wie die hier beschriebene Verpflichtung zur Dokumentation der Löschfristen im VVT.

Ganz allgemein gehaltene Angaben, wie z. B. »Wir löschen Ihre Daten, wenn der Zweck der Verarbeitung erreicht ist und kein gesetzlichen Aufbewahrungsfristen mehr bestehen.«, reichen streng genommen nicht aus. Im Regelfall muss eine konkrete Löschfrist angegeben werden. Diese kann sich natürlich aus gesetzlichen Vorgaben, z. B. in Form von Aufbewahrungsfristen nach der Abgabenordnung (AO) oder dem Handelsgesetzbuch (HGB), ergeben. Personenbezogene Daten, die keiner gesetzlichen Aufbewahrungsfrist unterliegen, sind nach der Zweckerreichung umgehend zu löschen, und zwar unabhängig davon, ob der Betroffene die Löschung verlangt oder nicht.

Zuletzt muss das VVT eine allgemeine Beschreibung der *technischen und organisatorischen Maßnahmen* (*TOM*) nach Art. 32 Abs. 1 DSGVO enthalten.[10] Diese Angaben werden meistens in einem gesonderten Dokument aufgeführt, auf das im VVT verwiesen werden kann. Wenn es über die allgemeinen Maßnahmen hinaus spezielle Vorkehrungen für eine bestimmte Verarbeitung gibt, kann es sich anbieten, diese besonderen Vorkehrungen im VVT bei der entsprechenden Verarbeitung zu dokumentieren. Möglich ist auch der Verweis auf ein *IT-Sicherheitskonzept* oder eine *Zertifizierung nach ISO 27001*.

Sinnvolle Ergänzungen zum gesetzlichen Mindestinhalt

Neben diesem gesetzlichen Mindestinhalt eines VVT gibt es ein paar Punkte, die zusätzlich im VVT dokumentiert werden können und auch sollten, um sich einen vollständigen Überblick über die Rechtmäßigkeit der Verarbeitungen zu verschaffen.

Als Erstes ist hier die *Rechtsgrundlage der Verarbeitung* zu nennen. Sie erinnern sich: Die Verarbeitung personenbezogener Daten ist grundsätzlich verboten, wenn es nicht eine Rechtsgrundlage gibt, die die Verarbeitung ausdrücklich gestattet (sogenanntes Verbot mit Erlaubnisvorbehalt). Sie müssen sich also sowieso bei jeder Verarbeitung genau überlegen, auf welche Rechtsgrundlage die Verarbeitung gestützt werden kann. Das Ergebnis Ihrer Überlegungen sollten Sie dann auch direkt im VVT dokumentieren. Im Rahmen der Informationen, die Sie dem Betroffenen nach Art. 13 DSGVO zur Verfügung stellen müssen, müssen Sie die Rechtsgrundlage zwingend angeben. Noch einmal zur Erinnerung: Rechtsgrundlagen finden Sie vor allem in Art. 6

---

9 Siehe dazu Kapitel 3, »Technischer Datenschutz: Anforderungen der DSGVO an den IT-Betrieb«.
10 Siehe dazu Kapitel 3.

DSGVO und für Beschäftigtendaten in § 26 BDSG (der nach aktueller Rechtsprechung mindestens teilweise europarechtswidrig sein dürfte). Wird eine Verarbeitung nach Art. 6 Abs. 1 lit. f DSGVO auf ein berechtigtes Interesse des Verantwortlichen gestützt, sollten Sie im VVT auf die dafür erforderliche Interessenabwägung verweisen, die Sie vorgenommen haben.

Sinnvoll kann es daneben sein, bei der Verarbeitung zusätzlich anzugeben, ob ein *Auftragsverarbeiter* eingesetzt wird. Auch vorgenommene *Risikoabschätzungen* nach Art. 24 Abs. 1 i.V. m. Art. 25 und Art. 32 DSGVO und die Notwendigkeit bzw. Nicht-Notwendigkeit der Durchführung einer *Datenschutz-Folgenabschätzung* nach Art. 35 DSGVO können bei der jeweiligen Verarbeitung dokumentiert werden. In Fällen einer *Drittlandübermittlung* ist es auch sinnvoll zu dokumentieren, wie der Drittlandtransfer bei der konkreten Verarbeitung nach Art. 44 ff. DSGVO gerechtfertigt wird, ob der Drittlandtransfer also z. B. auf einen Angemessenheitsbeschluss oder andere geeignete Garantien, wie z. B. EU-Standardverträge, gestützt wird. Ein *Angemessenheitsbeschluss* ist ein Beschluss, der von der Europäischen Kommission gemäß Art. 45 DSGVO angenommen wird und durch den festgelegt wird, dass ein Drittland (d. h. ein Land, das nicht an die DSGVO gebunden ist) oder eine internationale Organisation ein angemessenes Schutzniveau für personenbezogene Daten bietet. Im Rahmen dieses Beschlusses werden die innerstaatlichen Rechtsvorschriften des Landes, seine Aufsichtsbehörden und die von ihm eingegangenen internationalen Verpflichtungen berücksichtigt.

> **Praxistipp: Beispiele für sinnvolle Ergänzungen des VVT**
> ▶ Rechtsgrundlage der Verarbeitung
> ▶ Einsatz von Auftragsverarbeitern
> ▶ Risikoabschätzungen
> ▶ Hinweis auf Datenschutz-Folgenabschätzung
> ▶ Rechtfertigung einer Drittlandübermittlung (Angemessenheitsbeschluss oder geeignete Garantien)

Das VVT eines Auftragsverarbeiters

Den *Auftragsverarbeiter* trifft nach Art. 30 Abs. 2 DSGVO eine eigenständige Pflicht zur Führung eines Verarbeitungsverzeichnisses. Es muss jedoch nicht denselben Umfang wie das des Verantwortlichen haben, da der Auftragsverarbeiter auf Weisung des Verantwortlichen hin handelt. Zu beachten ist, dass der Auftragsverarbeiter in der Regel auch eigene Verarbeitungen vornimmt, bei denen er nicht Auftragsverarbeiter, sondern Verantwortlicher ist. So verarbeitet er in der Regel die personenbezogenen Daten seiner Beschäftigten als Verantwortlicher. Soweit er als Verantwortlicher tätig ist, muss er auch ein eigenes Verarbeitungsverzeichnis nach Art. 30 Abs. 1 DSGVO führen.

Nach Art. 30 Abs. 2 lit. a DSGVO hat der Auftragsverarbeiter in seinem Verarbeitungsverzeichnis den Namen und die Kontaktdaten des Auftragsverarbeiters oder der Auftragsverarbeiter und jedes Verantwortlichen, in dessen Auftrag der Auftragsverarbeiter tätig ist, sowie gegebenenfalls des Vertreters des Verantwortlichen oder des Auftragsverarbeiters und eines etwaigen Datenschutzbeauftragten anzugeben. Anzugeben sind jeweils die konkreten Namen und Anschriften.

Art. 30 Abs. 2 lit. b DSGVO verlangt die Dokumentation der Kategorien von Verarbeitungen, die im Auftrag jedes Verantwortlichen durchgeführt werden. Dies können z. B. die Datenerhebung durch ein Callcenter, Hosting-Dienste (z. B. Bereitstellung von Webspace) oder die Datenträgerentsorgung sein.

Bei den Pflichten zur Dokumentation von Drittlandsachverhalten und der technischen und organisatorischen Maßnahmen nach Art. 32 DSGVO gemäß Art. 30 Abs. 2 lit. c und d DSGVO gilt nichts anderes als beim Verarbeitungsverzeichnis des Verantwortlichen.

5.1.5 Was passiert, wenn ich kein VVT führe bzw. es nicht pflege?

Welche *Sanktionen* drohen Ihrem Unternehmen eigentlich, wenn kein VVT aufgestellt und geführt wird? Wird der Aufsichtsbehörde auf deren Anfrage hin kein VVT vorgelegt oder wird es nicht ordnungsgemäß geführt, kann nach Art. 83 Abs. 4 lit. a DSGVO ein Bußgeld in Höhe von bis zu 10 Millionen EUR oder bis zu 2 % des gesamten weltweit erzielten Konzernjahresumsatzes des vorangegangenen Geschäftsjahres verhängt werden. Die Aufsichtsbehörden können daneben viele weitere Maßnahmen ergreifen, die ihnen Art. 58 DSGVO einräumt.

> **Hinweis: Befugnisse der Aufsichtsbehörden nach Art. 58 DSGVO**
> - Anweisung, alle Informationen bereitzustellen, die für die Erfüllung der Aufgaben der Aufsichtsbehörden erforderlich sind
> - Untersuchungen in Form von Datenschutzüberprüfungen durchführen
> - Überprüfung der erteilten Zertifizierungen durchführen
> - Hinweise auf vermeintliche Verstöße gegen die DSGO erteilen
> - Zugang zu allen personenbezogenen Daten und Informationen, die zur Erfüllung der Aufgaben der Aufsichtsbehörden erforderlich sind, verlangen
> - Zugang zu den Räumlichkeiten, einschließlich aller Datenverarbeitungsanlagen und -geräte, erhalten
> - Warnung vor Datenschutzverstöße aussprechen
> - Verwarnungen aussprechen
> - Anweisungen zur Erfüllung von Betroffenenrechten erteilen
> - Anweisungen zur Anpassung von Verarbeitungen an die DSGVO erteilen

> - Anweisungen zur Information von Betroffenen bei Datenschutzverletzungen erteilen
> - Beschränkungen und Verbote von Verarbeitungen vorübergehend und endgültig aussprechen
> - Berichtigung, Löschung, Einschränkung anordnen
> - Zertifizierungen widerrufen
> - Geldbußen verhängen
> - Aussetzung einer Drittlandübermittlung anordnen

Sie sehen, den Aufsichtsbehörden steht ein vielseitiges Instrumentarium zur Verfügung, um gegen Datenschutzverstöße vorzugehen.[11]

Dagegen haben Sie von *Mitbewerbern* und *Abmahnvereinen* wenig zu befürchten, da Datenschutzverstöße nach der derzeitigen Rechtsprechung nur dann abgemahnt werden können, wenn es sich bei den Datenschutzregelungen, gegen die verstoßen wird, um sogenannte Marktverhaltensregeln handelt. Die Rechenschaftspflichten, in die das VVT eingebettet ist, gehören nach derzeitiger Auffassung nicht dazu, sodass ein nicht oder nicht ordentlich geführtes VVT nicht abgemahnt werden kann.

Auch der Europäische Gerichtshof (EuGH) hat sich bereits mit dem VVT beschäftigt und entschieden, dass ein fehlendes oder unvollständiges VVT nicht dazu führt, dass eine Datenverarbeitung unrechtmäßig ist.[12]

5.2 Technische und organisatorische Maßnahmen (TOM) festlegen und dokumentieren

Verantwortliche und Auftragsverarbeiter sind nach Art. 32 Abs. 1 DSGVO verpflichtet, geeignete technische und organisatorische Maßnahmen zu ergreifen, um ein dem Risiko *angemessenes* Schutzniveau zu gewährleisten. Bei der Festlegung konkreter Maßnahmen sind der Stand der Technik, die Implementierungskosten, Art, Umfang, Umstände und Zweck der Verarbeitung sowie unterschiedliche Eintrittswahrscheinlichkeiten und Schweren des Risikos für die Rechte und Freiheiten natürlicher Personen zu berücksichtigen.[13]

---

11 Siehe dazu auch Kapitel 10, »Folgen bei Datenschutzproblemen: Sanktionen, Abmahnungen und Schadenersatz«.
12 Siehe dazu EuGH, Urteil vom 04. Mai 2023 zum Az. C-60/22, online abrufbar unter *https://curia.europa.eu/juris/document/document.jsf?text=&docid=273289&pageIndex=0&doclang=DE&mode=req&dir=&occ=first&part=1* (zuletzt aufgerufen am 15. Juni 2023).
13 Siehe dazu Kapitel 3, »Technischer Datenschutz: Anforderungen der DSGVO an den IT-Betrieb«.

Die Vorschrift enthält keinen abschließenden Katalog von Maßnahmen, beschreibt aber beispielhaft einige Maßnahmen, die gegebenenfalls zu ergreifen sind und die im folgenden Kasten aufgezählt werden.

> **Praxistipp: Bereiche, die durch TOM nach Art. 32 DSGVO abgedeckt werden sollen**
> - Pseudonymisierung und Verschlüsselung personenbezogener Daten
> - Fähigkeit, die Vertraulichkeit, Integrität, Verfügbarkeit und Belastbarkeit der Systeme und Dienste im Zusammenhang mit der Verarbeitung auf Dauer sicherzustellen
> - Fähigkeit, die Verfügbarkeit der personenbezogenen Daten und den Zugang zu ihnen bei einem physischen oder technischen Zwischenfall rasch wiederherzustellen
> - Verfahren zur regelmäßigen Überprüfung, Bewertung und Evaluierung der Wirksamkeit der technischen und organisatorischen Maßnahmen zur Gewährleistung der Sicherheit der Verarbeitung

Bei der Beurteilung der Angemessenheit des gewählten Schutzniveaus sind nach Art. 32 Abs. 2 DSGVO insbesondere die Risiken zu berücksichtigen, die mit der Verarbeitung verbunden sind, vor allem durch – ob unbeabsichtigt oder unrechtmäßig – Vernichtung, Verlust, Veränderung oder unbefugte Offenlegung von bzw. unbefugten Zugang zu personenbezogenen Daten, die übermittelt, gespeichert oder auf andere Weise verarbeitet wurden.

Werden genehmigte Verhaltensregeln nach Art. 40 DSGVO oder genehmigte Zertifizierungsverfahren gemäß Art. 42 DSGVO eingehalten, kann dies nach Art. 32 Abs. 3 DSGVO als Faktor herangezogen werden, um die Erfüllung der Verpflichtungen aus Art. 32 Abs. 1 DSGVO nachzuweisen. Beides kommt derzeit in der Praxis kaum vor.

Schließlich schreibt Art. 32 Abs. 4 DSGVO vor, dass der Verantwortliche und der Auftragsverarbeiter Schritte unternehmen, um sicherzustellen, dass ihnen unterstellte natürliche Personen, die Zugang zu personenbezogenen Daten haben, diese nur auf Anweisung des Verantwortlichen verarbeiten, es sei denn, sie sind nach dem Recht der Union oder der Mitgliedstaaten zur Verarbeitung verpflichtet.

Eine ähnliche Vorschrift gab es bereits in § 9 BDSG alter Fassung. Zu dieser alten Norm gab es eine Anlage. Frühere TOM-Dokumentationen orientierten sich in Aufbau und Inhalt an dieser Anlage zu § 9 Satz 1 BDSG. Heute empfiehlt es sich, die Dokumentation sowohl formal als auch inhaltlich an Art. 32 DSGVO auszurichten. Eine einfache TOM-Dokumentation kann heute in etwa wie folgt aussehen:

Praxisbeispiel: TOM-Dokumentation nach Art. 32 DSGVO

1. Maßnahmen bzgl. der Datenschutzorganisation
   - DSB
   - Die Mitarbeiter wurden zur Vertraulichkeit verpflichtet.
   - Die Mitarbeiter werden regelmäßig zum Thema Datenschutz geschult.
   - Es gibt einen Workflow zur Erfüllung der Betroffenenrechte.
   - Es gibt eine Datenschutzrichtlinie.
2. Maßnahmen zur Sicherstellung der Vertraulichkeit (Art. 32 Abs. 1 lit. b DSGVO)
   - Zutrittskontrolle

     Die Zugänge zu unserem Gebäude sind stets verschlossen.

     Besucher werden in Empfang genommen und beaufsichtigt.

     Das Gebäude/Gelände wird videoüberwacht.

     ...
   - Zugangskontrolle

     Unsere IT-Systeme sind passwortgeschützt.

     Es wird eine Zwei-Faktor-Authentifizierung eingesetzt.

     ...
   - Zugriffskontrolle

     Es gibt ein Berechtigungskonzept.

     Die Zugriffe werden protokolliert.

     ...
   - Trennungskontrolle

     Die eingesetzte Software ist mandantenfähig.

     ...
   - Pseudonymisierung

     Die Daten werden – soweit und sobald möglich – pseudonymisiert.

     ...
   - Datenträgerentsorgung/-vernichtung

     Die Datenträger werden durch einen Auftragsverarbeiter datenschutzgerecht vernichtet.

     Die Papierdokumente werden geschreddert.

     ...
3. Maßnahmen zur Sicherstellung der Integrität (Art. 32 Abs. 1 lit. b DSGVO)
   - Weitergabekontrolle

     Die Daten werden stets verschlüsselt übertragen oder transportiert.

     ...

- Eingabekontrolle

    Die Eingaben werden protokolliert.

    Das eingesetzte Dokumentenmanagementsystem protokolliert Änderungen.

    ...

4. Maßnahmen zur Sicherstellung der Verfügbarkeit und Belastbarkeit (Art. 32. Abs. 1 lit. b DSGVO)
    - Verfügbarkeitskontrolle

        Es besteht ein Backup-Konzept.

        Es gibt eine unterbrechungsfreie Stromversorgung.

        Es werden eine Firewall und ein Anti-Maleware-Programm eingesetzt.

        ...

    - Rasche Wiederherstellbarkeit

        Es werden regelmäßig Rücksicherungen zwecks Feststellung der Funktionsfähigkeit des Backups durchgeführt.

        ...

5. Verfahren zur regelmäßigen Überprüfung, Bewertung und Evaluierung (Art. 32 Abs. 1 lit. d DSGVO; Art. 25 Abs. 1 DSGVO)
    - Datenschutzmanagement

        Es gibt ein Datenschutzmanagement-System.

        ...

    - Datenschutzfreundliche Voreinstellungen (Privacy by Default)

        Die von uns verwendete Software wird mit datenschutzfreundlichen Voreinstellungen betrieben.

        Wir achten bei der Beschaffung von Software darauf, dass diese datenschutzfreundlich voreingestellt ist.

        ...

    - Datenschutz durch datenschutzfreundliche Technikgestaltung (Privacy by Design)

        Wir achten bei der Beschaffung von Software darauf, dass diese datenschutzfreundlich gestaltet ist.

        Wenn wir Software entwickeln, wird diese datenschutzfreundlich gestaltet.

        ...

    - Auftragskontrolle

        Daten werden erst an Auftragsverarbeiter gegeben, wenn die Voraussetzungen von Art. 28 DSGVO erfüllt sind und insbesondere ein Auftragsverarbeitungsvertrag geschlossen wurde.

        ...

Die TOM-Dokumentation erfolgt meist in einem gesonderten Dokument. Ähnlich wie beim VVT sind Sie bei der Wahl der Mittel frei. Sie können Ihre TOM in einem Word- oder Excel-Dokument dokumentieren oder eine spezielle Software einsetzen (siehe dazu Abbildung 5.3). Sind Sie Auftragsverarbeiter, gehört die TOM-Dokumentation immer als Anlage zum Auftragsverarbeitungsvertrag (AVV).

Technische und organisatorische Maßnahmen gem. Art. 32 DSGVO
der ▓▓▓▓▓▓▓▓▓▓▓▓▓▓▓▓

1. Maßnahmen bzgl. der **Datenschutzorganisation**
   - **Benennung eines/r Datenschutzbeauftragter**
     ☐ Wir haben einen **externen** Datenschutzbeauftragten.
     ☐ Wir lassen uns im **Einzelfall** zu Datenschutzfragen beraten, da wir **nicht verpflichtet** sind, einen Datenschutzbeauftragten zu benennen.
   - **Organisatorische Maßnahmen zur Einhaltung der DSGVO**
     ☐ Wir haben unsere Mitarbeiter zur **Vertraulichkeit** verpflichtet.
     ☐ Es gibt interne **Arbeitsanweisungen** bzw. Richtlinien zum Datenschutz.
     ☐ Es gibt **Regelungen im Arbeitsvertrag** zum Datenschutz.
     ☐ Unsere Mitarbeiter werden regelmäßig zum Thema „Datenschutz" **geschult**.
     ☐ Wir haben einen **Workflow** zur Erfüllung der Betroffenenrechte (Auskunft, Berichtigung, Löschung, Einschränkung und Datenübertragbarkeit).

2. Maßnahmen zur Sicherstellung der **Vertraulichkeit**
(Art. 32 Abs. 1 lit. b DSGVO)
   - **Zutrittskontrolle**
     (kein unbefugter Zutritt zu Datenverarbeitungsanlagen)
     ☐ Die Zugänge zu unserem Gebäude sind **stets verschlossen**.
     ☐ Die Zugänge zu unserem Gebäude sind **außerhalb der Öffnungszeiten verschlossen**.

Abbildung 5.3 Ausschnitt aus einer TOM-Dokumentation

5.3 Richtig informieren: Datenschutzhinweise für Betroffene

Vermutlich haben Sie in den letzten Jahren zahllose *Datenschutzhinweise* erhalten und sich dabei vielleicht gefragt, ob das wirklich so sein muss. Die Antwort lautet: Leider ja. Die DSGVO hat die *Informationspflichten* deutlich erweitert. Sie werden von Unternehmen häufig als Belastung empfunden, stellen aber einen zentralen Bestandteil der Betroffenenrechte dar.

5.3.1 Transparenzgrundsatz

Die Informationspflichten finden ihre Grundlage im Grundsatz der Transparenz. Der *Transparenzgrundsatz* wurzelt wiederum letztlich in der Grundrechtecharta der Europäischen Union. Höher kann man ein Recht innerhalb der EU gar nicht aufhängen. Im deutschen Recht ist der Transparenzgrundsatz Teil des Grundrechts auf informationelle Selbstbestimmung, das aus Art. 2 Abs. 1 in Verbindung mit Art. 1 Abs. 1 Grundgesetz (GG) hergeleitet wird.

> **Hinweis: Das Volkszählungsurteil des Bundesverfassungsgerichts**
> Bereits im Jahre 1983 hat das Bundesverfassungsgericht in seinem berühmten *Volkszählungsurteil*[14] geurteilt:
> *Wer nicht mit hinreichender Sicherheit überschauen kann, welche ihn betreffenden Informationen in bestimmten Bereichen seiner sozialen Umwelt bekannt sind, und wer das Wissen möglicher Kommunikationspartner nicht einigermaßen abzuschätzen vermag, kann in seiner Freiheit wesentlich gehemmt werden, aus eigener Selbstbestimmung zu planen oder zu entscheiden.*

Für den Verantwortlichen ergeben sich aus dem Transparenzgrundsatz zahlreiche Pflichten, insbesondere Informationspflichten. Die beiden prominentesten Informationspflichten finden Sie in Art. 13, 14 DSGVO, wobei Art. 13 DSGVO Informationspflichten für den Fall aufstellt, dass die Erhebung der personenbezogenen Daten bei der betroffenen Person selbst erfolgt, und Art. 14 DSGVO den Fall regelt, dass die personenbezogenen Daten nicht direkt beim Betroffenen erhoben werden. Der früher im BDSG a. F. vorhandene *Grundsatz der Direkterhebung*, nachdem die Daten grundsätzlich beim Betroffenen zu erheben waren, findet sich in der DSGVO nicht mehr. Dafür ist die Informationserteilung als Bringschuld ausgestaltet. Der Verantwortliche muss die Informationen ohne Nachfrage des Betroffenen zur Verfügung stellen, und es kann selbst durch ein Vertrag zwischen dem Betroffenen und dem Verantwortlichen nicht auf die Erteilung der Informationen verzichtet werden.

5.3.2 Allgemeine Regeln zu Betroffenenrechten in Art. 12 DSGVO

Die Art. 13 und 14 DSGVO müssen Sie immer zusammen mit Art. 12 DSGVO lesen. Dort sind einige Vorgaben enthalten, die für alle folgenden Betroffenenrechte gelten. Im Hinblick auf die Informationspflichten finden sich hier Anforderungen an die Form sowie die inhaltliche Gestaltung und Fristen. Die Informationen müssen nach Art. 12 DSGVO in präziser, transparenter, verständlicher und leicht zugänglicher Form in einer klaren und einfachen Sprache übermittelt werden. Sie müssen schriftlich, gegebenenfalls auch elektronisch oder in anderer Form erteilt werden. Die mündliche Erteilung ist damit zwar zulässig aber nicht zu empfehlen, weil der Verantwortliche im Zweifel nachweisen muss, dass er die Informationen erteilt hat.

---

14 Siehe dazu BVerfG, Urteil vom 15. Dezember 1983 (Az. BvR 209/83), online abrufbar unter *www.bundesverfassungsgericht.de/SharedDocs/Entscheidungen/DE/1983/12/rs19831215_1bvr020983.html* (zuletzt aufgerufen am 15. Juni 2023).

Umstritten ist derzeit noch, ob bei der Erteilung der Informationen ein *Medienbruch* zulässig ist. Ein Medienbruch liegt z. B. vor, wenn Sie in einem Brief auf weitergehende Informationen auf einer Internetseite verweisen (per Angabe einer URL oder per QR-Code). In bestimmten Situationen wird man kaum ohne Medienbruch auskommen. Beim Telefongeschäft wird man z. B. kaum erst einmal die Datenschutzinformationen komplett vorlesen müssen. IoT-Geräte haben möglicherweise kein oder kein ausreichend großes Display, um sämtliche Informationen anzuzeigen. In allen Fällen sollten Sie darauf achten, dass ein leicht erkennbarer und erreichbarer Verweis auf die vollständigen Datenschutzinformationen angebracht ist, beispielsweise in Form eines Links.

Nicht vorgeschrieben und für die Rechtmäßigkeit der Verarbeitung ohne Bedeutung ist die tatsächliche Wahrnehmung der angebotenen Informationen durch den Betroffenen. Der Betroffene muss lediglich die Möglichkeit zur Kenntnisnahme haben. Ob er davon Gebrauch macht oder nicht, ist seine Sache.

Sie sollten deshalb Formulierungen vermeiden, die auf eine vertragliche Vereinbarung oder die Einbeziehung der Datenschutzhinweise in einen Vertrag hindeuten. Es sollte also möglichst nicht formuliert werden, dass der Betroffene mit den Datenschutzhinweisen »einverstanden« ist oder diese »akzeptiert«. Bei online zur Verfügung gestellten Datenschutzhinweisen sollten Sie keine Checkboxen oder Ähnliches verwenden, die die Betroffenen zunächst aktivieren müssen. Es reicht der schlichte Hinweis darauf, wo der Betroffene die Informationen finden kann. Aus diesem Grund gehören Datenschutzhinweise auch nicht in die *Allgemeinen Geschäftsbedingungen (AGB)*.

Eine besondere Form der Informationserteilung ermöglicht Art. 12 Abs. 7 DSGVO, nach dem die Informationen auch durch standardisierte *Bildsymbole* erteilt werden können (siehe dazu Abbildung 5.4). Die Verwendung von Bildsymbolen ist nicht verpflichtend und hat sich bislang noch nicht durchgesetzt. Gänzlich ersetzen können Bildsymbole die Informationen nicht. Im Parlamentsentwurf zur DSGVO waren sechs Beispiele für Mustersymbole enthalten, die wir hier wiedergeben, damit Sie eine Vorstellung von derartigen Bildsymbolen bekommen.

Bei der Erstellung von Datenschutzhinweisen sollte man sich immer wieder daran erinnern, dass diese in *klarer und einfacher Sprache* verfasst werden müssen und sich in aller Regel an Laien und nicht an Datenschutzexperten richten. Diese Grundregel wird sehr häufig missachtet, und man sieht bei vielen Datenschutzhinweisen häufig schon wegen der schieren Masse an Text den sprichwörtlichen Wald vor lauter Bäumen nicht mehr. Besonders häufig kranken ausschweifende Datenschutzerklärungen auf Websites an diesem Problem.

5.3 Richtig informieren: Datenschutzhinweise für Betroffene

Abbildung 5.4 Beispiele für standardisierte Bildsymbole (Quelle: www.datenschutz-grundverordnung.eu/wp-content/uploads/2016/01/EU-DSGVO-Entwurf-nach-EU-Parlament-22.11.2013-.pdf)

Ein praktisches Problem ergibt sich daraus, dass komplexe Verarbeitungsvorgänge nur schwer in wenigen leicht verständlichen Worten beschrieben werden können. Ein Zuviel an Informationen kann leicht zur Intransparenz führen. Das ist ein kaum lösbarer Zielkonflikt zwischen vollständiger und trotzdem transparenter Information. Präzision und Vollständigkeit stehen teilweise im Widerspruch zu Klarheit und Einfachheit. Zur Lösung des Spannungsverhältnisses zwischen Verständlichkeit und Vollständigkeit der Information wird ein *Zwei-Stufen-Modell* vorgeschlagen, wonach dem Betroffenen auf der ersten Stufe zunächst eine knapp gehaltene Information übermittelt wird, die ihn in groben Zügen über die Verarbeitung informiert, und auf der zweiten Stufe die vollständigen Informationen mittels eines Verweises zur Verfügung gestellt werden. Solche gestaffelten Informationen bieten sich vor allem bei komplexen Datenverarbeitungsvorgängen an, die im Internet erläutert werden können, da dort die verschiedenen Ebenen der Informationen leicht verlinkt werden können. In jedem Fall setzt die geforderte Verständlichkeit bei längeren Texten eine sinnvolle Ordnung und eine Untergliederung mittels aussagekräftiger Überschriften voraus.

Von großer praktischer Relevanz ist die Frage, in welcher *Sprache* die Informationen zur Verfügung gestellt werden müssen. Eine ausdrückliche Regelung dazu fehlt in der DSGVO. Das Marktortprinzip von Art. 3 Abs. 2 DSGVO spricht allerdings dafür, dass der Verantwortliche die Informationen und Auskünfte in der Sprache der hauptsächlich adressierten Personen erteilen muss. Richtet ein in den USA ansässiges Unternehmen beispielsweise einen Internetshop in deutscher Sprache unter einer .de-Domain ein, muss die Datenschutzerklärung in deutscher Sprache vorgehalten werden. Das Gleiche dürfte auch gelten, wenn das Unternehmen seinen Sitz in Spanien hat, sich mit seinem Internetshop aber erkennbar (Kriterien sind u. a. Sprache und Domain) an ein deutschsprachiges Publikum richtet.

5.3.3 Datenschutzhinweise nach Art. 13 DSGVO

Art. 13 DSGVO dürfte die in der Praxis am häufigsten zur Anwendung kommende Vorschrift zur Erteilung von Informationen an Betroffene sein. Sie regelt den Standardfall der Erhebung personenbezogener Daten direkt beim Betroffenen, während Art. 14 DSGVO den Fall regelt, dass die Daten ohne Beteiligung des Betroffenen bei einem Dritten erhoben werden.

Innerhalb von Art. 13 DSGVO ist zwischen den vier Absätzen zu differenzieren: Die Abs. 1 und 2 regeln den Inhalt der zu erteilenden Informationen bei der erstmaligen Datenverarbeitung, Abs. 3 regelt den Fall der Zweckänderung, und Abs. 4 sieht Ausnahmen vor.

Informationen nach Art. 13 Abs. 1 DSGVO

Die Informationspflichten nach Art. 13 DSGVO werden durch das *Erheben* personenbezogener Daten bei der betroffenen Person ausgelöst. Die Erhebung ist nach Art. 4 Nr. 2 DSGVO eine Phase der Verarbeitung. Demnach ist unter Erhebung ein Vorgang zu verstehen, bei dem sich die erhebende Stelle Daten über eine betroffene Person beschafft oder Kenntnis von den Daten erlangt. Erforderlich ist ein aktives Handeln des Verantwortlichen. Ob die Daten automatisiert (z. B. durch Sensoren, Videokameras o. Ä.) oder zunächst manuell erhoben werden, ist nicht relevant. Es reicht auch aus, wenn die Daten zunächst von einem Menschen wahrgenommen und von diesem dann in ein IT-System übertragen werden. Schreiben Sie also den Namen und die Kontaktdaten von einer Visitenkarte in Ihr CRM-System ab, erheben Sie die Daten.

Die Informationen sind im Zeitpunkt der Erhebung zu erteilen, also umgehend, nachdem mit der Verarbeitung begonnen worden ist. Erfolgt die Erhebung auf Initiative des Betroffenen hin, bevor die Möglichkeit der Information besteht (also z. B. bei einer Initiativbewerbung oder einer Beschwerde), sind die Informationen schnellstmöglich zu erteilen, also z. B. im Rahmen einer Eingangsbestätigungs-E-Mail. Kommt es später zu Änderungen bei der Verarbeitung, die sich auf den Inhalt der Informationen auswirken, sind die geänderten Informationen dem Betroffenen frühzeitig vor der Änderung zur Verfügung zu stellen, damit dieser gegebenenfalls rechtzeitig Einwände vorbringen kann oder eines seine Rechte geltend machen kann (z. B. Widerruf einer Einwilligung).

> **Praxistipp: Nach Art. 13 Abs. 1 DSGVO sind mitzuteilen**
> - Name und Kontaktdaten des Verantwortlichen sowie gegebenenfalls seines Vertreters
> - gegebenenfalls die Kontaktdaten des Datenschutzbeauftragten
> - die Zwecke, für die die personenbezogenen Daten verarbeitet werden sollen sowie die Rechtsgrundlage für die Verarbeitung
> - die berechtigten Interessen, die von dem Verantwortlichen oder einem Dritten verfolgt werden, wenn die Verarbeitung auf Art. 6 Abs. 1 lit. f DSGVO beruht
> - gegebenenfalls Empfänger oder Kategorien von Empfängern der personenbezogenen Daten
> - Absicht des Verantwortlichen, die personenbezogenen Daten an ein Drittland oder eine internationale Organisation zu übermitteln, und zugleich die Information, ob ein Angemessenheitsbeschluss der Kommission vorhanden ist oder nicht (bei Fehlen eines solchen Beschlusses ist auf geeignete oder angemessene Garantien zu verweisen und die Möglichkeit, wie eine Kopie von ihnen zu erhalten ist, oder wo sie verfügbar sind.)

Nach Art. 13 Abs. 1 lit. a DSGVO sind der *Name und die Kontaktdaten des Verantwortlichen* sowie gegebenenfalls seines Vertreters anzugeben. Welche Kontaktdaten das im Einzelnen sind, ist in der DSGVO nicht geregelt. Nach dem Sinn und Zweck der Informationspflicht soll dem Betroffenen die Kontaktaufnahme ermöglicht und erleichtert werden, sodass Kontaktmöglichkeiten über verschiedene Kanäle angegeben werden sollten. Dazu gehört sicher der vollständige Name; bei natürlichen Personen also mindestens ein Vorname und der Nachname, bei Kaufleuten, Personengesellschaften oder juristischen Personen die vollständige Firmierung inklusive Rechtsformzusatz, die postalische Anschrift im Sinne einer ladungsfähigen Anschrift (Postfach reicht nicht), eine Telefonnummer und eine E-Mail-Adresse. Mit *Vertreter* ist übrigens – wie bereits oben beim VVT erläutert – nicht der gesetzliche oder organschaftliche Vertreter, also z. B. der Geschäftsführer einer GmbH, gemeint, sondern ein Vertreter im Sinne von Art. 27 DSGVO, also der Vertreter von nicht in der EU niedergelassenen Verantwortlichen. Den Fall werden Sie in der Regel nicht haben.

Wenn ein *Datenschutzbeauftragter* benannt ist, müssen dessen *Kontaktdaten* angegeben werden. Im Unterschied zur Angabe im Verarbeitungsverzeichnis ist hier die Angabe des konkreten Namens des DSB nicht erforderlich. Wenn Sie Ihre Datenschutzinformationen nicht immer ändern wollen, wenn Sie den DSB wechseln, verwenden Sie als Kontaktmöglichkeit einfach eine E-Mail-Adresse nach dem Muster *datenschutz@example.com*. Ist kein Datenschutzbeauftragter benannt, kann die Angabe ersatzlos entfallen. Es ist nicht über die Gründe aufzuklären, warum kein DSB benannt ist.

Nach Art. 13 Abs. 1 lit. c DSGVO sind die *Zwecke*, für die die personenbezogenen Daten verarbeitet werden sollen, sowie die *Rechtsgrundlagen* für die Verarbeitung anzugeben. Mitzuteilen sind alle Zwecke, die der Verantwortliche zum Zeitpunkt der Erhebung verfolgt, wobei nur die konkret in Erwägung gezogenen Zwecke und nicht alle erdenklichen Zwecke auf Vorrat genannt werden dürfen. Zwecke können allgemein gehalten werden (z. B. Vertragsabwicklung, Lohnabrechnung, Marketing usw.), dürfen aber nicht völlig unspezifisch (z. B. Big Data) angegeben werden. Die Angabe der Rechtsgrundlage ist wichtig, damit der Betroffene die Rechtmäßigkeit der Verarbeitung zu dem angegebenen Zweck prüfen kann. Außerdem haben Sie an dieser Stelle auch selbst noch einmal die Möglichkeit, für sich zu prüfen, ob es für die Verarbeitung, über die Sie informieren, auch wirklich eine tragfähige Rechtsgrundlage gibt.

Beruht die Verarbeitung auf Art. 6 Abs. 1 lit. f DSGVO, sind nach Art. 13 Abs. 1 lit. d DSGVO die *berechtigten Interessen*, die von dem Verantwortlichen oder Dritten verfolgt werden, anzugeben. Ausreichend ist die Angabe der verfolgten Interessen; nicht zwingend angegeben werden muss das Ergebnis der durchgeführten Interessenabwägung, bei der die vom Verantwortlichen verfolgten Interessen mit den Interessen, Grundrechten und Grundfreiheiten des Betroffenen abgewogen werden.

Nach Art. 13 Abs. 1 lit. e DSGVO sind gegebenenfalls die *Empfänger* oder Kategorien von Empfängern der personenbezogenen Daten anzugeben. Ob interne Übermittlungen innerhalb des Verantwortlichen (z. B. Personalabteilung an Rechtsabteilung) mitgeteilt werden müssen, ist umstritten. Sicherheitshalber sollten im Zweifel auch interne Empfänger bzw. Empfängerkategorien angegeben werden. Demgegenüber sind die Auftragsverarbeiter sicher Empfänger und deshalb anzugeben. Umstritten ist, ob die Empfänger – sofern zum Zeitpunkt der Informationserteilung bekannt – namentlich benannt werden müssen oder ob die Nennung einer Branchenbezeichnung bzw. die Umschreibung in abstrakter Form ausreichend ist (z. B. Versandunternehmen, Konzernunternehmen, Newsletter-Dienstleister usw.). Für eine namentliche Nennung spricht die größtmögliche Transparenz. Für die Wahlmöglichkeit des Verantwortlichen spricht der Wortlaut der Vorschrift, der ein Alternativverhältnis beschreibt. Die Landesbeauftragte für Datenschutz und Informationsfreiheit Nordrhein-Westfalen geht in ihrem 26. Bericht zum Datenschutz auf Seite 98 f. davon aus, dass die bloße Nennung von Kategorien von Empfängern *nur dann hinnehmbar ist, wenn die Zahl der Empfänger sehr groß oder nur schwer recherchierbar ist oder ein berechtigtes Geheimhaltungsinteresse der Preisgabe konkreter Empfänger entgegensteht.*[15] Der EuGH hat im Rahmen eines Verfahrens über einen Auskunftsanspruch nach Art. 15 DSGVO entschieden, dass im Rahmen einer Auskunft die konkreten Empfänger namentlich genannt werden müssen und die Angabe bloßer Kategorien nicht ausreichend ist.[16] Der Wortlaut von Art. 15 Abs. 1 lit. c DSGVO lässt – wie Art. 13 Abs. 1 lit. e DSGVO – die Nennung von Empfängern oder Kategorien von Empfängern zu. Allerdings legt der EuGH den Wortlaut im Lichte der übrigen Betroffenenrechte dahingehend aus, dass der Verantwortliche grundsätzlich die Identität der Empfänger offenlegen müsse, damit der Betroffene weitere Betroffenenrechte effektiv ausüben können. Ausnahmen gibt es nur für den Fall, das der Verantwortliche keine konkreten Empfänger identifizieren kann. Ob die Entscheidung wegen des vergleichbaren Wortlauts der Normen auch auf Art. 13 Abs. 1 lit. e DSGVO zu übertragen ist und deshalb auch im Rahmen von Datenschutzhinweisen – soweit möglich – konkrete Empfänger benannt werden müssen, ist derzeit noch umstritten. Die meisten bisher veröffentlichten Stimmen gehen davon aus, dass die Entscheidung nicht übertragbar ist, weil bereits der Generalanwalt in seinen dem Urteil vorangehenden Schlussanträgen klargestellt hat, dass die Informationspflichten einer anderen Logik unterliegen als das Auskunftsrecht. Die Informationspflichten müssen zu Beginn der Verarbeitung erfüllt werden. Zu diesem Zeitpunkt stehen die konkreten Empfänger manchmal noch gar nicht fest. Der Betroffene wird durch die Angabe der Kategorien auch nicht in der Durchsetzung seiner Rechte beschränkt. Über einen Auskunftsanspruch kann er vollständige Transparenz herstellen.

Schließlich ist nach Art. 13 Abs. 1 lit. f DSGVO gegebenenfalls über die Absicht des Verantwortlichen zu informieren, die personenbezogenen Daten an ein *Drittland* oder an eine internationale Organisation zu übermitteln. Gemeint ist nicht nur die Übermittlung an anderes Land, sondern auch die Übermittlung an einen in einem Drittland ansässigen Empfänger. Darüber hinaus ist auch über das Vorliegen oder Fehlen eines Angemessenheitsbeschlusses zu informieren. Soll die Übermittlung auf andere geeignete Garantien, verbindliche interne Datenschutzvorschriften (Binding Corporate Rules – BCR) oder eine Ausnahme nach Art. 49 DSGVO gestützt werden, muss der Betroffene darüber informiert werden, um welche geeigneten oder angemessenen Garantien es sich handelt. Der Betroffene muss auch darüber aufgeklärt werden, wo entweder eine Kopie des Angemessenheitsbeschlusses oder der Garantien zu erhalten ist oder diese Dokumente sonst verfügbar sind. An dieser Stelle wird es meist schwierig, sodass im Fall von Drittlandübermittlungen in der Regel ein Datenschutzexperte befragt werden sollte.

---

15 Der 26. Bericht der Landesbeauftragten für Datenschutz und Informationsfreiheit NRW ist abrufbar unter *www.ldi.nrw.de/berichte* (zuletzt aufgerufen am 15. Juni 2023).

16 Siehe dazu EuGH, Urteil vom 12. Januar 2023 (Az. C-154/21), online abrufbar unter *https://curia.europa.eu/juris/document/document.jsf?text=&docid=269146&pageIndex=0&doclang=DE&mode=lst&dir=&occ=first&part=1&cid=992652* (zuletzt aufgerufen am 15. Juni 2023).

Informationen nach Art. 13 Abs. 2 DSGVO

Neben den Informationen aus Abs. 1 sind in der Regel auch sämtliche Informationen aus Abs. 2 zu erteilen (siehe Abbildung 5.5).

Informationen zur Verarbeitung personenbezogener Daten

Wir sind nach der EU-Datenschutzgrundverordnung (DSGVO) verpflichtet, Sie über die Verarbeitung Ihrer personenbezogenen Daten zu informieren. Dieser Informationspflicht kommen wir durch die Übergabe dieser Datenschutzinformationen nach.

Name und Kontaktdaten des für die Verarbeitung Verantwortlichen

Muster GmbH, Musterstraße 1, 1245 Musterstadt, info@example.com, Tel. 01234/12345678

Kontaktdaten des Datenschutzbeauftragten

Unseren Datenschutzbeauftragten erreichen Sie unter unserer Anschrift mit dem Zusatz – Datenschutzbeauftragter – oder unter datenschutz@example.com.

Zweck und Rechtsgrundlage der Verarbeitung

Die Verarbeitung Ihrer Daten erfolgt, zur Vertragsanbahnung/Vertragserfüllung gem. Art. 6 Abs. 1 S. 1 lit. b DSGVO und zur Information/Werbung für eigene Zwecke gem. Art. 6 Abs. 1 S. 1 lit. f DSGVO.

Speicherdauer bzw. Kriterien für die Festlegung der Speicherdauer

Die für von uns erhobenen personenbezogenen Daten werden so lange wie erforderlich gespeichert und dann gelöscht, wenn wir nicht gesetzlich, z. B. auf Grund von steuer- und handelsrechtlichen Aufbewahrungs- und Dokumentationspflichten (aus HGB oder AO), zu einer längeren Speicherung verpflichtet sind. Die gesetzliche Aufbewahrungsfrist für Handelsbriefe beträgt z. B. 6 Jahre, für steuerrelevante Unterlagen 10 Jahre.

Weitergabe Ihrer Daten

Wir geben Ihre Daten nur an Auftragsverarbeiter weiter.

Übermittlung Ihrer Daten

Wir übermitteln Ihre Daten nicht an ein Drittland oder eine internationale Organisation.

Automatisierte Entscheidungsfindung einschließlich Profiling

Ihre Daten werden keiner automatisierten Entscheidungsfindung einschließlich Profiling unterworfen.

Bereitstellung von Daten

Wenn Sie uns die für die Vertragserfüllung erforderlichen Daten nicht zur Verfügung stellen, können wir keinen Vertrag mit Ihnen abschließen.

Betroffenenrechte

Sie haben das Recht:

- Auskunft zu verlangen
- Berichtigung zu verlangen
- Löschung zu verlangen
- Einschränkung der Verarbeitung zu verlangen
- auf Datenübertragbarkeit
- sich bei einer Aufsichtsbehörde zu beschweren
- Widerspruch gegen eine Verarbeitung einzulegen, die auf Grundlage von berechtigten Interessen erfolgt
- eine uns etwa erteilte Einwilligung jederzeit zu widerrufen, ohne dass die Rechtmäßigkeit der aufgrund der Einwilligung bis zum Widerruf erfolgten Verarbeitung berührt wird

---

Abbildung 5.5 Beispiel für Datenschutzhinweise nach Art. 13 DSGVO

> **Praxistipp: Nach Art. 13 Abs. 2 DSGVO sind mitzuteilen**
> - Speicherdauer
> - Betroffenenrechte
> - Belehrung über Widerrufsrecht bei einer Einwilligung
> - Beschwerderecht bei einer Aufsichtsbehörde
> - Pflicht zur Bereitstellung der Daten
> - automatisierte Entscheidungsfindung einschließlich Profiling

Die *Speicherdauer* ist – wenn möglich – konkret in Tagen, Monaten oder Jahren anzugeben. Steht die Speicherdauer zum Zeitpunkt der Erhebung der Daten noch nicht fest, sind Kriterien zur Bestimmung der Speicherdauer anzugeben. Vorsichtig sollten Sie – wie auch im VVT – ebenso an dieser Stelle mit ganz allgemeinen Beschreibungen wie z. B. »Wir löschen Ihre Daten, wenn der oben genannte Zweck erreicht ist und kein gesetzlichen Aufbewahrungsfristen mehr bestehen.« sein. Zumindest die gesetzlichen Aufbewahrungsfristen lassen sich in der Regel konkret bestimmen und dann auch konkret benennen. Wer ein Löschkonzept hat, profitiert auch an dieser Stelle davon, weil er die Löschfristen daraus entnehmen kann.

Ganz wichtig ist die Information über die *Betroffenenrechte*. Diese müssen zumindest aufgezählt werden. Ob man zu jedem Betroffenenrecht auch den passenden Artikel nennt und auch noch eine kurze Beschreibung hinzufügt, ist Geschmackssache. Zu lange Texte sollten allerdings vermieden werden, weil die Belehrung über die Betroffenenrechte sonst sehr lang, unübersichtlich und damit intransparent werden kann.

> **Praxistipp: Betroffenenrechte über die zu Informieren ist**
> - Auskunft (Art. 15 DSGVO)
> - Berichtigung (Art. 16 DSGVO)
> - Löschung (Art. 17 DSGVO)
> - Einschränkung der Verarbeitung (Art. 18 DSGVO)
> - Widerspruch (Art. 21 DSGVO)
> - Datenübertragbarkeit (Art. 20 DSGVO)
> - Beschwerderecht bei einer Aufsichtsbehörde

Nach Art. 13 Abs. 2 lit. e DSGVO ist darüber zu informieren,

1. ob die Bereitstellung der personenbezogenen Daten gesetzlich oder vertraglich vorgeschrieben oder für einen Vertragsschluss erforderlich ist,
2. ob die betroffene Person verpflichtet ist, die personenbezogenen Daten bereitzustellen
3. welche möglichen Folgen die Nichtbereitstellung hätte

Der genaue Umfang der Informationspflicht nach Art. 13 Abs. 2 lit. e DSGVO ist derzeit ungeklärt. Eine Ansicht fordert stets eine Information nach Art. 13 Abs. 2 lit. e DSGVO, auch wenn sich die Information in negativen Aussagen erschöpft. Es darf bezweifelt werden, dass eine pauschale oder rein negative Information über Selbstverständlichkeiten etwas zur bezweckten Transparenz aufseiten der betroffenen Person beiträgt. Es ist nämlich wenig sinnvoll, den Betroffenen extra darauf hinzuweisen, dass die Angabe seiner Adresse zur Auslieferung des bestellten Produkts erforderlich ist und im Falle einer Nicht-Angabe der Vertrag nicht erfüllt werden kann. Eine einschränkende Auffassung nimmt deshalb an, dass Informationen nach Art. 13 Abs. 2 lit. e DSGVO nur dann zu erteilen sind, wenn es für eine faire und transparente Verarbeitung erforderlich ist, wenn also z. B. zusätzliche freiwillige Angaben erfolgen sollen, die für den Vertragsschluss und die Vertragserfüllung nicht unbedingt erforderlich sind. Dann ist der Betroffene auf die Freiwilligkeit dieser Angaben hinzuweisen. Auf der anderen Seite bietet der Wortlaut kaum Spielraum, weshalb Sie bis zur Klärung durch die Aufsichtsbehörden bzw. die Gerichtspraxis sicherheitshalber eine Information nach Art. 13 Abs. 2 lit. e DSGVO erteilen sollten.

Schließlich ist nach Art. 13 Abs. 2 lit. f DSGVO über das Bestehen einer automatisierten Entscheidungsfindung einschließlich *Profiling* gemäß Art. 22 Absätze 1 und 4 DSGVO zu informieren und – zumindest in diesen Fällen – sind aussagekräftige Informationen über die involvierte Logik sowie die Tragweite und die angestrebten Auswirkungen einer derartigen Verarbeitung für die betroffene Person bereitzustellen.

5.4 Wie Ihr Unternehmen seiner Auskunftspflicht richtig nachkommt

Das zentrale Betroffenenrecht aus der DSGVO ist das *Auskunftsrecht* nach Art. 15 DSGVO. Es bereitet den Verantwortlichen zunehmend Kopfschmerzen, weil es mittlerweile häufig geltend gemacht wird, sehr umfangreich ausgestaltet ist und von der Rechtsprechung derzeit weit zugunsten des Betroffenen ausgelegt wird. Am 18. Januar 2022 hat der *EU-Datenschutzausschutz (EDPB)* eine Leitlinie zur Anwendung von Art. 15 DSGVO veröffentlicht.[17]

Das Recht besteht übrigens unabhängig davon, ob der Betroffene von Ihnen bereits nach Art. 13 und 14 DSGVO richtig und vollständig über die Verarbeitung seiner personenbezogenen Daten informiert wurde.

---

17 Siehe dazu die *Guidelines 01/2022 on data subject rights – Right of access*, Version 1.0, Adopted on 18 January 2022, online abrufbar unter: *https://edpb.europa.eu/our-work-tools/documents/public-consultations/2022/guidelines-012022-data-subject-rights-right_en* (zuletzt aufgerufen am 15. Juni 2023).

Es wird teilweise von Betroffenen zweckentfremdet und hat sich zu einem beliebten Mittel entwickelt, um Ziele zu erreichen, die mit dem Thema Datenschutz eigentlich gar nichts zu tun haben. So werden Ansprüche auf Auskunft und Kopie häufig von ausgeschiedenen Arbeitnehmern im Rahmen von Kündigungsschutzprozessen verwendet, um die Vergleichsbereitschaft der Arbeitgeber zu erhöhen. Aber auch Kunden von Versicherungen und Energieunternehmen machen rege von ihren Rechten Gebrauch.

Deshalb eines vorweg: In jedem Unternehmen muss ein Prozess zur Beantwortung derartiger Anfragen vorhanden sein. Andernfalls werden Sie kaum in der Lage sein, die Ansprüche innerhalb der kurzen Fristen, die einem die DSGVO vorgibt, zu erfüllen. Die eingesetzten IT-Systeme sollten dahingehend überprüft werden, ob es in kurzer Zeit möglich ist, die vorgeschriebenen Auskünfte und Kopien zu erteilen, wenn ein Betroffener dies einfordert.

5.4.1 Auskunftsanspruch nach Art. 15 DSGVO

Die erste Frage, die ein Betroffener stellen kann, ist, ob überhaupt Daten zu seiner Person verarbeitet werden. Diese Frage lässt sich meistens relativ leicht beantworten.

> **Praxistipp: Die Negativauskunft führt automatisch zu einer Verarbeitung**
>
> Erhält man eine Anfrage eines Betroffenen, ob seine personenbezogenen Daten verarbeitet werden, und ist das tatsächlich nicht der Fall, weil der Anfragende z. B. gar kein Kunde des Unternehmens ist, entsteht alleine durch die Beantwortung der Anfrage eine Verarbeitung der personenbezogenen Daten des Anfragenden. Diese Daten, also das Aufforderungsschreiben des Kunden und die Negativantwort, sollte der Verantwortliche aus eigenem Interesse auch speichern, um später im Rahmen seiner Rechenschaftspflicht nachweisen zu können, dass er die Anfrage fristgerecht, richtig und vollständig beantwortet hat. Der Anfragende ist deshalb in der Negativantwort auch darüber zu informieren, dass diese Daten, die im Rahmen der Beantwortung der Anfrage entstanden sind, für die Dauer von drei Jahren (bis zum Ablauf der Verjährungsfrist) zum Zwecke der Verteidigung gegen etwaige Ansprüche eingeschränkt verarbeitet werden und dass dies auf Grundlage eines berechtigten Interesses nach Art. 6 Abs. 1 lit. f DSGVO erfolgt.

Schwieriger wird es, wenn tatsächlich Daten des Anfragenden verarbeitet werden. In diesem Fall ist eine umfassende Auskunft zu erteilen. Es reicht dabei nicht, nur die Kategorien zu benennen, die verarbeitet werden. Sie können den Anfragenden also nicht damit abspeisen, ihm mitzuteilen, dass Sie seinen Namen, seine Anschrift und seine E-Mail-Adresse verarbeiten. Über diese Kategorien hinaus müssen Sie ihm auch mitteilen, welche konkreten Angaben Sie als Namen, Anschrift und E-Mail-Adresse zu seiner Person gespeichert haben.

Neben der Frage des »Ob« und der Auskunft über die konkret verarbeiteten Daten schreibt Art. 15 DSGVO vor, dass noch weitere Informationen zu erteilen sind. Diese sind in Abs. 1 und 2 von Art. 15 DSGVO im Einzelnen aufgelistet.

> **Praxistipp: Zu erteilende Informationen im Rahmen eines Auskunftsersuchens**
> 1. Werden personenbezogene Daten des Anfragenden verarbeitet (ob)?
> 2. Wenn ja, sind folgende weitere Informationen zu erteilen:
>
> a) Auflistung der konkreten Daten
>
> b) Verarbeitungszwecke
>
> c) Kategorien der verarbeiteten personenbezogenen Daten
>
> d) Empfänger oder Kategorien von Empfängern
>
> e) Speicherdauer
>
> f) Hinweis auf Betroffenenrechte (Berichtigung, Löschung, Einschränkung der Verarbeitung, Widerspruchsrecht, Beschwerderecht bei einer Aufsichtsbehörde)
>
> g) verfügbare Informationen zur Herkunft, wenn die Daten nicht bei der betroffenen Person direkt erhoben wurden
>
> h) bestehen einer automatisierten Entscheidungsfindung einschließlich Profiling
>
> i) Informationen über eine Drittlandübermittlung einschließlich der Angabe der geeigneten Garantien gemäß Art. 46 DSGVO

Hat man ein gut geführtes Verarbeitungsverzeichnis (VVT), vollständige und richtige Datenschutzhinweise, und kann man die konkret verarbeiteten personenbezogenen Daten leicht aus den IT-Systemen herausziehen, kann man die Auskünfte mit überschaubarem Aufwand erteilen.

Im Gegensatz zu den Informationen, die Betroffenen nach Art. 13 und 14 DSGVO ohne Nachfrage zu erteilen sind, müssen im Rahmen des Auskunftsverfahrens auch Angaben zu den Kategorien der Daten gemacht werden. Die einzelnen Kategorien sind nicht vorgeschrieben, die von Ihnen gewählten Bezeichnungen und Unterteilungen sollten aber verständlich und leicht nachvollziehbar sein.

> **Praxistipp: Betroffenenkategorien**
> - Bewerber
> - Mitarbeiter
> - Kunden
> - Lieferanten

> **Praxistipp: Datenkategorien**
> - Stammdaten (Name, Anschrift)
> - Kontaktdaten (Telefonnummer, E-Mail-Adresse)
> - Vertragsdaten (Kundennummer, Bestellhistorie)
> - Zahlungsdaten (Bankverbindung, Kreditkartendaten)

Geht ein Auskunftsverlangen bei Ihnen ein, können Sie ein gestuftes Verfahren etablieren, damit Sie keine Fristen verpassen und vollständig und richtig Auskunft erteilen.

> **Praxistipp: Fünf Schritte zur Beantwortung von Auskunftsverlangen**
> 1. Bestätigen Sie zunächst umgehend den Eingang des Auskunftsverlangens, und informieren Sie dabei gegebenenfalls über die Inanspruchnahme einer Fristverlängerung.
> 2. Beantworten Sie die Frage des »Ob«.
> 3. Erteilen Sie Auskunft über die Kategorien der Daten und die konkret zu den Kategorien verarbeiteten Daten.
> 4. Erteilen Sie die weiteren Informationen nach Art. 15 DSGVO.
> 5. Bitten Sie den Anspruchsteller, seine Anfrage gegebenenfalls zu präzisieren, wenn er weitere oder spezielle Auskünfte haben möchte.

Wie oben bereits im Rahmen der Informationspflichten beschrieben, hat der EuGH im Rahmen eines Verfahrens über einen Auskunftsanspruch nach Art. 15 DSGVO entschieden, dass im Rahmen einer Auskunft die konkreten Empfänger namentlich genannt werden müssen und die Angabe bloßer Kategorien nicht ausreichend ist.[18]

5.4.2 Anspruch auf Kopie?

Richtig unangenehm wird es für Verantwortliche bei dem ebenfalls in Art. 15 DSGVO – dort in Abs. 3 – enthaltenen *Recht auf Kopie*. Demnach stellt der Verantwortliche eine Kopie der personenbezogenen Daten, die Gegenstand der Verarbeitung sind, zur Verfügung. Dieser eine Satz führt in der Praxis zu ganz erheblichen Schwierigkeiten und zu großem Aufwand. Die Rechtsprechung geht von einem sehr weiten Umfang dieses Anspruchs aus und fasst darunter z. B. Kopien der gesamten E-Mail-Korrespondenz, die ein ausgeschiedener Mitarbeiter in seiner Zeit der Betriebszugehörigkeit geführt hat. In der E-Mail-Korrespondenz sind aber in der Regel nicht nur

---

18 Siehe dazu EuGH, Urteil vom 12. Januar 2023 (Az. C-154/21), online abrufbar unter *https://curia.europa.eu/juris/document/document.jsf?text=&docid=269146&pageIndex=0&doclang=DE&mode=lst&dir=&occ=first&part=1&cid=992652* (zuletzt aufgerufen am 15. Juni 2023).

die Daten des Anfragenden, sondern auch Daten von Dritten, z. B. den weiteren Empfängern, enthalten. Damit deren Rechte nicht durch die Kopie beeinträchtigt werden (Art. 15 Abs. 4 DSGVO), müssen diese Daten dann z. B. geschwärzt werden. Das Recht auf Kopie ist nach der Rechtsprechung des EuGH übrigens Teil des Auskunftsanspruchs. Es handelt sich nicht um zwei eigenständige Ansprüche.[19]

5.4.3 Wie erfülle ich den Anspruch?

Man kann sich vorstellen, dass bereits das Zusammenstellen dieser ganzen Informationen Schwierigkeiten bereiten bzw. viel Arbeitskraft binden kann. Es kommt hinzu, dass man für die Erteilung der Auskunft nach Art. 12 Abs. 3 DSGVO nur *einen Monat* Zeit hat. Diese Frist kann allerdings um weitere zwei Monate verlängert werden, wenn dies unter Berücksichtigung der Komplexität und der Anzahl von Anträgen erforderlich ist. Über die Fristverlängerung und die Gründe müssen Sie den Betroffenen allerdings zwingend innerhalb eines Monats unterrichten.

> **Praxistipp: Form für die Auskunftserteilung**
> Eine bestimmte Form ist weder für die Erteilung der Auskunft noch für die Kopie vorgeschrieben. Die DSGVO geht in Art. 12 Abs. 3 Satz 4 und Art. 15 Abs. 3 allerdings davon aus, dass die betroffene Person in der Regel auf elektronischem Wege zu unterrichten ist, wenn die Anfrage elektronisch gestellt wird und die betroffene Person nichts anders angibt. Ansonsten ist natürlich eine schriftliche Auskunfts- und Kopieerteilung auf Papier immer möglich.

Und noch eine schlechte Nachricht für Verantwortliche: Auskünfte und Kopien müssen nach Art. 12 Abs. 5 DSGVO *unentgeltlich* zur Verfügung gestellt werden, egal, wie groß der Aufwand war. Eine Ausnahme davon besteht nur dann, wenn es sich um offenkundig unbegründete oder – im Falle von häufiger Wiederholung – exzessive Anträge handelt. In diesen – seltenen – Ausnahmefällen kann der Verantwortliche ein angemessenes Entgelt verlangen oder sich weigern, aufgrund des Antrags tätig zu werden. Der Verantwortliche ist in der Nachweispflicht dafür, dass ein Antrag offensichtlich unbegründet oder exzessiv ist. Wann genau von einem Ausnahmefall in diesem Sinne auszugehen ist, ist derzeit noch nicht abschließend geklärt. Sie sollten deshalb vorsichtig mit den Ausnahmen umgehen und im Zweifel den Ansprüchen nachkommen. Kopien müssen zum Glück nur einmal unentgeltlich erteilt werden. Für weitere Kopien darf der Verantwortliche nach Art. 15 Abs. 3 DSGO ein angemessenes Entgelt erheben.

---

19 Siehe dazu EuGH, Urteil vom 4. Mai 2023 (Az. C-487/21), online abrufbar unter *https://curia.europa.eu/juris/document/document.jsf?text=&docid=273286&pageIndex=0&doclang=DE&mode=req&dir=&occ=first&part=1&cid=3974092* (zuletzt aufgerufen am 15. Juni 2023).

5.5 Die Auftragsverarbeitung: Was müssen Sie beachten?

Einen *Auftragsverarbeitungsvertrag* (*AVV*) haben Sie in den letzten Jahren bestimmt schon das eine oder andere Mal gesehen. Die DSGVO hat eine wahre Flut an AVVs ausgelöst. Das liegt daran, dass praktisch kein Unternehmen ohne externe Dienstleister auskommt, die meistens auch personenbezogene Daten verarbeiten. Das war natürlich auch schon vor der DSGVO so. Allerdings hat sich durch die DSGVO etwas an der Haftung und den Pflichten dieser Dienstleister geändert. Diese haften nunmehr in deutlich größerem Umfang und unterliegen weitergehenden Pflichten. Deshalb hatten es viele Dienstleister eilig, bestehende Geschäftsbeziehungen mit AVVs abzusichern. Natürlich wären derartige Verträge auch schon vor der DSGVO nötig gewesen, als man die Auftragsverarbeitung noch *Auftragsdatenverarbeitung* (*ADV*) nannte. Geschlossen wurden Auftragsdatenverarbeitungsverträge aber deutlich seltener als heute.

Die Auftragsverarbeitung ist in Art. 28 DSGVO relativ detailliert geregelt. Die Frage, wer Auftragsverarbeiter ist, beantwortet allerdings bereits Art. 4 Nr. 8 DSGVO. Demnach ist *Auftragsverarbeiter* jede natürliche oder juristische Person, Behörde, Einrichtung oder andere Stelle, die personenbezogene Daten im Auftrag verarbeitet. Sehr viel schlauer ist man nach der Lektüre dieser gesetzlichen Definition auch nicht. Klar ist aber, dass derjenige, der Auftragsverarbeiter ist, nicht Verantwortlicher ist. Die Abgrenzung erfolgt also eher aus dem Blickwinkel des Verantwortlichen. Verantwortlich ist derjenige, der über die Mittel und die Zwecke der Verarbeitung entscheidet. Folglich ist Auftragsverarbeiter derjenige, der weisungsgebunden personenbezogene Daten verarbeitet, ohne die Mittel und Zwecke zu bestimmen. Ganz streng lässt sich diese Abgrenzung in der Praxis, insbesondere hinsichtlich der Mittel, nicht vornehmen. Häufig wird ein Dienstleister nämlich durchaus eigenständig über die Mittel der Verarbeitung bestimmen, ohne dazu eine konkrete Weisung des Verantwortlichen zu erhalten.

> **Praxisbeispiel: Rechenzentrum**
> Nehmen Sie den Betreiber eines Rechenzentrums, der dem Verantwortlichen Speicherplatz in einer Cloud zur Verfügung stellt. Der Betreiber entscheidet selbständig z. B. über das eingesetzte Betriebssystem und über die Updates seiner Systeme, also über bestimmte Mittel der Verarbeitung. Er wird damit aber nicht zum Verantwortlichen. Die Abgrenzung erfolgt deshalb praktisch vor allem anhand der Frage, wer die Zwecke der Verarbeitung festlegt – und das ist im Beispiel der Verantwortliche.

Der Auftragsverarbeiter verarbeitet also personenbezogene Daten im Auftrag und nach Weisung eines Verantwortlichen, der vor allem die Zwecke festlegt und bei den Mitteln wenigstens mitreden kann. Verfolgt das verarbeitende Unternehmen zusätzlich eigene Zwecke, auf die der Verantwortliche keinen Einfluss hat, handelt es sich nicht um einen Auftragsverarbeiter. In derartigen Konstellationen kann dann entweder eine Verarbeitung durch zwei unabhängige Dritte oder eine *gemeinsame Verantwortlichkeit* nach Art. 26 DSGVO vorliegen.

Sie sehen: Die Abgrenzung, wann eine Verantwortlichkeit, eine gemeinsame Verantwortlichkeit oder eine Auftragsverarbeitung vorliegt, ist mitunter schwierig. Sie ist aber für die Rechtmäßigkeit der Verarbeitung von großer Relevanz, da eigentlich immer nur eine Lösung richtig sein kann und die verschiedenen Konstellationen zu sehr unterschiedlichen Rechtsfolgen führen.

Natürlich gibt es auch zu dem praktisch wichtigen Thema der Auftragsverarbeitung ein Kurzpapier der DSK (Nr. 13).[20] Auch die Aufsichtsbehörden gehen in diesem Papier davon aus, dass es für die Abgrenzung zwischen Auftragsverarbeitung und Verantwortlichkeit maßgeblich auf die Entscheidung über die Verarbeitungszwecke ankommt und Entscheidungen über technisch-organisatorische Fragen der Verarbeitung auf den Auftragsverarbeiter übertragen werden können.

Die früher bekannte und verbreitete *Funktionsübertragung* als Gegenstück der damaligen Auftragsdatenverarbeitung ist mit der Einführung der DSGVO übrigens weggefallen. Bei der Funktionsübertragung standen dem Empfänger der Daten gewissen Entscheidungsspielräume zur Aufgabenerfüllung zu.

Praxisbeispiel: typische Auftragsverarbeitungssituationen
- Hosting
- Cloud Computing
- IT-Wartung einschließlich Fernwartung
- Adressenverarbeitung durch Lettershops
- Call-Center
- Datenträgervernichtung
- Datenerfassung durch Scannen
- Shared-Services innerhalb von Konzernen oder Unternehmensgruppen

Werden hingegen fremde Fachleistungen in Anspruch genommen bei denen der Empfänger einen eigenen Entscheidungsspielraum hat, liegt keine Auftragsverarbeitung vor. Das ist z. B. bei Berufsgeheimnisträgern wie Rechtsanwälten und Steuerberatern der Fall. Diese unterliegen berufsrechtlichen Pflichten und haben immer einen eigenen Entscheidungsspielraum.

Praxisbeispiel: keine Auftragsverarbeitung bei Verarbeitung durch
- Rechtsanwälte
- Steuerberater
- Wirtschaftsprüfer

---

20 Das Kurzpapier ist online abrufbar unter *www.datenschutzkonferenz-online.de/kurzpapiere.html* (zuletzt aufgerufen am 15. Juni 2023).

- Betriebsärzte
- Externe Datenschutzbeauftragte
- Banken und Sparkassen

Warum ist die Auftragsverarbeitung so beliebt? Das liegt daran, dass der Auftragsverarbeiter nach Art. 4 Nr. 10 DSGVO nicht Dritter ist. Der Auftragsverarbeiter wird also – etwas vereinfacht – wie eine interne Abteilung des Verantwortlichen behandelt, sodass in der Regel keine gesonderte Rechtsgrundlage für die Übermittlung der personenbezogenen Daten an den Auftragsverarbeiter erforderlich ist. Für eine Übermittlung innerhalb eines Unternehmens von einer Abteilung zur anderen braucht man nämlich in der Regel auch keine gesonderte Rechtsgrundlage. Man braucht also »nur« eine Rechtsgrundlage für die Verarbeitung an sich.

Auftragsverarbeiter sind zwar keine Dritten, sie sind aber *Empfänger* im Sinne von Art. 4 Nr. 9 DSGVO und als solche z. B. im Rahmen von Datenschutzhinweisen bei der Erteilung von Auskünften und im Verarbeitungsverzeichnis anzugeben.

Hat der Auftragsverarbeiter seinen Sitz außerhalb der EU, schließt das seinen Einsatz nicht grundsätzlich aus. Allerdings sind in diesen Fällen weitere Voraussetzungen einzuhalten. Es müssen dann die zusätzlichen Voraussetzungen der Art. 44 ff. DSGVO für Verarbeitungen in Drittländern eingehalten werden. In Verträgen mit Dienstleistern aus Drittländern wird der AVV häufig auch *Data Processing Agreement* (*DPA*) genannt.

Ob eine Auftragsverarbeitung vorliegt oder nicht, ist objektiv zu bestimmen und kann nicht von den Vertragsparteien übereinstimmend vereinbart werden. Liegt eine Auftragsverarbeitung vor, muss ein AVV nach Art. 28 DSGVO geschlossen werden. Liegt keine Auftragsverarbeitung vor, führt auch der Abschluss eines AVV nach Art. 28 DSGVO nicht dazu, dass eine Auftragsverarbeitung vorliegt.

Kommt man nicht zu einer Auftragsverarbeitung, ist das aber kein Beinbruch. Man benötigt dann »nur« eine Rechtsgrundlage für die Übermittlung der Daten an den Empfänger und die Verarbeitung durch ihn. Häufig findet man diese bei genauerem Hinsehen.

Eine rechtmäßige Auftragsverarbeitung setzt den Abschluss eines Auftragsverarbeitungsvertrags voraus, der die Anforderungen von Art. 28 DSGVO erfüllt.

Zunächst schreibt die DSGVO den Verantwortlichen vor, dass diese nur mit Auftragsverarbeitern zusammenarbeiten, die *hinreichende Garantien* dafür bieten, dass geeignete technische und organisatorische Maßnahmen so durchgeführt werden, dass die Verarbeitung im Einklang mit den Anforderungen der DSGVO erfolgt und dass der Schutz der Rechte der betroffenen Personen gewährleistet ist. Am Anfang steht also die Auswahl eines geeigneten Dienstleisters.

Was auf jeden Fall in einem Auftragsverarbeitungsvertrag geregelt sein muss, ergibt sich aus den weiteren Absätzen von Art. 28 DSGVO. Da die Inhalte im Wesentlichen gesetzlich vorgeschrieben sind, ähneln sich die AVVs meist in Inhalt und Struktur. Gleichwohl gibt es durchaus Regelungsspielräume für die Vertragsparteien. Auch wenn die Versuchung groß ist, sollte man deshalb die AVVs nicht – wie häufig zu beobachten – ungelesen »durchwinken«. Der Teufel steckt bei den AVVs häufig im Detail.

> **Praxistipp: Checkliste AVV – Was muss in einem AVV geregelt sein?**
>
> ▶ Gegenstand und Dauer der Verarbeitung
> ▶ Art und Zweck der Verarbeitung
> ▶ Art der personenbezogenen Daten
> ▶ Kategorien betroffener Personen
> ▶ Pflichten des Verantwortlichen
> ▶ Rechte des Verantwortlichen
> ▶ Der Auftragsverarbeiter darf personenbezogene Daten nur auf dokumentierte Weisung des Verantwortlichen hin verarbeiten, wenn er nicht gesetzlich zur Verarbeitung verpflichtet ist.
> ▶ Der Auftragsverarbeiter gewährleistet, dass er seine Mitarbeiter zur Vertraulichkeit verpflichtet hat.
> ▶ Der Auftragsverarbeiter ergreift alle nach Art. 32 DSGVO erforderlichen technischen und organisatorischen Maßnahmen zum Schutz der personenbezogenen Daten.
> ▶ Bedingungen für die Einschaltung eines Sub-Auftragsverarbeiters müssen geregelt werden, einschließlich der Verpflichtung des Auftragsverarbeiters, mit einem Sub-Auftragsverarbeiter ebenfalls einen AVV zu schließen.
> ▶ Der Auftragsverarbeiter unterstützt den Verantwortlichen mit geeigneten technischen und organisatorischen Maßnahmen bei der Erfüllung von Betroffenenrechten.
> ▶ Der Auftragsverarbeiter unterstützt den Verantwortlichen bei der Einhaltung der Verpflichtungen aus Art. 32 bis 36 DSGVO.
> ▶ Der Auftragsverarbeiter ist dazu verpflichtet, nach Abschluss der Verarbeitung die personenbezogenen Daten zu löschen oder zurückzugeben.
> ▶ Der Auftragsverarbeiter stellt dem Verantwortlichen alle Informationen zum Nachweis der Einhaltung der Verpflichtungen aus Art. 28 DSGVO zur Verfügung.
> ▶ Der Auftragsverarbeiter ermöglicht Überprüfungen – einschließlich Inspektionen – durch den Verantwortlichen oder einen von ihm beauftragten Dritten.
> ▶ Der Auftragsverarbeiter informiert den Auftraggeber unverzüglich, wenn er der Auffassung ist, dass eine Weisung gegen die DSGVO oder andere Datenschutzbestimmungen verstößt.

Kommt es bei einem Sub-Auftragsverarbeiter zu einem Datenschutzverstoß, haftet dem Verantwortlichen gegenüber der erste Auftragsverarbeiter. Auftragsverarbeiterketten sind also für den ersten Auftragsverarbeiter relativ gefährlich.

ABSCHNITT I

Klausel 1

Zweck und Anwendungsbereich

a) Mit diesen Standardvertragsklauseln (im Folgenden „Klauseln") soll die Einhaltung von [zutreffende Option auswählen: OPTION 1: Artikel 28 Absätze 3 und 4 der Verordnung (EU) 2016/679 des Europäischen Parlaments und des Rates vom 27. April 2016 zum Schutz natürlicher Personen bei der Verarbeitung personenbezogener Daten, zum freien Datenverkehr und zur Aufhebung der Richtlinie 95/46/EG (Datenschutz-Grundverordnung)] oder [OPTION 2: Artikel 29 Absätze 3 und 4 der Verordnung (EU) 2018/1725 des Europäischen Parlaments und des Rates vom 23. Oktober 2018 zum Schutz natürlicher Personen bei der Verarbeitung personenbezogener Daten durch die Organe, Einrichtungen und sonstigen Stellen der Union, zum freien Datenverkehr und zur Aufhebung der Verordnung (EG) Nr. 45/2001 und des Beschlusses Nr. 1247/2002/EG] sichergestellt werden.

b) Die in Anhang I aufgeführten Verantwortlichen und Auftragsverarbeiter haben diesen Klauseln zugestimmt, um die Einhaltung von Artikel 28 Absätze 3 und 4 der Verordnung (EU) 2016/679 und/oder Artikel 29 Absätze 3 und 4 der Verordnung (EU) 2018/1725 zu gewährleisten.

c) Diese Klauseln gelten für die Verarbeitung personenbezogener Daten gemäß Anhang II.

d) Die Anhänge I bis IV sind Bestandteil der Klauseln.

e) Diese Klauseln gelten unbeschadet der Verpflichtungen, denen der Verantwortliche gemäß der Verordnung (EU) 2016/679 und/oder der Verordnung (EU) 2018/1725 unterliegt.

f) Diese Klauseln stellen für sich allein genommen nicht sicher, dass die Verpflichtungen im Zusammenhang mit internationalen Datenübermittlungen gemäß Kapitel V der Verordnung (EU) 2016/679 und/oder der Verordnung (EU) 2018/1725 erfüllt werden.

Klausel 2

Unabänderbarkeit der Klauseln

a) Die Parteien verpflichten sich, die Klauseln nicht zu ändern, es sei denn, zur Ergänzung oder Aktualisierung der in den Anhängen angegebenen Informationen.

b) Dies hindert die Parteien nicht daran die in diesen Klauseln festgelegten Standardvertragsklauseln in einen umfangreicheren Vertrag aufzunehmen und weitere Klauseln oder zusätzliche Garantien hinzuzufügen, sofern diese weder unmittelbar noch mittelbar im Widerspruch zu den Klauseln stehen oder die Grundrechte oder Grundfreiheiten der betroffenen Personen beschneiden.

Klausel 3

Auslegung

a) Werden in diesen Klauseln die in der Verordnung (EU) 2016/679 bzw. der Verordnung (EU) 2018/1725 definierten Begriffe verwendet, so haben diese Begriffe dieselbe Bedeutung wie in der betreffenden Verordnung.

b) Diese Klauseln sind im Lichte der Bestimmungen der Verordnung (EU) 2016/679 bzw. der Verordnung (EU) 2018/1725 auszulegen.

c) Diese Klauseln dürfen nicht in einer Weise ausgelegt werden, die den in der Verordnung (EU) 2016/679 oder der Verordnung (EU) 2018/1725 vorgesehenen Rechten und Pflichten zuwiderläuft oder die Grundrechte oder Grundfreiheiten der betroffenen Personen beschneidet.

Abbildung 5.6 Ausschnitt aus den Standardklauseln der EU-Kommission für den Abschluss eines AVV (Quelle: https://commission.europa.eu/publications/standard-contractual-clauses-controllers-and-processors-eueea_de)

Der AVV ist schriftlich abzufassen, was auch in einem elektronischen Format erfolgen kann. Ausreichend ist es auch, wenn der Text des AVV z. B. in einem Kunden-Account abrufbar ist und der Kunde dort die Geltung des AVV mit einer Handlung bestätigen kann, also z. B. ein Kontrollkästchen aktivieren oder einen Schieberegler betätigen kann.

Meist bestehen AVVs aus dem eigentlichen Vertragstext und einer oder mehreren Anlagen. Die vom Auftragsverarbeiter ergriffenen TOM werden z. B. regelmäßig in eine Anlage ausgegliedert. Daneben können aber auch weitere Inhalte, wie z. B. die Angabe der Art der verarbeiteten Daten und die Kategorien der Betroffenen oder eine Liste der eingesetzten Sub-Auftragsverarbeiter, in Anlagen verschoben werden.

Die EU-Kommission hat zwischenzeitlich einen, etwas sperrig formulierten, aber in allen EU-Sprachen verfügbaren, Mustervertrag zur Auftragsverarbeitung nach Art. 28 DSGVO veröffentlicht, an dem Sie sich orientieren können bzw. dem Sie bestimmte Musterklauseln entnehmen können, wenn Sie einen eigenen AVV gestalten wollen (siehe Abbildung 5.6).[21]

Müssen Sie häufig AVVs prüfen, bietet es sich an, eine *Checkliste* zu entwickeln, anhand derer Sie die gesetzlichen Mindestinhalte prüfen. In jedem Fall sollten Sie die Regelungen zur Inanspruchnahme von weiteren Auftragsverarbeitern (Unterauftragsverarbeiter oder Sub-Auftragsverarbeiter) genau prüfen und dabei auch darauf achten, ob dabei eine Drittlandübermittlung im Raum steht. Sie als Admin sollten auch die TOM des Auftragsverarbeiters genau unter die Lupe nehmen.

Überschreitet der Auftragsverarbeiter seine Kompetenzen und bestimmt wie ein Verantwortlicher über die Mittel und Zwecke der Verarbeitung, wird er gemäß Art. 28 Abs. 10 DSGVO wie ein Verantwortlicher behandelt.

5.6 Die Datenschutz-Folgenabschätzung: Notwendigkeit und Durchführung

Die *Datenschutz-Folgenabschätzung* (DSFA) ist in Art. 35 DSGVO geregelt. Sie ist immer dann durchzuführen, wenn eine Form der Verarbeitung personenbezogener Daten voraussichtlich ein *hohes Risiko* für die Rechte und Freiheiten natürlicher Personen zur Folge hat. Ein solches hohes Risiko kann sich z. B. aus der Verwendung neuer Technologien ergeben. Daneben können allerdings auch bereits die Art, der Umfang, die Umstände und die Zwecke der Verarbeitung zu hohen Risiken für die Betroffenen führen. Auch an dieser Stelle ist mal wieder eine Risikobewertung durchzuführen. Sie merken: Der risikobasierte Ansatz zieht sich durch die gesamte DSGVO.

---

21 Siehe dazu *Durchführungsbeschluss (EU) 2021/915 der Kommission vom 4. Juni 2021 über Standardvertragsklauseln zwischen Verantwortlichen und Auftragsverarbeitern*, online abrufbar unter *https://eur-lex.europa.eu/legal-content/DE/TXT/?uri=CELEX%3A32021D0915* (zuletzt aufgerufen am 15. Juni 2023).

5.6 Die Datenschutz-Folgenabschätzung: Notwendigkeit und Durchführung

Was genau unter den neuen Technologien zu verstehen ist, ist unklar. Gemeint sein dürften neuartige IT-Systeme, IT-Prozesse und IT-Methoden wie z. B. Smart Health, Big-Data-Verfahren, KI oder neue Tracking-Techniken.

Die Datenschutzkonferenz (DSK) hat zum Thema DSFA ein eigenes Kurzpapier (Nr. 5) veröffentlich, aus dem sich der Standpunkt der deutschen Datenschutzbörden ergibt.[22] Von der Art.-29-Datenschutzgruppe gibt es Leitlinien zur Datenschutz-Folgenabschätzung aus dem Jahre 2017.[23]

Wichtig ist, dass die DSFA vor dem Beginn der Verarbeitung durchzuführen ist. Planen Sie also die Einführung einer neuen Verarbeitung bzw. Änderungen an bereits bestehenden Verarbeitungen, sollten Sie immer prüfen, ob vorab eine DSFA durchzuführen ist. Da eine DSFA durchaus zeitintensiv sein kann, sollte man – wenn man merkt, dass gegebenenfalls ein hohes Risiko besteht und möglicherweise eine DSFA durchgeführt werden muss – frühzeitig mit der Erstellung anfangen. Damit man immer zumindest an die Möglichkeit denkt, eine DSFA durchzuführen, ist es auch sinnvoll, im Verarbeitungsverzeichnis (VVT) über die gesetzlichen Anforderungen hinaus jeweils zu dokumentieren, ob bei der Verarbeitung eine DSFA durchgeführt wurde oder nicht. Die Entscheidung über die Durchführung oder Nicht-Durchführung der DSFA ist nach Auffassung der Aufsichtsbehörden in ihrem Kurzpapier zur DSFA mit Angabe der maßgeblichen Gründe zu dokumentieren. Bei bereits bestehenden Verarbeitungen sollte man kurzfristig prüfen, ob diese gegebenenfalls eine DSFA erfordern und diese dann umgehend nachholen.

Gibt es in Ihrem Unternehmen einen *Datenschutzbeauftragten* (*DSB*), muss bei der Durchführung einer DSAF dessen Rat eingeholt werden. In der Praxis begleitet der DSB die Durchführung einer DSFA gerade in kleineren und mittleren Unternehmen sehr intensiv bzw. führt die DSFA selbst durch. Adressat der Verpflichtung zur Durchführung einer DSFA bleibt aber der Verantwortliche. Er ist auch alleine für den Inhalt und das Ergebnis verantwortlich. Der DSB kann eine DSFA in Abstimmung mit den beteiligten Fachabteilungen entwerfen, verabschieden muss die DSFA aber der Verantwortliche selbst, also z. B. der Geschäftsführer eine GmbH. Natürlich kann es gerade bei sehr umfangreichen bzw. komplexen Verarbeitungen sinnvoll sein, ein ganzes DSFA-Team zusammenzustellen, dem dann neben Vertretern der Fachabteilung, die die Verarbeitung einsetzen möchte, auch Personen aus der IT-Abteilung, der Rechts- bzw. Compliance-Abteilung und der DSB angehören.

---

22 Das Kurzpapier ist online abrufbar unter *www.datenschutzkonferenz-online.de/kurzpapiere.html* (zuletzt aufgerufen am 15. Juni 2023).

23 Siehe dazu WP 248 Rev. 01, angenommen am 04.10.2017, online abrufbar unter *https://ec.europa.eu/newsroom/document.cfm?doc_id=47711* (zuletzt aufgerufen am 15. Juni 2023).

5.6.1 Wann muss eine DSFA durchgeführt werden?

Die DSGVO enthält dazu in Art. 35 Abs. 3 eine nicht abschließende Aufzählung von Regelbeispielen.

> **Praxistipp: Regelbeispiele für das Erfordernis einer DSFA**
>
> Eine DSFA muss insbesondere in folgenden Fällen durchgeführt werden:
> - Systematische und umfassende Bewertung persönlicher Aspekte natürlicher Personen, die sich auf die automatisierte Verarbeitung einschließlich Profiling gründet und die ihrerseits als Grundlage für Entscheidungen dient, die Rechtswirkung gegenüber natürlichen Personen entfalten oder diese in ähnlich erheblicher Weise beeinträchtigen
> - Umfangreiche Verarbeitung besonderer Kategorien von personenbezogenen Daten gemäß Art. 9 Abs. 1 DSGVO oder von personenbezogenen Daten über strafrechtliche Verurteilungen und Straftaten gemäß Art. 10 DSGVO
> - Systematische umfangreiche Überwachung öffentlich zugänglicher Bereiche

Unter diese Regelbeispiele fallen z. B. Verfahren, die zu einer automatischen Entscheidung über Kreditvergaben oder den Abschluss von Versicherungsverträgen führen. Auch umfangreiche Videoüberwachungen von öffentlich zugänglichen Bereichen, wie z. B. Verkaufsflächen oder Betriebsgelände usw., können eine DSFA erfordern.

Blacklists der Aufsichtsbehörden

Daneben räumt Art. 35 Abs. 4 und 5 DSGVO den Aufsichtsbehörden die Befugnis ein, sogenannte *Positiv- bzw. Negativlisten* zu erstellen. Manchmal werden auch die Begriffe *Blacklist* und *Whitelist* verwendet. In diesen Listen beschreiben die Aufsichtsbehörden Verarbeitungsvorgänge, bei denen verbindlich eine DSFA durchzuführen ist oder eben nicht (siehe Abbildung 5.7). Die Aufsichtsbehörden haben mittlerweile Positivlisten herausgegeben. Negativlisten gibt es bis heute nicht. Die Listen sind nicht abschließend, sondern ergänzen nur die allgemeinen Regelungen in den Absätzen 1 bis 3 von Art. 35 DSGVO. Die Listen, die laufend überarbeitet werden und mit zahlreichen Beispielen versehen sind, finden Sie ganz leicht im Internet auf den Seiten der Aufsichtsbehörden.[24] Der Europäische Datenschutzausschuss, also die oberste europäische Datenschutzaufsichtsbehörde, hat die versprochene, einheitliche und innerhalb aller EU-Staaten verbindliche Blacklist bislang noch nicht verabschiedet.

---

24 Z. B. auch auf der Seite der niedersächsischen Datenschutzaufsichtsbehörde unter *https://lfd.niedersachsen.de/download/134415/DSFA_Muss-Liste_fuer_den_nicht-oeffentlichen_Bereich.pdf* (zuletzt aufgerufen am 15. Juni 2023).

5.6 Die Datenschutz-Folgenabschätzung: Notwendigkeit und Durchführung

Liste der Verarbeitungstätigkeiten, für die eine DSFA durchzuführen ist			
Nr.	Maßgebliche Beschreibung der Verarbeitungstätigkeit	Typische Einsatzfelder	Beispiele
1	Verarbeitung von biometrischen Daten zur eindeutigen Identifizierung natürlicher Personen, wenn mindestens ein weiteres folgendes Kriterium aus WP 248 Rev. 01 zutrifft: • Daten zu schutzbedürftigen Betroffenen • Systematische Überwachung • Innovative Nutzung oder Anwendung neuer technologischer oder organisatorischer Lösungen • Bewerten oder Einstufen (Scoring) • Abgleichen oder Zusammenführen von Datensätzen • Automatisierte Entscheidungsfindung mit Rechtswirkung oder ähnlich bedeutsamer Wirkung • Betroffene werden an der Ausübung eines Rechts oder der Nutzung einer Dienstleistung bzw. Durchführung eines Vertrags gehindert	Verwendung von biometrischen Systemen zur Zutrittskontrolle oder für Abrechnungszwecke.	Ein Unternehmen setzt flächendeckend Fingerabdrucksensoren zur Zutrittskontrolle für bestimmte Bereiche ein. Eine Schulkantine bietet den Schülern das „Bezahlen per Fingerabdruck" an.
2	Verarbeitung von genetischen Daten im Sinne von Artikel 4 Nr. 13 DSGVO, , wenn mindestens ein weiteres folgendes Kriterium aus WP 248 Rev. 01 zutrifft: • Daten zu schutzbedürftigen Betroffenen • Systematische Überwachung • Innovative Nutzung oder Anwen-	Früherkennung von Erbkrankheiten Genetische Datenbanken zur Abstammungsforschung	Eine Klinik setzt DNA-Tests zur Früherkennung vererblicher Krankheiten bei Neugeborenen ein. Ein Unternehmen bietet einen Dienst an, über den Kunden die eigenen genetischen Daten mit denen Dritter abgleichen können, um mehr über die eigene Abstammung zu erfahren. Dazu pflegt das

Abbildung 5.7 Auszug aus der Blacklist der DSK mit Verarbeitungen, bei denen zwingend eine DSFA durchzuführen ist (Quelle: www.bfdi.bund.de/SharedDocs/Downloads/DE/Muster/Liste_VerarbeitungsvorgaengeDSK.pdf?__blob=publicationFile&v=7).

> **Prüfschema: Erforderlichkeit der Durchführung einer DSFA**
>
> Wie finden Sie also konkret heraus, ob eine DSFA durchgeführt werden muss? Am besten gehen Sie die folgenden Punkte nacheinander durch:
> ▶ Ist die Verarbeitung in einer Negativliste aufgeführt?
> ▶ Ist die Verarbeitung in einer Positivliste aufgeführt?
> ▶ Unterliegt die Verarbeitung einem Regelbeispiel aus Art. 35 Abs. 3 DSGVO?
> ▶ Besteht voraussichtlich ein hohes Risiko für Betroffene?

Am einfachsten habe Sie es, wenn Ihre Verarbeitung unter einen der ersten drei Punkte fällt. Dann ist das Ergebnis klar. Steht Ihre Verarbeitung auf einer Negativliste (die es im Moment noch nicht gibt), ist eine DSFA nicht erforderlich. Steht sie auf einer Positivliste oder unterliegt sie einem Regelbeispiel, ist eine DSFA durchzuführen. Ob die Verarbeitung unter den vierten Punkt fällt, lässt sich demgegenüber erst nach der Aufstellung einer Risikoanalyse sagen. und dabei bestehen zwangsläufig gewissen Spielräume bei der Abwägung der Risiken. Im Zweifel sollte man zur Durchführung einer DSFA tendieren.

Ausnahmsweise muss eine DSFA nicht durchgeführt werden, wenn die Verarbeitung auf Art. 6 Abs. 1 lit. c oder e DSGVO beruht und bereits im Rahmen des Erlasses der Rechtsvorschriften, die der Verantwortliche bei der Verarbeitung zu beachten hat, eine allgemeine DSFA durchgeführt wurde. Wann das genau der Fall ist, dürfte in den meisten Fällen allerdings unklar sein.

5.6.2 Wie wird eine DSFA durchgeführt?

Die DSGVO gibt in Art. 35 Abs. 7 den Mindestinhalt einer DSFA vor.

> **Praxistipp: Eine DSFA beinhaltet nach der DSGVO mindestens**
> - Eine systematische Beschreibung der geplanten Verarbeitungsvorgänge und der Zwecke der Verarbeitung, gegebenenfalls einschließlich der von dem Verantwortlichen verfolgten berechtigten Interessen.
> - Eine Bewertung der Notwendigkeit und Verhältnismäßigkeit der Verarbeitungsvorgänge in Bezug auf den Zweck.
> - Eine Bewertung der Risiken für die Rechte und Freiheiten der betroffenen Personen gemäß Abs. 1.
> - Die zur Bewältigung der Risiken geplanten Abhilfemaßnahmen, einschließlich Garantien, Sicherheitsvorkehrungen und Verfahren, durch die der Schutz personenbezogener Daten sichergestellt und der Nachweis dafür erbracht wird, dass diese Verordnung eingehalten wird, wobei den Rechten und berechtigten Interessen der betroffenen Personen und sonstiger Betroffener Rechnung getragen wird.

Weitere Hinweise zur Durchführung einer DSFA kann man auch den ErwG 84, 90, 91, 92 und 93 entnehmen.

Die konkrete Vorgehensweise zur Durchführung einer DSFA und deren *Form* sind in der DSGVO nicht vorgegeben. Auch bei der Gestaltung sind Sie relativ frei. Sie können eine DSFA als Fließtext erstellen, eine tabellarische Darstellung wählen oder ein Softwaretool verwenden. Wichtig ist nur, dass man als Außenstehender, insbesondere als Aufsichtsbehörde, die DSFA verstehen und die Risikobewertungen nachvollziehen kann.

Ein zentraler Punkt bei der Durchführung einer DSFA ist die Beantwortung der Frage, ob von einer *Verhältnismäßigkeit* der Verarbeitung ausgegangen werden kann. Die

Verhältnismäßigkeit prüft der Jurist immer in drei Schritten. Die Verarbeitung ist verhältnismäßig, wenn sie geeignet, erforderlich und angemessen ist, um den mit der Verarbeitung verfolgten Zweck zu erreichen. *Geeignet* ist die Verarbeitung bereits dann, wenn der Zweck durch die Verarbeitung erreicht werden kann. Davon ist in der Regel auszugehen, weil die in Betracht gezogene Verarbeitung sonst wenig Sinn ergeben würde. Über diesen ersten Punkt kommen Sie also schnell hinweg. Schwieriger wird es schon bei der Prüfung der *Erforderlichkeit*. Erforderlich ist eine Verarbeitung zur Zweckerreichung, wenn es keine anderen gleichgeeigneten aber weniger einschneidenden Verarbeitungen gibt, mit denen die verfolgten Zwecke genauso gut erreicht werden können. Ließe sich der Zweck auch ohne die Verarbeitung von personenbezogenen Daten erreichen, wäre zwingend eine Verarbeitung zu wählen, bei der keine personenbezogenen Daten verarbeitet werden. Aber auch wenn zwar personenbezogene Daten erforderlich sind, der Zweck aber auch mit weniger Eingriffen in das Persönlichkeitsrecht der Betroffenen erreicht werden kann, ist die weniger eingriffsintensive Verarbeitung zu wählen und die andere bereits an dieser Stelle unzulässig. Am schwierigsten ist es, die *Angemessenheit* der Verarbeitung zu prüfen. Hier wägen Sie Mittel und Zwecke gegeneinander ab. Stehen die eingesetzten Mittel in einem angemessenen Verhältnis zu den verfolgten Zwecken? An dieser Stelle ist etwas Fingerspitzengefühl gefragt. Mit guten Argumenten lässt sich häufig sowohl die Angemessenheit als auch die Unangemessenheit begründen. Wichtig ist, dass Sie an dieser Stelle gut dokumentieren, welche Argumente Sie abgewogen haben und warum Sie letztlich zu dem gefundenen Ergebnis gekommen sind.

Hat man eine DSFA erfolgreich durchgeführt, kann man sich zwar zunächst zurücklehnen, aber nicht sehr lange. Es muss ein Verfahren im Unternehmen etabliert sein, welches eine regelmäßige Überprüfung der Verarbeitung dahingehend sicherstellt, dass sie gemäß der DSFA durchgeführt wird (Art. 35 Abs. 11 DSGVO). Nach der Durchführung ist also immer vor der Überprüfung. Da eine laufende und regelmäßige Überprüfung auch an anderen Stellen erforderlich ist, bietet es sich an, die Überprüfung der DSFA an geeigneter Stelle, z. B. beim VVT, anzuhängen und so bei jeder Prüfung des VVT auch die dort sinnvollerweise mitdokumentierten DSFA zu prüfen.

Konsultation der Aufsichtsbehörde

Sollte sich bei der DSFA herausstellen, dass trotz der ergriffenen Maßnahmen zur Risikominimierung weiterhin ein hohes Risiko für die Betroffenen verbleibt, muss der Verantwortliche nach Art. 36 DSGVO die zuständige Aufsichtsbehörde konsultieren. Er muss dann unter Berücksichtigung der von der Aufsichtsbehörde abgegebenen Empfehlungen und gegebenenfalls Hinweisen zu weiteren Abhilfemaßnahmen entscheiden, ob er die Verarbeitung trotzdem durchführt. Ist die Aufsichtsbehörde mit der Entscheidung nicht einverstanden, kann sie von ihren Möglichkeiten nach Art. 58 DSGVO Gebrauch machen und dem Verantwortlichen die Verarbeitung z. B. untersagen.

5.7 Der Datenschutzbeauftragte: Notwendigkeit und Anforderungen

Der DSB hat in Deutschland eine lange Tradition, während er in anderen europäischen Ländern kaum anzutreffen war. Das liegt daran, dass die vor der DSGVO gültige EG-Datenschutz-Richtlinie (95/46/EG) zwar die Möglichkeit für die Mitgliedstaaten eröffnete, die Bestellung eines DSB unter bestimmten Voraussetzungen vorzusehen, die meisten Mitgliedstaaten davon aber keinen Gebrauch gemacht haben. In Deutschland bestand allerdings sei jeher die Verpflichtung – unter bestimmten Voraussetzungen – einen DSB bestellen zu müssen.

Die Idee hinter dem DSB ist einfach: Es soll neben den Aufsichtsbehörden ein weniger bürokratisches Mittel zum Schutz personenbezogener Daten geben. Der DSB ist ein Instrument der *Selbstkontrolle*. Dem Verantwortlichen/Auftragsverarbeiter soll eine fachkundige Person zur Seite gestellt werden, die die Verarbeitungen und die Einhaltung der DSGVO überwacht und als Ansprechpartner für den Bereich Datenschutz zur Verfügung steht.

5.7.1 Wann muss ein DSB benannt werden?

Die DSGVO enthält in Art. 37 bis 39 grundlegende Regelungen zum DSB, die durch die §§ 5 bis 7 und 38 Bundesdatenschutzgesetz (BDSG) ergänzt werden. Unter der DSGVO ergibt sich eine Benennungspflicht nun unmittelbar aus dem Europarecht in Art. 37 DSGVO, in Deutschland ergänzt um weitergehende Benennungspflichten aus § 38 BDSG.

Von Interesse für Unternehmen der Privatwirtschaft sind die *Benennungspflichten* aus Art. 37 Abs. 1 lit. b und c DSGVO. Nach lit. b muss ein Verantwortlicher oder ein Auftragsverarbeiter einen DSB benennen, wenn seine Kerntätigkeit in der Durchführung von Verarbeitungsvorgängen besteht, welche aufgrund ihrer Art, ihres Umfangs und/oder ihrer Zwecke eine umfangreiche regelmäßige und systematische Überwachung von Betroffenen erforderlich macht. Kerntätigkeiten sind solche Tätigkeiten, die für die Umsetzung der Unternehmensstrategie entscheidend sind, die Haupttätigkeit eines Unternehmens prägen und die nicht bloße routinemäßige Verwaltungsaufgaben darstellen. Das kann z. B. bei Verantwortlichen/Auftragsverarbeitern der Fall sein, die ein Werbenetzwerk betreiben, bei dem Nutzerdaten zur Auslieferung von passender Werbung analysiert werden, während die Analyse von Kundendaten neben dem Kerngeschäft des Vertriebs von Waren zur Unterbreitung von weiteren Produktvorschlägen aus dem eigenen Angebot eher keine Kerntätigkeit in diesem Sinne darstellen dürfte. Daneben muss die Kerntätigkeit in einer umfangreichen (große Anzahl Betroffener, große Datenmengen, lange Verarbeitungsdauer), regelmäßigen und systematischen Überwachung von Betroffenen bestehen. Profiling- und Scoring-Maßnahmen von Auskunfteien, der Betrieb von Social-Media-Plattformen, umfangreiche Videoüberwachungen, Marketing auf der Grundlage detaillierter Kundenprofile u. Ä. lösen daher z. B. eine Benennungspflicht aus.

Nach lit. c müssen Verantwortliche und Auftragsverarbeiter einen DSB benennen, wenn die Kerntätigkeit in der umfangreichen Verarbeitung von besonderen Kategorien von Daten gemäß Art. 9 DSGVO oder von personenbezogenen Daten über strafrechtliche Verurteilungen und Straftaten gemäß Art. 10 DSGVO besteht. In Unternehmen werden fast immer auch Art. 9-Daten verarbeitet, zumindest in der Personalabteilung (z. B. das Religionszugehörigkeitsmerkmal). Von einer umfangreichen Verarbeitung, die zu einer Benennungspflicht führt, kann allerdings nur ausgegangen werden, wenn die Verarbeitung dieser Daten das übliche Maß übersteigt. Das wird z. B. bei Kliniken, medizinischen Laboren und Beratungsstellen mit politischer, familiärer oder persönlicher Ausrichtung der Fall sein. Ob es auch bei kleineren Arztpraxen der Fall ist, ist umstritten. Nicht ausreichend ist jedenfalls in der Regel die Verarbeitung dieser Daten im Rahmen der Personaldatenverwaltung eines Unternehmens.

Hat ein Unternehmen mehrere Kerntätigkeiten, besteht eine Benennungspflicht bereits dann, wenn auch nur eine der Kerntätigkeiten die Voraussetzungen von Art. 37 Abs. 1 DSGCO erfüllt.

Die mit Abstand größte praktische Bedeutung hat in Deutschland die Regelung des § 38 Abs. 1 BDSG. Diese Vorschrift beruht auf der Öffnungsklausel von Art. 37 Abs. 4 DSGVO und sieht eine Benennungspflicht für Verantwortliche und Auftragsverarbeiter vor, soweit sie

1. in der Regel *mindestens 20 Personen* ständig mit der automatisierten Verarbeitung personenbezogener Daten beschäftigen, oder
2. Verarbeitungen vornehmen, die einer *Datenschutz-Folgenabschätzung* nach Art. 35 DSGVO unterliegen, oder
3. personenbezogene Daten geschäftsmäßig zum Zweck der *Übermittlung*, der anonymisierten Übermittlung oder für Zwecke der *Markt- oder Meinungsforschung* verarbeiten.

Innerhalb von § 38 Abs. 1 BDSG ist wiederum die Benennungspflicht aus Nr. 1 die prominenteste. Ursprünglich sah das Gesetz die Benennungspflicht bereits bei einer Mitarbeiterzahl von 10 vor. Diese Grenze wurde später auf 20 heraufgesetzt. Bei der Bestimmung der Anzahl der mit der automatisierten Verarbeitung beschäftigten Personen kommt es auf die Kopfzahl der Mitarbeiter, nicht auf deren konkrete Arbeitszeit an. Eine Halbtagskraft oder ein Minijobber zählen also genauso wie ein Vollzeitmitarbeiter. Ständig mit der automatisierten Verarbeitung personenbezogener Daten beschäftigt im Sinne der Vorschrift sind die Mitarbeiter in der Regel, wenn sie über einen eigenen Bildschirmarbeitsplatz verfügen, einen E-Mail-Account und/oder Zugriff auf das CRM-/ERP-System des Unternehmens haben. Ausreichend ist bereits, dass sich ein Mitarbeiter personenbezogene Daten anzeigen lassen kann. Er muss nicht zu Änderungen oder Ähnlichem befugt sein. Hingegen sind Mitarbeiter in der Produktion häufig nicht ständig mit der Verarbeitung von personenbezogenen Daten beschäftigt. Grenzfälle können Mitarbeiter im Versand oder in ähnlichen Positionen sein.

Häufig unberücksichtigt bleibt die Benennungspflicht nach Nr. 2, die eine Benennung vorschreibt, wenn eine Datenschutz-Folgenabschätzung (siehe Abschnitt 5.6) für eine Verarbeitung im Unternehmen durchgeführt werden muss. Merke: Keine Datenschutz-Folgenabschätzung ohne DSB!

Für Unternehmen, die der Regelung in Nr. 3 unterliegen, besteht meistens schon eine Benennungspflicht aus Art. 37 Abs. 1 lit. b DSGVO, sodass diese Regelung kaum praktische Bedeutung hat.

Auch wenn keine gesetzliche Benennungspflicht besteht, kann der Verantwortliche/Auftragsverarbeiter *freiwillig* einen DSB benennen (Art. 37 Abs. 4 S. 1 DSGVO). Das kann z. B. in datengetriebenen Branchen sinnvoll sein, um Risiken für das Unternehmen zu minimieren oder im Rahmen der Außendarstellung darauf hinzuweisen, dass das Thema Datenschutz ernst genommen wird.

5.7.2 Wie wird ein DSB benannt?

Das *Benennungsverfahren* zum DSB ist gesetzlich nicht geregelt. Aus Beweis- und Dokumentationsgründen sollte die Benennung stehts mindestens in Textform erfolgen. Muster für eine *Benennungsurkunde* finden sich im Internet (siehe Abbildung 5.8).

Abbildung 5.8 Beispiel für eine Benennungsurkunde eines externen DSB

Die Kontaktdaten – nicht zwingend der Name des DSB – sind nach Art. 37 Abs. 7 DSGVO zu veröffentlichen und der Aufsichtsbehörde mitzuteilen. Hierzu stellen die Aufsichtsbehörden auf ihren Internetseiten ein Meldeformular zur Verfügung (siehe Abbildung 5.9).

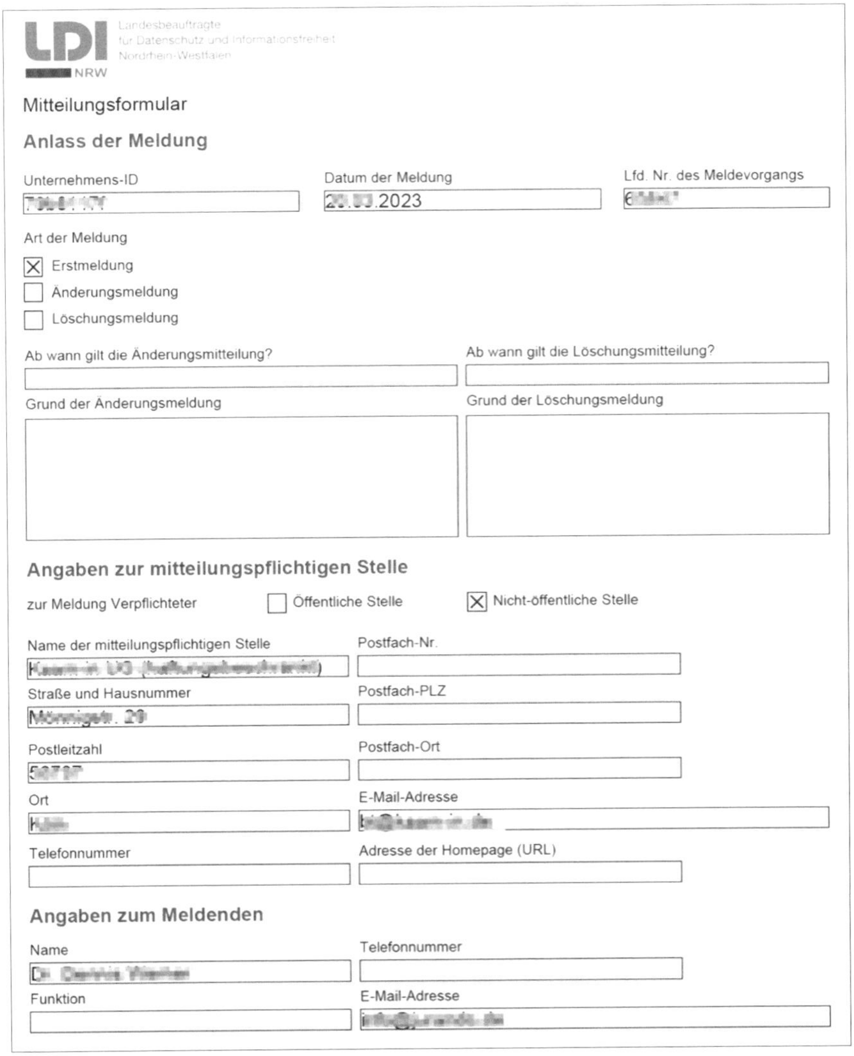

Abbildung 5.9 Beispiel für eine Meldebestätigung der LDI NRW (Quelle: www.ldi.nrw.de)

5.7.3 Interner oder externer DSB?

Besteht eine Benennungspflicht, oder entscheidet sich der Verantwortliche/Auftragsverarbeiter freiwillig zur Benennung eines DSB stellt sich die grundsätzliche Frage, ob ein *interner* oder ein *externer DSB* benannt werden soll (Art. 38 Abs. 6 DSGVO).

Der interne DSB ist ein Angestellter des Unternehmens. Er wird durch das Leitungsorgan des Unternehmens (bei der GmbH z. B. der Geschäftsführer) als DSB benannt (z. B. durch Unterzeichnung einer Benennungsurkunde). Es bestehen dann der Arbeitsvertrag und die Benennung zum DSB nebeneinander.

Ein externer DSB ist hingegen kein Angestellter des Unternehmens, sondern ein Dienstleister, der in der Regel auf der Grundlage eines Dienstvertrags tätig wird. Hier bestehen also der Dienstvertrag und die Benennung nebeneinander.

Welche Alternative für das Unternehmen die beste ist, hängt vom Einzelfall ab. Für den *internen DSB* spricht seine bereits vorhandene Kenntnis der Abläufe und Verarbeitungen eines Unternehmens und der bereits vorhandene Kontakt zu Ansprechpartnern aus den verschiedenen Abteilungen. Auf der anderen Seite ist die erforderliche Fachkunde häufig nicht vorhanden, sodass der intern DSB erst zeit- und kostenintensiv aus- und später fortgebildet werden muss. Die Tätigkeit als DSB bindet auch einen nicht unerheblichen Teil der Arbeitskraft. Außerdem erwirbt der interne DSB einen besonderen Kündigungsschutz, ähnlich dem eines Betriebsrates (§ 6 Abs. 4 BDSG). Die Kündigung des Arbeitsverhältnisses mit dem DSB ist unzulässig, wenn nicht Tatsachen vorliegen, die eine Kündigung aus wichtigem Grund ohne Einhaltung einer Kündigungsfrist rechtfertigen. Dieser Kündigungsschutz gilt außerdem nach dem Ende der Tätigkeit als DSB für ein weiteres Jahr (nachgelagerter Kündigungsschutz). Dies gilt auch dann, wenn die gesetzliche Verpflichtung zur Benennung eines DSB im Nachhinein wegfällt, das Unternehmen also z. B. wegen einer Reduzierung der Beschäftigtenzahl unter 20 aus der gesetzlichen Benennungspflicht herausfällt. Der DSB kann dann zwar umgehend abberufen werden, sodass das Amt als DSB endet. Den Arbeitsvertrag des DSB kann das Unternehmen allerdings frühestens nach Ablauf eines Jahres durch Kündigung beenden.

Der *externe DSB* bringt dagegen die erforderliche Fachkunde mit und sorgt selbst für seine Weiterbildung. Der externe DSB wird zudem häufig besser akzeptiert. Für den externen DSB spricht meist auch, dass seine Haftung weniger weit begrenzt ist als die des internen DSB (siehe Abschnitt 5.7.9).

Bis heute umstritten ist die Frage, ob der DSB eine natürliche Person sein muss oder ob auch *juristische Personen als DSB* benannt werden können. Die Art. 37 bis 39 DSGVO enthalten dazu keine eindeutige Aussage. Die verwendeten Formulierungen (berufliche Qualifikation, Fachwissen, Fähigkeit usw.) deuten darauf hin, dass die DSGVO eine natürliche Person als DSB vor Augen hat. Der Europäische Datenschutzausschuss vertritt allerdings die Auffassung, dass auch juristische Personen zum DSB benannt werden können.[25] Wer auf Nummer sicher gehen will, benennt also einen Menschen aus Fleisch und Blut als DSB.

---

25 Siehe dazu Art. 29-Datenschutzgruppe WP 243 rev. 01, bestätigt durch EDSA am 25.05.2018, abrufbar unter *www.datenschutzkonferenz-online.de/media/wp/20170405_wp243_rev01.pdf* (zuletzt aufgerufen am 15. Juni 2023).

5.7.4 Konzerndatenschutzbeauftragte

Art. 37 Abs. 2 DSGVO sieht nunmehr ausdrücklich die Möglichkeit vor, einen *Gruppen- oder Konzerndatenschutzbeauftragten* zu benennen. Dies soll die bislang in der Praxis vorherrschenden, aber aufwendigen Einzelbestellungen innerhalb ein Unternehmensgruppen vermeiden. Voraussetzung ist allerdings, dass der DSB für die Mitarbeiter der Unternehmen leicht erreichbar ist. Noch nicht abschließend geklärt ist die Frage, ob eine *leichte Erreichbarkeit* im Sinne dieser Norm auch eine persönliche Vor-Ort-Erreichbarkeit erfordert oder ob eine Erreichbarkeit per Fernkommunikationsmittel ausreichend ist. Nicht erforderlich ist allerdings, dass der DSB in jedem Unternehmen zu jeder Zeit persönlich erreichbar ist. Bei internationalen Konzernen sollte der DSB zumindest innerhalb der EU angesiedelt werden und über ausreichende Sprachkenntnisse für die Kommunikation mit Betroffenen und Aufsichtsbehörden verfügen (DSK-Kurzpapier Nr. 12).[26]

5.7.5 Laufzeit der Benennung

Bei der *Laufzeit der Benennung* ist zu beachten, dass der interne DSB in der Regel unbefristet benannt werden sollte, um dem DSB die erforderliche Freiheit zu geben, auch gegebenenfalls unerwünschte Positionen gegenüber der Geschäftsleitung einzunehmen.

Die Verträge mit externen DSB müssen ebenfalls eine nicht zu kurze Mindestvertragslaufzeit aufweisen, wobei teilweise bis zu vier Jahren gefordert werden. Ausreichend dürften aber zwei Jahre sein. Kürzere Laufzeiten sind wegen der Gewährleistung der notwendigen Unabhängigkeit kritisch.

5.7.6 Organisatorische Einordnung des DSB

Organisatorisch ist der DSB direkt unterhalb der Unternehmensführung angesiedelt, da er direkt der Unternehmensleitung berichtet (Art. 38 Abs. 3 Satz 3 DSGVO). Der DSB unterliegt keinem Weisungsrecht, weder durch die Fachbereichsleitungen noch durch die oberste Unternehmensleitung.

Ein Mitglied der Geschäftsleitung kann nicht gleichzeitig DSB sein. Genauso sind in der Regel der IT-Leiter und der Leiter der Personalabteilung wegen möglicher Interessenkonflikte ausgeschlossen.

---

[26] Das Kurzpapier ist online abrufbar unter *www.datenschutzkonferenz-online.de/kurzpapiere.html* (zuletzt aufgerufen am 15. Juni 2023).

5.7.7 Aufgaben des DSB

Die *Stellung des DSB* ist in Art. 38 DSGVO geregelt. Entgegen der Überschrift der Norm (Stellung des Datenschutzbeauftragten) geht es aber eigentlich vor allem um die Pflichten des Verantwortlichen/Auftragsverarbeiters:

- Frühzeitige Einbindung: *Der Verantwortliche und der Auftragsverarbeiter stellen sicher, dass der Datenschutzbeauftragte ordnungsgemäß und frühzeitig in alle mit dem Schutz personenbezogener Daten zusammenhängenden Fragen eingebunden wird.* (Art. 38 Abs. 1 DSGVO)
- Ressourcen: *Der Verantwortliche und der Auftragsverarbeiter unterstützen den Datenschutzbeauftragten bei der Erfüllung seiner Aufgaben gemäß Artikel 39, indem sie die für die Erfüllung dieser Aufgaben erforderlichen Ressourcen und den Zugang zu personenbezogenen Daten und Verarbeitungsvorgängen sowie die zur Erhaltung seines Fachwissens erforderlichen Ressourcen zur Verfügung stellen.* (Art. 38 Abs. 2 DSGVO)
- Weisungsfreiheit: *Der Verantwortliche und der Auftragsverarbeiter stellen sicher, dass der Datenschutzbeauftragte bei der Erfüllung seiner Aufgaben keine Anweisungen bezüglich der Ausübung dieser Aufgaben erhält.* (Art. 38 Abs. 3 S. 1 DSGVO)
- Benachteiligungsverbot: *Der Datenschutzbeauftragte darf von dem Verantwortlichen oder dem Auftragsverarbeiter wegen der Erfüllung seiner Aufgaben nicht abberufen oder benachteiligt werden.* (Art. 38 Abs. 3 S. 2 DSGVO)
- Berichtsrecht/-pflicht: *Der Datenschutzbeauftragte berichtet unmittelbar der höchsten Managementebene des Verantwortlichen oder des Auftragsverarbeiters.* (Art. 38 Abs. 3 S. 3 DSGVO)

Daneben treffen den DSB nach Art. 38 DSGVO auch *Pflichten*:

- Ansprechpartner: *Betroffene Personen können den Datenschutzbeauftragten zu allen mit der Verarbeitung ihrer personenbezogenen Daten und mit der Wahrnehmung ihrer Rechte gemäß dieser Verordnung im Zusammenhang stehenden Fragen zu Rate ziehen.* (Art. 38 Abs. 4 DSGVO)
- Geheimhaltung und Vertraulichkeit: *Der Datenschutzbeauftragte ist nach dem Recht der Union oder der Mitgliedstaaten bei der Erfüllung seiner Aufgaben an die Wahrung der Geheimhaltung oder der Vertraulichkeit gebunden.* (Art. 38 Abs. 5 DSGVO)

Schließlich enthält Art. 38 DSGVO Vorgaben zur Unabhängigkeit und zur Vermeidung von Interessenkonflikten:

- Nicht zwangsläufig »Vollzeit-DSB«: *Der Datenschutzbeauftragte kann andere Aufgaben und Pflichten wahrnehmen.* (Art. 38 Abs. 6 S. 1 DSGVO)
- Interessenkonflikte: *Der Verantwortliche oder der Auftragsverarbeiter stellt sicher, dass derartige Aufgaben und Pflichten nicht zu einem Interessenkonflikt führen.* (Art. 38 Abs. 6 S. 2 DSGVO)

> **Praxistipp: Der DSB hat nach Art. 39 Abs. 1 DSGVO mindestens fünf Aufgaben**
> - Lit. a: Unterrichtung und Beratung des Verantwortlichen/Auftragsverarbeiters und der Beschäftigten, die Verarbeitungen durchführen, hinsichtlich ihrer Pflichten nach der DSGVO sowie nach sonstigen Datenschutzvorschriften der Union bzw. der Mitgliedstaaten
> - Lit. b: Überwachung der Einhaltung der DSGVO und anderer Datenschutzvorschriften der Union bzw. der Mitgliedstaaten sowie Überwachung der Strategien des Verantwortlichen/Auftragsverarbeiters für den Schutz personenbezogener Daten einschließlich der Zuweisung von Zuständigkeiten, der Sensibilisierung und Schulung der an den Verarbeitungsvorgängen beteiligten Mitarbeiter und der diesbezüglichen Überprüfungen
> - Lit. c: Beratung – auf Anfrage – im Zusammenhang mit der Datenschutz-Folgenabschätzung und Überwachung ihrer Durchführung gemäß Art. 35 DSGVO
> - Lit. d: Zusammenarbeit mit der Aufsichtsbehörde
> - Lit. e: Tätigkeit als Anlaufstelle für die Aufsichtsbehörde in der Verarbeitung zusammenhängenden Fragen, einschließlich der vorherigen Konsultation gemäß Art. 36 DSGVO, und gegebenenfalls Beratung zu allen sonstigen Fragen

Neben diesen gesetzlichen Mindestaufgaben kann der DSB auch *weitere Aufgaben* wahrnehmen. Er kann z. B. die Schulung bzw. Sensibilisierung der Mitarbeiter übernehmen, bei der Erstellung von Datenschutzrichtlinien o. Ä. mitwirken, das Verarbeitungsverzeichnis erstellen bzw. führen oder die Meldung von Datenpannen an die Aufsichtsbehörde übernehmen. Allerdings muss bei der Übertragung weitere Aufgaben auf den DSB immer berücksichtigt werden, dass die ordnungsgemäße Erfüllung der Kontrollfunktion des DSB dadurch nicht beeinträchtigt wird.

Unabhängig davon, wie viele Aufgaben der DSB übernimmt, bleibt es trotzdem immer dabei, dass die *Verantwortung für die Verarbeitungen* nicht auf den DSB übergeht, sondern bei dem Unternehmen und seiner Leitung verbleibt. Das ergibt sich ausdrücklich aus Art. 24 Abs. 1 DSGVO, der klarstellt, dass es Pflicht des Verantwortlichen/Auftragsverarbeiters ist, sicherzustellen und nachzuweisen, dass die Verarbeitungen im Einklang mit der DSGVO stehen. Unabhängig davon empfiehlt es sich für den DSB allerdings trotzdem, seine Tätigkeit in geeigneter Weise zu dokumentieren, damit er im Hinblick auf seine eigene mögliche Haftung nicht in Beweisschwierigkeiten kommt.

5.7.8 Wer kann DSB sein?

Das *Anforderungsprofil* an einen DSB ist in Art. 37 Abs. 5 DSGVO geregelt. Demnach wird der DSB auf Grundlage seiner *beruflichen Qualifikation* und insbesondere des *Fachwissens* benannt, das er auf dem Gebiet des Datenschutzrechts und der Datenschutzpraxis besitzt, sowie auf der Grundlage seiner Fähigkeiten zur Erfüllung der in Art. 39 DSGVO genannten Aufgaben.

Aus den unbestimmten Rechtsbegriffen *berufliche Qualifikation*, *Fachwissen* und *Befähigung* lässt sich kein eindeutiges und allgemeingültiges Anforderungsprofil ableiten. Eine spezielle Ausbildung oder Zertifizierung ist nicht vorgesehen. Eine gewisse rechtliche Kompetenz wird aber in jedem Fall erforderlich sein, da die Regelungsmaterie zunehmend komplexer wird und an vielen Stellen Auslegungsbedarf besteht sowie Abwägungen erforderlich sind, die zumindest juristische Grundkenntnisse voraussetzen. Ohne technische Kenntnisse bzw. ein Verständnis für technische Funktionsweisen kommt ein DSB auf der anderen Seite in der Regel aber auch nicht aus. Einer behördlichen Genehmigung bedarf die Tätigkeit als DSB nicht. Akademisch ausgebildete Informatiker und Juristen dürften die Anforderungen in der Regel erfüllen. Möglich ist aber auch eine betriebswirtschaftliche Vorbildung.

Die sorgfältige Auswahl des DSB ist letztlich Sache des Verantwortlichen/Auftragsverarbeiters. Das erforderliche Niveau des Fachwissens richtet sich nach ErwG 97 zur DSGVO nach den durchgeführten Verarbeitungsvorgängen. In Unternehmen, die große Mengen von Art. 9-Daten verarbeiten oder in denen besonders riskante Verarbeitungen stattfinden, wird also eine höhere Fachkunde des DSB erforderlich sein, als in einem Industriebetrieb, der Schrauben herstellt und nur im B2B-Bereich tätig ist. Für die Erfüllung der gesetzlichen Mindestaufgaben ist es erforderlich, dass der DSB über die dazu notwendige Zuverlässigkeit und persönliche Integrität verfügt.

5.7.9 Wann haftet der DSB?

Für denjenigen, der als DSB benannt ist, stellt sich immer die Frage nach seiner *Haftung* für Verstöße gegen gesetzliche oder vertraglich zugewiesene Aufgaben. Grundsätzlich ist dabei zwischen einem internen und einem externen DSB zu unterscheiden.

Der interne DSB haftet als Angestellter des Verantwortlichen/Auftragsverarbeiters »nur« nach den Grundsätzen des sogenannten *innerbetrieblichen Schadensausgleichs*, also eigentlich nur bei *Vorsatz* oder *grober Fahrlässigkeit*. Gleichwohl kann es sich sicherheitshalber anbieten, dass der Arbeitgeber für seinen DSB eine D&O-Versicherung abschließt und im Innenverhältnis zwischen Arbeitgeber und DSB eine Haftungsfreistellung vereinbart wird.

Externe DSB haften demgegenüber voll, also bereits bei *einfacher Fahrlässigkeit*, wenn sie eine Pflichtverletzung begangen haben. Eine solche liegt vor, wenn die vereinbarte Leistung nicht oder schlecht erfüllt wurde. Der externe DSB wird also darauf bedacht sein, möglichst wenige Aufgaben über die gesetzlichen Mindestaufgaben hinaus zu übernehmen.

Probleme bereitet der Konzern-DSB. Dieser ist in der Regel nur bei einem der Konzernunternehmen angestellt und profitiert deshalb nur in diesem Verhältnis vom innerbetrieblichen Schadensausgleich, während er gegenüber den anderen Konzernunternehmen wie ein externer DSB mit voller Haftung fungiert.

Geldbußen aus Art. 83 DSGVO muss der DSB demgegenüber nicht fürchten, da solche für die Schlechterfüllung seiner Aufgaben nicht vorgesehen sind. Allerdings kommt eine straf- und ordnungswidrigkeitsrechtliche Haftung des DSB nach §§ 41, 42 BDSG und § 203 StGB in Betracht, wenn er durch eigenes Tun gegen diese Vorschriften verstößt, also z. B. ein unzulässiges Massenscreening der Mitarbeiter durch die IT-Abteilung veranlasst oder das Privatgeheimnis verletzt.[27] Verstöße durch eigenes Tun des DSB werden in der Praxis kaum vorkommen. Von größerer praktischer Relevanz ist die Frage, ob sich der DSB auch durch *Unterlassen* strafbar machen kann. Eine Strafbarkeit wegen Unterlassens setzt allerdings eine sogenannte Garantenstellung voraus. Gegen eine solche Garantenstellung spricht die fehlende Weisungsbefugnis gegenüber dem Verantwortlichen/Auftragsverarbeiter. Für eine Garantenstellung spricht die in Art. 39 Abs. 1 DSGVO normierte Überwachungsaufgabe des DSB. Derzeit geht die wohl überwiegende juristische Meinung davon aus, dass der DSB keine Garantenstellung hat, sodass eine Strafbarkeit durch Unterlassen ausscheidet. Die Entwicklung in diesem Punkt bleibt allerdings abzuwarten und aufmerksam zu verfolgen.

Verstößt der Verantwortliche/Auftragsverarbeiter gegen seine Verpflichtung zur Benennung eines DSB oder leistet er dem DSB nur unzureichende Unterstützung, droht ihm nach Art. 83 Abs. 4 lit. a DSGVO eine Geldbuße von bis zu 10 Mio. Euro oder bis zu 2 % des gesamten weltweiten Jahresumsatzes, je nachdem, welcher Betrag der höhere ist.

---

27 Siehe dazu Kapitel 11, »Strafrechtliche Risiken für Admins«.

Kapitel 6
Umgang mit Datenschutzvorfällen

Bei IT-Pannen oder Angriffen sind fast immer auch personenbezogene Daten betroffen. Im nachfolgenden Kapitel zeigen wir Ihnen, was das für datenschutzrechtliche Auswirkungen hat. So bestehen meist Meldepflichten gegenüber den Behörden – unter Umständen sogar gegenüber jedem einzelnen Betroffenen. Schlimmstenfalls droht ein Bußgeld.

Der nachfolgende Beitrag zeichnet den Umgang mit einem Datengau aus juristischer Perspektive nach, prüft die relevanten Passagen der DSGVO auf ihre Anwendbarkeit in einem Notfall und gibt Ihnen Tipps für eine angemessene Vorbereitung auf den Ernstfall.[1]

6.1 Wenn der IT-Vorfall zur Datenschutzkatastrophe wird

Da in den vielen IT-Prozessen direkt oder indirekt personenbezogene Daten verarbeitet werden, endet ein *IT-Sicherheitsvorfall* meist auch in einem *Datenschutzvorfall*. Relativ häufig sind dabei Fälle, in denen aufgrund von Fehlkonfigurationen Daten offen im Netz stehen. Besonders problematisch wird dies immer dann, wenn besondere Kategorien von personenbezogenen Daten betroffen sind oder Unberechtigte große Mengen von Daten abgreifen können.

Technisch sind häufig unzureichende *Zugriffskontrollen* in unterschiedlicher Ausprägung die Ursache für etwaige Datenschutzverstöße. Dazu gehören beispielsweise vergessene *Netzwerkfreigaben*, *User-Accounts* mit fehlerhaften Berechtigungen, aber auch durch einfache *Session-ID* nur unzureichend umgesetzte *Zugriffsbeschränkungen* im Webbereich. Auch ein verlorener USB-Stick oder ein vergessenes Smartphone stellt regelmäßig einen meldepflichtigen Datenschutzvorfall dar – zumindest solange das Gerät nicht verschlüsselt[2] ist.

---

[1] Hinweis: Wir verwenden die Begriffe Ereignis, Vorfall, Notfall oder Krise in diesem Kapitel nicht wie sie beispielsweise vom Bundesamt für Sicherheit in der Informationstechnik definiert werden. Sie stehen in diesem Kapitel vielmehr für ein Ereignis, dass Ihrem Unternehmen grundsätzlich (auch schweren oder existenzbedrohenden) Schaden zufügen kann.

[2] Hier wäre nur eine Verschlüsselung nach dem Stand der Technik ausreichend, mehr dazu beispielsweise in Kapitel 3, »Technischer Datenschutz: Anforderungen der DSGVO an den IT-Betrieb«.

Werden solche Sicherheitsprobleme bekannt, oder gibt es gar konkrete Angriffe auf die IT-Systeme einer Organisation, gilt es schnellstmöglich zu handeln. Dabei ist wie bei jeder Art von Sicherheitsvorfall grundsätzlich zwischen den beiden Aspekten der Erstanalyse des Vorfalls und dem schnellstmöglichen Ergreifen von Gegenmaßnahmen abzuwägen. Sind von dem Sicherheitsvorfall potenziell auch personenbezogene Daten betroffen, ist bei allen Schritten zwingend zu berücksichtigen, dass die entsprechende Meldung an die zuständige Aufsichtsbehörde nach Art. 33 Abs. 1 DSGVO in aller Regel schnell und damit innerhalb von 72 Stunden zu erfolgen hat.

Jedes Unternehmen muss sich dessen bewusst sein, dass eine solche Datenpanne jederzeit geschehen kann und dass die Frage nicht lautet »Kann uns das passieren?«, sondern eher »Wann wird es auch uns passieren?«. Dementsprechend gilt es, sich auf den Ernstfall vorzubereiten. Hierzu gehört es insbesondere, vorab ein interdisziplinäres Team zu bilden, das in der Materie steckt, also insbesondere die relevanten Geschäftsprozesse kennt, und sich kurzfristig zur schnellstmöglichen Aufarbeitung eines erkannten Vorfalls zusammenfinden kann.

6.1.1 Richtig Vorbeugen: Aufbau eines interdisziplinären Incident-Response-Managements

Um im Falle des Falles gewappnet zu sein, müssen bereits vorab einige Vorkehrungen getroffen werden. Da es sich bei IT-Vorfällen bzw. Datenschutzpannen in der Regel um eine interdisziplinäre Angelegenheit handelt, die Kenntnisse aus unterschiedlichsten Bereichen erfordert, ist vor allem die Bildung entsprechender Teams – sogenannter *Incident-Response-Teams* bzw. *Incident-Management-Teams* – eine wichtige Voraussetzung für ein erfolgreiches Krisenmanagement.

In diesen Teams sind dazu im Wesentlichen die folgenden drei Kompetenzgebiete zu vereinen:

▶ *Technische Kompetenzen*: Diese werden benötigt, um auf technischer Ebene schnell die richtigen Entscheidungen zu treffen – nur so lassen sich Kollateralschäden wie z. B. ein Folgeschaden durch unnötiges Herunterfahren von IT-Systemen wirksam vermeiden.

▶ *(Vertiefte) Kenntnisse der Geschäftsprozesse*: Man kann nur schützen, was man kennt! Getreu diesem Motto ist es wichtig, alle relevanten Unternehmenswerte, also die Daten und die zu ihrer Verarbeitung notwendigen Prozesse und (IT-)Systeme zu erfassen und hinsichtlich der Schutzziele Vertraulichkeit, Integrität und Authentizität sowie Verfügbarkeit zu bewerten. Vor allem seine »Kronjuwelen« muss man kennen!

▶ *Juristische Kompetenzen*: Nahezu immer benötigt die Bearbeitung und Aufarbeitung eines Vorfalls auch Kompetenzen in den beteiligten Rechtsgebieten, beispielsweise im Datenschutzrecht oder gar im Strafrecht, wenn auch strafbare Handlungen im Rahmen des Vorfalls eine Rolle spielen.

▶ *Kommunikationskompetenz*en: Die Kommunikation mit externen und internen Stellen spielt im Rahmen der Vorfallbehandlung eine nicht minder wichtige Rolle. Extern ist darauf zu achten, dass ein Shitstorm möglichst vermieden wird, und intern müssen die Mitarbeiter mitgenommen werden, denn sie sind ein extrem wichtiger Faktor in der Krisenbewältigung.

Diese Auflistung stellt allerdings nur eine Auswahl dar; die konkrete Zusammensetzung der Kompetenzen hängt vom Tätigkeitsumfeld Ihrer Organisation und von der konkreten Art des Vorfalls ab.

6.1.2 Nehmen Sie Kontakt auf!

Damit die besagten Kompetenzen im Sinne von »Personen« im Falle des Falles kurzfristig zur Verfügung stehen, sollten Sie bereits im Vorfeld entsprechend Kontakt aufnehmen. Denn, insbesondere wenn externe Experten mit eingebunden werden müssen, weil die Kompetenz im Kreis der eigenen Mitarbeiter nicht mehr abgebildet werden kann, ist dies wohl der wichtigste Erfolgsfaktor.

Wenn Sie das Team zusammengestellt haben, ist der nächste Schritt die gemeinsame Vorbereitung auf potenzielle Schadensfälle. Dazu müssen zunächst die wichtigen Geschäftsprozesse analysiert werden, insbesondere auch, um bei einem Vorfall entsprechend priorisieren zu können. Danach werden – beispielsweise auf Basis der *Structured-What-If-Then-Methode* (*SWIFT-Methode*) – konkrete Szenarien durchgespielt und jeweils entsprechende Reaktionsmechanismen festgelegt. Dabei spielen neben den klassischen IT-basierten Szenarien auch viele weitere Problemfälle eine wichtige Rolle – z. B. die Reaktion auf einen *Shitstorm*.

Sind die Planungen abgeschlossen, ist ein regelmäßiges Testen notwendig. Denn nur dadurch lassen sich etwaige Abweichungen von der Realität – die beispielsweise durch eine (nicht realisierte) Weiterentwicklung der Geschäftsprozesse oder der verwendeten IT entstanden sein können – erkennen und entsprechend in die Planungen integrieren. Die Tests selbst reichen vom einfachen Durchgehen der Dokumentation auf Papierbasis bis hin zu konkreten Praxisübungen, z. B. einem realistisch simulierten Vorfall in der eigenen Organisation.

Dieses Üben stellt – ebenso wie das *Lessons Learned* (siehe Abschnitt 6.6) – einen wichtigen Inputgeber für die kontinuierliche Weiterentwicklung der Reaktionsfähigkeiten Ihrer Organisation dar und ist damit ein unerlässlicher Baustein einer guten Vorbereitung.

6.2 In der Krise: Wichtige Schritte planen!

Ein erster Schritt zur Bearbeitung eines Zwischenfalls ist es, die Geschäftsleitung und den zuständigen Datenschutzbeauftragten zu informieren, sobald auch nur die Möglichkeit besteht, dass personenbezogene Daten von dem Sicherheitsvorfall betroffen sein könnten. Die weitere technische Analyse des Vorfalls erfolgt dann grundsätzlich in enger Abstimmung mit dem Datenschutzbeauftragten.

Je nach Sachlage sind aber gegebenenfalls frühzeitig weitere, externe Experten aus dem Bereich der rechtlichen und technischen Aspekte des Datenschutzes hinzuzuziehen, um Kollateralschäden bei der Analyse und Kommunikation zu vermeiden.

> **Praxistipp: Externe Experten rechtzeitig kennen und einbinden!**
>
> Gerade bei externen Experten ist es elementar, dass die Unternehmen nicht erst in Notfallsituationen panisch mit der Suche nach Unterstützung beginnen.
>
> Vielmehr ist es dringend ratsam, bereits eine Liste mit möglichen Ansprechpartnern bereitzuhalten und diese im Zweifelsfall auch bereits proaktiv kontaktiert oder sogar schon konkrete Beratungspakete gebucht zu haben.
>
> Die Experten werden nämlich nicht auf Sie warten, und gerade begehrte Experten leiden zudem selten an Langeweile. Dies gilt in allererster Linie für technische Dienstleister, aber auch für die Expertise aus dem juristischen Bereich oder für PR-Experten.

Es ist dann schnellstmöglich festzustellen, ob, seit wann und in welchem Umfang personenbezogene Daten von dem Sicherheitsvorfall betroffen sind und um welche konkreten Datenarten es dabei handelt. Dabei ist auch zu ermitteln, ob und gegebenenfalls seit wann personenbezogene Daten durch den Sicherheitsvorfall abgeflossen sind, um welche konkreten Datenarten es sich dabei handelt und wer davon betroffen ist. Kommt man dabei zu dem Ergebnis, das auch besonders sensible Daten im Spiel sind, gelten noch einmal erhöhte Anforderungen und eine höhere »Alarmstufe«.

Es hat sich, gerade bei größeren Zwischenfällen, als ausgesprochen hilfreich erwiesen, eine Person als verantwortliche Stelle und Ansprechpartner im Unternehmen hinsichtlich der Weitergabe von Informationen zu bestimmen. Bei dieser Person fließen alle Informationen zusammen und sie sorgt dafür, dass diese auch zeitnah an alle zuständigen Stellen weitergegeben werden. Dabei kann es sich gegebenenfalls auch um einen hochrangigen Mitarbeiter der IT-Abteilung handeln, der dann aber auch über entsprechende Kenntnisse im Bereich der Kommunikation verfügen muss.

In Abstimmung mit dem Datenschutzbeauftragten und den möglicherweise hinzugezogenen externen Experten sind auf der Basis der Analyse erste Gegenmaßnahmen technischer und organisatorischer Art zu ergreifen. In jedem Fall sollte ein enges Monitoring der betroffenen IT-Systeme erfolgen, um einen weiteren Missbrauch – insbesondere von personenbezogenen Daten – schnellstmöglich erkennen und entsprechend minimieren oder im Idealfall abstellen zu können.

Aus den Ergebnissen sind entsprechende Listen und Dokumente zur Kommunikation mit den Aufsichtsbehörden zu erstellen. Die Kommunikation mit den Aufsichtsbehörden sollte ausschließlich durch den vorab festgelegten Experten erfolgen. Dies ist meist der zuständige Datenschutzbeauftragte. Bei besonders komplexen oder bedrohlichen Vorfällen ist es ratsam, einen externen Datenschutzexperten hinzuzuziehen, der über besondere Erfahrung bei derartigen Meldungen verfügt. Dabei ist immer die in Art. 33 Abs. 1 DSGVO verankerte enge Frist von nur 72 Stunden ab Kenntnis des Vorfalls zu berücksichtigen.

In Abstimmung mit der Geschäftsleitung erfolgt die Kommunikation mit allen zu informierenden Stellen innerhalb und außerhalb des Unternehmens. Dazu gehört die bereits erwähnte Kommunikation mit der zuständigen Aufsichtsbehörde, aber auch die Kommunikation mit externen und internen Partnern und auf jeden Fall auch zu den eigenen Mitarbeitern.

Je nach Ausmaß des Vorfalls, der Exponiertheit des Unternehmens und der Sensibilität der betroffenen Daten kann das Hinzuziehen eines Experten für *Krisenkommunikation* ratsam sein. Dies gilt insbesondere dann, wenn eine große Anzahl von Kunden zu informieren und damit zu rechnen ist, dass der Vorfall auch die Medien beschäftigen wird.

Gerade bei größeren Vorfällen, einer Vielzahl von Betroffenen oder wenn besonders sensible Daten, insbesondere also Daten nach Art. 9 DSGVO, öffentlich wurden, werden die Aufsichtsbehörden im Nachgang der Meldung detaillierte Nachfragen stellen, die in der Regel den Ablauf des Vorfalls, die bestehenden TOM und die bereits ergriffenen Schutzmaßnahmen betreffen. Hierauf muss das Unternehmen inhaltlich wie personell vorbereitet sein.

Ist der Vorfall als besonders gravierend zu bewerten, besteht auch das Risiko von Bußgeldern oder Schadensersatzansprüchen durch die Betroffenen.[3] Soweit dies im Raum steht, sollte sich das Unternehmen rechtzeitig mit entsprechend spezialisierten juristischen Beratern in Verbindung setzen.

6.3 Grundlagen der Meldepflicht von Datenschutzverstößen an die Aufsichtsbehörde

Die DSGVO sieht in Art. 33 und Art. 34 Meldepflichten für Datenschutzpannen vor. Diese beziehen sich in erstgenannter Vorschrift zunächst auf eine Benachrichtigung

---

3   Mehr Details dazu siehe beispielsweise auch in Kapitel 10, »Folgen bei Datenschutzproblemen: Sanktionen, Abmahnungen und Schadenersatz«.

der zuständigen Aufsichtsbehörde. Art 34 DSGVO geht noch weiter und fordert eine Mitteilung an alle durch die Datenpanne Betroffenen vor, also im Regelfall Ihre Kunden oder Mitarbeiter. Letzteres ist für Unternehmen in der Regel höchst unangenehm.

Im ersten Schritt schauen wir uns nun die Meldepflichten gegenüber den Aufsichtsbehörden nach Art. 33 DSGVO an.

6.3.1 Art. 33: In welchen Fällen muss gemeldet werden?

Art. 33 DSGVO sieht eine *Meldepflicht* bei der jeweils zuständigen Aufsichtsbehörde *im Falle einer Verletzung des Schutzes personenbezogener Daten* vor. Das einzige Ausschlusskriterium liegt dann vor, wenn die *Verletzung (...) voraussichtlich nicht zu einem Risiko* führt. Hieraus ergibt sich eine äußerst niedrige Schwelle für eine solche Meldung.

In der Praxis hat dies dazu geführt, dass die Behörden mit derartigen Mitteilungen regelrecht überschwemmt werden. Dennoch sollte man diese Pflicht sehr ernst nehmen und ihr akribisch nachkommen. So gibt es auf nationaler und europäischer Ebene eine ganze Reihe von Bußgeldern für nicht erfolgte oder verspätete Meldungen.

> **Fallbeispiel: Die verspätete Meldung**
>
> In Norwegen wurde im März 2023 ein Unternehmen aus der Medizinbranche zu einem Bußgeld von knapp 220.000 EUR verurteilt[4]. Was war passiert?
>
> Das Unternehmen entdeckte Mitte 2021 eine Sicherheitsverletzung, die die personenbezogenen Daten aller europäischen Mitarbeiter betraf. Die dabei öffentlich gewordenen Daten waren für Betrug und Identitätsdiebstahl geeignet.
>
> Eine Meldung an die norwegische Behörde erfolgte jedoch erst im September 2021. Begründet wurde dies damit, dass man sich erst einmal einen umfassenden Überblick über den Vorfall und die Folgen machen wollte. Dies sah die Behörde anders. Danach hat der Verantwortliche gegen die 72-Stunden-Frist für die Meldung von Datenpannen verstoßen.

Voraussetzung für eine Meldepflicht ist zunächst einmal eine Verletzung des Schutzes personenbezogener Daten. Ein solcher Vorgang ist definiert in Art. 4 Nr. 12 DSGVO als *Verletzung der Sicherheit, die, ob unbeabsichtigt oder unrechtmäßig, zur Vernichtung, zum Verlust, zur Veränderung, oder zur unbefugten Offenlegung von beziehungsweise zum unbefugten Zugang zu personenbezogenen Daten führt, übermittelt, gespeichert oder auf sonstige Weise verarbeitet wurden.*

---

4 Detaillierte Infos dazu beispielsweise unter *www.datatilsynet.no/contentassets/c4d1b273c-ca24eaea43316c2043d9c92/vedtak-om-overtredelsesgebyr---argon-medical-devices-inc..pdf* (zuletzt aufgerufen am 15. Juni 2023).

Dazu reicht nicht jede Verletzung beim Umgang mit persönlichen Daten aus. Die Aufsichtsbehörde aus Hamburg verweist beispielsweise darauf,[5] dass sich aus der englischsprachigen Formulierung *Data Breach* deutlicher ergebe, dass es sich um einen *Sicherheitsbruch* handeln muss, bei dem Daten *unrechtmäßig Dritten offenbart werden oder infolge eines Sicherheitsbruchs gelöscht oder zeitweise unzugänglich gemacht werden*. Entscheidend sei, dass die Daten Dritten zu Kenntnis gegeben werden.

Ein neuer Bereich, der ebenfalls in einer Meldepflicht resultiert, ist eine – auch nur vorübergehende – Nicht-Erreichbarkeit der Daten, z. B. durch einen DoS-Angriff oder einen Stromausfall. Gleiches gilt für die dauerhafte, nicht beabsichtige Löschung persönlicher Informationen, beispielsweise als Resultat einer ungenügenden Backup-Strategie.

Des Weiteren muss ein Risiko bestehen. Wichtig ist dabei Folgendes: Das Risiko ist hier das Risiko für die Rechte und Freiheiten der betroffenen Personen – und nicht etwa das für den Verantwortlichen! Die Meldepflicht erfordert – anders als die an die Betroffenen in Art. 34 DSGVO – allerdings kein hohes Risiko.

Aus juristischer Sicht bewertet sich die Höhe des Risikos aus dem Produkt zwischen der Schwere des Schadens und dessen Eintrittswahrscheinlichkeit: Ist der zu erwartende Schaden hoch, sind die Anforderungen hinsichtlich der Eintrittswahrscheinlich gering. Umgekehrt ist das Risiko auch dann hoch, wenn der mögliche Schaden zwar gering, die Eintrittswahrscheinlichkeit jedoch hoch ist.

Typischerweise sind Datenvorfälle der folgenden Konstellationen an die jeweils zuständige Datenschutzbehörde des Bundeslands zu melden:

1. *Phishing-Angriffe*: Im Rahmen einer erfolgreichen Phishing-E-Mail werden persönliche Daten von Kunden oder Mitarbeitern offengelegt.
2. *Ransomware-Angriffe*: Ein Unternehmen wird Opfer einer Ransomware-Attacke, bei der personenbezogene Daten verschlüsselt oder entwendet werden.
3. *Verlust oder Diebstahl von Datenträgern*: Ein Mitarbeiter verliert einen Laptop oder USB-Stick, der unverschlüsselte personenbezogene Daten enthält.
4. *Hackerangriff*: Ein Eindringling verschafft sich unberechtigten Zugang zu einem Computersystem und erlangt dabei Zugriff auf personenbezogene Daten.
5. *Interner Missbrauch von Daten*: Ein Mitarbeiter nutzt unerlaubt den Zugang zu personenbezogenen Daten und gibt diese an Dritte weiter oder verwendet sie für persönliche Zwecke.
6. *Unzureichende/fehlende Zugriffsbeschränkungen*: Aufgrund eines Fehlers in den Sicherheitseinstellungen können Unbefugte auf personenbezogene Daten zugreifen, die eigentlich geschützt sein sollten.

---

5 Weitere Infos dazu finden Sie beispielsweise unter *https://datenschutz-hamburg.de/assets/pdf/ 2018.11.15_Data%20Breach_Vermerk_extern.pdf* (zuletzt aufgerufen am 15. Juni 2023).

7. *Unzureichende Datenlöschung*: Ein Unternehmen löscht personenbezogene Daten unzureichend oder nicht vollständig, sodass Dritte Zugang zu diesen Daten erlangen können.
8. *Fehlkonfiguration von Cloud-Speicherdiensten*: Ein Unternehmen verwendet Cloud-Speicher für personenbezogene Daten, aber aufgrund einer Fehlkonfiguration sind diese Daten öffentlich zugänglich.
9. *Menschliche Fehler*: Ein Mitarbeiter sendet versehentlich eine E-Mail mit personenbezogenen Daten an die falsche Person oder an eine falsche Verteilerliste.
10. *Technisches Versagen*: Ein Systemausfall oder eine Störung führt dazu, dass personenbezogene Daten unerlaubt offengelegt oder verändert werden.

Als Beispiele für das Vorliegen eines nur sehr geringen Risikos nennt die Landesbehörde aus Niedersachsen u. a. folgende Beispiele:[6]

1. Wenn personenbezogene Daten unbefugten Personen zugänglich gemacht werden, die jedoch nach dem Stand der Technik verschlüsselt sind, ist das Risiko für die Betroffenen in der Regel sehr gering.[7] Allerdings sollte der Verantwortliche auch in Betracht ziehen, ob es zu einem dauerhaften Verlust der Daten gekommen ist und welche Art von Daten verloren gegangen sind. Der Verlust von Kundendaten oder anderen sensiblen Informationen kann ein mittleres oder hohes Risiko darstellen, was eine Meldepflicht auslösen kann.
2. Ein fehlgeleiteter Brief ist ein weiteres Beispiel für eine Datenschutzverletzung. Wenn ein solcher Brief ungeöffnet zurückkommt, weil er den falschen Empfänger erreicht hat und dieser ihn zurückgehen lässt, besteht in der Regel ein nur geringes Risiko für die betroffene Person.
3. Ergänzend dazu das Beispiel »Brief mit falscher Anlage«: Wenn aus der Anlage lediglich wenig sensible Daten wie Namen oder das gebuchte Hotelzimmer hervorgehen, ist das Risiko eher gering. Anders zu beurteilen ist der Fall, wenn der Brief bzw. die Anlage die vollständigen Anschriften oder gar Bankverbindungen der betroffenen Personen enthält.

6.3.2 Art. 33: Vorbereitung und Durchführung der Meldung

Praktisch sind die Voraussetzungen für eine Meldepflicht sehr niedrig, und im Zweifelsfall sollte lieber einmal zu oft als zu selten gemeldet werden. Eine Landesdatenschutzbeauftragte hat einmal das Zitat geprägt: *Wir werden eher neugierig, wenn*

---

6 Mehr Informationen dazu beispielsweise unter *https://lfd.niedersachsen.de/startseite/datenschutzreform/dsgvo/faq/meldung-von-datenschutzverstoeen-167312.html* (zuletzt aufgerufen am 15. Juni 2023).

7 Mehr zu der in diesem Kontext geforderten Verschlüsselung nach dem Stand der Technik finden Sie in Kapitel 3, »Technischer Datenschutz: Anforderungen der DSGVO an den IT-Betrieb«.

jemand über einen längeren Zeitraum keine Meldung einreicht. Doch wie sollte ein Unternehmen eine Meldung vorbereiten, und was muss dort eingetragen werden?

In Kürze: Es herrscht Zeitdruck! Eine Meldung muss unverzüglich und *möglichst binnen 72 Stunden* ab Kenntnis des Vorfalls erfolgen. Dieser Zeitraum ist extrem kurz und lässt Unternehmen kaum Zeit für eine tiefergreifende Aufarbeitung der Geschehnisse. Hinzu kommt noch, dass die Fakten, die innerhalb der Frist mitgeteilt werden müssen, vergleichsweise umfangreich sind.

Um auf der sicheren Seite zu sein, sollte die 72-Stunden-Frist aus Artikel 33 DSGVO unabhängig von Wochenenden oder Feiertagen berechnet werden. Dies ergibt sich daraus, dass diese europäische Regelung nicht der ansonsten typischen Fristenberechnung angepasst ist. Sobald also eine Datenschutzverletzung bekannt wird, beginnt die 72-Stunden-Frist zu laufen, und das Unternehmen hat innerhalb dieser Zeit die zuständige Datenschutzbehörde zu benachrichtigen. Wenn also beispielsweise eine Datenschutzverletzung am Freitagabend entdeckt wird, muss die Meldung spätestens am Montagabend erfolgen.

> **Praxistipp: 72 Stunden – Wann genau beginnt die Frist?**
>
> Die Frage, ab wann ein Verantwortlicher Kenntnis von einem solchen Vorfall hat, ist noch weitgehend ungeklärt. Drei Datenschutzbehörden haben dazu Stellung genommen:
>
> *LfDI Hamburg*[8]: Kenntnis wird erlangt, sobald eine beliebige Person im Unternehmen oder in der Behörde von dem Vorfall erfährt. Ein angemessener Grad an Sicherheit bezüglich der Kenntnis ist allerdings erforderlich. Weitere Ermittlungen sind erforderlich, wenn nur vage Hinweise auf einen Vorfall hindeuten.
>
> *LfDI Saarland*[9]: Positive Kenntnisnahme durch den Verantwortlichen begründet den Fristbeginn. Bei juristischen Personen ist die Anwendung der allgemeinen Grundsätze der Wissenszurechnung im Unternehmen erforderlich, wobei die Kenntnis des Mitarbeiters, der für die Verarbeitung personenbezogener Daten verantwortlich ist, zuzurechnen ist.
>
> *LfDI Bayern*[10]: Ein meldepflichtiges Ereignis wird bekannt, wenn bestimmte Funktionseinheiten oder Funktionsträger Kenntnis von dem Vorfall erlangen. Die Kenntnis wird in Behörden nur bestimmten Zuständigkeitsbereichen zugerechnet. Eine innerbehördliche Meldepflicht greift, wenn ein Mitarbeiter eines Bereichs von einem Datenschutzverstoß eines anderen Bereichs erfährt, löst aber nicht den Beginn der

---

8 Siehe dazu *https://datenschutz-hamburg.de/assets/pdf/2018.11.15_Data%20Breach_Vermerk_extern.pdf* (zuletzt aufgerufen am 15. Juni 2023).
9 Siehe dazu *www.datenschutz.saarland.de/fileadmin/user_upload/uds/tberichte/tb28_2019.pdf* (zuletzt aufgerufen am 15. Juni 2023).
10 Siehe dazu *www.datenschutz-bayern.de/datenschutzreform2018/OH_Meldepflichten.pdf* (zuletzt aufgerufen am 15. Juni 2023).

> 72-Stunden-Frist aus. Das Wissen des behördlichen Datenschutzbeauftragten ist dem Verantwortlichen nicht zuzurechnen.
>
> Im Ergebnis sollten Unternehmen eher früher als später von erlangter Kenntnis ausgehen. Die strengere Ansicht des LfDI Hamburg zufolge kann die Kenntnis jedes Mitarbeiters den Beginn der 72-stündigen Frist auslösen. Transparente Kommunikation und Risikobewusstsein sind essenziell.

Inhaltlich müssen vor Beginn der Bearbeitung des Meldebogens alle relevanten Informationen über den Vorfall, dessen Auswirkungen und alle potenziell Betroffenen erfasst sein. Zudem muss nach Möglichkeit auch bereits ein erster Plan zu der Frage vorliegen, wie man einen vergleichbaren Fall zukünftig verhindern kann.

6.3.3 Aufsichtssache: Erstellen und Übersenden der Meldung an die Aufsichtsbehörde

Hat man alle notwendigen Informationen zusammengetragen, sollte vorzugsweise ein Experte das Formular für die Meldung nach Art. 33 DSGVO ausfüllen. Dies kann der eigene Datenschutzbeauftragte sein, sofern dieser über die notwendigen Kompetenzen verfügt. Gerade bei komplizierteren Fällen mit potenziell größeren Auswirkungen empfiehlt es sich aber, einen externen Datenschutzexperten damit zu betrauen. Dies kann ein Anwalt oder ein technischer Experte sein, bestmöglich ein interdisziplinäres Team.

Das Ausfüllen der vorgegebenen Felder im *Meldeformular* – ein Beispiel zeigt Abbildung 6.1 – ist in schwierigen Fällen herausfordernd. Es gilt, stets bei der Wahrheit zu bleiben – das ist natürlich die oberste Prämisse – zugleich aber die Aufsichtsbehörde auf der anderen Seite nicht mit Macht auf mögliche eigene Fehler und Versäumnisse zu stoßen.

Inhaltlich werden beispielsweise folgende Punkte abgefragt:

▶ Infos über den Verantwortlichen und den Meldenden
▶ Beteiligung von Dritten, z. B. von Auftragsverarbeitern oder Providern
▶ genauer zeitlicher Ablauf
▶ gegebenenfalls Gründe für eine Meldung später als 72 Stunden
▶ genaue Angaben zum Verstoß, inklusive einer detaillierten Beschreibung des Vorfalls und seiner Ursache
▶ betroffene Daten, insbesondere besondere Kategorien von Daten, Anzahl der betroffenen Datensätze
▶ Angaben über die betroffenen Personen und ihre Anzahl
▶ vor dem Vorfall ergriffene Maßnahmen zum Schutz der Daten

6.3 Grundlagen der Meldepflicht von Datenschutzverstößen an die Aufsichtsbehörde

- Konsequenzen: Verstoß gegen Vertraulichkeit/Vollständigkeit/Verfügbarkeit
- sonstige Schäden oder Folgen für die Betroffenen und eine Bewertung der Schwere der Auswirkungen
- Kommunikation mit den Betroffenen: Gründe für eine Unterrichtung oder eine Nicht-Unterrichtung
- nach dem Vorfall ergriffene Maßnahmen
- grenzüberschreitende Benachrichtigungen

7. Konsequenzen
↳ **7.1 Verstoß gegen die Vertraulichkeit**

Folgen des Verstoßes (Mehrfachauswahl möglich)
- ☐ Höhere Verbreitung als nötig bzw. von der Einwilligung der Betroffenen gedeckt
- ☐ Daten könnten mit anderen Informationen über die Betroffenen verbunden werden
- ☐ Daten könnten für andere Zwecke oder auf unfaire Weise missbraucht werden
- ☐ Anderes

↳ Beschreibung „anderer" Folgen
Bitte beschreiben Sie, welche Folgen der Verstoß hat

↳ **7.2 Verstoß gegen die Vollständigkeit**

Folgen des Verstoßes (Mehrfachauswahl möglich)
- ☐ Daten könnten geändert und genutzt worden sein, obwohl sie nicht mehr zutreffend sind
- ☐ Daten könnten in anderweitig zutreffende Daten geändert und in der Folge für andere Zwecke genutzt werden
- ☐ Anderes

↳ Beschreibung „anderer" Folgen
Bitte beschreiben Sie, welche Folgen der Verstoß hat

↳ **7.3 Verstoß gegen die Verfügbarkeit**]

Folgen des Verstoßes (Mehrfachauswahl möglich)
- ☐ Verlorene Möglichkeit einen kritischen Dienst für Betroffene anzubieten
- ☐ Änderung der Möglichkeit einen kritischen Dienst für die Betroffenen anzubieten
- ☐ Anderes

↳ Beschreibung „anderer" Folgen
Bitte beschreiben Sie, welche Folgen der Verstoß hat

Abbildung 6.1 Formular[11] der LfD Niedersachsen für Meldungen nach Art. 33 DSGVO (Quelle: Webseite der LfD Niedersachsen)

---

11 Siehe dazu auch https://lfd.niedersachsen.de/startseite/datenschutzrecht/ds_gvo/meldung-von-datenschutzverletzungen-nach-artikel-33-ds-gvo-164616.html (zuletzt aufgerufen am 15. Juni 2023).

Die ausgefüllten Dokumente können dann online, per Post, per verschlüsselter E-Mail oder Fax an die Behörde übersandt werden. Erfahrungsgemäß hat nahezu jede Behörde noch einmal Nachfragen zu der betreffenden Meldung. Bis diese Fragen eintreffen, können aber viele Monate vergehen. Sofern die Meldung vollständig und ordnungsgemäß ausgefüllt ist und die Fragen beantwortet wurden, wird danach das Verfahren in aller Regel eingestellt.

Ausnahmsweise kann es aber auch weitere Ermittlungen durch die Behörde geben, insbesondere in dramatischeren Fällen mit sensiblen Daten oder einer Vielzahl von Betroffenen. Gerade in diesen Fällen stellt sich dann heraus, ob der Verantwortliche seine Datenschutz-Hausaufgaben gemacht hat und alle entsprechenden technischen und organisatorischen Maßnahmen umgesetzt wurden. Daher sind derartige meldepflichtige Vorfälle auch immer ein Lackmustest für die eigene Datenschutzorganisation.

6.4 Die Benachrichtigung an die Betroffenen nach Art. 34

Noch weiter gehen die Pflichten des Art. 34 DSGVO, die für den Verantwortlichen meist auch noch peinlich sind. Die Vorschrift setzt voraus, dass die Sicherheitspanne *voraussichtlich ein hohes Risiko für die persönlichen Rechte und Freiheiten natürlicher Personen zur Folge* hat. Diese Herangehensweise stellt eine weitere direkte Umsetzung des risikobasierten Ansatzes der DSGVO dar.

6.4.1 Entstehen der Benachrichtigungspflicht an die Betroffenen

Auch hier gilt die oben genannte Definition des vorhandenen Risikos: Bei drohender hoher Schadensschwere genügt bereits eine geringe Eintrittswahrscheinlichkeit. Umgekehrt überschreitet auch ein geringer zu erwartender Schaden die Risikoschwelle, wenn er mit vergleichsweise hoher Wahrscheinlichkeit eintritt.

Dieser Grundsatz ergibt sich aus ErwG 75 der DSGVO. Ansatzpunkte für ein hohes Risiko können auch dann vorliegen, wenn z. B. besondere Kategorien von Daten nach Art. 9 DSGVO oder auch Informationen über Kinder und Jugendliche Gegenstand der Verletzung sind.

Ist ein solches hohes Risiko für die Betroffenen anzunehmen, muss jede einzelne Person unmittelbar benachrichtigt werden. Dies ist natürlich für die Verantwortlichen stets unangenehm, muss doch das eigene Unvermögen einer größeren Gruppe der eigenen Kunden, Mitarbeiter oder Geschäftspartner offenbart werden.

> **Praxistipp: Risikoabwägung in der Praxis**
>
> Die Datenschutzbehörde aus Niedersachsen bietet zwei gute Beispiele[12] für diese Risikoabwägung:
>
> Fall 1: Der Verantwortliche konnte unverzüglich eine Person identifizieren, die sich unrechtmäßig Zugang zu personenbezogenen Daten verschafft hat. Dadurch wurde verhindert, dass die Daten von Dritten weiterverwendet werden. Falls es sich jedoch um besonders sensible Daten handelte, ist dennoch von einem schwerwiegenden Vertraulichkeitsbruch und damit einer Benachrichtigungspflicht auszugehen. Dies gilt insbesondere dann, wenn es sich um die Informationen von wenigen Personen handelt, die sich der Täter möglicherweise gemerkt haben könnte – z. B. über Erkrankungen der betroffenen Personen.
>
> Fall 2: Wenn Bankverbindungen in die Hände unberechtigter Dritter gelangen, kann dies ein hohes Risiko darstellen, und eine Benachrichtigung der betroffenen Personen wäre erforderlich. Das hohe Risiko entfällt jedoch beispielsweise, wenn die Unterlagen nach glaubwürdiger Aussage aller Empfänger zerstört oder unbeschädigt und ohne Kopien an den Absender zurückgegeben wurden. In diesem Fall ist die Benachrichtigung der Betroffenen nicht mehr notwendig. Wenn all diese Feststellungen innerhalb der Meldefrist getroffen wurden, muss lediglich eine Meldung an die Aufsichtsbehörde unter Darstellung dieser Umstände erfolgen.

Die Meldung sollte nach ErwG 86 DSGVO in klarer und einfacher Sprache geschehen. Enthalten sein *muss* eine Beschreibung der Art der Datenverletzung sowie der betroffenen Daten. Enthalten sein *soll*, soweit möglich, auch eine Empfehlung zur Minderung etwaiger nachteiliger Auswirkungen des Data Breach. Hierzu kann z. B. die Aufforderung zählen, Zugangspasswörter zu ändern oder Kreditkarten zu tauschen.

Die Benachrichtigung der betroffenen Personen soll *unverzüglich* erfolgen, also so rasch wie möglich. Dies bedeutet aber keine vergleichbare Frist mit den 72 Stunden aus Art. 33 DSGVO. Vielmehr soll die Meldung in *Absprache mit der Aufsichtsbehörde und nach Maßgabe* der von der Behörde erteilten Weisungen erfolgen. Auch die Interessen anderer Beteiligter sind zu berücksichtigen, z. B. der Strafverfolgungsbehörden im Falle von potenziell kriminellen Handlungen.

6.4.2 Ausnahmen der Benachrichtigungspflicht

Da eine Meldung an die eigenen Mitarbeiter, Kunden oder Geschäftspartner für Unternehmen in der Regel einen ganz erheblichen Reputationsverlust bedeutet, kennt Art. 34 DSGVO immerhin einige Sonderfälle, in denen eine Benachrichtigung nicht erforderlich ist. Die Verordnung kennt hierfür vier Hauptkategorien von Ausschlusstatbeständen:

---

12 Siehe dazu *https://lfd.niedersachsen.de/startseite/infothek/faqs_zur_ds_gvo/meldung-von-datenschutzverstoeen-167312.html#Frage_7* (zuletzt aufgerufen am 15. Juni 2023).

1. Eine Benachrichtigung ist nicht erforderlich, wenn der Verantwortliche geeignete technische und organisatorische Sicherheitsmaßnahmen getroffen hat, die auf die betroffenen Daten angewandt wurden.
2. Eine Benachrichtigung ist ebenfalls nicht erforderlich, wenn der Verantwortliche Maßnahmen ergriffen hat, die ein hohes Risiko für die Rechte und Freiheiten betroffener Personen aller Wahrscheinlichkeit nach nicht mehr bestehen lassen.
3. Die Benachrichtigungspflicht entfällt, wenn sie mit einem unverhältnismäßigen Aufwand verbunden wäre. In solchen Fällen kann eine öffentliche Bekanntmachung als Alternative gewählt werden. Diese Vorgabe entspricht einer Regelung des BDSG a. F., nach der eine solche Meldung durch Veröffentlichung in überregional erscheinenden Zeitungen erfolgen konnte.
4. Schließlich kann die Benachrichtigung in Einzelfällen zum Schutz bestimmter rechtlich geschützter Belange unter bestimmten Voraussetzungen entfallen, wie z. B. bei der Abwehr von Nachteilen zulasten der Allgemeinheit, Verfolgung von Straftaten und Ordnungswidrigkeiten oder der Abwehr von Nachteilen zulasten Dritter.

6.4.3 Inhalt der Benachrichtigungen

Anders als bei Art. 33 DSGVO gibt es für die Benachrichtigungspflichten an die Betroffenen nach Art. 34 DSGVO keine Vorlagen der Behörden. Allerdings gibt hier ErwG 86 einige Anhaltspunkte.

Demnach sollte die Benachrichtigung eine Beschreibung der Art der Verletzung des Schutzes personenbezogener Daten enthalten. Ebenfalls enthalten sein sollten an die betroffene natürliche Person gerichtete Empfehlungen zur Minderung etwaiger nachteiliger Auswirkungen der Verletzung.

Um beispielsweise das Risiko eines unmittelbaren Schadens mindern zu können, müssten betroffene Personen sofort benachrichtigt werden, wohingegen eine längere Benachrichtigungsfrist gerechtfertigt sein kann, wenn es darum geht, geeignete Maßnahmen gegen fortlaufende oder vergleichbare Verletzungen des Schutzes personenbezogener Daten zu treffen.

Inhaltlich sind solche Schreiben meist nach einem immer gleichen Inhalt aufgebaut: »Wir legen Wert auf größtmöglichen Datenschutz, leider ist uns aber ein Vorfall passiert; von diesem sind auch Ihre Daten betroffen, nämlich (...). Das tut uns leid, und wir haben Experten hinzugezogen, um den Vorfall aufzuklären. Wir bedauern dies und haben bereits jetzt alles getan, um solche Vorfälle zukünftig zu unterbinden. Bitte haben Sie weiter Vertrauen in uns.«

Je nach Sensibilität des Vorfalls, dem Ausmaß und der Bekanntheit des betroffenen Unternehmens ist hier in dramatischeren Fällen dringend zu empfehlen, Experten für PR- und Krisenmanagement hinzuzuziehen. Gerade wenn ein sensibler Data

Breach droht die Medien zu erreichen, sollte hier die Kommunikation nach außen zwingend über entsprechende Profis erfolgen.

6.5 Meldepflichten für Auftragsverarbeiter

Auftragsverarbeiter haben nach Art. 33 Abs. 2 DSGVO keine Meldepflichten gegenüber den Behörden und auch den Betroffenen. Allerdings normiert das Gesetz eine gesetzliche Meldepflicht des Auftragsverarbeiters gegenüber dem Verantwortlichen, also dem Unternehmen, dessen Daten verarbeitet werden. Der Auftraggeber muss unverzüglich nach dem Bekanntwerden einer Datenschutzverletzung informiert werden, auch wenn er nicht der 72-Stunden-Regelfrist unterliegt.

Die Meldepflicht besteht bei jeder Verletzung, unabhängig vom Risiko. Die Prognoseentscheidung, ob eine Meldung aufgrund eines bestehenden Risikos im Abschluss auch gegenüber der Aufsichtsbehörde meldepflichtig ist, bleibt dem insoweit allein verpflichteten Verantwortlichen vorbehalten. Hinsichtlich des Inhalts der Meldepflicht macht Abs. 2 dem Auftragsverarbeiter keine konkreten Vorgaben.

Der Auftragsverarbeiter muss den Verantwortlichen bei der Erfüllung seiner Pflichten unterstützen. Hierzu gehört die Beurteilung von Datenschutzfolgen und Konsultationen mit der Aufsichtsbehörde. Außerdem ist der Auftragsverarbeiter dazu verpflichtet, alle erforderlichen Informationen bereitzustellen, um die Einhaltung der DSGVO nachzuweisen, sowie die Durchführung von Audits und Inspektionen zu ermöglichen und zu unterstützen.

Es ist wichtig zu beachten, dass weitere Anforderungen und Pflichten für Auftragsverarbeiter gesetzlich festlegt sind, z. B. die Einhaltung von Sicherheitsstandards und die Gewährleistung der Vertraulichkeit der verarbeiteten personenbezogenen Daten. Die oben genannten Meldepflichten stellen jedoch eine der Hauptverpflichtungen dar, die Auftragsverarbeiter gegenüber den Auftraggebern haben.

6.6 Bußgelder im Kontext mit Meldepflichten

Das Schreckgespenst der DSGVO sind unzweifelhaft die Bußgelder, die von den Behörden nach Art. 83 DSGVO verhängt werden können. Diese Geldstrafen müssen *in jedem Einzelfall wirksam, verhältnismäßig und abschreckend* sein. Vor allem das Merkmal der Abschreckung ist dabei ein Bestandteil des Datenschutzes. Die Höhe der Geldbußen kann bis zu 20 Mio. EUR oder bis zu 4 % des weltweit erzielten Jahresumsatzes des vorangegangenen Geschäftsjahrs eines Unternehmens betragen.

Eine falsche, verspätetet oder gar nicht abgegebene Meldung gegenüber den Behörden und den Betroffenen ist natürlich potenziell ein Grund für ein solches Bußgeld.

Entsprechende Datenbanken[13] finden hierzu allein 35 Einträge mit derartigen Fällen auf europäischer Ebene. Die dabei verhängten Bußgelder reichen von 4.5 Millionen EUR für einen Fall aus dem Bereich der unerlaubten Werbeanrufe, 3 Millionen EUR für die verspätete Meldung eines Cyber-Angriffs in Spanien bis hin zu 100 EUR. Diesen Betrag musste ein deutscher Verein für eine unterlassene Meldung nach Art. 33 DSGVO zahlen.

> **Fallbeispiel: Der Worst-Case-Fall**
>
> Eine der schlimmsten vorstellbaren Fälle wurde Ende 2021 von der finnischen Datenschutzbehörde mit einem Bußgeld von über 600.000 EUR belegt.[14] Die Strafe steht mit einer Datenpanne im Zusammenhang, welche eine psychotherapeutische Einrichtung im September 2020 der finnischen Datenschutzbehörde gemeldet hatte. Grund für die Meldung war ein unbefugter Zugriff auf die Datenbank der Einrichtung. Ein Dritter hatte sich Zugang auf die Patientendaten verschafft, die Daten heruntergeladen und gelöscht.
>
> Das Schlimmste: Es wurde eine Lösegeldforderung in Höhe von 40 Bitcoins (damals rund 450.000 EUR) gestellt. Wie aus einer später abgeschlossenen technischen Untersuchung hervorging, hatte der Angreifer bei mindestens zwei Gelegenheiten auf die Datenbank zugegriffen. Aufgrund einer unzureichenden Protokollierung konnte allerdings weder das genaue Datum der Panne noch die vom Angreifer verwendeten IP-Adresse identifiziert werden.
>
> Forensische Untersuchungen hatten des Weiteren ergeben, dass der Zugriff mutmaßlich über einen ungeschützten MySQL-Port der Datenbank erfolgte, bei dem das Root-Benutzerkonto nicht mit einem Passwort versehen war. Aufgrund dieser massiven Versäumnisse im Bereich der IT-Sicherheit stellte die Behörde einen Verstoß gegen den Grundsatz der Integrität und Vertraulichkeit bei der Einrichtung fest. Zudem waren die höchst sensiblen Daten nicht durch angemessene Maßnahmen vor unrechtmäßiger Verarbeitung, Verlust, Zerstörung oder Beschädigung geschützt.
>
> Auch gegen die Meldepflichten hatte das Unternehmen massiv verstoßen. Es hatte bereits im März 2019 gewusst, dass Patientendaten durch den Angriff kompromittiert wurden. Dennoch hatte wurden sowohl die Datenschutzbehörde als auch die betroffenen Patienten erst mit signifikanter Verzögerung über den Vorfall informiert. Dies geschah ungeachtet der Tatsache, dass aufgrund des hohen Risikos für die Betroffenen der Breach hätte unverzüglich gemeldet werden müssen. Die Behörde wertete die verspätete Meldung als vorsätzlich.

---

13   Eine bekannte Datenbank dazu ist online verfügbar unter *https://dsgvo-portal.de* (zuletzt aufgerufen am 15. Juni 2023).

14   Der Link zur Pressemeldung und weitere Links zu diesem Fall finden sich beispielsweise unter *www.dsgvo-portal.de/bussgelder/dsgvo-bussgeld-gegen-psykoterapiakeskus-vastaamo-2021-12-16-FI-1677.php* (zuletzt aufgerufen am 15. Juni 2023).

Später stellte man fest, dass neben der Klinik auch die betroffenen Personen erpresst worden waren. Als die Klinik nicht auf die Lösegeldforderung einging, fing der Angreifer an, diese zunächst um 200 EUR zu erpressen. Er verlangte dann 500 EUR, wenn nicht innerhalb von 24 Stunden gezahlt wurde.

Immerhin hatte die französische Polizei den Hacker Anfang 2023 festgenommen, der bereits zuvor in Abwesenheit in Finnland zu einer langen Haftstrafe verurteilt worden war.

6.7 Schadensersatzansprüche bei Data Breaches

Neben einem hohen Bußgeld droht bei Datenschutzpannen auch weiteres Ungemach: Schadensersatzansprüche. Nach Art. 82 DSGVO haben potenziell Betroffene eines Data Breach wegen eines Verstoßes gegen DSGVO-Vorgaben einen Schadensersatzanspruch für materielle oder immaterielle Schäden. Erforderlich ist ein Verschulden des Verantwortlichen oder auch des Auftragsverarbeiters. Allerdings ist die bisherige Rechtsprechung in Deutschland extrem uneinheitlich hinsichtlich der Bewertung von Schadensersatzansprüchen bei Datenschutzverletzungen.

Dies kann man sehr eindrucksvoll an den Urteilen der Gerichte der unteren Instanzen rund um den Scraping-Vorfall bei *Facebook* beobachten. *Scraping* bezeichnet den Vorgang, bei dem öffentlich zugängliche Informationen von einer Webseite systematisch in eine Datenbank übertragen werden. Im Rahmen eines solchen Falls waren in den Jahren 2018 und 2019 bei *Facebook* mehrere Millionen Datensätze mit personenbezogenen Daten von Usern durch Dritte ausgelesen und im Internet veröffentlicht worden. Gegen *Meta Irland* wurde dafür Ende 2022 von der Datenschutzbehörde Irlands ein insbesondere für diese Institution bemerkenswertes Bußgeld in Höhe von 265 Millionen EUR verhängt.

Die Abwicklung von potenziellen Schadensersatzansprüchen gegen *Facebook* ist für Kanzleien und Legaltech-Unternehmen schon wegen der großen Menge potenzieller Betroffener interessant. Daher gibt es hier viel Aktivität und beträchtlich viele Klagen und Urteile. Die Auswertung einer Kanzlei[15] hat allein mehrere Dutzend Urteile von Amts- und Landgerichten in Sachen Facebook-Scraping identifiziert. Davon gehen etwa ein Drittel von einer Schadensersatzpflicht aus; die übrigen zwei Drittel der Gerichte haben die Klagen jedoch abgelehnt. Wird eine Entschädigung zugesprochen, liegt diese zwischen 250 EUR und 1.000 EUR.

Aufgrund dieser sehr uneinheitlichen Entscheidungen der Gerichte wird es noch eine Weile dauern, bis die oberen Gerichte eine Grundsatzentscheidung zu dieser

---

15 Siehe dazu *www.docdroid.net/JxeNQPt/20230328-reuschlaw-scraping-sth-pdf* (zuletzt aufgerufen am 15. Juni 2023).

Problematik fällen. Dabei ist davon auszugehen, dass es bei der Bemessung von Geldentschädigungen vor allem darauf ankommt, welche Qualität und Sensibilität die verlorenen Daten haben. Sehr wahrscheinlich ist das Bestehen eines Anspruchs durch die Betroffenen in den Fällen, in denen das Datenleck eine Zuordnung des Betroffenen zu höchst sensiblen Bereichen wie Erkrankung, Vorstrafen, Politik oder sexuelle Vorlieben zulässt. Wichtig ist auch, ob die im Rahmen von Datenpannen öffentlich gewordenen Informationen »nur« grundsätzlich online verfügbar waren oder ob tatsächlich auch darauf zugegriffen wurde.

Für Unternehmen ist es wichtig, im Rahmen von Data Breaches neben den Meldepflichten und eventuellen Bußgeldrisiken auch immer die Möglichkeit von Schadenersatzansprüchen im Blick zu haben. Dies gilt gerade dann, wenn die Fälle öffentlich werden und es eine Vielzahl von Betroffenen gibt. Denn dies macht die Vorfälle zu einem interessanten Ziel von Legal-Tech-Anbietern. Diese bündeln die Ansprüche einer Vielzahl von Betroffenen, sodass auch vergleichsweise niedrige Summen interessant sind. Tatsächlich dürfte dies in den meisten Fällen das weitaus höheres Risiko darstellen als ein Bußgeld von der Aufsichtsbehörde.

6.8 Damit es nicht nochmal passiert: Lessons Learned

In diesem Abschnitt wollen wir nun nochmals zusammenfassen, welche Aspekte bereits proaktiv zu berücksichtigen sind, um Datenschutzvorfälle möglichst zu vermeiden und im Falle des Falles angemessen reagieren zu können. Basierend auf Praxisfällen und unseren Empfehlungen entsteht so eine Liste mit den wichtigsten Punkten:

- *Grundsätzliche Beschränkung auf wirklich notwendige Daten*: Dies klingt zunächst simpel, wird aber immer wieder vernachlässigt. Häufig kommt es zu einer Sammlung von Daten, die für den Geschäftsprozess nicht notwendig und daher unbedingt zu vermeiden sind.

- *Berücksichtigung und regelmäßige Überprüfung der Löschfristen*: Daten, die noch in den Produktionsprozessen genutzt werden, müssen regelmäßig auf etwaige Löschanforderungen hin überprüft werden. Dazu ist es zum einen notwendig, die entsprechenden Fristen überhaupt zu kennen und zum anderen dann technisch die Voraussetzung zu schaffen, die Datenbestände regelmäßig und gegebenenfalls automatisiert gegen diese Fristen abgleichen zu können. Auch dieser Punkt wird immer wieder vernachlässigt, insbesondere werden Löschanforderungen und -prozesse häufig in den – soweit überhaupt vorhandenen – Backup-Konzepten nicht angemessen berücksichtigt.

- *Angemessener Zugriffsschutz nach dem Stand der Technik*: Es sind angemessene technische und organisatorische Maßnahmen nach dem Stand der Technik zu ergreifen, um das Risiko für einen Missbrauch der personenbezogenen Daten bestmöglich zu reduzieren. Für die konkrete Ausgestaltung verweisen wir hier auf die Inhalte aus Kapitel 3, »Technischer Datenschutz: Anforderungen der DSGVO an den IT-Betrieb«. Die korrekte Umsetzung und Aktualität dieser Maßnahmen ist zudem regelmäßig zu kontrollieren und gegebenenfalls auch im Rahmen eines Pentesting zu überprüfen. Dies sollte vorzugsweise nicht nur durch interne Mitarbeiter erfolgen, sondern durch externe Fachleute. Nur dadurch kann langfristig sichergestellt werden, dass die Vorgaben – allen voran der Stand der Technik – tatsächlich eingehalten werden.

- *Gepflegtes Verzeichnis der Verarbeitungstätigkeiten*: Ein detailliertes Verarbeitungsverzeichnis nach Art. 30 DSGVO, das auf dem aktuellen Stand gehalten wird, ist die Grundvoraussetzung für die Beantwortung der Frage, wo und wie die Daten in der Organisation verarbeitet werden. Es ist notwendig, um bei einem potenziellen IT-Sicherheitsvorfall zeitnah abschätzen zu können, ob und in welchem Umfang überhaupt personenbezogene Daten betroffen sind. Nur so lassen sich die Auskünfte an die Aufsichtsbehörden innerhalb der knappen Frist von 72 Stunden erteilen. Auch die Auswahl von möglichen Gegenmaßnahmen vereinfacht sich, wenn die aktuell vorhandenen technischen und organisatorischen Maßnahmen dokumentiert sind und bewertet werden können.

- *Proaktive Kontaktpflege zu Experten und den Aufsichtsbehörden*: Für größere Zwischenfälle sind in den meisten Unternehmen die Bordmittel nicht ausreichend. Bestenfalls besteht vorab ein Kontakt zu Fachleuten aus dem technischen und juristischen Bereich, und diese können kurzfristig aktiviert werden. Stehen Bußgelder oder Schadensersatzansprüche im Raum, ist auch der rechtzeitige Kontakt zu spezialisierten Datenschutzanwälten unerlässlich.

- *Vorbereitet sein, Teams bilden und Übungen durchführen*: Es besteht ein interdisziplinäres Team, das sich mit der Thematik auskennt und weiß, wie auch kurzfristig reagiert werden muss. Es sollte dabei auch einen Ansprechpartner – sowohl den Koordinator für das Innenverhältnis im Unternehmen als auch einen Fachmann zur Kommunikation mit den Behörden – geben, der vorab benannt ist. Sofern damit zu rechnen ist, dass die Medien auf den Vorfall aufmerksam werden, sollten auch für diesen Bereich entsprechende Kommunikationsprofis benannt werden. Hier kann – gerade bei in diesem Bereich wenig erfahrenen Unternehmen – eine schlechte Außenwirkung entstehen, die sich – richtig vorbereitet – vermeiden lässt.

6.9 Zwischenfazit und Checkliste

Richtige Vorbereitung ist die halbe Miete – diese Aussage gilt uneingeschränkt im Querschnittsfeld von Datenschutz und Informationssicherheit. Nur wenn die Anforderungen des Datenschutzes auch mit Hinblick auf einen möglichen Datenschutzvorfall bereits im Vorfeld angemessen berücksichtigt werden, können die Vorgaben der DSGVO sinnvoll umgesetzt und erfüllt werden. Dies gilt schon hinsichtlich der enorm kurzen Zeitspanne, innerhalb der eine Meldung an die zuständige Aufsichtsbehörde zu erfolgen hat.

Dazu ist es notwendig, neben den klassischen Anforderungen des Daten-schutzes auch die korrespondierenden Anforderungen an die Informations-sicherheit entsprechend (proaktiv) umzusetzen und zu dokumentieren. Die entsprechenden Vorgaben finden sich insbesondere in Art. 32 DSGVO.

Da sich dabei in aller Regel zahlreiche Synergien ergeben, sollten die beiden Themen aber auch grundsätzlich als Hand-in-Hand-Prozess verstanden werden. Denn nur dann können die zahlreichen Synergien, die Datenschutz und Informationssicherheit haben, sinnvoll genutzt, Prozesse entsprechend verzahnt und damit letztendlich umfangreich Ressourcen eingespart werden.

> **Checkliste: Umgang mit Datenpannen**
>
> *Vorbereitet sein*: Neben dem Erstellen von Notfallplänen und dem Benennen von Verantwortlichen gehört es hierzu auch, eine Kultur zu schaffen, in der sich die Mitarbeiter trauen, Unregelmäßigkeiten zu melden.
>
> *Wenn es passiert*: Weitergabe von Verdachtsfällen innerhalb des Unternehmens, schnelle Identifikation und erste Aufklärung des Sachverhalts.
>
> *Hilfe finden*: Frühzeitige Einbindung wichtiger Personen, z. B. des Datenschutz- und Informationssicherheitsbeauftragten und der Geschäftsführung.
>
> *Prüfung der Ursache*: Analyse und Dokumentation des Vorfalls, Ergreifen von ersten Maßnahmen der Eindämmung, idealerweise auch schon der zukünftigen Maßnahmen zur Verhinderung erneuter Vorfälle.
>
> *Muss gemeldet werden?* Abwägung des bestehenden Risikos und Entscheidung, ob eine Meldung durchgeführt werden muss. Ist das nicht der Fall, sollten die dafür sprechenden Gründe dokumentiert werden.
>
> *Durchführung der Meldung* des Datenschutzvorfalls bei der zuständigen Aufsichtsbehörde.
>
> *Individuelle Information des Betroffenen* (sofern ein hohes Risiko besteht): Je nach zu erwartender Information sollten hier gegebenenfalls PR-Profis hinzugezogen werden.
>
> *Umfangreicher Lessons-Learned-Prozess*: Was ist passiert, wie können wir das Problem künftig vermeiden, und was können wir besser machen?

Kapitel 7
Export von Daten in alle Welt: Was ist erlaubt?

In diesem Kapitel lernen Sie, was Sie bei dem Export von Daten in Länder außerhalb der EU beachten müssen. In einige Länder ist der Export recht unproblematisch möglich, bei anderen Zielen sind umfangreiche Vorgaben zu beachten und umzusetzen.

Der Datenschutz war lange eine primär nationale Angelegenheit. So war es sogar bis vor einigen Jahren noch verboten, bestimmte Datenarten auch nur im Ausland zu speichern. Dies hat sich mit dem Anwendungsbeginn der DSGVO im Jahr 2018 grundsätzlich geändert.[1] Datenschützer und Juristen müssen den Umgang mit sensiblen Informationen jetzt in europäischen Dimensionen denken.

7.1 Der Datenschutz und die nationalen Grenzen

Betrachtet man die grundlegenden Zielsetzungen der DSGVO, sollte man auch immer in Erinnerung behalten, dass die DSGVO einen Effekt der *Wirtschaftsförderung* haben soll. So soll das Gesetz als Vorlage und Anregung für den Rest der Welt dienen und gleichsam einen *Mindeststandard* für den Umgang mit Daten schaffen[2]. Wer diesen Standard nicht einhält, für den sieht das europäische Recht für den Export von Daten erhebliche Hürden vor. Diese Hürden können in der Praxis derart hoch sein, dass eine *Übermittlung* in ein Land mit sehr niedrigem Datenschutzstandard faktisch kaum möglich ist.

Die Prüfung, ob eine Übermittlung in ein anderes Land grundsätzlich gestattet ist, läuft immer zweistufig ab:

---

1 Diese Tatsache spiegelt beispielsweise auch die Vereinfachung der Möglichkeiten im Rahmen von § 146 Abs. 2a der Abgabenordnung (AO) wider, die im Rahmen des Jahressteuergesetzes 2020 vorgenommen wurde.
2 Dies wird beispielsweise in der Formulierung »Diese Entwicklungen erfordern einen soliden, kohärenteren und klar durchsetzbaren Rechtsrahmen im Bereich des Datenschutzes in der Union, da es von großer Wichtigkeit ist, eine Vertrauensbasis zu schaffen, die die digitale Wirtschaft dringend benötigt, um im Binnenmarkt weiter wachsen zu können«. aus Nr. 7 der Gründe in der DSGVO deutlich, online verfügbar unter *https://eur-lex.europa.eu/legal-content/DE/TXT/HTML/?uri=CELEX:32016R0679&from=DE* (zuletzt aufgerufen am 15. Juni 2023).

7 Export von Daten in alle Welt: Was ist erlaubt?

▶ In der ersten Stufe muss, wie bei jeder Verwendung von Daten, zunächst geklärt werden, ob überhaupt eine Rechtsgrundlage für die Datenverarbeitung vorliegt, also z. B. eine Einwilligung oder ein Vertragsverhältnis.

▶ Im zweiten Teil der Prüfung geht es um die länderspezifischen Anforderungen, also um die Frage, in welches Land die Daten konkret übermittelt werden sollen.

Hier gibt es drei Zonen in der Welt, die einen Export entweder problemlos erlauben oder in denen dies nur unter bisweilen sehr harten rechtlichen und technischen Vorgaben möglich ist.

7.2 Die Welt in drei Zonen geteilt

Hinsichtlich des Exports von Daten teilt der Datenschutz die Welt in drei Zonen ein, aus denen sich die jeweiligen Voraussetzungen für eine Datenübermittlung ableitet: in den *Europäischen Wirtschaftsraum (EWR)*, die sogenannten sicheren *Drittstaaten* und den Rest der Welt.

7.2.1 Datentransfer innerhalb des EWR

Als europäisches Gesetz stellt die DSGVO in allen EU-Mitgliedsstaaten einheitliche Standards für den Umgang mit persönlichen Informationen auf. Daher ist der Transfer von Daten in diesem Bereich unproblematisch möglich, egal ob die Übermittlung nach Berlin, Lissabon oder Athen erfolgt. Erweitert wurde die EU um die drei zusätzlichen Mitgliedsstaaten des EWR, genauer Norwegen, Island und Lichtenstein, die ebenfalls die DSGVO anwenden und entsprechend privilegiert sind (vgl. Abbildung 7.1).

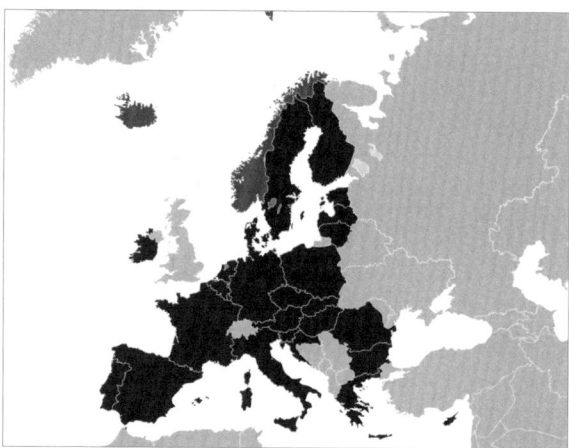

Abbildung 7.1 uneingeschränkter Datenverkehr innerhalb der Länder des Europäischen Wirtschaftsraums (in der Abbildung hervorgehoben) (Quelle: https://de.wikipedia.org/)

7.2.2 Sichere Drittstaaten: Länder mit Angemessenheitsbeschluss

Verlassen die Daten Europa, wird die Lage unübersichtlicher. Die Details dazu sind in den Art. 44 ff. DSGVO geregelt. Für die Frage, ob eine Datenübermittlung in ein solches Drittland zulässig ist, kommt es entscheidend darauf an, ob bei der empfangenden Stelle ein angemessenes Datenschutzniveau gewährleistet ist.

Für eine ganze Reihe von Ländern (Abbildung 7.2) hat die *Europäische Kommission* ein solches Niveau im Rahmen eines Beschlusses festgestellt, dem sogenannten *Angemessenheitsbeschluss* nach Art. 45 Abs. 3 DSGVO. Einer solchen Entscheidung gehen meist mehrjährige Prüfungsverfahren voraus, in denen die rechtliche Situation in den entsprechenden Ländern genau analysiert und bewertet wird.

Die EU-Kommission prüft im Rahmen einer solchen Bewertung insbesondere die Frage, ob ein effektiver Datenschutz vorliegt und die Rechte und Freiheiten der Bürger entsprechend geschützt sind. Art. 45 Abs. 2 DSGVO sieht hierfür eine nicht abschließende Liste mit Prüfungspunkten vor. Dazu gehören:

- Die *Rechtsstaatlichkeit*, die *Achtung der Menschenrechte* und die *Grundfreiheiten*.
- Die in dem betreffenden Land geltenden einschlägigen *Rechtsvorschriften*.
- Die *Vorschriften* für die Weiterübermittlung personenbezogener Daten an ein anderes Drittland.
- Die *Rechtsprechung* sowie wirksame und durchsetzbare Rechte der betroffenen Person.
- Die Existenz und die wirksame Funktionsweise einer oder mehrerer unabhängiger *Aufsichtsbehörden*.

Erlässt die EU dann als Ergebnis dieser Prüfung einen Angemessenheitsbeschluss, sind diese Staaten als Ergebnis diese Rechtsakts faktisch der EU gleichgestellt. Dies bedeutet, dass eine Übermittlung von personenbezogenen Daten in diese Länder[3] ohne weitere Hindernisse möglich ist, da sie als sicher und rechtmäßig angesehen wird.

Für das Vereinigte Königreich wurde ein solcher Beschluss im Juni 2021 in quasi allerletzter Minute vor dem finalen Inkrafttreten des Brexits beschlossen. Hätte es eine solche Vereinbarung nicht gegeben, hätte dies katastrophale Auswirkungen auf den Datentransfer zwischen Großbritannien und dem Festland gehabt. Da innerhalb von UK als Mitglied der EU die DSGVO bis zu dessen Ausscheiden Anwendung fand, konnte die EU-Kommission davon ausgehen, dass der britische Datenschutz der DSGVO in vielen Zügen ähnelt. Allerdings werden die Beschlüsse auch im regelmäßigen Abstand geprüft. Dabei wird es spannend sein zu sehen, ob auch ein sich immer

---

[3] Die jeweils aktuelle List dieser Länder finden Sie online unter *https://commission.europa.eu/law/law-topic/data-protection/international-dimension-data-protection/adequacy-decisions_en* (zuletzt aufgerufen am 15. Juni 2023).

weiter von den europäischen Vorgaben entfernendes Königreich mittelfristig noch den Anforderungen an einen Angemessenheitsbeschluss entsprechen kann.

> **Hinweis: Länder mit Angemessenheitsbeschluss**
>
> In die folgenden Länder können Sie – Stand Anfang 2023 – neben Staaten des EWR ebenfalls unbesorgt Daten übermitteln: Andorra, Argentinien, Kanada, Färöer Inseln, Guernsey, Israel, Isle of Man, Japan, Jersey, Neuseeland, Schweiz, Südkorea, Uruguay und Vereinigtes Königreich.

Abbildung 7.2 Länder mit Angemessenheitsbeschluss der EU-Kommission (in der Abbildung hervorgehoben) (Quelle: Heise Medien)

7.2.3 Unsichere Drittstaaten

Dementsprechend gehört der gesamte Rest der Welt zu den *unsicheren Drittstaaten*. Hierzu zählen insbesondere die USA, China, Brasilien und Indien, aber z. B. auch Länder wie die Türkei oder Australien. Will man Daten in solche Länder exportieren, ist dies rechtlich nur unter sehr eingeschränkten Voraussetzungen möglich, da das dortige Datenschutzniveau erheblich von dem in Europa abweicht und dort kein angemessener Schutz der Daten zu erwarten ist.

7.2.4 Datenexport in die USA: Eine schwierige Geschichte

Welche rechtlichen Möglichkeiten für einen Export von Daten auch in diese Länder besteht, wird im nachfolgenden Kapitel anhand des Beispiels der USA dargestellt.

Diese haben naturgemäß im Bereich der IT eine herausragende Rolle, sei es im Bereich der Software oder der Cloud-Angebote.

Mit dieser Rolle war stets ein steter Strom von auch personenbezogenen Daten aus dem europäischen Bereich in die Vereinigten Staaten verbunden. Dass dies in Zeiten umfangreicher Überwachung und sehr großer inhaltlicher Unterschiede in der Interpretation des Datenschutzes zwischen der EU und den USA problematisch werden konnte, war bereits in den 1990ern klar. So verbot es bereits die *Datenschutzrichtlinie 95/46/EG* aus dem Jahr 1995, personenbezogene Daten aus Mitgliedstaaten der Europäischen Union in Staaten zu übertragen, deren Datenschutz kein dem EU-Recht vergleichbares Schutzniveau aufwies. Hierzu zählte von jeher die USA.

Die Safe-Harbour-Vereinbarung

Um dieser Problematik zu begegnen, wurde in zweijährigen Verhandlungen zwischen der EU und den USA ein Abkommen entwickelt, dass diese Problematik aufgreifen sollte. Dieses sogenannte *Safe-Harbour-Abkommen* aus dem Jahr 2000 ermöglichte es Unternehmen, personenbezogene Daten von EU-Bürgern in die USA zu übertragen, ohne gegen die EU-Datenschutzgesetze zu verstoßen. Die Vereinbarung basierte auf dem Prinzip der gegenseitigen Anerkennung und stellte sicher, dass US-Unternehmen bestimmte Datenschutzstandards einhalten mussten, wenn sie personenbezogene Daten von EU-Bürgern in die USA übertragen. Zudem mussten sie sich in einer öffentlich zugänglichen Liste eintragen.

Das Safe-Harbour-Abkommen war insbesondere für Unternehmen von großer Bedeutung, erleichterte es ihnen doch die Übertragung von Daten und ermöglichte es ihnen so, ihre Dienste in der EU anzubieten, ohne gegen die EU-Datenschutzgesetze zu verstoßen. Allerdings stand das Abkommen von Anfang an in der Kritik von Datenschützern. Denn faktisch war für das Erreichen eines Status als sicherer Hafen in den USA nicht sehr viel mehr notwendig, als eine Vereinbarung zu unterzeichnen und sich in die Liste der beteiligten Unternehmen einzutragen. Demensprechend fanden sich dort bald alle wichtigen US-Unternehmen mit Geschäftsinteressen auch in der EU. Die Kritik verschärfte sich erheblich nach den Einführungen umfangreicher Überwachungssysteme nach den 9/11-Anschlägen im Jahr 2001.

Für die Fachwelt war es daher wenig überraschend, dass der *Europäische Gerichtshofs (EuGH)* mit einem Urteil vom Juli 2015 (Az. C-362/14)[4] das Abkommen für ungültig erklärte. In dem sogenannten *Schrems-I-Urteil*, begründete das Gericht seine Entscheidung damit, dass die USA nicht den gleichen hohen Datenschutzstandards entsprechen, wie sie in der EU gelten. Zudem hätten US-Behörden umfangreiche und nur wenig beschränkte Zugriffsmöglichkeiten auf die Daten von EU-Bürgern. Der

---

4 Weitere Informationen zum Schrems-I-Urteil finden sich online unter *https://curia.europa.eu/juris/liste.jsf?language=de&num=C-362/14* (zuletzt aufgerufen am 15. Juni 2023).

EuGH stellte ferner fest, dass EU-Bürger, deren Daten in die USA übertragen werden, keine ausreichenden Rechtsbehelfe hatten, um sich gegen die Überwachung ihrer Daten durch die USA zu wehren.

Die Entscheidung des höchsten europäischen Gerichts sorgte für massive Rechtsunsicherheit bei allen Beteiligten, schließlich war quasi über Nacht die wichtigste Rechtsgrundlage für den Datenexport über den Atlantik weggefallen. Allerdings währte die Unsicherheit nicht lange, denn bereits im Jahr 2016 wurde der *Privacy Shield* aus der Taufe gehoben.

Der Privacy Shield

Mit der Privacy-Shield-Vereinbarung gab man sich aufseiten der EU und der USA sicher, eine verbesserte Regulierung in Form einer Angemessenheitsentscheidung getroffen zu haben, die insbesondere den Vorgaben des EuGH in der Schrems-I-Entscheidung genügt. So enthielt sie insbesondere eine Reihe von Bestimmungen, die den Schutz von EU-Bürgerdaten in den USA gewährleisten sollen. Dazu gehören:

▶ US-Unternehmen, die sich an das Privacy Shield halten, müssen bestimmte Datenschutzstandards einhalten, die dem EU-Datenschutzrecht entsprechen. Diese Standards umfassen die Verarbeitung von Daten nur zu bestimmten festgelegten und legitimen Zwecken und die Einhaltung von Datenschutzprinzipien wie Transparenz, Rechenschaftspflicht und Verantwortlichkeit.

▶ EU-Bürger haben das Recht, sich bei der *US-Handelsbehörde* (engl.: Federal Trade Commission, kurz: FTC) zu beschweren, wenn sie der Meinung sind, dass ihre Daten in den USA nicht ordnungsgemäß verarbeitet werden.

▶ Es gibt eine unabhängige *Schlichtungsstelle*, die EU-Bürgern bei Streitigkeiten im Zusammenhang mit der Verarbeitung ihrer Daten in den USA helfen kann.

▶ Die US-Regierung hat zugesagt, dass sie keine massenhaften Überwachungsmaßnahmen im Zusammenhang mit EU-Bürgerdaten durchführen wird. Dies bedeutet, dass die US-Regierung keine Maßnahmen durchführen darf, die EU-Bürgerdaten betreffen, es sei denn, sie hat dafür eine gültige Rechtsgrundlage und es gibt ausreichende Schutzmaßnahmen.

▶ Es gibt regelmäßige Überprüfungen, um sicherzustellen, dass die US-Unternehmen, die sich an das Privacy Shield halten, auch tatsächlich den Datenschutzstandards entsprechen. Diese Überprüfungen werden grundsätzlich von der US-Handelsbehörde durchgeführt, können aber auch von der EU durchgeführt werden.

Die Regelungen des Privacy Shield waren von der ersten Minute an heftiger Kritik ausgesetzt. Datenschutzaktivist Schrems, auf dessen Initiative hin auch der Vorgänger des Privacy Shield aufgehoben wurde, bezeichnete die Vorgänge um das Privacy Shield als *they put lipstick on a pig* und fasst damit die Kritik auch der Datenschutzbehörden passend zusammen: nahezu identische Regeln, nur mit etwas zusätzlicher Kosmetik.

Vor allem blieben Massenüberwachungsmaßnahmen durch die US-Behörden weiterhin zulässig, und auch ein Rechtsschutz sei für europäische Bürger faktisch nicht möglich.

Das Schrems-II-Urteil

Folgerichtig wurde auch gegen den Privacy Shield geklagt – erneut mit Erfolg. Dieses Mal dauerte es rund vier Jahre, bis der EuGH in seinem sogenannten *Schrems-II-Urteil* (Az. C-311/18)[5] am 16. Juli 2020 auch die neue Regelung für unwirksam erklärte.

Diese Entscheidung des EuGH hat daher kaum jemanden überrascht. Das Gericht prüfte neben der DSGVO auch die *Europäische Grundrechtecharta*, die u. a. die Achtung des Privat- und Familienlebens, den Schutz personenbezogener Daten und das Recht auf effektiven gerichtlichen Rechtsschutz verbürgt. Das Gericht stellte fest, dass den Erfordernissen der nationalen Sicherheit der USA, des öffentlichen Interesses und der Einhaltung des amerikanischen Rechts Vorrang gegenüber den Rechten der Europäer eingeräumt wird. Hieraus ergebe sich, dass Eingriffe in die Grundrechte der Personen ermöglicht werden, deren Daten in die Vereinigten Staaten übermittelt wurden.

Insbesondere seien die auf die amerikanischen Rechtsvorschriften gestützten Überwachungsprogramme nicht auf ein zwingend erforderliches Maß beschränkt. Überhaupt sei nach Ansicht des Gerichts hinsichtlich bestimmter Überwachungsprogramme nicht einmal erkennbar, dass für die darin enthaltenen Ermächtigungen gegenüber EU-Bürgern irgendwelche Einschränkungen bestehen. Auch würden diesen betroffenen Personen keine Rechte verliehen, die sie gegenüber den amerikanischen Behörden gerichtlich durchsetzen könnten.

Die Rechtslage nach dem Ende des Privacy Shield

Wie schon bei der Entscheidung Schrems I kam auch die Nachfolgeentscheidung für viele Unternehmen offenbar völlig überraschend. Vorbereitet waren auf diesen erneuten Ausfall der wichtigsten Rechtsgrundlage zum US-Datentransfer nur die Allerwenigsten.

Immerhin: Es gibt Alternativen, die eine Übertragung von Daten über den Atlantik weiterhin erlauben. Diese erschweren den Transfer bisweilen durch hohe Anforderungen an technische und organisatorische Maßnahmen auf beiden Seiten allerdings erheblich. Was dennoch möglich ist, finden Sie im nachfolgenden Abschnitt.

---

5 Nähere Informationen zum Schrems-II-Urteil finden sich online unter *https://curia.europa.eu/juris/liste.jsf?language=de&num=C-311/18* (zuletzt aufgerufen am 15. Juni 2023).

7.3 Datenexport in Drittstaaten am Beispiel der USA

Der Wegfall der beiden Vereinbarungen zum transatlantischen Datenverkehr hat die Übertragung von Daten in die USA zunächst erheblich erschwert, aber ihn nicht unmöglich gemacht. Tatsächlich bleiben noch vier Möglichkeiten, wie dies rechtskonform möglich ist. Diese gelten für den gesamten Bereich der unsicheren Drittstaaten der Welt. Hier sollen sie aufgrund der hohen Praxisrelevanz zunächst am Beispiel der USA dargestellt werden.

> **Hinweis: Neuerungen durch die Verabschiedung des TADPF**
>
> Im Juli 2023 hat die Europäische Kommission den Trans-Atlantic-Data-Privacy-Framework (TADPF) in Form eines Angemessenheitsbeschlusses anerkannt. Dadurch vereinfacht sich in vielen Bereich der Datentransfer in die USA erheblich. Details dazu finden sich in Abschnitt 7.6.
>
> Die nachfolgenden Rechtsgrundlagen für eine derartige Übermittlung bleiben jedoch auch nach der Einführung der neuen Regeln wirksam.

In der Theorie gibt es neben der weiter unten dargestellten »Zertifizierung« durch das TADPF vier rechtliche Grundlagen, die eine Übertragung von personenbezogenen Daten in die Vereinigten Staaten erlauben, von denen aber nur zwei praxisrelevant sind. Im Folgenden sehen Sie die vier Varianten im Überblick:

- *Standarddatenschutzklauseln (SDK)*: Es wird ein Vertrag geschlossen. US-Unternehmen garantieren ihren europäischen Geschäftspartnern, dass sie keinen Gesetzen unterliegen, die sie dazu zwingen könnten, vertragsbrüchig zu werden.
- *Binding Corporate Rules (BCC)*: Regelt in multinationalen Konzernen den Datenschutz für die einzelnen Unternehmensbestandteile und Mitarbeiter.
- *Zertifizierung nach Art. 42 DSGVO*
- *Einwilligung aller Betroffenen:* Explizite Zustimmung von informierten Verbrauchern.

Der Goldstandard als Rechtsgrundlage für Datenübertragungen in die USA sind die Standarddatenschutzklauseln. Diese sind z. B. regelmäßig in den Vertragsunterlagen großer amerikanischer Anbieter direkt enthalten. Einwilligungen werden hingegen vor allem im Massengeschäft genutzt, beispielsweise im Rahmen von Cookie-Bannern. Binding Corporate Rules sind allerdings aufgrund ihrer Komplexität eher selten. Zertifizierungen wären schließlich ein guter Weg zum Schaffen von Vertrauen und Standards. Diese sind aber auch viele Jahre nach Inkrafttreten immer noch nicht auf dem Markt verfügbar.[6]

---

[6] Eine Übersicht zu Zertifizierungen nach Art. 42 DSGVO findet sich online unter *https://edpb.europa.eu/our-work-tools/accountability-tools/certification-mechanisms-seals-and-marks_de* (zuletzt aufgerufen am 15. Juni 2023).

7.3.1 Standarddatenschutzklauseln

Bei Standarddatenschutzklauseln, auch Standardvertragsklauseln genannt, handelt es sich um von der EU-Kommission vorgegebene Vertragsklauseln, die zwischen dem US-Unternehmen und dem europäischen Partner abgeschlossen werden. Sie haben in der Praxis die mit großem Abstand größte Bedeutung.

Grundsätze der SDK

SDK können von der Website der EU-Kommission heruntergeladen werden.[7] Ihr Vorteil ist dabei Folgendes: Bis auf ein paar individuelle Angaben müssen und dürfen die Vorlagen nicht verändert werden; sie müssen vielmehr eins zu eins im Original vereinbart werden.

Der Grundgedanke dahinter ist, dass die Parteien untereinander die Grundlagen datenschutzrechtlicher Vorgaben vereinbaren und dann auch für diese Einhaltung sorgen. Das Problem dabei: Natürlich kann auch ein solcher Pakt amerikanische Behörden nicht davon abhalten, in den Daten der europäischen Nutzer herumzuschnüffeln. Dies kann realistischerweise auch kein US-Unternehmen garantieren.

Diese Problematik hat auch der EuGH in seiner Entscheidung gesehen. Die Richter kamen dabei zu dem Ergebnis, dass diese Klauseln zwar grundsätzlich weitergenutzt werden können, jedoch von den Beteiligten geprüft werden müsse, ob bezüglich der Rechte der betroffenen Personen im Drittland, also insbesondere in den USA, ein gleichwertiges Schutzniveau wie in der Europäischen Union herrscht.

Dies sei in den Vereinigten Staaten grundsätzlich nicht der Fall, sodass die Vereinbarung der Standardvertragsklauseln allein nicht ausreicht. Voraussetzung sei, dass die Personen, deren Daten in andere Länder übermittelt werden, ein Schutzniveau genießen müssen, *das dem in der Union durch die DSGVO im Licht der Charta garantierten Niveau der Sache nach gleichwertig ist*. Es ist allerdings nach den Vorstellungen des Gerichts im Grundsatz möglich, mit zusätzlichen technischen und organisatorischen Maßnahmen[8] dieses Schutzniveau sicherzustellen.

Hier liegt eine Chance für kreative technische Maßnahmen. Diese müssen einen grenzenlosen Zugriff der US-Dienste zumindest wirksam eindämmen. Eine wichtige Rolle könnte hier der *Kryptographie* zukommen. So bietet beispielsweise ein Herstel-

---

[7] Sie finden diese in der aktuellen Version aus dem Jahre 2021 online unter *https://eur-lex.europa.eu/legal-content/DE/TXT/HTML/?uri=CELEX:32021D0914&from=DE* (zuletzt aufgerufen am 15. Juni 2023).

[8] Vgl. dazu auch die Ausführungen in Kapitel 3 (TOM).

ler von Überwachungskameras an, die entstehenden Aufnahmen zum Abruf in eine US-Cloud zu legen. Dieses Geschäftsmodell wäre möglicherweise dadurch zu retten, dass die Aufnahmen vor dem Weitertransport in die Cloud nach dem *Stand der Technik* verschlüsselt werden und die Schlüssel dazu ausnahmslos beim Kunden liegen.

Allerdings sind hier die deutschen sowie die europäischen Datenschutzbehörden nicht sehr gnädig. Kommt ein Unternehmen zu dem Schluss, dass keine ergänzenden Maßnahmen möglich sind, sei kein angemessenes Schutzniveau gewährleistet. In diesem Fall fordert die europäische Datenschutzkommission, die Übermittlung personenbezogener Daten in die USA sofort auszusetzen oder zu beenden. Wer trotzdem weiterhin persönliche Informationen übermitteln möchte, habe seine zuständige Aufsichtsbehörde zu benachrichtigen, hierzulande in der Regel also die Datenschutzbehörde des jeweiligen Bundeslands. Solch ein Vorgang ist allerdings in der Praxis ausgesprochen selten.

Neue Versionen der SDK ab Juni 2021

Mit Beschluss vom 4. Juni 2021 hat die EU-Kommission die lang erwartete neue Version der Standarddatenschutzklauseln verabschiedet.[9] Diese sind nunmehr modular aufgebaut und decken damit vier typische Szenarien des Datentransfers ab. Zudem sind umfangreiche Anhänge auszufüllen.

Die SDKs können bei vier verschiedenen Konstellationen eingesetzt werden:

- Verantwortlicher an Verantwortlichen
- Verantwortlicher an Auftragsverarbeiter
- Auftragsverarbeiter an (Unter)auftragsverarbeiter
- Rückübermittlung des Auftragsverarbeiters in der EU an einen Verantwortlichen im Drittland

> **Praxistipp: Vorsicht bei alten Standarddatenschutzklauseln**
>
> Bereits Mitte 2021 hat die EU-Kommission neue Versionen der SDK vorgelegt. Unternehmen hatten bis Ende 2022 Zeit, die alten Verträge durch solche in der neuen Version zu ersetzen. Während dies bei vielen großen amerikanischen Anbietern automatisch im Rahmen des Vertragsmanagements geschah, dürften vor allem viele Mittelständler immer noch auf Basis der alten Verträge Daten in die USA exportieren. Einige Landesdatenschutzbehörden haben bereits angekündigt, Fragenkataloge zu den internationalen Datentransfers an Unternehmen zu schicken. Unternehmen sind daher gut beraten, ihre entsprechenden Vereinbarungen zu überprüfen und gegebenenfalls auf den Abschluss neuer SDK zu drängen.

---

9 Die neue Fassung der SDK finden Sie online unter *https://eur-lex.europa.eu/legal-content/DE/TXT/HTML/?uri=CELEX:32021D0914&from=DE* (zuletzt aufgerufen am 15. Juni 2023).

Haben die Parteien einen *Auftragsverarbeitungsvertrag* (*AVV*) geschlossen, decken die neuen Standardvertragsklauseln für den internationalen Datentransfer die Anforderungen aus Art. 28 DSGVO mit ab. Die Notwendigkeit zum Abschluss eines zusätzlichen AVV entfällt daher.

Wie die alte Version der SDK sind auch die neuen Klauseln genehmigungsfrei. Dies gilt allerdings nur, sofern diese unverändert verwendet werden. Vertragsparteien können die Standardklauseln auch in einen umfangreicheren Vertrag mit aufnehmen, was in der Praxis häufig geschieht. Soweit allerdings durch die Vertragspartner weitere Klauseln oder zusätzliche Garantien hinzugefügt werden, dürfen diese weder unmittelbar noch mittelbar im Widerspruch zu den Standardvertragsklauseln stehen oder die Grundrechte oder Grundfreiheiten der betroffenen Personen beschneiden.

Die neue Version der SDK erfordert allerdings erhebliche Nacharbeit im Rahmen der Anhänge. Dort müssen in Anhang I Informationen über die Datenverarbeitung angegeben werden. Sofern zutreffend, muss Anhang III eine Liste der Unterauftragsverarbeiter enthalten.

Von besonderer Relevanz ist jedoch Anhang II, in dem die *technischen und organisatorischen Maßnahmen* festgehalten werden müssen. Dabei müssen konkret die getroffenen Maßnahmen für jede Datenübermittlung bzw. Kategorie von Datenübermittlung dargelegt werden. In der Praxis bedeutet das, dass sich die Partner bereits vor Beginn der Datenübermittlung mit der Verarbeitung auseinandersetzen und konkrete Schutzmaßnahmen zur Gewährleistung eines angemessenen Schutzniveaus definieren müssen.

Das Transfer Impact Assessment (TIA)

Insbesondere nach dem Schrems-II-Urteil ist bei einer Datenübermittlung in ein unsicheres Drittland, die auf Grundlage von Standarddatenschutzklauseln durchgeführt wird, eine Risikoabschätzung erforderlich. Die Partner dies- und jenseits des Atlantiks – aber auch in allen anderen Drittstaaten – müssen untersuchen, ob im Zielland ein angemessener Schutz der personenbezogenen Daten gewährleistet ist. Hierzu ist auf Basis der neuen SDK die Durchführung eines sogenannten *Transfer Impact Assessment (TIA)* notwendig.

Nach den Klauseln 14 und 15 der neuen SDK müssen die Vertragspartner versichern, dass sie

> *[...] keinen Grund zu der Annahme [...] haben, dass die für die Verarbeitung personenbezogener Daten durch den Datenimporteur geltenden Rechtsvorschriften und Gepflogenheiten den Datenimporteur an der Erfüllung seiner Pflichten gemäß der Standardvertragsklauseln hindern.*

Schon für die USA oder auch die Türkei dürfte diese Versicherung nicht leicht zu erreichen sein – sofern sie überhaupt möglich ist. Für Länder wie China oder Russland dürfte dies nahezu unmöglich sein.

Welchen Inhalt solch ein TIA haben muss, lässt sich auf Basis der genannten Klauseln 14 und 15 der neuen SDK nur erahnen. Dort sind Bewertungskriterien genannt, wie die Art des Empfängers, die Kategorien und das Format der übermittelten personenbezogenen Daten, die relevanten Rechtsvorschriften und Gepflogenheiten des Bestimmungsdrittlandes sowie vertragliche, technische oder organisatorische Garantien.

Im Endeffekt muss dann jeder, der personenbezogene Daten in die USA oder in andere Drittstaaten exportieren möchte, eine detaillierte rechtliche Analyse des Empfängerlands vornehmen. Dies übersteigt natürlich jegliche Möglichkeiten von kleinen oder mittleren Unternehmen auf geradezu absurde Weise, gerade auch für Projekte, die keine entscheidende Bedeutung aufweisen.

Daher wird man in der Regel vorausgefüllte TIAs von spezialisierten Anbietern erwerben und an das eigene Projekt anpassen. Speziell für die USA gibt es hier sogar einige kostenlose Vorlagen, z. B. vom Branchenverband *Bitkom*[10] oder der Datenschutzvereinigung *International Association of Privacy Professionals (IAPP)*[11], die verwendet werden können. Allerdings erfordert die Anpassung der Vorlagen bestehende Vorkenntnisse, da diese immer noch nicht trivial ist. Komplizierter und weitaus teurer wird es, wenn TIAs für andere Länder erstellt werden müssen.

7.3.2 Zusätzliche technische Maßnahmen bei Standarddatenschutzklauseln

Der EuGH hat im Rahmen seiner Schrems-II-Entscheidung festgestellt, dass allein die Vereinbarung von Standarddatenschutzklauseln nicht als Rechtsgrundlage für den Export von Daten in die USA und andere unsichere Drittstaaten ausreicht. Denn allein diese rechtlichen Vereinbarungen bieten keinen hinreichenden Schutz der Informationen europäischer Bürger vor dem Zugriff von US-Behörden.

Um diese Zugriffe so weit wie möglich auszuschließen, hat der EuGH als Voraussetzung für eine Datenübermittlung festgelegt, dass von den Verantwortlichen zusätzliche technische und organisatorische Maßnahmen zum Schutz der Daten ergriffen werden müssen. Welche das sein können, ließ das Gericht erwartungsgemäß offen. Insgesamt müssen Datenexporteur und -importeur gemeinsam für ein Gesamtkonzept sorgen, dass die Daten der EU-Bürger so weit wie eben möglich vor dem Zugriff von US-Ämtern und -Geheimdiensten schützt – auch wenn diese in den USA aufgrund zahlreicher lokaler rechtlicher Vorgaben völlig legal sind.

---

10 Die TIA-Vorlagen des Bitkom sind allerdings derzeit nur für Mitglieder verfügbar.
11 Die entsprechenden TIA-Vorlagen der IAPP finden Sie online unter *https://iapp.org/resources/article/transfer-impact-assessment-templates/* (zuletzt aufgerufen am 15. Juni 2023).

Anwendungsfall 1: (Ausschließliche) Speicherung der Daten

Erfolgt der Datenexport in ein Drittland ausschließlich zum Zwecke einer Datenspeicherung – z. B. im Rahmen der Nutzung von *Google One* oder *Microsoft OneDrive* – sollten Sie die Daten bereits vor dem Export in das Drittland bzw. vor der Speicherung auf den Servern des entsprechenden Anbieters verschlüsseln. Dadurch stellen Sie sicher, dass die Daten zu keinem Zeitpunkt unverschlüsselt auf Datenträgern liegen, die sich im Einflussbereich des Unternehmens in einem Drittland befinden und damit das Unternehmen selbst oder eine Behörde des Drittlands auf diese Daten im Klartext zugreifen könnte. Sie müssen dabei sicherstellen, dass die Ver- und Entschlüsselung der Daten nicht auf den Servern des Anbieters aus einem Drittland stattfindet.

Um in diesem Fall eine angemessene Sicherheit der Daten gewährleisten zu können, müssen Sie zum einen eine Verschlüsselungsmethode nach Stand der Technik wählen. Zum anderen sind die entsprechenden Verschlüsselungsschlüssel so abzuspeichern, dass ein Zugriff auf das Schlüsselmaterial durch Dritte – also z. B. durch den Anbieter des Speicherdienstes oder eine Behörde des Drittlandes – bestmöglich ausgeschlossen wird.

Eine Speicherung des ungeschützten Schlüssels auf demselben Datenträger, der auch die verschlüsselten Daten enthält, verbietet sich also von selbst. Der Schlüssel selbst müssen Sie zudem durch angemessene Maßnahmen vor unbefugtem Zugriff schützen. Dazu kann im einfachsten Fall ein entsprechend komplexes Passwort eingesetzt werden. Besser ist jedoch, wenn Sie das Schlüsselmaterial in einem sicheren Container – z. B. einer PIN-geschützen Smartcard – vor unbefugtem Zugriff schützen.

> **Praxistipp: Schlüsselverwaltung**
>
> Der Schlüsselverwaltung, also dem Gesamtprozess hinsichtlich der Erzeugung, Speicherung und Löschung von kryptographischem Schlüsselmaterial sowie dem Zugriff auf das Schlüsselmaterial kommt in diesem Zusammenhang eine besondere Bedeutung zu. Denn kann ein Unbefugter Zugriff auf das Schlüsselmaterial erlangen, nützt auch der sicherste Algorithmus nichts mehr.

Insofern müssen Sie durch geeignete Maßnahmen sicherstellen, dass Sie immer einen Überblick über den Verbleib der eingesetzten Schlüssel haben und diese gleichzeitig durch angemessene technische und organisatorische Maßnahmen zu jedem Zeitpunkt vor unbefugtem Zugriff schützen.

Anwendungsfall 2: Verarbeitung der Daten

Sollen die Daten hingegen auf den IT-Systemen eines Anbieters aus einem Drittland nicht nur gespeichert, sondern aktiv verarbeitet werden, müssen sie auf den beteiligten IT-Systemen im Klartext vorhanden sein.

Dennoch sollten Sie für den Transport der Daten auf die Zielsysteme eine *Transportverschlüsselung* nach dem Stand der Technik einsetzen und die von den meisten Anbietern angebotene – zum Teil sogar obligatorische – verschlüsselte Speicherung der Daten nutzen. Dabei liegen die Schlüssel zum Zugriff auf die Daten jedoch in den Händen des von Ihnen gewählten Anbieters bzw. auf den von ihm kontrollierten technischen Systemen.

Der Einsatz von *Hybridkonzepten* kann die Situation hier zumindest teilweise entschärfen. Dabei werden die großen Datenmengen auf den Servern des Anbieters im Drittland verschlüsselt gespeichert. Erst im Rahmen der eigentlichen Verarbeitung werden sie jeweils auf die eigenen IT-Systeme heruntergeladen, dort entschlüsselt und verarbeitet. Diese Form der Datenverarbeitung ist allerdings nicht bei allen Nutzungsszenarien sinnvoll bzw. schränkt die Performance gegebenenfalls nicht unerheblich ein.

Darüber hinaus kann auch eine *Treuhandlösung* hilfreich sein, wie sie z. B. im Projekt *Microsoft Cloud Deutschland (MCD)*[12] bis zum Jahre 2018 umgesetzt wurde bzw. im Nachfolgeprojekt, der souveränen *Delos-Cloud*[13], ab dem Jahre 2024 umgesetzt werden soll. Dabei werden die benötigten IT-Systeme – nahezu ausschließlich[14] – von einem europäischen Dienstleister betrieben. Damit ist auch ein Zugriff durch die entsprechende Behörde des Drittlands praktisch erheblich erschwert, wenn nicht sogar unmöglich.

Ergänzende Überlegungen

Neben den bereits beschriebenen Anforderungen spielt in den besagten Konstellationen auch die Frage der Löschung von Daten eine entscheidende Rolle. Gerade in Cloud-Umgebungen ist ein sicheres Löschen nicht bzw. nicht ohne Weiteres umsetzbar, da der direkte Zugriff auf die (physisch) gespeicherten Daten in der Regel nicht vorhanden ist und die Daten damit zwangsweise nur logisch gelöscht werden können.

---

12 Die Microsoft Cloud Deutschland (MCD) wurde beispielsweise von Microsoft zusammen mit der Deutschen Telekom als Datentreuhänder angeboten, 2018 wurde das Angebot mangels Nachfrage jedoch eingestellt. Nähere Infos finden Sie beispielsweise online unter *www.heise.de/newsticker/meldung/Auslaufmodell-Microsoft-Cloud-Deutschland-4152650.html* (zuletzt aufgerufen am 15. Juni 2023).

13 Weitere Infos zum Stand der Delos-Cloud finden Sie beispielsweise online unter *www.heise.de/news/Digitale-Souveraenitaet-Microsoft-Cloud-soll-2024-starten-7338725.html* (zuletzt aufgerufen am 15. Juni 2023).

14 Diese Ausschließlichkeit hat gegebenenfalls Grenzen, wenn beispielsweise aus technischen Gründen Mitarbeiter von Microsoft einbezogen werden müssen. Die sich daraus ergebenden Risiken können aber durch ergänzende technische und organisatorische Maßnahmen zumindest abgefedert werden.

Und auch bei der Auswahl der kryptographischen Verfahren müssen Sie sehr sorgfältig vorgehen. Wichtig ist hierbei, dass die Lebensdauer der Daten gegen den zu erwartenden Schutzzeitraum durch die Verschlüsselung abgewogen wird. Mit anderen Worten: Sie benötigen ein kryptographisches Verfahren, dass die Daten mindestens so lange schützen kann, wie diese für einen potenziellen Angreifer einem Mehrwert haben. Gerade bei Daten, die eine lange Schutzdauer aufweisen – z. B. medizinische Daten – stellt sich die Anforderung je nach Anwendungsfall als große Herausforderung dar.

7.3.3 Binding Corporate Rules (BCR)

Eine der wenigen Alternativen zur Nutzung von Standarddatenschutzklauseln ist, zumindest in der Theorie, die Nutzung von *Binding Corporate Rules (BCR)* nach Art. 47 DSGVO. Die BCR sind ein Werkzeug, das Unternehmen verwenden können, um sicherzustellen, dass sie ihre Verpflichtungen im Hinblick auf den Schutz personenbezogener Daten erfüllen, wenn sie diese innerhalb der EU und des EWR verarbeiten.

Zugleich stellen die BCR interne Richtlinien dar, die von Unternehmen entwickelt werden, um sicherzustellen, dass personenbezogene Daten innerhalb einer Unternehmensgruppe in Übereinstimmung mit den datenschutzrechtlichen Vorschriften verarbeitet werden. Sie werden oft von multinationalen Unternehmen verwendet, um sicherzustellen, dass personenbezogene Daten, die innerhalb der Unternehmensgruppe über Grenzen hinweg geteilt werden, auf eine Weise verarbeitet werden, die den geltenden Datenschutzgesetzen entspricht.

Die BCR müssen von der zuständigen Aufsichtsbehörde genehmigt werden, bevor sie in Kraft treten können. Sobald sie genehmigt worden sind, sind sie für das Unternehmen bindend und müssen von allen Einheiten und Tochterunternehmen innerhalb der Unternehmensgruppe befolgt werden. Sie können jedoch nur dann verwendet werden, wenn das Unternehmen über ausreichende interne Kontrollmechanismen verfügt, um sicherzustellen, dass die BCR auch eingehalten werden.

Hinweis: Praxistauglichkeit von BCR

Allerdings sind in der Praxis die Voraussetzungen für die Nutzung der BCR sehr hoch. Dementsprechend kommen sie so selten vor, dass sie von der zuständigen Datenschutzbehörde meist mit der Veröffentlichung einer Pressemeldung gefeiert werden. Ein Blick in das öffentliche Verzeichnis entsprechender Unternehmen beim European Data Protection Board (kurz: EDPB) zeigt Anfang 2023 gerade einmal 48 Einträge.[15] Dazu zählen z. B. die *Mercedes-Benz-Gruppe*, die *Münchener-Rück-* oder die *Fresenius-Gruppe*. Für kleinere oder mittelständische Unternehmen eignen sie sich aufgrund der hohen und komplexen Anforderungen eher nicht.

---

15 Das Verzeichnis finden Sie online unter *https://edpb.europa.eu/our-work-tools/accountability-tools/bcr_en* (zuletzt aufgerufen am 15. Juni 2023).

7.3.4 Zertifizierung

Die *Zertifizierungen* nach Art. 42 DSGVO sollen den Unternehmen und Organisationen eine Möglichkeit bieten, aufzuzeigen, dass sie die geltenden Datenschutzvorschriften einhalten und dass sie über ausreichende Maßnahmen zum Schutz personenbezogener Daten verfügen. Sie dienen auch dazu, den Verbrauchern und der Öffentlichkeit zu zeigen, dass ein Unternehmen oder eine Organisation ihre Verpflichtungen im Hinblick auf den Schutz personenbezogener Daten ernst nimmt.

Gemäß Art. 46 Abs. 2 lit. f) DSGVO eignen sich solche Zertifikate auch als Garantie für die Übermittlung in Drittstaaten. Erforderlich sind dafür neben einem mit Erfolg durchlaufenen Zertifizierungsverfahren[16] auch *rechtsverbindliche und durchsetzbare Verpflichtungen des Verantwortlichen oder des Auftragsverarbeiters in dem Drittland zur Anwendung der geeigneten Garantien, einschließlich in Bezug auf die Rechte der betroffenen Personen*. Daraus ergibt sich, dass allein ein Zertifikat nicht ausreichend ist, sondern daneben auch noch zusätzliche technische und organisatorische Maßnahmen zum Schutz der Daten der Betroffenen erforderlich sind.

Der Haken bei dieser Alternative ist, dass es solche Zertifikate, insbesondere für den Auslandstransfer, auch Jahre nach Anwendungsbeginn der DSGVO immer noch nicht gibt. Zwar gibt es im nationalen Bereich hierfür inzwischen erste Ansätze,[17] bis es allerdings geeignete Zertifikate gibt, die auch den transatlantischen Datenverkehr abdecken, werden noch Jahre vergehen – sofern diese überhaupt jemals »das Licht der Praxis erblicken«.

7.3.5 Einwilligung

Als eine der wenigen Alternativen zu den oben genannten Rechtsgrundlagen bleibt das Einholen von *Einwilligungen* der jeweiligen Betroffenen. Das klingt allerdings einfacher als es in der Praxis in den allermeisten Fällen ist. Denn eine solche Zustimmung kann entsprechend der Ausführungen zur Einwilligung (siehe Kapitel 1, »Grundlagen: Was Sie über den Datenschutz wissen müssen«) nur freiwillig von einem informierten Nutzer erteilt werden. Dieser muss also vorab über die geplante Verarbeitung seiner Daten informiert werden. Auch über den geplanten Transfer in die USA muss er natürlich informiert werden, ebenso wie über eine mögliche Nutzung seiner Daten durch amerikanische Dienste und Behörden.

---

16 Ein Schaubild zum komplexen Prozess der Akkreditierung und weitere Infos finden Sie unter *https://lfd.niedersachsen.de/startseite/datenschutzrecht/ds_gvo/akkreditierung_und_zertifizierung/akkreditierungsprozess-fuer-den-bereich-datenschutz-177485.html* (zuletzt aufgerufen am 15. Juni 2023).

17 Eine Liste der von der Deutsche Akkreditierungsstelle (kurz: DAkkS) mittlerweile als akkreditierungsfähig bewerteten Konformitätsbewertungsprogramme finden Sie beispielsweise unter *www.dakks.de/de/akkreditierungsfaehige-programme.html* (zuletzt aufgerufen am 15. Juni 2023).

Einen rechtswirksamen Informationstext zu formulieren, ist daher eine echte Herausforderung. Dennoch kann die Einwilligung in einigen Bereichen, bei denen der Nutzer ohnehin um seine Zustimmung gebeten wird, als Rechtsgrundlage dienen.

Dies gilt z. B. für das *Consent-Management-Tool*, also die ungeliebten Cookie-Banner (für ein Beispiel siehe Abbildung 7.3) im Rahmen des Einholens von Einwilligungen für das Setzen von Cookies. Die dabei erlangten Informationen, namentlich die IP-Adressen, werden häufig in die USA exportiert, sodass es auch hierfür einer Rechtsgrundlage bedarf. Diese könnte in einem ergänzten Passus in dem Text des Consent-Tools bestehen, zu dem der Nutzer seine Einwilligung erklärt.

Herzlich willkommen auf heise online

Wir und unsere bis zu 200 Partner setzen Cookies und Tracking-Technologien ein. Einige Cookies und Datenverarbeitungen sind technisch notwendig, andere helfen unser Angebot zu verbessern und wirtschaftlich zu betreiben.

Die Verarbeitungszwecke sind: personalisierte Werbung mit Profilbildung, externe Inhalte anzeigen, Optimierung des Angebots (Marktforschung, A/B-Testing, Inhaltsempfehlungen), Push-Benachrichtigungen/Kommunikation, technisch erforderliche Cookies (Sicherheit, Anmeldung, Forum).

Durch das Klicken des „Zustimmen"-Buttons stimmen Sie der Verarbeitung der auf Ihrem Gerät bzw. Ihrer Endeinrichtung gespeicherten Daten wie z.B. persönlichen Identifikatoren oder IP-Adressen für diese Verarbeitungszwecke gem. § 25 Abs. 1 TTDSG sowie Art. 6 Abs. 1 lit. a DSGVO zu. Darüber hinaus willigen Sie gem. Art. 49 Abs. 1 DSGVO ein, dass auch Anbieter in den USA Ihre Daten verarbeiten. In diesem Fall ist es möglich, dass die übermittelten Daten durch lokale Behörden verarbeitet werden.

Unter Einstellungen können Sie einzelnen Datenverarbeitungen zustimmen oder diese ablehnen. Über den Link "Cookies & Tracking" am Ende jeder Seite können Sie Ihre Einwilligung jederzeit bearbeiten oder widerrufen. Weiterführende Details finden Sie in unserer Datenschutzerklärung.

Mit unserem Pur-Abo nutzen Sie heise.de ohne Tracking, externe Banner- und Videowerbung für 4,95 € / Monat. Abonnenten unserer Magazine oder von heise+ zahlen nur 1,95 € / Monat. Informationen zur Datenverarbeitung im Pur-Abo finden Sie in unserer Datenschutzerklärung und in den FAQ.

Abbildung 7.3 Cookie-Banner von heise online mit Einwilligung für den Transfer der Daten in die USA (Bildquelle: www.heise.de).

Allerdings hat diese Rechtsgrundlage auch erhebliche Nachteile. So kann die Einwilligung auch jederzeit von dem Betroffenen widerrufen werden. Zudem ist auch umstritten, ob die Einwilligung dauerhaft als Rechtsgrundlage für einen Datentransfer in ein unsicheres Drittland genutzt werden darf.

Hingegen könnte die höchst ungenaue und umstrittene Bestimmung von Art. 49 Abs. 1 Nr. 2 DSGVO sprechen. Danach ist eine Übermittlung unter Berufung auf diese Vorschrift nur dann gestattet, wenn die Übermittlung nicht wiederholt erfolgt und nur eine begrenzte Zahl von Betroffenen betrifft. Darüber hinaus muss auch bestimmt werden, dass die Interessen oder die Rechte und Freiheiten der Betroffenen nicht gegenüber den Interessen des Verarbeiters überwiegen. Allerdings gibt es derzeit keine verbindlichen Aussagen der Behörden oder gar Bußgelder zu dieser Problematik.

7.3.6 Weitere Sonderfälle nach Art. 49 DSGVO

Jenseits dieser Rechtsgrundlagen und der Einwilligung gibt es noch ein paar Ausnahmeregelungen, die einen Datentransfer in die USA ermöglichen. Sie sind in Art. 49 der DSGVO geregelt. Dieser erlaubt beispielsweise das Übermitteln von Informationen, die zur Erfüllung eines Vertrags notwendig sind. Das umfasst z. B. Buchungsdaten für Hotelübernachtungen in den USA. Erlaubt ist der Datentransfer auch, wenn die Übermittlung aus wichtigen Gründen des öffentlichen Interesses oder für die Geltendmachung von Rechtsansprüchen notwendig ist. Diese Sonderfälle sind für den Alltag von Unternehmen allerdings nur selten relevant.

7.4 Datenexport in andere Drittstaaten

Die in dem vorstehenden Kapitel am Beispiel der USA dargestellten Grundsätze gelten auch für alle anderen unsicheren Drittstaaten wie z. B. Indien, Türkei oder Brasilien: Für den Export von Daten europäischer Bürger in diese Länder brauchen Sie eine Rechtsgrundlage!

Auch hier sind die *Standarddatenschutzklauseln* die mit großem Abstand wichtigste und verbreitetste Grundlage. Wie bereits dargelegt, reicht aber die Verwendung der SDK allein nicht aus. Vielmehr muss auch für diese Länder vorab geprüft werden, ob das vom EU-Recht geforderte Schutzniveau eingehalten wird. Sollte dies nicht der Fall sein, müssen zusätzliche technische und organisatorische Schutzmaßnahmen getroffen werden – was bei Ländern wie China kaum leichter sein dürfte als bei den USA.

7.5 Europäische Töchter von US-Unternehmen und der CLOUD Act

Eine vermeintlich einfache Lösung für das Problem des Datenexports in die USA läge darin, statt eine Vereinbarung mit einem US-Unternehmen abzuschließen, dies stattdessen mit einem Tochterunternehmen in Europa zu tun. Alle großen US-Unternehmen haben eigenständige Niederlassungen in Europa, meist in Irland. In aller Regel ist eine Weitergabe von Daten in die USA durch diese Zweigstellen jedoch weder technisch noch juristisch ausgeschlossen. Daher bietet ein Vertragsschluss mit diesen Zweigstellen allein keine datenschutzrechtliche Sicherheit.

Ein weiteres Problem liegt im *US CLOUD Act*. Anders als der Name des Gesetzes es vermuten lässt, ist dieses allerdings gar nicht speziell auf Cloud-Anbieter bezogen. Dieser *Clarifying Lawful Overseas Use of Data Act* (CLOUD Act) ist vielmehr ein seit 2018 bestehendes US-amerikanisches Gesetz zum Zugriff der US-Behörden auf gespeicherte Daten im Internet, die für Strafverfahren notwendig sind. Nach diesem sind US-Anbieter elektronischer Kommunikations- oder Remote-Computing-Dienste dazu verpflichtet, sämtliche in ihrem Besitz, Gewahrsam oder ihrer Kontrolle (im Original: *Possession, Custody or Control*) befindlichen Daten offenzulegen, und zwar unabhängig davon, ob die Daten innerhalb oder außerhalb der USA gespeichert sind.

Es spielt dabei keine Rolle, ob Daten in der Cloud oder in einem bestimmten Datenzentrum gespeichert sind – und ob dies im In- oder Ausland geschieht. US-Unternehmen sind selbst dann zur Datenherausgabe verpflichtet, wenn lokale Gesetze im Land des Datenspeichers dies explizit verbieten. Auch ein internationales Rechtshilfeabkommen, das solche Fälle regelt, muss nicht vorhanden sein.

Das Gesetz wurde eingeführt, nachdem US-Behörden in verschiedenen Fällen Probleme hatten, an im US-Ausland gespeicherte Daten zu gelangen. Dem von der Herausgabeverpflichtung betroffenen Unternehmen steht zwar im Einzelfall ein Widerspruchsrecht gegen die Anordnung zur Herausgabe von Daten zu; dies gilt aber nur sehr eingeschränkt. Im Gegenteil: Internetfirmen und IT-Dienstleistern kann nach dem Gesetz verboten werden, ihre Benutzer über eine solche heimliche Abfrage von Benutzerdaten zu informieren.[18]

Mithilfe des CLOUD Acts besteht daher im Endeffekt jederzeit die Möglichkeit für US-Behörden, auf die Daten von EU-Bürgern zuzugreifen, auch wenn diese einen Vertrag mit EU-Unternehmen als Töchter von US-Unternehmen haben. Dies führt zu kaum auflösbaren rechtlichen Konflikten zwischen den USA und Europa.

Auf Basis des CLOUD Acts ist die Herausgabe von Daten eines europäischen Bürgers, dessen Daten z. B. bei der europäischen Niederlassung eines US-Konzerns vorgehalten werden, absolut rechtskonform. Auf der anderen Seite wäre diese Datenweitergabe nach den Vorschriften der DSGVO außerhalb eines Rechtshilfeabkommens absolut rechtswidrig, weil es gegen EU-Recht verstößt. Dafür spricht z. B. ErwG 115 der DSGVO, der klarstellt, dass Datenübermittlungen nur dann zulässig sein können, wenn *die Bedingungen dieser Verordnung für Datenübermittlungen an Drittländer eingehalten werden*. Endeffekt muss sich das betroffene Unternehmen dann also entscheiden, das Recht welchen Landes es verletzen will – und gegebenenfalls auch die entsprechenden Folgen tragen.

Fallbeispiel: Urteil des VG Wiesbaden zum US-Datentransfer

Einen Blick auf die praktischen Auswirkungen der Problematik zeigt eine Entscheidung des Verwaltungsgerichts Wiesbaden von Ende 2021 (Az. 6 L 738/21.WI)[19]. Hintergrund der Entscheidung ist ein Cookie-Banner, das von einer staatlichen Hochschule verwendet wurde. Der Anbieter dieses Banners leitete zumindest die IP-

---

18 Diese Anordnungen werden auch als »Gag Order« bezeichnet.
19 Sie finden das Urteil im Volltext beispielsweise online unter *https://openjur.de/u/2379265.html* (zuletzt aufgerufen am 15. Juni 2023).

Adresse an eine Domain weiter, die auf den Server des in den USA ansässigen Cloud-Hosting-Unternehmens Akamai Technologies Inc. konnektiert gewesen sei. Die Übertragung von IP-Adressen wird von der höchstrichterlichen Deutschen und europäischen Rechtsprechung als Weitergabe von personenbezogenen Daten gewertet.

Der Antragsteller des Verfahrens hielt die Weitergabe von personenbezogenen Daten für einen Verstoß gegen die DSGVO. Er forderte die Hochschule vergeblich zur Entfernung der Daten auf und klagte dann vor dem Verwaltungsgericht (VG) Wiesbaden. Das Gericht hat dem Antrag stattgegeben und der Hochschule untersagt, den Dienst einzubinden.

Untersagt ist, dass personenbezogene Daten des Antragstellers an von Akamai betriebene Server übermittelt werden. Das Verwaltungsgericht ist der Ansicht, dass durch den Einsatz von Cookiebot das Recht des Antragstellers auf die rechtmäßige Verarbeitung seiner personenbezogenen Daten verletzt wird. Es handele sich bei der ungekürzten IP-Adresse um ein personenbezogenes Datum, da diese die genaue Identifizierung der Nutzer ermöglicht. Die Übertragung an Akamai stelle eine Datenübermittlung in ein Drittland, nämlich die USA dar. Akamai unterliegt als US-amerikanisches Unternehmen dem CLOUD Act. Gemäß Art. 48 DSGVO dürfe eine Übermittlung von personenbezogenen Daten auf der Grundlage einer Entscheidung eines ausländischen Gerichts nur erfolgen, wenn sie auf ein Rechtshilfeabkommen gestützt werden kann. Eine solche internationale Übereinkunft zwischen der EU und den USA existiere jedoch nicht. Demnach findet Art. 49 DSGVO Anwendung, wonach eine Datenübermittlung an ein Drittland nur unter einer der dort genannten Bedingungen zulässig ist.

Keine der in Art. 49 DSGVO genannten Bedingungen seien vorliegend erfüllt. Daher sei das Recht des Antragstellers auf die rechtmäßige Verarbeitung seiner personenbezogenen Daten verletzt. Zwar wurde die Entscheidung später aufgrund formaler Mängel aufgehoben, inhaltlich dürften den Vorgaben aber auch andere Gerichte folgen.

Welche Auswirkungen diese Interpretation der Aufsichtsbehörden und des VG Wiesbaden auf die rechtliche Bewertung des Datentransfers in die USA hat, ist noch weitgehend offen. Gegen diese strenge Interpretation spricht vor allem die Tatsache, dass der CLOUD Act offenbar nur äußerst selten durch die US-Behörden genutzt wird und es immerhin eine in den USA legale Vorgabe für die Herausgabe von Daten im Strafverfahren darstellt.

Unternehmen sind daher gut beraten, auf die Vorgaben des EuGH zu setzen und neben dem Abschluss von Standarddatenschutzklauseln ergänzende technische und organisatorische Schutzmaßnahmen zu berücksichtigen, gerade auch um einen Zugriff durch US-Behörden so gut wie möglich zu unterbinden.

7.6 Privacy Shield 2.0: Alles neu durch das TADPF?

Immerhin gibt es einen Hoffnungsschimmer in der Welt des Datentransfers zwischen der EU und den USA. Beide Seiten haben lange mit Hochdruck an einer Nachfolgeregelung für den Privacy Shield gearbeitet. Das als *Trans-Atlantic Data Privacy Framework (TADPF)*[20] benannte Rahmenwerk wurde dabei von der US-amerikanischen FTC und der Europäischen Kommission entwickelt, um eine koordinierte und effektive Regulierung des Datenschutzes und der Datensicherheit im transatlantischen Bereich zu gewährleisten.

Die Regelung wurde am 10. Juli 2023 als *EU-U.S. Data Privacy Framework*[21] verabschiedet. In der Praxis wird sie dazu führen, dass sich die Regeln für den Datentransfer erheblich vereinfachen.

7.6.1 Grundgedanken des TADPF

Das TADPF baut auf bestehenden Datenschutzgesetzen und -vorschriften auf und enthält u. a. Leitlinien für US-Unternehmen, die Daten von EU-Bürgern sammeln und verarbeiten. Das Framework legt fest, wie Unternehmen ihre Verpflichtungen im Hinblick auf den Schutz personenbezogener Daten erfüllen können, wenn sie diese Daten über die Grenzen der EU hinaus übertragen.

Die Grundidee der Vereinbarung ist, dass die Daten auf seiner Basis frei und sicher über den Atlantik übermittelt werden können. Hierfür enthält das TADPF Beschränkungen für den Zugriff auf die Daten durch US-Behörden und Geheimdienste. Die Zugriffsmöglichkeiten sollen auf Anlässe beschränkt werden, die zwingend für die nationale Sicherheit der Staaten erforderlich sind. Die Behörden haben darauf basierend Standards entwickelt, die eine Kontrolle der Zugriffe ermöglichen und die Standards des Datenschutzes und der Grundrechte einhalten.

Des Weiteren soll ein *Data Protection Review Court* entstehen, der Beschwerden von Europäern hinsichtlich des Umgangs mit ihren Daten untersucht und löst. Damit wird einem der Kernvorwürfe des EuGH in den beiden Schrems-Entscheidungen begegnet, dass es in den USA an solchen Rechtsschutzmöglichkeiten fehlen würde.

Der Kern des TADPF ist allerdings weiterhin die Selbstverpflichtung für US-Unternehmen, sich an die Vorgaben des Datenschutzes zu halten, die den europäischen Standards entsprechen. Diese sollen regelmäßig überprüft werden.

---

20 Wenige offizielle Informationen zum TADPF finden Sie beispielsweise unter *https://ec.europa.eu/commission/presscorner/detail/en/FS_22_2100* (zuletzt aufgerufen am 31. Juli 2023).

21 Der Volltext des Frameworks online verfügbar unter *https://commission.europa.eu/system/files/2023-07/Adequacy%20decision%20EU-US%20Data%20Privacy%20Framework_en.pdf* (zuletzt aufgerufen am 31. Juli 2023).

Das TADPF soll sicherstellen, dass Unternehmen ihren Verpflichtungen im Hinblick auf den Schutz personenbezogener Daten nachkommen, wenn sie diese Daten über die Grenzen der EU hinaus übertragen. Es hat das Ziel, eine wichtige rechtliche Grundlage für den transatlantischen Handel und die Zusammenarbeit zwischen den USA und der EU zu schaffen.

7.6.2 Praktische Nutzung des TADPF

Ähnlich wie bei den Regeln des Privacy Shields beschränkt sich die privilegierende Wirkung das TADPF nur auf solche Unternehmen in den USA, die sich den neuen Regeln unterworfen haben. Hierfür ist ein Selbstzertifizierungsmechanismus zu durchlaufen, dessen Voraussetzungen allerdings nicht besonders hoch sind. Konkret müssen sich die Datenempfänger verpflichten, bestimmten Verpflichtungen zur Einhaltung des Datenschutzes einzuhalten.

Ist ein Unternehmen dann nach den Kriterien des TADPF »zertifiziert«, so wird er in eine Liste des US-Departments of Commerce eingetragen. Für die europäische Seite hat die neue Regelung die sehr angenehme Folge, dass man erst einmal nur in diese Liste schauen muss. Findet sich der amerikanische Vertragspartner dort wieder, so reicht dies im Normalfall als Grundlage eines Datenexports aus. Umständliche Maßnahmen wie SCCs oder TIAs sind nur noch in solchen Fällen notwendig, in denen ein solcher Eintrag fehlt.

> **Praxistipp: TADPF-Liste**
> Die stets aktualisierte Liste mit den US-Unternehmen, die sich dem TADPF unterworfen haben, findet sich unter der Adresse *www.dataprivacyframework.gov*.

Bei der Nutzung des TADPF mit Vertragspartnern bleiben aber ein paar formale Hausaufgaben, die erledigt werden müssen. So muss zum Beispiel die Datenschutzerklärung angepasst werden. Gleiches gilt auch für das Verarbeitungsverzeichnis, AV-Verträge oder Muster für Auskunftsanfragen.

7.6.3 Wird der TADPF ein Erfolgsmodell?

Ob dieses Ziel durch die neue Vereinbarung erreicht werden kann, ist offen. Datenschutzbehörden haben bereits Zweifel angemeldet, und Datenschutzorganisationen wie der Verein rund um Max Schrems haben bereits Klagen angekündigt.

Nach ihrer Ansicht ist der TADPF zu nah an den Vorgängern und daher nicht dazu geeignet, die strengen Vorgaben der beiden EuGH-Urteile einzuhalten. Hingegen begrüßen Industrievertreter die angekündigte Neuregelung. Fakt ist allerdings, dass der TADPF nach seinem Inkrafttreten erst einmal für einige Jahre den transatlantischen Datenverkehr extrem vereinfachen wird.

7.7 Fallbeispiel Datentransfer: Massenabmahnungen für Google Fonts

Welche praktischen Auswirkungen Rechtsunsicherheiten beim internationalen Transfer von personenbezogenen Daten haben können, konnte man im Jahr 2022 eindrucksvoll im Rahmen der *Massenabmahnung* für die Nutzung von Google Fonts nachverfolgen. Zehntausende von Website-Betreibern erhielten innerhalb kurzer Zeit Schreiben mit Zahlungsaufforderungen von zwei Anwälten. Der Empfänger des Briefes habe das allgemeine Persönlichkeitsrecht seines Mandanten verletzt, und dieser habe einen *tatsächlichen und wirtschaftlichen Nachteil* erlitten. Die Ursache für diesen *Kontrollverlust* des Mandanten: Die von ihm besuchte Website verwendet Google Fonts; die Juristen forderten für Ihre Mandanten Zahlungen in dreistelliger Höhe.

Hintergrund der Abmahnungen ist eine Entscheidung des *Landgerichts München* (Az. 3 O 17493/20)[22]. In seinen knapp formulierten Entscheidungsgründen zum Urteil führt das Gericht aus, dass durch den Einsatz von Google Fonts auf Websites *unstreitig* die dynamischen IP-Adressen von Nutzern an die Server von Google in den USA übermittelt werden. In den Vereinigten Staaten sei laut dem Schrems-II-Urteil des EuGH kein angemessenes Datenschutzniveau garantiert. Weil der Vorgang das Recht des Klägers auf informationelle Selbstbestimmung verletze, bestehe ein Anspruch auf Unterlassung und Auskunft über die Verarbeitung der Daten.

Wer die im Rahmen von Google Fonts (vgl. dazu Abbildung 7.4) bereitgehaltenen Schriften auf der eigenen Website verwenden möchte, kann dies nämlich auch tun, ohne die Fonts auf dem eigenen Server bereitzuhalten. Sobald ein Besucher die Webseite aufruft, lädt der Browser die Fonts direkt von den Google-Servern, übermittelt dabei allerdings Nutzerdaten an Google.

Im Rahmen der von Juristen im Datenschutzbereich überwiegend als wenig überzeugend beurteilten Münchner Entscheidung haben die Richter dem Kläger auch einen Schadenersatzanspruch aus Art. 82 Abs. 1 DSGVO zugestanden: In dem *Kontrollverlust* des Klägers über seine personenbezogenen Daten sah das Gericht eine immaterielle Verletzung des Klägers. Bei Google handele es sich um ein Unternehmen, das *bekanntermaßen Daten über seine Nutzer sammelt,* so die Argumentation. Aus der Datenweitergabe an Google resultiere ein *individuelle[s] Unwohlsein,* das so erheblich sei, dass es einen Schadenersatzanspruch rechtfertige.

Die aus dem Urteil resultierende Rechtslage machte sich nun eine ganze Reihe von Betroffenen zunutze. In der ersten Welle waren es vor allem Einzelpersonen, die E-Mails mit Geldforderungen versandten. Sie forderten Website-Betreiber darin auf, ihnen als Entschädigung einen Betrag von 100 EUR zu überweisen. Ab dem Spätsom-

---

22 Den Volltext des Urteils finden Sie online unter *www.gesetze-bayern.de/Content/Document/Y-300-Z-BECKRS-B-2022-N-612* (zuletzt aufgerufen am 15. Juni 2023).

mer 2022 bauten zwei Rechtsanwälte das Geschäftsmodell für sich und ihre Mandanten aus. Wie viele Abmahnungen sie versandt haben, ist unklar. Die von den Anwälten verwendeten Aktenzeichen legen nahe, dass es mehrere Hunderttausend Schreiben sind.

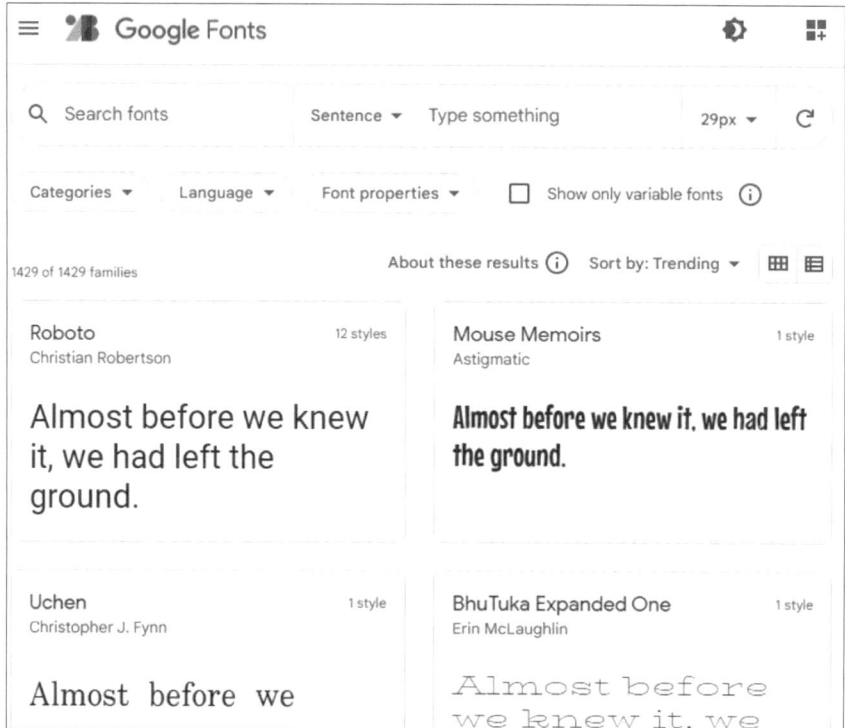

Abbildung 7.4 Google Fonts bietet zahlreiche Schriftarten
(Quelle: https://fonts.google.com/)

Im Rahmen der Schreiben wird darauf hingewiesen, dass die Abgemahnten auf ihrer Website Google Fonts einbinden. Hiernach gäbe es einen Anspruch auf Unterlassung, Auskunft und Zahlung von Schadenersatz. Es folgt das Angebot, auf weitere rechtliche Maßnahmen zu verzichten, sofern der Empfänger zeitnah eine Summe zwischen 170 EUR und 239,60 EUR überweist.

> **Praxistipp: Umgang mit Abmahnungen zu Google Fonts**
>
> Die Fachwelt ist sich nicht einig, wie Empfänger einer solchen Abmahnung damit umgehen sollten. Klar ist nur: Bezahlen sollte man die Forderungen nicht. Denn ansonsten reichen die Ratschläge von Ignorieren über Zurückweisen bis hin zu einem formalen Antwortschreiben per Anwalt. In jedem Fall sollten Website-Betreiber schleunigst die Abrufversion von Google Fonts durch das lokal gehostete Angebot dieses Dienstes ersetzen.

7.8 Zwischenfazit

Die Übermittlung personenbezogener Daten ist im Bereich der EU problemlos und ohne weitere Maßnahmen möglich. Gleiches gilt auch für die von der EU-Kommission benannten sicheren Drittländer. Bei diesen ist im Rahmen eines Angemessenheitsbeschlusses durch die EU festgestellt worden, dass dort ein dem hiesigen Datenschutz vergleichbares Niveau herrscht.

Wesentlich komplizierter wird es bei der Weitergabe von Informationen in den gesamten Rest der Welt. Hierzu bleibt in aller Regel nur der Abschluss von Standarddatenschutzverträgen zwischen dem Ex- und dem Importeur der Daten. Diese müssen von zusätzlichen technischen und organisatorischen Maßnahmen zum Schutz der Daten vor unerlaubten Zugriffen flankiert werden. Zudem ist vor dem Export ein Transfer Impact Assessment durchzuführen.

Immerhin: Für den enorm praxisrelevanten Datentransfer über den Atlantik in die USA gibt es einen Hoffnungsschimmer in Form des Trans-Atlantic Data Privacy Framework. Dieses wird den Datenexport zumindest für einige Jahre ganz erheblich erleichtern. Ob diese Vereinbarung allerdings den Härtetest in einem erneuten Verfahren vor dem Europäischen Gerichtshof übersteht, scheint durchaus fraglich.

Kapitel 8
Umgang mit den Daten von Mitarbeitern

In diesem Kapitel beschäftigen wir uns mit Daten von Mitarbeitern, die im Unternehmen anfallen und dort verarbeitet werden. Gerade Administratoren müssen wissen, wie man z. B. mit Bewerberdaten umgeht, wer Zugriff auf E-Mails haben darf und in welchen Fällen Informationen über das Nutzungsverhalten von Kollegen erfasst werden dürfen.

In der modernen Arbeitswelt ist der Schutz von Arbeitnehmerdaten von entscheidender Bedeutung. Gerade als Administrator, der für die Verwaltung von IT-Systemen und den Schutz sensibler Daten von Kunden und Kollegen verantwortlich ist, müssen Sie die rechtlichen Rahmenbedingungen des Datenschutzes im Umgang mit Mitarbeiterdaten kennen und umsetzen.

Ein umfassendes eigenes *Beschäftigtendatenschutzrecht*, das genau diese Rahmen setzt, kennt das deutsche Recht nicht. Auch die DSGVO enthält keine konkreten, bereichsspezifischen Regelungen für diesen Bereich. Allerdings enthält Art. 88 der DSGVO eine Öffnungsklausel für den Umgang mit Mitarbeiterdaten. Diese wurde durch den deutschen Gesetzgeber durch die Einführung von § 26 Bundesdatenschutzgesetz (BDSG) genutzt.[1] Darüber hinaus gelten natürlich auch im Bereich des Beschäftigtenrechts die allgemeinen Regeln der DSGVO.

In den letzten Jahren gab es immer wieder Bestrebungen des Gesetzgebers, einen umfangreichen Beschäftigtendatenschutz zu regeln und den bislang bestehenden Flickenteppich zu zentralisieren. Dies ist bislang nicht gelungen; eine neue Regelung soll nunmehr im Jahr 2023 in Angriff genommen werden,[2] doch auch hier ist es alles andere als sicher, dass dies gelingen wird.

---

1 Dazu auch: *Kurzpapier Nr. 14: Beschäftigtendatenschutz*, online abrufbar unter *www.datenschutzzentrum.de/artikel/1203-Kurzpapier-Nr.-14-Beschaeftigtendatenschutz.html* (zuletzt aufgerufen am 15. Juni 2023).
2 Siehe dazu beispielsweise *www.datenschutzticker.de/2023/04/neue-regelungen-zum-beschaeftigtendatenschutz/* (zuletzt aufgerufen am 15. Juni 2023).

8.1 Grundlage des Beschäftigtendatenschutzes: § 26 BDSG

Der § 26 BDSG regelt die Verarbeitung personenbezogener Daten für Zwecke des Beschäftigungsverhältnisses und bildet somit einen zentralen Fixpunkt im Bereich zwischen Arbeitsrecht und Datenschutz.

Nachfolgende Bereiche werden in § 26 BDSG geregelt:

- Datenverarbeitung im Beschäftigungsverhältnis, wenn die Nutzung der Daten gesetzlich oder vertraglich erforderlich ist.
- Datenverarbeitung zur Aufdeckung von Straftaten
- Einwilligung zur Datenverarbeitung; diese muss freiwillig und informiert sein
- Verarbeitung besonderer Kategorien von personenbezogenen Daten im Arbeitsverhältnis
- Datenverarbeitung auf der Basis von Kollektivvereinbarungen, wie beispielsweise Betriebsvereinbarungen
- Definition, welche Personen als Beschäftige i. S. v. § 26 BDSG gelten

> **Fallbeispiel: EuGH hat Zweifel an der Anwendbarkeit von § 26 BDSG**
>
> Der Europäische Gerichtshof (EuGH) hat in einem Urteil vom 30. März 2023 entschieden[3], dass Generalklauseln im nationalen Beschäftigtendatenschutz unanwendbar sind, da sie gegen die vorrangige Datenschutz-Grundverordnung (DSGVO) verstoßen. Das Urteil bezog sich zwar auf das hessische Beschäftigtendatenschutzrecht, in der juristischen Diskussion wird jedoch vielfach angenommen, dass die Entscheidung auch Auswirkungen auf das BDSG hat. Ob sich dies auch unmittelbar auf den nicht in der Entscheidung genannten § 26 BDSG bezieht, ist noch weitgehend offen.
>
> Arbeitgeber sollten sich künftig eher auf Art. 6 DSGVO stützen. In der Praxis ändert sich jedoch wenig, da Art. 6 DSGVO im Vergleich zu § 26 BDSG ähnliche Rechtsgrundlagen enthält. Die im Rahmen von Beschäftigungsverhältnissen vorgenommenen Verarbeitungen lassen sich in der Regel entweder auf Art. 6 Abs. 1 lit. b (Vertragsdurchführung) oder f (berechtigtes Interesse) stützen. Daher werden die wichtigsten Punkte dieser Vorschrift nachfolgend dargestellt.

8.1.1 Geltungsbereich

Der Anwendungsbereich von § 26 BDSG erstreckt sich auf die Verarbeitung personenbezogener Daten von *Beschäftigten*. Dazu zählen insbesondere nachfolgende Gruppen im Unternehmen:

---

3 Das Urteil ist online verfügbar unter *https://curia.europa.eu/juris/document/document.jsf?text=&docid=272066&pageIndex=0&doclang=DE&mode=req&dir=&occ=first&part=1* (zuletzt aufgerufen am 15. Juni 2023).

- Arbeitnehmerinnen und Arbeitnehmer
- Leiharbeitnehmer
- Auszubildende
- Personen in Rehabilitationsmaßnahmen
- Freiwillige nach dem *Jugendfreiwilligendienstegesetz* (*JFDG*) oder dem *Bundesfreiwilligendienstegesetz* (*BFDG*)
- Beamte des Bundes, Richter des Bundes, Soldaten
- Bewerberinnen und Bewerber für ein Beschäftigungsverhältnis
- Personen, deren Beschäftigungsverhältnis beendet ist

Verantwortlicher und damit Adressat der Vorschrift ist nach der Legaldefinition von Art. 4 Nr. 7 DSGVO *die natürliche oder juristische Person, Behörde, Einrichtung oder andere Stelle, die allein oder gemeinsam mit anderen über die Zwecke und Mittel der Verarbeitung von personenbezogenen Daten entscheidet.* Gemeint ist hier der Arbeitgeber als Person oder Unternehmen, der als Adressat des Datenschutzrechts für die im Unternehmen stattfindenden Verarbeitungen personenbezogener Daten gilt. Nichts anderes gilt hinsichtlich der Verantwortlichkeit für § 26 BDSG, der insofern keine von der DSGVO abweichende Regelung trifft.

8.1.2 Verarbeitung personenbezogener Daten im Beschäftigungsverhältnis

Der § 26 BDSG legt die Voraussetzungen und Grenzen der Verarbeitung personenbezogener Daten von Beschäftigten fest. Grundsätzlich zulässig ist danach die Verarbeitung dieser Informationen, wenn sie *zur Begründung, Durchführung oder Beendigung des Beschäftigungsverhältnisses erforderlich ist.*[4]

Unter der Erforderlichkeit der Datenverarbeitung für Zwecke der Beschäftigung verbirgt sich im Ergebnis eine Verhältnismäßigkeitsprüfung. Erforderlich ist dabei die Geeignetheit der Datenverarbeitung zur Verwirklichung des von dem Verantwortlichen verfolgten Zwecks. Des Weiteren darf es keine milderen Mittel geben, mit denen dasselbe Ziel erreicht werden kann.

Schließlich ist eine Abwägung der Rechte und Interessen des Verantwortlichen und der betroffenen Personen vorzunehmen. Diese Abwägung entspricht derjenigen, die auch im Rahmen des berechtigten Interesses nach Art. 6 Abs. 1 lit. f DSGVO bzw. der Erforderlichkeit nach Art. 6 Abs. 1 lit. b DSGVO vorzunehmen ist. Aufgrund dieser strukturellen Ähnlichkeit würde es in der praktischen Anwendung des Gesetzes wenig Unterschiede

---

4 Weitere ausführliche Informationen dazu finden sich im »Ratgeber zum Beschäftigtendatenschutz« des LfDI BW, abrufbar unter *www.baden-wuerttemberg.datenschutz.de/ratgeber-zum-beschaeftigtendatenschutz-4-auflage/* (zuletzt aufgerufen am 15. Juni 2023).

mit sich bringen, wenn entsprechend den oben gemachten Ausführungen die Anwendung von § 26 BDSG im Lichte des EuGH-Urteils nicht weiter möglich wäre.

Konkret muss diese Abwägung in mehreren Etappen des beruflichen Lebens erfolgen.

8.1.3 Begründung des Beschäftigungsverhältnisses: die Bewerbung

Bei der Begründung eines Beschäftigungsverhältnisses werden regelmäßig personenbezogene Daten der Bewerber verarbeitet, um eine Eignungsprüfung und Auswahlentscheidung vorzunehmen. Dazu zählen beispielsweise Angaben zu Qualifikationen, Berufserfahrung, Gehaltswünschen und Sprachkenntnissen.

Aus der Abwägung der Interessen des anstellenden Unternehmens und des Bewerbers ergibt sich regelmäßig, dass *Stammdaten* wie Vorname, Name, Adresse sowie E-Mail-Adresse zur Identifizierung und zum Zwecke der Kontaktaufnahme verarbeitet werden dürfen. Möglich ist ebenfalls die Abfrage typischer Informationen über vorhandene Kenntnisse wie Ausbildung und berufliche Qualifikationen, Fahrerlaubnis oder Verfügbarkeit. Erlaubt ist im Rahmen von Gehaltsverhandlungen auch die Frage nach den letzten Bezügen des Bewerbers.

Andere Informationen dürfen nur in besonderen Fällen eingeholt werden, z. B. wenn es sich um eine Beschäftigung in sicherheitskritischen Bereichen handelt oder wenn es um Führungspositionen geht. Hierunter fallen beispielsweise die sogenannten *Softskills*, wie Sozialkompetenz oder Teamfähigkeit, aber im Einzelfall bei Bewerbungen im Finanzbereich unter Umständen auch Vorstrafen.

Besonders sensible und persönliche Informationen über die Bewerber wie politische oder sexuelle Vorlieben, religiöse Ansichten oder die berüchtigte Frage nach dem Kinderwunsch dürfen im Normalfall gar nicht erfasst oder gespeichert werden. Aber auch hier kann es Ausnahmen geben, z. B. wenn es sich bei dem Arbeitgeber um eine Kirche oder um eine politische Organisation handelt oder die Tätigkeit derart gefahrgeneigt ist, sodass sie im schwangeren Zustand nicht ausgeübt werden kann.

Angesichts der Sensibilität der bei einer *Bewerbung* typischerweise erhobenen Daten sind die Lösch- und Aufbewahrungsfristen besonders zu beachten. Aufgehoben werden dürfen die Daten nach den Grundsätzen der DSGVO so lange, wie sie für das Bewerbungsverfahren notwendig sind. Endet das Bewerbungsverfahren für einen Bewerber mit einer positiven Auswahlentscheidung, werden die Unterlagen in die Personalakte des neuen Mitarbeiters überführt und dürfen dort für die Dauer der Beschäftigung und die nachfolgenden Aufbewahrungsfristen verbleiben.

Die Daten von abgelehnten Bewerbern sind hingegen gemäß Art. 17 Abs. 1 lit. a DSGVO unverzüglich zu löschen, sobald ihre Speicherung nicht mehr erforderlich ist. Dieser Zeitpunkt ist allerdings nicht unbedingt direkt nach der Ablehnung des Bewerbers gegeben. Hier sind vor allem die Regelung des *Allgemeinen Gleichbehand-*

lungsgesetzes (*AGG*) relevant. Dieses gewährt abgelehnten Bewerbern die Möglichkeit, Schadensersatzansprüche geltend zu machen, sofern der Arbeitgeber gegen die Vorschriften dieses Gesetzes verstößt, z. B. in Form von Diskriminierung.

Um dem Unternehmen die Möglichkeit zu geben, sich gegen Vorwürfe auf Basis des AGG zu verteidigen, ist es gestattet, die Bewerbungsunterlagen im Normalfall bis zum Ablauf der Frist einer möglichen Klage gegen die Auswahlentscheidung im Bewerberverfahren aufzubewahren. Behalten werden dürfen die Unterlagen daher bis zu sechs Monate nach Abschluss des Bewerbungsverfahrens; nach Ablauf dieses Zeitraums sind die Daten jedoch zu löschen. Für Verfahren im öffentlichen Dienst gelten hier allerdings andere Regeln, die häufig im Landesrecht normiert sind.

Neben den formalen Bewerbungsunterlagen müssen auch alle sonstigen Dokumente mit Bezug zum Bewerbungsverfahren gelöscht oder vernichtet werden. Hierzu gehören z. B. Notizen, Ergebnisse von Assessment-Centern, Fragebögen, E-Mails oder sonstige Aufzeichnungen. Diesen Prozess datenschutzkonform zu gestalten ist für alle Beteiligten eine Herausforderung, die insbesondere die Mitarbeit des Datenschutzbeauftragten und der HR-Abteilung benötigt.

> **Praxistipp: Langfristige Aufbewahrung von Bewerberdaten**
>
> Häufig will der potenzielle Arbeitgeber die Unterlagen von Bewerbern jedoch länger speichern. Eine solche Vorhaltung kann in beiderlei Interesse sein, z. B. bei Initiativbewerbungen oder wenn das Unternehmen in absehbarer Zeit eine passende Stelle ausschreiben könnte.
>
> In diesen Fällen ist eine ausdrückliche Einwilligung des Bewerbers erforderlich – es muss also noch einmal explizit nachgefragt werden. Dies gilt auch bei Initiativbewerbungen, bei denen man nicht automatisch von einer Zustimmung zu einer dauerhaften Speicherung ausgehen darf.

8.1.4 Informationssicherheit bei Bewerbungsverfahren

Bei vielen der personenbezogenen Daten in Bewerbungsunterlagen handelt es sich um sensible Daten, mit denen ein potenziell hohes Risiko für die Rechte und Freiheiten der Betroffenen einhergeht. Im Rahmen des risikobasierten Ansatzes der DSGVO müssen diese entsprechend sicher aufbewahrt und vor unzulässigem Zugriff geschützt werden.

Bewerbungsverfahren müssen daher von vorneherein datenschutzfreundlich konzipiert werden. So muss bereits der Upload der Unterlagen besonders gesichert sein, z. B. durch eine Verschlüsselung nach dem Stand der Technik. Es darf nur ein ausgewählter Personenkreis Zugriff auf die Informationen haben, der besonders geschult und verpflichtet ist. Hierzu gehören beispielsweise verpflichtende Anweisungen, derartige Unterlagen nicht in Druckern liegenzulassen und sie nach der Nutzung sofort wegzuschließen oder nachhaltig zu vernichten.

Der gesamte Prozess sollte regelmäßig überprüft und verbessert werden und auch Inhalt von verpflichtenden Schulungen, insbesondere für die Personalabteilung, aber auch für die Entscheidungsträger im Unternehmen, sein.

8.1.5 Durchführung des Beschäftigungsverhältnisses

Wer ein Bewerbungsverfahren erfolgreich überstanden hat und in einem Unternehmen oder in der Verwaltung übernommen wird, über den werden im Rahmen der Beschäftigung regelmäßig personenbezogene Daten anfallen, im Einzelfall auch aus den besondere Kategorien nach Art. 9 DSGVO. Hierzu gehören z. B.:

- Bewerbungsunterlagen
- Bestandsdaten des Beschäftigten (Name, Adresse, Geburtsdatum, Geschlecht, Steuerdaten, Krankenkasse, Schwerbehinderung)
- vertragliche Vereinbarungen, z. B. Arbeitsvertrag, Zielvereinbarungen
- Informationen über Krankheiten (Krankentage, Wiedereingliederungsmaßnahmen)
- Beurteilungen (Zeugnisse, Abmahnungen, Personalgespräche)

Diese Daten dürfen verarbeitet werden, soweit dies zur Erfüllung der arbeitsvertraglichen oder gesetzlichen Verpflichtungen des Arbeitgebers erforderlich ist. Dies kann beispielsweise die Erfassung von Arbeitszeiten, die Durchführung von Leistungsbeurteilungen oder die Bearbeitung von Lohn- und Gehaltsabrechnungen betreffen.

Wie bereits oben ausgeführt, gibt dies dem Arbeitgeber aber natürlich keinen Freibrief, uneingeschränkt Informationen zu sammeln. Nicht gestattet ist z. B. die Verarbeitung und das Speichern solcher Daten, die nicht für die Durchführung des Arbeitsverhältnisses erforderlich sind.

8.1.6 Beendigung des Arbeitsverhältnisses

Auch das angenehmste Arbeitsverhältnis endet einmal, entweder durch *Kündigung*, Auslaufen des Vertrags oder durch den Renteneintritt. Dabei stellt sich die Frage, welche Daten schnellstmöglich gelöscht und welche über einen bisweilen noch sehr langen Zeitraum aufbewahrt werden müssen.

Dabei gilt der allgemeine Grundsatz: Personenbezogene Daten sind zu löschen, wenn sie für den beabsichtigten Zweck nicht mehr erforderlich sind. Allerdings ist die Liste, welche Informationen nach der Beendigung eines Arbeitsverhältnisses noch aufzuheben sind, sehr lang. Zudem unterscheidet sich die Länge der Aufbewahrungsfristen erheblich, von wenigen Wochen bis hin zu 30 Jahren.

Hier für eine saubere Aufbewahrung und fristgerechte Löschung zu sorgen, ist eine Herausforderung für jede HR-Abteilung. Die wichtigsten Fristen sind nachfolgend festgehalten:

- 30 Jahre: Dokumente zur Altersvorsorge
- 10 Jahre: Buchungsbelege, z. B. Arbeitslöhne, Spesenabrechnungen
- 6 Jahre: Handelsbriefe (z. B. Arbeitsverträge, E-Mails)
- 5 Jahre: Entgeltunterlagen und Lohnnachweise
- 3 Jahre: Arbeitszeugnisse
- 2 Jahre: Arbeitszeitnachweise

8.1.7 Einwilligung im Arbeitsverhältnis

Neben der Erforderlichkeit zur Begründung, Durchführung oder Beendigung des Beschäftigungsverhältnisses nach § 26 BDSG oder Art. 6 Abs. 1 lit. b bzw. f DSGVO kann die Verarbeitung personenbezogener Daten auch auf der Grundlage einer Einwilligung des Beschäftigten erfolgen. Diese ist allerdings im Arbeitsverhältnis nur bedingt als Rechtsgrundlage geeignet; so ist z. B. eine generelle, pauschale Einwilligung in alle Formen der Datenverarbeitung durch den Arbeitgeber schon grundsätzlich ausgeschlossen.

Doch auch im Einzelfall kann man nur bedingt davon ausgehen, dass eine Einwilligung eines Beschäftigten immer mit der notwendigen Freiwilligkeit geschieht. Denn dieser befindet sich in einem Abhängigkeitsverhältnis zu seinem Arbeitgeber und hat daher gerade nicht immer die freie Entscheidung. Diesem Ungleichgewicht trägt § 26 Abs. 2 BDSG Rechnung, der Auslegungskriterien zur Bestimmung der Freiwilligkeit im Rahmen einer Einwilligung enthält. Zu berücksichtigen sind dabei vor allem die im Beschäftigungsverhältnis bestehende Abhängigkeit sowie die Umstände, unter denen die Einwilligung erteilt wird. Freiwilligkeit könnte vorliegen, *wenn für die beschäftigte Person ein rechtlicher oder wirtschaftlicher Vorteil erreicht wird oder Arbeitgeber und beschäftigte Person gleichgelagerte Interessen verfolgen.*

Fälle, in denen problemlos von einer wirksamen Einwilligung ausgegangen werden kann, sind z. B. der Eintrag in eine Geburtstagsliste, Zusatzleistungen wie Sportangebote und Dienstwagen oder -fahrräder, die private Nutzung des betrieblichen Internets oder Leistungen zur Förderung der Gesundheit der Mitarbeiter. Dabei handelt es sich um Maßnahmen, bei denen für die Mitarbeiter auch im Falle einer Nicht-Nutzung keine ernsthaften Nachteile entstehen.

Das Einholen der Einwilligung sollte schriftlich oder elektronisch erfolgen, soweit nicht wegen besonderer Umstände eine andere Form angemessen ist. Dabei ist auf die Freiwilligkeit ebenso zu achten wie auf die Möglichkeit des Widerrufs durch den Mitarbeiter, bei dem diesem ebenfalls keine zusätzlichen Nachteile entstehen dürfen.

8.1.8 Aufdecken von Straftaten

Der § 26 BDSG regelt auch den im Unternehmenskontext ausgesprochen sensiblen Fall der Nutzung von personenbezogenen *Daten zur Aufdeckung von Straftaten*. Danach dürfen Daten nach § 26 Abs. 1 S. 2 BDSG zur Aufdeckung von Straftaten verarbeitet werden, wenn *zu dokumentierende tatsächliche Anhaltspunkte den Verdacht begründen, dass die betroffene Person im Beschäftigungsverhältnis eine Straftat begangen hat*.

Dies schließt zugleich eine Nutzung der Daten aus, sofern man sich noch im Bereich der Erforschung eines Verdachts befindet und sich kein konkreter Verdacht gegen einzelne Mitarbeiter gebildet hat. Eine vorsorgliche Verarbeitung »auf Vorrat« ohne Vorliegen einer Tat ist ebenfalls unzulässig. Zudem müssen sich die Maßnahmen gegen bestimmte verdächtige Beschäftigte richten, nicht gegen eine größere Gruppe von Mitarbeitern.

Des Weiteren muss die Verarbeitung *zur Aufdeckung erforderlich* sein, und das schutzwürdige Interesse des Betroffenen an dem Ausschluss der Verarbeitung darf nicht überwiegen. Insbesondere dürfen Art und Ausmaß im Hinblick auf den Anlass nicht unverhältnismäßig sein. So ist es sicher nicht verhältnismäßig, umfangreiche detektivische Ausforschungen wegen des Verlusts einiger Briefmarken durchzuführen.

8.2 Nutzung von E-Mail, Chat und Internet im Unternehmen

Eine der zentralen Fragen rund um den Umgang mit Mitarbeiterdaten ist die Frage, ob diesen die private Nutzung von Internet und E-Mail am Arbeitsplatz gestattet ist – oder eben nicht.[5] Dies hat vor allem Auswirkungen auf die Frage, ob und inwieweit dem Arbeitgeber die Überwachung der Accounts der Mitarbeiter gestattet ist. Spätestens nach der weit verbreiteten Einführung von *Microsoft Teams* muss diese Frage auch auf die Nutzung von Chat-Möglichkeiten erweitert werden.

Viele Unternehmen haben diese Frage nicht oder nur unzureichend geregelt. Dies führt im Alltagsleben allerdings nur selten zu Konflikten. Diese entstehen aber spätestens dann, wenn ein Mitarbeiter im Unguten aus dem Unternehmen ausscheidet. Ist ein Zugriff auf dessen Accounts dann notwendig und sind die Rechte dazu nicht klar definiert, führt dies regelmäßig zu sehr unschönen und für die Arbeitgeber meist ungünstig verlaufende Streitigkeiten in den dann entstehenden arbeitsrechtlichen Verfahren.

---

5 Dazu ausführlich, aber mit Stand 2016: *Orientierungshilfe der Datenschutzaufsichtsbehörden zur datenschutzgerechten Nutzung von E-Mail und anderen Internetdiensten am Arbeitsplatz*, online abrufbar unter *www.datenschutzkonferenz-online.de/media/oh/201601_oh_email_und_internetdienste.pdf* (zuletzt aufgerufen am 15. Juni 2023).

8.2.1 Verbot der privaten Nutzung

Hat der Arbeitgeber ein eindeutiges Verbot der privaten Nutzung der Medien ausgesprochen, bedeutet dies, dass die betrieblichen Internet- und E-Mail-Angebote ausschließlich für betriebliche Aufgaben genutzt werden dürfen. Die private Nutzung ist ausgeschlossen und wird ein Mitarbeiter dabei erwischt, drohen arbeitsrechtliche Sanktionen. Ein solches Verbot kann beispielsweise im Arbeitsvertrag oder durch eindeutige *Arbeits-* bzw. *Dienstanweisungen* umgesetzt werden. Wichtig dabei ist, dass die Beschäftigten darüber informiert werden, dass eine Überprüfung ihres Online-Verhaltens stattfindet und auch über den Umfang der entsprechenden Kontrollen informiert wird.

> **Hinweis: Rechtsgrundlage für die Kontrolle**
>
> Der Zugriff auf E-Mail-Postfächer stellt eine Verarbeitung personenbezogener Daten dar, für die eine Rechtsgrundlage erforderlich ist. Insoweit kommt § 26 Abs. 1 S. 1 BDSG in Betracht, sofern diese Verarbeitung von Daten im Rahmen des Beschäftigungsverhältnisses erforderlich ist. Alternativ kann auf Art. 6 Abs. 1 lit. f DSGVO abgestellt werden.
>
> Im Rahmen der notwendigen Interessenabwägung steht dabei auf der einen Seite die geschützte unternehmerische Betätigung des Arbeitgebers nach den Art. 12 und 14 des Grundgesetzes (GG). Diese konkurriert mit den Persönlichkeitsrechten der Arbeitnehmer aus Art. 2 GG auf der anderen Seite. Bei der Abwägung wird man zu dem Ergebnis kommen, dass die Interessen des Arbeitgebers an der Kontrolle und damit bedingt an der ordnungsgemäßen Nutzung der IT in diesem Fall grundsätzlich überwiegen. Dies gilt jedoch nur, wenn die Interessen auf der anderen Seite durch einen möglichst datenschutzschonenden Prozess gewahrt bleiben, der weit von einer flächendeckenden Kontrolle entfernt sein muss.

Eine klare Regelung der Kontrollmechanismen ermöglicht es dem Arbeitgeber, in regelmäßigen Abständen die Einhaltung der Vorgaben zu kontrollieren. Ein Freibrief zur lückenlosen Überwachung der Mitarbeiter besteht aber unter keinen Umständen und ist als erheblicher Eingriff in die Grundrechte der Betroffenen immer unzulässig.

Wie kann eine derartige Überprüfung praktisch aussehen? Die Datenschutzbehörden empfehlen, anhand von Protokolldaten stichprobenartig nachzuvollziehen, ob beispielsweise das Websurfen der Beschäftigten betrieblicher Natur ist.[6] Dazu sei es in einem ersten Schritt zulässig und ausreichend, zunächst nur eine Auswertung des Surfverhaltens ohne Personenbezug vornehmen, z. B. durch die Analyse der von einer Abteilung aufgerufenen IP-Adressen. Erst wenn dabei Auffälligkeiten entdeckt

---

6 Lesen Sie dazu auch die Orientierungshilfe der Datenschutzaufsichtsbehörden zur datenschutzgerechten Nutzung von E-Mail und anderen Internetdiensten am Arbeitsplatz, online abrufbar unter *www.datenschutzkonferenz-online.de/media/oh/201601_oh_email_und_internetdienste.pdf* (zuletzt aufgerufen am 15. Juni 2023).

werden, kann eine weitere Auswertung der Logfiles auf der Ebene der einzelnen Beschäftigten erfolgen, die dann ermittelt werden können.

Es dürfte aber auch nichts dagegensprechen, diesen Schritt zu überspringen und stichprobenartig und regelmäßig zu kontrollieren, ob die Internet- und E-Mail-Nutzung ausschließlich betrieblichen Zwecken dient. Hierzu ist eine Auswertung der Internet-, E-Mail- und gegebenenfalls auch der Chat-Logfiles notwendig und auch erlaubt. Diese sollte regelmäßig, beispielsweise alle zwei oder drei Monate, stichprobenartig und nach dem Mehraugenprinzip erfolgen. Mindestens ein Mitarbeiter der IT und der Datenschutzbeauftragte sollten dabei also gemeinsam handeln und etwaige Funde dokumentieren. Existiert zudem ein Betriebs- bzw. Personalrat, sollten Sie unbedingt auch dessen Vertreter an der Kontrolle beteiligen.

Zu beachten ist dabei, dass nur ausgehende E-Mails kontrolliert werden dürfen. Denn man kann Mitarbeitern zwar verbieten, über die betriebliche Infrastruktur Nachrichten zu versenden. Den Empfang dieser E-Mails kann man hingegen nicht regulieren. Hier sollte allerdings eine klare Anweisung bestehen, dass solche E-Mails umgehend zu löschen sind. Auf solche E-Mails darf der Arbeitgeber auch bei Kontrolluntersuchungen nicht zugreifen, sobald ihr privater Charakter erkannt wird.

Entscheidend ist auch, dass die im Rahmen der Überprüfung ermittelten Funde arbeitsrechtlich sanktioniert werden, z. B. durch eine Ermahnung, eine Abmahnung oder im Wiederholungsfall durch Kündigung. Dies ist allerdings der Part, den Unternehmen häufig scheuen, da damit natürlich häufig nicht gerade eine Verbesserung des Vertrauens und der Stimmung im Unternehmen einhergeht. Über diese Notwendigkeit sollte man sich bei der Gestaltung des Rechtsverhältnisses mit den Mitarbeitern vorab bewusst sein.

> **Hinweis: Das Problem der »betrieblichen Übung«**
>
> In der Praxis haben viele Unternehmen teils vor Jahren die Privatnutzung von Internet und E-Mail verboten, sich aber seither kaum darum gekümmert, dieses Verbot auch umzusetzen. Ein Verbot einer bestimmten Handlung erfordert im Arbeitsrecht aber stets auch eine entsprechende Kontrolle und Umsetzung. Wichtig ist es daher, das Verbot der Privatnutzung auch tatsächlich zu kontrollieren und Verstöße dagegen auch zu sanktionieren, beispielsweise durch eine arbeitsrechtliche Abmahnung. Versäumt man dies, kann bei Kenntnis und Duldung eine sogenannte *betriebliche Übung* entstehen. Dies hätte mittelbar zur Folge, dass die Privatnutzung konkludent als genehmigt gilt. Die Gerichte sind hier allerdings uneinheitlich in ihrer Rechtsprechung.

8.2.2 Gestattung der privaten Nutzung

Erlaubt bzw. duldet der Arbeitgeber die Privatnutzung der betrieblichen Kommunikationsmittel, geht die immer noch herrschende Meinung unter den Juristen und Datenschützern davon aus, dass in diesem Fall kein Zugriff auf die E-Mails, Chatverläufe oder Logfiles zur Kontrolle der Mitarbeiter zulässig ist.

Dies ergibt sich daraus, dass der Arbeitgeber in diesem Fall den strengen Vorgaben des *Fernmeldegeheimnisses* nachkommen muss, das inzwischen in § 3 TTDSG geregelt ist (siehe Kapitel 2, »Das Telekommunikation-Telemedien-Datenschutz-Gesetz (TTDSG)«). Denn ein Unternehmen, das seinen Mitarbeitern die (zusätzliche) private Nutzung der Telekommunikation ermöglicht, handelt wie ein Provider und muss seinen Kunden eine vergleichbare Geheimhaltung der Inhalte ermöglichen. Nach § 3 Abs. 1 TTDSG ist es untersagt, sich oder anderen *über das für die Erbringung der Telekommunikationsdienste (...) erforderliche Maß hinaus Kenntnis vom Inhalt oder von den näheren Umständen der Telekommunikation zu verschaffen.*

Allerdings ist die Anwendbarkeit der neuen Regeln des TTDSG noch nicht abschließend in der Rechtsprechung geklärt, und die veröffentlichten Urteile sind uneinheitlich. Es spricht jedoch einiges dafür, dass die Regeln des Fernmeldegeheimnisses auch für Unternehmen mit privater Nutzung von Internet und E-Mail gelten.

Sofern man dieser Ansicht folgt, ist es dem Arbeitgeber grundsätzlich untersagt, auf die Inhalte von E-Mail-Postfächern, Chat-Accounts oder Internet-Logfiles zuzugreifen. Greift man trotzdem vorsätzlich auf diese Inhalte zu, steht sogar eine mögliche Strafbarkeit nach § 206 StGB wegen einer *Verletzung des Post- oder Fernmeldegeheimnisses* im Raum. Ein Zugriff auf die dadurch geschützten Daten ist dem Arbeitgeber nur mit der Einwilligung des jeweiligen Beschäftigten erlaubt.

Nur in seltenen Fällen ist dann eine personenbezogene Auswertung von Logfiles oder ein Zugriff auf das E-Mail-Postfach zulässig. Dies ist möglich bei dem konkreten Verdacht, der Mitarbeiter habe sich strafbar gemacht oder in erheblicher Art und Weise gegen seine Arbeitspflichten verstoßen. Vorstellbar ist ein solcher Zugriff auch ausnahmsweise im Fall einer erheblichen Bedrohung der IT-Sicherheit des Unternehmens, z. B. wenn der Verdacht besteht, dass der Mitarbeiter für die Verbreitung von Malware verantwortlich ist. Auch in diesen Fällen ist auf eine Mehr-Augen-Strategie zu setzen, sodass der Zugriff nur unter der Beobachtung von mehreren Beteiligten erfolgt.

> **Hinweis: Kein Anspruch auf Erlaubnis der privaten Nutzung**
>
> Auch wenn eine solche Regelung in vielen Bereichen inzwischen üblich ist gilt: Aus rechtlicher Sicht besteht kein Anspruch auf die Erlaubnis der privaten Nutzung der Kommunikationseinrichtungen. Gestattet der Arbeitgeber dies ausnahmsweise, steht dies in seinem freien Ermessen, und er kann diese Erlaubnis auch jederzeit widerrufen.

> Eine Ausnahme hierzu gilt allenfalls im Home-Office, wo der Arbeitgeber dem Mitarbeiter natürlich nicht die private Nutzung über seine eigenen Zugänge verbieten kann.

8.2.3 Protokolle aus Gründen der Informationssicherheit

Auch wenn eine dauerhafte Überwachung der Mitarbeiter selbst bei einem Verbot der Privatnutzung nicht gestattet ist, bedeutet dies natürlich nicht, dass die Unternehmen schutzlos und blind IT-Angriffen und -Störungen ausgesetzt sind. Denn unabhängig davon ist es natürlich erlaubt, die Überwachung und Protokollierung der IT-Systeme zu Zwecken der Systemsicherheit durchzuführen.

Hierbei gilt es jedoch, die Vorgaben der DSGVO genau zu beachten. Namentlich sind dies die Regelungen zur Datensparsamkeit und -vermeidung auf Basis einer strengen Zweckbindung. Konkret bedeutet das, dass eine Überwachung der IT nur zweckgebunden möglich ist und sich die Erfassung der Daten auf die absolut notwendigen Informationen beschränkt. Insbesondere muss eine Nutzung der Daten zur Leistungs- und Verhaltenskontrolle der Mitarbeiter durch technische und organisatorische Maßnahmen bestmöglich verhindert werden. Schließlich sollten die Mitarbeiter im Detail darüber informiert werden, was mit ihren Daten zu welchen Zwecken geschieht.

8.2.4 Umgang mit den E-Mails von ausscheidenden Mitarbeitern

Streit gibt es in den Unternehmen regelmäßig bei der Frage, ob und in welcher Form ein Unternehmen Zugriff auf das E-Mail-Postfach eines ausgeschiedenen Mitarbeiters nehmen darf. Sofern die private E-Mail-Nutzung untersagt war und gute Gründe für den Zugriff vorliegen, ist ein solcher Zugriff rechtlich grundsätzlich unbedenklich.

Anders sieht es aber dann aus, wenn die private Nutzung erlaubt war oder toleriert wurde. Grundsätzlich empfiehlt es sich, einen sogenannten Offboarding-Prozess einzuführen, den der ausscheidende Mitarbeiter durchlaufen muss. Hinsichtlich der E-Mail könnten dabei beispielsweise folgende Punkte geregelt sein:

- ▶ Sichtung der vorhandenen Nachrichten des E-Mail-Accounts
- ▶ Darauf basierend: Weiterleitung von akut noch zu bearbeitenden oder besonders wichtigen E-Mails
- ▶ Löschung eventuell vorhandener privater E-Mails
- ▶ Einrichtung einer Vacation-Nachricht, die über das Ausscheiden informiert und einen neuen Ansprechpartner benennt
- ▶ Zweckgebundene Überführung der verbliebenen Daten in ein E-Mail-Archiv mit beschränkten Zugriffsmöglichkeiten
- ▶ Alternativ: Dauerhafte Löschung der E-Mails

Erfolgt die Trennung im Guten, wird der Mitarbeiter diesen Prozess in der Regel auch freiwillig durchlaufen. Trennen sich Arbeitgeber und Mitarbeiter allerdings im Streit, wird dies regelmäßig nicht der Fall sein.

Im Falle der Erlaubnis der Privatnutzung wird der rechtskonforme Zugriff auf Nachrichten gegen den Widerstand des Betroffenen schwierig bis unmöglich. Im Zweifelsfall wird diese Frage Gegenstand eines arbeitsrechtlichen Verfahrens sein und im Worst-Case-Fall für das Unternehmen dann Teil eines teuren Vergleichs. Gerade diese in der Praxis alles andere als seltene Konstellation zeigt, wie wichtig es ist, belastbare Regelungen hinsichtlich der Nutzung der betrieblichen Kommunikation zu finden.

8.2.5 Erstellen und Durchsetzen von klaren Regeln

Unternehmen sind gut beraten, sämtliche der oben genannten Punkte ausführlich und nachhaltig zu regeln. Dies gilt in erster Linie für die Kernfrage, ob die private Nutzung von E-Mail, Internet und Chat erlaubt sein soll. Doch auch viele Fragen um diese zentrale Weichenstellung herum müssen geklärt werden. Hierzu zählen beispielsweise die Fragen nach dem Zugriff bei ungeplanter Abwesenheit oder beim Ausscheiden aus dem Unternehmen.

Die ideale Möglichkeit zur Festschreibung der Regeln ist die *Betriebsvereinbarung*, sofern ein Betriebsrat vorhanden ist, bzw. eine mit dem Personalrat abgeschlossene *Dienstvereinbarung*. Ist kein Betriebs- oder Personalrat vorhanden, können die Regelungen in Form von Arbeits- oder Dienstanweisungen des Arbeitgebers oder im Arbeitsvertrag getroffen werden. In kleineren Unternehmen empfiehlt es sich alternativ, eine individuelle Einwilligung von jedem Mitarbeiter einzuholen. Dies ist in jedem Fall die flexibelste Möglichkeit, die auch Änderungen mit verhältnismäßig geringem Aufwand ermöglicht.

Typische Punkte, die im Rahmen solcher Vereinbarungen geregelt werden müssen, sind beispielsweise:

- Erlaubnis oder Verbot der privaten Nutzung einzelner oder aller Kommunikationsdienste
- Details zur Nutzung von E-Mail, Internet, Telefon und/oder Chat
- Einschränkung der Nutzung (sofern zutreffend)
- verbotene Inhalte (Pornografie, Rassismus, Glücksspiel usw.)
- Passwortrichtlinie
- Meldepflichten für technische Störungen
- Dauer und Zweck der Protokollierung von Daten
- Zugriffsmöglichkeiten bei Missbrauch, Mehraugenprinzip
- Vertretung/Zugriffsmöglichkeiten bei ungeplanter Abwesenheit

- Details zu Urlaubs- und Abwesenheitsmeldungen
- Verbot der Nutzung der Daten für die Mitarbeiterkontrolle (bei Erlaubnis)
- potenzielle Sanktionen

Neben dieser klaren Einteilung in Erlaubnis oder Verbot der Privatnutzung sind auch differenzierte Regelungen möglich. So scheint es heute für viele Unternehmen kaum mehr durchsetzbar zu sein, den Mitarbeitern den Zugriff auf das Internet zu verwehren, insbesondere nicht den auf das WLAN durch das private Smartphone.

> **Praxistipp: Differenzierte Regelungen**
>
> In der Praxis hat es sich bewährt, die private Nutzung des Internets im Grundsatz zu erlauben aber die Privatnutzung der betrieblichen E-Mail zu verbieten. Mitarbeiter können dann ihre eigenen E-Mail-Accounts via Netzzugriff nutzen.
>
> Auf der anderen Seite bietet diese Lösung große Flexibilität im Umgang mit E-Mails. Diese können vergleichsweise problemlos archiviert und kontrolliert werden, und die Gefahr von Rechtsstreitigkeiten nach dem Ausscheiden des Mitarbeiters ist weitaus geringer.
>
> Dem Problem des Zugriffs auf die E-Mails kann zudem durch Funktionspostfächer begegnet werden, soweit dies möglich und sinnvoll ist. Diese haben im Normalfall keinen Personenbezug, sodass der Zugriff auf die Nachrichten durch vorher festgelegte Personen jederzeit möglich ist.

Möglich ist es auch, Erlaubnisse in einzelnen Bereichen nur mit Auflagen zu ermöglichen. Dies kann z. B. bei der Freigabe der Internetnutzung eine Beschränkung auf bestimmte Zeiten, also beispielsweise eine Nutzung nur in den Pausenzeiten, oder ein eingeschränkter Umfang sein, der die Arbeitsleistung nicht beeinträchtigt. Möchte man den privaten E-Mail-Verkehr ermöglichen, sind ebenfalls strikte Vorgaben empfehlenswert. Hierzu gehören Vertretungsregeln und Anweisungen über Abwesenheitsnachrichten.

Mitarbeiter, die diese Bedingungen nicht akzeptieren wollen, können ihre Zustimmung ohne arbeitsrechtliche Nachteile verweigern. Allerdings kommen sie dann nicht in den Genuss der Privatnutzung.

> **Praxistipp: Regeln aktualisieren!**
>
> Auch Unternehmen, die bereits eine Regelung zur privaten Nutzung von Internet und E-Mail haben, sollten diese regelmäßig kritisch hinterfragen. Denn diese wurden vielfach bereits vor einem Jahrzehnt geschlossen und entsprechen weder inhaltlich noch technisch dem aktuellen Stand.
>
> Ebenfalls muss geprüft werden, ob die geschlossenen Vereinbarungen auch der gelebten Praxis entsprechen. Denn vielfach wurde ein allgemeines Verbot festgelegt,

was aber danach nie wieder überprüft wurde und welches auch nie der Unternehmenskultur entsprochen hat.

8.3 Chef liest mit! Möglichkeiten und Grenzen der Überwachung von Mitarbeitern

Der gläserne Mitarbeiter ist eine verführerische Vorstellung für manchen Arbeitgeber und gleichzeitig der Albtraum für die allermeisten Beschäftigten. Gerade neue digitale Workflows geben Unternehmern vielfache Überwachungsoptionen und -techniken an die Hand. Dazu gehört auch manches, was die Grenzen des rechtlich Erlaubten überschreitet.

8.3.1 Der gläserne Mitarbeiter: Das höchste deutsche DSGVO-Bußgeld

Der Fall machte Schlagzeilen: Ausspähung und Datenmissbrauch am Arbeitsplatz in großem Stil. Betroffen waren mehrere hundert Beschäftigte beim deutschen Kundencenter des Bekleidungsunternehmens Hennes & Mauritz (H&M). Ihre Vorgesetzten überwachten sie bis in die privatesten Lebensumstände hinein; die Ergebnisse dieser Überwachung wurden dauerhaft gespeichert. Dabei wurden auch Krankheitssymptome und -diagnosen erfasst. Ebenso sammelte man umfassende Informationen über das Privatleben der Mitarbeitenden, was auch religiöse Bekenntnisse und sogar familiäre Probleme betraf.

Die so erhobenen Daten dienten nicht nur einer akribischen Auswertung der individuellen Arbeitsleistung, sondern auch dazu, ein Profil der Beschäftigten für Maßnahmen und Entscheidungen im Arbeitsverhältnis zu erstellen. Die digital gespeicherten Erkenntnisse waren für bis zu 50 Führungskräfte im ganzen Haus einsehbar. Ironischerweise wurde das Ganze dadurch bekannt, dass die erfassten Daten infolge eines Konfigurationsfehlers im Oktober 2019 für einige Stunden unternehmensweit zugänglich waren. Diese Totalüberwachung brachte *H&M* 2020 den »Big Brother Award« in der Kategorie Arbeitswelt ein – für eine *jahrelange, hinterhältige und rechtswidrige Verarbeitung von Beschäftigtendaten*.

Für das Unternehmen, das mit dem Slogan *Wir glauben an den Menschen* wirbt, wurde es auch richtig teuer. Denn Anfang Oktober des Jahres 2020 verhängte der damalige Hamburgische Beauftragte für Datenschutz Johannes Caspar ein Bußgeld in Höhe von knapp 35 Millionen Euro – die höchste bislang in Deutschland für Datenschutzverstöße geforderte Summe. Caspar zufolge dokumentiert der Fall *eine schwere Missachtung des Beschäftigtendatenschutzes*. H&M hat das Bußgeld akzeptiert, was wohl auch damit zu tun hat, dass man so schnell wie möglich aus den Negativschlagzeilen kommen wollte.

Der Fall ist spektakulär, zugleich wirft er aber ein Schlaglicht auf die Lage des Datenschutzes für Mitarbeiter von Unternehmen – und auf die gelebte Praxis. Hier stehen Interessen einander gegenüber, die bisweilen nur schwer in Einklang zu bringen sind. Es lässt sich nachvollziehen, dass ein Arbeitgeber z. B. die Arbeitsleistung von Beschäftigten, die im Home-Office arbeiten, in irgendeiner Form kontrollieren will. Unter bestimmten Aspekten ist er dazu sogar rechtlich verpflichtet – z. B. aus Gründen von Compliance und IT-Sicherheit, zur Verhinderung von Datenverlusten und zur Eindämmung von Betrugsmöglichkeiten aber auch zur Kontrolle der maximalen Arbeitszeit.

8.3.2 Verführerische Technik

Die technischen Optionen, die der Markt bietet, ermöglichen eine Überwachung in geradezu Orwellschem Ausmaß. Das Spektrum der Möglichkeiten reicht von trackbaren Wearables über genetische Tests für Mitarbeiter, Monitoring von Tastatur- und Netzaktivität am Computer bis hin zu People-Analytics-Methoden. Das Schlagwort *People Analytics* steht für ein zunehmend populäres Instrumentarium im Personalwesen, das eigentlich in den Zusammenhang von Recruitment und Talentfindung gehört: Eine möglichst große Menge intern und extern erhobener Daten über Personen, z. B. auch aus sozialen Netzwerken, wird zu umfassenden Profilen verknüpft.

Den schier grenzenlosen Überwachungskonzepten, die vor allem dem US-amerikanischen und asiatischen Raum entstammen, stehen in Europa Grundrechte und Datenschutz der Beschäftigten gegenüber. Speziell in Deutschland ist dieser Schutz stark ausgeprägt. Ein Arbeitgeber hat hier grundsätzlich das Recht, die Arbeitsleistung seiner Beschäftigten zu überwachen. Nur wenn er die Betriebsabläufe kennt, kann er von seinem Weisungsrecht sinnvoll Gebrauch machen und sein Unternehmen erfolgreich führen. Außerdem muss er in der Lage sein, Verstöße gegen rechtliche Vorgaben zu erkennen und zu sanktionieren.

Dieses Kontrollrecht hat aber auch Grenzen: Eine dauerhafte Überwachung ist grundsätzlich verboten und greift in geschützte Grundrechte der Beschäftigten ein. Weitere Grenzen setzen die Vorschriften des Datenschutzes. Dieser erlaubt die Erhebung und Verarbeitung von persönlichen Daten nur dann, wenn hierzu eine ausdrückliche rechtliche Grundlage besteht. Neben den Rechtsgrundlagen aus Art. 6 DSGVO ist dabei vor allem der bereits oben besprochene § 26 des BDSG maßgeblich.

Darüber hinaus hat bei der Einführung von Hard- und Software zur Überwachung in einem Unternehmen auch der Betriebsrat ein Wort mitzureden, sofern es ihn überhaupt gibt. § 87 des *Betriebsverfassungsgesetzes* (*BVerfG*) erfordert eine Mitbestimmung dieses Gremiums bei der *Einführung und Anwendung von technischen Einrichtungen, die dazu bestimmt sind, das Verhalten oder die Leistung der Arbeitnehmer zu überwachen.*[7]

---

7 Für Mitarbeiter im öffentlichen Dienst sind dies die entsprechenden Regelungen in den Landespersonalvertretungsgesetzen.

8.3.3 IT-Sicherheit vs. Privatsphäre

Die DSGVO kennt insbesondere in Art. 32 strenge Anforderungen an die IT-Sicherheit. Dafür können auch Maßnahmen erforderlich sein, die die Rechte von Mitarbeitern betreffen – z. B. im Bereich Protokollierung, Backups oder Archivierung. Gerade solche Informationen eignen sich grundsätzlich auch für eine detaillierte Auswertung des Verhaltens und der Arbeitsleistung von Beschäftigten.

Dem hier drohenden Konflikt können Unternehmen durch eine strenge Zweckbindung bei der Nutzung der Informationen begegnen. So lässt sich beispielsweise in einer Betriebsvereinbarung festschreiben, dass Logfiles zwingend nur aus Gründen der Informationssicherheit ausgewertet und keinesfalls für die Überwachung von Mitarbeitern genutzt werden dürfen.

Rechtlich unproblematisch ist die Auswertung solcher Daten, die sich nicht auf einzelne Mitarbeiter herunterbrechen lassen. Dazu gehört z. B. die nicht personenbezogene Überwachung des Netzwerkverkehrs, eine eingeschränkte Protokollierung zur Erhaltung der Systemsicherheit, eine URL-Filterung oder das automatisierte Scannen von E-Mails und deren Attachments zum Schutz vor Malware.

8.3.4 Elektronische Augen: Videoüberwachung am Arbeitsplatz

Besonders problematisch ist der Einsatz von Videokameras am Arbeitsplatz.[8] Ob dergleichen überhaupt zulässig ist, hängt von Art und Einsatzzeit der verwendeten Videotechnik ebenso ab wie vom beobachteten Raum. Grundsätzlich ist § 26 BDSG zu beachten: Beschäftigtendaten dürfen nur dann erhoben werden, wenn es für das Arbeitsverhältnis notwendig ist. Zu den personenbezogenen Daten, um die es dabei geht, gehören auch Bilder und Filme von Mitarbeitern.

Unter diesen Gesichtspunkten ist eine Überwachung dann erlaubt, wenn sich im gefilmten Bereich besondere Gefährdungen ergeben – z. B. durch Maschinen und verwendete Substanzen oder aus dem potenziellen Risiko für Straftaten wie bei Tankstellen und Banken. Sollen z. B. die Kassen eines Kreditinstituts beobachtet werden, darf sich der Blick der Kameras nach Ansicht der Datenschutzbehörden ausdrücklich nicht auf die Beschäftigten richten.

In einem solchen Fall würden die Betroffenen nämlich *ununterbrochen an ihren Arbeitsplätzen überwacht werden, was ein besonders tief greifender Eingriff in ihre Grundrechte und Grundfreiheiten wäre*. Erlaubt ist hingegen die Aufzeichnung beispielsweise in Eingangsbereichen oder bei Tanksäulen, an denen sich Personen nur kurzfristig aufhalten. Zusätzlich sind die Beschäftigten bei einer beabsichtigten Auf-

---

[8] Zu den IT-spezifischen Fragen hierzu siehe auch die Ausführungen in Kapitel 3, »Technischer Datenschutz: Anforderungen der DSGVO an den IT-Betrieb«.

zeichnung von ihrem Arbeitgeber vorab darüber zu unterrichten; zugleich müssen Aushänge auf die Überwachung hinweisen.

§ 26 BDSG regelt auch, wann Aufzeichnungen am Arbeitsplatz zur Aufdeckung von Straftaten genutzt werden dürfen: nämlich nur, wenn *tatsächliche Anhaltspunkte den Verdacht begründen, dass die betroffene Person im Beschäftigungsverhältnis eine Straftat begangen hat.*

8.3.5 Bußgelder für die Mitarbeiterüberwachung

Wenn ein Arbeitgeber im Hinblick auf den Mitarbeiterdatenschutz Fehler begeht oder die gesetzlichen Vorgaben gar vorsätzlich ignoriert, kann das teuer werden. So erstritt eine Mitarbeiterin eines Unternehmens im Oktober 2010 einen Schadenersatz in Höhe von 7.000 EUR. Sie war mit einer Kamera überwacht worden, was nach Ansicht des hessischen Landesarbeitsgerichts eine *schwerwiegende und hartnäckige Verletzung des informationellen Selbstbestimmungsrechts* darstellte. Seit Einführung der DSGVO würden die Datenschutzbehörden einem solchen Unternehmen sehr wahrscheinlich zusätzlich ein Bußgeld aufbrummen; möglicherweise würden Betroffene heute auch einen Anspruch auf ein weit höheres Schmerzensgeld durchsetzen können.

Ein absolutes Tabu ist das zusätzliche *Aufzeichnen von Tonspuren* bei einer Videoüberwachung. Damit kann man gegen § 201 des Strafgesetzbuches (StGB) verstoßen, der die Vertraulichkeit des Wortes schützt. Wer unbefugt *das nichtöffentlich gesprochene Wort eines anderen auf einen Tonträger aufnimmt* oder eine so hergestellte Aufnahme einem Dritten zugänglich macht, muss mit einer Freiheitsstrafe bis zu drei Jahren oder mit einer Geldstrafe rechnen. Sofern Unternehmen Audioaufnahmen z. B. zur Qualitätskontrolle bei Telefonaten durchführen wollen, ist es erforderlich, dass der Mitarbeiter und der Gesprächspartner der Aufnahme ausdrücklich zugestimmt haben.

Auch der Einsatz von *Keyloggern* ist ein probates Mittel, um sich strafbar zu machen: Tastatureingaben von Beschäftigten ohne deren Einwilligung zu erfassen, kann allenfalls im Einzelfall erlaubt sein, z. B. wenn der konkrete Verdacht einer Straftat oder von schweren arbeitsvertraglichen Pflichtverletzungen besteht.

8.3.6 Sag mir wo und wann: Mitarbeiterüberwachung per GPS

Nicht nur Speditionen kontrollieren den Standort ihrer fahrenden Belegschaft über eine Form des *Global Positioning System* (*GPS*). Eine solche Ortung wird genutzt, um Dienstfahrzeuge und Außendienstmitarbeiter besser zu koordinieren und ihren Einsatz zu optimieren. Damit wächst allerdings die Gefahr, dass die Technik zur anlasslosen Verhaltens- und Leistungskontrolle von Beschäftigten eingesetzt wird.

Grundsätzlich unzulässig ist es, auf diese Art Bewegungsprofile zu erstellen sowie eine durchgängige Pausen- und Leistungsüberwachung vorzunehmen. Nur wenn ein berechtigtes Interesse an einer Überwachung via Satellit vorliegt, ist diese zulässig. Das dürfte eindeutig für Bereiche wie Geld- oder Gefahrguttransporte gelten, aber auch für Lieferdienste, z. B. Paket- oder Essensboten. Allerdings muss sich die Auswertung zwingend nur auf die Arbeitszeiten beschränken.

8.3.7 Arbeitszeiterfassung

Die Erfassung der Arbeitszeit birgt ebenfalls einiges an Konfliktpotenzial. Es gibt viele Zeiterfassungssysteme, die auf sehr unterschiedlichen technischen Wegen ein Ein- und Ausloggen an speziellen Stationen oder direkt am Arbeitsrechner ermöglichen. Auch hierbei gibt es rechtliche Grenzen. Die Kontrolle der Arbeitszeit ist grundsätzlich zulässig und arbeitsrechtlich sogar geboten. Dies hat jüngst der EuGH noch einmal ausdrücklich bestätigt.

> **Fallbeispiel: Unverhältnismäßiger Eingriff**
> Der Eingriff in die Grundrechte der Beschäftigten muss aber auch hier verhältnismäßig sein. So hat das Landesarbeitsgericht (LAG) Berlin-Brandenburg im Juni 2020 den Einsatz eines fingerabdruckgestützten Systems in einer Radiologiepraxis abgelehnt.[9] In dem konkreten Fall sei es nicht erforderlich gewesen, biometrische Daten zu verarbeiten. Diese sind besonders geschützt. Solche Systeme lassen sich in der Regel nur rechtmäßig einsetzen, wenn der Arbeitnehmer einwilligt.

8.3.8 Überwachung im Home-Office

Auch eine Überwachung von Mitarbeitern im *Home-Office* ist nur eingeschränkt zulässig, schon angesichts der natürlichen Vermischung von privatem Bereichen und geschäftlicher Nutzung. Vor allem der Einsatz der hemmungslosen Tools von Anbietern aus Übersee, die eine Dauerbespitzelung von Beschäftigten durchführen und Elemente wie Keylogging, Screen Captures oder Mikrofonaufzeichnungen verwenden, ist hierzulande grundsätzlich nicht erlaubt. Eine Überwachung am heimischen Arbeitsplatz greift potenziell auch noch in die Privatsphäre der Beschäftigten ein. Dies gilt umso mehr, wenn dort eine private Infrastruktur verwendet wird. Insoweit dürfte eine umfassende Überwachung dort nicht einmal mit Einwilligung der Betroffenen statthaft sein.

---

[9] Das Urteil ist online verfügbar unter *https://openjur.de/u/2269827.html* (zuletzt aufgerufen am 15. Juni 2023).

Erlaubt sind Maßnahmen, die die IT-Sicherheit in der Unternehmensinfrastruktur gewährleisten – z. B. zum Schutz vor Malware, zur Beschränkung von Zugängen oder zur Abwendung von Betrügereien. Und auch im Home-Office unterliegt ein Arbeitnehmer rechtmäßig der Arbeitszeitüberwachung.

Kritisch sind allerdings gerade im Hinblick auf das Home-Office ausufernde Monitoring-Systeme US-amerikanischer Machart. Sie überwachen ganze Unternehmen oder Abteilungen detailliert, wobei sie bis auf die Ebene einzelner Mitarbeiter hinab laufend ihre Aktivitäten erfassen und speichern. Das betrifft z. B. Microsofts Konzept des *Productivity Score*, das der Hersteller ins Admin-Center des Anwendungs- und Cloud-Komplexes *Microsoft 365* integriert hat.

Sobald sich die Aufzeichnungen solcher Systeme auf die Aktivitäten einzelner Mitarbeiter herunterbrechen lassen, ist deren Einsatz hierzulande allenfalls mit Zustimmung der Betroffenen oder einer entsprechenden Betriebs- bzw. Dienstvereinbarung erlaubt.

8.3.9 Komplette Selbstvermessung

Manche Softwareangebote setzen auf die digitale Selbstoptimierung von Mitarbeitern speziell im Home-Office. So soll beispielsweise Microsofts *MyAnalytics* Nutzern helfen zu verstehen, *wie sie ihre begrenzte Zeit verbringen und mit wem sie sie verbringen*. Das System präsentiert dann auf Abruf *intelligente Tipps, wie Sie intelligenter arbeiten können*. Dafür verarbeitet MyAnalytics Daten aus vielerlei Quellen, wertet E-Mail- und Kalenderdaten sowie Chat- und Anrufsignale aus und beobachtet die Nutzung von Teams, Skype und Windows.

Auf dieser Basis entsteht eine komplette Selbstvermessung des Mitarbeiters. Microsoft zufolge ist das Ergebnis nur für den jeweiligen Nutzer selbst sichtbar – und potenziell auch für den Softwarekonzern. Solange solche Angebote mit einer qualifizierten Einwilligung durch die Verwender arbeiten, die Bestimmungen der DSGVO eingehalten werden und ein Zugriff von Arbeitgeberseite vollständig ausgeschlossen ist, lässt sich rechtlich nichts dagegen sagen. Allerdings muss ein solches Angebot zwingend so gestaltet sein, dass der Nutzer es selbst ausdrücklich aktiviert. Es darf nicht standardmäßig aktiv sein.

Unter dem Strich gilt, dass die strengen arbeits- und datenschutzrechtlichen Vorgaben hierzulande einer tiefgreifenden Überwachung von Mitarbeitern im Büro und im Home-Office entgegenstehen. Erlaubt sind notwendige Aufzeichnungen und Auswertungen von Daten zu betrieblichen Zwecken und zur Gewährleistung der Informationssicherheit. Gerichte haben zudem aufgezeigt, wie wichtig es im Einzelfall ist, den Grundsatz der Verhältnismäßigkeit zu wahren.

8.4 Rechtsrisiken für Administratoren: Haftungsrisiken und Fallbeispiele

Aus der Stellung von Administratoren und IT-Verantwortlichen ergeben sich bestimmte Haftungsrisiken rund um den Umgang mit IT, Software und personenbezogenen Daten. Besondere Verantwortung kommt hier den IT-Verantwortlichen zu, denen von der Geschäftsführung die Verantwortung für die IT-Sicherheit und das Funktionieren der Computersysteme übertragen wurde.

Die wichtigsten Risiken stellen sich wie folgt dar:

- *Datenschutzverletzungen*: IT-Administratoren haben oft Zugriff auf sensible Daten, und ein Verstoß gegen Datenschutzgesetze kann zu erheblichen Geldstrafen und Schäden für den Ruf der Organisation führen.
- *Sicherheitsverletzungen*: IT-Administratoren sind für die Sicherheit von Computersystemen verantwortlich. Wenn es zu einem IT-Vorfall, wie z. B. einem Malware-Befall, kommt, können sie unter bestimmten (allerdings selten eintretenden) Voraussetzungen für die daraus resultierenden Schäden persönlich haftbar gemacht werden.
- *Fehlerhafte Systemwartung*: IT-Administratoren sind für die ordnungsgemäße Wartung und Aktualisierung von Systemen verantwortlich. Ein Versäumnis in dieser Hinsicht kann zu Systemausfällen führen, die erhebliche Auswirkungen auf die Geschäftstätigkeit haben können.
- *Nicht-Einhaltung von Lizenzbestimmungen*: Die Verwendung von Software ohne ordnungsgemäße Lizenzierung kann zu rechtlichen Problemen und Geldstrafen führen. IT-Administratoren müssen sicherstellen, dass alle verwendeten Softwareprodukte ordnungsgemäß lizenziert sind.
- *Unzureichende Notfallplanung*: IT-Administratoren sind oft für die Erstellung und Durchführung von Notfallplänen verantwortlich. Wenn ein solcher Plan nicht vorhanden ist oder nicht ordnungsgemäß umgesetzt wird, kann dies zu erheblichen Betriebsunterbrechungen und potenziellen finanziellen Verlusten führen.[10]
- *IT-Strafrecht*: Das Strafrecht kennt einige Vorschriften, die spezielle Sachverhalte im Bereich des Strafrechts regeln. Dies gilt z. B. für die §§ 202 a-c StGB, die das Ausspähen und Abfangen von Daten regeln. Regelmäßig in dieser Diskussion ist auch die Frage relevant, welche Software in den Bereich der verbotenen Hacker-Software fällt.[11]
- *Vertrauensverlust*: Mitarbeiter im IT-Bereich unterliegen besonderen Vertrauensstellungen. Kommt es zu unberechtigten Zugriffen, z. B. auf private Informationen der Kollegen, kann sich dies arbeitsrechtlich bis hin zu Kündigungen auswirken.

Die wichtigsten Bereiche sollen nachfolgend noch einmal näher dargelegt werden.

---
10 Dazu ausführlich in Kapitel 9, »Einführung Compliance«.
11 Dazu im Detail: Kapitel 11, »Strafrechtliche Risiken für Admins«.

8.4.1 Arbeitsrechtliche Risiken im Bereich der IT

Im Grundsatz gilt für einen Beschäftigten im IT-Bereich nichts anderes als für alle anderen Arbeitnehmer: Dieser hat sich in allen Situationen so zu verhalten, wie sich ein besonnener Mensch mit entsprechender Vorbildung verhalten würde. An einen leitenden Mitarbeiter sind allerdings zusätzliche Anforderungen zu stellen, und auch ihre Haftungsrisiken sind potenziell höher.

Das deutsche Arbeitsrecht ist im Grundsatz recht arbeitnehmerfreundlich und erkennt an, dass selbst dem gründlichsten Mitarbeiter auch mal ein Fehler unterläuft. Die Arbeitsgerichte haben dafür ein System einer abgestuften Haftungsbegrenzung hinsichtlich des durch Beschäftigte verursachten Schadens entwickelt. Dabei ist der Grad des Verschuldens entscheidend:

Handelt der Mitarbeiter *vorsätzlich*, also fügt er dem Unternehmen absichtlich einen Schaden zu, haftet er folgerichtig auch uneingeschränkt für den dabei entstandenen Schaden. Dies wäre beispielsweise der Fall, wenn er absichtlich Produktionsmittel zerstört oder Malware im Unternehmen verbreitet.

> **Fallbeispiel: Angriff von innen**
>
> Ein bemerkenswerter Fall von einem internen Angriff auf die IT eines Unternehmens durch einen ehemaligen Mitarbeiter beschäftigte 2018 das Amtsgericht Böblingen. Dieser Fall betont die Gefahr, die von Insidern ausgeht, da sie bereits Zugang zu den internen Ressourcen haben und die Sicherheitsmaßnahmen sowie Schwachstellen über einen langen Zeitraum analysieren können.
>
> In diesem Fall griff der ehemalige Mitarbeiter das Unternehmen in zwei Wellen an und verursachte einen Schaden von 2,8 Millionen Euro. Die Entscheidung basierte auf Beweisen, die während der Durchsuchung der Wohnung des Angeklagten gefunden wurden, sowie auf seiner Vorgehensweise beim Angriff auf das Unternehmen. Trotz fehlender direkter Beweise führten diese Indizien dazu, dass der ehemalige Mitarbeiter für schuldig befunden wurde. Er wurde wegen Computersabotage in besonders schwerem Fall zu einer Haftstrafe von drei Jahren und drei Monaten verurteilt.

Auch für *grob fahrlässig* herbeigeführte Schäden haftet der Mitarbeiter. Fahrlässigkeit im Arbeitsrecht bezieht sich auf eine Situation, in der eine Person durch Nachlässigkeit, Unachtsamkeit oder einen Mangel an Vorsicht bei der Erfüllung ihrer Aufgaben einen Schaden verursacht. Grobe Fahrlässigkeit liegt vor, wenn eine Person die erforderliche Sorgfalt in besonders schwerem Maße vernachlässigt. Das bedeutet, sie übersieht das Offensichtliche oder verstößt gegen grundlegende Regeln. Dies könnte z. B. der Fall sein, wenn ein Mitarbeiter sicherheitsrelevante Vorschriften missachtet, die zu einem erheblichen Schaden führen.

Eine Teilung des Schadens zwischen Arbeitnehmer und -geber ist im Bereich der sogenannten *mittleren Fahrlässigkeit* üblich. Ausnahmsweise ist in solchen Fällen die

Haftung der Höhe nach begrenzt, sofern ein krasses Missverhältnis zwischen Schaden und Arbeitsentgelt besteht.

Für solche Schäden, die der Arbeitnehmer lediglich *leicht fahrlässig* herbeigeführt hat, gibt es im Normalfall keine Haftung. Leichte Fahrlässigkeit liegt vor, wenn eine Person die erforderliche Sorgfalt nur in geringem Maße vernachlässigt. Es handelt sich dabei um eine geringfügige Unachtsamkeit oder Nachlässigkeit, die jedem passieren könnte.

Neben den Schadensersatzpflichten bestehen bei erheblichen Verfehlungen natürlich auch arbeitsrechtliche Risiken in Form von Abmahnungen oder, im schlimmsten Fall, auch *fristlosen Kündigungen*.

8.4.2 Missachtung des Datenschutzes

Wer mit personenbezogenen Daten umgeht, muss hinsichtlich deren Handhabung zumindest Grundkenntnisse aufweisen. Es gehört hier zu den Aufgaben des Arbeitgebers, die Mitarbeiter regelmäßig im Bereich des Datenschutzes und des Umgangs mit Daten zu schulen. Bei groben Verstößen gegen die Vorgaben von DSGVO & Co. sind auch fristlose Kündigungen möglich, wie das nachfolgende Fallbeispiel zeigt.

> **Fallbeispiel: Fristlose Kündigung bei Datenschutzverstoß**
>
> Eine langjährige Arbeitnehmerin einer Meldebehörde hatte das Datenschutzgesetz auf schwerwiegende Weise verletzt und so auch ihren Arbeitgeber geschädigt. Die 55-jährige Sachbearbeiterin, die 34 Jahre ohne Unterbrechungen für ihren Arbeitgeber tätig war, wurde daraufhin außerordentlich und fristlos gekündigt. Der Grund für diese drastische Maßnahme war, dass sie über Jahre hinweg vielfach Datensätze von insgesamt fünf verschiedenen Personen aus ihrem persönlichen Umfeld abgefragt hatte, ohne dafür eine Berechtigung oder einen dienstlichen Grund zu haben.
>
> Obwohl sie eine langjährige Mitarbeiterin und ihr Verhalten bis dahin ohne Beanstandung war, wurde ihre fristlose Kündigung vom Landesarbeitsgericht Berlin-Brandenburg (Az. 10 SA 192/16) im Jahr 2017 als rechtmäßig angesehen.[12] Die Richter argumentierten, dass der Verstoß gegen datenschutzrechtliche Vorschriften und der Schutz der Grundrechte der Betroffenen schwerwiegender seien als das Alter und die Beschäftigungsdauer der Arbeitnehmerin. Des Weiteren wurde berücksichtigt, dass ihr Verhalten das Ansehen und das Vertrauen in den öffentlichen Dienst erheblich verletzt hat.
>
> Der Fall zeigt, wie ernst die Verletzung von Datenschutzbestimmungen genommen wird, und dass sogar eine jahrzehntelange, makellose Arbeitsleistung in solchen Fällen nicht vor Konsequenzen schützt. Darüber hinaus wurde die Arbeitnehmerin nicht

---

12 Das Urteil ist online verfügbar unter *https://openjur.de/u/963246.html* (zuletzt aufgerufen am 15. Juni 2023).

> nur arbeitsrechtlich, sondern auch strafrechtlich verurteilt und ihr wurde zusätzlich Arbeitszeitbetrug vorgeworfen, da sie beim Aufrufen der Daten vergütete Arbeitszeit mit unrechtmäßigen Tätigkeiten verbrachte.

Zu den Vorgaben des Datenschutzes gehört es auch, dass die personenbezogenen Daten nur den berechtigten Personen zugänglich sind und dass die Zugriffe auf diese Daten kontrolliert werden. Arbeitgeber müssen ihre Mitarbeiter auch auf die geltenden Datenschutzvorschriften hinweisen und dies nachweisen können. Arbeitnehmer ihrerseits müssen sich darüber im Klaren sein, dass sie Daten nur in dem Umfang nutzen, der für ihre Aufgabenerfüllung erforderlich ist. Andernfalls riskieren sie nicht nur eine Kündigung, sondern sogar strafrechtliche Konsequenzen.

8.4.3 Kündigung wegen Vertrauensverstoß

Ebenfalls mit harten arbeitsrechtlichen Maßnahmen werden Vertrauensverstöße durch Zugriffe auf solche Daten geahndet, die nicht für den Admin bestimmt sind. So wurde ein solcher im Rahmen eines Urteils des Landesarbeitsgerichts Köln (Az.: 4 Sa 1257/09) aus dem Jahr 2010 mit der außerordentlichen Kündigung konfrontiert. Der Mitarbeiter war gleichzeitig auch Innenrevisor des Unternehmens. Er hatte mehrfach E-Mails eines Vorstandsmitglieds gelesen und sich unautorisiert Zugang zu dessen Terminkalender verschafft. Solche Handlungen sind nicht nur ein Verstoß gegen Datenschutzbestimmungen, sondern auch ein eklatanter Vertrauensbruch, der weitreichende Konsequenzen nach sich ziehen kann.

Das LAG Köln urteilte in diesem Fall, dass eine außerordentliche Kündigung gerechtfertigt war. Die Tätigkeit des Systemadministrators und Innenrevisors, der in einer Position mit einer hohen Verantwortung für die Integrität und Sicherheit der Unternehmensdaten war, erforderte ein hohes Maß an Vertrauen. Dieses Vertrauensverhältnis zwischen Arbeitgeber und betroffenem Mitarbeiter war jedoch durch den unberechtigten Zugriff nachdrücklich zerrüttet.

In diesem Fall hielt das Gericht auch eine vorherige Abmahnung vor der Kündigung für nicht erforderlich. Die Schwere des Vertrauensbruchs war so groß, dass das Gericht entschied, eine außerordentliche Kündigung sei angemessen, auch ohne vorherige Abmahnung.

8.4.4 Unerlaubte Installation von Software

Doch auch bei anderen Verfehlungen drohen Admins schwerwiegende arbeitsrechtliche Konsequenzen. Dies zeigt ein Fall, der das Bundesarbeitsgericht in einem Urteil vom 12. Januar 2006 (Az.: 2 AZR 179/05) beschäftigte.[13]

---

[13] Das Urteil ist online verfügbar unter *www.bag-urteil.com/12-01-2006-bag-2-azr-17905/* (zuletzt aufgerufen am 15. Juni 2023).

Darin ging es um die unerlaubte Installation von Software und ganz konkret um einen Admin, der seine vertraglichen Pflichten dadurch verletzte, dass er während der Arbeitszeit eine Anonymisierungssoftware herunterlud und installierte. Diese nutzte er dann, indem er zu privaten Zwecken Daten aus dem Netz heruntergeladen hat. Dieses Verhalten ist besonders problematisch, wenn aus einer Dienstanweisung oder Dienstvereinbarung hervorgeht, dass die Installation privater Software ausdrücklich verboten ist.

In solchen Fällen, in denen ein Arbeitnehmer seine Dienstpflichten auf diese Weise schwer verletzt, ist es für den Arbeitgeber nach Ansicht des Bundesarbeitsgerichts möglich, eine ordentliche Kündigung auszusprechen, ohne dass zuvor eine Abmahnung erforderlich ist. Es ist daher für jeden IT-Administrator von größter Wichtigkeit, sich sowohl seiner rechtlichen Verpflichtungen als auch seiner vertraglichen Pflichten bewusst zu sein und diese stets zu respektieren, um seine berufliche Position und Reputation nicht zu gefährden.

8.4.5 Fallbeispiel: Der gelangweilte Admin

Im Februar 2020 entschied das Landesarbeitsgericht Köln (LAG) unter dem Aktenzeichen 4 Sa 329/19, dass die außerordentliche Kündigung eines Administrators rechtsgültig und aus triftigem Grund erfolgt war.[14] Dieser Entscheidung lag der Fall eines Mitarbeiters zugrunde, der über einen längeren Zeitraum während seiner Arbeitszeit private Internetangebote nutzte und private E-Mails empfing und beantwortete.

Beispielsweise rief er an einem Tag über den Browser insgesamt 616 Webseiten zu privaten Zwecken auf. Zudem hat er während des betrachteten Zeitraums an 32 Arbeitstagen insgesamt über 80 Änderungen an der Website seiner Mutter vorgenommen.

Ein wesentlicher Aspekt des Falls war die Frage, ob die Nutzung von persönlichen Daten im Einklang mit den datenschutzrechtlichen Bestimmungen stand. Nach Ansicht des Gerichts handelte es sich bei den auf dem Arbeits-Notebook gespeicherten Browserlogs und E-Mails um personenbezogene Daten im Sinne der DSGVO.

Der gekündigte Mitarbeiter hatte allerdings nicht wirksam in die Verwendung seiner privaten Daten eingewilligt. Er habe zwar bei der Aufnahme seiner Tätigkeit sein Einverständnis dazu erklärt, *dass der Arbeitgeber die auf den Arbeitsmitteln befindlichen Daten für die Zuordnung zu geschäftlichen oder privaten Vorgängen überprüft und auswertet*. Doch das Gericht hielt diese Einwilligung für rechtlich unwirksam, da sie unpräzise und zu weit gefasst war.

---

14 Das entsprechende Urteil ist online verfügbar unter *https://openjur.de/u/2200548.html* (zuletzt aufgerufen am 15. Juni 2023).

Das Gericht sah jedoch eine Rechtsgrundlage für die Erhebung und Verarbeitung der Daten in § 26 BDSG. Als IT-Fachmann war dem Mitarbeiter bewusst, dass die Erstellung von Logfiles erfolgt. Die Speicherung dieser Daten diente dem Ziel, die Einhaltung des Verbots der privaten Internet- und E-Mail-Nutzung überprüfen zu können. Das Gericht urteilte, dass der Arbeitgeber ein legitimes Interesse daran hatte, zu überprüfen, ob der Mitarbeiter gegen arbeitsvertragliche Vereinbarungen verstoßende Internetnutzung betreibt. Daher war auch die Auswertung der Browserverlaufsdaten und der E-Mails gerechtfertigt: Sie diente der Missbrauchskontrolle und bewegte sich somit im Rahmen der Zweckbestimmung.

Mit dieser Entscheidung des Landesarbeitsgerichts Köln wird deutlich, dass die Verletzung arbeitsvertraglicher Pflichten, wie z. B. die übermäßige private Nutzung von Internet und E-Mail während der Arbeitszeit, auch in der technischen Berufswelt zu ernsthaften Konsequenzen führen kann. Gleichzeitig wurde das Recht des Arbeitgebers unterstrichen, zur Überprüfung der Einhaltung solcher Pflichten personenbezogene Daten zu erheben und zu verarbeiten.

Doch dieses Urteil hat auch wichtige Implikationen für die datenschutzrechtlichen Aspekte in Arbeitsverhältnissen. Es betonte die Bedeutung einer präzisen und nicht zu weit gefassten Einwilligung der Mitarbeiter in die Verarbeitung ihrer personenbezogenen Daten durch den Arbeitgeber. Das Gericht bestätigte, dass solche Einwilligungen nur dann rechtlich wirksam sind, wenn sie klar und eindeutig formuliert sind, was im Rahmen der Entscheidung nicht der Fall war.

8.5 Bring Your Own Device (BYOD) und die Vermischung von Privatem und Geschäftlichem

Die zunehmende Verbreitung von Smartphones und anderen persönlichen Geräten im Arbeitsumfeld hat zu einer Verschmelzung von privaten und geschäftlichen Daten auf einem einzigen Gerät geführt. Diese Praxis, bekannt als *Bring Your Own Device (BYOD)*, wirft eine ganze Reihe von rechtlichen sowie technischen[15] und organisatorischen Fragen auf, die es grundsätzlich zu klären gilt.

Zwar sind in diesem Bereich viele Fragen durch eine entsprechende technische Gestaltung praktisch lösbar, insbesondere auch durch sogenannte *Containerlösungen*, die wichtigsten Probleme sollen jedoch nachfolgend zumindest in der Übersicht dargestellt werden.

- *Rechtsfragen bei der Einführung von BYOD*: Die Einführung von BYOD in einem Unternehmen wirft eine ganze Reihe von Rechtsfragen auf, die vorab geklärt wer-

---

15 Zu den technischen Aspekten von BYOD siehe auch Kapitel 3, »Technischer Datenschutz: Anforderungen der DSGVO an den IT-Betrieb«.

den müssen. Dazu gehören z. B. Fragen hinsichtlich des Datenschutzes, der Kostenverteilung und Besteuerung, der Mitbestimmung, der Lizenzierung und der Archivierungspflichten.

- *Übertragung von Unternehmensdaten auf private Geräte*: Eines der Hauptprobleme ist die Frage, unter welchen Umständen welche Unternehmensdaten auf private Geräte transferiert werden dürfen und welche nicht – dazu sind klare Richtlinien zu schaffen. Hierbei sind die Art der Daten, ihre Sensibilität und die gesetzlichen Anforderungen zu berücksichtigen. Zum Beispiel unterliegen die besonderen Kategorien personenbezogener Daten nach Art. 9 DSGVO, also z. B. medizinische Informationen, einem besonderen gesetzlichen Schutz und dürfen nicht ohne Rechtsgrundlage und erhebliche technische Schutzmaßnahmen auf privaten Geräten gespeichert werden – wenn überhaupt.

- *Umgang mit unternehmenskritischen Daten und Geschäftsgeheimnissen*: Der Umgang mit unternehmenskritischen Daten und Geschäftsgeheimnissen auf privaten Geräten stellt ebenfalls eine besondere Herausforderung dar. Dabei muss sichergestellt werden, dass diese Daten nicht nur sicher gespeichert, sondern auch bei Bedarf sicher übertragen werden. Hier kommen Technologien wie verschlüsselte Verbindungen und sichere Containerlösungen zum Einsatz, die es ermöglichen, geschäftliche und private Daten auf demselben Gerät zu trennen.

- *Kosten und Steuern*: Die Kostenverteilung zwischen Unternehmen und Mitarbeitern für Geräte, Software und Kommunikation muss geklärt werden. Es muss auch bestimmt werden, wie diese Kosten steuerlich behandelt werden, sowohl aufseiten des Unternehmens als auch des Mitarbeiters.

- *Datenschutz*: Zu den Datenschutzfragen gehört die Kontrolle des Zugriffs auf Unternehmensdaten, der Umgang mit privaten E-Mails und Daten, das Monitoring und das sogenannte *Remote Wipe* (*Fernlöschung*) von BYOD-Geräten. Zudem ist die Frage zu klären, was passiert, wenn Daten auf dem Gerät ins Ausland gebracht werden. Grundsätzlich sollten keine sensiblen personenbezogenen Daten auf privaten Geräten gespeichert werden, insbesondere keine Kranken- oder Sozialdaten.

- *Mitbestimmung*: Die Einbindung des Betriebsrats in das BYOD-Projekt und die Ausarbeitung einer Betriebsvereinbarung für den Einsatz von BYOD sind ebenfalls wichtige Aspekte, die berücksichtigt werden müssen.

- *Lizenzen*: Die Frage der Lizenzierung von Unternehmenssoftware und Apps für den dienstlichen Gebrauch auf BYOD-Geräten ist ein weiteres wichtiges Thema. Es muss klar sein, welche Software und welche Apps lizenziert und auf privaten Geräten genutzt werden dürfen.

- *Archivierungspflichten*: Darüber hinaus müssen E-Mails und Dokumente auf den Geräten rechtssicher archiviert werden. Dies gilt insbesondere für korrespondierende E-Mails und Dokumente, die als Geschäftsbriefe gelten und daher einer gesetzlichen Aufbewahrungspflicht unterliegen.

- *Unternehmensrichtlinien*: Unternehmensrichtlinien für BYOD-Endgeräte und private Daten und E-Mails müssen ausgearbeitet und kommuniziert werden. Es sollten auch klare Regeln für die Reparatur defekter Geräte festgelegt werden.
- *Haftungsfragen*: Die Haftungsfragen bei Zerstörung oder Verlust des Geräts sowie die Haftung für Schäden durch Verlust des Geräts müssen geklärt werden. Hierbei geht es um Fragen wie, wer für den Verlust oder die Beschädigung des Geräts und wer für den Verlust von Daten haftet.
- *Arbeitsrechtliche Probleme*: Zu den arbeitsrechtlichen Problemen gehören die Überwachung von Mitarbeitern, das Problem der Überschreitung der zulässigen Arbeitszeiten und die Unterbrechung von Ruhezeiten durch das Abfragen von E-Mails. Hierbei geht es auch um die Gefahr von Bußgeldern, die bei Verstößen gegen das Arbeitszeitgesetz drohen.
- *(allgemeine) Compliance*: Schließlich müssen Compliance-Fragen in Bezug auf die Organisation des Unternehmens und die Delegierung von Verantwortung geklärt werden. Dies beinhaltet auch die Frage, wer für die Einhaltung der BYOD-Richtlinien verantwortlich ist und wer bei Verstößen haftbar gemacht werden kann.

Im Rahmen der Einführung von BYOD ist es wichtig, all diese Fragen zu klären und klare Richtlinien und Verfahren für die Nutzung von privaten Geräten im beruflichen Kontext zu etablieren. Nur so kann sichergestellt werden, dass die Vorteile von BYOD genutzt werden können, ohne dass dabei die Sicherheit und Integrität der Unternehmensdaten gefährdet wird.

8.6 Ärger mit dem Chef: Wie können sich Admins gegen zweifelhafte Anweisungen wehren?

Nicht alles, was technisch möglich ist, ist auch erlaubt – das trifft in der Unternehmens-IT besonders auf die Einsichtnahme in Logfiles und andere Dateien mit personenbezogenen Daten zu. Brenzlig wird es regelmäßig dann, wenn die Chefetage einen solchen Einblick wünscht und dieser nicht durch technische oder rechtliche Notwendigkeiten bedingt ist.

»Stell dich mal nicht so an mit den Lizenzen!«, »Druck mal alle E-Mails des Mitarbeiters aus!« oder »Ich will jetzt sofort wissen, was der heute online gemacht hat!«: Nahezu jeder Administrator ist im Laufe seines IT-Lebens schon mal mit einer Anforderung eines Vorgesetzten konfrontiert worden, die aus juristischer Sicht zumindest fragwürdig ist. Aber wie geht eine Administratorin mit einer solchen Anfrage um, und was droht arbeitsrechtlich bei einer Verweigerung der Anweisung? Welche Maßnahmen können Unternehmen ergreifen, um solche Konflikte zu vermeiden?

8.6.1 Von der Neugier zum Kontrollwahn

Die Gründe für zweifelhafte Anweisungen an Administratoren sind vielfältig: von reiner Neugier der Vorgesetzten über die Anforderungen im Rahmen einer Leistungs- und Verhaltenskontrolle bis hin zu Fragen des Datenzugriffs bei (un)geplanter Abwesenheit eines Mitarbeiters. Meistens geht es aber im Kern darum, Daten, die von einem Mitarbeiter stammen oder sich konkret auf diesen beziehen, einem anderen Mitarbeiter oder dem Vorgesetzten zur Verfügung zu stellen.

Die Anfrage kann aber auch Fragen des IT-Betriebs an sich betreffen, z. B. wenn es um das Installieren nicht ordnungsgemäß lizenzierter Software geht oder wenn Software installiert oder ein Service betrieben werden soll, bei denen die datenschutzrechtliche Zulässigkeit zumindest zweifelhaft ist. Ein anderes praxisrelevantes Beispiel ist zudem die Weitergabe von Kundendaten an Dritte, die offenkundig keinen Anspruch auf diese Informationen haben und mit denen auch keine Vereinbarungen zum Schutz dieser Daten bestehen.

All diese Konstellationen bringen in der Praxis immer wieder Probleme mit sich, denn nicht alle diese Weisungen sind rechtlich akzeptabel. Ob ein Mitarbeiter sie dann auch umsetzen muss oder die Umsetzung in Zweifelsfällen verweigern darf, ist keine einfach zu beantwortende Frage.

8.6.2 Beschäftigte sind weisungsgebunden

Wer fest in einem Unternehmen angestellt ist, den verpflichtet sein Arbeitsvertrag, die vertraglich geschuldete Arbeitsleistung zu erbringen. Nicht geschuldet wird hingegen ein konkretes und überprüfbares Arbeitsergebnis, wie es z. B. von einem Vertragspartner im Rahmen eines Werkvertrags erwartet wird, also beispielsweise die Erstellung einer Website. Die Bindung an Weisungen des Arbeitgebers ist daher bei der Abgrenzung eines Arbeitnehmers von einem Selbstständigen ein zentrales Kriterium.

In einem typischen Beschäftigungsverhältnis ist es schon faktisch ausgeschlossen, alle möglichen und denkbaren Tätigkeiten vorab schriftlich in eine konkrete Vereinbarung zu überführen. Erforderlich ist es daher, dass ein Arbeitgeber auf der Basis von sich ständig ändernden Anforderungen und Rahmenbedingungen für jeden Beschäftigten individuell die Erwartungen an die Arbeitsleistung konkretisiert und sie ihm mitteilt. Zu berücksichtigen ist dabei auch, welche Art der Arbeit erbracht wird. Gerade bei eher einfachen Tätigkeiten ist in aller Regel ein höheres Maß an Anweisungen notwendig.

An diesem Punkt kommt das *Weisungsrecht* des Unternehmens, auch Direktionsrecht genannt, ins Spiel. Es ist in § 106 der *Gewerbeordnung* (*GewO*) geregelt. Danach kann der Arbeitgeber *Inhalt, Ort und Zeit der Arbeitsleistung nach billigem Ermessen näher bestimmen*. Diese weitgehende Freiheit gilt aber nur, *soweit diese Arbeitsbedin-*

gungen nicht durch den Arbeitsvertrag, Bestimmungen einer Betriebsvereinbarung, eines anwendbaren Tarifvertrages oder gesetzliche Vorschriften festgelegt sind. Das Direktionsrecht gilt auch *hinsichtlich der Ordnung und des Verhaltens der Arbeitnehmer im Betrieb.*

8.6.3 Das Weisungsrecht des Arbeitgebers

Verantwortlich für die Ausübung des Weisungsrechts ist der Arbeitgeber. Er delegiert es in der Regel, gerade bei größeren Unternehmen, auf seine Mitarbeiter. Das können leitende Angestellte, Abteilungsleiter oder auch andere Arbeitnehmer sein. Es muss dabei eindeutig festgelegt sein, wer zu derartigen Anweisungen bevollmächtigt ist – und wer nicht.

Nach einer Entscheidung des Bundesarbeitsgerichts (BAG) aus dem Jahr 2016 (Az.: 10 AZR 596/15)[16] hat der jeweilige Vorgesetzte die Möglichkeit, dem Arbeitnehmer *bestimmte Aufgaben zuzuweisen und den Ort und die Zeit ihrer Erledigung verbindlich festzulegen*. Solche Anweisungen sind für den Arbeitgeber zudem unerlässlich, um die Beschäftigten flexibel und den wechselnden Anforderungen entsprechend einsetzen zu können.

Ganz praktisch bedeutet das, dass der Arbeitgeber z. B. eine Kleiderordnung festlegen und, darauf basierend, den Mitarbeitern das Tragen von Jeans oder Turnschuhen verbieten oder sogar das Tragen einer Uniform anordnen kann. Ebenfalls ausgesprochen werden können kollektive Verbote am Arbeitsplatz, z. B. das Verbot von Alkohol- oder Zigarettenkonsum im Betriebsbereich.

8.6.4 Wenn Grenzen überschritten werden

Diesem Interesse an einer möglichst umfassenden Flexibilität steht aber das natürliche Interesse der Beschäftigten entgegen, nicht unbeschränkt zum Spielball möglicherweise fragwürdiger Entscheidungen zu werden. Wie verhält man sich also, wenn der Arbeitgeber Maßnahmen anordnet, die ein Admin für eindeutig rechtswidrig hält? Können Beschäftigte dann die Weisung verweigern? Und was riskieren sie in diesem Fall? Eine arbeitsrechtliche Abmahnung oder gar die Kündigung des Arbeitsverhältnisses?

Soweit das Direktionsrecht im Einzelfall auch gehen mag, es ist natürlich nicht unbegrenzt. Eingeschränkt wird es durch Gesetze und vertragliche Vereinbarungen. Entsprechend darf ein Arbeitgeber einem Mitarbeiter keine Anweisungen erteilen, die zur Folge hätten, dass dieser gegen geltendes Recht agieren muss. Gleiches gilt für

---

16 Das Urteil ist online verfügbar unter *www.bundesarbeitsgericht.de/entscheidung/10-azr-596-15/* (zuletzt aufgerufen am 15. Juni 2023).

einen Verstoß gegen bestehende Kollektivvereinbarungen, wie z. B. eine Betriebsvereinbarung.

So verstößt es beispielsweise gegen die Vorschriften des *Arbeitsschutzes*, wenn ein Admin von seinem Vorgesetzten die Anweisung erhalten würde, regelmäßig zwölf Stunden am Tag zu arbeiten. Ebenfalls unzulässig ist die Vorgabe, eindeutig rechtswidrig erlangte Software im Unternehmen zu installieren. Denn die Nutzung illegaler Kopien verletzt das Urheberrecht und kann neben Schadensersatzansprüchen sogar strafrechtliche Konsequenzen nach sich ziehen. Auch eine Anweisung, vertrauliche Daten des Unternehmens an Dritte weiterzugeben, die dafür bezahlt haben, wird kaum rechtmäßig sein.

Hier ist die Rechtsprechung eindeutig: Einer Weisung, die offensichtlich gegen ein Gesetz verstößt, muss der Arbeitnehmer nicht nachkommen. Folgt darauf eine verhaltensbedingte Abmahnung oder Kündigung, ist diese rechtswidrig.

8.6.5 Keine Pflicht zur Umsetzung rechtswidriger Anweisungen

Das entspricht inzwischen den Vorgaben des Bundesarbeitsgerichts (BAG). Dieses hatte noch bis vor wenigen Jahren die Auffassung vertreten, dass ein Arbeitnehmer eine Weisung seines Vorgesetzten auch dann zu befolgen hätte, wenn er sie für rechtswidrig hält – und zwar so lange, bis ein Gericht diese Gesetzeswidrigkeit explizit rechtskräftig feststellt. Diese wenig arbeitnehmerfreundliche Haltung hat das höchste Arbeitsgericht jedoch mit einem Urteil aus 2017 (10 AZR 330/16)[17] aufgegeben. Danach muss der Arbeitnehmer unbilligen Weisungen nicht Folge leisten.

Umgekehrt besteht für den Arbeitnehmer aber auch keine Pflicht, sich rechtswidrigen Vorgaben entgegenzustellen. Eine Ausnahme besteht lediglich bei Fällen schwerer Kriminalität, z. B. bei Mord, Landesverrat oder Raub. Anweisungen können also auch trotz offenkundiger Rechtswidrigkeit von den Angestellten ausgeführt werden. Wird dabei allerdings die Grenze zur Strafbarkeit überschritten, liegt das Risiko beim Mitarbeiter.

Mut zu beweisen und es nicht zu tun, kann hingegen im Einzelfall mit einem Risiko für den sich widersetzenden Angestellten verbunden sein. Stellt sich die Anweisung im Prozess rückwirkend als rechtmäßig heraus, muss er arbeitsrechtliche Konsequenzen befürchten. Diese reichen vom Verlust des Vergütungsanspruchs bis hin zu einer Abmahnung oder gar Kündigung.

---

17 Das Urteil ist online verfügbar unter *www.bundesarbeitsgericht.de/entscheidung/10-azr-330-16/* (zuletzt aufgerufen am 15. Juni 2023).

> **Fallbeispiel: Die renitente Sachbearbeiterin**
>
> Wie schwierig solche Abwägungen im Einzelfall sind, zeigt eine Entscheidung des BAG aus dem Jahr 2013 (10 AZR 270/12).[18] Klägerin des Verfahrens war eine Beschäftigte im öffentlichen Dienst, zu deren Aufgaben der Umgang mit Vergabeunterlagen ihres Arbeitgebers gehörte. Um ihre Arbeit weiter ausführen zu können, war ein qualifiziertes Zertifikat mit qualifizierter elektronischer Signatur notwendig, das nach dem zum damaligen Zeitpunkt gültigen Signaturgesetz nur natürlichen Personen erteilt werden konnte. Die Ausstellung einer elektronischen Signaturkarte setzte nämlich voraus, dass der Antragsteller anhand des Personalausweises identifiziert wird.
>
> Die Klägerin des Verfahrens weigerte sich jedoch, einen entsprechenden Antrag zu stellen, weil sie Bedenken hatte, ihre persönlichen Daten der privaten Firma zur Verfügung zu stellen, die die Anträge abwickelte. Die Weisung ihres Arbeitgebers sei unberechtigt, da sie nicht im Umgang mit der Signaturkarte geschult worden sei und es zudem andere Personen beim Arbeitgeber gebe, die solche Signaturen erzeugen könnten. Zudem verletze der notwendige Antrag auf Erteilung einer Signaturkarte auch ihr Recht auf informationelle Selbstbestimmung, weil sie ihre persönlichen Daten gegen ihren Willen einer privaten Firma mitteilen müsse. Sie habe Angst, dass mit ihren Daten Missbrauch getrieben werde.
>
> Mithilfe der Klage wollte die Beschäftigte feststellen lassen, dass die Weisung ihres Arbeitgebers nicht rechtmäßig war und sie die Ausführung der Anweisung verweigern durfte. Erfolgreich war sie damit allerdings nicht. Wie schon die Vorinstanzen wies auch das BAG ihre Klage ab und urteilte, dass sie verpflichtet war, dem Direktionsrecht des Arbeitgebers folgend das Zertifikat zu beantragen und damit Ausschreibungsunterlagen auf der elektronischen Vergabeplattform des Bundes zu veröffentlichen.
>
> Dies ergebe sich schon daraus, dass die Klägerin bereits in der Vergangenheit regelmäßig Vergabeunterlagen veröffentlicht habe. Insoweit habe sich ihr Aufgabenbereich nicht verändert, sondern lediglich die Art und Weise der Veröffentlichung und die dazu genutzten Arbeitsmittel, die der technischen Entwicklung angepasst wurden. Auch ein Verstoß gegen den Datenschutz läge nicht vor.

8.6.6 Umsetzung und Widerstand in der Praxis

Wie beschrieben, können betroffene Mitarbeiter – allen voran Admins – in der Praxis in eine Zwickmühle geraten: Auf der einen Seite steht die Weisung des Arbeitgebers und auf der anderen Seite zumindest ein gesundes Bauchgefühl, die Anweisung besser nicht auszuführen, oder sogar eine handfeste anderslautende rechtliche Vorgabe.

---

18 Das Urteil ist online verfügbar unter *www.bundesarbeitsgericht.de/entscheidung/10-azr-270-12/* (zuletzt aufgerufen am 15. Juni 2023).

Hat ein Mitarbeiter gesicherte Kenntnis darüber, dass die entsprechende Anweisung strafrechtliche Konsequenzen hat, sollte er sie zunächst nicht befolgen und umgehend Rat einholen. Grundsätzlich ist es in solchen Konfliktfällen immer hilfreich, sich Verbündete zu suchen, wobei hier unterschiedliche Möglichkeiten denkbar sind. So kann der Kontakt zu Vorgesetzten aus einer anderen Ebene oder aus einem anderen Bereich hilfreich sein, die Diskussion mit dem eigenen Vorgesetzten in die richtige Richtung zu lenken oder eine entsprechende Awareness für diese Frage bei der obersten Leitungsebene zu schaffen.

Darüber hinaus kommen auch zentrale Funktionsträger im Unternehmen als Ansprechpartner infrage. Zu nennen sind hier insbesondere der Betriebs- oder Personalrat sowie der für das Unternehmen zuständige Datenschutzbeauftragte oder die Datenschutzkoordinatoren. Wie auch der zentrale Informationssicherheitsbeauftragte oder die entsprechenden Koordinatoren haben diese Stellen in der Regel einen direkten Draht – oft mit entsprechendem Einfluss – zur obersten Leitungsebene und können dem Betroffenen somit zumindest Zeit verschaffen.

Im Zusammenhang mit der Verarbeitung personenbezogener Daten ist zudem auch ein Hilfesuchen bei der zuständigen Landesdatenschutzaufsicht denkbar. Ein solcher Schritt sollte aber – ebenso wie das Einschalten eines Anwalts – gut überlegt sein. Als hilfreich erweist es sich zur persönlichen Absicherung auch, wenn der betroffene Mitarbeiter darauf besteht, dass eine zweifelhafte Anweisung in schriftlicher Form erteilt wird. Allein diese Forderung führt nicht selten dazu, dass die Anweisung dann nicht konsequent aufrechterhalten wird oder nur noch in geänderter, meist entschärfter Form, umgesetzt werden soll.

8.6.7 Sonderregeln bei Notfällen

Liegt hingegen ein Notfall vor, bestehen ausnahmsweise erhöhte Anforderungen an die Treuepflicht des Arbeitnehmers. Diese Regelungen gelten formal für Naturkatastrophen wie Überschwemmungen, sind aber im IT-Bereich sicher auch auf gefährliche Angriffe auf die Unternehmens-IT-Systeme anwendbar. In solchen außergewöhnlichen Fällen gilt, dass Beschäftigte auch zu Arbeiten herangezogen werden können, die nicht in ihren Tätigkeitsbereich fallen. Hier ist es beispielsweise auch vertretbar, ausnahmsweise auf private Daten oder E-Mail-Konten zuzugreifen, wenn dort die Quelle von Malware zu vermuten ist.

Schlechte Planung ist allerdings kein Notfall. Nicht unter diese Regelung fallen daher vorhersehbare Engpässe, z. B. durch Urlaubszeiten, unzureichende Vertreterregelungen im Krankheitsfall oder Arbeitskräftemangel. Wenn eine solche Regelung versäumt wurde, darf man nicht einfach auf die Daten von Mitarbeitern zugreifen, selbst wenn diese dringend benötigt werden.

8.6.8 Rechtssicherheit für alle Beteiligten schaffen

Eine weitere hilfreiche Möglichkeit zum Erhalt des Betriebsfriedens besteht darin, bereits im Voraus konkrete Regelungen zu schaffen, auf die sich dann alle Beteiligten berufen können. Dies gilt insbesondere für die zuständigen Administratoren, die dadurch die Möglichkeit erhalten, mit Verweis auf die Regelung Anfragen der Vorgesetzten abzulehnen oder auch entsprechende Tätigkeiten zu verweigern.

Die Regeln für solche Konfliktfälle beschreiben die Rechte und Pflichten der Beteiligten, insbesondere der Administratoren, und erstrecken sich von grundsätzlichen Fragestellungen bis hin zu speziellen Regelungen. Zu den grundsätzlichen Überlegungen gehört eine Verpflichtung der Administratoren auf regelkonformes Handeln (Stichwort: *Compliance*), also die Einhaltung aller einschlägigen rechtlichen und betrieblichen Vorgaben. Dies erzeugt auf beiden Seiten ein Bewusstsein dafür, dass zentrale gesetzliche Vorgaben auch zwingend zu erfüllen sind. Dabei sind nicht nur die datenschutzrechtlichen Fragen, sondern insbesondere auch die damit verbundenen Aspekte der Informationssicherheit oder auch lizenzrechtliche Gegebenheiten zu berücksichtigen.

Darüber hinaus sollte klargestellt werden, dass das regelkonforme Verhalten eines Admins gegenüber der Weisung eines Vorgesetzten Vorrang hat. Dabei bietet es sich grundsätzlich an, für etwaige Konfliktfälle eine sogenannte *Schlichtungsstelle* einzurichten, bei der die vorhandenen zentralen Beauftragten, beispielsweise aus den Bereichen Datenschutz, Informationssicherheit und Gleichstellung sowie der Betriebs- oder Personalrat angemessen beteiligt werden sollten.

Ergänzt werden solch globale Vorgaben durch konkrete Anweisungen, wie Administratoren ihrer Aufgabe – dem Betrieb der Organisations-IT – nachkommen müssen. Neben der ordnungsgemäßen Pflege und Wartung der in der Organisation genutzten IT-Systeme sowie deren Betrieb nach dem Stand der Technik gehört auch eine Verpflichtung dazu, den zuständigen Stellen auf Anfrage Auskunft über deren Funktionsfähigkeit zu erteilen. Auskunft über die gegebenenfalls dabei verarbeiteten personenbezogenen Daten erhalten aber nur diejenigen, die dieses Wissen benötigen und die dafür bevollmächtigt sind.

Zudem sollte eine Auffangklausel all die Fälle regeln, die noch nicht erfasst werden können, z. B. weil dabei Sachverhalte zum Tragen kommen, die zum Zeitpunkt der Erstellung der konkreten Anweisungen noch nicht absehbar waren. Dies kann z. B. durch klare Festlegung des dann anzuwendenden Verfahrens inklusive der einzubeziehenden Beteiligten geschehen, und auch die bereits erwähnte klar definierte Kontakt- und Schlichtungsstelle für Zweifelsfälle hilft den Betroffenen. Dieses Vorgehen gibt den beteiligten Mitarbeitern insbesondere die Sicherheit, nicht »unter Druck« Dinge tun zu müssen, die ihnen zumindest zweifelhaft vorkommen.

> **Praxistipp: Verhalten bei rechtswidrigen Anweisungen**
>
> Die folgenden Tipps sollten Sie bei rechtswidrigen Anweisungen beherzigen:
>
> - nicht sofort ausführen.
> - um schriftliche Anweisung bitten.
> - zweifelhafte Anweisungen schriftlich protokollieren und gegebenenfalls um Bestätigung bitten
> - Rat suchen bei anderen Vorgesetzten, Betriebs- oder Personalrat, Datenschutzbeauftragten oder Informationssicherheitsbeauftragten. Sie können die Diskussion in Gang bringen und für die Problematik sensibilisieren.
> - gegebenenfalls die Landesdatenschutzaufsicht einschalten
> - Achtung: Bei Notfällen können andere Regeln für auszuführende Tätigkeiten oder Dateneinsicht gelten!

8.6.9 Schwieriger Umgang mit privaten Daten

Auch ein ordnungsgemäßer Umgang mit den privaten Daten der einzelnen Mitarbeiter gehört zu den Pflichten der Admins. Ein Zugriff erfolgt grundsätzlich nur mit Kenntnis und Zustimmung der Dateneigentümer, lediglich in einem Notfall darf dieser auch ohne explizite Zustimmung stattfinden – wie schon angesprochen, zur Abwehr etwaiger Schäden. Dann sind aber auf jeden Fall entsprechend kompensierende Maßnahmen, z. B. in Form der Beteiligung des Betriebs- oder Personalrats und des Datenschutzbeauftragten ratsam.

Aus Gründen der Transparenz kann auch verpflichtend geregelt werden, dass Admins Nutzern auf Anfrage Auskunft darüber zu erteilen haben, welche personenbezogenen Daten im IT-System erfasst und verarbeitet werden. Bestenfalls informieren Admins die Nutzer des IT-Systems auch unaufgefordert, sobald Prozesse etabliert werden, die automatisiert personenbezogene Daten der Anwender verarbeiten – hier ist insbesondere der Bereich Protokollierung und Logging zu nennen.

8.6.10 Vertreterregelungen sind das A und O

Darüber hinaus sollten Regelungen für die Vertretung von Mitarbeitern im Urlaubs- und Krankheitsfall getroffen werden. Da sich ein großer Anteil der strittigen Anweisungen um dieses Thema dreht, beispielsweise die Einsicht in die E-Mails abwesender Mitarbeiter, wird die Gesamtsituation durch entsprechende Vorgaben deutlich entschärft.

Zu klären ist dabei die Frage, was passieren soll, wenn die übliche Vertreterregelung nicht mehr umsetzbar ist, beispielsweise weil ein Mitarbeiter im Urlaub und auch sein Vertreter erkrankt ist. Auch das Einrichten nicht personalisierter Funktions-E-Mail-Adressen sowie klare Regeln für den Zugriff auf E-Mail-Konten nach dem Ausscheiden von Mitarbeitern können helfen, zweifelhafte Anfragen und Anweisungen zu vermeiden. Sofern ein Betriebsrat vorhanden ist, empfiehlt es sich, diese Fragen in einer Betriebsvereinbarung zu regeln.

Nur mit einer guten Vorbereitung und klaren Regeln für den Fall der Fälle lassen sich unklare Situationen und damit verbundene Streitigkeiten von vornherein vermeiden. Die Rechtsprechung lässt dabei viel Raum und fördert grundsätzlich selbstbewusste Mitarbeiter, die nicht alles mit sich machen lassen und bei eindeutig rechtswidrigen Vorgaben auch einmal Widerstand leisten.

8.7 Mitbestimmungsrecht der Arbeitnehmervertretungen

Die Verarbeitung personenbezogener Daten im Beschäftigungsverhältnis unterliegt den Mitbestimmungsrechten der Arbeitnehmervertretung, wie z. B. Betriebs- oder Personalräten – sofern ein solcher vorhanden ist. Dies ergibt sich aus den allgemeinen Regelungen des Betriebsverfassungsgesetzes, des Personalvertretungsgesetzes oder vergleichbarer landesrechtlicher Bestimmungen.

Die zwingenden Beteiligungsrechte des Betriebsrats, an dessen Beispiel die Mitbestimmung hier dargelegt wird, unterteilen sich in die drei Bereiche

- Mitbestimmung in sozialen Angelegenheiten,
- Mitbestimmung in personellen Angelegenheiten und
- Mitbestimmung in wirtschaftlichen Angelegenheiten.

Im Bereich der IT praktisch besonders relevant ist die Mitbestimmung bei technischen Einrichtungen und bei der Überwachung von Mitarbeitern.

8.7.1 Einführung und Nutzung von technischen Einrichtungen

Zentraler Punkt des Mitbestimmungsrechts im technischen Bereich ist § 87 Abs. 1 Nr. 6 des Betriebsverfassungsgesetzes (BetrVG). Dieser sieht ein Mitbestimmungsrecht des Betriebsrats vor bei der

Einführung und Anwendung von technischen Einrichtungen, die dazu bestimmt sind, das Verhalten oder die Leistung der Arbeitnehmer zu überwachen;

Dieses Recht umfasst also nicht nur die Nutzung von technischen Einrichtungen, sondern die Personalvertretung muss bereits vor deren Einführung befragt werden. Erfolgt keine Zustimmung, darf der Arbeitgeber die technische Einrichtung nicht einführen. Denn in diesem Fall hat der Betriebsrat einen Unterlassungsanspruch, den er auch gerichtlich geltend machen kann und der schon in vielen Projekten für ein jähes Ende ambitionierter Vorhaben gesorgt hat.

Einzubeziehen ist die Personalvertretung bereits dann, wenn eine technische Einrichtung *objektiv geeignet* ist, die Mitarbeiter zu überwachen. Es kommt also nicht darauf an, dass die Technik mit der Absicht eingeführt wird, Personen im Unternehmen zu überwachen. Die Liste derartiger technischer Einrichtungen ist lang und reicht von Überwachungskameras bis hin zu Office-Software, Zeiterfassungssystemen oder GPS-Überwachung.

Praxistipp: Beispiele für mitbestimmungspflichtige Überwachung
- Videoüberwachung
- Telefonanlagen
- Videotelefonie
- Chat-Software
- Geräte zur Arbeitszeiterfassung
- Fotokopierer mit individueller Anmeldung für den Benutzer
- Fahrtenschreiber
- Systeme zur biometrischen Zugangskontrolle
- Microsoft 365

Sinn und Zweck dieses weitreichenden Mitbestimmungsrechts ist der Schutz der Arbeitnehmer vor Überwachungsdruck ebenso wie vor der Verletzung ihrer allgemeinen Persönlichkeitsrechte. Dem liegen Erkenntnisse aus der Arbeitsmedizin zugrunde, dass insbesondere die psychische Gesundheit durch eine dauerhafte Überwachung erheblich beeinträchtigt werden kann. Dementsprechend empfiehlt es sich, den Betriebsrat bereits frühzeitig bei der Einführung der datenerfassenden Systeme einzubeziehen.[19]

8.7.2 Mitarbeitervertretung und Überwachung

Wie oben dargelegt, ist die Frage nach der Zulässigkeit der Überwachung der Mitarbeiter ein rechtlicher sowie technischer Balanceakt. Daher hat der Gesetzgeber der Personalvertretung ein Mitbestimmungsrecht eingeräumt, durch das ein möglichst fairer Ausgleich zwischen den Interessen des Unternehmens und den Interessen der Mitarbeiter gelingen soll. So kann und soll der Betriebsrat die Notwendigkeit des Sammelns von Daten ebenso hinterfragen wie deren Auswertung vor dem Zeitpunkt des Löschens.

---

19 Bei einer nachträglichen Gründung eines Betriebsrates hat dieser das Recht, auch bei bereits laufenden IT-Verfahren sein Mitbestimmungsrecht auszuüben.

Konkret ist bei der Einrichtung und Nutzung einer technischen Überwachungseinrichtung die Art und Weise des Einsatzes der Einrichtung zu hinterfragen. Hierzu gehören beispielsweise folgende Fragen:

- Welche Daten von welchem Mitarbeiter werden gespeichert?
- Wie lange werden diese Daten vorgehalten, und wann werden sie wie gelöscht?
- Unter welchen Voraussetzungen wird auf diese Daten zugegriffen?
- Wer hat Zugriff auf diese Daten? Gibt es ein Mehraugenprinzip?
- Zu welchem Zweck dürfen die Informationen ausgewertet werden?
- Ist eine Verwendung der Daten zur dauerhaften Leistungskontrolle ausgeschlossen?

Fallbeispiel: BAG – Überwachung per Keylogger

Der Einsatz eines Software-Keyloggers, mit dem alle Tastatureingaben an einem dienstlichen Computer für eine verdeckte Überwachung und Kontrolle des Arbeitnehmers aufgezeichnet werden, ist nach einer Entscheidung des Bundesarbeitsgerichts (BAG) vom Urteil vom Juli 2017 (Az.: 2 AZR 681/16) unzulässig, wenn kein auf den Arbeitnehmer bezogener, durch konkrete Tatsachen begründeter, Verdacht einer Straftat oder einer anderen schwerwiegenden Pflichtverletzung besteht.[20]

Der Kläger war bei der Beklagten als Webentwickler beschäftigt. Im Zusammenhang mit der Freigabe eines Netzwerks teilte die Beklagte ihren Arbeitnehmern im April 2015 mit, dass der gesamte Internet-Traffic und die Benutzung ihrer Systeme mitgeloggt werde. Sie installierte auf dem Dienst-PC des Klägers eine Software, die sämtliche Tastatureingaben protokollierte und regelmäßig Bildschirmfotos (Screenshots) anfertigte.

Nach der Auswertung der mithilfe dieses Keyloggers erstellten Dateien fand ein Gespräch mit dem Kläger statt. In diesem Gespräch räumte er ein, seinen Dienst-PC während der Arbeitszeit privat genutzt zu haben. Auf schriftliche Nachfrage hin gab er an, nur in geringem Umfang und in der Regel in seinen Pausen ein Computerspiel programmiert und E-Mail-Verkehr für die Firma seines Vaters abgewickelt zu haben. Die Beklagte kündigte das Arbeitsverhältnis außerordentlich fristlos, hilfsweise ordentlich.

Das Gericht entschied, dass die durch den Keylogger gewonnenen Erkenntnisse über die Privattätigkeiten des Klägers im gerichtlichen Verfahren nicht verwertet werden dürfen. Die Beklagte hat durch dessen Einsatz das als Teil des allgemeinen Persönlichkeitsrechts gewährleistete Recht des Klägers auf informationelle Selbstbestimmung (Art. 2 Abs. 1 i. V. m. Art. 1 Abs. 1 GG) verletzt. Die Informationsgewinnung war unzulässig. Die Beklagte hatte beim Einsatz der Software gegenüber dem Kläger kei-

---

20 Das Urteil ist online verfügbar unter *www.bundesarbeitsgericht.de/entscheidung/2-azr-681-16/* (zuletzt aufgerufen am 15. Juni 2023).

nen auf Tatsachen beruhenden Verdacht einer Straftat oder einer anderen schwerwiegenden Pflichtverletzung. Die von ihr »ins Blaue hinein« veranlasste Maßnahme war daher unverhältnismäßig. Hinsichtlich der vom Kläger eingeräumten Privatnutzung hat das Landesarbeitsgericht ohne Rechtsfehler angenommen, diese rechtfertige die Kündigungen mangels vorheriger Abmahnung nicht.

In besonders eilbedürftigen Fällen kann ein Betriebsrat das ihm zustehende Mitbestimmungsrecht hinsichtlich der Überwachungseinrichtungen in einem sogenannten Verfügungsverfahren beim Arbeitsgericht geltend machen, also in einem gerichtlichen Eilverfahren. Auf Basis einer dabei erlassenen einstweiligen Verfügung kann so innerhalb weniger Tage oder Wochen eine zumindest vorübergehende gerichtliche Entscheidung herbeigeführt werden.

Kapitel 9
Einführung Compliance

In diesem Kapitel bieten wir Ihnen eine Einführung in den immer wichtiger werdenden Bereich der Compliance. Wir erklären den Begriff und seine Auswirkungen sowie potenzielle Haftungsrisiken für Unternehmensführungen. Ganz praktisch erfahren Sie, wie Sie mit Whistleblowern und Schatten-IT umgehen müssen und welche Geschenke Sie annehmen dürfen.

Im Englischen bedeutet »to comply with« sowohl das Befolgen von Regeln als auch das kooperative Verhalten von Patienten im Rahmen einer Therapie. *Compliance* beschreibt die *Übereinstimmung einer Organisation mit geltenden Gesetzen, Regulierungen, Branchenstandards, freiwilliger Kodizes und ethischen Grundsätzen*. Ziel ist es sicherzustellen, dass eine Organisation ihre Verpflichtungen und Verantwortlichkeiten erfüllt und potenzielle rechtliche und finanzielle Risiken vermeidet.

9.1 Die Grundlagen: Was ist überhaupt Compliance?

Von der Compliance umfasst wird also die Summe aller zu ergreifenden Maßnahmen, um *rechtstreues Verhalten* der Mitarbeiter, der Geschäftsleitung und zum Teil auch der Geschäftspartner zu gewährleisten. Die zentrale Idee der Compliance ist also neben der *Risikovorbeugung* auch die *Schadensabwehr* und die *Haftungsvermeidung* im Unternehmen. Durch die stetig steigende Regulierungsdichte in nahezu allen Rechs- und Unternehmensbereichen ist die Einführung von Compliance-Strukturen primär in großen, inzwischen aber auch in mittelständischen Unternehmen ein zunehmend wichtiges Thema.

Dabei wird eine Vielzahl von einzelnen Bereichen betrachtet, wie beispielsweise:

- *Datenschutz-Compliance*: Organisationen müssen sicherstellen, dass sie die Anforderungen der *Datenschutzgesetze* wie DSGVO, BDSG oder TTDSG einhalten, indem sie z. B. die Privatsphäre ihrer Kunden und Mitarbeiter schützen und sicherstellen, dass personenbezogene Daten sicher und geschützt aufbewahrt werden. Der besondere Blick der Compliance richtet sich dabei weniger auf die konkrete Umsetzung von einzelnen Vorgaben des Datenschutzes, sondern betrachtet vielmehr die Organisation im Unternehmen, die eine entsprechende Umsetzung ermöglicht.

- *Compliance im Personalwesen*: Dieser Bereich umfasst die Übereinstimmung mit Arbeitsgesetzen und -vorschriften, wie z. B. dem *Mindestlohngesetz* und *Arbeitsschutzvorschriften*. Ziel ist es sicherzustellen, dass faire und gleiche Arbeitsbedingungen für alle Mitarbeiter bestehen und dass das Unternehmen seine Verpflichtungen gegenüber den Mitarbeitern erfüllt.

  In diesen Bereich gehört auch das Mitte 2023 in Kraft getretende *Hinweisgeberschutzgesetz*, das sogenannte Whistleblower schützen soll. Darunter versteht man Personen, die vertrauliche oder unethische Informationen aus ihrer Arbeit oder der Organisation an die Öffentlichkeit oder an eine andere Stelle weitergeben.

- *IT-Compliance*: Dieser Bereich beschäftigt sich mit der Umsetzung und Einhaltung der Regelungen im Bereich der IT. Der europäische sowie der deutsche Gesetzgeber haben hierzu in den letzten Jahren eine Vielzahl von Regulierungen geschaffen.

  Hierzu gehören im Bereich der Gesetze z. B. Vorgaben aus der DSGVO, dem TTDSG, dem *Gesetz zur Kontrolle und Transparenz im Unternehmensbereich (KonTraG)* oder – als Ausgestaltung der Regelungen des IT-Sicherheitsgesetzes – aus dem BSI-Gesetz. Aber auch *ISO-* oder *DIN-Normen* sowie Vorgaben des *Bundesamts für Sicherheit in der Informationstechnik (BSI)* können ebenso relevant sein.

- *Umwelt-Compliance und Nachhaltigkeit*: Ein Bereich, dessen Bedeutung in naher Zeit enorm steigen wird, ist der Bereich der Compliance im *Umweltschutz*. Hier bestehen bereits umfangreiche Vorgaben z. B. bei Verpackungen, Entsorgung, Batterien oder Emissionen. Auf europäischer Ebene sind im Rahmen des *Green New Deal* der EU eine Vielzahl von neuen Regulierungen im Gesetzgebungsverfahren[1].

> **Hinweis: Der Green New Deal**
> Die EU-Mitgliedstaaten haben sich das Ziel gesetzt, bis 2050 Klimaneutralität zu erreichen und damit ihren Verpflichtungen im Rahmen des Übereinkommens von Paris nachzukommen. Der Green New Deal ist die Strategie, mit der die EU ihr Ziel für 2050 erreichen möchte. Dieser Plan wird zu einer Vielzahl an nationalen und europäischen Vorgaben in Sachen Nachhaltigkeit führen, die einen erheblichen Einfluss nicht nur auf das produzierende Gewerbe mit sich bringen wird. Diese Vorgaben sind im Rahmen einer Compliance-Strategie rechtzeitig zu identifizieren, zu analysieren und hinsichtlich des Unternehmens umzusetzen.

- *Finanz-Compliance*: Hierzu zählt die Einhaltung von Bilanzierungsregeln und Buchhaltungsstandards, ebenso wie das Steuerrecht. Je nach Tätigkeitsbereich können hierzu aber auch Regeln wie die *International Financial Reporting Standards (IFRS)* oder die *Generally Accepted Accounting Principles (GAAP)* zählen. Im Rahmen der Finanz-Compliance gehört es zu den Aufgaben von Organisationen,

---

[1] Details dazu: *www.consilium.europa.eu/de/policies/green-deal/* (zuletzt aufgerufen am 15. Juni 2023).

sicherzustellen, dass ihre Finanzberichte transparent, genau und verständlich sind und dass alle relevanten Geschäftstransaktionen ordnungsgemäß erfasst und aufgezeichnet werden.

Diese Liste ist allerdings nur ein kleiner Ausschnitt, denn die Anzahl an Compliance-Vorgaben wird jeden Tag länger. Hierzu zählen z. B. auch das Außenwirtschaftsrecht, *Fraud Prevention*, Zoll- und Produkthaftung oder das 2023 in Kraft tretende *Lieferkettensorgfaltspflichtgesetz*[2].

Den Umgang mit solchen *Regulierungen* effektiv und umfassend zu gestalten, ist eine große Herausforderung für alle Organisationen und wird dazu führen, dass Compliance eine immer wichtigere Rolle im Unternehmensalltag spielen wird. So werden in einigen Unternehmen die Bereiche Recht und Datenschutz inzwischen organisatorisch als Unterabteilungen der *Compliance-Abteilung* zugeordnet.

Vernachlässigt eine Organisation die Compliance-Anforderungen, kann dies zu einer persönlichen Haftung der Geschäftsleitung sowohl gegenüber dem Unternehmen als auch gegenüber Dritten führen. Im schlimmsten Fall droht sogar eine persönlich strafrechtliche Haftung der Geschäftsführung. Um dieser Gefährdung zu entgehen, ist die Schaffung einer Struktur im Unternehmen unumgänglich, die insbesondere auch die Verantwortung von der Spitze nach unten delegiert.

Hierzu ist – gerade bei größeren Unternehmen – der Aufbau einer Compliance-Abteilung unumgänglich. Diese dient dazu, die Risiken für die Organisation zu identifizieren, konkrete Gegenmaßnahmen festzulegen und diese dann auch umzusetzen. Für den Mittelstand besteht zwar derzeit keine unmittelbare rechtliche Verpflichtung zum Aufbau von Compliance-Strukturen. Allerdings hat die Geschäftsführung grundsätzlich im Rahmen ihrer *Legalitätspflicht* dafür Sorge zu tragen, dass das Unternehmen so organisiert und beaufsichtigt wird, dass keine Gesetzesverstöße – beispielsweise in Form von Schmiergeldzahlungen – erfolgen. Seiner Organisationspflicht kann ein Geschäftsführer bei entsprechender Gefährdungslage dann genügen, wenn er eine auf Schadensprävention und Risikokontrolle angelegte Compliance-Organisation einrichtet.

Neben den Haftungsaspekten spielt dabei auch die *Außenwahrnehmung* eine große Rolle. Hier droht negative PR, z. B. bei der Verhängung von Bußgeldern im Bereich DSGVO oder auch durch Negativschlagzeilen bei der Verstrickung des Unternehmens in Ausbeutung, Grundrechtsverletzungen oder Kinderarbeit in den Herstellungsländern.[3]

---

2 Eine gute Übersicht über die Pflichten nach dem Lieferkettensorgfaltspflichtgesetz bietet die Website unter *www.csr-in-deutschland.de* (zuletzt aufgerufen am 15. Juni 2023).
3 Man denke hier beispielsweise an die Verstrickung der Textilindustrie in grauenhafte Arbeitsbedingungen in Dritte-Welt-Ländern und dadurch entstehende Katastrophen, siehe z. B. *www.sueddeutsche.de/panorama/brand-in-textilfabrik-in-bangladesch-die-arbeitsbedingungen-waren-wohl-furchtbar-1.1532948* (zuletzt aufgerufen am 15. Juni 2023).

Schließlich kann eine Compliance-Abteilung auch die *Unternehmenskultur* fördern. Dies gilt auf der einen Seite für die Einführung von *Whistleblowing-Strukturen* oder Umweltschutzmaßnahmen, aber auch für eine *Corporate Culture*, mit denen sich die Mitarbeiter auf ethischer Basis identifizieren können und die sie unterstützen. Gerade für die Rekrutierung von Mitarbeitern in einem umkämpften Bewerbermarkt sind solche Regulierungen im Rahmen des sogenannten *Employer Branding* von immer größerer Bedeutung.

> **Fallbeispiel: Das verbotene Geschenk**
>
> Man sagt, Geschenke erhalten die Freundschaft. Das gilt allerdings im Business-Umfeld nur sehr eingeschränkt. Doch wann dürfen Sie eine harmlose Aufmerksamkeit bedenkenlos annehmen und wo ist die Grenze erreicht, bei der Sie sich pflichtwidrig verhalten? Die Grenze ist eindeutig dort erreicht, wo sich der Schenkende von seiner Gabe eine Gegenleistung erhofft oder eine solche entlohnt. Auf der anderen Seite sind geringfügige Zuwendungen, wie z. B. ein Kugelschreiber oder Kalender, in aller Regel bereits aufgrund ihres geringen Wertes sozialadäquat und daher akzeptabel.
>
> Um einem Missbrauch entgegenzuwirken, empfiehlt es sich, klare und verbindliche Verhaltensrichtlinien zu erarbeiten und diese im Rahmen einer Compliance-Struktur umzusetzen. In diesem Rahmen ist es sinnvoll, eine klare Wertgrenze für die Annahme von Geschenken oder Einladungen festzusetzen gesetzt und ein Verfahren zu etablieren, wie sich Mitarbeitende in derartigen Fällen oder beim Angebot von wertvolleren Geschenken verhalten sollen. Als Richtwert wird hier häufig eine Wertgrenze von 35 EUR festgelegt, denn ab dieser Summe endet die Freigrenze des Betriebsausgaben- und Vorsteuerabzugs. Sehen sich die Mitarbeiter mit höheren Zuwendungen in Form von Geschenken oder Einladungen konfrontiert, bedarf es dann der vorherigen Bewilligung durch den Vorgesetzten.

Eine effektive Compliance-Strategie beinhaltet schließlich auch die *Schulung* und Weiterbildung von Mitarbeitern, um sicherzustellen, dass sie die relevanten Gesetze und Vorschriften verstehen und entsprechend einhalten. Eine offene Kommunikation und eine klare Berichterstattungsstruktur tragen auch dazu bei, dass eine Organisation Compliance-Fragen schnell und effektiv bewältigen kann.

Insgesamt ist Compliance im Idealfall ein wichtiger Teil einer erfolgreichen Geschäftspraxis und hilft Organisationen, ihre Verpflichtungen und Verantwortlichkeiten gegenüber Gesellschaft, Kunden und Mitarbeitern zu erfüllen. Eine effektive *Compliance-Strategie* ist wichtig, um potenzielle rechtliche und finanzielle Risiken zu minimieren und die Integrität und das Ansehen einer Organisation zu erhalten. Dazu ist ein regelmäßiger Überprüfungs- und Überwachungsprozess unerlässlich, um sicherzustellen, dass auch aktuelle und zukünftige Herausforderungen rechtzeitig berücksichtigt werden.

Allerdings ist Compliance auch ein Bereich intensiver Selbstbeschäftigung, in den man ein nahezu unendliches Maß an Aufmerksamkeit, Geld und Ressourcen stecken kann. Es besteht zudem die Gefahr von interner *Überregulierung*, die ein Unternehmen regelrecht lähmen kann. Hier gilt es, ein nicht übertriebenes gesundes Mittelmaß bei der Umsetzung des vorhandenen Compliance-Rahmens zu schaffen.

9.2 Verletzung von Compliance-Vorgaben: Risiken für Unternehmen

Die Nicht-Einhaltung von Compliance-Regeln kann in Ihrem Unternehmen zu sehr unangenehmen Folgen führen. Die Liste möglicher Sanktionen reicht dabei von Unternehmensstrafen, Bußgeldern, Gewinnabschöpfung oder dem Verfall des durch einen Gesetzesverstoß erzielten Gewinns. Neben diese direkten Verluste können zudem auch zusätzliche externe und interne Kosten für Gerichtsverfahren oder Schadenersatzansprüche treten. Sofern Sie als Geschäftsführer oder Vorstand tätig sind, droht Ihnen sogar eine persönliche Haftung bis hin zu einer möglichen Strafbarkeit.

Schäden sind dabei in mehreren Bereichen denkbar:

- *Schäden bei Vertragspartnern*, beispielsweise durch Verstöße gegen Vertragsbedingungen, Geheimhaltungspflichten oder Regelungen im Rahmen von Geschäftstätigkeiten.
- *Schäden bei Kunden*, z. B. aufgrund von Datenschutzverletzungen oder falschen Angaben über Produkte oder Dienstleistungen, bis hin zu körperlichen Schäden durch Produktmängel.
- *Schäden bei Aktionären* aufgrund von Verstößen gegen die Verpflichtung zur Offenlegung von Informationen oder zur Aufrechterhaltung einer ordnungsgemäßen Finanzberichterstattung.
- *Bußgelder* im Rahmen einer Schädigung der Gesellschaft, beispielsweise aufgrund von Verstößen gegen Gesetze oder Vorschriften, wie z. B. Umweltgesetzen, Datenschutz- oder Verbraucherschutzvorschriften.
- *Arbeitsrechtliche Sanktionen* gegenüber Mitarbeitern: Beschäftigten kann bei Verstoß gegen die Vorgaben des Unternehmens im Compliance-Bereich arbeitsrechtliches Ungemach drohen. So droht beispielsweise bei Bestechung eine fristlose Kündigung.

Wie hoch die Sanktionen für ein Unternehmen finanziell ausfallen, hängt primär von dem verletzten Rechtsbereich ab. So droht im Rahmen der DSGVO bei gravierenden Verstößen ein Bußgeldrahmen bis zu 20 Mio. Euro oder bis zu 4 % des gesamten weltweit erzielten Jahresumsatzes im vorangegangenen Geschäftsjahr – je nachdem, welcher Wert der höhere ist. Durch das IT-Sicherheitsgesetz 2.0 wurden der Bußgeldrahmen für Betreiber kritischer Infrastrukturen im BSI-Gesetz tatbestandsabhängig auf vier Stufen zwischen 100.000 EUR und 2 Mio. EUR festgesetzt.[4] Das TTDSG sieht dagegen in § 28 bei Verstößen nur einen Bußgeldrahmen von bis zu 300.000 EUR vor.

Hohe finanzielle Risiken drohen aber auch aus anderen Bereichen. So kennt die DSGVO nicht nur Bußgelder, sondern auch *Schadensersatzansprüche* der Betroffenen bei Verstößen gegen den Datenschutz. Hier bergen beispielsweise *Data Breaches* große Risiken. Zwar liegen die den einzelnen Betroffenen zugesprochenen Summen bisweilen nur bei 100 EUR[5]. Aber wenn von dem Vorfall Hunderte oder gar zehntausend Nutzer betroffen sind, besteht hier ein hohes finanzielles Risiko für das verantwortliche Unternehmen.

Gleiches gilt hier auch für *Gewinnabschöpfungsansprüche*, wie sie beispielsweise bei nicht erlaubten Preisabsprachen bestehen. Schließlich drohen auch indirekte Schäden. So kann das Unternehmen als »Regelbrecher« von zukünftigen Ausschreibungen ausgeschlossen werden. Auch Umsatzverluste in Form von Kaufzurückhaltung durch die Kunden sind nicht ausgeschlossen.

9.3 Verletzung von Compliance-Vorgaben: Pflichten und Haftung von Führungskräften

Wenn Sie als Geschäftsführer eines Unternehmens den Bereich der Compliance angehen, gehört es zu Ihren persönlichen Aufgaben, eine *Compliance-Kultur* zu etablieren und auch zu leben. Denn dies geht grundsätzlich nur im Rahmen eines *Tone-from-the-Top-Ansatzes*. Das von den Mitarbeitern erwartete Verhalten muss von der Führung durch aktives, konsistentes und dauerhaftes Verhalten vorgelebt werden. Ein Verhalten, das Compliance schafft, muss nicht nur demonstriert, sondern aktiv gefördert werden. Und natürlich haben Führungskräfte bei der Unterstützung von Compliance-Ansätzen noch ein anderes, höchst eigenes Interesse: Die Vermeidung eigener *Haftungsrisiken*.

9.3.1 Grundlagen der Geschäftsführerhaftung

Wer eine Leitungsfunktion in einem Unternehmen hat, muss bei der Ausübung dieser Funktion die Sorgfalt eines ordentlichen und gewissenhaften Geschäftsleiters an den Tag legen. Dies ergibt sich beispielsweise für Aktiengesellschaften aus § 93 des

---

4 Durch den Verweis auf § 30 Abs. 2 Satz 3 des Gesetzes über Ordnungswidrigkeiten (OWiG) ist tatbestandsabhängig sogar eine Verzehnfachung dieser Summen möglich.
5 So beispielsweise im Fall der Nutzung von Google Fonts.

Aktiengesetzes (AktG). Der *Vorstand* oder die *Geschäftsführung* haben dabei naheliegenderweise zunächst die Verpflichtung, selbst keine Straftaten oder anderweitige Verfehlungen zu begehen.

Die Kernaufgabe der Führung liegt aber in der Pflicht zur Überwachung des Unternehmens und der dort beschäftigten Mitarbeiter hinsichtlich eines rechtskonformen Verhaltens. Diese *Legalitätspflicht* und *Legalitätskontrollpflicht* verlangt, das Unternehmen unter strikter Beachtung der Gesetze und sonstigen relevanten Regularien zu führen. Hinsichtlich dieser Pflicht besteht auch keinerlei Ermessensspielraum, der z. B. eine Abwägung von eventuellen Vorteilen erlaubt, die eine Regelverletzung bringen könnte. Führungskräfte sind zudem verpflichtet, das Unternehmen so zu organisieren, dass sich die Mitarbeiter und auch externe Dienstleister des Unternehmens regelkonform verhalten. Dies gilt insbesondere auch für die Compliance im IT-Bereich.

Wie sie dieses Ziel erreichen, bleibt den Führungskräften im Rahmen eines weitgehenden Ermessensspielraums selbst überlassen. Höchst praxisrelevant ist damit die Frage, wann die Grenzen des Ermessens überschritten werden und eine persönliche Haftung des Betroffenen im Raum steht. Was noch erlaubt ist, definiert die sogenannte *Business Judgement Rule*, die in § 93 AktG festgehalten ist.

Danach liegt keine Pflichtverletzung der Leitung vor, wenn sie *bei einer unternehmerischen Entscheidung vernünftigerweise annehmen durfte, auf der Grundlage angemessener Informationen zum Wohle der Gesellschaft zu handeln*. Dies bedeutet, dass kalkulierte unternehmerische Risiken natürlich möglich und deshalb unter bestimmten Voraussetzungen rechtmäßig sind.

In der Praxis werden diese Merkmale, die erfüllt sein müssen, damit die *Haftungsfreistellung* der Business Judgement Rule greift, in fünf *Tatbestandsmerkmale* eingeteilt, die kumulativ vorliegen müssen:

- unternehmerische Entscheidung
- zum Wohl der Gesellschaft
- keine sachfremden Einflüsse
- Vorhandensein von angemessener Information
- guter Glaube

Voraussetzung für eine solche kalkulierte Entscheidung muss allerdings stets eine breite Informationsbasis sein. Die Geschäftsleitung ist verpflichtet, sämtlich zur Verfügung stehenden Erkenntnisquellen auszuschöpfen und die daraus gewonnenen Erkenntnisse gründlich abzuwägen. Im Bereich der digitalen Infrastruktur eines Unternehmens resultiert daraus, dass die Geschäftsleitung auch vorhandene IT-Risiken kennen muss, die das Unternehmen beeinträchtigen könnten.

Werden Risiken nicht angemessen identifiziert und bewertet und entsteht daraus ein Schaden für das Unternehmen, kann daraus für die Führungsperson das Risiko einer persönlichen Haftung entstehen. Der Betroffene muss dann im Zweifelsfall im Rahmen einer *Exkulpation* nachweisen, dass sich die Entscheidung im Rahmen der Business Judgement Rule von § 93 AktG bewegt.

Was bedeuten diese Regelungen für die Entscheidungsfindung im IT-Bereich? Natürlich müssen die Mitglieder der Geschäftsleitung persönlich nicht über tiefgehende technische Kenntnisse verfügen oder gar eine entsprechende Vorbildung aufweisen. Um den gesellschaftsrechtlichen Verpflichtungen nachkommen zu können, sollten sie allerdings zumindest über das nötige Bewusstsein für diese Art von Risiken verfügen.

9.3.2 Delegation von Verantwortlichkeit im Unternehmen

Aufgabe der Führung eines Unternehmens ist es, in organisatorischer Hinsicht klare Verantwortlichkeiten im Unternehmen zu schaffen. Dies kann insbesondere durch die *Delegation von Pflichten* auf Mitarbeiter des Unternehmens in unterschiedlichen Hierarchieebenen geschehen. Diese Weitergabe von Verantwortung auf eine andere Unternehmensebene wandelt die eigene Pflicht zum Handeln in eine Pflicht zur Überwachung (des Handelns) der Mitarbeiter um. Der Leitung muss es dabei stehts über Berichte und Gespräche möglich sein, sich ein Bild über die Risiken des Unternehmens zu machen. Zentrale Aufgabe ist dabei die Sicherstellung der Einhaltung sämtlicher rechtlicher Bestimmungen in allen relevanten Unternehmensbereichen mit dem Ziel der Vermeidung von Haftungsrisiken jeglicher Art.

Eine der zentralen Herausforderungen für Führungskräfte ist es in diesem Zusammenhang, die abstrakten rechtlichen Vorgaben nicht nur in explizite Aufgaben umzuwandeln, sondern diese auch noch an geeignete Mitarbeiter zu delegieren. Bei der Auswahl sowie der Kontrolle des beauftragten Mitarbeiters muss dabei auch das Ausmaß der Delegation berücksichtigt werden. Außerdem ist eine klare Festlegung der Aufgaben durch die Unternehmensführung sicherzustellen.

Grundsätzlich wird dabei zwischen der horizontalen und der vertikalen Übertragung von Verantwortung unterschieden (vgl. dazu auch Abbildung 9.1). Eine *horizontale Delegation* liegt dann vor, wenn Tätigkeiten an solche Personen delegiert wird, die auf derselben Hierarchiestufe stehen. Praktisch bedeutet dies eine Aufteilung von Verantwortlichkeiten, z. B. für die IT-Sicherheit oder für die Compliance innerhalb einer mehrköpfigen Geschäftsführung oder eines entsprechenden Vorstands. Allerdings verringern sich dadurch nicht die Kontroll- und Aufsichtspflicht für das Gesamtorgan, wohl aber die Haftungsrisiken für dessen einzelne Mitglieder.

Eine *vertikale Delegation* stellt die Weitergabe von Aufgaben auf nachgeordnete Führungskräfte dar. Voraussetzung ist dabei, dass für die jeweils zu übertragende Aufgabe geeignete und kompetente Mitarbeiter ausgewählt werden. Insoweit besteht im

Rahmen der Auswahlpflicht eine Unterweisungs- und eine Anweisungspflicht bezüglich derjenigen Person, an die Aufgaben abgegeben werden sollen. Die Ressourcen- und Schulungspflicht gebietet, dass der Betroffene die notwendige Ausrüstung ebenso erhält wie notwendige Qualifizierungsmaßnahmen.

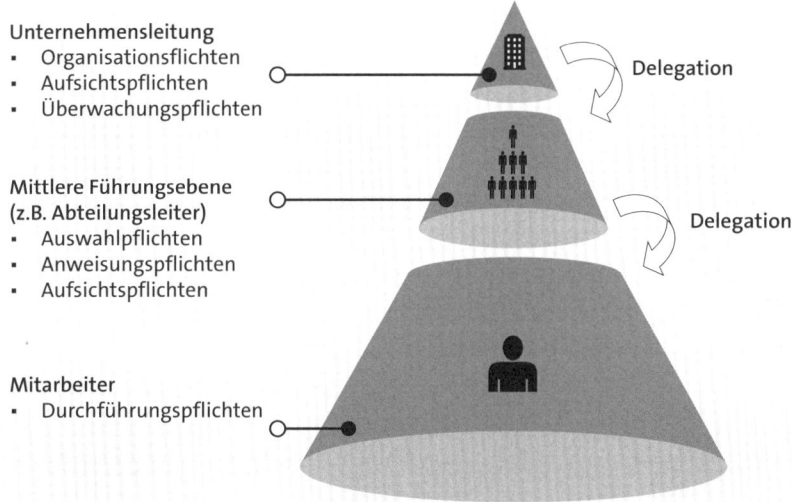

Abbildung 9.1 Übersicht über die Möglichkeiten der Delegation von Verantwortung in einem Unternehmen

Wird in diesem Rahmen eine Delegation auf einen Mitarbeiter wirksam vorgenommen und wird diese auch angemessen überwacht, scheidet eine Haftung der Geschäftsführung für Versäumnisse und Fehler auf der Mitarbeiterebene in aller Regel aus.

9.3.3 Haftung für Compliance-Versäumnisse

Wenn Sie als Vorstand oder Geschäftsführer eines Unternehmens erhebliche Compliance-Pflichten verletzen, besteht ein erhebliches zivilrechtliches – und damit finanzielles *Haftungsrisiko* – und bisweilen sogar die Möglichkeit einer strafrechtlichen Verfolgung.

Dass derartige Risiken nicht nur in den USA, sondern auch hierzulande gelten, wurde den Betroffenen spätestens 2013 klar. Auslöser dafür war das sogenannte *Neubürger-Urteil* des Landgerichts (LG) München I[6] gegen einen ehemaligen Vorstand der Sie-

---
[6] LG München I, Urteil v. 10.12.2013 – 5 HKO 1387/10 – Siemens/Neubürger, online verfügbar unter *https://openjur.de/u/682814.html* (zuletzt aufgerufen am 15. Juni 2023), später bestätigt durch den BGH, Az. 1 StR 265/16, online verfügbar unter *https://juris.bundesgerichtshof.de/cgi-bin/rechtsprechung/document.py?Gericht=bgh&Art=en&nr=78723&pos=0&anz=1* (zuletzt aufgerufen am 15. Juni 2023).

mens AG, das in den Führungsetagen der deutschen Unternehmen wie eine Bombe einschlug. Die Richter aus München hatten den Ex-Vorstand verurteilt, nicht weniger als 15 Mio. Euro Schadensersatz an seinen früheren Arbeitgeber zu zahlen. Begründet wurde die Entscheidung damit, dass er nicht dafür gesorgt hatte, dass unter seiner Ägide ein funktionierendes *Compliance Management System (CMS)* bei Siemens eingerichtet wurde.

Im Ergebnis hatte das Gericht den Vorstand damit persönlich dafür verantwortlich gemacht, dass er strukturell nichts dagegen unternommen hatte, dass sich während seiner Tätigkeit ein System von *schwarzen Kassen* etabliert hatte, aus denen *Bestechungsgelder* bezahlt wurden. Das *Schwarzgeld* wurde dafür verwendet, Amtsträger im Ausland zu bestechen, wodurch Siemens lukrative Geschäfte ermöglicht wurden. Dass dem Manager nicht nachgewiesen werden konnte, dass er davon Kenntnis hatte, änderte am Ergebnis nichts.

> **Hinweis: Strafbarkeit von Vorständen und Geschäftsführern**
> Die Tatbestände des materiellen Strafrechts, die im Bereich des Corporate Compliance besondere Bedeutung erlangen, sind u. a. im Wirtschafsstrafrecht verortet. Einen Überblick der wichtigsten Regelungen bietet § 74c des Gerichtsverfassungsgesetzes (GVG), der die Zuständigkeit im Bereich der spezialisierten Wirtschaftsstrafkammern darlegt. Die Liste ist lang und reicht vom Insolvenzstrafrecht über Steuerhinterziehung, von Ausfuhrverboten bis hin zu Betrug oder Anlegerschutzrecht. Ebenfalls eingeschlossen sind Delikte aus dem Bereich der Patent-, Urheberrechts- oder Wettbewerbsrechtsverletzungen.

Aus dem Urteil des LG München I ergibt sich, dass es zu der Leitungsaufgabe und Organisationsverantwortung von Führungspersonen in Unternehmen gehört, dafür zu sorgen, dass sämtliche Vorschriften einzuhalten sind, *die das Unternehmen als Rechtssubjekt treffen*. Hierzu gehört selbstverständlich auch das Verbot von *Schmiergeldzahlungen*. Eine Geschäftsleitung genügt nur dann den Compliance-Anforderungen, wenn sie dafür sorgt, *dass das Unternehmen so organisiert und beaufsichtigt wird, dass keine derartigen Gesetzesverletzungen stattfinden*.

Zusammenfassend kann man sagen, dass für eine zivilrechtliche Haftung einer Leitungsperson im Unternehmen regelmäßig folgende Voraussetzungen vorliegen müssen:

- Verletzung einer gesetzlichen Pflicht (z. B. Pflicht zur sorgfältigen Geschäftsführung in § 93 AktG) oder einer vertraglichen Pflicht (z. B. arbeitsvertragliche Pflicht)
- Eintritt eines Schadens
- Kausalität zwischen Pflichtverletzung und Schadenseintritt, also ein unmittelbarer ursächlicher Zusammenhang
- Verschulden in Form einer persönlichen Vorwerfbarkeit der Pflichtverletzung.

9.3.4 D&O-Versicherungen für Führungskräfte

Jedes größere Unternehmen wird seine Führungskräfte mit einer sogenannten *D&O-Versicherung*[7] gegen derartige Vermögensrisiken absichern. Die Versicherung kann auch um den Bereich der Schäden durch Prozesse im strafrechtlichen Bereich erweitert werden. Es handelt sich dabei um eine Versicherung zugunsten Dritter, also faktisch um eine *Berufshaftpflichtversicherung*.

Diese Versicherung umfasst allerdings lediglich die Schäden, die bei den Personen selbst entstehen, nicht die des Unternehmens und insbesondere auch keine Imageschäden. Abgesichert sind die Betroffenen im Normalfall gegen

- *Ansprüche des eigenen Unternehmens (Innenhaftung):* Die Führungskraft ist geschützt, wenn sie im Schadensfall dem eigenen Unternehmen gegenüber haftet.
- *Ansprüche Dritter (Außenhaftung)*: Die D&O-Versicherung schützt die Führungskraft gegen Ansprüche Dritter (z. B. von Aktionären, Lieferanten oder des Staates).

Die D&O-Versicherung erfasst in der Regel die Organe und die leitenden Angestellten eines Unternehmens, also Vorstand, Geschäftsführung, Aufsichtsrat oder Prokuristen. Der Schutz der Versicherung umfasst zwei wichtige Bereiche: Die Erstattung der *Abwehrkosten* für den Fall der unbegründeten Inanspruchnahme (*Rechtsschutzfunktion*) sowie den Anspruch auf *Freistellung* von Forderungen nach Schadensersatz (*Vermögensschadenhaftpflicht*).

Deckung besteht bei Sorgfaltspflichtverletzungen, bei denen der Betroffene ohne Vorsatz oder wissentliche Pflichtverletzung im Innen- oder Außenverhältnis gehandelt hat. Ausgeschlossen ist eine Haftung dagegen in aller Regel bei vorsätzlicher und wissentlicher Pflichtverletzung des Versicherten, bei Ansprüchen wegen Vertragsstrafen, Bußen und Entschädigungen aufgrund einer strafrechtlichen Verurteilung.

9.4 Schutzmechanismen: Die Rolle von Compliance Management Systemen

Nicht zuletzt aus der oben benannten Entscheidung des Landgerichts München I und den nachfolgenden Urteilen folgt für die Praxis: Es ist die Aufgabe jeder Geschäftsleitung, ein CMS aufzubauen, das in der Lage ist, zu überwachen, dass das Unternehmen und seine Mitarbeiter keine Gesetzesverletzungen begehen.

Der vollständige Verzicht auf ein solches System oder auch der Aufbau eines mangelhaften Systems führt ebenso zu potenziellen Haftungsrisiken wie die unzureichende Überwachung eines bestehenden Compliance-Programms. Kommt es zu einem

---

[7] Directors-and-Officers-Versicherung, auch Organ- oder Manager-Haftpflichtversicherung

Gesetzesverstoß im Unternehmen, kann diese Pflichtverletzung zu Schadensersatzansprüchen des Unternehmens gegen die Leitungsebene führen. Im schlimmsten Fall steht sogar eine Strafbarkeit im Raum.

Je nach den betrieblichen Anforderungen können z. B. folgende Maßnahmen Bestandteil eines Compliance-Managements sein:[8]

- Aufklärung und Schulung der Unternehmensmitarbeiter über rechtliche Risiken
- Einrichtung eines betriebsinternen Informationssystems mit Informationen zu Compliance-Themen im Unternehmen für die Mitarbeiter
- Erarbeitung eines Werte-Systems/Werte-Leitbildes für das Unternehmen
- Einrichtung eines *Vier-Augen-Prinzips*
- Funktionstrennung bei Mitarbeitern
- Begrenzung von Budgets, die einzelnen Mitarbeitern zur Verfügung stehen
- Klare Zuweisung von Zuständigkeiten für die Verfolgung von Compliance-Verstößen
- Einrichtung von Hinweisgebersystemen
- Einsetzung eines *Compliance-Beauftragten*
- Durchführung von Stichprobenkontrollen bestimmter Geschäftsvorfälle
- *Compliance-Monitoring* und *Compliance-Audits*
- Ermittlung und Verfolgung von Verdachtsmomenten auf Compliance-Verstöße

9.4.1 Einrichtung eines CMS

Das CMS bezeichnet die Gesamtheit aller unternehmensinternen Strukturen und systematisch aufeinander bezogenen Maßnahmen zur Vermeidung und Erkennung von Gesetzes- und Regelverstößen im Unternehmen. Wie ein solches System im Einzelnen aufgebaut sein und welchen Umfang es haben muss, hängt von den Tätigkeitsbereichen, der Art, Größe und Organisationsform des Unternehmens, der geografischen Präsenz und etwaigen Verdachtsfällen aus der Vergangenheit ab.

Ein CMS umfasst alle Maßnahmen, die der Sicherstellung der Einhaltung von Regeln und Gesetzen innerhalb einer Organisation dienen. Ein effektives CMS hilft der Geschäftsleitung, die Einhaltung ihrer gesellschaftsrechtlichen Legalitäts- und Organisationspflichten nachzuweisen und kann damit zu einer Haftungsreduzierung oder gar zu einem gänzlichen Haftungsausschluss führen. Dies bestätigte 2017 noch

---

8 Zitiert nach: Bitkom »Leitfaden Compliance im Unternehmen«, abrufbar unter *www.bitkom.org/sites/default/files/2019-07/190701_bitkom-leitfaden_compliance_im_unternehmen.pdf* (zuletzt aufgerufen am 15. Juni 2023).

einmal ausdrücklich der 1. Strafsenat des Bundesgerichtshofs (BGH).[9] Danach ist bei der Bemessung einer Geldbuße explizit zu berücksichtigen, inwieweit in dem betroffenen Unternehmen ein *effizientes Compliance Management* installiert wurde.

Die *Zuständigkeit* für die Einrichtung und Überprüfung eines CMS liegt immer bei der Unternehmensführung, namentlich der Gesamtgeschäftsführung bei einer GmbH und dem Gesamtvorstand einer AG. Dort muss jedes einzelne Mitglied bei dieser Aufgabe mitwirken. Allerdings ist es gerade bei großen Unternehmen sinnvoll, eine klare personelle Zuordnung der Verantwortung für den Bereich der Compliance festzulegen. Insofern sollte ein Hauptverantwortlicher innerhalb des Führungsteams benannt werden, der auch über Vollmachten verfügt, Verstöße gegen Compliance-Vorgaben angemessen zu sanktionieren.

Zudem geht es bei der Einführung eines CMS auch darum, nach außen hin ein Signal zu setzen und zu dokumentieren, dass das Unternehmen die Standards eines guten und effizienten Compliance-Managements unterstützt. Dies dürfte gerade im Bereich der Korruption zugleich eine abschreckende Wirkung ausstrahlen.

Hinsichtlich der Ausgestaltung des CMS besteht grundsätzlich eine gewisse Gestaltungsfreiheit. Auch dies ergibt sich auf dem »Neubürger«-Urteil des LG München I, wonach die Vorgaben an das CMS beispielsweise abhängig von Art, Größe, Organisation und geografischer Präsenz des Unternehmens sind.

9.4.2 Vorlagen für CMS

Zwar bestehen derzeit in Deutschland keine expliziten gesetzlichen Vorgaben zur Einführung und Gestaltung eines solchen Systems. Allerdings gibt es eine Reihe von Vorgaben, an denen sich Unternehmen bei der Einführung eines solchen Systems orientieren können.

Relevant sind hier insbesondere:

- ISO 37301, »Compliance-Managementsysteme – Anforderungen mit Leitlinien zur Anwendung« (als Nachfolger der ISO 19600, »Compliance Managementsysteme – Leitlinien«)
- IDW PS 980, »Grundsätze ordnungsmäßiger Prüfung von Compliance Management Systemen«
- Hamburger Compliance Zertifikat
- TR CMS 101, »Standard für Compliance Management Systeme (CMS)«
- ISO 37001, »Managementsysteme zur Korruptionsbekämpfung – Anforderungen mit Leitlinien zur Anwendung«

Diese werden nachfolgend im Überblick dargestellt.

---

9 Siehe dazu auch das Urteil des BGH, Az. 1 StR 265/16, online verfügbar unter *https://juris.bundesgerichtshof.de/cgi-bin/rechtsprechung/document.py?Gericht=bgh&Art=en&nr=78723&pos=0&anz=1* (zuletzt aufgerufen am 15. Juni 2023).

ISO 37301, »Compliance-Managementsysteme – Anforderungen mit Leitlinien zur Anwendung«

ISO 37301, »Compliance-Managementsysteme – Anforderungen mit Leitlinien zur Anwendung«[10], hat die vorherige ISO 19600 abgelöst, die vor allem daran »krankte«, dass diese keine Zertifizierung ermögliche. Sie wurde daher im April 2021 durch die neue Norm ersetzt. Inhaltlich definiert diese wie ihr Vorgänger die Anforderungen an den Aufbau, die Umsetzung und Kontrolle eines CMS. Eine zentrale Rolle spielt dabei der Ansatz in der Organisation einer kontinuierlichen Verbesserung im Sinne des *PDCA-Zyklus* (siehe Abbildung 9.2). Dieser beschreibt den vierstufigen Regelkreis des *kontinuierlichen Verbesserungsprozesses (KVP)* mit den vier Phasen *Plan, Do, Check, Act*. Wichtig ist es dabei, dass es sich bei diesem Prozess um einen Zyklus handelt: Sobald man die Umsetzung einer geplanten Maßnahme abgeschlossen hat, beginnt der Kreislauf wieder von vorne.

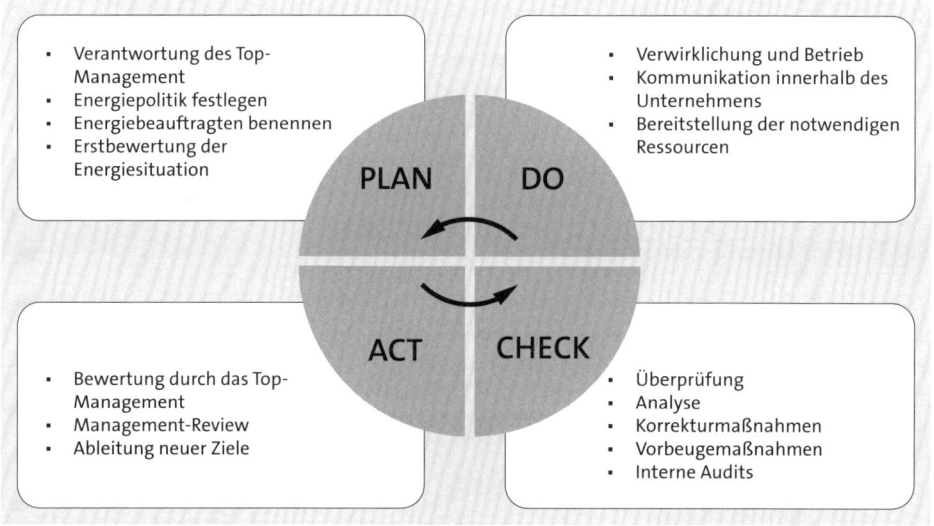

Abbildung 9.2 Der PDCA-Zyklus – nach einem seiner Urheber auch oft Demingkreis genannt – als iterativer vierphasiger Managementprozess

Inhaltlich behandelt die ISO 37301 im Detail den Aufbau eines Systems, das in der Lage ist, nationale und internationale Gesetze, Normen und Vorschriften zu erfassen und umzusetzen. Dabei spielt der Aufbau eines *Rechtskatasters* eine zentrale Rolle, in dem bestehende Vorschriften auf ihre Relevanz und Anwendbarkeit hin geprüft und die Auswirkungen auf das Unternehmen festgehalten werden. Aufgrund der Kom-

---

10 Weitere Infos siehe beispielsweise online unter *www.iso.org/standard/75080.html* (zuletzt aufgerufen am 15. Juni 2023).

plexität dieser Aufgabe ist es meist empfehlenswert, hierzu auf entsprechend spezialisierte Dienstanbieter zurückzugreifen.

Ein großer Vorteil der ISO 37301 ist die damit verbundene Skalierbarkeit. Das System ist anpassbar und bietet eine Variation hinsichtlich der Unternehmensgröße und des *Reifegrads* der Umsetzung des CMS. Schließlich ist die Norm auch zertifizierbar, was vor allem gegenüber dem Vorgänger einen großen Vorteil darstellt. Mit einer Zertifizierung durch einen akkreditierten Dritten kann dabei belegt werden, dass ein angemessenes *Compliance-Niveau* vorhanden ist.

IDW PS 980, »Grundsätze ordnungsmäßiger Prüfung von Compliance Management Systemen«

Bei dem IDW-Prüfungsstandard 980 (IDW PS 980) *Grundsätze ordnungsmäßiger Prüfung von Compliance Management Systemen*[11] handelt es sich um ein Produkt des *Instituts der Deutschen Wirtschaftsprüfer (IDW)*. Zwar hat der Prüfungsstandard keine Gesetzeskraft, kann aber – ähnlich wie bei ISO- oder DIN-Normen – durchaus faktische Wirkung vor Gerichten entfalten. Der IDW PS 980 wurde weithin als komplementärer Prüfungsstandard zur ISO 19600 verstanden. Durch die Einführung der ISO 37301 haben diese Standards aber im Bereich der Compliance an Bedeutung verloren.

Die primären Adressaten der *Best Practices* dieses Standards sind zwar Wirtschaftsprüfer, dennoch kann dem Standard auch Grundlegendes zur Ausgestaltung eines CMS entnommen werden. Zudem kann man sich ein CMS überdies auch nach diesem Standard durch zahlreiche Anbieter zertifizieren lassen.

Inhaltlich überlappen sich IDW PS 980 und ISO 37301, sodass daher beide als gemeinsames *Rahmenkonzept* für die Einrichtung eines CMS zugrunde gelegt werden können. Die Prüfung auf Basis des Standards erfolgt anhand eines *Soll-Ist-Vergleichs*, in dessen Rahmen Sachverhalte, Eigenschaften oder Aussagen von Objekten auf Basis von geeigneten Bezugsgrößen einem Vergleich unterzogen werden.

Der IDW PS 980 beinhaltet dabei *Best Practices* für die Gestaltung und Auswertung eines CMS. Die Vorgaben dienen nicht nur der Prüfung, sondern können auch als *Anforderungskatalog* für eine allgemein anerkannte Konzeption eines CMS herangezogen werden. Ziel ist dabei die Unterstützung der Führungs- und Aufsichtsorgane, ihre Pflichten bezüglich der Corporate Governance zu erfüllen und eine persönliche Haftung von Organmitgliedern zu vermeiden.

---

[11] Weitere Infos dazu unter *www.idw.de/idw/idw-verlautbarungen/idw-ps-980.html* (zuletzt aufgerufen am 15. Juni 2023).

> **Praxistipp: Besonders relevante Mitarbeiter für Compliance**
>
> Natürlich ist Compliance keine Aufgabe, mit der sich nur eine Handvoll Mitarbeiter im Unternehmen beschäftigen. Grundsätzlich ist jeder Mitarbeiter für gelebte Compliance relevant. Dennoch gibt es Abteilungen und Bereiche in jedem Unternehmen, die im Bereich Compliance von besonderer Bedeutung sind. Naheliegend sind hier vor allem die Kolleginnen und Kollegen im Bereich Recht, Steuern und Datenschutz.
>
> Von besonderer Relevanz ist, dass solche Stellen im Unternehmen für Verstöße im Bereich Compliance potenziell anfällig sind. Hierzu gehören Abteilungen mit besonders viel Außenkontakt wie beispielsweise der Vertrieb oder die Personalabteilung. Um solche Stellen zu finden, ist es für jedes Unternehmen unumgänglich, eine gründliche Risikoanalyse durchzuführen und die jeweiligen individuellen Schwachstellen zu bestimmen.

IDW PS 980 enthält sieben inhaltliche Kapitel, die in drei Ausbaustufen zu betrachten sind: *Konzeption, Angemessenheit* und *Wirksamkeit*. Die inhaltlichen Kapitel umfassen dabei die Aspekte Compliance-Kultur, -Ziele, -Organisation, -Risiken, -Programm und -Kommunikation sowie Compliance-Überwachung und -Verbesserung.

Sofern im Rahmen der Prüfung erhebliche Regelverstöße festgestellt oder sich Anhaltspunkte für solche ergeben, sind umgehend die verantwortlichen Mitglieder des Managements darüber zu informieren. Diese haben sodann über entsprechende Reaktionen und mögliche Sanktionen zu befinden.

Ähnlich wie in ISO 37301 ist auch in IDW PS 980 ein zentrales Ziel die *Compliance-Überwachung* und *-Verbesserung*. Der Blick richtet sich dabei, gerade auch durch externe Prüfer, auf das Verbesserungspotenzial, das genutzt werden kann, um das CMS in seiner Angemessenheit und Wirksamkeit weiterzuentwickeln.

Hamburger Compliance Zertifikat

Weniger bekannt als die beiden oben erwähnten Programme ist das *Hamburger Compliance Zertifikat*[12], das zusammen von der Handelskammer Hamburg und der Vereinigung Pro Honore e. V. angeboten wird. Es richtet sich vorrangig an kleine und mittlere Unternehmen (KMU) im norddeutschen Raum.

Inhaltlich baut das Zertifikat auf dem sogenannten *Hamburger Compliance Standard* auf, bei dem es sich um ein modulares System zum passenden Aufbau für Unternehmen unterschiedlicher Ausrichtung und Größe handelt. Es enthält allgemeine Module wie die Grundstruktur einer Compliance-Organisation, organisatorische

---

12 Weitere Informationen finden sich unter *www.hamburger-compliance-zertifikat.de* (zuletzt aufgerufen am 15. Juni 2023).

Maßnahmen oder Korruptionsprävention und besondere Module für den individuellen Einsatz, z. B. ein kartellrechtliches, datenschutzrechtliches oder vergaberechtliches Modul.

TR CMS 101:2015, »Standard für Compliance Management Systeme (CMS)«

Der Standard TR CMS 101:2015, »Standard für Compliance Management-Systeme (CMS)« des TÜV Rheinland richtet sich an Organisationen wie Unternehmen, Behörden und Nicht-Regierungsorganisationen (NGO). Veröffentlicht wurde er in einer ersten Form in 2011 vom TÜV Rheinland. 2015 wurde dieser Standard durch eine überarbeitete Version abgelöst[13] und um den Compliance-Leitfaden TR CMS 100:2015 ergänzt. Inhaltlich macht er Vorgaben für die Umsetzung eines wirksamen CMS und gibt eine Vorlage für eine rechtskonforme Compliance-Organisation. Ziel sind der Aufbau, die Umsetzung, die Überwachung und die Verbesserung bestehender Strukturen.

DIN ISO 37001, »Managementsysteme zur Korruptionsbekämpfung – Anforderungen mit Leitlinien zur Anwendung«

Erwähnt werden kann in diesem Kontext auch noch die DIN ISO 37001, »Managementsysteme zur Korruptionsbekämpfung – Anforderungen mit Leitlinien zur Anwendung«.[14] Diese stellt einen internationalen Standard für *Managementsysteme zur Korruptionsbekämpfung* dar. In der Norm werden Anforderungen definiert, und sie gibt Leitlinien für den Aufbau, die Verwirklichung, die Aufrechterhaltung sowie Überprüfung und Verbesserung eines Managementsystems zur Korruptionsbekämpfung.

Spezifiziert werden dabei eine Reihe konkreter Maßnahmen und Kontrollen. Unternehmen haben diese zu implementieren, um Korruption zu vermeiden bzw. zumindest frühzeitig aufzudecken. Hervorzuheben ist dabei, dass es sich um ein grenz- und branchenübergreifendes Regelwerk handelt, dass ein einheitliches Verständnis von Anti-Korruptions-Management-Systemen (AKMS) in unterschiedlichen Organisationstypen mit sich bringt.

ISO 37001 stellt zwar ein eigenständiges Managementsystem dar. Die erforderlichen Maßnahmen darin sind jedoch so angelegt, dass sie ebenso in bestehenden Managementprozessen mit den dort festgelegten Kontrollmechanismen integriert werden kann.

---

13 Nähere Infos online unter *www.tuev-media.de/compliance-management-systeme---standard-und-leitfaden-e-book* (zuletzt aufgerufen am 15. Juni 2023).
14 Nähere Infos online unter *www.beuth.de/de/norm/din-iso-37001/286423800* (zuletzt aufgerufen am 15. Juni 2023).

> **Fallbeispiel: OLG Nürnberg – Pflicht zur Einführung eines CMS**
>
> Das OLG Nürnberg[15] hat entschieden, dass ein Schadensersatzanspruch einer GmbH gegen den Geschäftsführer bei unzureichender Einrichtung eines CMS besteht. In besonders schadensträchtigen Bereichen – im konkreten Fall die Ausgabe von Tankkarten – kann dazu auch die Einführung eines Vier-Augen-Prinzips gehören.
>
> Aus der Legalitätspflicht folgt die Verpflichtung des Geschäftsführers zur Einrichtung eines CMS, also zur Durchführung von organisatorischen Vorkehrungen, die die Begehung von Rechtsverstößen durch die Gesellschaft oder deren Mitarbeiter verhindern. Dabei muss der Geschäftsführer sofort eingreifen, wenn sich Anhaltspunkte für ein Fehlverhalten zeigen. Verdachtsmomenten muss der Geschäftsführer unverzüglich nachgehen; des Weiteren muss der Geschäftsführer geeignete organisatorische Vorkehrungen treffen, um Pflichtverletzungen von Unternehmensangehörigen zu verhindern.
>
> Eine gesteigerte Überwachungspflicht, bei der intensivere Aufsichtsmaßnahmen notwendig sind, besteht, wenn in einem Unternehmen in der Vergangenheit bereits Unregelmäßigkeiten vorgekommen sind. Im vorliegenden Fall war es wiederholt zu Schäden bei der Ausgabe von Tankkarten und bei der Verbuchung dieser Karten in der EDV gekommen. Ein Verstoß gegen Compliance-Anforderungen liegt dann vor, wenn der Geschäftsführer keine Maßnahmen ergreift, um ein von ihm selbst als relevant erkanntes Vier-Augen-Prinzip im schadensträchtigen Bereich der Ausgabe von Tankkarten einzuhalten. Einen hieraus entstandenen Schaden von rund 790.000 EUR hat der Geschäftsführer dem Unternehmen zu erstatten.

9.4.3 Mitbestimmungspflicht des Betriebsrats

Bei der Umsetzung der genannten Richtlinien und Vorgaben zur Einführung eines CMS wird häufig die Tatsache nicht beachtet, dass viele dieser Vorgaben mitbestimmungspflichtig sind. Mitbestimmungspflichtig ist nach § 87 Abs. 1 Nr. 6 BetrVG z. B. eine Verhaltenskontrollregelung des Online-Verhaltens von Daten, die unter der Verwendung von Ressourcen des Arbeitgebers erstellt, empfangen oder übertragen werden.

Sofern vorhanden, ist der Betriebsrat also regelmäßig bei der Erstellung von Compliance-Systemen einzubeziehen. Dies wurde am Beispiel der Regelung der Meldung von Verstößen gegen Gesetze (*Whistleblower-Klausel*) auch bereits gerichtlich bestätigt.[16]

---

15 OLG Nürnberg, Urteil vom 30.03.2022, Az. 12 U 1520/19, online verfügbar unter *https://openjur.de/u/2395749.html* (zuletzt aufgerufen am 15. Juni 2023).

16 Hessisches LAG, Beschluss vom 18. Januar 2007 - 5 TaBV 31/06, online verfügbar unter *www.hensche.de/Rechtsanwalt_Arbeitsrecht_Urteile_Mitbestimmung_Betriebsrat_Hessisches-LAG_5TaBV31-06.html* (zuletzt aufgerufen am 15. Juni 2023), teilweise aufgehoben durch den Beschluss des BAG, 1 ABR 40/07, online verfügbar unter *www.hensche.de/Rechtsanwalt_Arbeitsrecht_Urteile_Mitbestimmung_Betriebsrat_Verhaltnskodex_BAG_1ABR40-07.html* (zuletzt aufgerufen am 15. Juni 2023).

9.5 Was ist IT-Compliance?

IT-Compliance ist ein wichtiger Bestandteil des Unternehmensmanagements, der sicherstellt, dass die Informations- und Technologiesysteme eines Unternehmens den geltenden gesetzlichen und branchenspezifischen Anforderungen entsprechen. Dies schützt nicht nur die Daten und Ressourcen des Unternehmens, sondern auch seine Reputation und seine Beziehungen zu Kunden, Lieferanten und *Regulierungsbehörden*.

IT-Compliance bezieht sich neben den Gesetzen auf eine Vielzahl von Regeln und Vorschriften, die von Regulierungsbehörden, *Branchenverbänden* und Unternehmen selbst definiert werden, um die Verwendung von Informations- und Technologiesystemen in Übereinstimmung mit bestimmten Standards und Verfahren zu regeln. Auch vertragliche Vereinbarungen mit Partnern können Anforderungen an den Betrieb der eigenen Systeme vorgeben.

Zu den wichtigsten Regulierungen gehören u. a.:

- die Datenschutz-Grundverordnung (DSGVO) – dort insbesondere Art. 32 – sowie das Bundesdatenschutzgesetz (BDSG)
- das IT-Sicherheitsgesetz (insbesondere in Ausprägung der Regelungen des BSI-Gesetzes (BSIG)
- das Gesetz zur Kontrolle und Transparenz im Unternehmensbereich (KonTraG)
- Grundsätze zur ordnungsmäßigen Führung und Aufbewahrung von Büchern, Aufzeichnungen und Unterlagen in elektronischer Form sowie zum Datenzugriff (GoBD)
- das IT-Grundschutz-Kompendium des Bundesamts für Sicherheit in der Informationstechnik (BSI)

Die Bedeutung von IT-Compliance hat in den letzten Jahren stark zugenommen, da immer mehr Unternehmen auf elektronische Systeme und Datenbanken angewiesen sind, um ihre Geschäfte effizient und wettbewerbsfähig zu gestalten. Auf der anderen Seite setzt der Gesetzgeber zunehmend auf eine juristische Regulierung der IT-Sicherheit, was zu einer Zunahme von Datenschutz- und Informationssicherheitsanforderungen geführt hat. Dies erfordert in den Unternehmen eine regelmäßige Überprüfung und Anpassung des IT-Compliance-Programms, um sicherzustellen, dass das Handeln des Unternehmens den geltenden Anforderungen entspricht und auf dem rechtlich neuesten Stand ist.

Die regulatorischen Anforderungen an die IT variieren stark nach Branche, Unternehmensgröße, Anzahl der Kunden und der gesamtgesellschaftlichen Bedeutung. Besonders strenge Vorgaben gelten für Unternehmen, die nach dem IT-Sicherheitsgesetz in den Bereich der *kritischen Infrastrukturen* (KRITIS) fallen. Aber auch wer besonders sensible Daten nach Art. 9 DSGVO verarbeitet, muss – aufgrund des risikobasierten Ansatzes in Art. 32 DSGVO – höhere Anforderungen an die IT-Sicherheit erfüllen.

> **Praxistipp: Management von Softwarelizenzen**
>
> Im Rahmen des Softwarelizenzmanagements wird innerhalb des Unternehmens der rechtskonforme Umgang mit proprietärer und mit Open-Source-Software gewährleistet. Dies ist ein elementarer Teil des Risikomanagements und der Risikovorsorge im IT-Bereich. Vermieden werden sollen dadurch rechtliche und finanzielle Risiken, die sich aus der Nutzung nicht ordnungsgemäß lizenzierter Software ergeben können. Hierzu zählen Abmahnungen, Schadensersatzforderungen oder gar potenzielle Risiken einer Strafbarkeit, beispielsweise nach §§ 106 ff. des Urheberrechtsgesetzes (UrhG).
>
> Eine andere Aufgabe des Softwarelizenzmanagements ist es, den tatsächlichen Softwarebedarf im Unternehmen festzustellen und vorauszuplanen. Dadurch können Kosten optimiert und im Idealfall sogar reduziert werden.

In der Praxis sieht IT-Compliance vor allem die Überwachung und Überprüfung der Informations- und Technologieumgebung des Unternehmens vor. Dies erfordert insbesondere eine regelmäßige Überprüfung der IT-Systeme, um sicherzustellen, dass sie sicher und rechtskonform verwendet werden. Hierbei kann die Verwendung von *Vulnerability-Scans* und *Sicherheitsaudits* hilfreich oder gar notwendig sein.

Eine effektive IT erfordert auch die Zusammenarbeit mit externen Parteien wie Lieferanten, Kunden und Regulierungsbehörden. Unternehmen müssen sicherstellen, dass auch die Partner den eigenen Ansprüchen und Standards entsprechen und die gesetzlichen Vorgaben beachten. Dabei kann es auch notwendig sein, die eigenen IT-Compliance-Anforderungen an Lieferanten und Partner weiterzugeben, um sicherzustellen, dass alle beteiligten Parteien denselben hohen Standard einhalten. So ist es z. B. sinnvoll, eigene Standards bezüglich des Wertes von Geschenken oder Einladungen auch an Partner weiterzugeben.

Ein wichtiger Aspekt von IT-Compliance ist die Schulung und Sensibilisierung der Mitarbeiter für die Bedeutung der Einhaltung der Regeln und Verfahren. Dies kann durch regelmäßige Weiterbildung und die Kommunikation der Unternehmensrichtlinien erreicht werden.

Relevant ist auch die Außenwirkung. Denn ein effektives IT-Compliance-Programm kann dazu beitragen, dass ein Unternehmen eine gute Reputation bewahrt, indem es sicherstellt, dass alle Informations- und Technologiesysteme sicher und rechtskonform verwendet werden. Es kann insbesondere auch dazu beitragen, dass ein Unternehmen vor finanziellen Verlusten und rechtlichen Konsequenzen geschützt wird, die durch Datenverluste oder Datenschutzverstöße entstehen können.

Insgesamt spielt die IT-Compliance eine entscheidende Rolle für den Schutz von Daten und Informationen und die Einhaltung geltender Gesetze und Vorschriften. Dies erfordert eine regelmäßige Überwachung, Überprüfung und Absicherung der Informations- und Technologiesysteme sowie die Schulung und Sensibilisierung der Mitarbeiter.

9.6 Aus dem Dunkeln holen: Der Umgang mit Schatten-IT

Mit dem Begriff *Schatten-IT* bezeichnet man Systeme und Anwendungen, die von Mitarbeitern oder Abteilungen innerhalb eines Unternehmens genutzt werden, ohne dass sie von der IT-Abteilung genehmigt und überwacht werden, die also außerhalb des formalen Systems eines Unternehmens betrieben werden. Meist handelt es sich dabei um solche Angebote, die von den Mitarbeitern des Unternehmens als besonders angenehm und leicht zu bedienen empfunden werden. Häufig dient die dabei eingesetzte Soft- und Hardware auch als Brücke zwischen den dienstlichen und den privaten Geräten der Mitarbeiter.

Schatten-IT kann in vielen Formen auftreten, wie z. B. das Verwenden unsicherer Cloud-Dienste, der Austausch vertraulicher Daten über unverschlüsselte Kommunikationskanäle oder das Herunterladen von Anwendungen auf Geräte, die nicht durch das Unternehmen gemanagt werden. Dies kann zu ernsthaften Risiken für das Unternehmen führen, wie Datenverlust, Datendiebstahl oder Compliance-Verstöße. Schatten-IT ist daher naturgemäß nicht mit den Anforderungen an die IT-Compliance vereinbar. Es findet keine Auswahl und Kontrolle der Anwendungen und insbesondere auch kein Lizenzmanagement statt.

Besondere Probleme birgt die Nutzung derartiger Programme vor allem im Bereich des Datenschutzes. Regelmäßig werden dabei personenbezogene Daten aus der geschützten Umgebung der Unternehmens-IT auf externe Geräte oder Angebote kopiert, denen es aber häufig an entsprechend implementierten Sicherheitsmaßnahmen fehlt. Zudem handelt es sich dabei in aller Regel um US-amerikanische Anbieter, sodass eine Nutzung meist mit einem Transfer der Daten auf Server jenseits des Atlantiks verbunden ist.

Hierzu fehlt es aber in fast allen Fällen an den entsprechenden rechtlichen Voraussetzungen wie dem Abschluss von Auftragsverarbeitungsverträgen oder Standarddatenschutzklauseln, die für den Export von Daten in einen Drittstaat notwendig sind. Zudem besteht auch die Möglichkeit des Zugriffs von Dritten auf sensible Daten.

Auch aus technischer Sicht bestehen erhebliche Risiken wie z. B. das Einschleusen von schadhaften Codes über die Installation von Fremdsoftware. Dabei ist es für die eigene Unternehmens-IT meist nicht nachvollziehbar, auf welchem Weg Malware ihren Weg in das Unternehmen gefunden hat. Auch das ordnungsgemäße und zeitnahe Einspielen von Sicherheitsupdates ist nicht gewährleistet. Hierdurch können Löcher in der Umsetzung der Sicherheitsstrategie entstehen, was zu einer enormen Gefährdung der gesamten IT-Sicherheit eines Unternehmens führen kann.

Um diese Risiken zu minimieren, müssen Unternehmen *IT-Compliance*-Anforderungen vorhalten, die die Verwendung von derartiger Technologie reglementiert. Dies können beispielsweise wie folgt aussehen:

- *Richtlinien für die Verwendung von Technologie*: Unternehmen müssen Richtlinien für die Verwendung von Technologie und Daten erstellen, die klar definieren, welche Anwendungen und Dienste autorisiert sind und wie sie sicher verwendet werden können.
- *Verzeichnis der genutzten Systeme*: Ein Verzeichnis der genutzten Systeme, Dienste und Anwendungen muss initial erstellt und regelmäßig auf dem neuesten Stand gebracht werden. Nicht bekannte Systeme sollten durch Monitoring-Lösungen erkannt und möglichst automatisiert gemeldet werden.
- *Überwachung und Überprüfung*: Verantwortliche müssen Überwachungs- und Überprüfungsprozesse einführen, um sicherzustellen, dass Mitarbeiter die Richtlinien einhalten.
- *Schulung und Aufklärung*: Mitarbeiter müssen über die Bedeutung von Compliance-Anforderungen und die Auswirkungen von Schatten-IT informiert und geschult werden.
- *BYOD-Richtlinien*: Wird der Einsatz von Privatgeräten im Rahmen von BYOD erlaubt, muss technisch und organisatorisch sichergestellt werden, dass es insbesondere nicht möglich ist, betriebliche Daten in den privaten Bereich der genutzten Geräte zu transferieren.
- *Technische Maßnahmen*: Unternehmen müssen technische Maßnahmen implementieren, um Schatten-IT zu verhindern, wie z. B. die Verwendung von Firewalls, Virenschutzsoftware und Netzwerksegmentierung.
- *Regelmäßige Überprüfungen der IT*: IT-Abteilungen müssen regelmäßige Überprüfungen durchführen, um sicherzustellen, dass Compliance-Anforderungen eingehalten und bisher nicht berücksichtigte Bedrohungen oder Risiken rechtzeitig erkannt werden.
- *Sanktionen*: Verstoßen Mitarbeiter gegen diese – klar und eindeutig formulierten – Vorgaben, müssen vorab unmissverständlich Sanktionen kommuniziert und dann im konkreten Fall auch tatsächlich verhängt werden.

Allerdings liegt in der Nutzung von Schatten-IT auch eine Chance für das Unternehmen. Denn die dort verwendete Software zeichnet sich meist durch eine hohe Benutzerfreundlichkeit und dadurch mit einer besonders hohen Akzeptanz durch die Nutzer aus. Unternehmen sind daher gut beraten, ihren Mitarbeitern solche Produkte oder zumindest vergleichbare Angebote auch rechtskonform anzubieten.

9.7 Umgang mit Whistleblowern: Hinweisgeber angemessen schützen

Whistleblower sind Personen, die rechtswidrige, vertrauliche oder unethische Praktiken innerhalb einer Organisation offenlegen. Die Whistleblower handeln oft aus Überzeugung und stellen damit eine wichtige Kontrollfunktion für die Transparenz und Integrität von Regierungen und Unternehmen dar. Allerdings besteht auch die Gefahr, dass Meldungen unberechtigt sind oder sogar die Absicht verfolgen, das Unternehmen oder bestimmte Mitarbeiter zu belasten. Für Unternehmen bieten Whistleblower einerseits die Möglichkeit, bestehende Missstände aufzudecken, andererseits kann dadurch aber auch viel Schaden verursacht werden, gerade wenn Interna an die Öffentlichkeit gelangen. Der – zumindest im IT-Bereich – sicherlich bekannteste Whistleblower ist Eduard Snowden mit seinen umfangreichen Enthüllungen zu den Vorgehensweisen der amerikanischen Geheimdienste im Bereich der IT-Sicherheit.

Seit April 2023 hat nun auch Deutschland ein Gesetz, dass den Umgang mit Whistleblowern regelt, das *Hinweisgeberschutzgesetz*. Dieses stellt gleichzeitig die Umsetzung einer EU-Richtlinie zu diesem Thema dar, die Deutschland lange verschleppt hat.

Die Neuregelung soll einen umfassenden Schutz von Whistleblowern sicherstellen. Dazu müssen Unternehmen ab einer Größe von 50 Beschäftigten *Hinweisgebersysteme* einrichten und dauerhaft anbieten. Kleinere Unternehmen mit bis zu 250 Mitarbeiter haben dazu allerdings noch eine Frist bis Ende Dezember 2023.

Über eine Meldestelle muss Mitarbeitern dabei die Möglichkeit gegeben werden, ihr Anliegen schriftlich oder auch mündlich vorzutragen, dies kann auch anonym erfolgen. Den Eingang der Meldung muss die Organisation dann innerhalb von sieben Tagen bestätigen.

Binnen drei Monaten muss die Meldestelle den Whistleblower über die ergriffenen Maßnahmen informieren, beispielsweise über die Einleitung interner Compliance-Untersuchungen oder die Weiterleitung einer Meldung an eine zuständige Behörde, z. B. eine Strafverfolgungsbehörde. Darüber hinaus werden auch *staatliche Meldestellen* eingerichtet, beispielsweise beim Bundesamt für Justiz.

Hinweisgeber dürfen für ihr Handeln nicht belangt werden. Wer dadurch einen Nachteil erlangt, kann unter Umständen Schadensersatz verlangen, sofern er finanziell geschädigt wird, z. B. durch eine unbegründete Entlassung. Im Einzelfall können auch Schmerzensgelder für immaterielle Schäden möglich sein.

In jedem Fall müssen die Unternehmen klare Vorgaben zur Umsetzung des Gesetzes machen und diese auch entsprechend an die Mitarbeiter kommunizieren. Besteht bereits eine entsprechende Meldestelle, muss geprüft werden, ob diese den rechtlichen Anforderungen entspricht.

Schließlich ist auch ein vorhandener Betriebsrat in die Planung einzubeziehen, denn die Umsetzung des Hinweisgeberschutzgesetzes ist mitbestimmungspflichtig. Hier empfiehlt sich der Abschluss einer *Betriebsvereinbarung*, die den Umgang mit Whistleblowern abschließend regelt.

9.8 Wie sage ich es meinem Chef: Umgang mit fragwürdigen Arbeitsanweisungen

Sicher kennen Sie diese Situationen auch oder zumindest von Kollegen: »Stell dich mal nicht so an mit den Lizenzen!«, »Druck mal alle E-Mails des Mitarbeiters aus!« oder »Ich will jetzt sofort wissen, was der heute online gemacht hat!«. Nahezu jeder Mitarbeiter im IT-Bereich ist im Laufe seines Arbeitslebens schon einmal mit einer Anforderung eines Vorgesetzten konfrontiert worden, die aus juristischer Sicht zumindest fragwürdig ist und bei der ein ungutes Gefühl entsteht. Aber wie geht man mit einer solchen Anfrage um und was droht arbeitsrechtlich bei der Verweigerung einer solchen Anweisung? Und welche Maßnahmen können Unternehmen ergreifen, um die aus solchen Handlungen entstehenden Konflikte zu vermeiden?

Von der reinen Neugier der Vorgesetzten über die Anforderungen im Rahmen einer *Leistungs-* und *Verhaltenskontrolle* bis hin zu Fragen des Datenzugriffs bei (un)geplanter Abwesenheit eines Mitarbeiters: Die Gründe für zweifelhafte Anweisungen an Administratoren können vielfältig sein. Im Kern geht es aber fast immer darum, Daten, die von einem Mitarbeiter stammen oder sich konkret auf diesen beziehen, einem anderen Mitarbeiter oder dem zuständigen Vorgesetzten zur Verfügung zu stellen.

Streitigkeiten können aber auch dort entstehen, wo es um Fragen des IT-Betriebs an sich geht, z. B. um den Einsatz von nicht ordnungsgemäß lizenzierter oder datenschutzrechtlich fragwürdiger Software. Ein anderes praxisrelevantes Beispiel ist zudem die Weitergabe von Kundendaten an Dritte, die offenkundig keinen Anspruch auf diese Informationen haben. Diesen Konstellationen ist gemein, dass dabei *Weisungen* von Vorgesetzten vorliegen, die rechtlich zweifelhaft oder sogar unstrittig verboten sind.

9.8.1 Weisungsrecht des Arbeitgebers

In einem Unternehmen fest angestellte Mitarbeiter sind per Arbeitsvertrag dazu verpflichtet, die vertraglich geschuldete *Arbeitsleistung* zu erbringen. Nicht geschuldet wird dagegen ein konkretes und überprüfbares *Arbeitsergebnis*, wie es z. B. von einem Dienstleister im Rahmen eines *Werkvertrags* erwartet wird. Die Bindung an Anweisungen des Arbeitgebers ist daher bei der Abgrenzung eines Arbeitnehmers von einem Selbstständigen ein zentrales Kriterium.

Bei Angestellten ist es schon angesichts der Vielfalt der Aufgaben faktisch unmöglich, alle denkbaren Tätigkeiten vorab schriftlich in eine konkrete Vereinbarung zu überführen. Erforderlich ist daher eine individuell gegenüber dem jeweiligen Beschäftigen kommunizierte und auf Basis von sich ständig ändernden Anforderungen und Rahmenbedingungen bestehende Konkretisierung der Anforderungen an die Arbeitsleistung. Zu berücksichtigen ist auch, welche Art der Arbeit erbracht wird. Gerade bei eher einfachen Tätigkeiten ist in aller Regel ein höheres Maß an Anweisungen notwendig.

Hier kommt das u. a. in § 106 der *Gewerbeordnung (GewO)* geregelte *Weisungsrecht* des Arbeitgebers ins Spiel. Danach kann der Arbeitgeber *Inhalt, Ort und Zeit der Arbeitsleistung nach billigem Ermessen näher bestimmen*. Diese weitgehende Freiheit gilt aber nur, *soweit diese Arbeitsbedingungen nicht durch den Arbeitsvertrag, Bestimmungen einer Betriebsvereinbarung, eines anwendbaren Tarifvertrages oder gesetzliche Vorschriften festgelegt sind*. Das Direktionsrecht gilt auch *hinsichtlich der Ordnung und des Verhaltens der Arbeitnehmer im Betrieb*.

Die Verantwortung für die Ausübung dieses Weisungsrechts liegt aufseiten des Arbeitgebers. Es wird in der Regel – gerade bei größeren Unternehmen – auf leitende Angestellte, Abteilungsleiter oder auch andere Arbeitnehmer delegiert. Wichtig ist dabei, dass eindeutig festgelegt ist, wer zu derartigen Anweisungen bevollmächtigt ist, und wer nicht. Nach einer Entscheidung des *Bundesarbeitsgerichts (BAG)* aus dem Jahr 2016[17] hat der jeweilige Vorgesetzte die Möglichkeit, dem Arbeitnehmer *bestimmte Aufgaben zuzuweisen und den Ort und die Zeit ihrer Erledigung verbindlich festzulegen*. Solche Anweisungen sind für den Arbeitgeber unerlässlich, um die Beschäftigten flexibel und den wechselnden Anforderungen entsprechend einsetzen zu können.

In der Praxis ergibt sich daraus, dass der Arbeitgeber z. B. eine *Kleiderordnung* festlegen und darauf basierend den Mitarbeitern das Tragen von Jeans oder Turnschuhen verbieten oder sogar das Tragen einer Uniform anordnen kann. Ebenfalls ausgesprochen werden können kollektive Verbote am Arbeitsplatz, wie z. B. das Verbot von Alkohol oder Tabak im Betriebsbereich.

9.8.2 Rechte der Arbeitnehmer

Auf der anderen Seite steht das natürliche Interesse der Beschäftigten, nicht unbeschränkt zum Spielball von möglicherweise fragwürdigen Entscheidungen zu werden. Wie verhält man sich also, wenn der Arbeitgeber Maßnahmen anordnet, die ein Mitarbeiter im IT-Bereich für eindeutig rechtswidrig hält? Kann der Beschäftigte dann die Weisung verweigern? Und was riskiert er in diesem Fall, z. B. eine arbeitsrechtliche *Abmahnung* oder gar die *Kündigung* seines Arbeitsverhältnisses?

Gesetze und vertragliche Vereinbarungen schränken das *Direktionsrecht* des Arbeitgebers ein. So darf er seinen Mitarbeitern definitiv keine Anweisungen erteilen, die zur Folge hätten, dass diese gegen geltendes Recht verstoßen. Ein solcher Verstoß

---

17 BAG, 02.11.2016 - 10 AZR 596/15, online verfügbar unter *www.bundesarbeitsgericht.de/entscheidung/10-azr-596-15/* (zuletzt aufgerufen am 15. Juni 2023).

läge beispielsweise vor, wenn ein Admin von seinem Vorgesetzten die Anweisung erhalten würde, regelmäßig zwölf Stunden am Tag zu arbeiten. Ebenfalls unzulässig ist die Vorgabe, eindeutig rechtswidrig erlangte Software im Unternehmen zu installieren. Denn die Nutzung derartiger *Raubkopien* verletzt das Urheberrecht und kann neben Schadensersatzansprüchen sogar strafrechtliche Konsequenzen haben. Auch eine Anweisung, sensible Daten des Unternehmens ohne Rechtsgrundlage an Dritte weiterzugeben, wird kaum rechtmäßig sein.

Bei solchen Anweisungen ist die Rechtsprechung eindeutig: Eine Weisung, die offensichtlich gegen ein Gesetz verstößt, muss nicht durch den Arbeitnehmer befolgt werden. Folgt auf eine solche Vorgabe eine verhaltensbedingte Abmahnung oder Kündigung, ist diese rechtswidrig. Dies entspricht inzwischen den Vorgaben des Bundesarbeitsgerichts. Danach muss der Arbeitnehmer unbilligen Weisungen nicht Folge leisten.[18] Umgekehrt besteht für den Arbeitnehmer keine Pflicht, sich rechtswidrigen Vorgaben entgegenzustellen. Entsprechende Anweisungen können also auch trotz offenkundiger Rechtswidrigkeit von den Angestellten ausgeführt werden. Eine Ausnahme besteht lediglich bei Fällen von offenkundig kriminellen Handlungen, z. B. Mord, Landesverrat oder Raub.

Den Mut zu beweisen, sich bestimmten Anweisungen zu widersetzen, kann dagegen im Einzelfall mit einem Risiko verbunden sein. Stellt sich die Anweisung im Prozess rückwirkend als rechtmäßig dar, muss der Arbeitnehmer arbeitsrechtliche Konsequenzen befürchten. Diese reichen vom Verlust des Vergütungsanspruchs bis hin zu einer Abmahnung oder gar der Kündigung.

9.8.3 Tipps für die Praxis zur Konfliktlösung und -prävention

In solchen Konfliktfällen ist es grundsätzlich immer hilfreich, sich Verbündete zu suchen, wobei hier unterschiedliche Möglichkeiten denkbar sind. So kann beispielsweise der Kontakt zu einem Vorgesetzten einer anderen Ebene bzw. aus einem anderen Bereich hilfreich sein, die Diskussion mit dem eigenen Vorgesetzten in die richtige Richtung zu lenken oder eine entsprechende Aufmerksamkeit für diese Frage bei der obersten Leitungsebene zu schaffen.

Eine wichtige Lehre aus der Praxis im Rahmen der persönlichen Absicherung ist es, darauf zu bestehen, dass eine zweifelhafte Anweisung in schriftlicher Form erteilt wird. Allein diese Forderung führt nicht selten schon oft dazu, dass die Anweisung dann nicht konsequent aufrechterhalten wird bzw. nur noch in abgeänderter – meist entschärfter – Form umgesetzt werden soll.

---

18 BAG, Beschluss vom 14.06.2017, 10 AZR 330/16 (A), online verfügbar unter *https://openjur.de/u/2132469.html* (zuletzt aufgerufen am 15. Juni 2023).

9.8 Wie sage ich es meinem Chef: Umgang mit fragwürdigen Arbeitsanweisungen

Unternehmen ist es in jedem Fall zu empfehlen, sich bereits vorab mit solchen potenziellen Konfliktlagen zu beschäftigen und sie möglichst zu vermeiden. So ist es sinnvoll, bereits im Vorfeld konkrete Regelungen zu schaffen, auf die sich dann alle Beteiligten berufen können. Dies gilt insbesondere für die zuständigen Administratoren, die dadurch die Möglichkeit erhalten, mit Verweis auf die entsprechende Regelung Anfragen der Vorgesetzten abzulehnen bzw. entsprechende Tätigkeiten zu verweigern.

Zu den grundsätzlichen Überlegungen gehört eine Verpflichtung der Administratoren und ihrer Vorgesetzten zur Einhaltung der Compliance-Vorgaben. Dies erzeugt auf beiden Seiten die Awareness, dass zentrale gesetzliche Vorgaben auch zwingend einzuhalten sind. Dabei sind nicht nur die datenschutzrechtlichen Fragen, sondern insbesondere auch die eng damit verbundenen Aspekte der Informationssicherheit oder auch lizenzrechtliche Fragestellungen zu berücksichtigen.

In einem derartigen Compliance-Rahmen sollte ebenfalls klargestellt werden, dass das regelkonforme Verhalten eines Admins gegenüber der Weisung eines Vorgesetzten Vorrang hat. Dabei bietet es sich grundsätzlich an, für etwaige Konfliktfälle eine *Schlichtungsstelle* einzurichten, bei der die vorhandenen zentralen Beauftragten – beispielsweise aus den Bereichen Datenschutz, Informationssicherheit und Gleichstellung – sowie der Betriebs- bzw. Personalrat angemessen beteiligt werden sollten.

Auch ein ordnungsgemäßer Umgang mit den privaten Daten, sowohl der Mitarbeiter als auch der Kunden und Partner, gehört zu den Pflichten der Admins. Ein Zugriff erfolgt grundsätzlich nur im Rahmen rechtlicher Vorgaben, lediglich in einem Notfall darf – beispielsweise zur Abwehr von etwaigen Schäden – dieser auch ohne dessen explizite Zustimmung erfolgen. Ein Gebot der Stunde ist dabei die volle Transparenz. So sollte der Admin auf Anfrage jederzeit Auskunft darüber erteilen können, welche personenbezogenen Daten im IT-System erfasst und verarbeitet werden.

Eine klar definierte Kontakt- und Schlichtungsstelle hilft den Betroffenen auch bei Zweifelsfällen aus diesem Bereich ungemein. Gleiches gilt auch für Vertreterregelungen im Urlaubs- und Krankheitsfall. Da sich erfahrungsgemäß ein großer Anteil der strittigen Anweisungen um dieses Thema dreht, wird die Gesamtsituation durch entsprechende Vorgaben deutlich entschärft. Auch die Einrichtung von nicht personalisierten Funktional-E-Mail-Adressen kann schlussendlich helfen, zweifelhafte Anfragen und Anweisungen zu vermeiden. Sofern ein Betriebs- bzw. Personalrat vorhanden ist, empfiehlt es sich, diese Fragen in einer *Betriebs-* bzw. *Dienstvereinbarung* zu regeln.

9.8.4 Umgang mit Notfällen

Etwas anders stellt sich die Lage dar, wenn ein akuter *Notfall* vorliegt. In diesem Fall bestehen ausnahmsweise erhöhte Anforderungen an die Treuepflicht des Arbeitnehmers. Diese Regelungen gelten formal für Naturkatastrophen wie Überschwemmungen, sind aber im IT-Bereich sicher auch auf schwerwiegende Angriffe auf die Sicherheit der Unternehmenssysteme anwendbar.

In solchen außergewöhnlichen Fällen gilt, dass der Beschäftigte auch zu solchen Arbeiten herangezogen werden kann, die nicht direkt in seinen Tätigkeitsbereich fallen. So ist es dann beispielsweise auch vertretbar, ausnahmsweise auf private Daten oder E-Mail-Konten zuzugreifen, beispielsweise wenn dort die Quelle von Malware zu vermuten ist.

Schlechte Planung ist allerdings kein Notfall. Nicht unter diese Regelung fallen daher vorhersehbare Engpässe, die z. B. durch Urlaubszeiten, unzureichende Vertreterregelungen im Krankheitsfall oder durch Arbeitskräftemangel verursacht werden.

Alles in allem gilt: Wie so oft hilft also eine gute Vorbereitung mit klaren Regeln für den Fall der Fälle. Denn nur dann lassen sich unklare Situationen und damit verbundene Streitigkeiten von vornherein vermeiden. Die Rechtsprechung lässt dabei viel Raum und fördert grundsätzlich selbstbewusste Mitarbeiter, die nicht alles mit sich machen lassen und bei eindeutig rechtswidrigen Vorgaben auch einmal Widerstand leisten.

Kapitel 10
Folgen bei Datenschutzproblemen: Sanktionen, Abmahnungen und Schadenersatz

Was droht Ihnen und Ihrem Unternehmen, wenn bei der Verarbeitung von personenbezogenen Daten einmal etwas schiefgeht? Sie lernen in diesem Kapitel die wichtigsten Sanktionsmöglichkeiten von Aufsichtsbehörden, Betroffenen und Mitbewerbern kennen.

Die gute Nachricht vorweg: Sie persönlich haften in der Regel nicht für Datenschutzverstöße, denn eine persönliche Haftung des handelnden Admins scheidet in praktisch allen Fällen aus. Selbst der Geschäftsführer haftet nur in ganz seltenen Ausnahmefällen persönlich. Etwas anderes gilt natürlich, wenn ein Datenschutzverstoß vorsätzlich herbeigeführt wird. Wir gehen aber davon aus, dass Sie zu »den Guten« gehören. Die Sanktionen richten sich dann fast immer ausschließlich gegen Ihr Unternehmen. Zeit oder Anlass zum Durchatmen besteht aber trotzdem nicht, denn die Folgen für Ihr Unternehmen können beträchtlich sein.

10.1 Datenschutzverstöße werden bestraft: Sanktionsmöglichkeiten der DSGVO

Ihrem Unternehmen droht bei Verstößen gegen die DSGVO im Wesentlichen von drei Seiten Ungemach, nämlich von den Aufsichtsbehörden, von den Betroffenen und von Ihren Mitbewerbern am Markt.

10.1.1 Sanktionsmöglichkeiten der Aufsichtsbehörden

Zunächst bestehen Sanktionsmöglichkeiten für die Aufsichtsbehörden. Neben den in der allgemeinen Wahrnehmung sehr präsenten Bußgeldern, die von Aufsichtsbehörden verhängt werden können, haben die Aufsichtsbehörden noch viele weitere Befugnisse, um auf eine rechtmäßige Datenverarbeitung durch Ihr Unternehmen hinzuwirken.

Abbildung 10.1 Fragebogen der Aufsichtsbehörde im Rahmen ihrer Aufsicht nach Art. 58 DSGVO (Quelle: eigener Screenshot)

Diese Befugnisse sind in Art. 58 DSGVO geregelt und beginnen mit einem umfassenden *Auskunftsrecht*. Von diesem Recht kann die Aufsichtsbehörde in verschiedenen Formen Gebrauch machen. So ist es beispielsweise möglich, dass Aufsichtsbehörden anlasslos Fragebögen (vgl. dazu Abbildung 10.1 und Abbildung 10.2) an Unternehmen verschicken, um die Rechtmäßigkeit der Verarbeitungstätigkeiten zu prüfen. Diese Fragebögen müssen dann von den Unternehmen wahrheitsgemäß beantwortet werden, die Behörde erwartet dabei i. d. R. eine Beantwortung innerhalb von sechs Wochen. Solche Fragebogenaktionen gab es bereits für bestimmte Branchen (z. B. Personaldienstleister) oder bestimmte Verarbeitungstätigkeiten (z. B. Betrieb von Websites).

Zusätzlich gestattet es Art. 58 Abs. 1 lit. b DSGVO den Aufsichtsbehörden, *Datenschutzprüfungen* durchzuführen und nach Art. 58 Abs. 1 lit. f DSGVO sogar *Zutritt* zu den Räumlichkeiten sowie *Zugang* zu allen Datenverarbeitungsanlagen und -geräten zu verlangen.

Die DSGVO nennt diese Befugnisse *Untersuchungsbefugnisse* und regelt im folgenden Abs. 2 von Art. 58 DSGVO die daran anschließenden *Abhilfebefugnisse*. Die *Abhilfebefugnisse* der Aufsichtsbehörden beginnen damit, dass diese berechtigt sind, den

Verantwortlichen oder den Auftragsverarbeiter zu warnen, dass beabsichtigte Verarbeitungsvorgänge voraussichtlich gegen die DSGVO verstoßen. Wurde ein Verstoß festgestellt, kann die Aufsichtsbehörde eine *Verwarnung* aussprechen. Kommt Ihr Unternehmen einer Anfrage eines Betroffenen, z. B. einem Auskunftsverlangen oder einem Löschverlangen, nicht nach, kann die Aufsichtsbehörde Ihrem Unternehmen die *Anweisung* erteilen, den Anträgen der betroffenen Person auf Ausübung der ihr nach der DSGVO zustehenden Rechte zu entsprechen.

> Fragen:
>
> 1.1 Soweit Sie Beschäftigte an ein anderes Unternehmen verleihen: Wie sehen Sie Ihre datenschutzrechtliche Verantwortlichkeit gegenüber den betroffenen Beschäftigten als Verleiher?
>
> 1.2 Wie ist Ihr Rollenverständnis gegenüber dem Entleiher? Wer bestimmt über die Ablauforganisation und die hierfür erforderliche Datenverarbeitung beim Entleiher?
>
> 1.3 Schließen Sie mit dem Entleiher einen Auftragsverarbeitungsvertrag gemäß Art. 28 DSGVO ab? Falls zutreffend, bitte begründen.
>
> 1.4 Schließen Sie mit dem Entleiher einen Joint Controller Vertrag gem. Art. 26 DS-GVO ab? Wären in diesem Fall Verleiher und Entleiher gemeinsame Verantwortliche gegenüber den Beschäftigten?
>
> 1.5 Wie stellen Sie sicher, dass die betroffenen Beschäftigten gem. Art. 13 und 14 DS-GVO über die Verarbeitung Ihrer Daten informiert werden?
>
> 2.1 Handeln Sie im Rahmen Ihrer Personalvermittlung als selbständiger Verantwortlicher (Art. 4 Nr. 7 DS-GVO) oder als Auftragsverarbeiter (Art. 4 Nr. 8 DS-GVO)?
>
> 2.2 Wie unterrichten Sie Bewerber über Ihre datenschutzrechtliche Verantwortlichkeit bzw. die datenschutzrechtliche Verantwortlichkeit Ihres Auftraggebers?
>
> 2.3 Im Falle der Übermittlung von Bewerberdaten an interessierte Arbeitgeber:
>
> Wie unterrichten Sie die betroffenen Bewerber? Über eine Datenschutzerklärung auf Ihrer Webseite oder ggf. durch eine individuelle Unterrichtung gem. Art. 13 bzw. Art 14 DS-GVO?

Abbildung 10.2 Fragebögen umfassen meist mehrere Seiten

Eine Anweisung kann Ihr Unternehmen auch erhalten, wenn Verarbeitungsvorgänge nach Ansicht der Aufsichtsbehörde gegen die DSGVO verstoßen. Die Aufsichtsbehörde kann Ihr Unternehmen dann anweisen, Verarbeitungsvorgänge auf bestimmte Weise und innerhalb eines bestimmten Zeitraums in Einklang mit der DSGVO zu bringen. Ihr Unternehmen kann auch angewiesen werden, die von einer Verletzung des Schutzes personenbezogener Daten betroffene Person entsprechend zu benachrichtigen. Das kann z. B. dann zum Tragen kommen, wenn Ihr Unternehmen eine Datenpanne gemeldet hat, von der Benachrichtigung der Betroffenen aber abgesehen hat, weil kein großes Risiko für die Betroffenen gesehen wurde und die Aufsichtsbehörde dies anders einschätzt.

Im Zusammenhang mit den Betroffenenrechten kann die Aufsichtsbehörde auch die Berichtigung oder Löschung von personenbezogenen Daten oder die Einschränkung der Verarbeitung anordnen.

Ein besonders scharfes und oft nicht bekanntes Schwert der Aufsichtsbehörden gegen Ihr Unternehmen ist die Möglichkeit, eine vorübergehende oder endgültige *Beschränkung* der Verarbeitung, einschließlich eines *Verbots*, zu verhängen. Trifft Ihr Unternehmen eine solche Maßnahme der Aufsichtsbehörde, ist eine Verarbeitung, die gegebenenfalls von großem Interesse für Ihr Unternehmen ist, unter Umständen sofort einzustellen. Der Schaden für Ihr Unternehmen kann durch eine solche Untersagung sogar größer sein als eine Geldbuße. Die Untersagung kann sich dabei auch auf die Übermittlung von Daten an einen Empfänger in einem Drittland oder an eine internationale Organisation beziehen.

Und nicht zuletzt kann die Aufsichtsbehörde eine *Geldbuße* gegen Ihr Unternehmen verhängen. Mit dieser prominenten und häufigen Sanktionsmaßnahme beschäftigen wir uns in dem folgenden Abschnitt noch ausführlich.

Nach den Untersuchungs- und Abhilfebefugnissen folgen in Abs. 3 von Art. 58 DSGVO die *Genehmigungsbefugnisse* und *beratende Befugnisse*. Von den hier genannten Befugnissen ist eigentlich nur die Genehmigungsbefugnis für interne Vorschriften gemäß Art. 47 DSGVO für Sie und Ihr Unternehmen von direkter Bedeutung. Hinter diesem Verweis verstecken sich die sogenannten *Binding Corporate Rules* (*BCR*), die einen Datentransfer auch in Drittländer innerhalb einer Unternehmensgruppe rechtfertigen können. Von dieser Möglichkeit machen allerdings nur größere Unternehmensgruppen Gebrauch, da das Verfahren komplex und aufwendig ist.

10.1.2 Rechte der Betroffenen

Daneben kann auch der einzelne Betroffene Rechte bis hin zum Schadenersatz geltend machen.

Dem Betroffenen stehen nach der DSGVO eine Vielzahl von Rechten zu, die er gegenüber Ihrem Unternehmen geltend machen kann. Auf der einen Seite sind dies zunächst die klassischen Betroffenenrechte, die Sie vor allem aus den Art. 12 ff. DSGVO kennen.

> **Hinweis: Betroffenenrechte in der Übersicht**
> ▸ Folgende Rechte gewährt die DSGVO natürlichen Personen:
> ▸ Recht auf Auskunft (Art. 15 DSGVO)
> ▸ Recht auf Berichtigung (Art. 16 DSGVO)

- Recht auf Löschung (Art. 17 DSGVO)
- Recht auf Einschränkung der Verarbeitung (Art. 18 DSGVO)
- Recht auf Datenübertragbarkeit (Art. 20 DSGVO)
- Recht auf Widerspruch (Art. 21 DSGVO)
- Recht auf Widerruf einer Einwilligung (Art. 7 Abs. 3 DSGVO)
- Recht, keiner automatischen Entscheidungsfindung unterworfen zu werden (Art. 22 DSGVO)
- Recht, sich bei einer Aufsichtsbehörde zu beschweren (Art. 77 DSGVO)

Grundsätzlich müssen Sie bei der Beantwortung bzw. Erfüllung dieser Betroffenenrechte immer Art. 12 DSGVO mitlesen, der die allgemeinen Anforderungen an den Umgang mit Betroffenenrechten enthält. Dort finden Sie z. B. in Abs. 3 die Verpflichtung, Auskunftsverlangen innerhalb eines Monats zu beantworten, wobei diese Frist unter Umständen auf zwei Monate verlängert werden kann. Bleiben Sie allerdings untätig, geraten Sie durch die gesetzliche Anordnung einer Beantwortungsfrist ohne weitere Mahnung des Betroffenen in Verzug. Daran können sich dann Schadenersatzansprüche des Betroffenen einschließlich Rechtsanwaltskosten anschließen.

Kommt Ihr Unternehmen den Betroffenenrechten nicht oder nicht rechtzeitig nach, müssen Sie außerdem damit rechnen, dass sich ein Betroffener mit einer Beschwerde an eine Aufsichtsbehörde wendet, die dann die oben beschriebenen weiteren behördlichen Maßnahmen gegen Ihr Unternehmen einleiten kann. Alternativ oder zusätzlich kann Sie der Betroffene auch gerichtlich in Anspruch nehmen, da ihm nach Art. 79 DSGVO das Recht auf einen wirksamen gerichtlichen Rechtsbehelf zusteht.

Hat der Betroffene durch einen Datenschutzverstoß, den Ihr Unternehmen verursacht hat, sogar einen materiellen oder immateriellen Schaden erlitten, kann der Betroffene von Ihrem Unternehmen Schadenersatz nach Art. 82 DSGVO fordern. Diesem besonders lukrativen Betroffenenrecht widmen wir im Folgenden ein eigener Abschnitt.

10.1.3 Abmahnungen durch Mitbewerber

Als Letztes drohen auch Maßnahmen von Mitbewerbern, vor allem in Form von *Abmahnungen*. Vor dem Inkrafttreten der DSGVO wurde vielfach eine nie dagewesene Abmahnwelle vorhergesagt. Diese blieb in den ersten Jahren allerdings aus. Das lag vor allem an der unsicheren Rechtslage, die sich aber langsam lichtet, sodass die Gefahr von Abmahnungen langsam aber sicher steigt.

Für Ihr Unternehmen sind Abmahnungen von Mitbewerben vor allem deshalb gefährlich, weil Abmahnungen in der Regel auf eine Unterlassung einer bestimmten Verarbeitung gerichtet sind. Ist die Abmahnung also berechtigt, muss Ihr Unternehmen die angegriffene Verarbeitung umgehend einstellen, wenn es keine Vertragsstrafe bzw. kein Ordnungsgeld riskieren will. Eigentlich mehr ein Anhängsel aber häufig sehr prominent in der Berichterstattung enthalten sind die Rechtsanwaltskosten, die durch eine Abmahnung verursacht werden und die in der Regel auch durch das abgemahnte Unternehmen zu zahlen sind.

Mit weiteren Details zu Abmahnungen durch Mitbewerber beschäftigen wir uns im letzten Abschnitt dieses Kapitels.

10.2 Das Schwert der Aufsichtsbehörden: Bußgelder nach Art. 83 DSGVO

Die mit der Einführung der DSGVO deutlich erhöhten Bußgelder, die als zentrale Sanktionsmöglichkeit der Aufsichtsbehörden in aller Munde sind, sind in Art. 83 DSGVO geregelt. Geldbußen nach diesem Artikel können von den Aufsichtsbehörden zusätzlich oder anstelle von Maßnahmen nach Art. 58 DSGVO, die wir uns im vorhergehenden Abschnitt angeschaut haben, verhängt werden.

Die Aufsichtsbehörden müssen laut Art. 83 Abs. 1 DSGVO sicherstellen, dass die Verhängung von Geldbußen für Verstöße gegen die DSGVO in jedem Einzelfall wirksam, verhältnismäßig und abschreckend ist. Was bedeutet das für Ihr Unternehmen? Auch wenn die DSGVO noch relativ jung, die Bußgeldpraxis der Aufsichtsbehörden alles andere als homogen und gerichtliche Entscheidungen noch selten sind, lässt sich durchaus die Tendenz erkennen, dass die im Einzelfall verhängte Bußgeldhöhe angestiegen ist und vermutlich weiter ansteigen wird. Zur Erinnerung: Nach dem BDSG a. F. betrug die maximale Bußgeldhöhe 300.000,00 EUR. Jetzt sind es – wie Sie gleich sehen werden – bis zu 20 Mio. EUR oder 4 % des *gesamten weltweiten erzielten Jahresumsatzes des vorangegangenen Geschäftsjahrs* des Unternehmens.

10.2.1 Zwei Bußgeldrahmen

Die Regelung in Art. 83 DSGO sieht in seinen Abs. 4 und 5 zwei Bußgeldrahmen vor, die je nach Art des Verstoßes zur Anwendung kommen.

> **Hinweis: Geldbußen bis zu 10 Mio. EUR drohen bei Verstößen gegen**
> - die Pflichten der Verantwortlichen und der Auftragsverarbeiter gemäß den Art. 8, 11, 25 bis 39, 42 und 43
> - die Pflichten der Zertifizierungsstelle gemäß den Art. 42 und 43
> - die Pflichten der Überwachungsstelle gemäß Art. 41 Abs. 4

Der niedrige Rahmen sieht Bußgelder bis zu 10 Mio. EUR oder im Falle eines Unternehmens bis zu 2 % des *gesamten weltweit erzielten Jahresumsatzes des vorangegan-*

genen Geschäftsjahres vor, je nachdem, welcher Betrag der höhere ist. Der höhere Rahmen erstreckt sich bis zu 20 Mio. EUR oder 4 % des Umsatzes.

> **Hinweis: Geldbußen bis zu 20 Mio. EUR drohen bei Verstößen gegen**
> - die Grundsätze für die Verarbeitung, einschließlich der Bedingungen für die Einwilligung, gemäß den Art. 5, 6, 7 und 9
> - die Rechte der betroffenen Personen gemäß den Art. 12 bis 22
> - die Übermittlung personenbezogener Daten an einen Empfänger in einem Drittland oder an eine internationale Organisation gemäß den Art. 44 bis 49
> - die Pflichten gemäß den Rechtsvorschriften der Mitgliedstaaten, die im Rahmen des Kapitels IX erlassen wurden
> - Nicht-Befolgung einer Anweisung oder einer vorübergehenden oder endgültigen Beschränkung oder Aussetzung der Datenübermittlung durch die Aufsichtsbehörde gemäß Art. 58 Abs. 2 oder Nicht-Gewährung des Zugangs unter Verstoß gegen Art. 58 Abs. 1

Sie sehen: Das meiste, was bei Ihnen in der Praxis vorkommt, unterfällt dem höheren Bußgeldrahmen. Relevant dürften in Ihrem Alltag vor allem Verstöße gegen Art. 6 DSGVO wegen des Fehlens einer Rechtsgrundlage für die Verarbeitung und gegen Art. 12 bis 22 DSGVO wegen Verstoßes gegen Betroffenenrechte sein. Hierunter fällt z. B. bereits eine falsche Datenschutzerklärung auf der Website. Auch eine nicht den Anforderungen der Art. 44 ff. DSGVO entsprechende Übermittlung in ein unsicheres Drittland, z. B. an einen Dienstleister in die USA, ist von dem hohen Bußgeldrahmen umfasst.

Verstöße wegen unzureichender technischer und organisatorischer Maßnahmen gemäß Art. 32 DSGVO (vgl. dazu die Kapitel 3, »Technischer Datenschutz: Anforderungen der DSGVO an den IT-Betrieb« und Kapitel 5, »Datenschutzverpflichtungen als Unternehmen umsetzen«) fallen demgegenüber in den niedrigeren Bußgeldrahmen.

10.2.2 Bestimmung der Bußgeldhöhe

Vielleicht werden Sie sich nun fragen, wie man angesichts dieser sehr breiten Bußgeldrahmen zu einem dem Verstoß angemessenen Bußgeld kommt. Auch hierfür macht die DSGVO in Art. 83 Abs. 2 einige Vorgaben. Ob es überhaupt ein Bußgeld gibt oder es die Aufsichtsbehörde bei einer Maßnahme nach Art. 58 DSGVO belässt, hat die Behörde nach den Umständen des Einzelfalls zu entscheiden. Bei der Prüfung, ob ein Bußgeld zu verhängen ist und bei der Festlegung des konkreten Betrags hat die Behörde die folgenden Aspekte zu berücksichtigen:

- Art, Schwere und Dauer des Verstoßes unter Berücksichtigung der Art, des Umfangs oder des Zwecks der betreffenden Verarbeitung
- Zahl der von der Verarbeitung betroffenen Personen
- Ausmaß des von den betroffenen Personen erlittenen Schadens
- Vorsätzlichkeit oder Fahrlässigkeit des Verstoßes
- Maßnahmen, die der Verantwortliche oder der Auftragsverarbeiter zur Minderung des Schadens getroffen hat
- Grad der Verantwortung des Verantwortlichen oder des Auftragsverarbeiters unter Berücksichtigung der von ihm getroffenen technischen und organisatorischen Maßnahmen nach Art. 25 und 32 DSGVO
- etwaige einschlägige frühere Verstöße des Verantwortlichen oder des Auftragsverarbeiters
- Umfang der Zusammenarbeit mit der Aufsichtsbehörde, um dem Verstoß abzuhelfen und seine Auswirkungen zu mindern
- Kategorien personenbezogener Daten, die von dem Verstoß betroffen sind
- Art und Weise, wie der Verstoß der Aufsichtsbehörde bekannt wurde, insbesondere, ob der Verstoß von dem Verantwortlichen oder dem Auftragsverarbeiter mitgeteilt wurde
- Einhaltung von vormals gegen den Verantwortlichen oder den Auftragsverarbeiter getroffenen Maßnahmen nach Art. 58 DSGVO
- Einhaltung genehmigter Verhaltensregeln oder genehmigter Zertifizierungsverfahren
- jegliche andere erschwerende oder mildernde Umstände, wie z. B. erlangte finanzielle Vorteile oder vermiedene Verluste

10.2.3 Bußgeldkonzepte der Aufsichtsbehörden

Um die Zumessung der Bußgelder zumindest für Deutschland zu harmonisieren, hat die Datenschutzkonferenz (DSK) am 14. Oktober 2019 ein Konzept zur Bußgeldzumessung in Verfahren gegen Unternehmen beschlossen.[1] Es sollte eine nachvollziehbare, transparente und einzelfallbezogene Form der Bußgeldzumessung sicherstellen. Das Konzept knüpft zentral an den jährlichen Unternehmensumsatz als Bemessungsgrundlage für das festzusetzende Bußgeld an, obwohl die DSGVO den Umsatz gerade nicht als Zumessungskriterium der Festlegung der Bußgeldhöhe, sondern nur als Höchstgrenze der Bußgeldrahmen nennt.

---

[1] Details dazu siehe im »Konzept der unabhängigen Datenschutzaufsichtsbehörden des Bundes und der Länder zur Bußgeldzumessung in Verfahren gegen Unternehmen« vom 14. Oktober 2019, online abrufbar unter *www.datenschutzkonferenz-online.de/media/ah/20191016_bußgeldkonzept.pdf* (zuletzt aufgerufen am 15. Juni 2023).

Das Bußgeldkonzept der DSK ermöglich zwar in den weiteren Schritten eine Berücksichtigung der Schwere der Tat und eine Anpassung an die Umstände des Einzelfalls, es führt aber trotzdem tendenziell dazu, dass größere und umsatzstärkere Unternehmen selbst bei kleinsten Verstößen mit empfindlichen Bußgeldern belegt werden. Dagegen würden selbst schwerste Datenschutzverstöße umsatzschwacher Unternehmen nur relativ geringfügig sanktioniert.

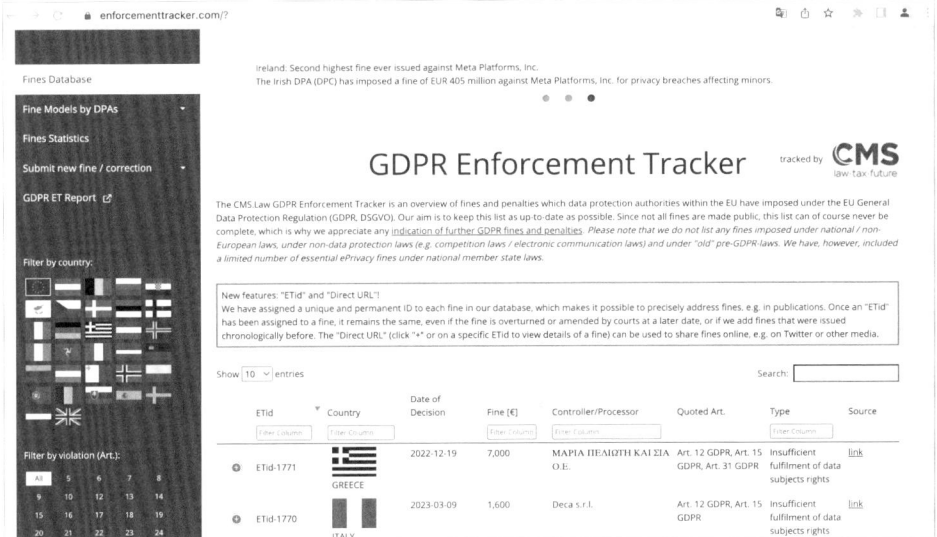

Abbildung 10.3 GDPR Enforcement Tracker der Kanzlei CMS (Quelle: www.enforcementtracker.com).

Diese Schwäche des Bußgeldkonzepts der DSK hat auch das Landgericht (LG) Bonn in seinem Urteil vom 11. November 2020 erkannt und das stark umsatzorientierte Bußgeldkonzept der DSK zwar nicht ausdrücklich verworfen, im Ergebnis aber den Zumessungsgesichtspunkten von Art. 83 Abs. 2 Satz 2 DSGVO Vorrang eingeräumt.[2] In seiner reinen Form dürfte das Bußgeldkonzept der DSK deshalb als gescheitert anzusehen sein.

Nachfolgend hat der Europäische Datenschutzausschuss (EDSA) am 12. Mai 2022 Leitlinien zur Berechnung von Bußgeldern nach der DSGVO verabschiedet.[3] Dieses Papier enthält allerdings keinen simplen Bußgeldkatalog, wie Sie Ihn vielleicht aus

---

2 Siehe dazu Urteil des Landgerichts Bonn vom 11. November 2020 (Az. 29 OWi 1/20), online verfügbar unter *www.justiz.nrw.de/nrwe/lgs/bonn/lg_bonn/j2020/29_OWi_1_20_Urteil_20201111.html* (zuletzt aufgerufen am 15. Juni 2023).
3 Siehe dazu »Guidelines 04/2022 on the calculation of administrative fines under the GDPR, Version 1.0, Adopted on 12 May 2022«, online verfügbar unter *https://edpb.europa.eu/system/files/2022-05/edpb_guidelines_042022_calculationofadministrativefines_en.pdf* (zuletzt aufgerufen am 15. Juni 2023).

dem Bereich des Straßenverkehrs kennen. Es beschriebt vielmehr eine komplexe Methode zur Bestimmung des im Einzelfall angemessenen Bußgeldes.

Im Gegensatz zum Bußgeldkonzept der DSK legt das Papier des EDSA den Schwerpunkt allerdings nicht auf den Umsatz, sondern auf die Art und Schwere des Verstoßes. Ob die Leitlinien des EDSA tatsächlich zu einer Harmonisierung der Bußgeldzumessung in Europa führen, bleibt abzuwarten, darf aber angesichts der vielen enthaltenen Abwägungs- und Auslegungsmöglichkeiten bezweifelt werden.

10.2.4 Ein Sonderproblem: Rechtsträgerprinzip vs. Funktionsträgerprinzip

In Deutschland verweist § 41 BDSG für Verstöße, die mit einem Bußgeld nach Art. 83 Abs. 4 bis 6 DSGVO belegt werden sollen, u. a. auf die Bestimmungen des *Gesetzes über Ordnungswidrigkeiten* (OWiG). Das deutsche Ordnungswidrigkeitenrecht knüpft immer an ein schuldhaftes Fehlverhalten einer natürlichen Person an. Das Gesetz lässt in seinen §§ 30 und 130 OWiG aber auch Geldbußen gegen juristische Personen und Inhaber von Betrieben oder Unternehmen zu.

Allerdings knüpft die Haftung der juristischen Person auch in diesen beiden Fällen letztlich an ein rechtswidriges und schuldhaftes Verhalten einer natürlichen Person an. § 130 OWiG setzt voraus, dass der Inhaber eines Betriebs oder eines Unternehmens vorsätzlich oder fahrlässig (und damit schuldhaft) Aufsichtsmaßnahmen unterlässt, die erforderlich sind, um in Betrieb oder Unternehmen Zuwiderhandlungen gegen Pflichten zu verhindern, deren Verletzung mit Strafe oder Geldbuße bedroht ist. § 30 OWiG knüpft für die Haftung an ein Verhalten einer zur Vertretung der juristischen Person berechtigten natürlichen Person an. Das kann z. B. der Geschäftsführer einer GmbH sein. Ausreichend ist aber auch eine sonst leitende Stellung, wie z. B. ein Prokurist oder eine sonst verantwortlich handelnde Person.

Die Haftung der juristischen Person knüpft nach diesen Regelungen also immer an eine Handlung einer Leitungs- oder Aufsichtsperson an. Sie betrifft auch immer nur diejenige konkrete juristische Person, deren verantwortliche Person gehandelt hat und wird deshalb z. B. nicht auf andere Konzerngesellschaften ausgeweitet. Für eine Haftung kann bereits ein Organisationsmangel ausreichend sein; das nennt man *das Rechtsträgerprinzip*.

Derartige natürliche Personen mit Leitungs- oder Aufsichtsfunktion sind jedoch nur in seltenen Fällen direkt selbst an der Verwirklichung eines Datenschutzverstoßes beteiligt. Sie als Admin zählen meistens nämlich nicht zum Kreis der im Sinne des Ordnungswidrigkeitengesetzes verantwortlichen Personen. Entsprechend führt nach rein deutschem Recht das Verhalten irgendeines Mitarbeiters des Unternehmens (z. B. des Admins) nicht zu einer Geldbuße, wenn keiner Leitungsperson ein Fehlverhalten angelastet werden kann.

Schauen wir aber einmal nicht durch die deutsche Brille, stellen wir fest, dass Art. 83 Abs. 4 bis 6 DSGVO an den Datenschutzverstoß als Erfolg anknüpft und gerade nicht an die für den Verstoß ursächliche Handlung. Außerdem hatte der Gesetzgeber bei der Schaffung von Art. 83 DSGVO – und das ist mehr als bemerkenswert – das supranationale europäische Kartellrecht der Artt. 101 und 102 des *Vertrages über die Arbeitsweise der Europäischen Union* (*AEUV*) vor Augen. Danach haftet die juristische Person unmittelbar für Verstöße, unabhängig davon, welche konkrete natürliche Person die Handlung begangen hat und ist insbesondere unabhängig davon, ob diese Person Leitungs- oder Aufsichtsfunktion hatte; das nennt man *das Funktionsträgerprinzip*.

Wenn das Funktionsträgerprinzip gilt, erhöht sich das Haftungsrisiko Ihres Unternehmens natürlich immens, weil dann im Prinzip jede rechtswidrige und schuldhafte Handlung jedes Mitarbeiters ein Bußgeld für das Unternehmen nach sich ziehen kann.

Noch ist nicht endgültig entschieden, welchem Prinzip die deutschen Gerichte folgen. Das oben bereits zitierte LG Bonn hat in seinem Urteil vom 11. November 2020 die Auffassung vertreten, dass das Funktionsträgerprinzip zur Anwendung kommt. Dem haben sich einige Gerichte und viele juristische Autoren angeschlossen. Dagegen hat z. B. das LG Berlin in einem Beschluss vom 18. Februar 2021 festgestellt, dass zur Verhängung einer Geldbuße gegen eine juristische Person der Nachweis eines schuldhaften Verhaltens einer natürlichen Leitungs- oder Aufsichtsperson erforderlich ist.[4] Gegen den Beschluss wurde Beschwerde zum Kammergericht[5] erhoben.

Das Kammergericht hat mit Beschluss vom 6. Dezember 2021 dem EuGH die Fragen vorgelegt, ob gegebenenfalls neben § 30 OWiG das Funktionsträgerprinzip zur Anwendung kommt und ob in diesem Fall ein durch einen Mitarbeiter vermittelter schuldhafter Verstoß erforderlich ist oder ob bereits ein objektiver Pflichtenverstoß für eine Bebußung eines Unternehmens ausreichend ist.[6] Sollte der EuGH[7] beide Fragen mit »ja« beantworten, wäre es für Aufsichtsbehörden in Zukunft wesentlich einfacher, Bußgelder gerichtsfest gegen Unternehmen zu verhängen. Sie sollten die weitere Entwicklung deshalb unbedingt im Auge behalten.

Selbst wenn der EuGH aber eine oder beide Fragen mit »nein« beantworten sollte, können Sie den Leitungs- und Aufsichtspersonen in Ihrem Unternehmen keine Ent-

---

4 Siehe dazu den Beschluss des Landgerichts Berlin vom 18. Februar 2021 (Az. (526 OWi LG) 212 Js-OWi 1/20 (1/20), 526 OWi LG 1/20), online verfügbar unter *https://gesetze.berlin.de/bsbe/document/KORE209362021* (zuletzt aufgerufen am 15. Juni 2023).
5 Das Kammergericht ist das Oberlandesgericht des Landes Berlin.
6 Siehe dazu den Beschluss des Kammergerichts vom 6. Dezember 2021 (Az. 3 Ws 250/21 - 161 AR 84/21), online verfügbar unter *https://gesetze.berlin.de/bsbe/document/KORE240662021* (zuletzt aufgerufen am 15. Juni 2023).
7 Das Verfahren wird dort unter dem Az. Rs. C-807/21 geführt.

warnung geben. Die Aufsichtsbehörden werden sich dann – wie bereits teilweise jetzt schon – darauf einstellen, in den Bußgeldbescheiden Ausführungen zu Aufsichtspflichtverletzungen, Organisationsverschulden und Verstößen durch Leitungspersonen zu machen.

10.2.5 Beispiele für Bußgelder

Die Anzahl der in Deutschland und Europa in den letzten Jahren und laufend verhängten Bußgelder ist mittlerweile unüberschaubar. Um ein Gefühl für die immer noch recht uneinheitliche Bußgeldhöhe bei Datenschutzverstößen zu bekommen, können Sie sich verschiedene Seiten im Internet (vgl. dazu Abbildung 10.3) anschauen, die verhängte und bekannt gewordene Bußgelder sammeln und übersichtlich und mit Sortierfunktionen auflisten.

Eines der bislang höchsten in Deutschland verhängten Bußgelder traf H&M wegen der Überwachung von mehreren hundert Mitarbeiterinnen und Mitarbeitern und wurde vom hamburgischen Beauftragten für Datenschutz und Informationsfreiheit ausgesprochen (siehe Abbildung 10.4).

Abbildung 10.4 Bußgeld gegen H&M (Quelle: https://datenschutz-hamburg.de/pressemitteilungen/2020/10/2020-10-01-h-m-verfahren)

10.3 Das kann teuer werden: Schadenersatzansprüche der Betroffenen

Auch *Schadenersatzansprüche* von Betroffenen können unangenehm für Ihr Unternehmen sein. Die Diskussion um diese Ansprüche nimmt gerade erst Fahrt auf, vieles ist derzeit unter Juristen umstritten. Eine klare Linie ist noch nicht zu erkennen. Allerdings mehren sich die gerichtlichen Entscheidungen auf diesem Gebiet in letzter Zeit. Viele Fragen liegen zur Beantwortung bereits beim EuGH.

Und auch wenn die zugesprochenen Beträge derzeit in der Regel relativ gering sind, lohnt sich ein Blick in dieses Kapitel, da es meistens nicht bei einem Verstoß bleibt und sich die Beträge auf diese Weise schnell summieren. Auf der anderen Seite sollte man das Thema Schadenersatzansprüche der Betroffenen weiter im Auge behalten, weil nicht ausgeschlossen ist, dass auch die Einzelbeträge in Zukunft höher werden.

10.3.1 Art. 82 DSGVO als zentrale Anspruchsgrundlage

Betroffene können nach Art. 82 DSGVO Schadenersatzansprüche geltend machen. Die zentrale Anspruchsgrundlage finden Sie konkret in Abs. 1 dieses Artikels:

Jede Person, der wegen eines Verstoßes gegen diese Verordnung ein materieller oder immaterieller Schaden entstanden ist, hat Anspruch auf Schadenersatz gegen den Verantwortlichen oder gegen den Auftragsverarbeiter.

Hinter diesem Satz verstecken sich viele, derzeit noch nicht abschließend geklärte juristische Detailfragen.

10.3.2 Verstoß gegen die DSGVO

Um an einen Schadenersatz zu gelangen, muss zunächst ein Verstoß gegen die DSGVO vorliegen. Ein solcher Verstoß liegt vor, wenn Sie bzw. Ihr Unternehmen bei der Verarbeitung personenbezogener Daten eine oder mehrere Bestimmungen der DSGVO nicht beachtet haben. Das kann z. B. dann der Fall sein, wenn Sie für eine Verarbeitung keine Rechtsgrundlage haben, also beispielsweise einen Newsletter verschicken, ohne über eine Einwilligung des Empfängers zu verfügen, die Sie vorher per Double-opt-in eingeholt haben. Oder auf Ihrer Website fehlt eine Datenschutzerklärung, bzw. eine vorhandene Datenschutzerklärung ist nicht vollständig oder falsch, weil Pflichtinformationen nach Art. 13 DSGVO nicht enthalten sind.

Der juristische Streit beginnt bereits an diesem Punkt, weil nicht klar ist, ob es sich um eine sogenannte *Verschuldenshaftung* oder doch um eine *Gefährdungshaftung* handelt. Bei der verschuldensabhängigen Haftung muss der Verstoß vorsätzlich oder wenigstens fahrlässig begangen worden sein. Bei der Gefährdungshaftung kommt es darauf nicht an; hier reicht das objektive Vorliegen eines Verstoßes.

Die besseren Argumente dürften dafürsprechen, dass eine Haftung nach Art. 82 DSGVO ein Verschulden voraussetzt. Das ergibt sich aus der Regelung von Art. 82 Abs. 3 DSGVO, wonach eine Haftung bei fehlendem Verschulden ausgeschlossen sein soll. Im Umkehrschluss ist also davon auszugehen, dass eine Haftung nach Abs. 1 ein Verschulden voraussetzt.

Sicherheitshalber sollten Sie aber bis zur endgültigen Klärung der Frage bei einem Verstoß zunächst davon ausgehen, dass ein solcher unabhängig von der juristischen Detailfrage der Verschuldensabhängigkeit grundsätzlich geeignet ist, einen Schadenersatzanspruch des Betroffenen gegen Ihr Unternehmen zu begründen. Meistens liegt bei einem Verstoß nämlich sowieso zumindest eine Fahrlässigkeit vor.

Bloßer Verstoß oder konkreter Schaden?

Im zweiten Schritt schließt sich die Frage an, ob bereits der bloße Verstoß gegen die DSGVO zu einem ersatzfähigen Schaden führt oder ob neben dem Verstoß auch noch ein *konkreter Schaden* feststellbar sein muss. An dieser Stelle ist sich die Rechtsprechung noch uneins. Das LG Saarbrücken in seinem Beschluss vom 22. November 2021[8] und das Bundesarbeitsgericht (BAG) in seinem Beschluss vom 26. August 2021[9] meinen z. B., dass bereits der Verstoß ausreichend ist, um einen Schadenersatz zuzusprechen und kein konkreter Schaden dargelegt und nachgewiesen werden muss.

Man darf gespannt sein, wie der EuGH diese Frage entscheidet. Gegen diese Ansicht spricht allerdings der Wortlaut von Art. 82 Abs. 1 DSGVO, der davon spricht, dass ein Anspruch auf Schadenersatz nur besteht, wenn *ein materieller oder immaterieller Schaden entstanden ist*.

10.3.3 Folgefragen

Umstritten ist nicht nur die Frage, ob der bloße Verstoß ausreicht. Umstritten sind auch nahezu alle Folgefragen, so z. B. die Frage, nach welchen Kriterien die Höhe des Schadenersatzes zu bestimmen ist und ob es im Bereich des immateriellen Schadens eine Bagatellgrenze gibt. Dem EuGH liegen dazu diverse Vorlagefragen von Gerichten aus unterschiedlichen Mitgliedsstaaten vor, deren Beantwortung hoffentlich etwas mehr Licht ins Dunkle bringt. Ersetzt werden nach dem Wortlaut von Art. 82 DSGVO materielle und immaterielle Schäden.

---

8 Siehe dazu den Beschluss des LG Saarbrücken vom 22. November 2021 (Az. 5 O 151/19), online verfügbar unter *https://openjur.de/u/2381261.html* (zuletzt aufgerufen am 15. Juni 2023).

9 Siehe dazu den Beschluss des BAG vom 26. August 2021 (Az. 8 AZR 253/20), online verfügbar unter *https://openjur.de/u/2363452.html* (zuletzt aufgerufen am 15. Juni 2023).

Materielle Schäden

Dabei sind die *materiellen Schäden* in der Regel weniger problematisch. Materiell sind Schäden nämlich dann, wenn ein Schaden z. B. in Form einer Vermögenseinbuße konkret und bezifferbar eingetreten und nachgewiesen werden kann. Wer beispielsweise aufgrund eines unrechtmäßigen SCHUFA-Eintrags nur schlechtere Kreditkonditionen bekommen hat, kann den erlittenen Vermögensschaden als materiellen Schaden konkret in EUR berechnen und geltend machen.

Immaterielle Schäden

Schwieriger ist die Behandlung der sogenannten *immateriellen Schäden*. Das sind Schäden, die sich nicht unmittelbar vermögensmindernd auswirken. Der Begriff des immateriellen Schadens ist auch in der nationalen deutschen Gesetzgebung bekannt und findet sich z. B. auch im BGB. Unserer Rechtsordnung sind derartige Schäden also nicht völlig fremd.

Zu beachten ist allerdings, dass der Schadensbegriff der DSGVO europarechtlich autonom auszulegen ist und die in den ErwG erwähnten Zielsetzungen zu berücksichtigen sind. Das bedeutet, dass letztverbindlich nur der EuGH Auslegungsfragen klären kann und nicht die nationalen Gerichte. Die bereits anhängigen Vorlagefragen bieten dem EuGH genug Gelegenheit, um sich in absehbarer Zeit zur Auslegung des Schadensbegriffs zu äußern. Diese Entwicklung sollten Sie daher unbedingt im Auge behalten. Es dürfte allerdings schon absehbar sein, dass der Schadensbegriff der DSGVO sehr weit auszulegen ist. Hierfür spricht bereits ErwG 146, nach dem der Begriff des Schadens weit ausgelegt werden soll.

Bagatellgrenze

Eine der derzeit am meisten diskutierten Fragen bei der Feststellung eines immateriellen Schadens wegen eines Verstoßes gegen die DSGVO ist, ob es eine Art *Bagatellgrenze* gibt, die überschritten sein muss, damit überhaupt ein Schadenersatzanspruch zugesprochen werden kann. Auch diese Frage liegt dem EuGH bereits zur Entscheidung vor. Gehen Sie aber besser schon jetzt sicherheitshalber davon aus, dass es keine Bagatellgrenze gibt. In der DSGVO einschließlich der ErwG gibt es nämlich keinen einzigen Hinweis auf eine Bagatellgrenze.

Wenn Sie sich im Internet zum Thema Schadenersatz für immaterielle Schäden wegen einer Datenschutzverletzung umsehen, müssen Sie immer genau hinschauen, auf welche Rechtslage sich die gefundenen Ausführungen beziehen. Früher machte § 8 Abs. 2 BDSG a. F. vor Wirksamwerden der DSGVO den Ersatz eines immateriellen Schadens von einer schweren Persönlichkeitsrechtsverletzung abhängig. Diese Norm gibt es heute nicht mehr. Eine schwere Persönlichkeitsrechtsverletzung ist also nicht mehr Voraussetzung für einen immateriellen Schaden.

Höhe des Schadenersatzes und Google-Fonts-Abmahnungen

Die Schwere eines Verstoßes ist bei der Festsetzung der Höhe des zu zahlenden Schadenersatzes zu berücksichtigen. Bei der Bemessung des Schadenersatzes ist daneben aber auch die grundsätzliche Funktion eines auf den Ersatz immaterieller Schäden gerichteten Schadenersatzanspruchs zu berücksichtigen.

> **Hinweis: Funktionen des immateriellen Schadenersatzanspruchs**
> - Ausgleichsfunktion
> - Genugtuungsfunktion
> - Präventionsfunktion

Der Schadenersatzanspruch soll zunächst etwaige Folgen des Verstoßes für den Einzelnen ausgleichen. Darüber hinaus soll er dem Einzelnen auch Genugtuung verschaffen. Schließlich können bei der Bemessung des Schadenersatzes auch *generalpräventive Aspekte* berücksichtig werden. Die Aussicht, gegebenenfalls Schadenersatz zahlen zu müssen, soll Ihr Unternehmen dazu anhalten, sich rechtskonform zu verhalten.

Wann liegt nun ein immaterieller Schaden vor? Klar dürfte sein, dass ein solcher Schaden vorliegt, wenn der Betroffene durch einen Verstoß Komfort- und Zeiteinbußen erleidet, ohne dass dadurch ein direkt in Geld zu messender Schaden entstanden ist. Klar dürfte auch sein, dass eine durch eine unzulässige Offenbarung von Daten eintretende Rufschädigung, ein Identitätsdiebstahl oder gar eine Diskriminierung einen Schaden darstellen. Auch wenn sich in extrem Ausnahmefällen tatsächlich medizinisch belegbare Angst- und Stresszustände einstellen, liegt ein Schaden vor.

Über diese Einzelheiten müssen Sie sich allerdings keine Gedanken machen, wenn sich die Rechtsprechung durchsetzt, nach der bereits ein »ungutes Gefühl« der Ungewissheit, ob personenbezogene Daten Unbefugten bekannt geworden oder unrechtmäßig genutzt wurden, ausreicht, um einen Schadenersatzanspruch zu begründen. Wer hat kein ungutes Gefühl, wenn er erfährt, dass seine Daten unrechtmäßig verarbeitet wurden und gegebenenfalls unbekannten Dritten in die Hände gefallen sind?

Auf der anderen Seite muss aber auch klar sein, dass nicht jedes ungute Gefühl zu einem immensen Schadenersatzanspruch führen darf. Der immaterielle Schaden, der in einem unguten Gefühl liegt, ist im Einzel- und Regelfall sehr niederschwellig. Man wird über EUR-Beträge im zweistelligen oder niedrigen dreistelligen Bereich sprechen.

Sie sollten allerdings jetzt nicht lange durchatmen. Auch niedrige Schadenersatzansprüche können in der Masse zu einem Problem für Ihr Unternehmen werden. Wenn nicht nur ein Besucher Ihrer Website 100 EUR für den Einsatz von Google Fonts ohne Einwilligung von Ihnen haben möchte, sondern 100 Besucher pro Tag solche Ansprüche, z. B. durch Legal-Tech-Anbieter, geltend machen, kann auch daraus ein Problem für Ihr Unternehmen entstehen.

Ausgangspunkt für die leidige Diskussion um die sogenannte Google-Fonts-Abmahnungen war das Urteil des Landgerichts München I vom 20. Januar 2022, in dem das Landgericht dem dortigen Kläger 100,00 EUR immateriellen Schadenersatz dafür zugesprochen hat, dass seine IP-Adresse ohne Rechtsgrundlage an Google-Server in den USA übertragen wurde.[10]

Begründet hat das Gericht den immateriellen Schaden des Klägers mit dessen erlittenem Kontrollverlust bezüglich seiner Daten, der bei ihm zu einem individuell empfundenen Unwohlsein geführt hat.

Auf diese Argumentation setzte die erste wirkliche Abmahnwelle auf. Mehrere Rechtsanwälte überschwemmten im Auftrag einer Handvoll Mandanten die Postfächer von Unternehmen, die Google Fonts ohne taugliche Rechtsgrundlage auf ihrer Website einsetzten (vgl. dazu Abbildung 10.5).

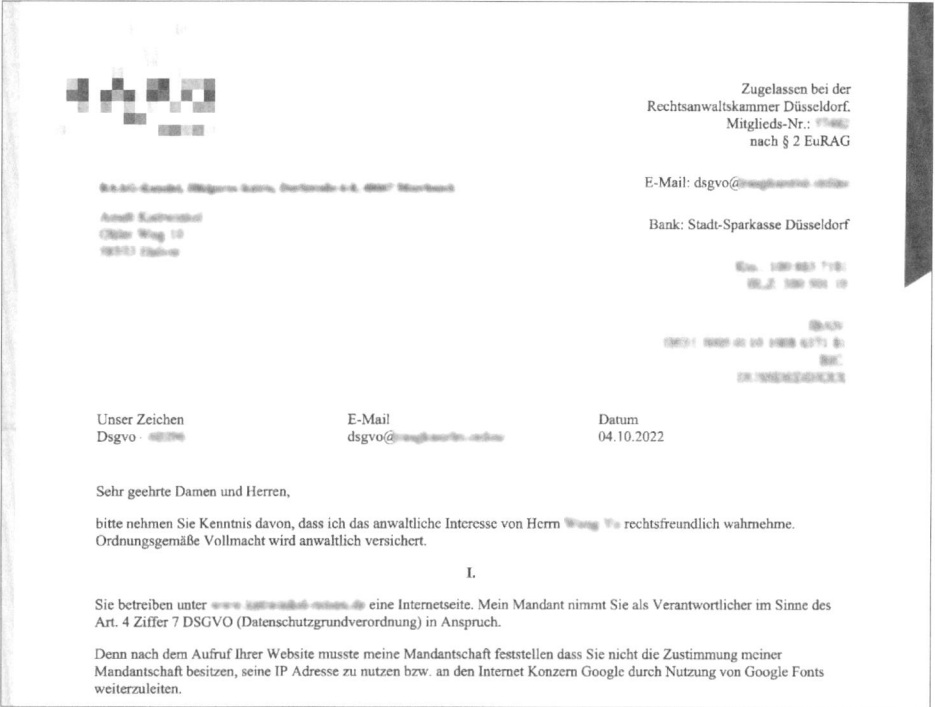

Abbildung 10.5 Abmahnung wegen des Einsatzes von Google Fonts ohne Einwilligung

Vorgetragen wurde, dass die Mandanten durch den rechtswidrigen Einsatz von Google Fonts einen Kontrollverlust bezüglich ihrer personenbezogenen Daten erlitten

---

10 Siehe dazu Urteil des LG München I vom 20. Januar 2022 (Az. 3 O 17493/20), online verfügbar unter *www.gesetze-bayern.de/Content/Document/Y-300-Z-BECKRS-B-2022-N-612* (zuletzt aufgerufen am 15. Juni 2023).

hätten, als sie die Website besucht hatten. In Folge des Kontrollverlustes habe sich ein individuelles Unwohlsein eingestellt. Man sei aber bereit, die Sache gegen Zahlung eines geringen Betrages (häufig wurden 170,00 EUR gefordert) auf sich beruhen zu lassen. Nach Schätzungen wurden in diesem Stil mehrere hunderttausend Abmahnungen verschickt.

Glücklicherweise versagten die meisten Gerichte diesem Ansinnen den Erfolg. Beispielsweise entschied das Amtsgericht (AmtsG) Ludwigsburg in seinem Urteil vom 28. Februar 2023, dass es sich bei den Abmahnungen um eine rechtsmissbräuchliche Verfolgung datenschutzrechtlicher Ansprüche gehandelt habe, bei denen das Interesse an einer Einnahmenerzielung im Vordergrund gestanden habe.[11] Das Landgericht München I, das die Geister überhaupt erst heraufbeschworen hatte, stelle mit Urteil vom 30. März 2023 fest, dass kein Anspruch auf Zahlung eines Schmerzensgeldes bestehe, wenn der Kläger gar nicht persönlich betroffen sei, weil er die beanstandete Website nicht selbst besucht habe, sondern lediglich ein Crawler auf der Website gewesen sei. Zitat aus dem Urteil: *Wer Websites gar nicht persönlich aufsucht, kann persönlich auch keine Verärgerung oder Verunsicherung über die Übertragung seiner IP-Adresse an die Fa. X. in den USA verspüren.*[12]

10.4 Böse Überraschung: Wann drohen Abmahnungen?

Die ganz große Abmahnwelle, die durch das Inkrafttreten der DSGVO befürchtet wurde, ist bislang ausgeblieben. Das Risiko steigt derzeit aber. Woran liegt das? Es ist bis heute nicht ganz klar, ob und welche Verstöße gegen die DSGVO überhaupt abmahnfähig sind. Die Gerichtsentscheidungen häufen sich aber, und es bildet sich langsam eine Rechtssprechungspraxis heraus.

10.4.1 Rechtsgrundlage für Abmahnungen

Wenn Sie sich in der DSGVO umschauen, werden Sie dort keine Regelung zu Abmahnungen finden. Datenschutzrechtliche Abmahnungen werden in Deutschland auf das *Gesetz gegen den unlauteren Wettbewerb* (UWG) gestützt. Nach dessen § 3 Abs. 1 sind unlautere geschäftliche Handlungen unzulässig. In § 3a UWG ist geregelt, dass unterlauter handelt, wer gegen eine gesetzliche Vorschrift verstößt, die auch dazu bestimmt ist, das Marktverhalten zu regeln. Der Verstoß muss außerdem dazu geeig-

---

[11] Siehe dazu Urteil des Amtsgerichts Ludwigburg vom 28. Februar 2023 (Az. 8 C 1361/22), online verfügbar unter *https://rewis.io/urteile/urteil/lud-28-02-2023-8-c-136122/* (zuletzt aufgerufen am 15. Juni 2023).

[12] Siehe dazu Urteil des Landgerichts München I vom 30. März 2023 (Az. 4 O 13063/22), online verfügbar unter *https://rewis.io/urteile/urteil/w11-30-03-2023-4-o-1306322/* (zuletzt aufgerufen am 15. Juni 2023).

net sein, die Interessen von Verbrauchern, sonstigen Marktteilnehmern oder Mitbewerbern spürbar zu beeinträchtigen.

Ob Datenschutzverstöße generell oder nur bestimmte Arten von Datenschutzverstößen diese Voraussetzung erfüllen, klären wir weiter unten. Liegt ein Verstoß vor, ergibt sich aus § 8 UWG ein *Unterlassungsanspruch*. Bevor dieser Anspruch gerichtlich geltend gemacht wird, soll der Anspruchsberechtigte nach § 13 UWG eine Abmahnung aussprechen.

Woher droht Gefahr?

Wer kann überhaupt abmahnen? Abmahnungen werden in der Praxis vor allem von Mitbewerbern, Abmahnvereinen und entsprechend qualifizierten Verbänden, wie z. B. Verbraucherschutzverbänden, ausgesprochen. Aber dürfen die das überhaupt? Das war lange und ist auch teilweise immer noch umstritten.

Entschieden hat der EuGH bislang nur die Frage, ob Verbände ohne Gewinnerzielungsabsicht dazu berechtigt sind, Datenschutzverstöße gerichtlich zu verfolgen. In seinem Urteil vom 28. April 2022 kam der EuGH in Beantwortung einer entsprechenden Anfrage des Bundesgerichtshofes zu dem Ergebnis, dass die DSGVO einer nationalen Regelung nicht entgegensteht, die es derartigen Verbänden erlaubt, Datenschutzverstöße zu verfolgen, auch wenn keine konkrete Rechtsverletzung oder Beauftragung durch eine betroffene Person vorliegt.[13] Damit dürfte klar sein, dass in Deutschland derartige Verbände dazu berechtigt sind, Abmahnungen auszusprechen und die Datenschutzverstöße gegebenenfalls auch gerichtlich zu verfolgen. Damit steigt auf jeden Fall die Gefahr von Abmahnungen durch z. B. Verbraucherschutzverbände, wenn Sie beispielsweise auf Ihrer Website eine fehlerhafte Datenschutzerklärung verwenden.

Unklar ist allerdings weiterhin, ob das auch für Wettbewerber gilt. Auch diese Frage dürfte nun in absehbarer Zeit geklärt werden. Der Bundesgerichtshof hat in seinen Beschlüssen vom 12. Januar 2023 auch diese Frage dem EuGH zur Beantwortung vorgelegt.[14] Behalten Sie im Auge, wie der EuGH entscheidet. Spricht er auch den Mitbewerbern die Klagebefugnis zu, könnte es mit der bisherigen Zurückhaltung der Marktteilnehmer mit Abmahnungen wegen Datenschutzverstößen vorbei sein.

---

13 Siehe dazu das Urteil des EuGH vom 28. Juni 2022 (Az. Rs. C-319/20 – Meta Platform Ireland), online verfügbar unter *https://curia.europa.eu/juris/document/document.jsf?text=&docid= 258485&pageIndex=0&doclang=DE&mode=req&dir=&occ=first&part=1* (zuletzt aufgerufen am 15. Juni 2023).

14 Siehe dazu die Beschlüsse des BGH vom 12. Januar 2023 (Az. I ZR 222/19 und I ZR 223/19), online verfügbar unter *https://juris.bundesgerichtshof.de/cgi-bin/rechtsprechung/document.py? Gericht=bgh&Art=pm&Datum=2023&nr=132271&linked=bes&Blank=1&file=dokument.pdf* (bei Drucklegung lagen die Beschlüsse noch nicht gedruckt vor).

10.4.2 Unterlassungsanspruch und strafbewehrte Unterlassungserklärung

Und was ist das Ziel einer Abmahnung? Mit einer Abmahnung wird ein sogenannter *Unterlassungsanspruch* geltend gemacht. Der Abmahnende möchte von Ihnen bzw. von Ihrem Unternehmen die Erklärung haben, dass Sie ein bestimmtes Verhalten in Zukunft unterlassen, also z. B. keinen Newsletter mehr ohne Einwilligung versenden.

Liegt ein Verstoß vor, begründet dies nach allgemeiner Auffassung immer eine sogenannte *Wiederholungsgefahr* nach dem Motto: Was das Unternehmen einmal gemacht hat, macht es auch zukünftig nochmal. Der Unterlassungsanspruch zielt auf die Beseitigung dieser Wiederholungsgefahr ab. Nach nahezu unbestrittener Rechtslage in Deutschland kann die Wiederholungsgefahr nicht mit der Abgabe einer bloßen Erklärung, man werde das Verhalten nicht wiederholen, beseitig werden. Die Wiederholungsgefahr wird vielmehr nur durch die Abgabe einer sogenannten strafbewehrten Unterlassungserklärung beseitig. In einer solchen Erklärung verpflichtet sich Ihr Unternehmen zum einen, das rechtswidrige Verhalten in Zukunft zu unterlassen, und zum anderen zur Zahlung einer sogenannten *Vertragsstrafe* für den Fall der Wiederholung.

Die Höhe der Vertragsstrafe kann entweder konkret beziffert sein, also z. B. ein Betrag in Höhe von 3.000,00 EUR für jeden Fall der zukünftigen Zuwiderhandlung. Die Höhe des Betrags muss in einem angemessenen Verhältnis zum Verstoß stehen aber ausreichend hoch sein, um den Abgemahnten wirksam von weiteren zukünftigen Verstößen abzuhalten. Alternativ wird häufig auch der sogenannte *Hamburger Brauch* angewandt. Der Abgemahnte verspricht in diesem Fall für jeden Fall der zukünftigen Zuwiderhandlung eine vom Abmahnenden festzusetzende und im Fall eines Streites über die Höhe vom Gericht zu überprüfende Vertragsstrafe an diesen zu zahlen. Meistens fährt man als Abgemahnter mit der zweiten Alternative besser, weil man sich dann bei einem zukünftigen Verstoß noch die Höhe der Vertragsstrafe offenhält und nicht auf einen bestimmten Betrag festgenagelt ist.

10.4.3 Einstweiliges Verfügungsverfahren

Gibt Ihr Unternehmen keine strafbewehrte Unterlassungserklärung ab, muss es damit rechnen, gerichtlich auf Unterlassung in Anspruch genommen zu werden. Häufig passiert das im sogenannten einstweiligen Rechtsschutz, d. h., dass der Abmahnende den Erlass einer einstweiligen Verfügung gegen Ihr Unternehmen beantragt. Es handelt sich um ein Eilverfahren, das in der Regel ohne mündliche Verhandlung und teilweise sogar ohne Anhörung des Beklagten abläuft. Ohne Eilverfahren kann ein Rechtsstreit zumindest viele Monate, manchmal auch mehrere Jahre dauern. Im Eilverfahren soll deshalb vorab eine einstweilige Regelung in einem beschleunigten Verfahren getroffen werden, um weiteren Schaden abzuwenden. Im Fall von Datenschutzverstößen wird das Gericht Ihrem Unternehmen allerdings meistens zumindest die Möglichkeit geben, zu den Vorwürfen Stellung zu nehmen. Wenn beide Parteien ihre Ansichten dem Gericht vorgetragen haben, entscheidet das Gericht dann in einer sogenannten *summarischen Prüfung*, ob es dem Antrag stattgibt und die einstweilige Verfügung, die Ihrem Unternehmen eine bestimmte Verarbeitung untersagt, erlässt oder nicht. Wird die einstweilige Verfügung erlassen, wird Ihr Unternehmen darin verpflichtet, ein bestimmtes Verhalten zu unterlassen. Sollte Ihr Unternehmen gegen diese Anordnung verstoßen, müsste es ein *Ordnungsgeld* zahlen. Ersatzweise könnte eine *Ordnungshaft* gegen den Geschäftsführer verhängt werden.

Im Unterschied zur Vertragsstrafe müsste Ihr Unternehmen das Ordnungsgeld im Falle eines weiteren Verstoßes aber nicht an den Abmahnenden, sondern an den Staat zahlen. Die Motivation des Abmahnenden, weitere Verstöße aufzudecken ist deshalb in dieser Variante etwas geringer, da die Zahlungen Ihres Unternehmens nicht auf seinem Konto, sondern in der Staatskasse landen. Das kann in bestimmten Fällen dafürsprechen, keine strafbewehrte Unterlassungserklärung abzugeben, sondern den Erlass einer einstweiligen Verfügung abzuwarten und diese dann als endgültige Regelung anzuerkennen. Das verursacht zwar im ersten Schritt etwas höhere Kosten, weil Ihr Unternehmen in dem Fall die Rechtsanwaltskosten des Abmahnenden und die Gerichtskosten tragen muss. Es senkt aber gegebenenfalls das Risiko, zukünftig bei weiteren Verstößen Zahlungen leisten zu müssen.

10.4.4 Rechtsanwaltskosten

Neben dem Unterlassungsanspruch wird meistens auch noch ein Anspruch auf Erstattung der Rechtsanwaltskosten für die Abmahnung geltend gemacht. Ist die Abmahnung berechtigt, muss Ihr Unternehmen diese Kosten tragen. Das ergibt sich aus § 13 Abs. 3 UWG. Die Kosten der Abmahnung errechnen sich nach dem Rechtsanwaltsvergütungsgesetz aus dem sogenannten Gegenstandswert. Dieser soll das Interesse des Abmahnenden an der zukünftigen Unterlassung der beanstandeten Handlungen in Geld ausdrücken. In der Praxis ist die konkrete Höhe des Gegenstandswertes meisten nicht ganz klar. Eine einheitliche Rechtsprechung zu den Gegenstandswerten von verschiedenen Datenschutzverstößen hat sich noch nicht herausgebildet.

Eine Einschränkung gibt es aber für Abmahnungen durch Mitbewerber. Diese können nach § 13 Abs. 4 Nr. 2 UWG keinen Ersatz der Rechtsanwaltskosten für die Abmahnung verlangen, wenn ein Verstoß gegen die DSGVO oder das BDSG gerügt wird und Ihr abgemahntes Unternehmen in der Regel weniger als 250 Mitarbeiter beschäftigt.

10.4.5 Rechtfertigung von Abmahnungen

Wenn Sie sich jetzt fragen, was es Ihre Mitbewerber und die Verbände angeht, wie Sie personenbezogene Daten verarbeiten, dann geschieht das nicht ganz zu Unrecht. Die Idee hinter den Abmahnungen ist, dass derjenige, der sich nicht an Datenschutzregeln hält, einen Wettbewerbsvorteil gegenüber rechtstreuen Unternehmen hat, die Kosten und Mühen aufwenden, um die DSGVO umzusetzen. An dieser Überlegung ist sicher etwas dran.

Die Gerichte haben in den letzten Jahren noch keine einheitliche Linie zur Beurteilung der Frage gefunden, was abgemahnt werden kann. Es gibt Gerichte, die entschieden haben, dass es keine Abmahnungen wegen eines Verstoßes gegen die DSGVO geben kann, weil die Rechtsfolgen und Sanktionen, die aus Verstößen gegen die DSGVO folgen, abschließend in der DSGVO geregelt sind und die DSGVO eben keine Abmahnungen und auch keine Unterlassungsansprüche von Mitbewerbern vorsieht.

Andere Gerichte gehen von einer Abmahnfähigkeit von DSGVO-Verstößen aus. Das dürfte mittlerweile die Mehrheit sein, sodass Abmahnungen in Zukunft wahrscheinlicher werden. Die meisten dieser Gerichte differenzieren aber noch danach, gegen welche Vorschrift der DSGVO konkret verstoßen wurde. Sie schauen danach, ob die nicht beachtete Vorschrift eine sogenannte Marktverhaltensregel enthält. Das Marktverhalten regeln – grob gesagt – alle Vorschriften der DSGVO, die unmittelbar nach außen wirken. Das sind z. B. die Informationspflichten oder alles im Zusammenhang mit Betroffenenrechten. Dagegen handelt es sich bei rein internen Dokumentationspflichten, wie der Führung eines *Verzeichnisses der Verarbeitungstätigkeiten* (*VVT*) nicht um eine Marktverhaltensregel. Sparen Sie sich also den Aufwand einer transparenten und umfassenden Datenschutzerklärung auf Ihrer Website, und lassen Sie damit Ihren Kunden über die Datenverarbeitung in Ihrem Online-Shop im Dunkeln, kann das gegebenenfalls von einem Ihrer Mitbewerber abgemahnt werden. Schludern Sie hingegen bei der Führung oder Aktualisierung Ihres VVT, müssen Sie wohl keine Abmahnung von einem Mitbewerber fürchten.

Nie ohne Anwalt

Das hört sich alles kompliziert an? Ist es leider auch. Deshalb empfiehlt es sich immer, bei Erhalt einer Abmahnung einen Rechtsanwalt einzuschalten und die Abmahnung prüfen zu lassen.

Kapitel 11
Strafrechtliche Risiken für Admins

Wenn es ganz schlecht läuft, können Sie sich bei der Arbeit als Admin sogar strafbar machen. In diesem Kapitel erfahren Sie, welche Straftatbestände des sogenannten Computerstrafrechts es gibt und welche Grenzen Sie nicht überschreiten sollten. Außerdem erfahren Sie, wie Sie sich im Fall von Ermittlungen gegen Sie oder Ihr Unternehmen am besten verhalten.

Das für die Arbeit von Admins relevante *Computerstrafrecht* ist zum Großteil im *Strafgesetzbuch* (*StGB*) geregelt. Daneben finden sich auch Strafvorschriften in anderen Gesetzen, wie z. B. dem Bundesdatenschutzgesetz (BDSG) und dem Telekommunikation-Telemedien-Datenschutz-Gesetz (TTDSG).

Was die Strafverfolgungsbehörden, also Polizei und Staatsanwaltschaft, bei der Aufdeckung und Verfolgung von möglichen Straftaten dürfen, ergibt sich vor allem aus der *Strafprozessordnung* (*StPO*).

11.1 Das Computerstrafrecht: Konsequenzen für Admins und Pentester

Die von Ihnen zu beachtenden Straftatbestände des StGB finden sich im Abschnitt »Verletzung des persönlichen Lebens- und Geheimbereichs« (§§ 202a bis 202d StGB) und im Abschnitt »Sachbeschädigung« (§§ 303a und 303b StGB).

Sämtliche Taten nach diesen Vorschriften – mit Ausnahme des berühmten[1] § 202c StGB – werden nur auf Antrag des Geschädigten verfolgt, wenn nicht die Strafverfolgungsbehörde wegen des besonderen öffentlichen Interesses an der Strafverfolgung ein Einschreiten von Amts wegen für geboten hält (§§ 205 und 303c StGB).

---

[1] Dieser sogenannte Hacker-Paragraf wurde im Rahmen seiner Entstehung vielfach diskutiert bzw. kritisiert und sogar zum Inhalt eines Verfahrens vor dem Bundesverfassungsgericht.

11.1.1 Ausspähen von Daten (§ 202a StGB)

Das Computerstrafrecht beginnt mit § 202a StGB, »Ausspähen von Daten«. Danach wird bestraft, *wer unbefugt sich oder einem anderen Zugang zu Daten, die nicht für ihn bestimmt und die gegen unberechtigten Zugang besonders gesichert sind, unter Überwindung der Zugangssicherung verschafft.* Es droht eine Geldstrafe oder Freiheitsstrafe bis zu drei Jahren.

Der zweite Absatz der Vorschrift enthält eine Definition von *Daten*, die für weite Teile des gesamten Computerstrafrechts gilt. Daten sind demnach nur solche, die *elektronisch, magnetisch oder sonst nicht unmittelbar wahrnehmbar gespeichert sind oder übermittelt werden.*

Der Straftatbestand soll die formelle Verfügungsbefugnis des Inhabers der Daten schützen. Die Straftat wird deshalb auch als »elektronischer Hausfriedensbruch« bezeichnet. Was Daten im Sinne der Vorschrift sind, ergibt sich aus Absatz 2; der Datenbegriff der Vorschrift ist sehr weit gefasst: Eine dauerhafte Speicherung ist nicht erforderlich. Auch Daten, die sich nur im flüchtigen Arbeitsspeicher befinden, sind von der Norm erfasst. Nicht erfasst sind allerdings Daten, die nicht in diesem Sinne gespeichert sind, also beispielsweise bereits ausgedruckte Daten oder handschriftliche Aufzeichnungen. Auf die Art, den Inhalt und den Wert der Daten kommt es dabei nicht an.

Ob die Daten nicht für eine Person bestimmt sind, richtet sich nach dem Willen des Berechtigten. Dieser bestimmt, wer Zugriff auf die Daten haben soll. Abzustellen ist auf den Zeitpunkt der Tat. Berechtigter ist in der Regel die speichernde Stelle. Arbeiten Sie in einem Unternehmen, ist das Unternehmen der Berechtigte. Das gilt jedenfalls für alle unternehmensbezogenen Daten. Problematisch können Daten sein, die von Mitarbeitern auf den Systemen des Unternehmens abgelegt wurden, ohne dass die Daten einen Bezug zur Tätigkeit des Mitarbeiters für das Unternehmen haben[2]. Hier können auch die Mitarbeiter als Berechtigte der Daten in den Betracht kommen. Sobald Sie also auf Daten stoßen, die keinen Unternehmensbezug haben, sondern Mitarbeitern gehören könnten, ist Vorsicht geboten. Das können z. B. E-Mails oder auf einem Netzlaufwerk abgelegte Dokumente, Fotos oder andere Daten sein.

Öffentlich bereitgestellte Informationen, z. B. auf der Website, fallen nicht unter den Straftatbestand, wenn sie nicht durch technische Maßnahmen gegen den Abruf durch beliebige Personen gesichert sind.

Der strafrechtliche Schutz der Daten setzt voraus, dass diese gegen unberechtigten Zugang besonders gesichert sind. Die Zugangssicherung muss objektiv geeignet und von dem Berechtigten subjektiv dazu bestimmt sein, den Zugang zu den Daten zu verhindern. Wie sicher die Zugangssicherung tatsächlich sein muss, ist bis heute nicht endgültig geklärt. Die gewählte Sicherung muss den Zugang nicht nur unerheb-

---

[2] Beispielsweise also Daten, die bei erlaubter privater Nutzung von Internet und E-Mail am Arbeitsplatz anfallen.

lich erschweren. Die Zugangssicherung kann auch in *analogen* Maßnahmen liegen, z. B. in einer (physischen) Zutrittsbeschränkung zu Datenspeichern durch Einlasskontrollen. Sicher unter die Vorschrift fallen *digitale* Zugangsbeschränkungen, wie das Erfordernis der Eingabe eines Benutzernamens und eines Passwortes oder der Einsatz von Verschlüsselungstechniken.

Nicht von der Vorschrift erfasst ist das bloße »Schwarzsurfen«, also die Nutzung eines nicht geschützten WLAN ohne Einwilligung des Betreibers des WLAN. Bei offenen WLAN-Netzwerken fehlt es der Rechtsprechung an einer Zugangssicherung im Sinne der Norm.[3] Das Abhören von unverschlüsselten WLAN-Verbindungen anderer ist zwar nicht nach § 202a StGB, kann sehr wohl aber im Rahmen des Fernmeldegeheimnisses nach Telekommunikationsstrafrecht (ehemals §§ 89, 148 TKG, heute §§ 5, 27 TTDSG) und insbesondere auch nach § 202b StGB (siehe dazu die Erläuterungen in Abschnitt 11.1.2) strafbar sein.

Die eigentliche Tathandlung von § 202a StGB liegt in der Zugangsverschaffung zu besonders gesicherten Daten. Ausreichend, um den Tatbestand zu erfüllen, ist es, wenn Sie sich eine *Interaktionsmöglichkeit* mit den Daten verschaffen. So reicht beispielsweise schon die Möglichkeit, die Daten lediglich löschen zu *können*. Eine Möglichkeit zur Kenntnisnahme des Inhalts oder zum Kopieren der Daten ist hingegen nicht erforderlich. Zusammengefasst: Alleine die Möglichkeit des Zugriffs ist bereits ausreichend. Sie haben den Tatbestand daher auch dann schon verwirklicht, wenn Sie die Dateien nicht öffnen oder entschlüsseln. Überwinden Sie beispielsweise eine Zugangssicherung und stoßen dann auf verschlüsselte Daten, die Sie nicht entschlüsseln können, haben Sie sich trotzdem Zugang verschafft. Das ist zwar nicht gänzlich unumstritten, muss aber eigentlich so sein, weil Sie ansonsten als Täter von einer wirksamen Verschlüsselung durch den Berechtigten unberechtigt privilegiert würden. Der Straftatbestand soll auch das »bloße Hacking« erfassen, sodass bereits das Überwinden von Sicherheitsvorkehrungen ohne Kenntnisnahme der Daten strafbar sein kann. Bereits das Auslesen einer Verzeichnisstruktur erfüllt den Tatbestand.

Der Täter muss sich den Zugang dabei allerdings *unbefugt* verschafft haben. Wenn die Daten für Sie bestimmt sind, können Sie sich nicht nach § 202a StGB strafbar machen. Das gleiche gilt, wenn die Daten zwar nicht für Sie bestimmt sind, der Berechtigte Ihren Zugriff auf die Daten aber billigt. Im zweiten Fall erfüllen Sie zwar den Tatbestand des Ausspähens von Daten, Sie handeln aber nicht rechtswidrig, sodass Sie sich nicht strafbar machen. Sind Sie beispielsweise als sogenannter *Pentester* beauftragt, wird Ihr Auftraggeber als Berechtigter Ihren Zugriff zumindest billigen.

Subjektiv setzt die Strafbarkeit nach § 202a StGB Vorsatz voraus. Ein fahrlässiges Ausspähen von Daten gibt es also nicht. Allerdings reicht der sogenannte bedingte Vor-

---

3 Vgl. dazu den Beschluss des LG Wuppertal vom 19.10.2010 – 25 Qs-10 Js 1977/08-177/10, online abrufbar unter *https://openjur.de/u/56707.html* (zuletzt aufgerufen am 15. Juni 2023).

satz, der auch Eventualvorsatz genannt wird. Vorsatz ist das Wissen und Wollen und der Tatbestandsverwirklichung. Die Tatbestandsverwirklichung wird auch als »Erfolg« bezeichnet. Der Erfolg besteht bei § 202a StGB darin, dass Sie sich oder einem anderen unter Überwindung einer Zugangssicherung unbefugt Zugang zu Daten verschafft haben.

> **Hinweis: Vorsatz gibt es in drei Formen**
> 1. Absicht (für die Lateiner: Dolus Directus 1. Grades) bedeutet, dass es dem Täter gerade darauf ankommt, den Erfolg herbeizuführen.
> 2. Ein bewusster oder direkter Vorsatz (Dolus Directus 2. Grades) liegt vor, wenn der Täter weiß oder es für sicher hält, dass sein Handeln zum Erfolg führt.
> 3. Ein bedingter Vorsatz oder Eventualvorsatz (Dolus Eventualis) setzt voraus, dass der Täter den Eintritt des Erfolgs für möglich hält und billigend in Kauf nimmt.

Abgegrenzt wird der bedingte Vorsatz von der *bewussten Fahrlässigkeit*. Bewusst fahrlässig handeln Sie, wenn Sie zwar die Gefahr erkennen, Sie aber ernsthaft darauf vertrauen, dass der Erfolg nicht eintreten wird. Wenn Sie sich sagen: »Es wird schon nichts passieren«, handeln Sie bewusst fahrlässig. Wenn Sie sich sagen: »Ich hoffe, dass nichts passiert, wenn es aber passiert, dann ist es eben so«, handeln Sie mit bedingtem Vorsatz. Die Abgrenzung und vor allem der Nachweis sind in der Praxis der Strafverfolgung natürlich schwierig.

Nicht erforderlich ist, dass Sie mit *Schädigungsabsicht* handeln. Es muss Ihnen also nicht darauf ankommen, einen anderen zu schädigen.

Sind Sie nicht alleine, können Sie die Tat auch gemeinschaftlich mit anderen begehen, wenn Sie z. B. arbeitsteilig handeln. Alle Beteiligten werden dann als Mittäter bestraft. Machen Sie sich nicht selbst die Hände schmutzig, sondern überreden Sie einen anderen dazu, die Tat zu begehen, können Sie sich als *Anstifter* (§ 26 StGB) strafbar machen. Sie werden dann gleich einem Täter bestraft. Leisten Sie einem anderen nur Hilfe bei dessen Tat, können Sie wegen Beihilfe bestraft werden (§ 27 StGB). Die Strafe richtet sich dann auch nach der Strafandrohung für den Täter, sie ist aber für den Gehilfen zu mildern.

Dafür ist der Strafrahmen relativ milde. Er beginnt mit Geldstrafen und endet mit Freiheitsstrafe bis zu drei Jahren. Es handelt sich damit »nur« um ein Vergehen (§ 12 Abs. 2 StGB). Verbrechen sind Taten erst, wenn sie im Mindestmaß mit Freiheitsstrafe von einem Jahr oder darüber bedroht sind (§ 12 Abs. 1 StGB). Deshalb ist auch der Versuch nicht strafbar. Wenn Sie ein Vergehen nur versuchen, also zwar zu Tatbestandsverwirklichung ansetzen, aber die Tat nicht bis zum Erfolg durchführen, können Sie nur dann bestraft werden, wenn das Gesetz die Versuchsstrafbarkeit ausdrücklich anordnet. Das ist im Falle von § 202a StGB allerdings nicht der Fall.

11.1.2 Abfangen von Daten (§ 202b StGB)

Weiter geht es mit § 202b StGB, »Abfangen von Daten«. Danach macht sich strafbar, *wer unbefugt sich oder einem anderen unter Anwendung von technischen Mitteln nicht für ihn bestimmte Daten (§ 202a Abs. 2) aus einer nichtöffentlichen Datenübermittlung oder aus der elektromagnetischen Abstrahlung einer Datenverarbeitungsanlage verschafft*. Der Strafrahmen reicht von einer Geldstrafe bis hin zu Freiheitsstrafe bis zu zwei Jahren. Geschützt werden soll das formelle Geheimhaltungsinteresse des Berechtigten während der Übertragungsvorgangs von Daten. Der Begriff der Daten ist der gleiche wie in § 202a StGB.

Eine Datenübermittlung liegt vor, wenn Daten von einem Speicherort zu einem anderen Speicherort übertragen werden. Ausreichend ist eine Übermittlung innerhalb eines Computersystems oder eines Servers. Auch solche internen Übermittlungen sind geschützt. Nicht geschützt ist dagegen die physische Übermittlung von Datenträgern. Wenn Sie also einen USB-Stick auf dem Postweg abfangen, liegt keine Strafbarkeit nach § 202b StGB vor.[4]

Nicht öffentlich ist jede Datenübermittlung, die nicht an die Allgemeinheit gerichtet ist. Auf Art und den Inhalt der Daten kommt es nicht an. Der Versand einer E-Mail ist nicht öffentlich im Sinne der Vorschrift. Das Abfangen von E-Mails kann deshalb strafbar sein. Eine besondere Sicherung, z. B. in Form einer Transportverschlüsselung, ist für die Tatbestandsmäßigkeit nicht erforderlich.

Der Upload von Daten auf eine frei zugängliche Internetseite ist hingegen öffentlich. Nicht strafbar, da öffentlich im Sinne von § 202b StGB, ist das Auslesen von MAC-Adressen und SSID auf der Suche nach einem WLAN. Die Nutzung eines fremden aber frei zugänglichen WLAN ohne Einwilligung des Betreibers ist nicht nach § 202b StGB strafbar, weil es sich nicht um eine nicht öffentliche Datenübertragung handelt, da es durch die fehlende Sicherung des WLAN nicht erkennbar ist, dass der Zugriff nur einem beschränkten Personenkreis dienen soll. Nicht öffentlich ist in der Regel der gesamte Datenverkehr innerhalb eines Firmennetzwerkes oder auch im Internet – unabhängig davon, ob dieser verschlüsselt ist oder nicht!

Sie haben sich Daten im Sinne der Vorschrift verschafft, wenn Sie die tatsächliche Herrschaftsgewalt über die Daten erlangt haben. Eine Speicherung der Daten ist nicht erforderlich. Auch ein bloßes Live-Monitoring wird in der Regel ausreichen, um den Tatbestand des Abfangens von Daten zu erfüllen. Die Tathandlung muss mit technischen Mitteln erfolgen. Ohne diese wird es aufgrund der Definition von Daten auch kaum gehen. Erfasst sind alle Hard- und softwaretechnischen Mittel, die denkbar sind. Nicht von § 202b StGB erfasst sind Phishing-Fälle. Dagegen fallen klassische »Man-in-the-Middle«-Angriffe unter die Strafvorschrift.

---

4 Allerdings wird hier i. d. R. der § 206 StGB, »Verletzung des Post- oder Fernmeldegeheimnisses«, einschlägig sein.

Subjektiv setzt auch § 202b StGB Vorsatz voraus. Fahrlässig abgefangene Daten führen also nicht zu einer Strafbarkeit. Ausreichend ist allerdings auch hier der bedingte Vorsatz. Natürlich können Sie sich auch hier mit anderen gemeinschaftlich als Anstifter oder Gehilfe strafbar machen und von einem unbeendeten Versuch strafbefreiend zurücktreten.

Der Strafrahmen ist noch milder als der von § 202a StGB. Hier kommen Sie mit einer Geldstrafe oder mit einer Freiheitsstrafe von maximal zwei Jahren davon. Freiheitsstrafen bis zu zwei Jahren werden übrigens in der Regel zur Bewährung ausgesetzt. Selbst wenn Sie also Daten abfangen, kommen Sie meistens nicht direkt ins Gefängnis.

11.1.3 Vorbereiten des Ausspähens und Abfangens von Daten (§ 202c StGB)

Der vielleicht berühmteste Straftatbestand des Computerstrafrechts ist der sogenannte Hacker-Paragraf, der § 202c StGB, »Vorbereiten des Ausspähens und Abfangens von Daten«. Er lautet:

(1) Wer eine Straftat nach § 202a oder § 202b vorbereitet, indem er

1. Passwörter oder sonstige Sicherungscodes, die den Zugang zu Daten § 202a Abs. 2) ermöglichen, oder

2. Computerprogramme, deren Zweck die Begehung einer solchen Tat ist,

herstellt, sich oder einem anderen verschafft, verkauft, einem anderen überlässt, verbreitet oder sonst zugänglich macht, wird mit Freiheitsstrafe bis zu zwei Jahren oder mit Geldstrafe bestraft.

(2) § 149 Abs. 2 und 3 gilt entsprechend.

Die Überschrift und der Text sind missverständlich, da auch Vorbereitungshandlungen für die Datenveränderung (§ 303a StGB) und die Computersabotage (§ 303b StGB) unter Strafe gestellt werden. Die beiden genannten Normen verweisen für die Strafbarkeit der Vorbereitungshandlung nämlich auf § 202c StGB.

Normalerweise sind Vorbereitungshandlungen, die noch nicht die Schwelle zum Versuch überschreiten, straflos. § 202c StGB verlagert den Beginn der Strafbarkeit ausdrücklich in den Bereich der Vorbereitungshandlungen, weil die beschriebenen Handlungen aus Sicht des Gesetzgebers besonders gefährliche Vorbereitungshandlungen sind.

Die erste Tatbestandsalternative betrifft Passwörter und sonstige Sicherungscodes. Erfasst ist damit z. B. das Ausspähen von Passwörtern, die Weitergabe eines Passwortes an unberechtigte Dritte und das Beschaffen von Passwörtern durch *Social Engineering*. Unerheblich ist, ob das Passwort elektronisch oder nicht elektronisch gespeichert ist. Schauen Sie also unter die Tastatur eines Computers und finden Sie dort einen Aufkleber mit einem Passwort, kann das bereits tatbestandsmäßig sein. Erfasst sind auch

Zugangskennungen zum Online-Banking oder zu Internetplattformen. Deshalb kommt auch bei Phishing-Fällen eine Strafbarkeit nach § 202c StGB in Betracht.

> **Praxistipp: Beschreiben von Sicherheitslücken**
>
> Wenn Sie Sicherheitslücken in eigenen oder fremden IT-Systemen beschreiben, machen Sie sich in der Regel nicht nach § 202c StGB strafbar. Das gilt auch dann, wenn Sie derartige Sicherheitslücken publik machen und veröffentlichen, solange Sie dabei nicht konkrete Zugangsdaten oder einen Proof-of-Concept zur Ausnutzung der Sicherheitslücke beschreiben und veröffentlichen.

Viel beschrieben und kritisiert wurde und wird die zweite Tatbestandsalternative, die Computerprogramme betrifft, deren Zweck die Begehung einer Tat ist. Vom Wortlaut sind gegebenenfalls auch solche Computerprogramme und Tools erfasst, die sowohl zur Begehung einer Straftat als auch zur Erfüllung legitimer Zwecke eingesetzt werden können, sogenannte *Dual-Use-Tools*. Das können z. B. Softwareprodukte sein, die dazu dienen, die Sicherheit von IT-Systemen im Rahmen sogenannter *Pentests* zu prüfen. Auch Netzwerkdiagnosetools und Portscanner können unter den Tatbestand fallen. Erfasst sind nach dem Wortlaut nur solche Programme, deren objektiver Zweck die Begehung einer Computerstraftat ist. Die Abgrenzung ist im Bereich der Dual-Use-Tools allerdings nicht einfach.[5]

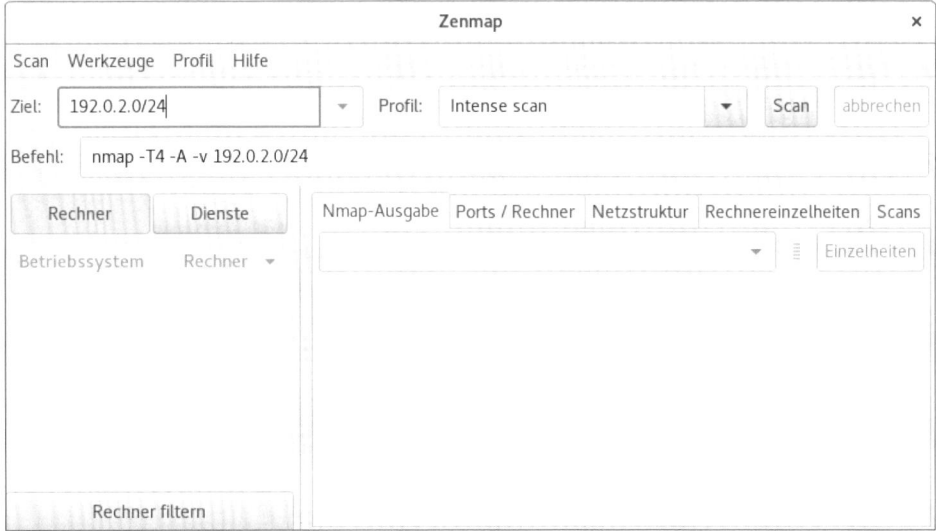

Abbildung 11.1 Nmap – hier mit der graphischen Oberfläche Zenmap – als typisches Beispiel für ein mögliches Dual-Use-Tool (Quelle: eigener Screenshot)

---

5 Zumindest nach der Gesetzesbegründung sind hier auch frei erhältliche Hacker-Tools, die von Skript-Kiddies für Angriffe auf ungeschützte Rechner im Internet eingesetzt werden, eindeutig erfasst.

Als Beispiel für ein Dual-Use-Tool betrachten wir den bekannten Netzwerk-Scanner *Nmap*[6]. Nmap – kurz für *Network Mapper* (Abbildung 11.1). Dieser ist als Netzwerk-Scanner grundsätzlich dazu geeignet, offene Ports an IT-Systemen zu erkennen. Diese Information kann wiederum vom Verteidiger als auch Angreifer unterschiedlich genutzt werden: Der Verteidiger sichert die betroffenen Systeme durch Schließen der nicht benötigten offenen Ports ab, der Angreifer nutzt die offenen Ports jedoch in Kombination mit einer weiteren Sichereislücke in der entsprechenden Anwendung aus, um mittels eines netzwerkbasierten Angriffs in die betroffenen IT-Systeme einzudringen.

Vermutlich werden Sie bei Ihrer täglichen Arbeit viele Programme einsetzen, die nach dieser Definition objektiv dazu geeignet sind, Computerstraftaten vorzubereiten. Machen Sie sich also nahezu täglich strafbar, auch wenn Sie sämtliche Tools nur mit bestem Willen und zur Erfüllung Ihrer Aufgaben als Admin einsetzen? Die gute Nachricht lautet: Nein, das machen Sie sich nicht, denn in der Regel handeln Sie (hoffentlich) befugt und erfüllen damit schon nicht die Tatbestandvoraussetzung *unbefugt* der §§ 202a und 202b StGB. Auch subjektiv setzt die Strafbarkeit aber auch hier Vorsatz voraus. Wenn Sie mit dem Einsatz der Tools keine Computerstraftat vorbereiten wollen, machen Sie sich auch nicht strafbar. Die Grenzen sind aber auch hier wieder fließend. Ein Eventualvorsatz reicht nämlich auch bei § 202c StGB.

> **Praxisbeispiel: Die Putzkolonne**
> Im Gesetzgebungsverfahren wurde als Beispiel für eine Tatbegehung mit Eventualvorsatz das sogenannte Putzkolonnenbeispiel gebildet: Strafbar soll es sein, wenn Sie ein Passwort auf einen gelben Klebezettel notieren, diesen Klebezettel an den Bildschirm hängen und es billigend in Kauf nehmen, dass sich eine Raumpflegekraft damit einloggt.

Gefährlich wird es für Sie erst dann, wenn objektive und nachweisbare Umstände einen Schluss darauf zulassen, dass Sie das Tool zur Begehung einer Computerstraftat entwickeln bzw. einsetzen wollen. Bis dahin wird man Ihnen im Zweifel unterstellen, dass Sie als Programmierer oder Admin in gutem Willen handeln. Aus Angst vor einer möglichen Strafbarkeit haben dennoch einige Hersteller von Dual-Use-Tools ihre Server sicherheitshalber ins Ausland verlagert.

Als Tathandlungen kommen das Herstellen, das sich oder einem anderen Verschaffen, das Verkaufen, das Überlassen, das Verbreiten und das Zugänglichmachen in Betracht.

- *Herstellen* meint dabei vor allem das Programmieren von Software und Skripten.
- *Verschafft* haben Sie sich etwas, wenn Sie die tatsächliche Herrschaftsgewalt erlangt haben, also ein Passwort kennen oder eine Software auf einem Computersystem gespeichert haben, auf das Sie Zugriff haben.

---

6 Nmap ist kostenlos verfügbar unter *https://nmap.org/* (zuletzt aufgerufen am 15. Juni 2023).

- Sie *überlassen* ein Passwort oder eine Software, wenn Sie einem anderen den Besitz verschaffen, ihm also das Passwort verraten oder eine Software kopieren.
- *Verbreitung* liegt vor, wenn Sie das Passwort oder die Software einem größeren unbestimmten Kreis von Personen zu Verfügung stellen. Zugänglich machen Sie etwas, wenn Sie es ermöglichen, dass andere Personen darauf zugreifen. Das ist z. B. dann der Fall, wenn Sie Passwörter oder Software auf einer Internetseite zum Abruf bereithalten.

Die Strafbarkeit nach § 202c StGB tritt übrigens unabhängig davon ein, ob Sie später mit den Passwörtern oder dem Computerprogramm tatsächlich eine Computerstraftat begehen. Geben Sie nach der Vorbereitungshandlung Ihren ursprünglichen Plan, eine Computerstraftat zu begehen, auf, können Sie damit aber durch sogenannte »tätige Reue« straffrei werden.

Abbildung 11.2 Verfahren gegen ehemaligen Chefredakteur der iX nicht aufgenommen (Quelle: www.heise.de/news/Hacker-Paragraf-Verfahren-gegen-iX-Chefredakteur-eingestellt-205502.html).

Aufgrund der vermeintlichen Unschärfe in der Formulierung löste der Hackerparagraph großen Unmut in IT-Kreisen aus. In der Folge kam es zu mehreren Anzeigen bzw. Selbstanzeigen – z. B. des ehemaligen Chefredakteurs der Computerzeitschrift iX (Abbildung 11.2) – die aber ausnahmslos von den zuständigen Staatsanwaltschaften eingestellt und nicht vor Gericht verhandelt wurden. Mit der Vorschrift von

§ 202c Abs. 1 Nr. 2 StGB hat sich später sogar das Bundesverfassungsgericht befasst. Es hatte sich mit mehreren Verfassungsbeschwerden zu beschäftigen, die geltend gemacht hatten, dass die Norm gegen das Grundgesetz verstößt.

Einer der Beschwerdeführer war der Geschäftsführer eines Unternehmens, das Pentests anbot. Durch die neue Vorschrift werde es ihm unter Verstoß gegen sein grundrechtlich gesichertes Recht auf *freie Berufsausübung* (Art. 12 GG) unmöglich gemacht, seine Tätigkeit fortzusetzen, weil er sich durch den Einsatz entsprechender Dual-Use-Tools ständig der Gefahr einer Strafverfolgung aussetze. Mit Beschluss vom 18. Mai 2009 hat das Bundesverfassungsgericht die Verfassungsbeschwerden nicht angenommen.[7] In der Begründung hat es ausgeführt, dass es nach dem Wortlaut der Vorschrift nicht ausreichend ist, dass ein Programm – wie ein Dual-Use-Tool – für die Begehung einer Computerstraftat lediglich geeignet oder auch besonders geeignet ist. Es müsse hingegen zum »Zweck« einer Computerstraftat zum Einsatz kommen, was insbesondere beim Einsatz von Dual-Use-Tools im Rahmen von Pentests nicht der Fall sei.

Problematisch ist nach Aussagen des Gerichts allerdings der Einsatz von Schadsoftware, bei der angenommen werden kann, *dass sie gerade zum Zweck der Begehung rechtswidriger Taten entwickelt wurde und über Eigenschaften verfügt, in denen sich diese Zweckbestimmung manifestiert.*[8] Ebenfalls vorsichtig sein sollten Sie, wenn Sie beispielsweise einen Proof-of-Concept für eine Schwachstelle entwickeln und diesen *einem von [Ihnen] nicht mehr überschaubaren Personenkreis zugänglich mach[en], etwa durch freies Einstellen ins Internet oder durch Zurverfügungstellen innerhalb von Foren mit entsprechendem Mitgliederkreis.*[9] Dabei werden Sie nach Auffassung des Gerichts zumindest *billigend in Kauf [nehmen], dass die Person oder die Personen, die durch [Ihre] Handlung Zugang zu dem Programm erhalten, dieses zumindest unter anderem zu rechtswidrigen Zwecken einsetzen*, was wiederum eine Strafbarkeit nach § 202c StGB auslösen würde.

11.1.4 Datenhehlerei (§ 202d StGB)

Um den Handel mit rechtswidrig erworbenen Daten zu bekämpfen, hat der Gesetzgeber § 202d StGB, »Datenhehlerei«, eingeführt. Danach wird bestraft, *wer Daten, die nicht allgemein zugänglich sind und die ein anderer durch eine rechtswidrige Tat erlangt hat, sich oder einem anderen verschafft, einem anderen überlässt, verbreitet oder sonst zugänglich macht, um sich oder einen Dritten zu bereichern oder einen*

---
7 Siehe dazu BVerfG, Beschluss vom 18.05.2009 – 2 BvR 2233/07, online abrufbar unter www.bundesverfassungsgericht.de/SharedDocs/Entscheidungen/DE/2009/05/rk20090518_2bvr223307.html;jsessionid=D98603FB95AFC56189DE708F8688F9D8.internet952 (zuletzt aufgerufen am 15. Juni 2023).
8 Vgl. dazu Rn. 70 im Beschluss vom 18.05.2009 – 2 BvR 2233/07.
9 Vgl. dazu Rn. 75 im Beschluss vom 18.05.2009 – 2 BvR 2233/07.

anderen zu schädigen. Der Strafrahmen reicht von Geldstrafe bis zu Freiheitsstrafe von bis zu drei Jahren.

Geschütztes Rechtsgut ist auch hier das formelle Datengeheimnis. Kriminalisiert werden sollen bestimme Verbreitungshandlungen von rechtwidrig erlangten Daten. Es geht um die Bekämpfung des Handels mit solchen Daten z. B. im sogenannten Darknet.

Nicht allgemein zugänglich sind Daten, wenn der Zugriff erst nach Anmeldung, Zulassung oder Entrichtung eines Entgelts möglich ist. Nicht erfasst werden deshalb solche Daten, die frei und ohne Anmeldung zugänglich sind. Werden Daten z. B. im Darknet ohne Anmeldung oder Zulassungsbeschränkung zum Download bereitgestellt, fallen diese Daten auch dann nicht unter den Straftatbestand der Datenhehlerei, wenn sie aus einer rechtswidrigen Tat stammen.

Weitere Voraussetzung für eine Strafbarkeit ist, dass die Daten aus einer rechtswidrigen Vortat stammen. Wichtig ist, dass der Täter der Vortat und der Täter der Datenhehlerei nicht identisch sein können. Wer sich Daten durch Ausspähen verschafft hat, kann nicht gleichzeitig Hehler dieser Daten sein. Taugliche Vortaten können z. B. das Ausspähen von Daten und das Abfangen von Daten, aber auch der Computerbetrug nach § 263a StGB sein. Die Tathandlungen (Verschaffen, Überlassen, Verbreiten und Zugänglichmachen) sind wieder die gleichen wie in § 202c StGB beschrieben.

Wichtig ist der Tatbestandsauschluss in Abs. 3: Erfasst sind journalistische Tätigkeiten, einschließlich Blogger und Podcasts. Auch zu wissenschaftlichen Forschungszwecken dürfen Sie sich Daten aus rechtswidrigen Taten beschaffen. Auf den Tatbestandsausschluss und damit auf die Straffreiheit Ihrer Handlungen können Sie sich aber nur berufen, wenn die privilegierte Aufgabenerfüllung der einzige Grund für die Verwendung der Daten ist.

Subjektiv setzt die Strafbarkeit Vorsatz voraus, wobei bedingter Vorsatz ausreichend ist. Um Täter einer Datenhehlerei zu sein, müssen Sie in Bereicherungsabsicht handeln. Die Tat muss also auf einen Vermögensvorteil für Sie selbst oder für einen Dritten gerichtet sein. Hier ist auch wirklich Absicht erforderlich. Bedingter Vorsatz reicht für das Merkmal der Bereicherung nicht aus. Das Gleiche gilt für die Alternative der Schädigungsabsicht. Auch hier muss es Ihnen gerade darauf ankommen, eine andere Person zu schädigen.

11.1.5 Datenveränderung (§ 303a StGB)

Im Abschnitt »Sachbeschädigung« des StGB findet sich die Vorschrift von § 303a StGB, »Datenveränderung«. Strafbar macht sich danach, *wer rechtswidrig Daten löscht, unterdrückt, unbrauchbar macht oder verändert*. Der Strafrahmen beginnt mit Geldstrafe und endet mit Freiheitsstrafe bis zu zwei Jahren.

Geschütztes Rechtsgut ist die Integrität von Daten. Der Zugriff und die Verarbeitungsmöglichkeit des Berechtigten sollen geschützt werden.

Etwas kurios ist die Tatsache, dass der objektive Tatbestand keine Einschränkung auf fremde Daten enthält. Vom objektiven Tatbestand wäre deshalb auch eine Löschung von eigenen Daten erfasst. Überwiegend wird deshalb in der juristischen Literatur angenommen, dass die Vorschrift restriktiv auszulegen ist und nur fremde Daten erfasst.

Die aufgezählten Tathandlungen überschneiden sich teilweise. Das hat der Gesetzgeber bewusst so in Kauf genommen, um einen umfassenden Schutz zu gewährleisten. *Löschen* meint sowohl das Löschen einzelner Dateien als auch die Vernichtung eines ganzen Datenträgers. *Unterdrückt* werden Daten, wenn sie vom Berechtigten nicht mehr verwendet werden können, was z. B. bei einem Denial-of-Service-Angriff der Fall ist. *Unbrauchbar* werden Daten gemacht, wenn aus ihnen Bestandteile entfernt oder welche hinzugefügt werden. *Veränderung* von Daten meint eine inhaltliche Umgestaltung, die nicht unbedingt mit einer Funktionsbeeinträchtigung einher gehen muss.

11.1.6 Computersabotage (§ 303b StGB)

Die zweite Vorschrift im Abschnitt »Sachbeschädigung« des StGB mit Computerbezug ist die *Computersabotage* gemäß § 303b StGB. Die Norm soll die Integrität von Computersystemen schützen.

Tathandlung ist die Störung einer Datenverarbeitung in erheblichem Ausmaß. Die Datenverarbeitung muss für einen anderen von wesentlicher Bedeutung sein. Der andere kann ein Unternehmen aber auch eine Privatperson sein. Die Datenverarbeitung muss eine zentrale Funktion für den anderen einnehmen.

Die Störung muss durch eine der aufgezählten Taten hervorgerufen werden. Wer eine Datenveränderung nach § 303a StGB begeht, macht sich immer auch nach § 303b StGB strafbar, wenn er damit eine Datenverarbeitung von wesentlicher Bedeutung für einen anderen erheblich stört. Die Variante der Störung durch Eingabe oder Übermittlung von Daten soll insbesondere sogenannte *Denial-of-Service-Angriffe* umfassen. *Gestört* wird eine Datenverarbeitung auch, wenn das Computersystem oder ein Datenträger physikalisch so beschädigt, zerstört oder weggenommen wird, dass eine weitere Datenverarbeitung auf ihm für den Berechtigten nicht mehr möglich ist.

In Abs. 2 findet sich noch eine sogenannte »Qualifikation«. Der Strafrahmen ist danach erhöht, wenn es sich um eine Datenverarbeitung handelt, die für einen fremden Betrieb, ein fremdes Unternehmen oder eine Behörde von wesentlicher Bedeutung ist. Für besonders schwere Fälle ordnet Abs. 4 einen nochmals erhöhten Strafrahmen an. Als besonders schwere Fälle sieht der Gesetzgeber Fälle an, bei denen ein

Vermögensverlust großen Ausmaßes eintritt. Das soll bei Beträgen oberhalb von fünfzigtausend Euro regelmäßig der Fall sein. Besonders schwer ist der Fall auch, wenn der Täter gewerbsmäßig oder als Mitglied einer Bande (mindestens drei Personen) handelt. Schließlich liegt ein schwerer Fall vor, wenn sich die Tat gegen kritische Infrastruktur richtet.

11.2 Geheimniskrämerei: der richtige Umgang mit Geheimnissen

Beim Geheimnisschutz im weiteren Sinne geht es um den Schutz von Inhalten. Zunächst werfen wir dazu einen Blick in den Paragrafen 203 des Strafgesetzbuches, der die Verletzung von Privatgeheinissen thematisiert.

11.2.1 Verletzung von Privatgeheimnissen (§ 203 StGB)

In § 203 StGB geht es um den Schutz von Geheimnissen, die Angehörigen bestimmter Berufsgruppen im Rahmen ihrer Tätigkeiten anvertraut werden, vor unbefugter Offenbarung. Geschützt sind fremde Geheimnisse aus dem persönlichen Bereich genauso wie Betriebs- und Geschäftsgeheimnisse.

Prominente Beispiele sind Ärzte, Rechtsanwälte, Steuerberater und Wirtschaftsprüfer. Diese sind sogenannte *Berufsgeheimnisträger*. Weniger bekannt ist, dass auch Ehe- und Jugendberater, Suchtberater, staatlich anerkannte Sozialarbeiter und Sozialpädagogen sowie Mitarbeiter von privaten Krankenkassen und Lebensversicherungen zu den Berufsgeheimnisträgern gezählt werden. Die vollständige Aufzählung finden Sie in § 203 Abs. 1 StGB.

Admins gehören jedoch nicht zu den in § 203 StGB aufgezählten Berufen. Vielleicht fragen Sie sich deshalb jetzt, was Sie mit der Vorschrift zu tun haben. Auch Sie als Admin können zumindest indirekt häufiger mit Daten in Kontakt kommen, die dem Berufsgeheimnis unterliegen. Das liegt daran, dass die eigentlichen Berufsgeheimnisträger ihre IT-Systeme nur selten tatsächlich selbst betreuen. Hierzu setzen sie in der Regel Dienstleister ein. Vielleicht sind Sie ein solcher Dienstleister und haben Ärzte oder Wirtschaftsprüfungskanzleien in Ihrem Kundenkreis. Oder Sie arbeiten bei einem Dienstleister, der bestimmte Leistungen für Berufsgeheimnisträger erbringt. In diesen Fällen ist es nicht ausgeschlossen, dass Sie Kenntnis von Daten oder Informationen erhalten, die dem Berufsgeheimnis unterfallen.

Eine Offenbarung von Geheimnissen ist dabei schnell geschehen. Es reicht bereits eine mündliche Weitergabe. Bei Daten reicht bereits die Einräumung einer Zugriffsmöglichkeit. Zu einer tatsächlichen Kenntnisnahme durch einen Dritten muss es gar nicht kommen. Besteht aufgrund einer wirksamen Verschlüsselung nach dem Stand der Technik keine Kenntnisnahmemöglichkeit, schließt das eine Offenbarung aus.

Bis vor wenigen Jahren hatten Berufsgeheimnisträger ein echtes Problem mit dieser Strafvorschrift, die ihnen strikt untersagte, Dritten eine Kenntnisnahmemöglichkeit von solchen Daten zu verschaffen. Berufsgeheimnisträger konnten ihre IT-Systeme streng genommen nur selbst oder durch eigenes Personal betreuen lassen. Erlaubt war nur die Einbindung von sogenannten *berufsmäßigen Gehilfen*. Diese mussten zwingend in die Organisation des Berufsgeheimnisträger eingebunden und ausschließlich weisungsabhängig tätig sein. Außerdem mussten sie genau in dieser Funktion berufsmäßig mit den Geheimnissen befasst sein. Dies war bei IT-Dienstleistern praktisch nie der Fall, sondern traf eigentlich nur auf die typischen Angestellten, z. B. Steuerfachangestellte, Rechtsanwaltsfachangestellte usw. zu. Der bloße Abschluss eines Auftragsverarbeitungsvertrags und einer Verschwiegenheitsverpflichtung mit einem Dienstleister reichte nicht aus, um einer möglichen Strafbarkeit nach § 203 StGB zu entgehen. Bereits die Ablage einer Datei in einem Cloud-Speicher führt zu einer Offenbarung gegenüber dem entsprechenden Anbieter und dessen Mitarbeitern.

Da es den Berufsgeheimnisträgern zunehmend unmöglich war, ihre IT-Systeme selbst oder ausschließlich mit eigenem Personal zu betreuen und viele moderne Dienstleistungsangebote, namentlich Cloud-Dienste, nicht ohne die Einschaltung von Dritten als Dienstleister betrieben werden können, hat sich der Gesetzgeber 2017 dazu entschlossen, die Strafbarkeit der Berufsgeheimnisträger nach § 203 StGB einzuschränken, um den Einsatz von externen Dienstleistern zu ermöglichen.

Deshalb sieht der heutige Abs. 3 der Norm vor, dass kein Offenbaren im Sinne dieser Vorschrift vorliegt, wenn Geheimnisse gegenüber Personen offenbart werden, die an der beruflichen Tätigkeit des Berufsgeheimnisträgers mitwirken, soweit dies für die Inanspruchnahme der Tätigkeit der mitwirkenden Person erforderlich ist. Gemeint sind damit u. a. auch IT-Dienstleister und Cloud-Anbieter. Diese fallen unter den Begriff der sonstigen mitwirkenden Personen. Sie müssen vom Berufsgeheimnisträger sorgfältig ausgewählt und zur Verschwiegenheit verpflichtet werden. Es kann deshalb sein, dass Sie mit gesonderten *Verschwiegenheitsverpflichtungserklärungen* konfrontiert werden, die Sie unterzeichnen sollen, wenn die Möglichkeit besteht, dass Sie im Rahmen Ihrer Tätigkeit mit Daten von Berufsgeheimnisträgern in Kontakt kommen.

Diese Einschränkung der Strafbarkeit für die Berufsgeheimnisträger selbst geht allerdings mit der Einbeziehung der Dienstleister in die Strafbarkeit einher. Offenbart nämlich jetzt ein solcher Dienstleister ein Geheimnis, führt das zu einer eigenen Strafbarkeit nach § 203 Abs. 4 StGB. Sie sehen: Wenn Sie irgendwie an der Verarbeitung von Berufsgeheimnissen mitwirken, besteht die Möglichkeit, dass Sie sich selbst strafbar machen, wenn Sie geschützte Geheimnisse offenbaren. Die Regelung gilt übrigens auch für alle Sub-Dienstleister in einer Kette von Dienstleistern, die an einer Verarbeitung beteiligt sein können. Jeder Beteiligte in der Kette kann sich also selbst strafbar machen.

> **Verschwiegenheitsvereinbarung**
>
> Zwischen
>
> … (Dienstleister/Arbeitnehmer)
>
> und
>
> … (Auftraggeber/Arbeitgeber)
>
> wird folgende Vereinbarung in Ergänzung zum Dienstleistungsvertrag vom …/Arbeitsvertrag vom … getroffen:
>
> 1. Der Dienstleister/Arbeitnehmer bestätigt, von seinem Auftraggeber/Arbeitgeber darüber belehrt worden zu sein, dass er aufgrund seiner Tätigkeit in einer Rechtsanwalts-/Steuerberaterkanzlei durch die nachfolgend aufgeführten Gesetze und Vorschriften zur Verschwiegenheit verpflichtet ist und dass Verstöße gegen diese Verschwiegenheitspflichten ordnungswidrig und/oder strafbar sein können.
> 2. Der Dienstleister/Arbeitnehmer bestätigt, dass ihm erläutert wurde, dass die Verschwiegenheitspflicht gem. § 43a Abs. 3 und § 43e Bundesrechtsanwaltsordnung, § 2 Berufsordnung der Rechtsanwälte, § 57 Abs. 1, § 62 und § 62a Steuerberatungsgesetz und § 203 Strafgesetzbuch über die in der DSGVO und im BDSG geregelten allgemeinen Schweigepflichten hinausgehen. Der Dienstleister verpflichte sich, auch insoweit Verschwiegenheit zu wahren und bestätigt, dass ihm bekannt ist, dass alles, was er in Ausübung und bei Gelegenheit seiner Tätigkeit erfährt, der Verschwiegenheitsverpflichtung unterliegt.

Abbildung 11.3 Auszug aus einer typischen Verschwiegenheitsvereinbarung mit einem Dienstleister im IT-Bereich

Der Geheimnisschutz nach § 203 StGB endet nach dessen Abs. 5 auch nicht mit dem Tod des Betroffenen. Auch die Offenbarung eines Geheimnisses nach dem Tod des Betroffenen stellt noch eine strafbare Handlung dar.

Beachten Sie, dass der Schutzbereich von § 203 StGB weiter ist als das Datenschutzrecht. Auch Verarbeitungen, die datenschutzrechtlich erlaubt sind, können nach § 203 StGB verboten sein. Für den strafrechtlichen Geheimnisschutz kommt es auch überhaupt nicht darauf an, ob es sich um personenbezogene Daten handelt. Geschützt sind auch Geheimnisse von juristischen Personen wie z. B. Betriebs- und Geschäftsgeheimnisse.

> **Praxistipp: Schweigepflicht des Datenschutzbeauftragten**
>
> Häufig wird übersehen, dass sich auch der Datenschutzbeauftragte, der selbst kein Berufsgeheimnisträger ist, weil er z. B. kein Rechtsanwalt ist, nach § 203 StGB strafbar machen kann, wenn er im Rahmen seiner Tätigkeit als Datenschutzbeauftragter mit Berufsgeheimnissen in Kontakt kommt, weil er z. B. von einem Arzt als Datenschutzbeauftragter benannt wurde. Offenbart der Datenschutzbeauftragte ein Geheimnis, das ihm im Rahmen seiner Tätigkeit bekannt wurde, macht er sich gegebenenfalls nach § 203 StGB strafbar.

Besonders gefährlich ist der Einsatz von Dienstleistern aus dem Ausland, und zwar sogar aus dem EU-Ausland. Der Berufsgeheimnisträger muss darauf achten, dass der Schutz für die Geheimnisse auch im betreffenden Ausland gewahrt ist. Das ist schwierig, weil im Prinzip immer die Rechtslage im Ausland geprüft werden muss, und zwar sowohl hinsichtlich der materiellen Strafbarkeit als auch hinsichtlich der tatsächlichen Verfolgung durch ausländische Strafverfolgungsbehörden bzw. der Verfolgungsmöglichkeiten durch deutsche Strafverfolgungsbehörden im Ausland.

11.2.2 Abhören verboten: Verletzung des Post- oder Fernmeldegeheimnisses (§ 206 StGB)

Das *Fernmeldegeheimnis* ist ein Grundrecht, Sie finden es in Art. 10 des Grundgesetzes. Es soll die Vertraulichkeit der Kommunikation schützen. Direkt gelten die Grundrechte nur im Verhältnis der Bürger zum Staat, denn sie dienen zunächst nur dem Schutz vor staatlichen Eingriffen. Die Grundrechte geben aber sozusagen einen allgemeinen Rahmen für unsere Rechtsordnung vor. Ihre Wertungen finden sich häufig auch in sogenannten einfachen Gesetzen wieder, die direkt für die Bürger untereinander gelten. Das Fernmeldegeheimnis wird heute teilweise auch *Telekommunikationsgeheimnis* genannt.

Im Strafgesetzbuch dient § 206 StGB der Umsetzung des Grundrechts auf das Fernmeldegeheimnis. Die Strafvorschrift soll das allgemeine Vertrauen in die Vertraulichkeit von Kommunikationsinhalten und -umständen sowie die Interessen der im Einzelfall an einer Kommunikation Beteiligten hieran schützen. Nach der Norm wird bestraft, *wer unbefugt einer anderen Person eine Mitteilung über Tatsachen macht, die dem Post- oder Fernmeldegeheimnis unterliegen und die ihm als Inhaber oder Beschäftigtem eines Unternehmens bekanntgeworden sind, das geschäftsmäßig Post- oder Telekommunikationsdienste erbringt.* Der Strafrahmen reicht von Geldstrafe bis Freiheitsstrafe bis hin zu fünf Jahren.

Was das Fernmeldegeheimnis ist und was genau durch das Fernmeldegeheimnis geschützt wird, wird in § 3 Abs. 1 TTDSG geregelt. Demnach unterliegen dem Fernmeldegeheimnis der Inhalt der Telekommunikation und ihrer näheren Umstände. Zu den näheren Umständen zählt insbesondere die Tatsache, ob jemand an einem Telekommunikationsvorgang beteiligt ist oder war. Selbst Angaben über erfolglose Verbindungsversuche sind vom Fernmeldegeheimnis geschützt. Kommt es zu einer Verbindung sind auch Angaben über den Zeitpunkt der Verbindung und deren Dauer geschützt. Auch bei der Art der geschützten Kommunikation gilt ein weiter Rahmen. Neben der klassischen Telefonie fallen auch E-Mail- und Messenger-Dienste sowie Videokonferenzen unter das Fernmeldegeheimnis.

Wer das Fernmeldegeheimnis beachten muss, ist in § 3 Abs. 2 TTDSG geregelt:

Zur Wahrung des Fernmeldegeheimnisses sind verpflichtet,

1. Anbieter von öffentlich zugänglichen Telekommunikationsdiensten sowie natürliche und juristische Personen, die an der Erbringung solcher Dienste mitwirken,

2. Anbieter von ganz oder teilweise geschäftsmäßig angebotenen Telekommunikationsdiensten sowie natürliche und juristische Personen, die an der Erbringung solcher Dienste mitwirken,

3. Betreiber öffentlicher Telekommunikationsnetze und

4. Betreiber von Telekommunikationsanlagen, mit denen geschäftsmäßig Telekommunikationsdienste erbracht werden.

Wenn Sie nicht gerade bei einem Telekommunikationsanbieter arbeiten und deshalb selbstverständlich davon ausgehen, dass Sie das Fernmeldegeheimnis zu beachten haben, werden Sie sich eventuell fragen, unter welchen Punkt der Aufzählung Sie gegebenenfalls fallen könnten.

Grundsätzlich richtet sich die Vorschrift an Unternehmen, die Dienste anbieten, die dem Fernmeldegeheimnis unterfallen. Betreiber im Sinne der Norm sind gemäß § 7 Nr. 7 TKG Unternehmen, die öffentliche Telekommunikationsnetze oder zugehörige Einrichtungen bereitstellen. Normale Unternehmen, die z. B. als industrieller Fertigungsbetrieb tätig sind und dabei zwar eine Telefonanlage betreiben, fallen erstmal nicht in den Anwendungsbereich.

Kompliziert wird die Rechtslage vor allem wegen der Regelung in § 3 Abs. 2 Nr. 2 TTDSG, wonach Anbieter von ganz oder teilweise geschäftsmäßig angebotenen Telekommunikationsdiensten verpflichtet sind, das Fernmeldegeheimnis zu wahren. Wenn Sie sich jetzt immer noch fragen, was Sie mit dem Fernmeldegeheimnis zu tun haben, lesen Sie in Kapitel 2, »Das Telekommunikation-Telemedien-Datenschutz-Gesetz (TTDSG)«, nach. Genau an dieser Stelle spielt nämlich die alte Streitfrage eine entscheidende Rolle, ob Unternehmen, die ihren Mitarbeitern die private Nutzung von Internet und E-Mail gestatten, damit zu geschäftsmäßigen Anbietern von Telekommunikationsdiensten werden. Diese Streitfrage ist auch durch die Einführung des TTDSG nicht entschieden worden, obwohl der Gesetzgeber die Problematik kannte und im Gesetzgebungsverfahren mehrfach darauf hingewiesen wurde.

Im Ergebnis herrscht für Unternehmen weiterhin erhebliche Rechtsunsicherheit bei der Frage, ob und wann sie das Fernmeldegeheimnis zu beachten haben, wenn sie ihren Mitarbeitern die private IT-Nutzung gestatten. Für Sie als Admin bedeutet das, dass Sie sich gegebenenfalls sogar strafbar machen können, wenn Sie in einem solchen Unternehmen oder für ein solches Unternehmen arbeiten und mit Daten und Informationen hantieren, die dem Fernmeldegeheimnis unterfallen. Derzeit dürfte immer noch die Meinung vorherrschen, dass Arbeitgeber, die ihren Mitarbeitern die private IT-Nutzung, insbesondere die E-Mail-Nutzung, gestatten, unter § 206 StGB fallen und entsprechend auch dem Fernmeldegeheimnis verpflichtet sind.

Im praktisch relevanten Fall des Zugriffs auf E-Mails ist danach zu unterscheiden, in welcher Phase der Übermittlung sich die E-Mail befindet. Unstreitig unterliegt die E-Mail dem Fernmeldegeheimnis, wenn sie sich gerade auf dem Weg zwischen den beteiligten Servern befindet. Unstreitig unterfällt sie nicht dem Fernmeldegeheimnis, wenn sie entweder noch beim Absender oder schon beim Empfänger gespeichert ist.

Der für Sie praktisch häufigste Fall, dass Sie gebeten werden, in ein E-Mail-Postfach eines Mitarbeiters zu schauen, unterliegt deshalb im Regelfall nicht dem Fernmeldegeheimnis, weil der Kommunikationsvorgang bereits abgeschlossen ist. In diesem Fall scheidet auch eine Strafbarkeit nach § 206 StGB aus. Zu denken ist bei erlaubter Privatnutzung in diesen Fällen aber an § 202a StGB, insbesondere wenn Sie ein vom Mitarbeiter eingerichtetes Passwort umgehen müssen.

Und was ist mit den immer wieder anzutreffenden Verpflichtungen auf das Fernmeldegeheimnis? Sind diese Verpflichtungen erforderlich? Grundsätzlich eigentlich nicht, weil Unternehmen ihre Mitarbeiter nicht verpflichten müssen, dass diese das Fernmeldegeheimnis beachten. Das Fernmeldegeheimnis gilt auch ohne Verpflichtung, weil es direkt aus dem Gesetz folgt. Allerdings kann es sehr sinnvoll sein, dass eine solche Verpflichtung vorgenommen wird, um die Mitarbeiter auf die Problematik aufmerksam zu machen und zu sensibilisieren. Vielleicht war auch Ihnen vor der Lektüre dieses Kapitel gar nicht klar, wie schnell man im Anwendungsbereich des Fernmeldegeheimnisses landen und wie schnell man dann bei unachtsamem Umgang mit Daten und Informationen in die Strafbarkeit geraten kann. Verpflichtet werden sollten alle Mitarbeiter im Unternehmen, die mit der Erbringung von E-Mail- oder Internet-Diensten und der zugehörigen Netzwerkkommunikation befasst sind.

11.2.3 Besser nicht verraten: Folgen bei Verrat von Geschäftsgeheimnissen

Seit 2019 regelt das *Gesetz zum Schutz von Geschäftsgeheimnissen* (*GeschGehG*) den Schutz von Geschäftsgeheimnissen vor unerlaubter Erlangung, Nutzung und Offenlegung derselben.

In Daten stecken häufig Geschäftsgeheimnisse. Wie unterscheidet sich ein Geschäftsgeheimnis von anderen Daten? Ein Geschäftsgeheimnis ist nach der gesetzlichen Definition in § 2 GeschGehG eine Information, die nicht allgemein bekannt oder ohne Weiteres zugänglich ist und daher von wirtschaftlichem Wert ist und die durch angemessene Geheimhaltungsmaßnahmen geschützt ist und bei der der ein berechtigtes Interesse an der Geheimhaltung besteht.

Das Gesetz enthält in § 23 eine eigene Strafvorschrift für die Verletzung von Geschäftsgeheimnissen. Danach wird bestraft, *wer zur Förderung des eigenen oder fremden Wettbewerbs, aus Eigennutz, zugunsten eines Dritten oder in der Absicht, dem Inhaber eines Unternehmens Schaden zuzufügen,* ein Geschäftsgeheimnis unbefugt erlangt, nutzt oder offenlegt. Der Strafrahmen reicht von Geldstrafe bis Freiheitsstrafe bis zu drei Jahren, in bestimmten Fällen sogar bis zu fünf Jahren.

Der Tatbestand ist schneller verwirklicht, als man auf den ersten Blick denkt. Schon das Kopieren von Geschäftsgeheimnissen auf einen USB-Stick oder die Ablage auf einem Cloud-Speicher kann genauso tatbestandsmäßig sein, wie der Versand an eine private E-Mail-Adresse.

Gehen Sie also vorsichtig mit Geschäftsgeheimnissen um; sonst geraten Sie schnell in eine Strafbarkeit. Häufig enthalten auch Arbeitsverträge noch gesonderte Regelungen zum Verrat von Geschäftsgeheimnissen. Schauen Sie doch einmal in Ihren eigenen Vertrag. Wenn Sie schon länger in Ihrem Unternehmen beschäftigt sind, finden Sie dort vermutlich noch Verweise auf die Vorgängerregelung zu § 23 GeschGehG, nämlich die §§ 17 bis 19 UWG.

11.3 Missbrauch personenbezogener Daten: Strafbarkeiten und Ordnungswidrigkeiten

Geldbußen können zunächst nach Art. 83 DSGVO verhängt werden. Die Vorschrift enthält einen sehr umfassenden Katalog an Tatbeständen. In Deutschland können Bußgelder auf dieser Grundlage nach § 41 BDSG verhängt werden Daneben enthält das Bundesdatenschutzgesetz auch Strafvorschriften und eine weitere Bußgeldnorm.

11.3.1 Strafbarkeiten nach § 42 BDSG

§ 42 BDSG beinhaltet die Strafvorschriften bei missbräuchlicher Nutzung von personenbezogenen Daten. Nach dessen Abs. 1 wird bestraft, *wer wissentlich nicht allgemein zugängliche personenbezogene Daten einer großen Zahl von Personen, ohne hierzu berechtigt zu sein, 1. einem Dritten übermittelt oder 2. auf andere Art und Weise zugänglich macht und hierbei gewerbsmäßig handelt.* Der Strafrahmen reicht von der Geldstrafe bis hin zu drei Jahren Freiheitsstrafe.

Nach Abs. 2 wird bestraft, *wer personenbezogene Daten, die nicht allgemein zugänglich sind, 1. ohne hierzu berechtigt zu sein, verarbeitet oder 2. durch unrichtige Angaben erschleicht und hierbei gegen Entgelt oder in der Absicht handelt, sich oder einen anderen zu bereichern oder einen anderen zu schädigen.* Der Strafrahmen liegt hier bei Geldstrafe oder Freiheitsstrafe bis zu zwei Jahren.

Die Taten werden nur auf Antrag verfolgt. Antragsberechtigt sind die Betroffenen, der Verantwortliche, die oder der Bundesbeauftragte und die Aufsichtsbehörde.

Wichtig ist, dass nach Abs. 4 eine gemeldete Datenpanne nach Art. 33 DSGVO in einem Strafverfahren gegen den Meldepflichtigen nur mit Zustimmung des Meldepflichtigen verwendet werden darf. Es besteht insoweit ein Beweisverwendungsverbot. Sie sollen sich also nicht durch eine drohende Strafbarkeit von der Meldung einer Datenpanne abschrecken lassen. Die Anordnung in Abs. 4 beruht auch auf dem alten juristischen Grundsatz »nemo tenetur se ipsum accusare«, wonach sich niemand durch seine Aussage selbst belasten muss. Wenn also eine gesetzliche Verpflichtung zur Meldung eines Datenschutzverstoßes besteht (beispielsweise nach Art. 33 DSGVO), soll der Staat dadurch nicht zugleich die Grundlage für ein Strafverfahren bekommen. Das Beweisverwendungsverbot geht sogar über ein einfaches Beweisverwertungsverbot hinaus, indem es auch die Verwertung von Inhalten aus Meldungen als Grundlage für weitere Ermittlungen verbietet.

Mit der Vorschrift sollen nur besonders gewichtige Verletzungen des Schutzes personenbezogener Daten unter Strafe gestellt werden. Schutzgut sind nicht allgemein zugängliche personenbezogene Daten und damit der Schutz vor einer Verletzung der Vertraulichkeit. Integritäts-, Verfügbarkeits- und Vermögensinteressen sind nicht direkt geschützt. Im Vordergrund steht der Schutz vor spezifischen Verletzungen des (Grund)rechts auf informationelle Selbstbestimmung.

Die praktische Relevanz der Vorschrift ist bislang gering. Das dürfte vor allem daran liegen, dass es sich um ein Antragsdelikt handelt. Die Strafverfolgungsbehörden dürfen Verstöße gegen die Norm also nur auf Antrag verfolgen und nicht selbständig tätig werden, wenn sie Kenntnis von Sachverhalten erlangen, die der Norm unterfallen. Außerdem sind vielfach Bedenken hinsichtlich der Bestimmtheit der Vorschrift erhoben worden.

Der Anwendungsbereich von § 42 BDSG ist jedoch begrenzt; insbesondere ist dabei die Verarbeitung von Daten durch natürliche Personen zu ausschließlich persönlichen oder familiären Tätigkeiten ausgenommen. Nicht nach § 42 BDSG strafbar machen können Sie sich also, wenn Sie ausschließlich zu (diesen) persönlichen oder familiären Zwecken handeln. Ansonsten dürfte der Anwendungsbereich bei Ihrer Tätigkeit als Admin regelmäßig eröffnet sein, weil Sie täglich mit vielen personenbezogenen Daten umgehen.

Übermittlung und Zugänglichmachung personenbezogener Daten einer großen Zahl von Personen

Für eine Strafbarkeit nach Abs. 1 benötigen Sie zunächst nicht allgemein zugängliche personenbezogene Daten. Personenbezogen dürften die meisten Daten sein, mit denen Sie in Kontakt kommen. Die große Mehrheit davon dürfte auch nicht allgemein zugänglich sein. Nicht allgemein zugänglich sind Daten, wenn der Zugang zu ihnen technisch oder rechtlich beschränkt ist. Die Daten in der Kundendatenbank

Ihres Unternehmens sind in der Regel nicht allgemein zugänglich. Schwierigkeiten bereitet die Bestimmung, wann Daten einer »großen Zahl« von Personen vorliegt. Genannt werden hier in der Regel Zahlen zwischen 50 und 100 Betroffenen.

Übermittelt im Sinne dieser Vorschrift sind Daten, wenn sie in den Machtbereich eines Dritten gelangen. Das kann z. B. durch einen Versand per E-Mail oder per Übergabe eines Datenträgers geschehen. Wichtig ist, dass der Empfänger ein Dritter sein muss. Damit scheiden Betroffene und der für die Datenverarbeitung Verantwortliche aus. Datenübermittlungen innerhalb eines Unternehmens verwirklichen daher den Tatbestand nicht.

Zugänglich gemacht sind Daten, wenn ein Dritter auf die Daten zugreifen und sich auf diese Weise Kenntnis von deren Informationsgehalt verschaffen kann. Beispielsweise fällt die Eröffnung einer Download-Möglichkeit und die Entsorgung von personenbezogenen Daten in einer offenen Mülltonne unter diese Begehungsalternative.

Eine wichtige Einschränkung erfährt der relativ weite objektive Tatbestand durch das subjektive Erfordernis der *Gewerblichkeit*. Daran wird es bei Ihnen – hoffentlich – spätestens scheitern. Strafbar sind die oben beschriebenen Handlungen nur, wenn der Täter sie gewerbsmäßig begeht. Gewerbsmäßig handelt, wer die Absicht hat, sich durch wiederholte Tatbegehung eine fortlaufende Einnahmequelle von einiger Dauer und einigem Umfang zu verschaffen. Der Täter muss also mit Bereicherungsabsicht handeln.

Unberechtigte Verarbeitung personenbezogener Daten

Eine Strafbarkeit nach Abs. 2 Nr. 1 setzt wiederum als Tatobjekt personenbezogene Daten, die nicht allgemein zugänglich sind, voraus. Der Taterfolg liegt bereits in der Verarbeitung dieser Daten. Allerdings wird eine Einschränkung auf bestimmte Verarbeitungen aus der Begriffsbestimmung von Art. 4 Nr. 2 DSGVO gemacht. Da die Vorschrift die Vertraulichkeit schützen soll, sind nur solche Verarbeitungen strafbewehrt, die zu einer Verletzung der Vertraulichkeit führen können, also z. B. das Erheben, Abrufen, Verschaffen, Speichern, Übermitteln und Verbreiten. Nicht erfasst werden Verarbeitungen, die zwar auf die Daten einwirken, aber nicht zu einer Verletzung der Vertraulichkeit führen, also z. B. die Einschränkung, das Löschen und das Vernichten. Diese Verarbeitungen, die gegen das Integritäts- und Verfügbarkeitsinteresse gerichtet sein können, sind gegebenenfalls nach §§ 303 ff. StGB strafbar, nicht aber nach § 42 BDSG.

Die Strafbarkeit setzt allerdings auch in dieser Variante voraus, dass es dem Täter letztlich um einen Vermögensvorteil geht. Strafbar sind die Handlungen nämlich nur dann, wenn die Verarbeitung gegen Entgelt erfolgt. Entgelt ist jede in einem Vermögensvorteil bestehende Gegenleistung.

Erschleichen personenbezogener Daten

Auch Abs. 2 Nr. 2 setzt als Tatobjekt wieder personenbezogene Daten, die nicht allgemein zugänglich sind, voraus. Wenn sich der Täter diese durch unrichtige Angaben erschleicht, kommt eine Strafbarkeit in Betracht. Diese Tatbestandsalternative setzt eine Täuschungshandlung voraus. Deshalb wird die Vorschrift auch *Datenbetrug* genannt. Sie erfasst u. a. Fälle des Identitätsdiebstahls und des Phishing.

Die Tathandlung besteht in einer Verwendung unrichtiger Angaben. Eine Verwendung liegt vor, wenn mittels Daten auf einen manuellen bzw. kognitiven Entscheidungsprozess einer Person oder eine automatisierte Datenverarbeitung eingewirkt wird. Infolge der Verwendung einer unrichtigen Angabe muss der Betroffene oder eine automatisierte Datenverarbeitung eine Entscheidung treffen, die dazu führt, dass personenbezogene Daten des Betroffenen in den Machtbereich des Täters gelangen, sodass dieser sie zur Kenntnis nehmen und weiterverarbeiten kann.

Auch hier ist es für eine Strafbarkeit erforderlich, dass der Täter gegen Entgelt handelt.

11.3.2 Ordnungswidrigkeiten

Das EU-Recht kennt bis heute kein einheitliches Bußgeldverfahrensrecht. In der DSGVO sind in Art. 83 Abs. 4 bis 6 nur einzelne Bußgeldtatbestände geregelt. Nach welchem Verfahren daraus dann tatsächlich ein Bußgeld wird, regelt weder die DSGVO noch sonst ein Rechtsakt der EU. Deshalb wurde in Deutschland auf nationaler Ebene § 41 BDSG erlassen. Dieser erklärt das deutsche Gesetz über Ordnungswidrigkeiten für sinngemäß anwendbar.

In § 43 BDSG finden Sie auch noch eine Bußgeldvorschrift, die Geldbußen bis zu fünfzigtausend Euro vorsieht. Inhaltlich geht es bei § 43 BDSG ausschließlich um personenbezogene Daten im Zusammenhang mit Verbraucherkrediten. Der Anwendungsbereich ist damit stark begrenzt.

Von Bedeutung auch für die übrigen Bußgeldverfahren nach Art. 83 DSGVO sind allerdings die Absätze 3 und 4 der Vorschrift. Die gute Nachricht für Behörden und sonstige öffentliche Stellen ist, dass gegen sie nach Abs. 3 überhaupt keine Geldbußen verhängt werden können. Das gilt übrigens auch für Bußgelder nach der DSGVO. Die gute Nachricht für Melder von Datenschutzverstößen (Art. 33 DSGVO) ist, dass hier das gleiche Beweisverwendungsverbot wie oben bei den Strafvorschriften gilt.

11.4 Richtiger Umgang mit Durchsuchungen, Durchsichten und Beschlagnahmen

Digitale Beweismittel geraten immer mehr in den Fokus der Strafverfolgungsbehörden. Viele Delikte lassen sich überhaupt nur mithilfe von Daten aufklären. Als Admin sind Sie in Ihrem Unternehmen derjenige Mitarbeiter, der am nächsten an den Daten ist und über entsprechende Zugriffmöglichkeiten verfügt, da Sie über weitgehende Rechte verfügen und Kenntnis von Passwörtern usw. haben. Wie gehen Sie damit um, wenn die Polizei oder die Staatsanwaltschaft von Ihnen Zugriff auf die Daten in Ihrem Unternehmen fordert?

Ein Tipp vorab: Das Strafverfahrensrecht ist komplex, und gerade im IT-Bereich sind viele Fragen nach wie vor nicht geklärt. Ziehen Sie deshalb möglichst umgehend einen spezialisierten Rechtsanwalt zu Rate!

Das strafrechtliche Ermittlungsverfahren bietet den Strafverfolgungsbehörden einen ganzen Strauß an Möglichkeiten, um an Daten zu gelangen. Geregelt sind diese Maßnahmen in der *Strafprozessordnung* (StPO) und dort vor allem in den §§ 94 ff., 110 und den §§ 100a ff. StPO. Die verschiedenen Ermittlungsmaßnahmen unterscheiden sich zunächst danach, ob sie verdeckt oder offen erfolgen.

Besonders die *Durchsuchung* und *Beschlagnahme* von IT-Systemen in Unternehmen stellen einschneidende Maßnahmen dar, die zu erheblichen Störungen im Geschäftsbetrieb führen können. Besonders problematisch wird es, wenn ganze IT-Systeme mitgenommen und für teilweise mehrere Monate nicht wieder herausgegeben werden.

11.4.1 Offene Ermittlungsmaßnahmen

Für Ihre Arbeit können aus dem Bereich der offenen Ermittlungsmaßnahmen vor allem die *Durchsicht* nach § 110 StPO und die *Sicherstellung* nach § 94 StPO von Interesse sein. Beiden Maßnahmen geht praktisch immer eine Durchsuchung voraus. Eine Durchsuchung muss durch einen Richter angeordnet werden. Bei Gefahr im Verzug kann die Anordnung auch durch die Staatsanwaltschaft oder ihre Ermittlungspersonen (meist die Polizei) ergehen. Der Beschluss darf nicht älter als sechs Monate sein und muss eine Begründung enthalten, die auch Beweismittel bezeichnet. Abbildung 11.4 zeigt ein Beispiel für einen Durchsuchungsbeschluss, der sich auch auf Informationen in elektronisch gespeicherter Form auf Datenträgern jedweder Art, auch auf Smartphones, bezieht.

Wichtig ist, dass nicht unbedingt beim Verdächtigen durchsucht werden muss. Durchsucht werden kann auch beim Nicht-Verdächtigen, wenn Tatsachen bekannt sind, die darauf schließen lassen, dass sich Beweismittel in den Räumen des Dritten auffinden lassen. Sie müssen also nicht selbst im Fadenkreuz der Ermittler stehen, um von einer Durchsuchung betroffen zu sein.

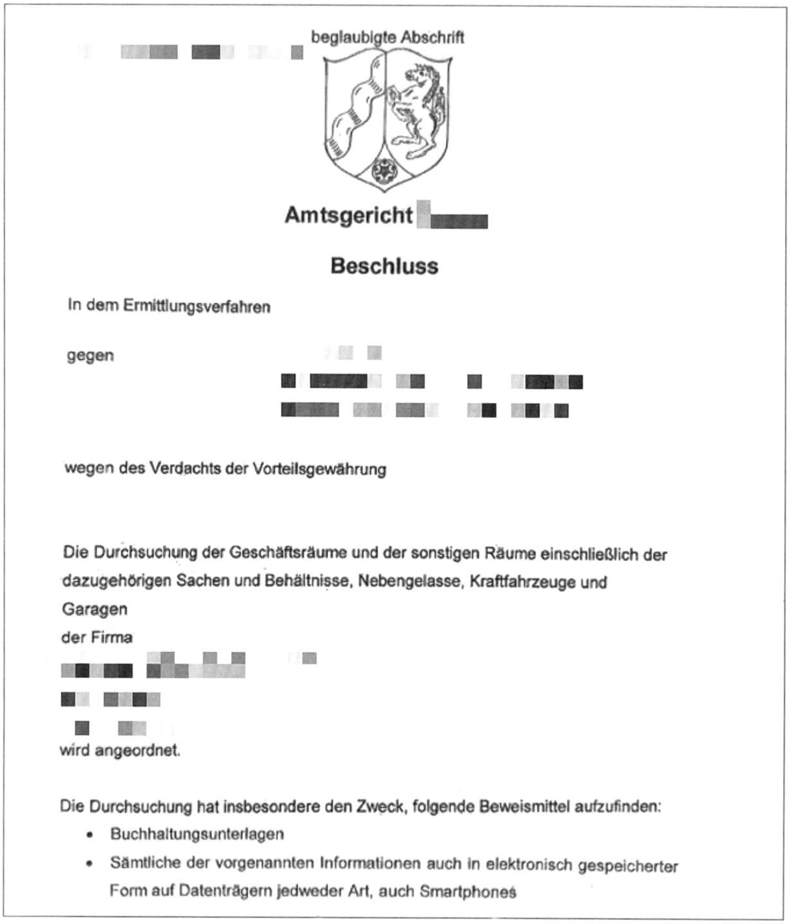

Abbildung 11.4 Beispiel für einen Durchsuchungsbeschluss
(Quelle: ein Amtsgericht aus NRW)

Durchsicht nach § 110 StPO

Werden z. B. anlässlich einer Durchsuchung Papiere oder elektronische Speichermedien gefunden, gestattet § 110 StPO deren Durchsicht, um festzustellen, ob die Inhalte gegebenenfalls Beweisbedeutung haben können. Es erfolgt eine inhaltliche Grobprüfung der Daten. Für die potenziellen Beweismittel muss dann in einem zweiten Schritt eine Beschlagnahme nach §§ 94 f. StPO erfolgen.

Die Durchsicht der Papiere des von der Durchsuchung Betroffenen steht der Staatsanwaltschaft und auf deren Anordnung ihren Ermittlungspersonen (in der Regel ist das die Polizei) zu. Fehlt es an einer solchen Anordnung, darf die Durchsicht nur mit Genehmigung des Inhabers erfolgen. Wird die Genehmigung nicht erteilt, müssen die Papiere in einem Umschlag, der in Gegenwart des Inhabers mit dem Amtssiegel zu verschließen ist, an die Staatsanwaltschaft abgeliefert werden.

Entsprechend ist die Durchsicht von elektronischen Speichermedien zulässig. Da für die Durchsicht elektronischer Speichermedien häufig Spezialwissen erforderlich ist, darf die Staatsanwaltschaft hierzu IT-Spezialisten hinzuziehen. Das Bundesverfassungsgericht geht in einer Entscheidung aus dem Jahre 2005 davon aus, dass von dem Begriff *Papiere* alle elektronischen Datenträger und Datenspeicher umfasst sind.[10]

Für Sie als Admin von besonderem Interesse ist die Durchsicht elektronischer Speichermedien. Detaillierte Regelungen dazu finden Sie in Abs. 3 von § 110 StPO. Demnach darf sich die Durchsicht auch auf räumlich getrennte Speichermedien erstrecken, soweit auf sie von dem elektronischen Speichermedium aus zugegriffen werden kann, wenn andernfalls der Verlust der gesuchten Daten zu befürchten ist. Außerdem dürfen Daten, die für die Untersuchung von Bedeutung sein können, gesichert werden. Gemeint ist damit ein externer Speicherplatz, auf den von dem durchsuchten Zugangsgerät aus zugegriffen werden kann, also z. B. ein eingebundener Cloud-Speicher. Diese sogenannte *Netzwerkdurchsicht* ist nicht mit der sogenannten *Online-Durchsuchung* nach § 100b StPO zu verwechseln. Es ist kein weiterer gesonderter Durchsuchungsbeschluss für die räumlich entfernten Speichermedien erforderlich. Ist für den Zugriff ein Passwort erforderlich oder eine andere Zugangssicherung vorhanden, darf beides von den Ermittlungsbehörden überwunden werden. Ein an anderer Stelle (z. B. auf einem Zettel unter der Tastatur) aufgefundenes Passwort darf benutzt werden. Technische Zugangssicherungen dürfen – wenn technisch möglich – überwunden werden. Werden auf dem externen Speichermedium potenziell beweiserhebliche Daten gefunden, dürfen diese kopiert und auf einem anderen Datenträger gespeichert werden.

Schwierigkeiten entstehen für die Ermittlungsbehörden, wenn sich der externe Speicherplatz nicht im Inland, sondern im Ausland befindet. Grundsätzlich enden die Hoheitsbefugnisse der staatlichen Ermittlungsbehörden nämlich an den Grenzen. Ein Zugriff auf Daten, die auf Servern außerhalb Deutschlands gespeichert sind, ist damit eigentlich ausgeschlossen. Allerdings darf nach der Cybercrime-Konvention und internationalem Gewohnheitsrecht auf frei zugängliche Daten auch im Ausland zugegriffen werden. Wenn die Daten nicht frei zugänglich sind, bedarf es der Zustimmung des Verfügungsberechtigten. Wird diese nicht erteilt, muss ein förmliches Rechtshilfeersuchen eingeleitet werden. Das dauert in der Regel sehr lange und ist in vielen Staaten nicht sonderlich effektiv. Sind die Daten auch noch über mehrere Rechenzentren weltweit verteilt und ist nicht sicher feststellbar, in welchem Hoheitsgebiet die Speicherung konkret erfolgt, führt das zu noch größeren Schwierigkeiten für die Ermittlungsbehörden.

---

10 Siehe dazu BVerfG, Beschluss vom 12.04.2005 – 2 BvR 1027/02, online abrufbar unter *www.bundesverfassungsgericht.de/SharedDocs/Entscheidungen/DE/2005/04/rs20050412_2bvr102702.html* (zuletzt aufgerufen am 15. Juni 2023).

Sicherstellung nach § 94 StPO

Diese Vorschrift regelt die *Sicherstellung* und *Beschlagnahme* von Gegenständen zu Beweiszwecken und gilt seit dem Inkrafttreten der Strafprozessordnung im Jahre 1879 inhaltlich unverändert. Nach Abs. 1 sind Gegenstände, die als Beweismittel für die Untersuchung von Bedeutung sein können, in Verwahrung zu nehmen oder in anderer Weise sicherzustellen.

Befinden sich die Gegenstände im Gewahrsam einer Person, und werden sie nicht freiwillig herausgegeben, bedarf es nach Abs. 2 der Beschlagnahme. Die Beschlagnahme bedarf genauso wie die Durchsuchung einer richterlichen Anordnung. Bei Gefahr im Verzug kann die Anordnung auch durch die Staatsanwaltschaft oder deren Ermittlungspersonen ergehen. Sind bei der Abfassung des Durchsuchungsbeschlusses schon konkrete Gegenstände bekannt, die beschlagnahmt werden sollen, kann der Beschlagnahmebeschluss auch direkt mit dem Durchsuchungsbeschluss verbunden werden. Ansonsten erfolgt eine Beschlagnahme nach Durchsicht (s. o.) der IT-Systeme. Gibt der Gewahrsamsinhaber die Unterlagen bzw. Gegenstände nicht freiwillig heraus, muss die Beschlagnahme förmlich angeordnet werden. Ansonsten erfolgt lediglich eine Sicherstellung.

Sichergestellt werden können zunächst körperliche Gegenstände, also insbesondere Papierausdrucke, USB-Sticks, Festplatten, optische Speichermedien usw. Daneben können auch unkörperliche Gegenstände, also die Daten selbst, sichergestellt werden, und zwar einschließlich der zu ihrer Sichtbarmachung erforderlichen Geräte und Hilfsmittel. Es muss nicht unbedingt der Datenträger selbst sichergestellt werden, sondern es können auch Daten schlicht kopiert werden.

Die Sicherstellung kann sich auch auf Kommunikations- und Verkehrsdaten erstrecken. Nach einer Entscheidung des Bundesverfassungsgerichts vom 16. Juni 2009 genügen die §§ 94 ff. StPO den verfassungsrechtlichen Anforderungen, die an eine gesetzliche Ermächtigung für Eingriffe in das Fernmeldegeheimnis zu stellen sind.[11] Damit dürfen nach dieser Vorschrift auch E-Mails auf dem E-Mail-Server des Providers sichergestellt und beschlagnahmt werden.

Ablauf einer Durchsuchung mit Durchsicht und Beschlagnahme

Die Ermittlungsmaßnahme beginnt in der Regel mit einer äußeren Inaugenscheinnahme der IT-Systeme, Datenträger usw. Bereits in diesem Stadium dürfen IT-Systeme in Betrieb genommen werden, um den Ermittlern einen ersten Blick z. B. in den Dateiexplorer zu ermöglichen. Eine inhaltliche Kenntnisnahme ist in diesem Stadium noch nicht gestattet. Passwörter müssen Mitarbeiter, die nicht arbeitsvertrag-

---

11 Siehe dazu BVerfG, Beschluss vom 16.06.2009 – 2 BvR 902/06, online abrufbar unter *www.bundesverfassungsgericht.de/SharedDocs/Entscheidungen/DE/2009/06/rs20090616_2bvr090206.html* (zuletzt aufgerufen am 15. Juni 2023).

lich zur Verschwiegenheit verpflichtet sind, auf Nachfrage herausgeben. Sind die Datenmengen groß, kann auch ein ganzes IT-System (z. B. Laptop oder Desktop-PC, aber auch ein ganzer Server) zum Zwecke der Durchsicht nach § 110 StPO mitgenommen werden.

Im nächsten Schritt erfolgt dann die Durchsicht nach § 110 StPO. Diese kann entweder in den Räumen des Betroffenen oder nach der Mitnahme der Systeme auf der Dienststelle erfolgen. Werden die IT-Systeme mitgenommen, führt das in der Regel zu einer erheblichen Beeinträchtigung des Geschäftsbetriebs. Deshalb muss die Durchsicht in *angemessener Zeit* abgeschlossen sein. Wenn Sie jetzt meinen, dass Sie Ihren Server maximal eine Stunde entbehren können, haben Sie eine falsche Vorstellung davon, was die Rechtsprechung als angemessene Zeit für eine Durchsicht ansieht. Die Gerichte urteilen zwar unterschiedlich, Zeiträume von mehreren Monaten werden aber durchweg für akzeptabel gehalten. Können Sie mehrere Monate auf Ihren Server verzichten? Immerhin geht die Rechtsprechung von deutlichen kürzeren Zeiten aus, wenn zwecks späterer Durchsicht zunächst ein komplettes Datenimage angefertigt werden soll. Dafür sollen in der Regel wenige Tage ausreichen. Sie sehen aber: Es gilt in jedem Fall, eine Mitnahme zu vermeiden. Das kann häufig durch kooperatives Verhalten gelingen und indem Alternativen wie die Anfertigung eines Datenimages angeregt werden.

Der letzte Schritt ist dann die Entscheidung, ob Material bzw. Geräte entweder zurückgegeben oder förmlich beschlagnahmt werden, wenn sie nicht freiwillig herausgegeben werden. Auch an dieser Stelle könnte es sich anbieten, freiwillig zumindest ein Datenimage herauszugeben, um die Beschlagnahme der kompletten IT-Anlage zu vermeiden.

Die Ermittlungsbehörden haben bei ihren Ermittlungsmaßnahmen eigentlich sowieso den sogenannten Verhältnismäßigkeitsgrundsatz zu beachten und jederzeit zu prüfen, ob es nicht mildere Mittel gibt, um den Durchsuchungszweck zu erfüllen. Der Abtransport einer ganzen IT-Anlage kann deshalb nur in seltenen Fällen *Ultima Ratio* sein, bei denen der Verdacht erheblicher Straftaten besteht.

Schon deutlich weniger einschneidend als der komplette Abtransport der IT-Systeme ist die Anfertigung einer kompletten Kopie des gesamten Datenbestandes (als sogenanntes Datenimage). Allerdings besteht auch hierbei die Gefahr, dass – neben den relevanten – auch völlig unerhebliche Daten kopiert werden. Das Bundesverfassungsgericht hat bereits im Jahre 2005 entschieden, dass bei Durchsuchung, Sicherstellung und Beschlagnahme von Datenträgern und darauf vorhandenen Daten der Zugriff auf für das Verfahren bedeutungslose Informationen im Rahmen des Vertretbaren vermieden werden muss.[12] Zumindest bei schwerwiegenden, bewussten oder

---

12 Siehe dazu BVerfG, Beschluss vom 12.04.2005 – 2 BvR 1027/02, online abrufbar unter *www.bundesverfassungsgericht.de/SharedDocs/Entscheidungen/DE/2005/04/rs20050412_2bvr102702.html* (zuletzt aufgerufen am 15. Juni 2023).

willkürlichen Verfahrensverstößen ist ein *Beweisverwertungsverbot* als Folge einer fehlerhaften Durchsuchung und Beschlagnahme von Datenträgern und darauf vorhandenen Daten geboten.

Vorzugswürdig ist immer – wenn möglich – die Fertigung von Kopien nur einzelner Daten. Die Kopien sollten auch direkt vor Ort erstellt werden und nicht erst nach einer Mitnahme.

Sonderfall: Zugriff auf E-Mails

Inhalte von E-Mails sind häufig von besonderem Interesse. Unproblematisch ist der Zugriff auf E-Mails, wenn sie bereits auf dem System des Betroffenen gespeichert sind, also bereits vom Server des Providers abgerufen wurden. Diese E-Mails können ohne Weiteres im Rahmen einer Durchsuchung gesichtet und gegebenenfalls beschlagnahmt werden. Das Gleiche gilt übrigens für E-Mails, die zwar bereits verfasst, aber noch nicht verschickt wurden.

Schwieriger wird es, wenn die E-Mail gerade auf dem Übermittlungsweg zwischen den Servern ist. In diesem Stadium handelt es sich um einen Kommunikationsvorgang, der durch das Fernmeldegeheimnis geschützt ist. Überwachungsmaßnahmen sind in diesem Stadium nur unter den besonderen Voraussetzungen von § 100a StPO (Telekommunikationsüberwachung) zulässig.

Befindet sich die E-Mail dagegen schon zwischengespeichert auf dem Server des Absenders oder abholbereit auf dem Server des Empfängers, kann eine Beschlagnahme nach § 94 StPO erfolgen.

Wichtig ist, dass sich die Maßnahmen nur auf einzelne E-Mails beziehen dürfen. Soll es eine dauerhafte Überwachung geben, ist das wieder nur unter den engeren Voraussetzungen von § 100a StPO zulässig.

11.4.2 Verdeckte Ermittlungsmaßnahmen: die Online-Durchsuchung

Neben den gerade beschriebenen offenen Ermittlungsmaßnahmen kennt die StPO auch zahlreiche verdeckte Ermittlungsmaßnahmen. Das prominenteste Beispiel einer verdeckten Ermittlungsmaßnahme im IT-Bereich ist die sogenannte *Online-Durchsuchung* nach § 100b StPO. Danach darf auch ohne Wissen des Betroffenen mit technischen Mitteln in ein von dem Betroffenen genutztes informationstechnisches System eingegriffen und Daten daraus erhoben werden.

Der Einsatz einer Online-Durchsuchung ist allerdings nicht zur Aufklärung jeder beliebten Tat gestattet. Vielmehr müssen bestimmte Tatsachen den Verdacht begründen, dass jemand als Täter oder Teilnehmer einer in Abs. 2 bezeichneten *besonders schweren Straftat* in Betracht kommt. Außerdem muss die Tat auch im Einzelfall besonders schwer wiegen, und die Erforschung des Sachverhalts oder die Ermittlung des Aufenthaltsorts des Beschuldigten muss auf andere Weise wesentlich erschwert oder aussichtslos sein. Zu den in Abs. 2 aufgezählten Straftaten zählen beispielsweise das Betreiben einer kriminellen Handelsplattform im Internet, die Verbreitung kinderpornografischer Inhalte, Computerbetrug aber auch viele weitere »klassische« Delikte wie Mord, Totschlag, räuberische Erpressung usw.

Eine Online-Durchsuchung darf nur auf der Grundlage einer richterlichen Anordnung erfolgen. Grundsätzlich darf sich die Online-Durchsuchung nach Abs. 3 nur gegen den Beschuldigten richten. Wenn allerdings anzunehmen ist, dass die Durchführung des Eingriffs in informationstechnische Systeme des Beschuldigten alleine nicht zur Erforschung des Sachverhalts führen wird und der Beschuldigte informationstechnische Systeme einer anderen Person nutzt, darf auch in die Systeme des eigentlich unbeteiligten Dritten eingegriffen werden. Richten sich die Ermittlungen also z. B. gegen einen Mitarbeiter Ihres Unternehmens, ist nicht ausgeschlossen, dass auch in Ihre IT-Systeme eingegriffen wird, wenn der Mitarbeiter diese gegebenenfalls im Rahmen seiner Taten nutzt.

Die Online-Durchsuchung enthält zwei Befugnisse: Die Befugnis zum Eindringen in ein IT-System und die Befugnis, dort Daten zu erheben. Im Rahmen des Eindringens dürfen technische Sicherungsmaßnahmen überwunden werden. Zum Zwecke der Datenerhebung dürfen Daten gesichtet und kopiert werden.

Für die konkrete technische Durchführung einer Online-Durchsuchung enthält § 100b Abs. 4 StPO einen Verweis auf § 100a Abs. 5 und 6 StPO. Demnach ist von den Ermittlungsbehörden technisch sicherzustellen, dass an dem informationstechnischen System nur Veränderungen vorgenommen werden, die für die Datenerhebung unerlässlich sind und die vorgenommenen Veränderungen bei Beendigung der Maßnahme, soweit technisch möglich, automatisiert rückgängig gemacht werden. Das eingesetzte Mittel ist nach dem Stand der Technik gegen unbefugte Nutzung zu schützen. Kopierte Daten sind nach dem Stand der Technik gegen Veränderung, gegen unbefugte Löschung und gegen unbefugte Kenntnisnahme zu schützen. Bei jedem Einsatz des technischen Mittels sind die Bezeichnung des technischen Mittels und der Zeitpunkt seines Einsatzes, die Angaben zur Identifizierung des informationstechnischen Systems und die daran vorgenommenen nicht nur flüchtigen Veränderungen, die Angaben, die die Feststellung der erhobenen Daten ermöglichen, und die Organisationseinheit, die die Maßnahme durchführt, zu protokollieren.

11.5 Fazit

Die Hinweise und Empfehlungen in diesem Kapitel sollten Sie unbedingt ernstnehmen, denn potenzielle Verstöße, die strafrechtlich relevant sind, treffen Sie immer höchstpersönlich!

Bei Ihrer Tätigkeit als Admin kommen Sie regelmäßig mit den beschriebenen Straftatbeständen in Berührung. Aber keine Sorge: Zumindest solange Sie sich im Rahmen Ihrer Befugnisse bewegen, droht Ihnen keine Strafverfolgung. Achten Sie also immer darauf, dass Sie zur konkreten Verarbeitung der Daten tatsächlich befugt sind. In Zweifelsfällen sollten Sie sich unbedingt bei den entsprechenden Stellen rückversichern.

Sind Sie bzw. ist Ihr Unternehmen von Ermittlungsmaßnahmen betroffen, suchen Sie sich am besten sofort Rat bei einem spezialisierten Rechtsanwalt. Das Strafverfahrensrecht ist komplex, und häufig kann das Ermittlungsverfahren in einem frühen Stadium noch erheblich zu Ihren Gunsten beeinflusst werden. Dies gilt insbesondere dann, wenn sich die Ermittlungen nicht gegen Sie oder Ihr Unternehmen richten, sondern ein Dritter als Täter in Betracht kommt, der die von Ihnen administrierten Systeme benutzt hat.

Kapitel 12
Generative KI: Was bei der Nutzung von ChatGPT & Co. zu beachten ist

In diesem Kapitel nehmen wir eine Einordnung der bestehenden rechtlichen Fragen bei der Nutzung generativer KI wie ChatGPT, DALL-E, Github Copilot oder Midjourney vor. Neben urheberrechtlichen Besonderheiten gibt es hier vor allem datenschutzrechtliche Fragestellungen.

KI-Angebote schicken sich an, die Welt der Texte, Bilder und Grafiken unwiderruflich zu verändern. ChatGPT & Co. trainieren mit Milliarden von Inhalten im Netz, die anderen Personen oder Unternehmen gehören. Die Frage bei der rechtlichen Bewertung ist, welche Auswirkungen dies auf die von der KI ausgegebenen Inhalte hat – und wer wiederum Rechte an diesen Inhalten geltend machen kann.

Zwar fehlt es in diesem Bereich noch an Gerichtsurteilen. Erste eindeutige Ergebnisse hinsichtlich der rechtlichen Bewertung stehen jedoch bereits fest. Diese umfassen in erster Linie die beiden Bereiche Urheber- und Datenschutzrecht und sollen nachfolgend erläutert werden.

12.1 Grundlagen: Wie funktioniert ChatGPT eigentlich?

ChatGPT basiert auf der *Generative Pre-trained Transformer-Architektur*, kurz GPT-Architektur, die wiederum auf der *Transformer-Architektur* aufbaut. Um ein tieferes Verständnis von ChatGPT zu vermitteln, gehen wir auf die Schlüsselkonzepte und Komponenten ein:

Die Transformer-Architektur wurde 2017 eingeführt und hat die Art und Weise, wie sequenzielle Daten in *neuronalen Netzwerken* verarbeitet werden, revolutioniert. Der Transformer verwendet den sogenannten *Self-Attention-Mechanismus*, um Beziehungen zwischen Wörtern in einem Text effizient zu erfassen. Dieser Mechanismus erlaubt es dem Modell, alle Eingabewörter eines Prompts[1] gleichzeitig zu betrachten und somit den Kontext jedes Wortes effizient zu verarbeiten.

---

1 Der Begriff »Prompt« stammt aus dem Englischen und meint ursprünglich vor allem eine klassische »Eingabeaufforderung«, beispielsweise die DOS-Eingabeaufforderung. Im Kontext von (generativen) KI-Systemen – wie beispielsweise ChatGPT oder Midjourney – wird damit die (beschreibende) Eingabe des Benutzers bezeichnet, zu dem das System dann einen passenden Output erzeugt.

Um dies zu erreichen, berechnet der Self-Attention-Mechanismus Ähnlichkeiten zwischen den Eingabewörtern und ermittelt, wie wichtig ein Wort für ein anderes ist. Diese Gewichtungen werden dann zur Modifikation des Prompts verwendet, um eine bessere Repräsentation des Kontextes zu erhalten. Um Texteingaben zu verarbeiten, zerlegt ChatGPT den Text in kleinere Einheiten, sogenannte Tokens. Diese Tokens repräsentieren Wörter oder Teilwörter. Die Tokenisierung erfolgt durch *Byte-Pair Encoding* (*BPE*), das einen Kompromiss zwischen der Abdeckung seltener Wörter und der Länge der Vokabelliste bietet.

ChatGPT wird in zwei Phasen trainiert: *Pre-Training* und *Fine Tuning*. Während der Pre-Training-Phase wird das Modell auf große Textdatenmengen trainiert, um die Struktur, Grammatik und den Zusammenhang von Wörtern und Sätzen zu erfassen. In dieser Phase wird das Modell als Sprachmodell trainiert, bei dem es versucht, das nächste Wort in einer Sequenz vorherzusagen.

Im Fine Tuning wird das Modell auf spezifischere Aufgaben angepasst, indem es auf kleinere, zielgerichtete Datensätze trainiert wird. Diese Datensätze enthalten häufig menschliche Dialoge oder Frage-Antwort-Paare, die dem Modell beibringen, wie es auf bestimmte Benutzeranfragen oder Aufgaben reagieren soll.

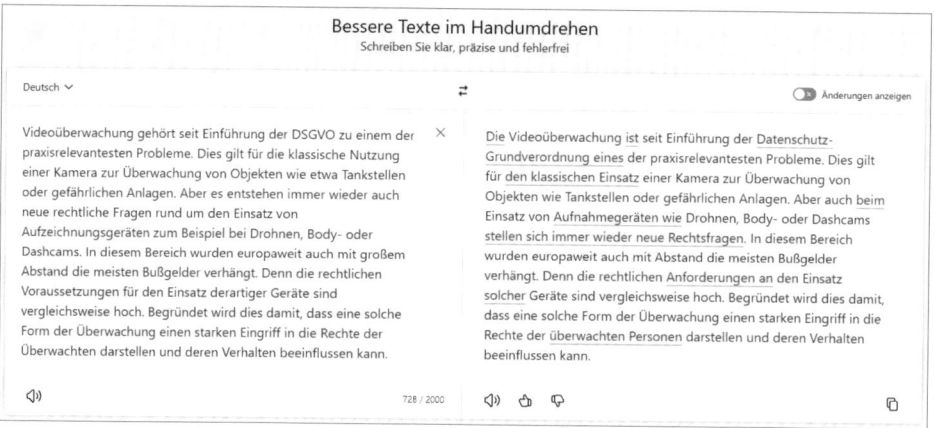

Abbildung 12.1 Wandelt Werke von Juristen in lesbare Texte um: die KI von DeepL Write (Quelle: www.deepl.com/de/write)

Bei der Generierung von Antworten verwendet ChatGPT den trainierten Kontext und das gelernte Wissen, um Wort für Wort Antworten zu erzeugen. Dieser Prozess basiert auf der Wahrscheinlichkeitsverteilung über alle möglichen Wörter, die das Modell erlernt hat. Die Antwortgenerierung kann auf verschiedene Weise gesteuert werden, z. B. durch die Verwendung von sogenannten *Temperaturen*: Die Temperatur ist ein *Hyperparameter*, der zur Verarbeitung natürlicher Sprache verwendet wird, um den Grad der Zufälligkeit oder Kreativität im generierten Text zu steuern.

Höhere Temperaturen führen zu einer vielfältigeren und unvorhersehbareren Ausgabe. Umgekehrt führen niedrigere Temperaturen zu einer konservativeren und vorhersehbareren Ausgabe.

Die Daten, die für das Training von ChatGPT verwendet werden, stammen aus einer Vielzahl von Quellen, darunter Bücher, Artikel, Websites und menschliche Dialoge. Die genauen Datenquellen sind nicht öffentlich und werden von den Entwicklern sorgfältig ausgewählt und aufbereitet, um sicherzustellen, dass das Modell ein breites Spektrum an Themen und Stilen abdeckt (vgl. dazu auch Abbildung 12.1). Da die *Trainingsdaten* aus dem Internet stammen, können sie jedoch auch Verzerrungen und *Voreingenommenheit* (*Bias*) enthalten, die sich auf das Verhalten des Modells auswirken können.

ChatGPT besteht aus mehreren Schichten von Transformerblöcken, die jeweils mehrere *Attention Heads* enthalten. Jeder Attention Head fokussiert auf unterschiedliche Aspekte des Kontexts innerhalb des Eingabetextes. Diese mehrschichtige Architektur ermöglicht es dem Modell, eine tiefere und komplexere Repräsentation der Eingabedaten zu erlernen.

12.2 KI-Generatoren und das Urheberrecht

Das deutsche *Urheberrechtsgesetz* (UrhG) stammt aus den Anfängen des 20. Jahrhunderts und wurde in den letzten Jahren an die Digitalisierung angepasst. Das Gesetz schützt *persönliche geistige Schöpfungen*, wie Grafiken, Gemälde, Filme, Texte und Fotografien. Es deckt jedoch keine Ergebnisse ab, die von einer Maschine bzw. einem Algorithmus erzeugt werden.

Das Urheberrecht wird durch die neuen Entwicklungen bis an seine Grenzen strapaziert, und einige Juristen rufen insoweit schon das Ende des Copyrights aus.[2] Doch wie genau sind KI-generierte Werke zu bewerten?

12.2.1 Welche Rechte bestehen an KI-Ergebnissen?

Das Urheberrechtsgesetz schützt Grafiken ebenso wie Gemälde, Filme, Code, Texte und Fotografien. § 2 UrhG bestimmt: Nur *persönliche geistige Schöpfungen* können Werke im Sinne des Urheberrechts sein und dessen Schutz genießen. Doch schon hier beginnt die Problematik, das über hundertjährige UrhG auszulegen und zu interpretieren. Denn das Gesetz schützt nur das Ergebnis einer *menschlichen Schöpfung*, nicht aber das Ergebnis eines Algorithmus, der von einer Maschine ausgeführt wird.

---

[2] Lesen Sie dazu beispielsweise Hoeren, »Geistiges Eigentum ist tot – lang lebe ChatGPT«, MMR 2023, 81.

Die Nutzung einer Software zur Bildbearbeitung wird beispielsweise als menschliche Schöpfung betrachtet, da sie von Menschen geplant und ausgeführt wird, wobei der Computer lediglich unterstützt. In diesem Fall ist das Ergebnis urheberrechtlich geschützt. Ähnliches gilt für das Schreiben eines Textes. Auch hier handelt es sich um eine kreative Tätigkeit des Menschen, die zu einer persönlichen geistigen Schöpfung führt. Das Ergebnis ist dann urheberrechtlich geschützt, und nur der Schöpfer kann darüber verfügen. Allerdings ist nur die konkrete Umsetzung einer Idee geschützt, nicht die Idee selbst. Ebenso sind Stilmittel von Künstlern oder Autoren nicht geschützt.

Der Erstellungsprozess durch KI ist aber anders: Bei der Verwendung einer textuellen oder grafischen KI generiert der Computer das Ergebnis vollständig ohne menschliches Zutun. Der Nutzer gibt durch seinen Prompt allenfalls eine grobe Richtung vor, das Endergebnis bleibt zufällig und ist meist nicht eins zu eins reproduzierbar. Solche automatisch generierten Ergebnisse sind nicht durch das Urheberrecht geschützt, da dieses nicht die Idee selbst, sondern nur deren konkrete Umsetzung schützt. Es fehlt an der Schöpfung durch den menschlichen Geist.

Auch andere Personengruppen kämen für ein Urheberrecht infrage: Könnten vielleicht KI-Entwickler Urheberrechte an den Schöpfungen ihrer Maschine anmelden? Zwar ist der Code einer Software durch das Urheberrecht geschützt. Das gilt aber nicht für die Produkte, die aus der Software entstehen. Zum gleichen Ergebnis kommt eine rechtliche Prüfung auch im Hinblick auf andere an der Entstehung Beteiligte, wie beispielsweise den Eigentümern der Geräte.

Im Endeffekt, da sind sich die meisten Juristen einig, fallen KI-generierte Texte und Grafiken im Normalfall nicht unter das Urheberrecht. Sie sind vielmehr ungeschützt und für jedermann frei nutzbar. Dies hat zu Kontroversen geführt, bei denen einige Unternehmen aus der *Stock-Foto-Branche* gegen die neue Technologie vorgehen und Anbieter verklagen. Andere Unternehmen suchen hingegen Kooperationen, wie z. B. *Shutterstock*, das einen KI-Generator im Angebot hat.

> **Fallbeispiel: Die Entscheidung des US-Copyright-Amtes**
>
> Eine erste Entscheidung zur urheberrechtlichen Einordnung von KI-generierten Bildern lieferte im Februar 2023 das U.S. Copyright Office (USCO)[3]. Das Amt musste über den Urheberrechtsschutz für die Bildergeschichte »Zarya of the Dawn« der KI-Künstlerin Kris Kashtanova entscheiden, bei dem die Bilder mithilfe von Midjourney erstellt worden waren.

---

3 Mehr Infos zu diesem Urteil lesen Sie beispielsweise unter *www.heise.de/news/Entscheidung-KI-generierter-Comic-kann-Copyright-erhalten-Einzelbilder-nicht-7526295.html* (zuletzt aufgerufen am 15. Juni 2023).

Im Ergebnis wurde dem Comic zwar grundsätzlich Urheberrechtsschutz gewährt. Dieser bezog sich aber nur auf die Texte und die Zusammenstellung der einzelnen Elemente. Für die mit KI erstellten Bilder wurde der Schutz jedoch abgelehnt, da diese nicht auf menschlicher Kreativität basierten. Entscheidend sei dabei, dass die Ergebnisse von Midjourney unvorhersehbar seien und ein menschlicher Nutzer das Tool nicht ausreichend kontrollieren und steuern könne, um ein bestimmtes Bild zu erzeugen.

Insoweit sei ein Vergleich zu einer Beauftragung eines Künstlers angemessen. Denn der Auftraggeber werde auch nicht Urheber des Auftragswerkes, auch wenn er noch so genaue Vorgaben macht, wie das Bild auszusehen habe.

Aber was ist das Resultat dieser Überlegungen? Nicht weniger als eine gehörige Portion Anarchie in der Welt von Kreativen und Rechteinhabern. Das Urheberrecht hatte sich in den letzten zwei Jahrzehnten – auch mithilfe mächtiger Lobbyorganisationen – immer mehr zu einer Art Superrecht entwickelt, in dem die Befugnisse der Rechteinhaber immer weiter zulasten der Allgemeinheit ausgedehnt wurden. Das Ergebnis ist, dass Fotografen teure Abmahnungen versenden können, wenn jemand nur ein Bildmotiv auf einer Fototapete auf Facebook[4] wiedergibt.

Auf die Welt von Autoren, Grafikern, Illustratoren und Stockfoto-Anbietern kommt eine gehörige Portion *Disruption*[5] zu. Denn wenn KI-generierte Bilder und Texte nicht urheberrechtlich geschützt sind, können sie von jedermann lizenzfrei genutzt werden – umsonst und ohne zu fragen!

12.2.2 Gemischte Platte: Wie viel KI darf in einem Werk stecken?

In der Praxis stellen sich noch weitergehende Fragen, die von enormer praktischer Relevanz sind: Wie viel KI darf in einem Werk stecken, damit es noch in den Schutzbereich des Urheberrechts fällt? Dies gilt zunächst für selbst erstellte Inhalte, z. B. Texte, die mit KI-Tools wie *DeepL Write*[6] bearbeitet werden. Die Software überarbeitet Texte, korrigiert Fehler und schärft Formulierungen. Ein Service, den gerade Juristen mit dem ihnen eigenen Schreibstil schätzen dürften – und den auch der Autor dieses Textes in Anspruch genommen hat.

---

4 Siehe dazu beispielsweise: »Foto von Fototapete verletzt Urheberrecht des Fototapeten-Fotografen«, online verfügbar unter *https://heise.de/-7524441* (zuletzt aufgerufen am 15. Juni 2023) und das zugrundeliegende Urteil des LG Köln (Az 14 O 350/21), online verfügbar unter *www.justiz.nrw.de/nrwe/lgs/koeln/lg_koeln/j2022/14_O_350_21_Urteil_20220818.html* (zuletzt aufgerufen am 15. Juni 2023).

5 Mit »Disruption« ist hier der Prozess gemeint, bei dem neue Produkte und Dienstleistungen bzw. allgemein Geschäftsmodelle bereits bestehende Alternativen – schlussendlich häufig vollständig – verdrängen.

6 Mehr Informationen zu DeepL Write gibt es beispielsweise unter *www.deepl.com/de/write* (zuletzt aufgerufen am 15. Juni 2023).

Solange es dabei nur um den Feinschliff geht, dürfte das kein Problem sein. Besteht der Text am Ende aber überwiegend aus Formulierungen, die aus dem Computer stammen, dürfte das eigene Urheberrecht mit den Überarbeitungen verloren gegangen sein. Umgekehrt stellt sich die Frage, wie umfangreich beispielsweise ein Text umgeschrieben oder ein Bild bearbeitet werden muss, damit an dieser Umgestaltung ein eigenes Recht entsteht. Hier hat das Urheberrecht schon immer hohe Anforderungen gestellt, sodass der Prozentsatz von Eigenerstelltem zu KI-Generiertem recht hoch sein muss.

> **Hinweis: Das Leistungsschutzrecht**
> Immerhin tun sich hier einige in der Praxis etwas leichter, weil ihnen ein Leistungsschutzrecht zu Hilfe kommt. Darunter versteht man Rechte, die bestimmten Rechteinhabern in der Medien- und Kreativbranche gewährt werden. Sie schützen nicht das ursprüngliche Werk selbst (wie z. B. das Urheberrecht), sondern die wirtschaftlichen und kreativen Interessen derjenigen, die an der Verbreitung, Vermarktung oder anderweitigen Nutzung des Werkes beteiligt sind. Dieses Leistungsschutzrecht schützt u. a. KI-Grafiken, wenn sie beispielsweise in Computerspielen oder Filmen verwendet werden.

Die Auswirkungen dieser Einstufung als schutzwürdig oder eben nicht schutzwürdig sind von großer praktischer Relevanz. Nicht nur sind KI-Inhalte hinsichtlich ihrer Nutzung plötzlich frei nutzbar, was bislang nahezu unvorstellbar war. Auch Verwertungsgesellschaften wie die *VG Wort* und die *VG Bild-Kunst*, die für das Einkommen der Kreativen eine nicht unerhebliche Rolle spielen, stehen vor großen Problemen. Letztere vergüten natürlich nur menschliche Produkte, wobei die Unterscheidung in der Praxis schwierig bis unmöglich sein wird.

Tatsächlich könnte es sogar als Betrug angesehen werden, wenn dort Werke aus dem Computer zur Vergütung angemeldet werden. Und mit dem kaum durchführbaren Nachweis von KI-generierten Texten dürfte das gesamte Verteilungs- und Vergütungsmodell der VG Wort mit dieser Disruption durch amorphe Urheberschaft mittelfristig infrage stehen. Letztlich werden sich auch die Reichweiten von Websites, das Lese- und Suchverhalten von Internetnutzern und das Internet als Ganzes verändern.

Die bahnbrechenden neuen Möglichkeiten der KI-Generatoren stellen nicht nur Berufsgruppen wie Illustratoren, Fotografen, Journalisten oder auch Anwälte vor schwierige neue Herausforderungen. Auch das Recht erfährt eine gehörige Portion Disruption. Das gilt vor allem für das bisher so omnipräsente Urheberrecht. Auch Haftungsfragen, Datenschutz oder der Umgang mit Fälschungen und Deepfakes treffen das Rechtssystem, seine Vertreter, aber auch die Künstler und Interessengruppen hart und müssen zeitnah beantwortet werden. Eine große Herausforderung für alle Akteure!

12.2.3 Besonderheiten bei der Nutzung von KI für Code

ChatGPT und spezifischen Code generierende KI-Instanzen wie *Alpha Code* und *GitHub Copilot* werden inzwischen von vielen Softwareentwicklern zum Erstellen oder Überprüfen von Code verwendet (siehe Abbildung 12.2).

```python
import csv

def print_duplicate_records(file_path):
    duplicate_records = {}

    with open(file_path, 'r', newline='') as csv_file:
        reader = csv.reader(csv_file)
        next(reader)  # Skip header if present

        for row in reader:
            record_key = tuple(row)  # Use a tuple as the
            duplicate_records.setdefault(record_key, []).
```

Abbildung 12.2 Coden mit ChatGPT, hier mit folgendem Prompt: »Act as a Python developer. Write code to read and print duplicate records from the provided CSV file«

Viele Rechtsfragen rund um die Nutzung von KI-Generatoren im Bereich der Programmierung sind noch gänzlich ungeklärt. So war es am Anfang der Nutzung dieser Angebote immer wieder aufgefallen, dass bereits bekannte und dokumentierte Code-Zeilen verwendet werden, die möglicherweise urheberrechtlich geschützt sind. Andererseits sind aber bei vielen Aufgaben die Anzahl möglicher Lösungswege beispielsweise im Vergleich zu generiertem Text endlich, sodass es für die KI möglicherweise keinen anderen Weg gab, als die bekannten Zeilen zu nutzen.

Noch gänzlich unbearbeitet ist die Frage, wie sich die Lizenzen der zahlreichen, im Rahmen des Trainings ausgelesenen Programme auswirken. Hier ist es nicht auszuschließen, dass die Nutzung verschiedener Software möglicherweise zur Folge hat, dass ChatGPT & Co. deren Lizenzen zu berücksichtigen haben – oder die Lizenz sogar infizierend hinsichtlich der weiteren Nutzung wirkt.

Wer generative KI in größerem Umfang zur Programmierung nutzt, sollte diese sich gerade erst anbahnende Diskussion aufmerksam verfolgen.

12.2.4 KI von der eigenen Website aussperren?

Kreative und Rechteinhaber sorgen sich um die Nutzung ihrer Werke durch KI-Generatoren. Gibt es eine Möglichkeit, die eigenen Bilder dort löschen zu lassen? Und wie verhindert man einen zukünftigen Zugriff auf das eigene Angebot?

Fremde Werke dürfen im Grundsatz nicht ohne die Zustimmung des Rechteinhabers durch Dritte genutzt werden. Es läge auch im Bereich KI nahe, dass diese Regelung auch für das Auslesen von Bildern oder Texten von der eigenen Website gilt. Allerdings sieht das Recht hier eine folgenschwere Ausnahme vor. Denn tatsächlich erlaubt das Urheberrechtsgesetz das Auslesen von fremden Inhalten zur Nutzung durch KI. Und zwar sowohl für den wissenschaftlichen als auch für den gewerblichen Bereich. Und damit nicht genug: Der Gesetzgeber hat hierfür nicht einmal eine Vergütungspflicht vorgesehen.

Dies ergibt sich aus den §§ 44b und 60d UrhG. Ersterer sieht vor, dass Vervielfältigungen von rechtmäßig zugänglichen Werken für das *Text und Data Mining* zulässig sind. Darunter versteht der Gesetzgeber *die automatisierte Analyse von einzelnen oder mehreren digitalen oder digitalisierten Werken, um daraus Informationen insbesondere über Muster, Trends und Korrelationen zu gewinnen.*

Rechtmäßig zugänglich sind Bilder, Grafiken, Code oder Text z. B. dann, wenn sie frei verfügbar im Netz zu finden sind. Die Vervielfältigungen sind zwar zu löschen, wenn sie für das Mining nicht mehr erforderlich sind. Das hilft den Urhebern aber wenig, denn in der Praxis ist in aller Regel nur ein Zugriff auf das Werk notwendig, aber keine dauerhafte Speicherung. Dauerhaft bereitgehalten werden nur die Ergebnisse der KI-Auswertung, die aber ihrerseits im Normalfall nicht geschützt sind.

Was bedeutet das praktisch? Nach § 44b UrhG dürfen fremde Werke, die sich frei zugänglich online befinden, von jedermann ohne Entschädigung oder Lizenz zu Zwecken des Trainings von KI genutzt werden. Diese Vorschrift ist keine Idee des deutschen Gesetzgebers, sondern sie entstammt der *Digital Single Market Copyright Directive*, der *DSM-Richtlinie* der EU.

Die damit verbundene Änderung des Urheberrechts war zwar überwiegend sehr vorteilhaft für industrielle Rechteinhaber. So brachte es der Film- und Musikindustrie die erhofften Uploadfilter und den Verlagen ihr Leistungsschutzrecht. Die Auswirkung der Regelungen zu KI wurde aber offenbar nicht so recht vorhergesehen. Ziel der Regelung ist es nach der Gesetzesbegründung, *Innovationen in der Privatwirtschaft anzuregen*.

Noch weiter gehen die Freiheiten, die der Gesetzgeber der Nutzung von urheberrechtlich geschützten Inhalten zu wissenschaftlichen Zwecken im KI-Bereich gewährt. Voraussetzung ist hier allerdings eine streng nicht kommerzielle Nutzung. Dieser Gruppe ist nach § 60d UrhG eine Vervielfältigung für Text und Data Mining für Zwecke der wissenschaftlichen Forschung gestattet. Die dabei gewonnenen Inhalte dürfen so lange aufbewahrt werden, wie dies *für Zwecke der wissenschaftlichen Forschung oder zur Überprüfung wissenschaftlicher Erkenntnisse erforderlich* ist.

Dabei müssen die fremden Inhalte *mit angemessenen Sicherheitsvorkehrungen gegen unbefugte Benutzung* geschützt werden. Mehr Voraussetzungen gibt es allerdings nicht, und den Rechteinhabern wird weder eine Vergütung noch ein Widerruf vorbehalten.

Immerhin hat das Gesetz die Kreativen nicht völlig rechtslos gelassen. In § 44b UrhG hat der Gesetzgeber einen Interessenausgleich vorgesehen, der sich in Absatz 3 dieser Vorschrift befindet. Die Formulierung ist etwas umständlich: Nutzungen sind danach nur zulässig, *wenn der Rechteinhaber sich diese nicht vorbehalten hat*. Diesen Nutzungsvorbehalt müsse der Rechteinhaber oder auch der Betreiber der Website ausdrücklich erklären – und zwar *in maschinenlesbarer Form*.

Denn Sinn und Zweck der Regelung ist es ausweislich der Gesetzesbegründung, einerseits Rechteinhabern die Möglichkeit zu eröffnen, die Nutzung auf Basis der gesetzlichen Erlaubnis zu untersagen. Gleichzeitig bezweckt die Regelung, bei online zugänglichen Inhalten sicherzustellen, dass durch die Maschinenlesbarkeit automatisierte Abläufe, die typisches Kriterium des Text- und Data Mining sind, tatsächlich auch automatisiert durchgeführt werden können.

Diese Formulierung ist etwas irritierend, denn natürlich ist jeder Bestandteil einer Website in irgendeiner Form maschinenlesbar. Allerdings hat sich bei einer ganzen Reihe von Anbietern ein Standard gebildet, den auch die Gesetzesbegründung ausdrücklich nennt: Danach kann der Hinweis auch im Impressum oder in den Allgemeinen Geschäftsbedingungen stehen. Tatsächlich finden sich bei zahlreichen Verlagen inzwischen entsprechende Hinweise im Impressum. Ein solcher Nutzungsvorbehalt für eine Website darf nicht dazu führen, dass dieses Angebot ohne sachliche Rechtfertigung ungleich behandelt wird, beispielsweise bei der Anzeige als Suchmaschinentreffer.

> **Praxistipp: Musterformulierung für ein Opt-out hinsichtlich der Erfassung der eigenen Seite durch KI**
>
> Wer die Erfassung seiner eigenen Werke durch eine KI verhindern möchte, kann beispielsweise die nachfolgende Erklärung in das eigene Impressum aufnehmen:
>
> *Der Betreiber dieses Angebots behält sich eine Nutzung der Inhalte dieser Website für kommerzielles Text- und Data Mining (TDM) im Sinne von § 44b UrhG ausdrücklich vor. Für den Erwerb einer Nutzungserlaubnis wenden Sie sich an XY@example.com.*

Wichtig zu wissen ist, dass ein solcher Vermerk nur für künftige Zugriffe, aber nicht rückwirkend gilt. Es gibt keinen Anspruch darauf, dass bereits eingelesene Werke rückwirkend entfernt werden müssen oder können. Da das Auslesen rechtmäßig war, gibt es also derzeit keine Möglichkeit, seine Inhalte aus den Daten der KI entfernen zu lassen.

12.3 KI-Generatoren und der Datenschutz

Neben dem Bereich des Urheberrechts steht vor allem der Datenschutz rund um die Nutzung der neuen KI-Angebote im Mittelpunkt der Diskussion. Hier ist inzwischen ChatGPT im Visier der Datenschutzbehörden. Doch was ist bei der Nutzung der Dienste hinsichtlich der DSGVO zu beachten? Hier ist rechtlich noch vieles ungeklärt, aber einige Probleme sollten in jedem Fall berücksichtigt werden. Dabei stellt sich als Erstes die Frage, was am Beispiel von ChatGPT im beruflichen Kontext zu beachten ist.

12.3.1 Datenschutz bei der geschäftlichen Nutzung der KI

Grundsätzlich ist bei der Nutzung von ChatGPT der Datenschutz dann zu beachten, wenn dabei personenbezogenen Daten verwendet werden. Das kann schnell der Fall sein, z. B. bei der Anmeldung unter der Verwendung von Username und Password. Zudem wird bei der Nutzung des Angebots auch die IP-Adresse des Nutzers übermittelt.

Und spätestens dann, wenn Namen oder sonstige persönliche Informationen im Rahmen eines Prompts eingegeben werden, ist in jedem Fall die DSGVO anwendbar. Insgesamt ist also davon auszugehen, dass die Nutzung unter die strengen Regeln des Datenschutzes fällt.

Dies bedeutet, dass weitere Anforderungen bestehen: Es muss eine valide Vereinbarung mit *OpenAI* als Betreiber von ChatGPT bestehen, es braucht eine Rechtsgrundlage und möglicherweise sogar eine Datenschutz-Folgenabschätzung.

12.3.2 Vertragliche Beziehung und Datenexport

Für eine nicht nur gelegentliche Nutzung des Angebots schließt man einen Vertrag mit OpenAI. Dieser enthält in der Version von Anfang 2023 zumindest für die Nutzung via API auch eine Auftragsverarbeitungsvereinbarung (AVV).

Ob die Einordnung der eigenen Dienste mit OpenAI als weisungsgebundener Auftragsverarbeiter rechtlich zutreffend ist, ist noch nicht geprüft. Dagegen spricht allerdings, dass ChatGPT die eingegebenen Inhalte nach eigenen Angaben auch zum weiteren Training der KI nutzt – und damit zu eigenen Zwecken. Diese Konstellation würde eher für eine gemeinsame Verantwortlichkeit sprechen. Trotzdem ist es in jedem Fall empfehlenswert, einen Auftragsverarbeitungsvertrag abzuschließen, soweit dies möglich ist. Faktisch bietet dieser eine größere Rechtssicherheit als nur eine abgeschlossene Nutzungsvereinbarung.

Bei der Nutzung von ChatGPT stellt sich zudem das Problem einer Datenübermittlung in die USA. Hier sollte idealerweise eine entsprechende Vereinbarung über Standarddatenschutzklauseln geschlossen werden (siehe dazu auch die Ausführungen in Kapitel 8).

12.3.3 Rechtsgrundlagen für die geschäftliche Nutzung

Nutzt man ChatGPT auch für die Verarbeitung von personenbezogenen Daten, ist dafür nach den allgemeinen Vorgaben der DSGVO eine Rechtsgrundlage nach Art. 6 Abs. 1 DSGVO erforderlich. Denkbar ist hier z. B. die Vertragserfüllung oder ein dafür eingeholtes Einverständnis.

Der Regelfall wird aber das berechtigte Interesse sein. Im Rahmen der erforderlichen Interessenabwägung zwischen dem Verantwortlichen und dem Betroffenen dürfte es in der Praxis schwierig zu bewerten sein, wie die eingegebenen Daten durch OpenAI verarbeitet und genutzt werden. Das Unternehmen ist hier wenig transparent und wirkt weitgehend wie die sprichwörtliche Blackbox.

Spätestens dann, wenn besondere Kategorien von personenbezogenen Daten nach Art. 9 DSGVO oder ansonsten besonders sensible Daten wie beispielsweise Kontonummern oder Informationen über Kinder verarbeitet werden, dürfte die Interessenabwägung eindeutig zugunsten des Betroffenen ausfallen, sodass diese Rechtsgrundlage nicht infrage kommt.

Bei der Verarbeitung dieser Daten oder auch einer großen Anzahl von Datensätzen mit vielen Betroffenen kann die Erstellung einer Datenschutz-Folgenabschätzung erforderlich sein. Angesichts der fehlenden Einsicht in die Details der Datenverarbeitung und auch die Quelle der Daten bei OpenAI wird dieses Gutachten sicherlich nicht einfach zu erstellen sein.

Schließlich muss die Nutzung der KI auch Eingang in das Verzeichnis der Verarbeitungstätigkeiten und die Datenschutzerklärung finden.

12.3.4 Datenschutzanforderungen an die Betreiber der KI

Aus den Reihen der institutionellen Datenschützer gibt es einige Kritik an ChatGPT und dessen Anbieter OpenAI. So hat Ende März 2023 die italienische Datenschutzbehörde die Verarbeitung von Daten italienischer Nutzer durch OpenAI vorübergehend eingeschränkt.[7] Grund dafür sind angebliche Verstöße gegen Datenschutzgesetze, darunter die unrechtmäßige Sammlung von persönlichen Daten.

---

7 Siehe dazu beispielsweise die Pressemeldung der italienischen Behörde vom 31. März 2023, online verfügbar unter *www.garanteprivacy.it/home/docweb/-/docweb-display/docweb/9870847#english_version* (zuletzt aufgerufen am 15. Juni 2023).

Die italienische Behörde stellte fest, dass OpenAI den Nutzern keine Informationen zur Verfügung stellt und möglicherweise keine gesetzliche Grundlage für die massive Sammlung und Verarbeitung persönlicher Daten besteht, um die ChatGPT-Algorithmen zu trainieren. Sie betonte auch, dass die bereitgestellten Informationen nicht immer korrekt sind und somit ungenaue persönliche Daten verarbeitet werden. Zudem kritisierte die Behörde das Fehlen einer Altersüberprüfung, die Kinder vor ungeeigneten Inhalten schützen soll.

Obwohl das KI-Unternehmen nicht in der EU ansässig ist, hat das Unternehmen einen Vertreter im Europäischen Wirtschaftsraum (EWR) ernannt. OpenAI wurde zunächst aufgefordert, innerhalb von 20 Tagen mitzuteilen, welche Maßnahmen zur Einhaltung der Anordnung ergriffen wurden. Andernfalls droht eine Geldstrafe von bis zu 20 Millionen Euro oder 4 % des weltweiten Jahresumsatzes. Allerdings hat die Behörde zwischenzeitlich mitgeteilt, dass sie mit dem US-Unternehmen in einen Dialog eingetreten sei und die rechtliche Situation weiter untersuchen wolle.

Auch weitere Behörden haben im Frühjahr 2023 Verfahren gegen OpenAI angestoßen, darunter diejenigen in Kanada, Frankreich und Irland. Die deutschen Behörden haben angekündigt, im Rahmen eines Arbeitskreises die datenschutzrechtlichen Probleme und Auswirkungen von ChatGPT untersuchen zu wollen. Welche Auswirkungen diese Verfahren haben werden, ist derzeit noch völlig unklar.

12.3.5 Besonderheiten bei Bild-KI

Bei Bild-KI wie Midjourney, *Stabel Diffusion* oder *DALL-E* gibt es eine datenschutzrechtliche Besonderheit: Dort besteht die Möglichkeit, Bilder auf den Server des Anbieters hochzuladen, die dann erfasst und bearbeitet werden. Dies ist datenschutzrechtlich – aber auch urheberrechtlich – äußerst fragwürdig, da nicht im Detail bekannt ist, wie die Anbieter mit den hochgeladenen Bildern umgehen.

Daher sollten Unternehmen ein solches Hochladen grundsätzlich unterbinden. Dies darf allenfalls nur im Einzelfall und dann mit Vorliegen einer eindeutigen Einwilligung der Abgebildeten geschehen. Zudem muss eine entsprechende Lizenz des Fotografen vorliegen, die eine solche Nutzung erlaubt.

12.4 Geschäftsgeheimnisschutz und KI

Bei der Nutzung von KI-Angeboten ist auch zwingend der Geheimnisschutz zu beachten. Verpflichtungen, bestimmte Informationen geheim zu halten, ergeben sich u. a. aus dem Geschäftsgeheimnisgesetz, aber auch aus dem Berufsrecht (z. B. bei Anwälten, Ärzten oder Steuerberatern) oder vertraglichen Vereinbarungen wie *Non Disclosure Agreements* (*NDA*). Dies gilt für eigene wie für fremde Geschäftsgeheimnisse. Derartige Informationen dürfen unter keinen Umständen ihren Weg in die Eingabemasken von KI-Angeboten finden.

> **Fallbeispiel: Ein Mitarbeiter macht einen Fehler**
>
> Im Frühjahr 2023 wurde der Fall eines großen IT-Konzerns bekannt, dessen Mitarbeiter versehentlich streng geheime Daten während der Nutzung von ChatGPT preisgegeben hatten.[8] Infolgedessen sind vertrauliche Informationen wie Quellcode für neue Programme und interne Besprechungsnotizen nun offen verfügbar.
>
> Hintergrund: Das Unternehmen erlaubte den Ingenieuren seiner Halbleiterabteilung, ChatGPT zur Lösung von Problemen in ihrem Quellcode zu verwenden. Dabei gaben die Mitarbeiter jedoch vertrauliche Daten ein. Innerhalb eines Monats kam es zu drei dokumentierten Vorfällen, bei denen Mitarbeiter über die Software sensible Informationen weitergaben. Da die KI Benutzereingaben speichert, um sich selbst weiter zu trainieren, sind diese Geschäftsgeheimnisse nun effektiv im Besitz von OpenAI.
>
> Konkret bat ein Mitarbeiter in einem der bekannten Fälle der KI, Testabläufe zur Fehlererkennung in Chips zu optimieren – ein vertraulicher Vorgang, der jedoch erhebliche Zeit- und Kosteneinsparungen für Halbleiterunternehmen bedeuten kann. In einem anderen Fall verwendete ein Mitarbeiter ChatGPT, um Besprechungsnotizen in eine Präsentation umzuwandeln, deren Inhalte nicht für Dritte bestimmt waren.
>
> Als Ergebnis warnte der Konzern seine Mitarbeiter vor den möglichen Gefahren der Preisgabe vertraulicher Informationen, da solche Daten auf den Servern von OpenAI gespeichert sind und nicht mehr zurückgeholt werden können.

12.5 Richtlinien für die Nutzung von KI-Generatoren

Wer KI-Generatoren häufiger im betrieblichen Umfeld einsetzt, sollte die Vorgaben für die eigenen Mitarbeiter im Rahmen einer KI-Richtlinie festhalten. Bei der Erstellung dieses Papiers ist es wichtig, alle relevanten Bereiche des Unternehmens einzubeziehen. Zugleich sollte die Richtlinie von den Mitarbeitern nicht als Verbot wahrgenommen werden. Vielmehr sollte – soweit möglich – die Nutzung von ChatGPT & Co. ausdrücklich gefördert und unterstützt werden, z. B. durch das Bereitstellen von kostenpflichtigen Zugängen zum Experimentieren. Zugleich sollten die Mitarbeiter aber auch auf drohende Risiken hingewiesen werden – bis hin zu Verboten bestimmter Arten der Nutzung.

---

8 Weitere Infos dazu sind beispielsweise zu finden unter *www.golem.de/news/kuenstliche-intelligenz-samsung-ingenieure-leaken-interne-daten-an-chatgpt-2304-173220.html* (zuletzt aufgerufen am 15. Juni 2023).

Was genau in eine solche Richtlinie gehört, ist stark von den Anforderungen des jeweiligen Unternehmens abhängig. Regelungen bieten sich z. B. in den folgenden Bereichen an:

- Beschränkung der Nutzung auf bestimmte Anbieter, deren Lizenz geprüft und für die jeweilige Nutzung freigegeben ist: Vermieden werden sollte ein Wildwuchs, bei dem von diversen Mitarbeitern unterschiedlichste Software genutzt wird.
- *Klare Grenzen*: In definierten Unternehmensbereichen darf keine KI eingesetzt werden.
- Kennzeichnungspflichten für KI-generierte Inhalte
- *Umgang mit Externen*: Dürfen Ergebnisse der KI an Dritte weitergegeben werden, oder ist es Dienstleistern umgekehrt erlaubt, KI-Inhalte an das eigene Unternehmen weiterzugeben?
- *Regeln für die Verwendung von KI-Bildgeneratoren*: Nutzungsmöglichkeiten und Grenzen. Beispielsweise keine Verwendung von eigenen Fotos, keine KI-Bilder von lebendigen Personen, keine herabwürdigenden Bilder.
- Verwendung von KI im Bereich der Programmierung
- Umgang mit dem Geschäftsgeheimnisschutz
- Datenschutzrechtliche Vorgaben, insbesondere im Hinblick auf sensible Daten
- Ansprechpartner für Fragen und Unklarheiten
- Überwachung der Vorgaben und Sanktionen bei Verstößen

Bei der Gestaltung einer solchen Vereinbarung bietet es sich an, ChatGPT einen ersten Entwurf schreiben zu lassen, das hier bereits brauchbare Ergebnisse liefert.

Index

A

Abhilfebefugnis
   der Aufsichtsbehörde 334
Abmahnung 295, 329–330, 337
   datenschutzrechtliche 350
Abmahnwelle 350
Abschreckung 233
Absicht 358
Advanced Persistent Threat 84
AEUV → Vertrag über die Arbeitsweise der Europäischen Union
AGG → Allgemeines Gleichbehandlungsgesetz
AktG → Aktiengesetz
Aktiengesetz 311
Allgemeines Gleichbehandlungsgesetz 269
Alpha Code 391
Analysedienst 157
Anerkannte Regeln der Technik 67
Anforderungskatalog
   für ein CMS 319
Angemessenheit 65–66, 207
Angemessenheitsbeschluss 176, 241
   Länder mit 242
Anonymisierung
   von Protokolldaten 81
Anstifter 358
Anweisung
   der Aufsichtsbehörde 335
APT → Advanced Persistent Threat
Arbeitsanweisung 273, 277
Arbeitsschutz 295
Arbeitsschutzvorschrift 306
Arbeitsvertrag 293, 328
AUDITOR 100
Aufbewahrungsfrist 89, 93, 268, 270
Aufbewahrungspflicht 88
Aufdeckung von Straftaten
   Daten zur 272
Auffangtatbestand 37
Auftragsverarbeiter 62, 100, 176, 197, 233
Auftragsverarbeitung 58, 62, 163
Auftragsverarbeitungsvertrag 100, 111, 135, 148, 163, 197, 249, 325, 394
Aufzeichnung
   von Videodaten 118
Auskunftsrecht 26, 192
   der Aufsichtsbehörde 334

Außenhaftung 315
AVV 197
AVV → Auftragsverarbeitungsvertrag
Awareness → Sensibilisierung

B

Backup 62, 84
   differenzielles 86
   Frequenz des 86
   inkrementelles 87
   vollständiges 86
Bagatellgrenze 347
BAG → Bundesarbeitsgericht
BCR → Binding Corporate Rules
BDSG → Bundesdatenschutzgesetz
Beihilfe 358
Benachrichtigungspflicht 230
Beratende Befugnis
   der Aufsichtsbehörden 336
Berechtigtes Interesse 54, 80
Berechtigungskonzept 118
Berufsgeheimnisträger 367
Berufshaftpflichtversicherung 315
Beschäftigtendatenschutzrecht 265
Beschäftigter 266
Beschlagnahme 377, 380
Beschränkung
   der Verarbeitung 336
Bestechungsgeld 314
Betriebliche Übung 274
Betriebsrat 298–299, 331
Betriebsvereinbarung 277, 295, 300, 327, 331
Betriebsverfassungsgesetz 280, 300
Betroffenenrechte 191, 336
   Angabe in der Datenschutzerklärung 136
BetrVG → Betriebsverfassungsgesetz
Beweisverwertungsverbot 382
Bewerbung 268
BFDG → Bundesfreiwilligendienstegesetz
BfDI → Bundesbeauftragter für Datenschutz und Informationsfreiheit
BGH → Bundesgerichtshof
Bildsymbol 184
Binding Corporate Rules 246, 253, 336

399

Bitkom → Branchenverband der deutschen Informations- und Telekommunikationsbranche
Bluetooth 108
Blurring 112, 118
BPE → Byte-Pair Encoding
Branchenverband 323
Branchenverband der deutschen Informations- und Telekommunikationsbranche 250
Bring Your Own Device 102, 290, 326
Browser-Fingerprinting 53, 159
BSI-Gesetz 306, 310, 323
BSIG → BSI-Gesetz
BSI → Bundesamt für Sicherheit in der Informationstechnik
Bundesamt für Sicherheit in der Informationstechnik 68, 306, 323
Bundesarbeitsgericht 329, 346
Bundesbeauftragter für Datenschutz und Informationsfreiheit 48
Leitfaden für eine datenschutzgerechte Speicherung von Verkehrsdaten 57, 80
Bundesdatenschutzgesetz ... 18, 48, 115, 323, 355
Bundesdatenschutzgesetz a. F. 47
Bundesfreiwilligendienstegesetz 267
Bundesgerichtshof 57
Bundesverband IT-Sicherheit e. V. 71
Business Judgement Rule 311
Bußgeld 338
Bußgeldkonzept 340
Bußgeldrahmen 338
BVerfG → Betriebsverfassungsgesetz
BYOD → Bring Your Own Device
Byte-Pair Encoding 386

C

C5 → Cloud Computing Compliance Criteria Catalogue
ChatGPT 385
Chilling Effect 114
Clarifying Lawful Overseas Use of Data Act 256
CLOUD Act 256
CLOUD Act → Clarifying Lawful Overseas Use of Data Act
Cloud Computing 95
Cloud Computing Compliance Criteria Catalogue 100
Cloud Service Provider 96
CMP → Consent Management Platform

CMS → Compliance Management System
CMS → Content-Management-System
CNIL 156
Commission Nationale de l'Informatique et des Libertés → CNIL
Community Cloud 97
Compliance 305
  Datenschutz 305
  im Personalwesen 306
  IT 306
  Verletzung von 309
Compliance-Abteilung 307
Compliance-Audit 316
Compliance-Beauftragter 316
Compliance-Kultur 310
Compliance-Leitfaden 321
Compliance Management System 314
Compliance-Monitoring 316
Compliance-Niveau 319
Compliance-Strategie 308
Compliance-Überwachung 320
Compliance-Untersuchung 327
Compliance-Verbesserung 320
Compliance-Vorgabe 331
Computerbetrug 365
Computersabotage 360, 366
Computerstrafrecht 355
Consent Management Platform 154
Consent-Management-Tool 255
Content-Management-System 123
Cookie 48, 52, 124
  unbedingt erforderliches 54
Cookie-Banner 53, 78, 147
  Gestaltung des 148
Cookie-Paywall 154
Cookies 146
  als Verarbeitung in der Datenschutzerklärung 130
  First-Party 53
  Third Party 160
Cookie-Wall 150
CSP → Cloud Service Provider

D

D&O-Versicherung 315
DALL-E 396
Dark Pattern 151
Data Breach → Datenschutzverstoß
Data Breach → Datenverletzung
Data Processing Agreement 199

Index

Daten
  Export von 239
  personenbezogene 22
  Transfer von 240
Datenart 39
Datenexport 239
Datenminimierung 27
Datenpanne 29
Datenschutzbeauftragter 164, 203, 297, 299
  Nennung in der Datenschutzerklärung 129
Datenschutzerklärung 77, 125, 148, 345
  Generator für eine 125
Datenschutz-Folgenabschätzung 30, 163, 202, 394
Datenschutz-Grundverordnung 19, 47, 124, 323
Datenschutzhinweis 182
Datenschutzkoordinatoren 297
Datenschutzniveau
  angemessenes 241
Datenschutzorganisation 230
Datenschutzprüfung
  durch die Aufsichtsbehörde 334
Datenschutzrichtlinie 95/46/EG 243
Datenschutzverstoß 310
Datenschutzvorfall 219
Datentransfer 240, 325
Datenübermittlung 58
Datenveränderung 360
Datenverletzung 231
DeepL Write 389
Delegation
  horizontale 312
  vertikale 312
  von Pflichten 312
Delos-Cloud 252
Denial of Service 51
Denial-of-Service-Angriff 366
Device-Fingerprinting 159
Dienstanweisung 273, 277
Dienstvereinbarung 277, 331
Digital Single Market Copyright Directive → DSM-Richtlinie
DIN ISO 37001 321
Direkterhebung
  Grundsatz der 183
Direktionsrecht 329
Distributed Denial of Service → Denial of Service
Double-opt-in 140
DPA 199

Drittland 123
  sicheres 263
  Übermittlung in 135, 146, 158
Drittstaat 241, 325
  sicherer 240
  unsicherer 242
DSB 208
DSFA 202
DSFA → Datenschutz-Folgenabschätzung
DSGVO → Datenschutz-Grundverordnung
DSM-Richtlinie 392
Dual-Use-Tools 361
Duldung
  der Privatnutzung 59
Durchsicht 377
Durchsuchung 377

E

Eindeutigkeit 32
Einstweilige Verfügung 352
Eintrittswahrscheinlichkeit 73
Einwilligung 31, 52, 141, 254, 271
  aller Betroffenen 246
  informierte 149
  zeitliche Gültigkeit 145
E-Mail-Dienst 56
Employer Branding 308
Entwicklertools
  des Webbrowsers 123
ePrivacy-Richtlinie 19, 47, 53
Erforderlichkeit 35, 116, 122, 207
Erwägungsgrund 20
ErwG → Erwägungsgrund
Europäische Grundrechtecharta 245
Europäischer Wirtschaftsraum 19, 111, 240
Evercookies 162
EWR → Europäischer Wirtschaftsraum
Exit-Intent Popup 50
Exkulpation 312

F

Fahrlässigkeit
  bewusste 358
  einfache 216
  grobe 216, 286
  leichte 287
  mittlere 286
Federal Trade Commission 244
Federated Learning of Cohorts 160

401

Fernmeldegeheimnis 20, 57–59, 275, 370
Finanz-Compliance 306
Fine-Tuning
    von ChatGPT 386
FLoC → Federated Learning of Cohorts
Fraud Prevention 307
Freiwilligkeit 32, 271
FTC → Federal Trade Commission
Funktionspostfach 278
Funktionsträgerprinzip 343
Funktionstrennung 316
Funktionsübertragung 198

G

GAAP → Generally Accepted Accounting Principles
Garantie
    geeignete 174
Geeignetheit 65, 122, 207
Gefährdungshaftung 345
Gehilfe 368
Genehmigungsbefugnis
    der Aufsichtsbehörden 336
Generally Accepted Accounting Principles 306
Geschäftsbedingung
    allgemeine 184
Geschäftsführer
    Haftung des 309
Geschäftsführung 311
    Haftung der 313
Geschäftsleitung
    Haftung der 307
Geschäftsmäßig 59
Geschenk
    Annahme von 308
GeschGehG → Gesetz zum Schutz von Geschäftsgeheimnissen
Gesetz
    gegen den unlauteren Wettbewerb 40, 350
Gesetz gegen den unlauteren Wettbewerb 133
Gesetz über Ordnungswidrigkeiten 342
Gesetz zum Schutz von Geschäftsgeheimnissen 372
Gesetz zur Kontrolle und Transparenz im Unternehmensbereich 306
Gewerbeordnung 293, 329
Gewerblichkeit 375
Gewinnabschöpfung 309
Gewinnabschöpfungsanspruch 310

Gewinnerzielungsabsicht 59
GewO → Gewerbeordnung
GitHub Copilot 391
Global Positioning System 282
GoBD 323
GoBD → Grundsätze zur ordnungsgemäßen Führung und Aufbewahrung von Büchern, Aufzeichnungen und Unterlagen in elektronischer Form sowie zum Datenzugriff
Google Analytics 157
Google Maps 148
GPS → Global Positioning System
GPT-Architektur 385
Green New Deal 306
Grundsätze zur ordnungsgemäßen Führung und Aufbewahrung von Büchern, Aufzeichnungen und Unterlagen in elektronischer Form sowie zum Datenzugriff 36

H

Hacker-Paragraf 360
Haftung
    des DSB 216
Haftungsfreistellung 311
Haftungsrisiko 310, 312
    der Geschäftsführung 313
Haftungsrisko 315
Haftungsvermeidung 305
Hamburger Brauch 352
Hamburger Compliance Zertifikat 317, 320
Haushaltsausnahme 44
Hinweisgeberschutzgesetz 306, 327
Hinweisgebersystem 316, 327
Home-Office 101, 283
HTML5 162
Hybrid Cloud 97
Hypervisor 96

I

IaaS → Infrastructure-as-a-Service
IAPP → International Association of Privacy Professionals
IDW PS 980 319
IDW → Institut der Deutschen Wirtschaftsprüfer
IFRS → International Financial Reporting Standards
Impressum 148
Incident-Management-Team 220

Incident-Response-Team 220
Informationelle Selbstbestimmung
    Recht auf 18
Informationspflicht 119, 182
Informationssicherheit 70, 75
Informationssicherheitsbeauftragter 297
Informiertheit 33
Infrastructure-as-a-Service 98
Innenhaftung 315
Institut der Deutschen Wirtschaftsprüfer ... 319
Integrität 28
    des Endgeräts 52
Interesse
    berechtigtes 115–116, 395
Interessenabwägung 115
International Association of Privacy
    Professionals 250
International Financial Reporting Standards 306
Internetauftritt 123
ISO 37001 321
ISO 37301 318
IT-Compliance 323, 325
IT-Grundschutz 323
IT-Sicherheitsgesetz 306, 323
IT-Sicherheitskonzept 175
IT-Sicherheitsvorfall 219

J

Jedermannsverzeichnis 165
JFDG → Jugendfreiwilligendienstegesetz
Jugendfreiwilligendienstegesetz 267

K

Kapazitätsplanung 77
Keylogger 282
Key Management → Schlüsselverwaltung
Klarnamenpflicht 50
Kleiderordnung 329
Kollektivvereinbarung 42, 295
Kontaktformular 131
Kontinuierlicher Verbesserungsprozess 63, 318
KonTraG 323
KonTraG → Gesetz zur Kontrolle und Transparenz im Unternehmensbereich
Kontrollverlust 261
Konzern 166
Kopie
    Recht auf 195

Kopplungsverbot 139
Korruption 321
Krisenkommunikation 223
Kritische Infrastruktur 71, 310, 323
Kündigung 270, 295, 309, 329–330
    fristlose 287
Kurzpapier
    der DSK 69
KVP → kontinuierlicher Verbesserungsprozess

L

Landesdatenschutzaufsicht 48, 70, 297
Landesdatenschutzgesetz 20
Lebenszyklus 25
    von Daten 108
Legalitätskontrollpflicht 311
Legalitätspflicht 307, 311, 322
Leistungskontrolle 293, 328
Lieferkettensorgfaltspflichtgesetz 307
Lizenzmanagement 324–325
Local Storage 162
Logfile 76
    Speicherung von 56
Logging 62
Löschen
    datenschutzkonformes 91, 108
    von Daten 90
Löschfrist 236, 268
Löschkonzept 28, 88–90, 174
Löschpflicht 88
Löschung
    von Daten 62
    von Protokolldaten 83
    von Videodaten 119

M

Malware 79, 332
Managementkreislauf 63
Marktortprinzip 21
Massenabmahnung 261
Maßnahme
    angemessene 65
    geeignete 65
MCD → Microsoft Cloud Deutschland
Medienbruch 184
Meldeformular 228
Meldepflicht 223–224
Meldestelle 327
    staatliche 327

Messenger-Dienst 48, 56
Microsoft Cloud Deutschland 252
Midjourney 388
Mindestlohngesetz 306
Mischdienst 58
Mitbestimmung 300
Mitbestimmungspflicht 322, 327
Mitbestimmungsrecht 300
Mobiles Arbeiten 101

N

Nachhaltigkeit 59, 306
National Institute of Standards and
    Technology 70, 96
NDA → Non Disclosure Agreement
Negativliste 204
Netzwerkdurchsicht 379
Netzwerke
    neuronale 385
Neubewertung
    fortlaufende 75
    von Risiken 75
Neubürger-Urteil 313
Newsletter 138
    Abmeldung vom 144
    Frequenz des 143
    Versand eines 138
NIST → National Institute of Standards and
    Technology
Nmap 6 362
Non Disclosure Agreement 396
Norm
    internationale 70
Notfall 332
Notfallplanung 109
Notstandsregelung 36
Nudging 151

O

One-Stop-Shop-Verfahren 21
Online-Durchsuchung 379, 382
OpenAI 394
Ordnungsgeld 353
Ordnungshaft 353
OTT-Dienst → Over-the-top-Dienst
Over-the-Top-Dienst 56
OWiG → Gesetz über Ordnungswidrigkeiten

P

PaaS → Platform-as-a-Service
PDCA-Zyklus 63, 318
Penetrationstest 357, 361, 364
Pentest 237
People Analytics 280
Person
    juristische 24
Personal Information Management
    Services 48, 55
Personalrat 298–299, 331
Personenbezogene Daten
    besondere Kategorien 24, 42
Pflichten
    Delegation von 312
Pflichtverletzung 311
Phishing 376
PIMS → Personal Information Management
    Service
Platform-as-a-Service 98
PMF → Protected Management Frames
Positivliste 204
Postgeheimnis 370
Post- oder Fernmeldegeheimnis
    Verletzung des 275
Pre-Training
    von ChatGPT 386
Priorisierung
    von Risiken 73
Privacy-by-Default 63
Privacy-by-Design 63
Privacy Sandbox 160
Privacy Shield 244
Private Cloud 97, 100
Privatgeheimnis 367
Privatnutzung
    betrieblicher Kommunikationsmittel 59
    *von Internet und E-Mail am Arbeits-
        platz* 272
Profiling 192
Protected Management Frames 108
Protokolldatei 76
Protokolldaten
    in Backups 87
    zur Störungsbeseitigung 79
Protokollierung 62
    in besonderen Fällen 84
    ohne konkreten Anlass 82
    von Zugriffen 77
Public Cloud 97, 100

R

Rahmenkonzept
   für ein CMS 319
Ransomware 105
Raum
   interner 115
   nicht öffentlicher 115
   öffentlicher 115
Rechenschaftspflicht 29, 117
Recht
   auf informationelle Selbstbestimmung ... 18
Rechtmäßigkeit
   der Verarbeitung 25
Rechtsgrundlage 58, 77, 80
Rechtshilfeersuchen 379
Rechtskataster 318
Rechtsschutzfunktion 315
Rechtsträgerprinzip 342
Rechtsverordnung
   zu PIMS 55
Recovery Point Objective 85
Recovery Time Objective 85–86
Regulierungsbehörde 323
Reifegrad 319
Reputation 324
Ressourcenplanung → Kapazitätsplanung
Richtigkeit 27
Risiko
   für den Betroffenen 73
Risikobasierter Ansatz 28, 73
Risikobewertung 63, 66
Risikovorbeugung 305
RPO → Recovery Point Objective
RTO → Recovery Time Objective

S

SaaS → Software-as-a-Service
Safe Harbour 243
Schaden
   immaterieller 347
   materieller 347
Schadensabwehr 305
Schadensausgleich
   innerbetrieblicher 216
Schadensersatz
   für Whistleblower 327
Schadensersatzanspruch 235, 295, 310, 316, 345
Schadenshöhe 73

Schatten-IT 325
Schlichtungsstelle 298, 331
Schlüsselverwaltung 251
Schmiergeldzahlung 314
Schrems II-Urteil 245
Schrems-I-Urteil 243
Schulung
   der Mitarbeiter 324
   im Rahmen der Compliance-Strategie ... 308
Schutzziel 220
Schwachstellen-Scan 324
Schwellenwertanalyse 30
Scraping 235
SDK → Standarddatenschutzklauseln
Security Information and Event Management System 84
Security Operating Center 84
Sensibilisierung 105
   der Mitarbeiter 324
   von Mitarbeitern 104
Session Storage 162
SGB → Sozialgesetzbuch
Sicherheitsaudit 324
Sicherstellung 377, 380
SIEM → Security Information and Event Management System
Single Sign-on 55
Snapshot 87
Social Engineering 360
SOC → Security Operating Center
Softskill 268
Software-as-a-Service 98
Softwarelizenz 324
Soll-Ist-Vergleich 319
Sozialdaten 20
Sozialgesetzbuch 20
SPAM 79
Spear Phishing 105
Speicherbegrenzung 28
Speicherdauer 191
   Angabe in der Datenschutzerklärung 136
   für Protokolldateien 57, 80
   von Protokolldaten 84
Stable Diffusion 396
Stand
   der Technik 51–52, 65, 67, 107, 269, 298
Standard
   internationaler 70
Standarddatenschutzklausel 246–247, 250, 256, 325, 395
Standardvertragsklausel 158

Index

Stand der Technik
  Handreichung zum 71
Stand von Wissenschaft und Forschung 67
StGB → Strafgesetzbuch
Störung
  von IT-Systemen 80
StPO → Strafprozessordnung
Strafbarkeit 60, 316
  von Geschäftsführern 314
  von Vorständen 314
Strafgesetzbuch 355
Strafprozessordnung 355, 377

T

TADPF → Trans-Atlantic Data Privacy Framework
Targeting
  semantisches 161
Tatbestandsmerkmal 311
Tätigkeitsbericht
  der Aufsichtsbehörde 70
TCF → Transparency and Consent Framework
Technische Richtlinie 68
Technische und organisatorische Maßnahmen 51, 61, 117
Telekommunikationsdienst 48, 56, 58
  interpersoneller 58
Telekommunikationsgeheimnis 370
Telekommunikationsgesetz 47
Telekommunikation-Telemedien-Datenschutz-Gesetz 20, 47, 355
Telemedien 48–49
Telemediendienst 48
  vom Nutzer ausdrücklich gewünscht 53
Telemediengesetz 47, 124
TeleTrusT → Bundesverband IT-Sicherheit e. V.
TIA → Transfer Impact Assessment
TKG → Telekommunikationsgesetz
TMG → Telemediengesetz
TOM → technische und organisatorische Maßnahmen
Tonaufzeichnung
  bei Videoüberwachung 282
Tone from the Top 310
Topic 161
Tracking des Nutzers 144
Trans-Atlantic Data Privacy Framework ... 259, 263
Transfer
  von Daten 325

Transfer Impact Assessment 249, 263
Transformerarchitektur 385
Transparency and Consent Framework 154
Transparenz 25
Transparenzgrundsatz 182
Transparenzpflicht 119
Transportverschlüsselung 50, 252
TR CMS 101 321
Treuepflicht 332
Treuhandlösung 252
Treu und Glauben 25
TR → Technische Richtlinie
TTDSG 146
TTDSG → Telekommunikation-Telemedien-Datenschutz-Gesetz

U

Übermittlung 239
Überregulierung 309
Überwachung 280
Übung
  betriebliche 274
UK → Vereinigtes Königreich
Umwelt-Compliance 306
Umweltschutz 306
Unterlassung 337
Unterlassungsanspruch 351–352
Unternehmensgruppe 166
Unternehmenskultur 308
Urheberrecht 295
Urheberrechtsgesetz 387
UrhG → Urheberrechtsgesetz
USA
  Datenexport in die 242
US-CLOUD Act → CLOUD Act
US-Handelsbehörde → Federal Trade Commission
UWG → Gesetz gegen den unlauteren Wettbewerb

V

Verantwortlicher 22
  Nennung in der Datenschutzerklärung 128
Verantwortung
  Übertragung von 312
Verarbeitung 24
Verarbeitungsverzeichnis 164, 237
Verbesserungsprozess
  kontinuierlicher 318

Index

Verbot
  der Verarbeitung 336
  mit Erlaubnisvorbehalt 31
Verbrechen 358
Vereinigtes Königreich 241
Vergehen 358
Verhaltenskontrolle 293, 328
Verhältnismäßigkeit 116, 206
Verkehrsdaten 57
Verkehrsfläche
  öffentliche 118
Vermögensschadenhaftpflicht 315
Vernichtung
  von Daten 90
Verschlüsselungsverfahren 51
Verschuldenshaftung 345
Verschwiegenheitsverpflichtungs-
  erklärung 368
Versuchsstrafbarkeit 358
Vertragsanbahnung 54
Vertragserfüllung 54
Vertragsstrafe 352
Vertrag über die Arbeitsweise der Europä-
  ischen Union 343
Vertraulichkeit 28
Vertraulichkeitserklärung 368
Vertraulichkeitsvereinbarung → Vertraulich-
  keitserklärung
Vertreterregelung 297, 299
Verzeichnis
  der Verarbeitungstätigkeiten 354
  von Verarbeitungstätigkeiten 164
Verzeichnis der Verarbeitungstätigkeiten   111
VG Bild-Kunst 390
VG Wort 390
Videokonferenzdienst 48, 56, 109, 111
  Mindeststandard des BSI 113
  reiner 58
Videoüberwachung 114, 281
Vier-Augen-Prinzip 316
Virtualisierung 96
Virtual Machine Monitor 96
Virtual Private Network 99, 107
VMM → Virtual Machine Monitor
Volkszählungsurteil 18, 183
Vorhaltefrist 89
Vorratsdatenspeicherung 57
Vorsatz 216, 286, 357
  bedingter oder Eventualvorsatz 358
  bewusster oder direkter 358

Vorstand 311
VPN → Virtual Private Network
Vulnerability-Scan → Schwachstellen-Scan
VVT 164
VVT → Verzeichnis:der Verarbeitungstätigkei-
  ten

W

Web-Beacons 53
Web-Tracking 77
Weisung 328
Weisungsrecht 293, 329
Weiterbildung
  im Rahmen der Compliance-Strategie ... 308
Werbung
  interessenbasierte 160
  kontextbasierte 161
Werkvertrag 293, 328
Whistleblower 306, 326
Whistleblower-Klausel 322
Whistleblowing 308
Widerruf
  der Einwilligung 144
  einer Cookie-Einwilligung 155
Widerrufsmöglichkeit 33
Wiederholungsgefahr 352
Wi-Fi Protected Access 108
Wirtschaftsförderung 239
World-Wide-Web 123
WORM-Medien 93
WPA → Wi-Fi Protected Access
WWW → World-Wide-Web

Z

Zählpixel 143
Zerstörung
  physische 92
Zertifizierung 100, 246, 254
Zugangsschutz 105
Zugriffsbeschränkung 219
Zugriffskontrolle 219
Zugriffsschutz 105
Zumutbarkeit 50, 52
Zutrittsschutz 105
Zweckbindung 26, 171
Zwei-Stufen-Modell 185

407